# COMSOL多物理场仿真
## 从入门到工程实战

单丰武　曾建邦　著

U0911202

化学工业出版社
·北京·

**内容简介**

本书对 COMSOL 分析的基本思路、操作步骤、应用技巧进行了详细介绍，并结合典型工程应用实例详细讲述了 COMSOL 的具体工程应用方法。

本书共分 9 章，第 1 ～ 4 章为操作基础，主要介绍了 COMSOL 分析全流程的基本步骤和方法：第 1 章为 COMSOL 概述；第 2 章为 COMSOL 的启动及工作界面；第 3 章为 COMSOL 创建模型；第 4 章为 COMSOL 划分网格。第 5 ～ 9 章为专题实例，按不同的分析专题讲解了各种参数的设置方法与技巧：第 5 章为结构力学分析；第 6 章为电磁学分析；第 7 章为热力学分析；第 8 章为流体力学分析；第 9 章为多物理场耦合分析。

本书编排合理，实例丰富新颖，与工程实际紧密结合，讲解详尽，适用于 COMSOL 软件的初中级用户，以及有初步使用经验的技术人员。

本书既可供动力分析相关行业的工程技术研发人员和科研人员使用，也可作为理工科院校相关专业的高年级本科生、研究生及教师学习 COMSOL 的教学用书。

**图书在版编目（CIP）数据**

COMSOL多物理场仿真从入门到工程实战 / 单丰武，曾建邦著. -- 北京 : 化学工业出版社，2026. 1.
ISBN 978-7-122-49288-3

Ⅰ. O411.3

中国国家版本馆CIP数据核字第2025SC4804号

责任编辑：耍利娜
文字编辑：吴开亮
装帧设计：王晓宇
责任校对：张茜越

出版发行：化学工业出版社
（北京市东城区青年湖南街13号 邮政编码100011）
印　　装：天津千鹤文化传播有限公司
787mm×1092mm 1/16 印张23 字数605千字
2026年4月北京第1版第1次印刷

购书咨询：010-64518888
售后服务：010-64518899
网　　址：http://www.cip.com.cn
凡购买本书，如有缺损质量问题，本社销售中心负责调换。

定　　价：118.00元

# 前言 Preface

有限元分析法作为在工程分析领域应用较为广泛的一种计算方法，自20世纪中叶以来，以其独有的计算优势得到了广泛的发展和应用，已出现了不同的种类，并由此产生了一批非常成熟的通用和专业的有限元商业软件。随着计算机技术的飞速发展，各种工程软件也得以广泛应用。

COMSOL公司于1986年在瑞典成立。COMSOL软件是在MATLAB的Toolbox的基础上发展起来的，大多可以模拟任何领域的有限元仿真，这要归功于COMSOL软件庞大且全面的分析接口，涉及AC/DC、声学、化学物质传递、电化学、流体流动、传热、光学、等离子体、射频、半导体、结构力学和数学等领域。

与大部分分析软件相同，COMSOL同样以有限元分析法为基础，通过求解偏微分方程（单场）或偏微分方程组（多场）来实现真实物理现象的仿真，广泛地应用于各个领域的科学研究及工程计算中，模拟科学和工程领域的各种物理过程，并且以高效的计算性能和杰出的多场双向直接耦合分析能力实现了高度精确的数值仿真，被称为“第一款真正的任意多物理场直接耦合分析软件”，在国内推广得很好。

本书特色：

（1）针对性强。本书作者根据自己多年的计算机辅助分析设计领域的工作经验和教学经验，针对初中级用户学习COMSOL的难点和疑点，由浅入深、全面细致地讲解了COMSOL在有限元分析，尤其是多物理耦合场分析应用领域的各种功能和使用方法。

（2）实例专业。本书中有很多实例是工程分析项目案例，经过作者的精心提炼和改编，不仅能保证读者学好知识点，更重要的是能帮助读者掌握实际的操作技能。

（3）提升技能。本书从全面提升COMSOL分析能力的角度出发，结合大量的案例来讲解如何利用COMSOL进行工程分析，让读者真正懂得计算机辅助工程分析并能够独立地完成各种工程项目。

(4) 内容全面。本书在有限的篇幅内，讲解了 COMSOL 的常用功能，内容涵盖了 COMSOL 分析的基本思路、操作步骤、应用技巧等知识。读者通过学习本书，可以较全面地掌握 COMSOL 相关知识。本书不仅有透彻的讲解，还有丰富的实例，通过这些实例的演练，能够帮助读者找到一条学习 COMSOL 的捷径。

(5) 知行合一。本书结合大量的工程分析实例，详细讲解了 COMSOL 的知识要点，让读者在学习案例的过程中潜移默化地掌握 COMSOL 软件的操作技巧，同时培养工程分析实践能力。

本书由江西江铃集团新能源汽车有限公司总经理（国家乘用车自动变速器工程技术中心首席专家、中国汽车工程学会高级会员、江西省产业教授、华东交通大学和江西农业大学校外硕士生导师）单丰武和华东交通大学的曾建邦编写，其中单丰武执笔编写了第 1 ～ 5 章，曾建邦执笔编写了第 6 ～ 9 章。胡仁喜、解江坤等也参与了部分编写工作。

由于时间仓促，加之作者的水平有限，不足之处在所难免，恳请专家和广大读者不吝赐教。

著者

COMSOL

目录 Contents

## 第4章 COMSOL 划分网格 89



## 第5章 结构力学分析 120



## 第6章 电磁学分析 181

## 第9章 多物理场耦合分析 317

# 第 1 章　COMSOL 概述

本章首先介绍了有限元仿真技术及相关基础知识，并由此引出 COMSOL，然后概述了 COMSOL 的发展过程、分析步骤及安装方法。

本章提纲挈领地介绍了 COMSOL 的基础知识，主要目的是让读者对 COMSOL 有一个基本认识。

## 1.1　有限元仿真简介

有限元仿真又称为计算机辅助工程（computer aided engineering，CAE），是一门跨数学、物理、化学、生物、工程应用和计算机科学的综合学科。它不仅是一种科研手段，更是工业产品设计的关键环节。通过有限元仿真，不仅可以降低试验成本，提高优化速度，完善产品质量，还可以通过仿真实验来印证理论研究。因此，有限元仿真被广泛应用于航空航天、机械制造、材料加工、汽车、船舶建造、石油化工、土木建筑、产品研发及科学研究等诸多领域。

如果说各个学科的理论研究是有限元仿真的基本手段，那么科研及产品优化是仿真发展的核心动力。一般可以将产品现存的问题，通过有限元仿真分析暴露出来，找到产生这些问题的根本原因，然后通过各种参数的调整来优化或消除，从而达到优化产品性能的目的。

随着我国制造业的快速发展，企业信息化程度的不断提高，有限元仿真在优化产品性能、缩短研发周期和降低研发成本等方面发挥的作用将越来越重要。

### 1.1.1　有限元分析的优越性

① 有限元分析可以看作是一种基本试验。例如，计算弹体的侵彻与炸药爆炸过程，以及各种非线性波的相互作用等问题，实际上是求解含有很多线性与非线性偏微分方程、积分方程及代数方程等的耦合方程组。利用解析方法求解爆炸力学问题是非常困难的，一般只能考虑一些很简单的问题。如果利用试验方法费用十分高，还只能表征初始状态和最终状态，中间过程无法得知，那么无法帮助研究人员了解问题的实质。而采用有限元分析，在某种意义上比采用理论与试验对问题的认识更为深刻、更为细致，不仅可以了解问题的结果，而且可随时连续动态地、重复地显示事物的发展，了解其整体与局部的细致过程。

② 有限元分析可以直观地显示目前还不易观测到的、说不清楚的一些现象，容易被人们理解；还可以显示一些试验无法看到的、发生在结构内部的物理现象。例如，弹性体在不均匀介质侵彻过程中的受力和偏转；爆炸波在介质中的传播过程和地下结构的破坏过程。同时，数值模拟可以替代一些危险、价高甚至是难以实施的试验，如核反应堆的爆炸事故、核爆炸的过程与效应等。

③ 有限元分析促进了试验的发展，为试验方案的科学制订，试验过程中检测点的最佳位置、仪表量程等的确定提供了更可靠的理论指导。由于侵彻、爆炸试验的费用是较高的，并存在一定危险，因此采用有限元分析进行数值模拟，不但可以节省费用、降低风险，而且可以加速理论、试验研究的进程。

④ 一次投资，长期受益。虽然数值模拟大型软件系统的研制需要花费相当多的经费和人力

资源，但和试验相比，其可以进行复制移植、重复利用，并可进行适当修改，而且可满足不同情况的需求。据相关统计数据显示，应用有限元分析技术后，开发期的费用占开发成本的比例从 80% ～ 90% 下降到 8% ～ 12%。

### 1.1.2 有限元仿真的基础依据

有限元仿真的基础依据是有限元分析法。

有限元分析法是将一个原来是连续的物体划分为有限个单元，这些单元通过有限个节点相互连接，承受与实际载荷等效的节点载荷，并根据力的平衡条件进行分析，然后根据变形协调条件将这些单元重新组合成能够进行综合求解的整体的方法。有限元分析法的基本思想是离散化。

在工程或物理问题的数学模型（基本变量、基本方程、求解域和边界条件等）确定后，有限元分析法作为对其进行分析的数值计算方法，其基本思想可简单概括为以下三点。

① 将一个表示结构或连续体的求解域离散为若干个单元子域，并通过其边界上的节点将这些单元重新相互连接为一个组合体，这一过程在有限元分析中又被称为网格（单元）划分。如图 1-1 所示，将一个外圆内方的连续面划分为多个三角区域，每个三角区域称为单元，每个单元之间的点称为节点。

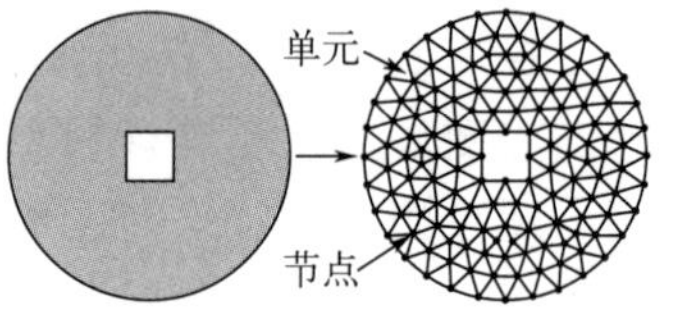

图 1-1 有限元分析法单元划分示意

② 用每个单元内假设的近似函数来分片地表示整个求解域内待求解的未知场变量；而每个单元内的近似函数由未知场函数（或其导数）在单元各个节点上的数值和与其对应的插值函数来表达。由于在连接相邻单元的节点上，场函数具有相同的数值，因而将其作为数值求解的基本未知量。由此，求解原待求场函数的无穷多自由度问题转换为求解场函数节点值的有限自由度问题。

③ 通过变分原理或加权余量法建立与原问题数学模型（如基本方程、边界条件等）等效的求解基本未知量（场函数节点值）的代数方程组或常微分方程组。此方程组称为有限元求解方程，并表示为规范化的矩阵形式，然后用相应的数值方法求解该方程，从而得到原问题的解答。

### 1.1.3 有限元分析法的特点

① 对复杂几何构型的适应性：由于单元在空间中可以是一维、二维或三维的，而且每一个单元可以有不同的形状，同时各个单元可以采用不同的连接方式，因此，实际工程中遇到的非常复杂的结构或构造都可以离散为由单元组合体表示的有限元模型。图 1-2 所示为一个三维实体的单元划分模型。

② 对各种物理问题的适用性：由于用单元内近似函数分片地表示整个求解域的未知场函数，并未限制场函数所满足的方程形式，也未限制各个单元所对应的方程必须有相同的形式，因此其适用于各种物理问题，如线弹性问题、弹塑性问题、黏弹性问题、动力问题、屈曲问题、流体力学问题、热传导问题、声学问题、电磁场问题等，而且还可以用于各种物理现象相互耦合的问题。如图 1-3 所示为一个磁场问题。

③ 建立于严格理论基础上的可靠性：因为用于建立有限元方程的变分原理或加权余量法在数学上已证明是微分方程和边界条件的等效积分形式，所以只要原问题的数学模型是正确的，同时用来求解有限元方程的数值算法是稳定的、可靠的，则随着单元数目的增加（即单元尺寸的缩小）或随着单元自由度数目的增加（即插值函数阶次的提高），有限元解的近似程度不断地被

改进。如果单元是满足收敛准则的，则近似解最后收敛于原数学模型的精确解。

④ 适合计算机实现的高效性：由于有限元分析的各个步骤可以表达为规范化的矩阵形式，最终可将求解方程统一为标准的矩阵代数问题，特别适合用计算机编程和执行。随着计算机硬件技术的高速发展及新的数值算法的不断出现，大型复杂问题的有限元分析已成为工程技术领域的常规工作。

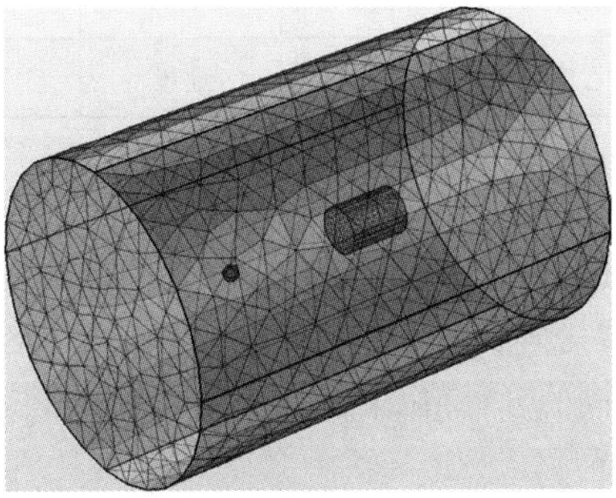

图 1-2　三维实体的单元划分模型

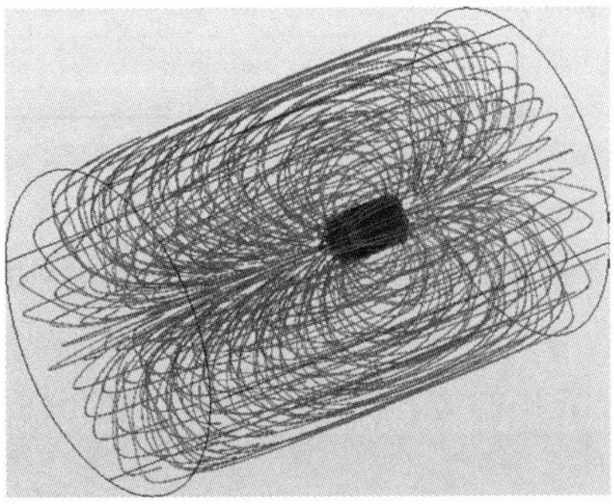

图 1-3　磁场问题

### 1.1.4　有限元常用术语

（1）物理系统

自然界的一切物质都不是以孤立的个体形式单独存在的，其与周围的事物发生着相互作用，由于这些相互作用而形成各种联系。物理系统是在一定物理场条件下，由相互作用着的若干要素（几何与载荷）所构成的有特定功能的整体。

（2）有限元模型

有限元模型是将真实的物理系统通过理想化的离散而构建的具有有限个单元的数学模型，由一些简单形状（线、三角形、四边形、四面体、六面体等）的单元组成，单元之间通过节点连接，并承受一定的载荷。

（3）单元

对于任何连续体，可以利用网格生成技术离散成若干个小的区域，其中每一个小的区域称为一个单元。每个单元的特性是通过一些线性方程式来描述的，使每个单元通过公共节点来传递信息，这样就将单元组合到一起，便形成了整体结构的数学模型。常见的单元类型有线单元、三角形单元、四边形单元、四面体单元和六面体单元几种。由于单元是组成有限元模型的基础，因此单元的类型对于有限元分析是至关重要的。工程中常用到的单元有杆单元、梁单元、块单元、平面单元、集中质量单元、管单元、壳单元和流体单元等。

（4）节点

单元和单元之间连接的点称为节点，它是空间中的坐标值，在将整体的模型离散为单元的过程中起着桥梁的作用，具有一定的自由度，以及存在一定的相互物理作用。不同类型的单元节点有着不同的自由度。

（5）自由度

自由度用于描述一个物理场的响应特性，如结构场中的位移自由度，热场中的温度，电场中的电势，磁场中的磁势，流场中的压力、速度等。不同分析类型的有限元分析采用的单元自由度及载荷见表 1-1。

表 1-1 不同分析类型的有限元分析采用的单元自由度和载荷

| 工程领域 | 结构场 | 热传导 | 通用流体 | 静电场 | 静磁场 | 声流场 | 位势流 |
|---|---|---|---|---|---|---|---|
| 单元自由度 | 位移 | 温度 | 速度 | 电势 | 磁势 | 压力 | 压力 |
| 载荷 | 结构力 | 热量 | 通量 | 电量 | 磁通量 | 速度 | 速度 |

（6）边界条件

边界条件是指结构边界上所受到的外加约束。在有限元分析中，边界条件的确定是非常重要的。边界条件的错误选择往往会使有限元中的刚度矩阵发生奇异，使程序无法正常运行。因此，施加正确的边界条件是获得正确的分析结果和较高的分析精度的重要条件。

## 1.2 常见的有限元分析软件

20 世纪 60 年代中期以来，大量的理论研究拓展了有限元分析法的应用领域，人们开发了许多通用或专用的有限元分析软件。理论研究的一个重要领域是计算方法的研究，主要包括大型线性方程组的解法、非线性问题的解法、动力问题计算方法。目前应用较多的通用的有限元分析软件见表 1-2。

表 1-2 通用的有限元分析软件

| 软件名称 | 擅长分析领域 |
|---|---|
| ANSYS | 收购和整合了大量的软件，具有多个领域的有限元分析模块，在结构、流体、电磁和多物理场耦合方面仿真优势明显 |
| ABAQUS | 虽能进行通用有限元分析，但更擅长行非线性分析 |
| ANSYS LS-DYNA | 擅长冲击、碰撞分析，被 ANSYS 收购，在爆炸冲击分析方面稍逊于 AUTODYN |
| AUTODYN | 集成在 ANSYS Workbench 中，擅长爆炸冲击及撞击侵彻分析 |
| ADAMS | 侧重于多体运动分析 |
| ADINA | 具有自己独特的算法，擅长非线性分析 |
| MSC/Nastran | 由美国航空航天局研发，是全球 CAE 工业标准的源代码程序，擅长线性有限元分析和动力计算 |
| MSC/Dytran | 擅长动力学分析 |
| MSC/Marc | 擅长非线性分析，但操作界面不友好 |
| FE-Safe/N-Code | 擅长疲劳分析 |
| HyperMesh | 擅长有限元分析前的处理操作中的网格划分 |
| COMSOL | 擅长多物理场耦合分析，运算速度快 |

# 1.3 COMSOL 概述

## 1.3.1 COMSOL 发展的历史背景

COMSOL 公司于 1986 年在瑞典成立。COMSOL 软件是在 MATLAB 的 Toolbox 的基础上发展起来的，通过 9 年的技术积累，其第一款产品 PDE Toolbox 1.0 问世，虽然其以一款工具包依附在 MATLAB 产品之下，但已经在有限元建模上拥有自己的特色。

COMSOL 公司于 1999 年发布了 FEMLAB 1.0（FEM 为有限元，LAB 表示其来自 MATLAB），正式步入有限元仿真的行列。而 FEMLAB 一直沿用到 FEMLAB 3.0，其对于 COMSOL 公司有着里程碑的意义，因为从这一版本开始，该软件的功能有了本质的提高，为以后 COMSOL 公司摆脱 MATLAB、展现自己的风格奠定了基础。

COMSOL 公司在 2005 年推出了自己全新的产品，重新命名为 COMSOL Multiphsics，并发布了 COMSOL Multiphsics 3.2 版本，其是一个完整的科学建模于多物理场耦合仿真的分析软件包，独立于有限元分析软件。

COMSOL 公司在 2009 年推出了 Multiphsics 4.0 版本，该版本界面更加简洁，而且具备强大的设计和仿真功能，非常便于工程人员使用。在之后的版本升级中扩充了大量的物理仿真模块，如电池模块、等离子模块、半导体模块、腐蚀电镀模块、化工模块、电化学模块和微流体模块等，在实际工程中应用的模块相继推出，先后经历了从 Multiphsics 4.0 到 Multiphsics 6.1 的版本演化，使其成了集前处理、后处理及 App 程序开发的全方位、立体化的分析软件。

COMSOL 在开发之初就致力于将多个同时发生且又相互影响的物理过程进行联合仿真，因此它不仅适用于各种物理和工程应用的仿真分析，更是在多物理场耦合仿真分析中具有自己绝对的优势。由于软件的研发者将收敛的迭代法——快速有限元法导入到 COMSOL 中，致使该软件对磁盘空间的要求大幅降低，占用的计算机系统的内存也大大减少，因此分析速度大幅加快。

与大部分分析软件相同，COMSOL 同样以有限元分析法为基础，通过求解偏微分方程（单场）或偏微分方程组（多场）来实现真实物理现象的仿真，广泛应用于各个领域的科学研究及工程计算，模拟科学和工程领域的各种物理过程，并且以高效的计算性能和杰出的多场双向直接耦合分析能力实现了高度精确的数值仿真。

## 1.3.2 COMSOL 的特点

### （1）COMSOL 的应用领域十分广阔

COMSOL 软件几乎可以模拟任何领域的有限元仿真，这要归功于 COMSOL 软件庞大且全面的分析接口，涉及 AC/DC、声学、化学物质传递、电化学、流体流动、传热、光学、等离子体、射频、半导体、结构力学和数学等领域，具体见表 1-3。

**表 1-3　COMSOL 的分析模块和部分接口**

| 模块 | 模块接口 | 适用仿真领域 |
|---|---|---|
| AC/DC | 电场和电流 | 用于分析电场、电势分布、电荷密度及相对较低频率下的电流守恒 |
| | 磁场，无电流 | 用于分析永磁体和其他无电流磁源的静磁场 |
| | 电磁场 | 用于分析电场与磁场之间存在的单向或双向耦合的情况 |

续表

| 模块 | 模块接口 | 适用仿真领域 |
|---|---|---|
| AC/DC | 电磁热 | 用于电磁热或电磁热与热膨胀相结合的结构力学分析 |
| | 电磁学和力学 | 用于涉及电磁学和力学的多物理场情况，如电动机、发电机、执行器和传感器 |
| | 电磁和流体 | 用于模拟运动的导电流体与磁场之间的相互作用 |
| | 粒子追踪 | 用于计算电场和磁场中带电粒子的轨迹，包括单向粒子场和双向粒子场的相互作用 |
| | 电路 | 用于为电路中的电压源、电流源、电阻器、电容器、电感器及半导体器件建模。求解与电路元件关联的基尔霍夫电压、电流及电荷守恒定律 |
| 声学 | 压力声学 | 用于为经典压力声学问题建模，非常适用于模拟包含许多波长的大型瞬态线性声学问题 |
| | 弹性波 | 用于计算弹性波在固体中的传播，以及弹性波和压力波在多孔材料中的耦合传播 |
| | 声 - 结构相互作用 | 用于计算固体中的弹性波与流体中的压力波之间的相互作用 |
| | 气动声学 | 用于计算受稳态背景流场影响的声波的传播（也称为对流声学），可以在流体流动的情况下对结构进行详细的振动分析，如频域中的流固耦合分析 |
| | 热黏性学 | 用于计算显式包含热损耗和黏滞损耗的声波传播 |
| | 超声波 | 用于计算声波在较长距离（相对于波长）的瞬态传播，还可应用于其他大型的声学问题 |
| | 几何声学 | 包含“射线声学”物理场接口和“声学扩散方程”物理场接口，这两个接口都适用于房间和音乐厅的声学建模，“声学扩散方程”仅限于室内应用，“射线声学”接口可用于海洋声学和大气声学等 |
| | 管道声学 | 用于计算对柔性管体系中的声波传播建模时的声压和速度变化，如用于计算声波在暖通空调系统、其他大型管道系统或管风琴音管中的传播 |
| | 声流 | 用于计算由声场引起的稳态流体流动（称为声流） |
| 化学物质传递 | 稀物质传热 | 可以计算溶解在气体、液体或固体中的稀溶质的传递和反应 |
| | 浓物质传热 | 用于研究气体和液体混合物中各物质浓度为同一数量级，而且没有一种物质可确定为溶剂时的各物质的质量分数。分析混合物中各物质的对流传递、扩散传递及电场中的迁移传递 |
| | 化学 | 可以提供任意物理场接口都能使用的化学反应库，包括反应速率、反应热源及物质传递 |
| | 反应工程 | 用于模拟多种理想化学反应器类型及化学反应随时间的变化情况，描述这些系统的质量平衡和能量平衡 |
| | Nernst-Planck 方程 | 用于计算电场作用下的电解质浓度，模拟溶剂中由对流、扩散和迁移引起的多种溶质的传递 |

续表

| 模块 | 模块接口 | 适用仿真领域 |
|---|---|---|
| 化学物质传递 | Nernst-Planck-Poisson 方程 | 用于描述未假定局部电中性情况下的电解质的传递，以模拟通常在靠近电极表面处发生的电荷分离 |
| | 电泳输送 | 通常用于为各种电泳模式建模，以计算水溶剂中稀溶质的势场和浓度场 |
| | 多孔介质中的稀物质传热 | 通过化学反应的速率表达式和化学物质传递的机理来计算物质在自由和多孔介质中通过扩散、对流、弥散、吸附和挥发产生的浓度变化和物质传递 |
| | 多孔介质中的浓物质传热 | 通过化学反应的速率表达式和化学物质传递的机理来计算气体或液体的化学成分在自由和多孔介质中通过扩散、对流、弥散、吸附和挥发产生的物质传递 |
| | 水分输送 | 用于对建筑材料、湿空气和多孔介质中的水分输送进行建模分析 |
| | 水分流动 | 可以对空气中的水分输送与自由流动或多孔介质流动进行层流或湍流的耦合分析 |
| | 反应流 | 用于分析气体或液体及稀溶质在层流或湍流状态下的物质传递 |
| | 非等温反应流 | 用于分析非等温气体或液体在层流或湍流状态下的传热、物质传递和化学反应 |
| | 高马赫数反应流 | 用于分析高马赫数气体或气流中的稀物质在层流或湍流状态下的物质传递和化学反应 |
| | 多孔介质反应流 | 用于研究稀物质或浓物质流经多孔介质孔隙时的流动和物质传递，以及流经含有催化剂的多孔介质孔隙时对吸附和涉及化学物质的非均相反应的影响 |
| | 旋转机械反应流 | 用于计算在有一个或多个旋转部件的设备中的气体或液体在层流或湍流状态下的化学物质浓度 |
| | 包含传质的分散两相流 | 用于模拟两相流以及有气泡或由液滴组成的液相和分散相中的化学物质在层流或湍流状态下的物质传递 |
| | 表面反应 | 用于对边界上的表面物质和本体物质的化学反应进行分析 |
| | 裂隙中的稀物质传递 | 用于模拟溶质沿薄、多孔裂隙的扩散、弥散、对流及各种化学反应 |
| | 管道中的稀物质传递 | 通过质量平衡方程对管道进行建模，以计算稀溶液中溶质的浓度分布，包括溶质的扩散、弥散、对流和各种化学反应 |
| | 反应管道流 | 耦合了“管道流”“管道传热”“管道中的稀物质传递”三个物理场，通过二维和三维传输线中的一维假设来近似处理管道流剖面问题 |
| 电化学 | 一次和二次电流分布 | 结合使用欧姆定律和电荷平衡，定义带电离子在成分均匀的电解质中的传递 |
| | 三次电流分布，Nernst-Planck 方程 | 用于描述电化学电池中的电流和电位分布，还可以分析电解质中带电物质（离子）的个体传递，以及通过电荷转移来反映动力学 |

续表

| 模块 | 模块接口 | 适用仿真领域 |
| --- | --- | --- |
| 电化学 | 电分析 | 使用扩散 - 对流方程描述稀物质在电解质中的质量传递，求解电活性物质浓度 |
| | 壳电极 | 将欧姆定律与电荷平衡相结合，以描述壳电极中的电流传导 |
| | 阴极保护 | 通过解释电化学电池中活化过电位的影响来模拟电荷转移与过电位之间的关系，具有针对阴极保护的附加特征 |
| | 电池 | 用于模拟不同材料的电池在不同几何构型下的电位和电流分布及充放电特性 |
| | 氢燃料电池 | 用于模拟不同类型的氢燃料电池 |
| | 水电解槽 | 用于模拟不同类型的水电解槽 |
| | 腐蚀，变形几何 | 对电化学腐蚀过程中由电池的电流分布、电势分布和几何变化导致的电极变形进行瞬态分析 |
| | 电镀，变形几何 | 对电镀电池在沉积或溶解过程中由电流分布、电势分布和几何变化导致的变形进行瞬态分析 |
| 流体流动 | 单相流 | 用于对低马赫数的单相流体的蠕动流、层流、湍流、管道流等不同流动状态进行分析 |
| | 多相流 | 用于对多相流体进行分析。例如，对含有分散气泡的液体进行层流和湍流分析，对含分散相的液体进行层流和湍流分析等 |
| | 多孔介质和地下水流 | 用于对多孔介质中的质量和动量传递进行分析，包括对变饱和地下水流、电池中的多孔电极的分析等 |
| | 非等温流动 | 用于分析非等温流体在层流或湍流状态下的热量传热 |
| | 高马赫数流动 | 用于分析中、低雷诺数气体的层流状态，高雷诺数气体的湍流状态，低雷诺数无黏理想气体的可压缩流动等 |
| | 粒子追踪 | 用于计算流体中颗粒、液滴或气泡的轨迹，包括单向流体和双向流体与颗粒间的相互作用 |
| | 流 - 固耦合 | 用于流体载荷和结构载荷相互影响的流 - 固耦合分析 |
| | 稀薄气体流动 | 用于对稀薄气体流动，包括滑移流、过渡流及自由分子流进行分析 |
| | 薄膜流动 | 用雷诺方程或修正雷诺方程对狭窄通道中的润滑、弹性流体进行动力学或气体阻尼仿真 |
| 传热 | 固体传热 | 用于模拟固体间的传导传热、对流传热和辐射传热 |
| | 流体传热 | 用于模拟流体间的传导传热、对流传热和辐射传热 |
| | 固体和流体传热 | 用于模拟固体与流体间的传导传热、对流传热和辐射传热 |
| | 共轭传热 | 用于分析固体和在层流或湍流状态下的流体之间的热量传递 |
| | 辐射 | 用于表面对表面的辐射传热分析或参与介质中的辐射传热 |
| | 电磁热 | 用于对电磁热进行耦合分析，包括焦耳热、感应和涡流加热、微波加热和激光加热等 |

续表

| 模块 | 模块接口 | 适用仿真领域 |
|---|---|---|
| 传热 | 集总热系统 | 将温度和热耗率作为因变量来计算热网络中的传热速率和温度分布 |
| | 薄结构 | 用于对薄壳、薄膜和裂隙等薄结构进行传热分析 |
| | 热湿传递 | 用于模拟建筑材料或多孔介质中的传热和水分输送，以及模拟中由层流或湍流引起的传热和水分输送 |
| | 多孔介质 | 用于对多孔介质进行热传导、热对流和热辐射分析，包括局部热平衡和局部非热平衡状态下的传热分析 |
| | 金属加工 | 用于对冶金相变和由相变产生的应力、应变及渗碳进行分析 |
| | 生物传热 | 用于对生物组织的热传导、热对流和热辐射进行分析 |
| | 固化 | 通过使用预定义的反应速率动力学表达式来模拟聚合物的固化过程 |
| | 管道传热 | 用于模拟不同形状的管道中的热传导和热对流 |
| | 热电效应 | 用于对帕耳帖 - 塞贝克 - 汤姆逊效应进行热电效应的模拟仿真 |
| 光学 | 射线光学 | 用于模拟波长远小于模型中的最小几何实体的电磁波的传播情况 |
| | 波动光学 | 用于计算波长远小于所研究的器件或系统的电场和磁场 |
| 等离子体 | 等离子体 | 用于研究静电场或时变电场维持的放电 |
| | 电感耦合等离子体 | 用于研究感应电流维持的放电 |
| | 微波等离子体 | 用于研究电磁波维持的放电 |
| | 放电 | 包括电晕放电和电击穿检测。其中，使用与静电耦合的简化电荷传输模型来近似计算电晕放电中的电荷密度和静电场。电击穿检测是指通过沿电场线对汤森电离系数进行积分，来确定给定设计中是否会发生电击穿 |
| | 平衡放电 | 用于模拟采用高强度电弧或电感耦合高频放电这两种方法来产生热等离子体 |
| | 物质传热 | 在不与电磁场耦合的情况下，对电子传递、重物质传递或电荷传输进行模拟 |
| 射频 | 传输线 | 通过求解电势的时谐传输线方程来研究波沿一维传输线的传播 |
| | 电磁波，时域显式 | 用于对线性介质中的瞬态电磁波传播进行建模分析 |
| | 电磁波，溅近散射 | 用于近似计算金属物体的散射场和雷达散射截面 |
| | 电磁波，瞬态 | 通过求解磁矢势的时域波动方程来对不同介质和结构中的电磁波传播进行建模分析，如电磁脉冲的传播 |
| | 电磁波，边界元 | 用于在明确指定边界上电场分布的条件下计算电介质中的电场分布 |
| | 电磁波，频域 | 用于求解时谐电磁场分布 |
| | 电磁波，FEM-BEM | 用于构建混合 FEM-BEM 模型，其中使用边界元法计算有限元法域外部的电场 |

续表

| 模块 | 模块接口 | 适用仿真领域 |
|---|---|---|
| 半导体 | 半导体 | 用于求解电势的泊松方程，以及半导体材料中电子和空穴的漂移扩散方程 |
| | 薛定谔方程 | 通过求解薛定谔方程来分析一般的量子力学问题 |
| | 薛定谔 - 泊松方程 | 将薛定谔方程与静电相结合，来对量子限制系统中的载流子进行建模分析 |
| | 半导体光电子学，波束包络 | 将“半导体”与“电磁波，波束包络”接口相结合，通过“光跃迁”特征形成耦合，从而在“半导体”接口的域中添加一个受激发射生成项（适用于直接带隙材料），用于各种器件的建模，如光电二极管、发光二极管及直接带隙材料制成的没有量子阱的激光二极管 |
| | 半导体光电子学，频域 | 将“半导体”与“电磁波，频域”接口相结合，通过“光跃迁”特征形成耦合，从而在“半导体”接口的域中添加一个受激发射生成项（适用于直接带隙材料），用于各种器件的建模，如光电二极管、发光二极管及直接带隙材料制成的没有量子阱的激光二极管 |
| 结构力学 | 固体力学 | 用于对物体进行位移及应力和应变结构分析 |
| | 壳 | 用于在三维面上对结构壳进行建模分析 |
| | 多层壳 | 用于在三维面上对一般厚度到中等厚度的多层结构壳进行建模分析 |
| | 膜 | 主要用于模拟预应力膜，但也可用于实体上的薄包层 |
| | 梁 | 用于对具有显著抗弯刚度的细长结构单元进行位移、旋转、应力、应变和截面力分析 |
| | 桁架 | 用于模拟只能承受轴向力的细长单元的桁架结构或模拟下垂电缆 |
| | 导线 | 主要用于模拟导线和电缆在重力或外部载荷作用下的下垂 |
| | 多体动力学 | 用于分析由各种类型的关节、齿轮、凸轮、链条、弹簧和阻尼器连接的机械装配，零件可以是刚性的，也可以是弹性的 |
| | 集总机械系统 | 通过使用含集总元件的电路来模拟机械系统中的位移和力 |
| | 转子动力学 | 用于分析旋转机械部件的动力学和稳定性，以及分析液体动压轴承 |
| | 管力学 | 将管壁的内压、曳力和温差产生的载荷与外部载荷相结合来计算管道任意横截面的应力和变形 |
| | 疲劳 | 通过计算模型的应力、应变或能量结果对模型进行疲劳评估 |
| | 梁横截面 | 在梁长度已知的情况下，对不同梁截面进行梁段应力分析，从而定义和优化梁的横截面 |
| | 电磁 - 结构相互作用 | 将结构力学与电场和磁场相结合，进行电、磁、力的耦合分析 |
| | 流 - 固耦合 | 用于流体载荷和结构载荷相互影响的流 - 固耦合分析 |

续表

| 模块 | 模块接口 | 适用仿真领域 |
|---|---|---|
| 结构力学 | 多孔弹性 | 用于对实体和壳中的多孔弹性和达西定律进行耦合建模分析 |
| | 热 - 结构相互作用 | 用于实体、壳和膜的热膨胀分析 |
| 数学 | 偏微分方程 | 通过求解偏微分方程和常微分方程，执行灵敏度分析，以及采用动网格和变形几何等，对模型进行分析 |
| | 常微分和微分代数方程 | |
| | 优化和灵敏度 | |
| | 经典偏微分方程 | |
| | 移动界面 | |
| | 变形网格 | |
| | 壁距离 | |
| | 数学粒子追踪 | |
| | 曲线坐标 | |

（2）COMSOL 的建模仿真环境

COMSOL 为用户打造了一个快速、便捷的交互建模环境，用户从开始建模到结束分析，无须借助其他软件，只在同一款软件的界面下就能轻松完成；可利用参数定义模型，从而在建模过程中通过修改参数来快速地对模型进行优化；通过便捷的图形环境可以使用户在仿真分析的不同阶段（如几何建模、设置物理参数、划分网格、定义载荷和边界条件及求解和后处理）进行自由切换，无须担心因修改模型尺寸而导致定义的载荷和边界条件与模型脱离。

（3）导入其他软件的模型

通过 COMSOL 的导入功能可以导入 CAD、CATIA、SolidWorks、Inventor、NX 等软件创建的模型，还可以通过软件修补功能导入 DXF 格式（用于二维）和 IGES 格式（用于三维）的通用文件，也可以导入二维的 JPG、TIF 和 BMP 文件，并将它们转化为 COMSOL 可用的几何模型。

（4）灵活自由的物理场耦合搭配

不仅能够对模型进行单一场的仿真分析，还提供了多物理场模块和快捷灵活的多物理场耦合分析。其可以将结构力学、热学、电磁学、光学、流体力学等各种物理场自由组合搭配，进行耦合分析。

（5）提供灵活多变的网格划分

COMSOL 利用三角形或四边形对二维模型进行网格划分；利用四面体、六面体或棱柱对三维模型进行网格划分。在对模型自动进行网格划分时，系统会根据所建的模型和物理环境自动适配适应性最好的网格。

当然，用户还可以自定义网格的类型和大小，以得到更加精确的网格。

## 1.4　COMSOL 基本分析步骤

COMSOL 分析步骤主要包含三个环节：问题研究、前处理、后处理，如图 1-4 所示。图中，问题研究为分析前的准备，前处理和后处理为具体的操作环节。

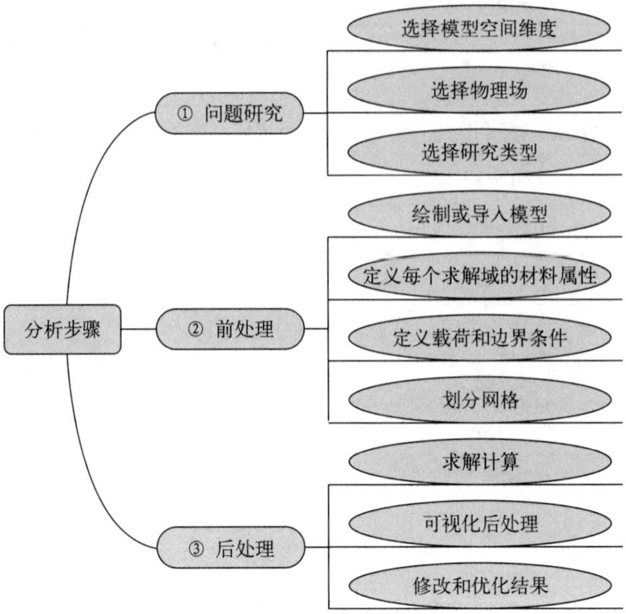


图 1-4　分析的基本步骤

### 1.4.1　问题研究

（1）选择模型空间维度

在进行有限元仿真之前，首先需要弄清楚自己想研究的问题可以通过什么样的模型来描述，是三维模型、二维模型还是一维模型。一般的原则是可以使用低维度的模型就不选用高维度的模型，因为低维度的模型在网格划分和求解计算中速度更快，从而可以进行更紧密的网格划分，获得更加精确的求解仿真。

（2）选择物理场

针对不同的有限元仿真，需要选择相应的物理场。例如，进行结构的静力分析时，需要选择结构力学分析模块；进行静磁分析时，需要选择 AC/DC 模块；进行热学分析时，需要选择传热模块。若分析的问题受到多个物理场的影响，可以同时选择多个场进行耦合分析。例如，选择流 - 固耦合模块接口进行结构力学和流体流动的联合仿真等。

（3）选择研究类型

由于同一物理场又有不同的研究类型，不同的研究类型对应不同的求解器，因此在选好物理场后，再进行研究类型（求解器）的选择。例如，对一个对象进行结构力学分析时，可以选择稳态分析、瞬态分析，还可以进行频域分析等。

### 1.4.2　前处理

（1）绘制或导入模型

COMSOL 具有完善的建模环境，用户可以在 COMSOL 建模环境中快速地建立分析所需要的模型。一维模型是通过点的坐标来定义点和线；通常采用矩形和圆形，以及圆弧和贝塞尔曲线来创建二维模型；对于三维模型的创建，方法更加多样，可以选择常见的长方体、圆柱体、球体、圆环体和螺旋体等直接建立模型，也可以通过先绘制二维模型，再通过拉伸、旋转、扫掠和放样等操作创建三维模型。对于复杂的模型，一般采用由简单的模型通过布尔运算来创建。

（2）定义每个求解域的材料属性

创建完模型后，只有为模型赋予相应的材料属性，才能准确地表达模型的特性，为模型赋予灵魂。

COMSOL 提供了非常全面的材料库，除了有一个独立的材料库外，还针对不同的分析模块提供了相应模块的材料库。

独立的材料库包含多达 83 种独立的材料属性，可以模拟 1 万多种材料、8 万多个材料属性数据集。部分独立的材料库如图 1-5 所示。

图 1-5　部分独立的材料库

模块材料库对不同属性的材料做了具体的分类，并将这些材料分配给不同的分析模块，使用户可以更好地选择材料。模块材料库的分类见表 1-4。

**表 1-4　COMSOL 各模块材料库**

| 材料库 | 图标 | 适用模块及接口 | 备注 |
|---|---|---|---|
| 内置材料库 | | COMSOL 内置的常用材料 | 包含 30 多种常用材料，如空气、铝、铜、铁、硅、结构钢、水等。<br>该材料库中的材料属性为常见材料的典型属性，如弹性模量、泊松比、密度等 |
| AC/DC 材料 | | AC/DC 模块 | 包含电磁材料，如铜、软铁、磁滞材料等。<br>该材料库中的材料属性主要集中在电磁特性上，如相对磁导率、电导率、相对介电常数、磁通密度等 |

续表

| 材料库 | 图标 | 适用模块及接口 | 备注 |
|---|---|---|---|
| 电池材料 |  | 电化学模块→电池接口 | 包含许多电极和电解质材料，主要用于锂离子电池、镍氢电池和铅酸电池的建模。<br>该材料库中的材料属性包含电导率、平衡电位、参考浓度、扩散系数、密度和电解质电导率等 |
| 生物传热 |  | 传热模块→生物传热接口 | 包含许多与人体相关的材料，如骨骼、肝脏、肌肉、肺、心肌、皮肤等。<br>该材料库中的材料属性包含热导率（也称导热系数）、等压热容和密度 |
| 建筑传热 |  | 传热模块→湿热传递→建筑材料接口 | 包含许多与建筑湿热属性相关的材料，如泡沫混凝土、松木、石膏板、玻璃面板、石灰硅砖等。<br>该材料库中的材料属性包含热导率、等压热容、扩散系数、含水量和蒸汽渗透性等 |
| 腐蚀材料 |  | 电化学模块→腐蚀，变形几何接口 | 包括与电化学腐蚀相关的各种材料，如电解质、铝合金、铁合金、铜合金、镁合金等。<br>该材料库中的材料属性包含平衡电位、平衡电位温度导数、参考浓度和局部电位密度表达式等 |
| 平衡放电材料 |  | 等离子体模块→平衡放电接口 | 包括空气、氩气、氦气、氢气、氮气和氧气，这些气体都具有随温度变化的电学和热学性质。<br>该材料库中的材料属性包含密度、等压热容、热导率、相对磁导率、相对介电常数、动力黏度和电导率等 |
| 氢燃料电池材料和水电解槽材料 |  | 电化学模块→氢燃料电池接口<br>电化学模块→水电解槽接口 | 包含比较常见的电池材料和电解质材料，如氢氧化钾、氢氧化钠、聚合物电解质和固体氧化物等。<br>该材料库中的材料属性包含密度、动力黏度、电解质电导率、渗透系数等 |
| 液体和气体材料 |  | 声学模块→热黏性学接口<br>化学物质传递模块→非等温反应流接口<br>化学物质传递模块→反应管道流接口<br>化学物质传递模块→化学接口<br>化学物质传递模块→反应工程接口<br>流体流动模块→多相流→非等温混合物模型接口<br>流体流动模块→非等温流动接口<br>流体流动模块→多孔介质和地下水流接口<br>流体流动模块→流 - 固耦合→共轭传热接口<br>电化学模块→电池接口<br>电化学模块→氢燃料电池接口<br>电化学模块→水电解槽接口<br>传热模块 | 包含与温度相关的热和流体材料，如空气、氧气、二氧化碳、润滑油、乙醇、汽油、水等。<br>该材料库中的材料属性包含热膨胀系数、动力黏度、比热容、热导率等 |

续表

| 材料库 | 图标 | 适用模块及接口 | 备注 |
|---|---|---|---|
| MEMS 材料 |  | MEMS 模块 | 适用于仿真 MEMS（微机电系统）器件的金属、半导体、绝缘体和热电材料等。<br>该材料库中的材料属性主要包括电导率、热膨胀系数、热导率、相对介电常数等 |
| 非线性磁性材料 |  | AC/DC 模块 | 包括各种磁性材料，如硅钢、钴钢、镍钢、低碳钢和铁粉等。<br>该材料库中的材料属性主要包括磁通密度模、磁场模、磁共能密度、相对介电常数等 |
| 光学材料 |  | 光学模块→射线光学接口<br>光学模块→波动光学接口 | 包含各种光学模型所需的材料，如玻璃、晶体、黏合剂等。<br>该材料库中的材料属性主要包括色散系数、透射率、折射率、实部和虚部等 |
| 压电材料 |  | AC/DC 模块→电磁学和力学→压电接口<br>声学模块→弹性波→压电波，时域显式接口<br>声学模块→声 - 结构相互作用→声 - 压电相互作用，频域接口<br>声学模块→声 - 结构相互作用→声 - 压电相互作用，瞬态接口<br>结构力学模块→电磁 - 结构相互作用→压电接口 | 包含各种压电材料，如氮化铝、钛酸钡、锗酸铋、硫化钾、二氧化碲等。<br>该材料库中的材料属性主要包括相对介电常数、弹性矩阵、损耗因子、柔度矩阵等 |
| 压阻材料 |  | AC/DC 模块→电磁学和力学→压阻效应接口<br>结构力学模块→电磁 - 结构相互作用→压阻效应接口 | 包含创建压阻模型所需的单晶 - 轻掺杂的 P- 硅和 N- 硅，以及多晶 - 轻掺杂的 P- 硅和 N- 硅。<br>该材料库中的材料属性主要包括弹性矩阵、损耗因子、电导率等 |
| 射频材料 |  | 射频模块 | 包含多种射频基材，包括 Rogers 公司、Isola 集团和 Avient 公司生产的材料。<br>该材料库中的材料属性主要为电导率、相对磁导率、相对介电常数（实部）等 |
| 半导体材料 |  | 半导体模块 | 包含半导体材料，如硅、锗、金刚石等。<br>该材料库中的材料属性主要包括带隙、电子亲和能、电子迁移率、空穴迁移率等 |
| 热电材料 |  | 传热模块→热电效应接口 | 含有碲化铋和碲化铅。<br>该材料库中的材料属性为用于热电效应的塞贝克系数、热导率和电导率等 |

（3）定义载荷和边界条件

载荷和边界条件表面上看是有限元分析中对模型施加的载荷和约束，但由于有限元仿真的实质是求解各种微分或偏微分方程，因此所谓的定义载荷和边界条件，实际上是用来定义求解域边界上待求变量的值或通量等的条件，通过这些条件随时间或空间的变化规律，可以获得控制方程的定解。因此，为模型定义正确的载荷和边界条件是有限元分析的关键步骤，这决定了计算结果是否可行，单元是否收敛，以及计算精度是否较高。

常见的边界条件有以下三类。

第一类边界条件：给出未知函数在边界上的函数值，又称为狄里克莱（Dirichlet）条件。

第二类边界条件：给出未知函数边界外法线的导数，又称为诺依曼（Neumann）条件。

第三类边界条件：给出未知函数在边界上的函数值和边界外法线导数的组合，又称为洛平（Robin）条件。

COMSOL 一般只给出前两种类型的边界条件，看起来很清晰，但是不同的物理场对应不同的载荷和边界条件。基本物理场的载荷和边界条件的分类见表 1-5。

**表 1-5 基本物理场的载荷和边界条件**

| 物理场 | 载荷和边界条件 |
| --- | --- |
| 电场分析 | 电势、电阻、电流、电荷、电荷密度等 |
| 磁场分析 | 磁势、磁通密度、磁通量等 |
| 流体流动 | 速度、压力、壁、入口、出口、开放边界等 |
| 结构力学 | 位移、压力、温度（热应力）、重力、固定面等 |
| 传热 | 温度、热流速率、对流、热通量、热源等 |

（4）划分网格

有限元分析的基础依据是有限元分析法，体现在模型上就是划分网格。网格划分得是否合适关系着结果的精度和正确与否。网格划分得越密，计算精度越高，但计算时间也会越长，对计算机的要求就会越高，越会增加计算成本，因此网格划分的疏密是求解快慢的关键。COMSOL 的自由网格参数可以根据用户需求设置网格单元大小、单元增长率及局部细化等，以满足求解所需网格的划分要求。具体操作会在网格划分章节具体讲解。

### 1.4.3 后处理

当完成前面的所有设定后，就可以进行求解计算和结果输出等后处理操作了。将计算的结果通过数值、图形或动画形式表现出来。

（1）可视化后处理

COMSOL 的后处理功能非常全面，可视化效果非常生动。COMSOL 提供了多种后处理工具，包括表面图、切面图、等值线图、流线图、线图、体图等，可按功能分为数据集（储存数据的地方）、派生值和表单（对数据进行进一步操作）、绘图组和绘图类型（显示数据结果的地方）、导出数据与生成报告，其既可以生成点、线等趋势图，又可以绘制二维或三维云图、流线图、箭头图和粒子追踪图等，还可以将二维图形旋转或拉伸生成三维图形。对于实体模型，可以通过剖切生成剖切面，以观察模型内部的情况。

（2）修改和优化结果

通过可视化后处理可以形象地观察、计算分析后的模型的情况，这对产品的研制或科学研究很有帮助。可根据需要，通过修改模型形状或材料属性等优化仿真结果，以获得最优产品和研究成果。

# 第2章 COMSOL的启动及工作界面

本章主要介绍COMSOL的启动、快速访问工具栏，以及简要介绍功能区中的各个选项卡。

## 2.1 COMSOL的启动

COMSOL为用户打造了一个快速、便捷的交互建模环境，用户从开始建模到结束分析，无须借助其他软件，在同一款软件的界面下就能轻松完成。但是由于COMSOL涉及的有限元分析领域全面，而且归纳分类为许多模块，为了满足不同水平的用户需求，将COMSOL的启动方式分为两种：一种是通过模型向导建模进入主界面；另一种是创建空模型，直接进入主界面。

单击COMSOL软件图标后会自动进入“新建”界面，如图2-1所示，该界面包括“模型向导”和“空模型”两个选项，可以通过“模型向导”进行建模，然后进入主操作界面，也可以通过“空模型”进行建模直接进入主操作界面。

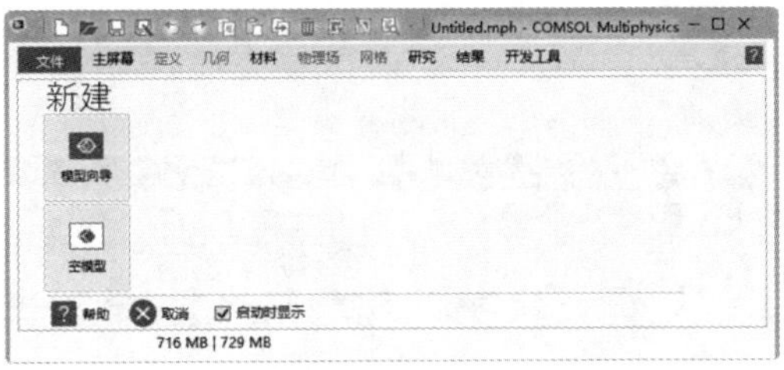


图2-1 “新建”界面

### 2.1.1 通过“模型向导”建模

通过“模型向导”建模主要针对初学者，其作用是引导用户选择合适的模型类别、有限元物理仿真环境和研究类型（也称为求解器），包括新建界面、选择空间维度界面、选择物理场界面和选择研究界面，该方法的建模过程如下。

① 在“新建”界面中单击“模型向导”按钮  ，弹出“选择空间维度”界面。如图2-2所示，在该界面中可以选择有限元分析所需的模型的类型，包括“三维”“二维轴对称”“二维”“一维轴对称”“一维”和“零维”，不同维度模型示意如图2-3所示。在这里以“三维”模型为例进行讲述。

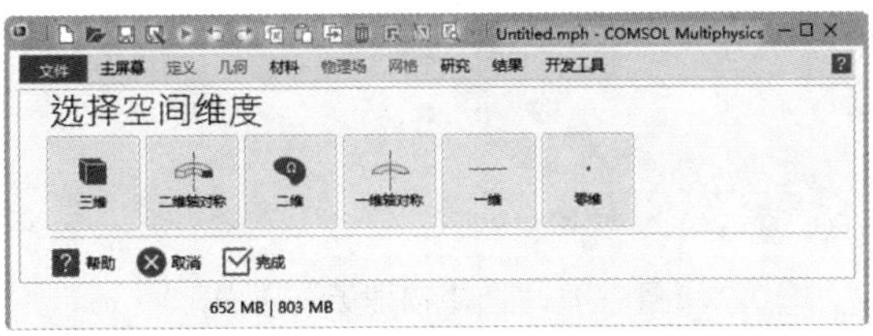


图2-2 “选择空间维度”界面

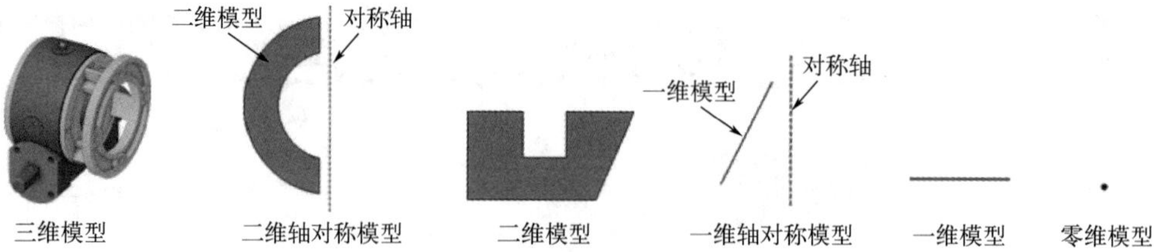


图 2-3　不同维度模型示意

② 单击“三维”按钮，进入“选择物理场”界面，如图 2-4 所示。在该界面中可以根据不同的问题和研究对象来选择相应的物理场模块和接口等。例如：选择“AC/DC”模块→“电场和电流”分支→“静电”接口，进行电场分析；选择“流体流动”模块→“单相流”分支→“层流”接口，对单相流流体在层流状态下的速度场和压力场进行分析；选择“电化学”“传热”“光学”“射频”等模块，进行相应物理场的分析。选择相应的接口后，在界面右侧会对该接口能够进行的仿真分析进行详解。这里以选择“磁场，无电流”接口为例，选择该接口后，单击下方的“添加”按钮 添加 ，该接口将出现在下方的“添加的物理场接口”栏中，同时在右侧窗口中出现该物理场接口对应的“因变量”，如图 2-5 所示。

**注意**

可以根据分析对象，选择一种或几种物理场接口。

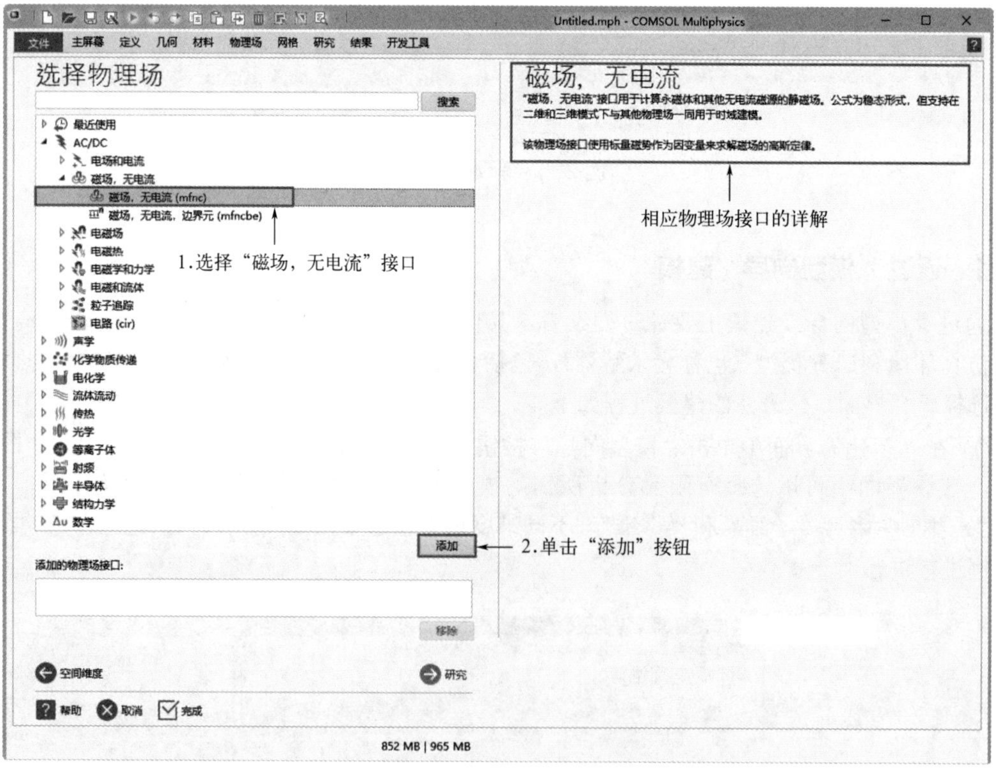


图 2-4　“选择物理场”界面

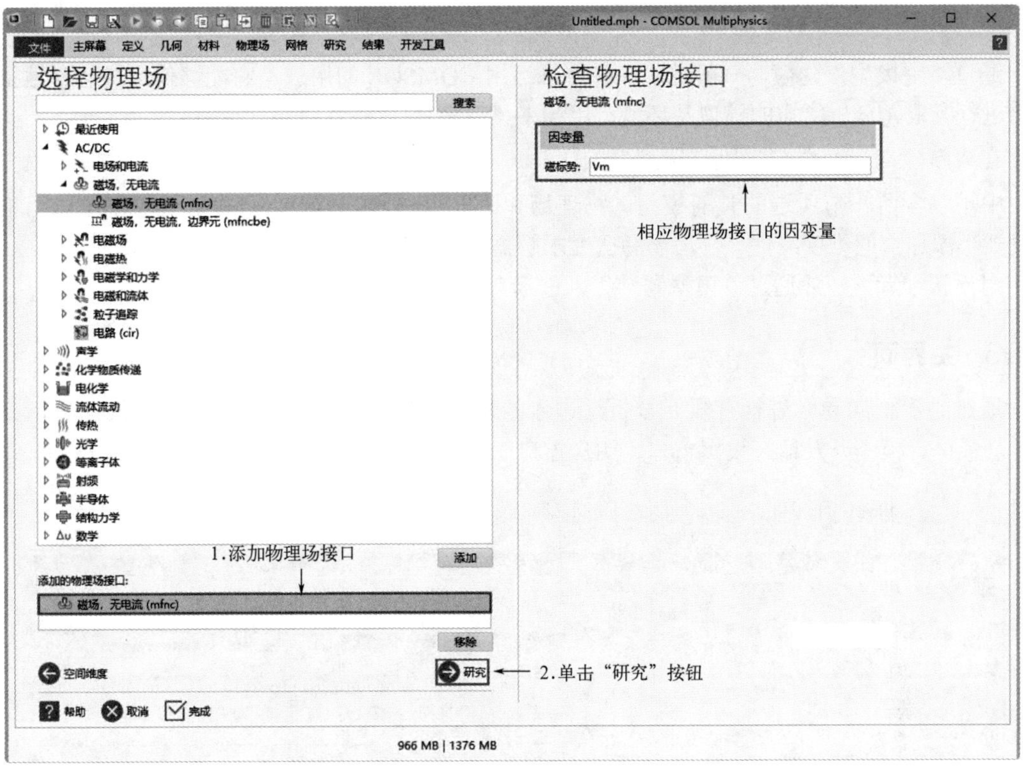


图 2-5　添加物理场接口

③ 单击“研究”按钮 研究，进入“选择研究”界面，如图 2-6 所示，在该界面可以选择不同的研究类型，如“频域”“稳态”“瞬态”等，不同的研究类型对应不同的求解器或求解器集。这里以选择“稳态”为例，右侧窗口中会出现选择“稳态”求解器的详解，然后单击“完成”按钮 完成，进入主界面。该界面中的“模型开发器”列表中包含前面所选的几何模型、物理场和研究求解器等节点，通过选择这些节点，就可以进行建模、施加载荷、划分网格，以及设置求解器和计算分析了。

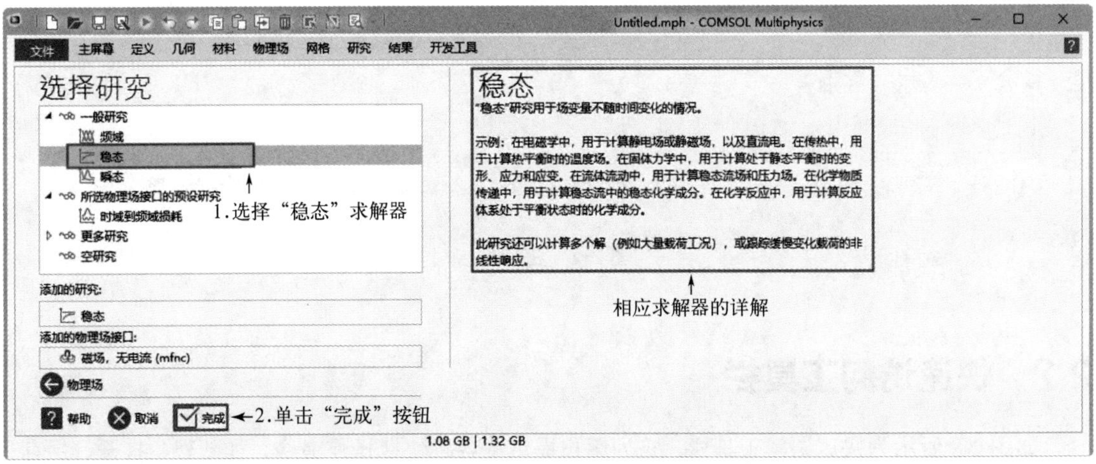


图 2-6　“选择研究”界面

### 2.1.2 通过“空模型”建模

通过“空模型”建模，一般针对能够熟练运用 COMSOL 的用户，它能够使用户随意地搭建自己进行有限元分析所需的模型及环境，用起来灵活多变。

在“新建”界面中单击“空模型”按钮 ，直接进入主界面，该界面的“模型开发器”列表中不包含前一节所选的几何模型、物理场和研究求解器等节点，可以通过右键单击“模型开发器”添加空间维度组件、物理场和研究求解器等。

对于初学者，一般通过“模型向导”来进行有限元分析的操作。

### 2.1.3 主界面

通过“模型向导”进行有限元分析，进入的主界面如图 2-7 所示，主要包括快速访问工具栏、功能区、模型开发器、设置窗口、图形窗口工具栏、图形窗口、信息窗口和消息栏等。

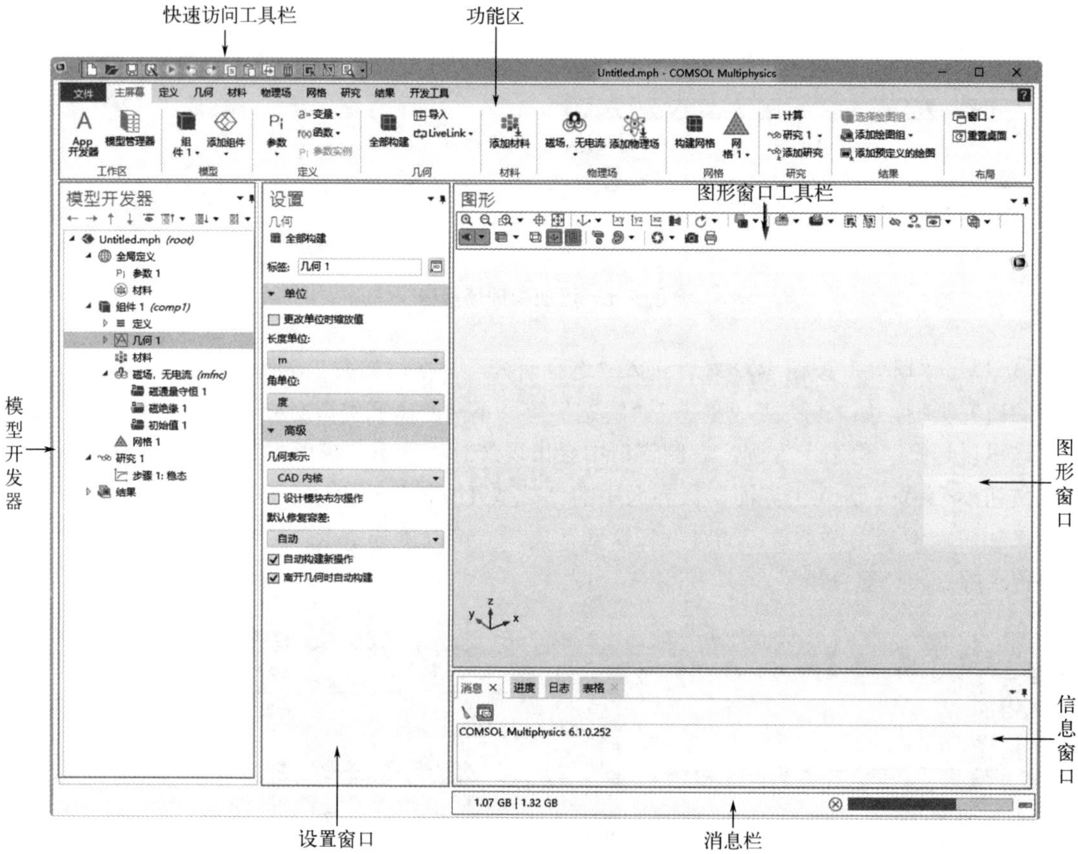


图 2-7 主界面

## 2.2 快速访问工具栏

如图 2-8 所示为快速访问工具栏，它为用户提供了各种快捷操作命令，如新建、打开、保存、另存为、撤销（界面中为“撤消”）、重做、复制、复制粘贴、删除、全选、清除选择等。单击快速访问工具栏右侧的下拉按钮 ，弹出“定制快速访问工具栏”列表，如图 2-9 所示，通过勾选或取消勾选某些命令来定制快速访问工具栏的内容。下面对常用的命令进行简单的介绍。

图 2-8　快速访问工具栏

图 2-9　“定制快速访问工具栏”列表

① 新建 ：用于新建分析模型及物理环境等，单击该按钮，软件切换到“新建”界面。

② 打开 ：用于打开适用于 COMSOL 的文件，单击该按钮，弹出“打开”窗口，如图 2-10 所示，选择要打开的文件后，单击“打开”按钮 打开(O) ，将其打开。

③ 保存 ：用于保存 COMSOL 文件，单击该按钮，弹出“另存为”窗口，如图 2-11 所示，选择文件保存的路径，并填写文件名，单击“保存”按钮 保存(S) ，保存文件。

④ 另存为 ：用于将已经保存过的文件，另存到其他文件夹中，或将修改后的文件另外进行保存，操作过程和保存类似。

⑤ 撤销 / 重做 / ：用于对分析过程中出现的错误操作进行撤销，或者将已经撤销的操作重新恢复，即所谓的后退或前进操作。

⑥ 复制 ：用于对分析过程中定义的参数、几何模型、材料和边界条件等进行复制操作。

⑦ 复制粘贴 ：将复制操作的对象进行粘贴。

⑧ 删除 ：用于对分析过程中定义的参数、几何模型、材料和边界条件等进行删除操作。

⑨ 全选 ：单击该按钮，选择所有的模型。

⑩ 清除选择 ：单击该按钮，清除所有选择的模型。

图 2-10　“打开”窗口

图 2-11　“另存为”窗口

## 2.3 功能区

功能区位于主界面的上方，包括“文件”下拉菜单、“主屏幕”选项卡、“定义”选项卡、“几何”选项卡、“材料”选项卡、“物理场”选项卡、“网格”选项卡、“研究”选项卡、“结果”选项卡和“开发工具”选项卡。这些选项卡包含了 COMSOL 进行有限元分析的所有功能和命令，下面对常用内容进行简单介绍。

### 2.3.1 “文件”下拉菜单

“文件”下拉菜单主要包括新建、打开、保存、另存为等和快速访问工具栏相同的命令，还包括案例库、帮助、首选项和退出等命令，如图 2-12 所示。

（1）案例库

单击“案例库”按钮，弹出“案例库”窗口，如图 2-13 所示，该窗口中包含了 COMSOL 提供的各个模块对应的经典案例，如与 AC/DC 模块、传热模块、结构力学模块等有关的案例。选择并打开相应模块中的案例，可以帮助用户更好地了解和学习 COMSOL 软件。如图 2-14 所示，可以选择 AC/DC 模块→入门案例，电磁→ iron_sphere_20khz_bfield，然后单击“打开”按钮 打开，就会打开该案例。如果单击“打开 PDF 文档”按钮 打开 PDF 文档，则会打开该案例的问题分析和操作步骤的 PDF 文档。如果单击“关闭”按钮 关闭，则关闭案例库。

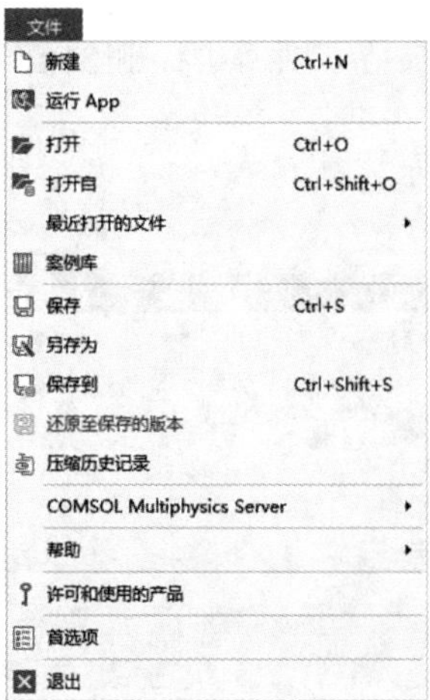


图 2-12 “文件”下拉菜单

图 2-13 “案例库”窗口

图 2-14 打开所选案例

（2）首选项

单击“首选项”按钮，弹出“首选项”窗口，如图 2-15 所示，在该窗口中对 COMSOL 界面及分析建模环境进行基础设置，如颜色主题的设置、计算精度的设置等。

图 2-15　“首选项”窗口

## 2.3.2 “主屏幕”选项卡

如图 2-16 所示，“主屏幕”选项卡包括“工作区”“模型”“定义”“几何”“材料”“物理场”“网格”“研究”“结果”和“布局”等面板，可进行更改工作区域、创建模型、运动仿真及开发和测试 App 等最常见的操作。

图 2-16　“主屏幕”选项卡

（1）“工作区”面板

“工作区”面板用于 App 开发器、模型开发器和模型管理器三个工作区域的切换。

（2）“模型”面板

“模型”面板用于选择和新建组件。一般新建的模型在“模型开发器”中只含有一个组件，当在分析过程中需要添加另外的组件时，可单击“模型”面板“添加组件”下拉列表中的不同方式添加相应的组件，以添加“三维”为例，操作如图 2-17 所示。当“模型开发器”中含有两个以上的组件时，就可以通过单击左侧的“组”下拉列表选择不同的组。

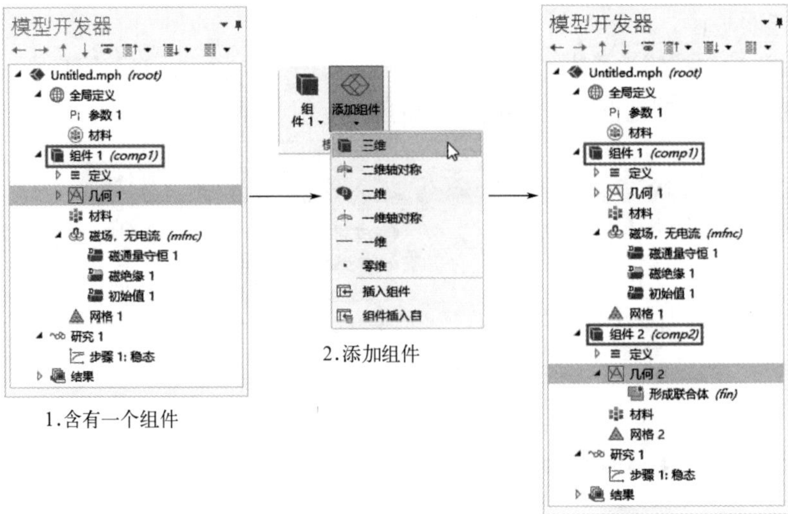


1.含有一个组件　2.添加组件　3.含有两个组件

图 2-17　添加组件操作

### （3）“定义”面板

“定义”面板用于选择和新建参数、添加全局或局部变量、添加全局或局部函数等。

在“模型开发器”中的“全局定义”节点下添加参数，可创建和定义全局参数。

全局变量用于定义整个分析环境中的变量，主要包括不依赖几何参数的表达式，如时间或代数方程中的因变量。

局部变量具有特定的几何定义域，只能在特定的组件或选定的域、边界、边或点上定义和使用。

通过单击“函数”下拉列表，可以添加“全局”或“局部”函数，包括解析函数、插值函数、高斯脉冲函数等，见表 2-1。

**表 2-1　常用函数表**

| 名称 | 图标 | 全局 | 局部 | 描述 |
|---|---|---|---|---|
| 解析 | | 是 | 是 | 使用解析表达式及其参数定义函数 |
| 插值 | | 是 | 是 | 创建由包含离散点函数值的表或文件定义的插值函数 |
| 分段 | | 是 | 是 | 定义一个由几个函数拼接而成的函数，每个函数定义一个区间 |
| 高斯脉冲 | | 是 | 是 | 定义一个函数，其是高斯脉冲常见的钟形曲线 |
| 斜坡 | | 是 | 是 | 定义一个线性增长的斜坡函数 |
| 矩形 | | 是 | 是 | 定义一个矩形函数 |
| 阶跃 | | 是 | 是 | 定义一个带有急剧转变的阶跃函数 |
| 三角 | | 是 | 是 | 定义一个先呈线性增长后又线性下降的三角函数 |
| 波形 | | 是 | 是 | 定义锯齿波、正弦波、方波或三角波函数 |

续表

| 名称 | 图标 | 全局 | 局部 | 描述 |
|---|---|---|---|---|
| 正态分布 |  | 是 | 是 | 定义一个代表正态分布的函数 |
| 随机 |  | 是 | 是 | 定义一个产生均匀或正态分布白噪声的函数 |
| 外部 |  | 是 | 否 | 通过使用 C 语言编写的其他外部函数接口来定义函数 |
| 高程（DEM） |  | 是 | 是 | 通过从数字高程模型（使用 USGS 标准的 DEM 文件格式）导入地理空间高程数据来定义函数 |
| 图像 |  | 是 | 是 | 通过导入图像来定义函数，并将图像的 RGB 数据映射到标量函数输出值 |
| 最小二乘拟合 |  | 是 | 是 | 定义一个基于最小二乘拟合的系数函数 |
| 高斯过程 |  | 是 | 是 | 定义一个代表高斯过程的函数，用于不确定性量化模块 |
| 函数 switch |  | 是 | 是 | 功能开关，用于在不同功能之间切换 |

（4）“几何”面板

“几何”面板用于在当前几何图形中构建所有元素，用 COMSOL 软件导入多物理文件或 CAD 文件，以及通过 LiveLink 连接其他 CAD 软件，如将 CAD、Inventor 或 SolidWorks 等软件与 COMSOL 连接，当通过这些软件修改模型时，COMSOL 中的模型也会实时更新。

（5）“材料”面板

单击“材料”面板中的“添加材料”按钮，打开“添加材料”窗口，如图 2-18 所示，用于将所需的材料添加到全局模型或组件中。

（6）“物理场”面板

“物理场”面板用于显示和选择“模型向导”建模时选择的物理场和添加新的物理场。当分析中添加了多个物理场时，可以选择切换到要设置的物理场的节点，然后对该物理场进行设置；单击“添加物理场”按钮，打开“添加物理场”窗口，如图 2-19 所示，在此添加所需的物理场到组件中或所选择的组件中。

（7）“网格”面板

“网格”面板用于添加、编辑和构建网格。

（8）“研究”面板

“研究”面板用于计算和选择查看计算的研究对象，还可以选择新的研究对象。

（9）“结果”面板

“结果”面板用于选择查看定义的计算结果，以及添加新的绘图组和预定义的绘图。

（10）“布局”面板

单击“窗口”下拉列表，可以选择要打开的窗口，如“添加物理场”窗口、“案例库”窗口等，如图 2-20 所示。

单击“重置桌面”按钮，可以将 COMSOL 界面重置为默认的宽屏布局或常规屏幕状态。

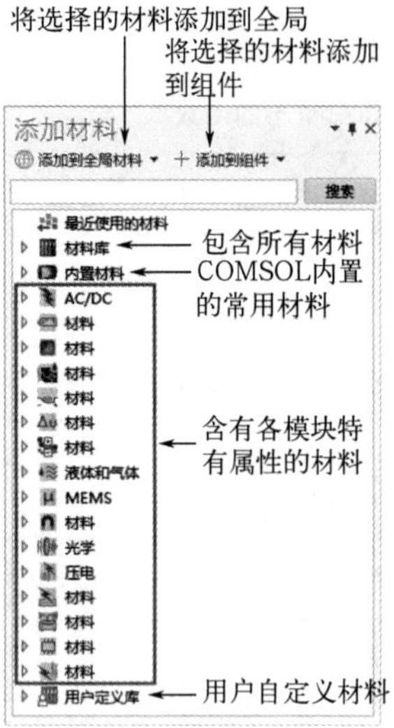


图 2-18 “添加材料”窗口

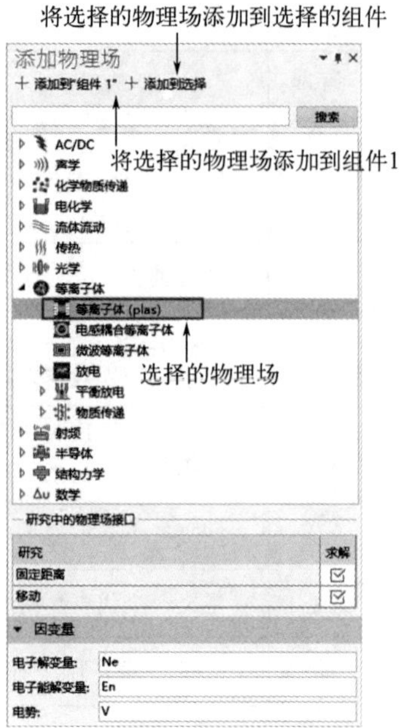


图 2-19 “添加物理场”窗口

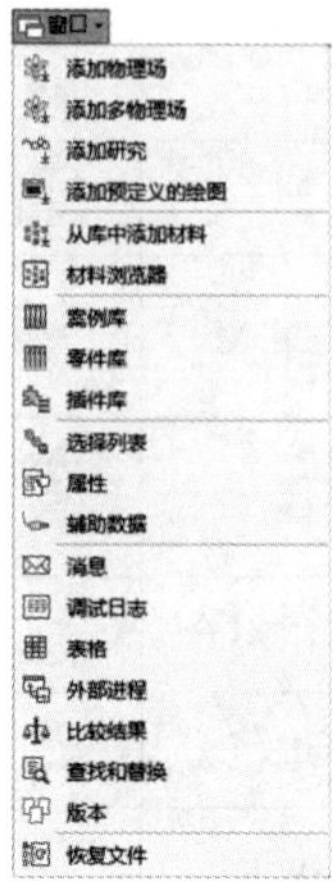


图 2-20 “窗口”下拉列表

## 2.3.3 “定义”选项卡

如图 2-21 所示，“定义”选项卡包括“变量”“函数”“选择”“探针”“物理场实用程序”“耦合”“坐标系”“变形网格”“优化”“视图”和“清除”等面板，可用于定义在“模型开发器”中“组件”分支中的“定义”和“几何”节点下的所需要的常见功能和操作。

图 2-21 “定义”选项卡

（1）“变量”面板

在当前组件的“定义”节点下添加变量，变量的对象可以是整个模型，也可以是模型的域、边界、边或点。

（2）“函数”面板

在当前组件的“定义”节点下添加所需要的函数，如解析函数、插值函数、分段函数等，可参考“主屏幕”选项卡中“定义”面板中对函数的讲解。

（3）“选择”面板

在当前组件的“定义”节点下添加各种选择集，对于复杂的模型，添加和定义选择集可以帮助用户快速地选择、显示或隐藏模型中的某些组成部分。例如，可以定义一个“圆柱体”选择集，然后通过这个“圆柱体”选择集来定义想要同时选中、隐藏或显示的模型中的某些圆柱体。

（4）“探针”面板

“探针”面板用于在区域、边界、边或点上添加探针，以获得相应区域、边界、边或点上的场量的平均值、最小值或最大值，该值会通过列表和曲线图形式展现，如图 2-22 所示。

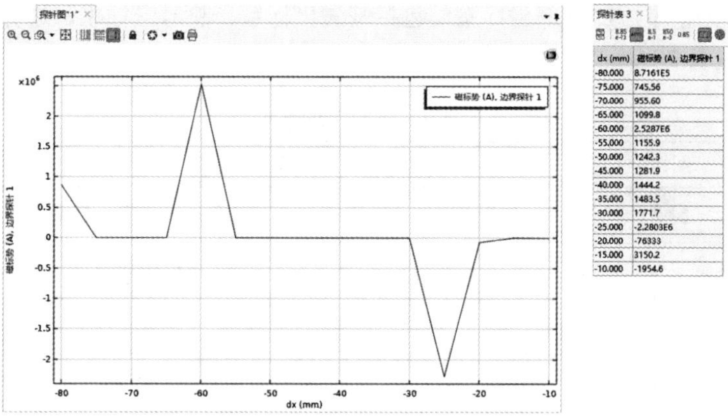

图 2-22 探针图和探针表

### （5）“物理场实用程序”面板

“物理场实用程序”面板用于在组件中的“定义”节点下添加质量属性、质量贡献、参与因子、响应谱和屈曲缺陷，如图 2-23 所示。

① “质量属性”：为模型添加质量属性，并计算模型的质量、体积、重心和惯性矩的变化。

② “质量贡献”：是“质量属性”的子项，用于计算质量属性以外的与模型相关的参数，如连接边界等。

③ “参与因子”：用于计算结构力学模拟中模态的参与因子。

④“响应谱”：在组件中的“定义”节点下添加响应谱节点，为结构分析中的响应谱分析做准备。该节点有两个作用：一是定义了参与因子变量；二是生成了计算缺失质量校正所需的模型特征。

⑤ “屈曲缺陷”：在组件中的“定义”节点下添加屈曲缺陷节点，以便根据线性屈曲研究的结果生成一个有初始缺陷的模型，然后对这个有缺陷的模型进行非线性分析。

### （6）“耦合”面板

“耦合”面板用于在组件中的“定义”节点下为不同部分之间或不同模型之间建立耦合或接触对，包括积分耦合、平均值耦合、线性拉伸耦合、一致映射耦合、接触对、一致边界对等，如图 2-24 所示。

### （7）“坐标系”面板

“坐标系”面板用于在组件中的“定义”节点下添加坐标系、完美匹配层、无限元域或吸收层，如图 2-25 所示。

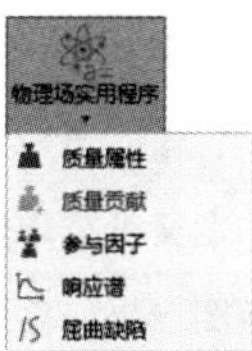


图 2-23 “物理场实用程序”面板

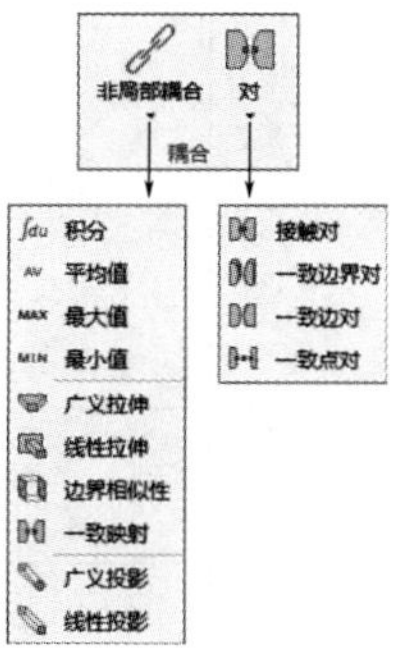


图 2-24 “耦合”面板

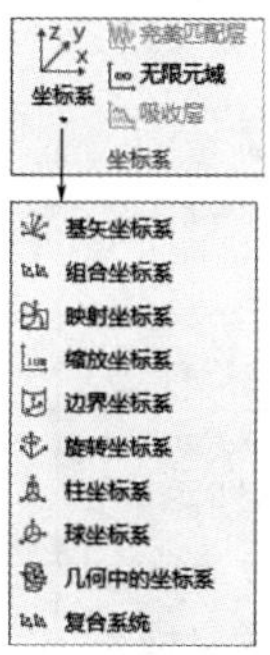


图 2-25 “坐标系”面板

① 坐标系：为模型添加局部坐标系，包括基矢坐标系、映射坐标系、边界坐标系等，坐标系的类型和描述见表 2-2。

**表 2-2　常用坐标系表**

| 名称 | 图标 | 类型 | 适用模型 | 描述 |
| --- | --- | --- | --- | --- |
| 基矢坐标系 |  | 相对坐标系 | 一维、二维、三维 | 使用一组基本向量来定义坐标系 |
| 组合坐标系 |  | 与基础坐标系相同 | 一维、二维、三维 | 添加组合坐标系后，可以在该节点下添加不同的域或添加不同的基础坐标系 |
| 映射坐标系 |  | 绝对坐标系 | 一维、二维、三维 | 该坐标系是一种比较灵活的坐标系，可以通过表达式的形式指定源坐标系和目标坐标系之间的关系，其可以同时处理旋转和平移问题。默认坐标映射表达式为 $x_1=x$，$x_2=y$，$x_3=z$；用户可以手动编辑映射表达式以实现坐标变换 |
| 缩放坐标系 |  | 绝对坐标系 | — | 缩放坐标系可以将由全局坐标系表示的几何图形映射到由虚拟缩放坐标系表示的虚拟几何图形上。缩放坐标系也可以将无限元域或完全匹配层进行缩放，物理场将在缩放后的几何模型基础上进行运算。因此，使用缩放坐标系可以任意变形域，效果基本上与使用具有指定变形节点的变形几何体相同 |
| 边界坐标系 |  | 绝对坐标系 | 二维、三维 | 它是二维边界和三维边界上的局部基础向量系统。使用它可以在与全局笛卡儿坐标系不对齐的边界上施加沿法向或切向的载荷和其他边界条件。此坐标系主要用于指定表面上的压力或法向位移 |
| 旋转坐标系 |  | 相对坐标系 | 二维、三维 | 旋转坐标系是在全局坐标系的基础上进行（$Z$-$X$-$Z$）变换得到的新坐标系，即首先绕全局坐标系 $Z$ 轴旋转 $\alpha$ 角度，其次沿新坐标系的 $X$ 轴旋转 $\beta$ 角度，最后沿新坐标系 $Z$ 轴旋转 $\gamma$ 角度得到的新坐标系 |
| 柱坐标系 |  | 绝对坐标系 | 二维、三维 | 适用于二维、三维组件。在二维轴对称几何中，柱坐标是默认的坐标形式。用户可以人为指定柱坐标系的原点、纵轴方向及方位角为 0° 的轴方向来确定柱坐标系和全局坐标系之间的关系 |
| 球坐标系 |  | 绝对坐标系 | 三维 | 使用球面系统，通过其原点、天顶轴和方位轴定义三维球坐标系 |
| 几何中的坐标系 |  | 绝对坐标系 | 三维 | 使用几何图形坐标系中的系统创建一个坐标系 |

续表

| 名称 | 图标 | 类型 | 适用模型 | 描述 |
| --- | --- | --- | --- | --- |
| 复合系统 |  | — | 一维、二维、三维 | 例如，当需要在不同的域中使用不同的坐标系来表示某些材料的属性时，可以使用复合系统。其可以将适用的坐标系添加为子节点，每个子节点都有一个几何图元选择 |

② 完美匹配层：用于在组件中的“定义”节点下添加完美匹配层节点，其是一种理想的边界条件，进入完美匹配层的物理量（如电场、磁场强度等）会被全部吸收，反射率为 0，其充当了一个近乎理想的吸收体或辐射体。

③ 无限元域：用于在组件中的“定义”节点下添加无限元域节点，它也是一种理想的边界条件，用于模拟将几何模型放置在一个无限延伸的区域内。虽然无限元域的厚度有限，但可以将其看作无限延伸的区域。

④ 吸收层：在组件中的“定义”节点下添加吸收层节点，其用于完美匹配层在时域中的建模方案，也用于本质上为波形的控制方程，但这些方程通过时域显式方法进行求解，如电磁波、时域显式接口就属于这种情况。吸收层通常被称为海绵层，结合了缩放系统、过滤和简单的无反射条件三种技术。

（8）“变形网格”面板

“变形网格”面板用于在组件中的“定义”节点下添加动网格和变形几何节点，如图 2-26 所示。用户根据模型的预期变形行为来选择使用动网格或变形几何，也可以同时使用，两者有相同的域分类和边界分类，用法也完全一样，只是使用场景不同。

动网格表示由于实体材料变形引起的形状变化，定义的是空间坐标系相对材料坐标系的位移。动网格非常适用于模拟固体域的形变可以完全确定的情况，体积变化代表材料被拉伸或压缩，但总质量保持不变。

变形几何则表示模型本身的几何形状发生改变，定义的是材料坐标系相对几何坐标系的变形。变形几何适用于模拟流体域，域的总体积的变化代表了模型质量的增加或减少。

（9）“优化”面板

“优化”面板用于在组件中的“定义”节点下添加优化节点，如图 2-27 所示。用户可以根据需要通过拓扑优化、形状优化、参考估计和控制变量调节分析参数，优化分析结果。

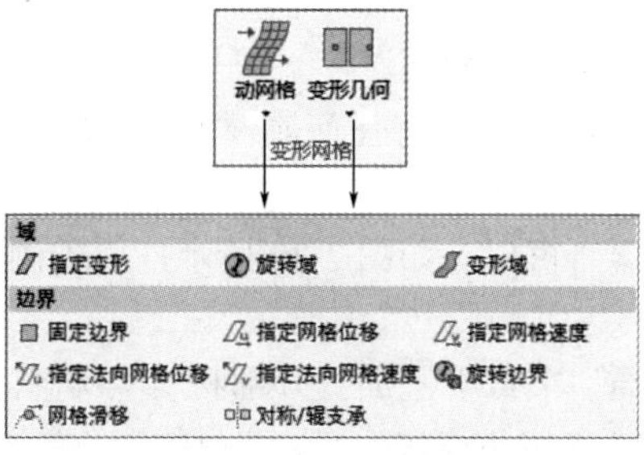


图 2-26　“变形网格”面板

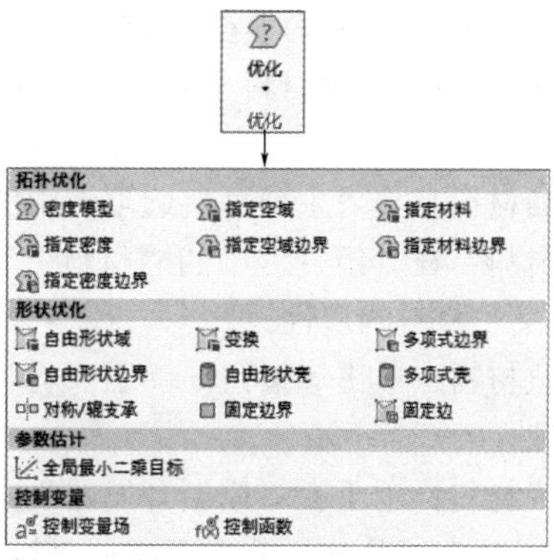


图 2-27　“优化”面板

（10）“视图”面板

“视图”面板用于在组件中的“定义”节点下添加视图节点，用户可以通过在“图形”窗口中添加相机，设置栅格、渲染、箭头、照明和透明度等，重新定义视图。可以创建并使用多个用户定义的视图，多角度地显示几何或以不同的方式加亮和显示几何。

（11）“清除”面板

当对复杂的模型进行仿真分析时，需要大量的计算成本，计算机负担重。这时可以通过保证设定的精度在允许的计算误差范围内，对模型进行降阶处理，简化模型，减少计算量。COMSOL 可对模型降阶，生成降阶模型，重新进行分析。清除降阶模型功能可以将降阶后的模型清除，恢复其为高阶模型。

### 2.3.4 “几何”选项卡

如图 2-28 所示，“几何”选项卡包括“构建”“导入 / 导出”“清理”“体素”“工作平面”“操作”和“其他”面板，可用于在有限元分析中导入或创建几何模型。由于创建模型是有限元分析的重要环节，因此这里不对该选项卡做详细说明，具体内容可见第 3 章——COMSOL 创建模型。

图 2-28 “几何”选项卡

### 2.3.5 “材料”选项卡

如图 2-29 所示，“材料”选项卡包括“材料”“属性组”和“用户定义库”等面板，可用于在有限元分析中为模型添加或定义合理的材料。

图 2-29 “材料”选项卡

（1）“材料”面板

“材料”面板可用于为模型添加材料、创建空材料、浏览材料信息、查看最近使用的材料、将模型中的材料与另一种材料合并、导入支持格式的材料文件或将模型中的材料导出为 XML 格式文件。

① 添加材料：与“主屏幕”选项卡中的“添加材料”相同。

② 空材料：在“组件”中的“材料”节点下添加一个没有任何属性的空材料，用户可根据需求自行定义空材料的属性。

③ 浏览材料：单击该按钮，弹出“材料浏览器”窗口，如图 2-30 所示，用于浏览材料和查看材料的属性。

④ 更多材料：用于在“模型开发器”的“全局”节点下添加“外部材料”“材料 switch”“多层材料”等，或在“几何”节点下添加“材料连接”“拓扑连接”“多孔材料”“有效材料”等。

⑤ 最近使用的材料：单击该按钮弹出下拉列表，显示最近使用的材料，可帮助用户更快地

找到自己常用的材料。

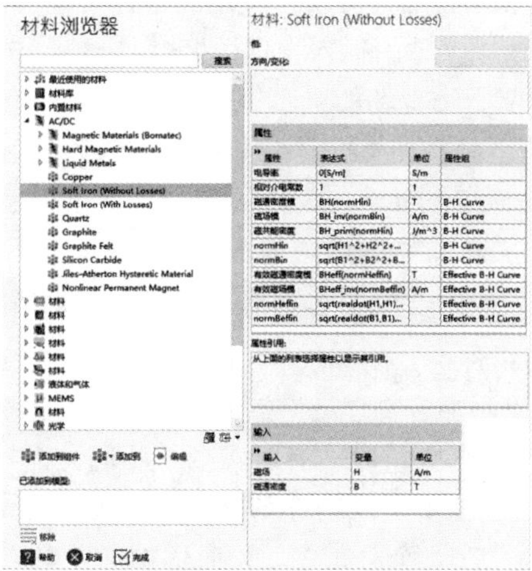

图 2-30 “材料浏览器”窗口

⑥ 合并到：当“材料”节点下含有多种材料时，利用该命令可将选中的材料 1 合并到另一种材料 2 中，合并后材料 2 中会继承材料 1 的所有特性。若两种材料包含相同的材料属性，则材料 1 的属性值被材料 2 覆盖。

⑦ 导入材料：将 COMSOL 支持格式的外部材料文件导入到模型中。

⑧ 导入材料自：单击该按钮，弹出“全屏幕选择模型”窗口，将数据库中的材料导入到模型中。

⑨ 导出材料：在“材料”节点下选择一种材料，单击该按钮，将其以 XML 格式导出到外部文件中，或者将自定义的材料导出到外部文件中。利用该功能可以为用户创建自己常用的材料库。

（2）“属性组”面板

“属性组”面板用于为添加的或新定义的材料添加解析函数、插值材料函数或分段函数，以定义基本属性。例如：添加这些函数来描述材料的温度或压力属性；将用户定义的属性组添加到当前材料中。

（3）“用户定义库”面板

“用户定义库”面板用于将用户自定义的材料或常用的材料添加到用户自定义的材料库中。

## 2.3.6 “物理场”选项卡

如图 2-31 所示，“物理场”选项卡包括“物理场”“域”“边界”“边”“点”“全局”“上下文”“多物理场”和“热力学”等面板，可用于为有限元分析添加新的物理场或多物理场，以及为模型添加载荷和边界条件等。

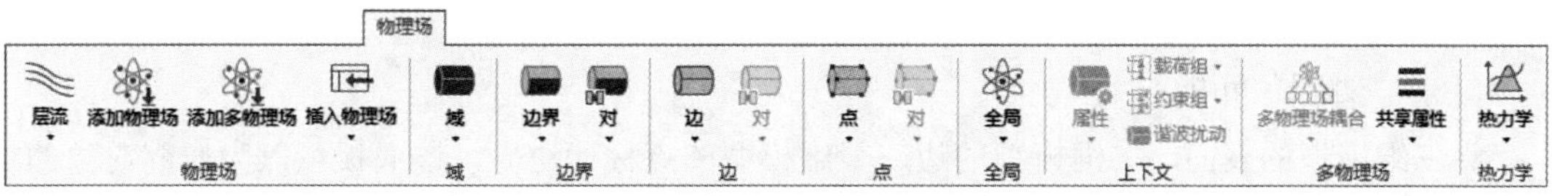


图 2-31 “物理场”选项卡

(1)“物理场”面板

“物理场”面板可以显示和切换当前分析中使用和进行设置的物理场；添加新的物理场或多物理场；从其他的 COMSOL 模型文件中插入物理场接口。

① 查看或切换物理场：位于物理场的最左侧，当分析中含有多个物理场时，可单击此处的下拉按钮 ▼ 查看物理场，或者切换到要设置的物理场节点，如图 2-32 所示。

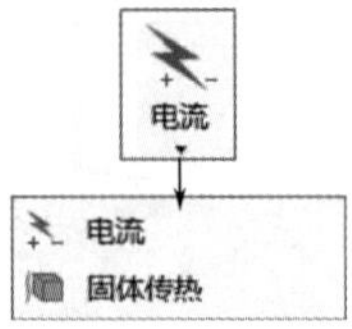

图 2-32　查看或切换物理场

② 添加物理场：用于添加新的物理场。单击“添加物理场”按钮，打开“添加物理场”窗口，如图 2-19 所示，可以添加所需的物理场到组件或所选择的组件中。

③ 添加多物理场：单击“添加多物理场”按钮，弹出“添加多物理场”窗口，如图 2-33 所示。当对一个模型进行有限元仿真分析时，有时需要从不同方面对其进行仿真分析，此时就需要添加多个物理场接口，而当这些单一的物理场存在耦合关系时，就可以利用该命令为这些单一物理场添加耦合关系。例如，在一个分析中，同时添加了“电流”和“固体传热”两个接口，就可以添加“电磁热”或“热电效应”耦合关系。

④ 插入物理场：该命令是添加物理场的快捷方式，单击该按钮，弹出“插入物理场”窗口，如图 2-34 所示，可以将已有的其他 COMSOL 分析文件中用到的物理场添加到当下的有限元分析中。

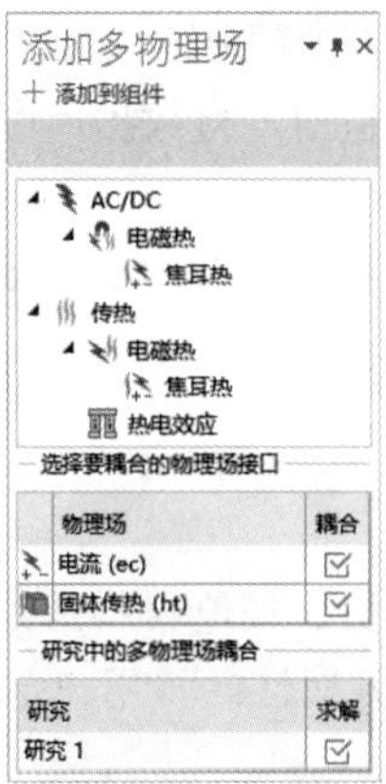

图 2-33　“添加多物理场”窗口

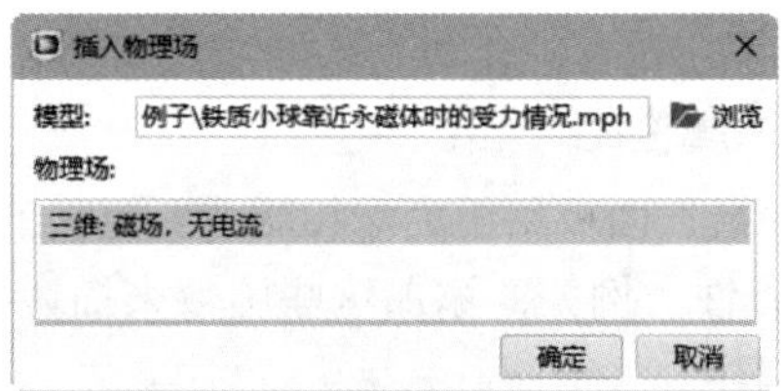

图 2-34　“插入物理场”窗口

⑤ 物理场插入自：可以将已有的其他 COMSOL 分析文件中用到的物理场添加到当下的有限元分析中，用法与插入物理场命令相似。

(2)“域”面板

将三维模型的实体、二维模型的表面、一维模型的边和零维模型的点称为域，该面板可以为研究的对象整体施加载荷和边界条件。对于不同的物理场环境，有不同的载荷和边界条件类型。例如，在固体传热中施加热源，在电流中施加电流源，在固体力学中施加固定约束、速度和位移等。

(3)“边界”面板

将三维模型的表面、二维模型的边、一维模型的点称为边界，该面板可以为研究对象的边界施加载荷和边界条件，或者添加面接触对。例如，在固体传热中施加温度、热通量，在电流中施加电势、边界电流源，在固体力学中施加固定约束和位移等，还可以为模型的接触部位添加面接触对。

（4）“边”面板

将三维模型的边称为边，该面板可以为研究对象的边施加载荷和边界条件，或者添加边接触对。例如，在固体传热中施加线热源，在电流中施加线电流源，在固体力学中施加固定约束、载荷和位移等，还可以为模型的接触部位添加边接触对。

（5）“点”面板

将三维模型、二维模型和一维模型上的点称为点，该面板可以为研究对象的点施加载荷和边界条件，或者添加点接触对。例如，在固体传热中施加点热源，在电流中施加点电流源，在固体力学中施加固定约束、点载荷和位移等，还可以为模型的接触部位添加点接触对。

（6）“全局”面板

“全局”面板为有限元分析模型添加全局载荷或边界条件。

（7）“上下文”面板

“上下文”面板为有限元分析的模型添加全局载荷或边界条件。

① 属性：为添加的主载荷和边界条件添加子节点。例如，可以在线弹性材料这一主节点下添加阻尼子节点。

② 载荷组：对于线性力学分析，如果想分析相同的几何模型在不同载荷作用下的变形情况，就可以将这几个不同的载荷添加到一个载荷组中，以提高求解效率。求解后就能依次查看这几个不同载荷作用下的几何变形情况。

③ 约束组：在“全局定义”节点下创建一个约束组，可将一个或多个约束条件添加到该组中，并可以在一个或多个载荷情况下激活约束组，以便有效地求解模型，并分析各种约束的效果。

④ 谐波扰动：在求解频域扰动研究时使用。例如，为固体力学中的边界载荷或电流中的电流源添加一个扰动，以分析这些扰动对研究结果的影响。

（8）“多物理场”面板

“多物理场”面板为具有多个物理场分析的有限元分析模型建立预定义的耦合接口，以及用于修改模型的共享属性等。

① 多物理场耦合：当进行的有限元分析有多个物理场，而且这些物理场存在耦合关系时，利用该命令可以添加系统中预定义好的多物理场耦合接口。例如，在一个分析中，同时添加了“电流”和“固体传热”两个接口时，就可以添加“电磁热”或“热电效应”等耦合关系。

② 模型输入：用于在“定义”节点下的“共享属性”中添加一个模型输入，为组件中的部分或全部图形的模型输入和组件中的所有物理接口重新定义一个局部值，以代替模型原有节点的值或物理接口中从属的任何值。

③ 环境属性：用于在“定义”节点下的“共享属性”中添加一个环境属性，对耦合分析中的模型所处的环境进行定义。例如，定义环境的温度、绝对压力、相对湿度、风速等。

（9）“热力学”面板

此面板中的功能在利用电池设计模块、化学反应工程模块、燃料电池模块、电解槽模块或液体和气体属性模块进行有限元分析时可用，包括用于定义物质以及创建和导入力学系统的命令，如“用户定义物质”“热力学系统”“预定义系统”和“导入系统”。

① 用户定义物质：用于创建可以引入化学系统的用户定义的物质。

② 热力学系统：用于创建一个包含化学系统具有的一组物质和相属性的包，添加到“全局定义”节点下的“热力学”节点下，可对创建的物质的名称、化学式、相、物质属性及热力学模型进行定义和修改。

③ 预定义系统：用于创建一个包含干空气、湿空气或水蒸气中存在的物质和相属性的包，添加到“全局定义”节点下的“热力学”节点下，可对创建的物质的名称、化学式、相、物质属性及热力学模型进行定义和修改。

④ 导入系统：从外部导入一个包含化学系统具有的一组物质和相属性的包，添加到“全局定义”的“热力学”节点中，可对创建的物质的名称、化学式、相、物质属性及热力学模型进行定义和修改。

## 2.3.7 “网格”选项卡

如图 2-35 所示，“网格”选项卡包括“网格”“导入 / 导出”“物理场控制”“生成器”“属性”“操作”“计算”和“清除”等面板，可用于在有限元分析中对模型网格进行划分和设置。由于划分网格是有限元分析的重要环节，因此这里不对该选项卡做详细说明，具体内容可见第 4 章——COMSOL 划分网格。

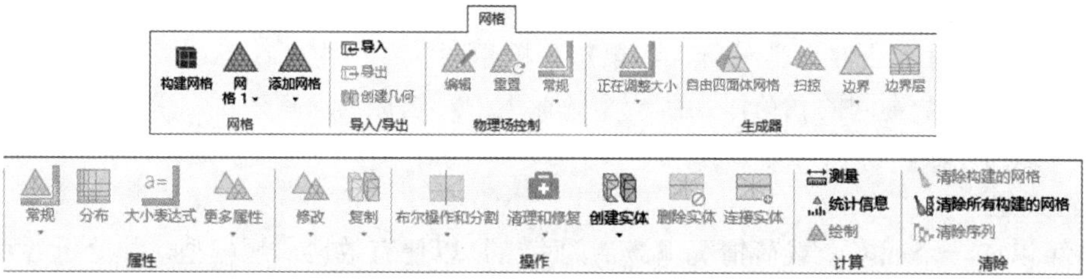


图 2-35 “网格”选项卡

## 2.3.8 “研究”选项卡

如图 2-36 所示，“研究”选项卡包括“研究”“求解器”“研究步骤”“操作”“计算”“清除”和“外部接口”等面板，可用于在有限元分析中添加或删除研究类型、添加或删除研究步骤，并对研究步骤进行设置和求解等操作。

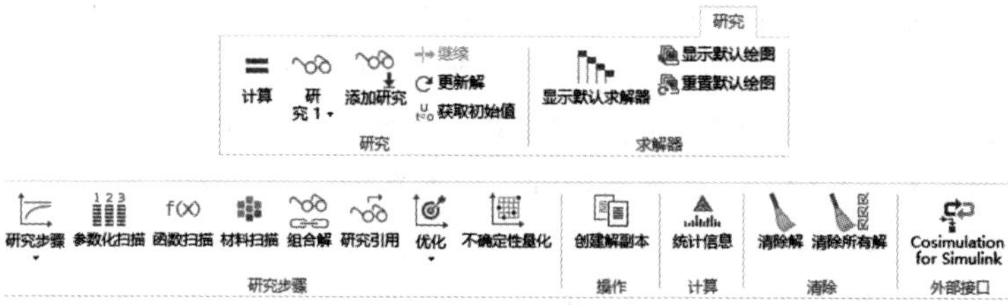


图 2-36 “研究”选项卡

（1）“研究”面板

“研究”面板可以用于查看和切换当前研究和进行设置的研究、添加新的研究类型、对求解进行更新、获取初始值和计算等操作。

① 计算：用于对选定的研究进行求解计算。

② 查看或切换研究：当分析中含有多个物理场时，可单击此处的下拉按钮，查看分析中包含的研究，或者切换到要设置的研究节点，如图 2-37 所示。

③ 添加研究：用于添加新的研究。单击“添加研究”按钮，打开“添加研究”窗口，如图 2-38 所示，可以添加需要的研究到组件中。

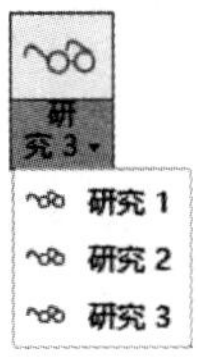


图 2-37　查看或切换研究

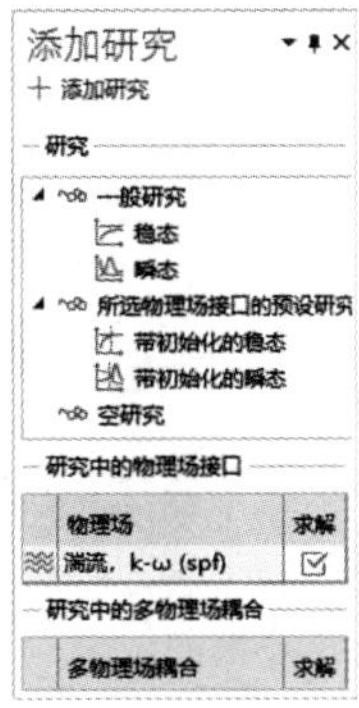


图 2-38　“添加研究”窗口

> **注意**　对于不同的物理场，添加的研究类型也不相同。

④ 继续：从上次计算的特征继续求解程序序列。

⑤ 更新解：使用当前参数值和用户定义变量来更新解。

⑥ 获取初始值：使用因变量的初始值生成解（不求解因变量）。

### （2）“求解器”面板

“求解器”面板用于显示默认求解器和默认绘图等，从而对求解器进行设置。

① 显示默认求解器：刚开始的研究求解步骤中不显示求解器，如图 2-39 所示。如果要对默认的求解器进行设置，需要将其显示出来，单击该按钮，“模型开发器”中就会显示出默认求解器的节点，如图 2-40 所示。

② 显示默认绘图：在“模型开发器”中的“结果”节点下显示默认的绘图结果。

③ 重置默认绘图：当添加或改变物理场和研究后，用于重置默认绘图。

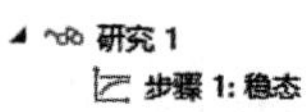


图 2-39　无默认求解器

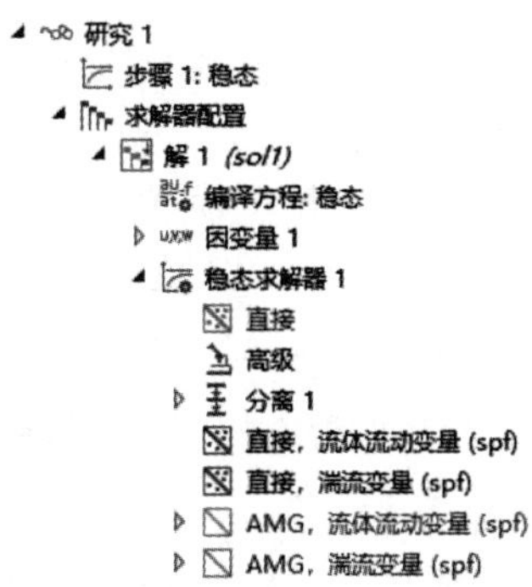


图 2-40　显示默认求解器

### （3）“研究步骤”面板

“研究步骤”面板用于在研究中添加新的研究步骤，进行参数化扫描、函数扫描和材料扫描等，并对求解步骤进行优化。

① 研究步骤：用于添加新的研究步骤。如图 2-41 所示，单击该按钮，弹出下拉选择框，在选择框中单击选择要添加的研究步骤。

图 2-41　添加研究步骤

> **注意**
> 对于不同的物理场，添加的研究步骤也不相同。

② 参数化扫描：当在分析过程中，用户对设置的位移、时间、频率或其他参数在某一区间比较关心时，可通过添加参数化扫描来对关键点进行求解。

③ 函数扫描：单击该按钮添加函数扫描研究步骤，该研究步骤是参数化扫描的特殊情况，用于对“转换”节点下定义的函数进行参数化扫描。

④ 材料扫描：单击该按钮添加材料扫描研究步骤，该研究步骤也是参数化扫描的特殊情况，用于对“转换”节点下定义的材料进行参数化扫描。

⑤ 组合解：单击该按钮添加组合解研究步骤，通过串联或求和的方式来将两个求解方案组合起来，或者删除某些求解方案。

⑥ 研究引用：单击该按钮可将另一项研究的研究步骤引用到当前研究步骤中。

⑦ 优化：如果要对研究进行优化或预估研究，可通过添加优化来实现，可添加形状优化、拓扑优化、参数估计和曲线拟合等。

⑧ 不确定性量化：包含用于设置不同类型的不确定性量化研究的工具。这些研究用于评估模型中某些输入参数的不确定性和敏感性，并通过某些统计分布来描述。

### （4）“操作”面板

可通过单击“操作”面板中的“创建解副本”按钮对所求的解创建副本。

### （5）“计算”面板

可通过单击“计算”面板中的“统计信息”按钮，查看有关求解程序与其因变量和自由度的统计数据，如查看自由度数、载荷数等。该操作可在求解之前完成，以帮助确定哪些变量的计算和存储成本高。

（6）“清除”面板

可通过单击“清除”面板中的“清除解”按钮来清除当前研究步骤的解，或通过单击“清除所有解”按钮来清除所有研究步骤的解。

### 2.3.9 “结果”选项卡

“结果”选项卡包括分析后的后处理操作的大部分命令。如图 2-42 所示，“结果”选项卡包括“绘图组”“定义”“数据集”“数值”“导出”“报告”“演示文稿”和“清除”等面板，可用于有限元分析后对分析结果的可视化处理，包括绘制三维、二维或一维的各类图形，以及生成各类数据表格等。

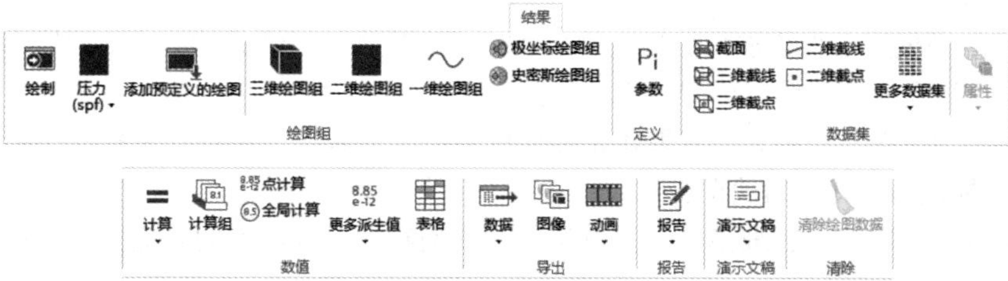


图 2-42　“结果”选项卡

（1）“绘图组”面板

“绘图组”面板用于添加三维、二维、一维、极坐标和史密斯绘图组，并将添加的绘图组对应的结果绘制出来，直观地查看分析结果。例如，绘制三维或二维的变形云图、应力云图、温度分布图及等值线图等，或者绘制一维的曲线图。

① 绘制：单击该按钮可以将选定的绘图组对应的结果图绘制出来。

② 选择绘图组：如图 2-42 所示，选择的绘图组为“压力”，该选项用于选择要绘制的图形。如图 2-43 所示，可以选择绘制速度、压力或壁分辨率等云图。

③ 添加预定义的绘图：用于添加由选择的物理场预定义的，但在求解时没有生成的默认的绘图。单击该按钮，在图形界面的右侧弹出“添加预定义的绘图”窗口，如图 2-44 所示，其中包含了所选物理场对应的预定义的绘图，可以添加这些预定义的绘图并将其绘制出来。

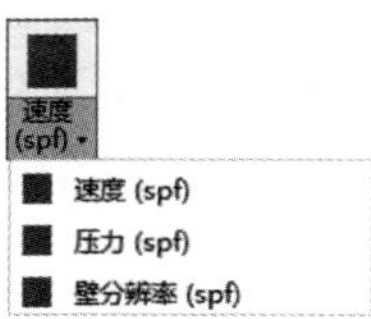


图 2-43　选择绘图组

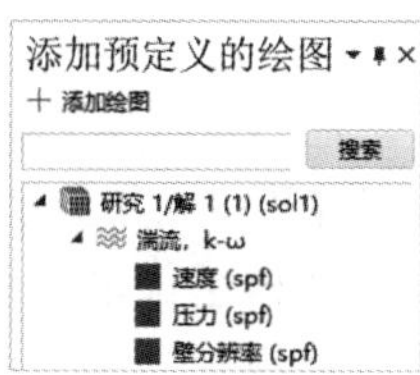


图 2-44　“添加预定义的绘图”窗口

注意

对于不同的物理场，预定义的绘图类型也不相同。

④ 三维绘图组：用于添加三维绘图，以绘制三维的体、切面、线、等值面、等值线及表面等三维结果图。

⑤ 二维绘图组：用于添加二维绘图，以绘制二维的表面、线、等值线及流线等二维结果图。

⑥ 一维绘图组：用于添加一维的曲线图，以绘制线、点、线段、表图、直方图等一维结果图。

⑦ 极坐标绘图组：为极坐标状态下的求解结果创建极坐标绘图组，以绘制线、点、线段、表图等一维结果图。

⑧ 史密斯绘图组：为导纳、阻抗或反射的史密斯圆图创建史密斯绘图组。

（2）“定义”面板

“定义”面板可通过将本地可用的参数添加到结果部分进行参数化后处理。

（3）“数据集”面板

“数据集”面板用于收集求解后指定的截面、三维截线、三维截点、二维截线和二维截点上的数据，为后续的可视化绘图操作提供数据支持。

① 截面：用于在三维模式下提取指定截面的数据，或者在二维模式下提取平面数据，为后续的绘图操作提供指定截面的数据支持。

② 三维截线：用于在三维模式下提取指定截线的数据，为后续的绘图操作提供沿截线的数据支持。

③ 三维截点：用于在三维模式下提取某一截点的数据，为后续的绘图操作提供该截点的数据支持。

④ 二维截线：用于在二维模式下提取指定截线的数据，为后续的绘图操作提供沿截线的数据支持。

⑤ 二维截点：用于在二维模式下提取某一截点的数据，为后续的绘图操作提供该截点的数据支持。

⑥ 更多数据集：单击该按钮，弹出“更多数据集”窗口，如图 2-45 所示，以选择不同的数据集类型，为后续的绘图操作提供更多的数据支持。

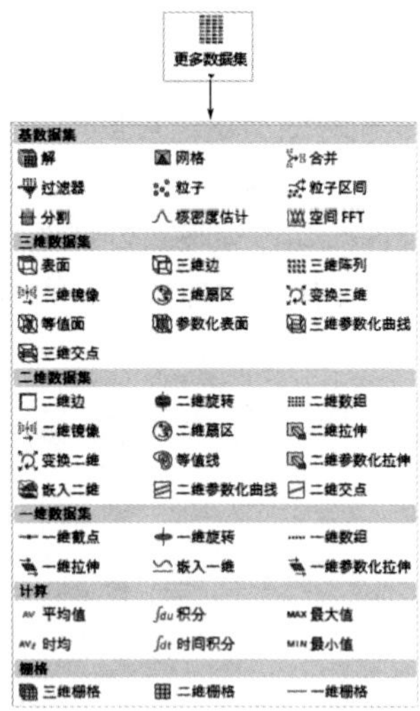


图 2-45 “更多数据集”窗口

⑦ 属性：添加一个选择，用于选择模型中定义的数据的数据集（如解决方案数据集和网格数据集），以便在绘图操作中使用。

（4）“数值”面板

“数值”面板用于对指定的点或全局的表达式，或某些变量和添加的组进行计算，以获得某些结果数值。

① 计算：包括全部计算和全部清除并进行计算两个命令，用于计算所有定义的派生值和清除当前表格的所有条目然后计算所有的派生值。

② 计算组：类似于绘图组，可定义 0 个或多个数值的评估节点作为子节点。

③ 点计算：添加一个或多个点，并对所选点的变量或表达式进行求值。

④ 全局计算：对一些全局的变量或表达式进行求值。

⑤ 更多派生值：用于添加并求解所定义的平均值、积分值最大值和最小值，还可以进行体

积、表面、距离等的测量。单击“更多派生值”按钮弹出“更多派生值”窗口，如图 2-46 所示。

⑥ 表格：添加一个表格，将计算的派生值显示在该表格中。

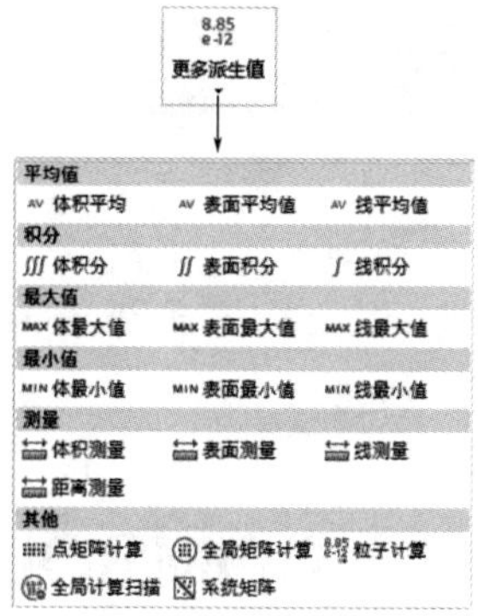


图 2-46 “更多派生值”窗口

（5）“导出”面板

“导出”面板用于将求解的数据、绘制的图像及表格数据导出到文件，或者将绘制的网格导出为网格文件，或者添加一个动画在显示窗口中直接观看，或者生成 GIF、Flash 或 AVI 格式的动画文件。

（6）“报告”面板

“报告”面板用于将分析的整个过程，包括参数的定义、模型的创建或导入、网格的划分、载荷和边界条件的定义，以及求解结果等生成简要的、中级的或完整的报告。用户也可以根据需要生成定制的报告。

（7）“演示文稿”面板

“演示文稿”面板用于将生成的报告转化为演示文稿。

（8）“清除”面板

“清除”面板可通过单击“清除绘图数据”按钮来清除模型中存储的所有绘图数据。

# 第 3 章　COMSOL 创建模型

模型是 COMSOL 进行有限元分析的基本载体，所有的物理场、边界条件、载荷及网格单元的划分，都离不开模型的“身影”。本章将详细介绍 COMSOL 的建模功能，包括创建平面模型和三维模型。

## 3.1　COMSOL 创建平面模型

在利用 COMSOL 通过“模型向导”建模的过程中，若在“选择空间维度”界面上选择“二维轴对称”或“二维”选项，进入主界面后，可以通过体素或草图来创建二维模型，或者利用操作命令对二维模型进行修改等。如图 3-1 所示为创建二维平面模型的平面几何选项卡和主界面。

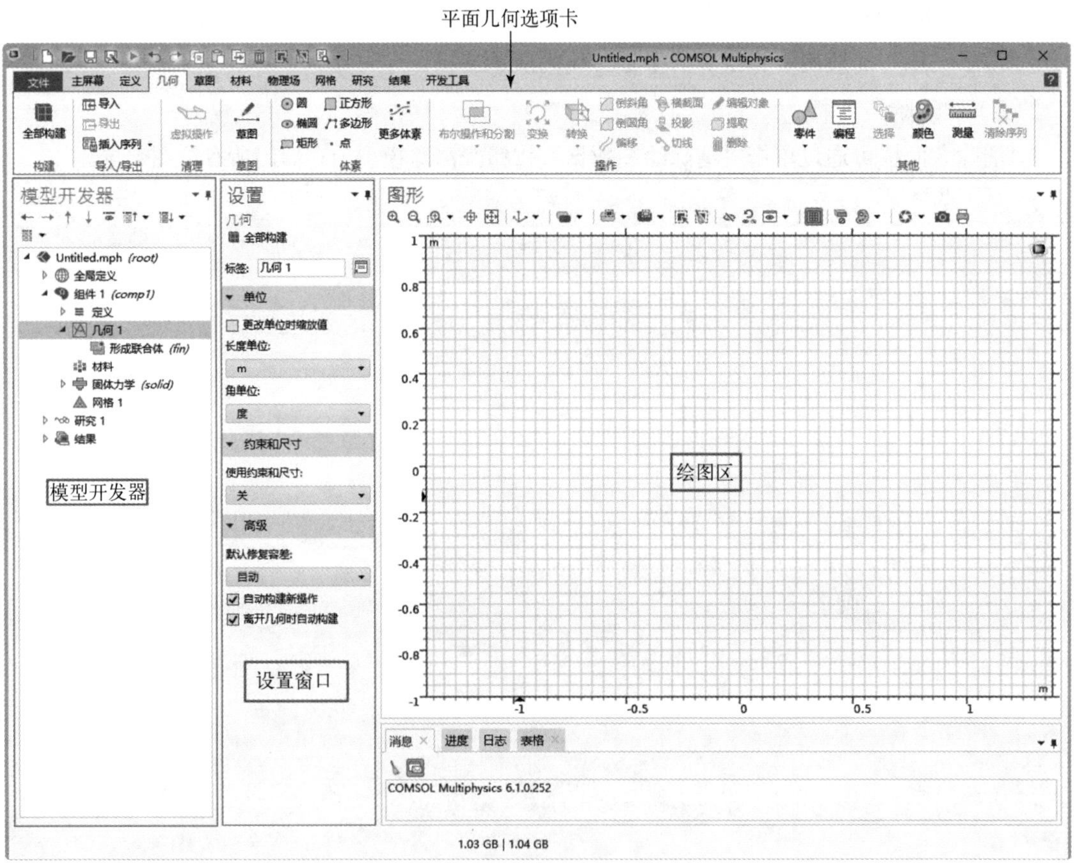


图 3-1　平面几何选项卡和主界面

在创建模型的过程中，主要在“模型开发器”中的“几何”节点下生成建模过程，建模的主要命令则集中在“几何”选项卡和“草图”选项卡中。也可以右键单击“模型开发器”中的“几何”节点，会弹出建模命令的快捷菜单。选择不同的绘图命令，则对应有不同的设置，主要在设置窗口中设置参数。

### 3.1.1　平面“几何”设置窗口

利用 COMSOL 通过“模型向导”建模进入主界面后，若要进行模型的创建，首先需要对“几何”设置窗口进行设置，如图 3-2 所示，包括设置“标签”、选择“单位”、设置“约束和尺寸”等。

① 标签：用于设置创建的模型或组件的名称，该处名称与“模型开发器”中的“几何”节点相对应，若将“标签”名称设置为“圆环”，则“模型开发器”中的“几何”节点名称也会改为“圆环”，如图 3-3 所示。

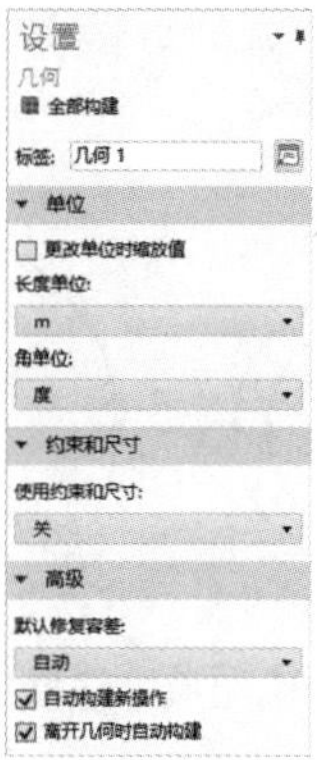


图 3-2　平面“几何”设置窗口

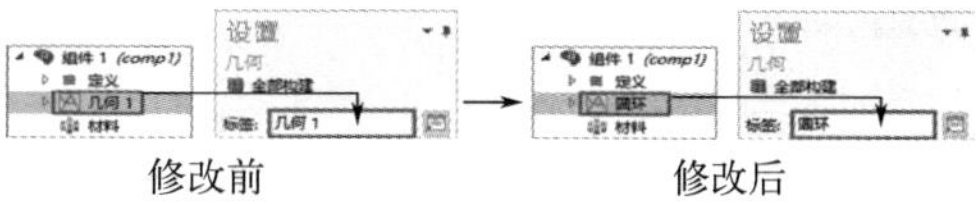


图 3-3　修改标签

② 长度单位：用于选择创建模型所使用的长度单位，如图 3-4 所示，包括从埃米（$1\times10^{-10}$m）到吉米（$1\times10^{9}$m）。

③ 角单位：用于选择创建模型所使用的角单位，如图 3-5 所示，包括度和弧度。

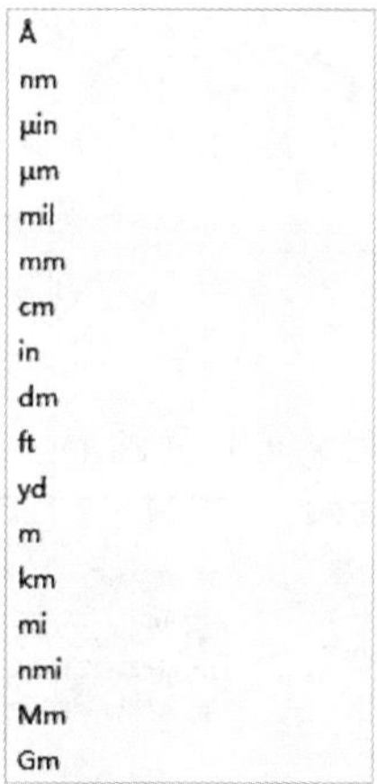


图 3-4　长度单位

图 3-5　角单位

④ 更改单位时缩放值：

a. 若勾选该复选框，在更改单位时，模型的尺寸值不变，模型的大小随单位的改变做等比例的放大或缩小。例如，绘制一个直径为 1 的圆，若设置的单位是 mm，则代表该圆的直径为 1mm；若选择的单位是 m，则代表该圆的直径为 1m。

b. 若不勾选该复选框，在更改单位时，模型的尺寸值会随着选择的长度单位做等比例的放大或缩小，但图形本身的大小不变。例如，绘制一个直径为 1m 的圆，若重新设置圆的单位为 mm，则圆的尺寸值变为 1000mm。

⑤ 使用约束和尺寸：用于启用或禁止使用几何约束和尺寸，默认情况下是“关”状态；若设置为“开”状态，则“要构建的约束和尺寸特征”被激活，如图 3-6 所示。

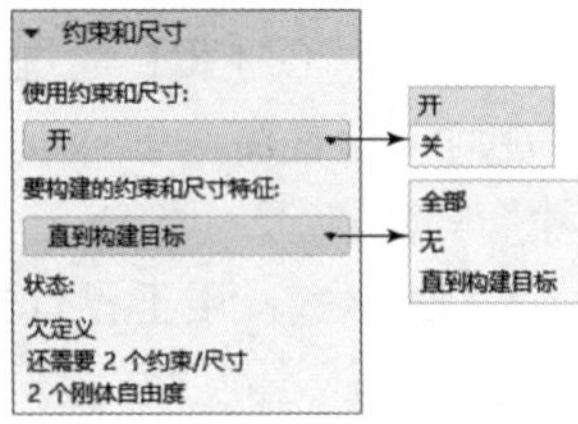


图 3-6　使用约束和尺寸

a. 全部：在创建模型的过程中，绘制几何图形的所有约束和尺寸命令都会参与模型的创建。如图 3-7 所示，定义了两个圆的半径和同心约束，则两个圆的大小和相对位置不能被改变。

b. 无：在创建模型的过程中，绘制的几何图形虽然添加了尺寸和约束，但是并不参与模型的创建。如图 3-8 所示，虽然定义了两个圆的半径和同心约束，但是不被使用，则两个圆的大小和相对位置可改变。

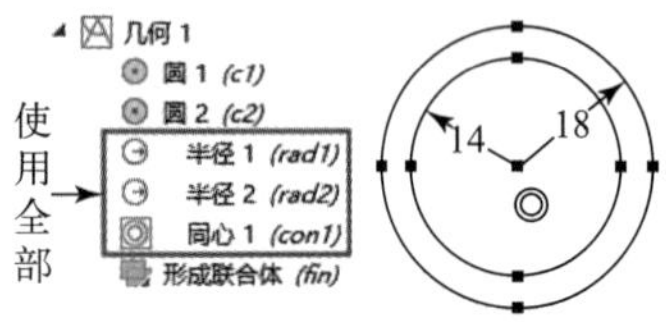


图 3-7　使用全部约束和尺寸建模

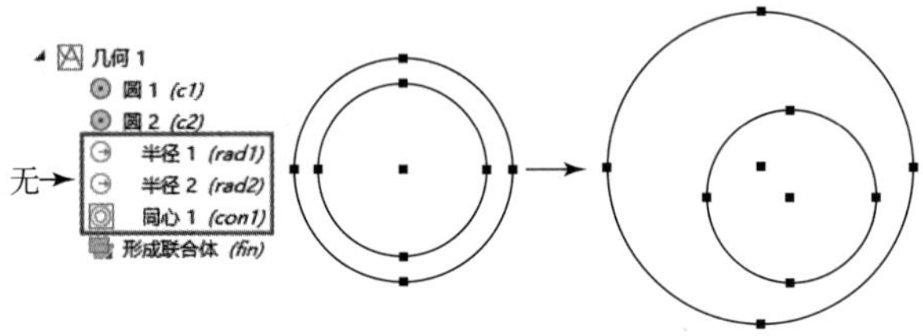


图 3-8　无约束和尺寸建模

c. 直到构建目标：同“全部”选项类似，在创建模型的过程中，绘制几何图形的约束和尺寸会参与模型的创建。但是当某个节点下的尺寸或约束不需要时，就可以不使用该节点下的尺寸或约束。如图 3-9 所示，定义两个圆的半径和同心约束，两个圆的大小和相对位置不能被改变；若不使用同心约束，则可以改变两个圆的相对位置。

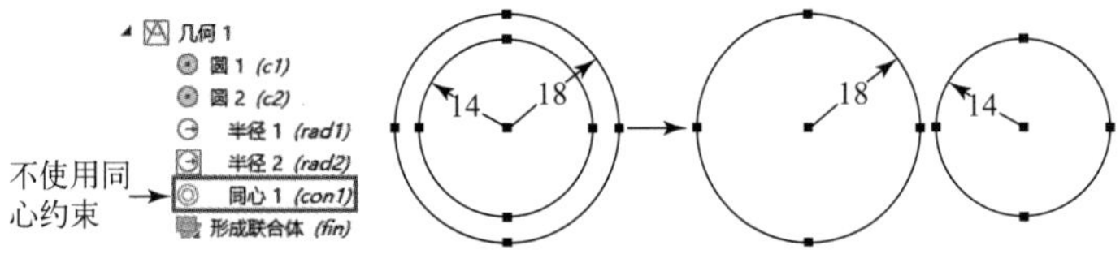


图 3-9　直到构建目标建模

d. 状态：显示几何图形的约束和尺寸状态，查看是否完全定义了几何图形。

⑥ 高级：用于设置修复容差、自动构建新操作和离开几何时自动构建，如图 3-10 所示。

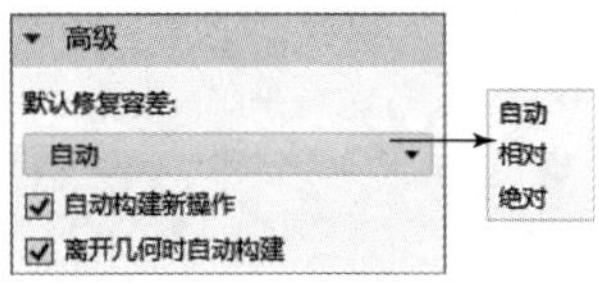


图 3-10　“高级”选项

a. 自动：为 COMSOL 默认的修复容差选项，默认值为 $10^{-6}$，一般不做修改。

b. 相对：输入一个修复容差值，该值只相对于所输入对象的最大尺寸值的绝对值，与输入对象的长度单位无关。

c. 绝对：输入一个修复容差值，该值使用的单位与所建几何的长度单位相同。如果创建几何的单位为米，则输入的绝对容差的单位也为 m。

d. 自动构建新操作：默认为勾选状态，用于在添加某些几何操作时自动构建这些操作。

e. 离开几何时自动构建：默认为勾选状态，当离开几何操作进行其他操作时，会自动构建所有模型。

### 3.1.2　平面“几何”选项卡

平面“几何”选项卡主要用于有限元分析中二维模型的创建。由于本节讲述创建平面模型，因此这里介绍创建二维模型的平面“几何”选项卡，如图 3-11 所示。该选项卡包括“构建”面板、“导入 / 导出”面板、“清理”面板、“草图”面板、“体素”面板、“操作”面板和“其他”面板，这里只对常用的命令进行讲解，以利于用户快速入门和掌握创建平面几何的方法。

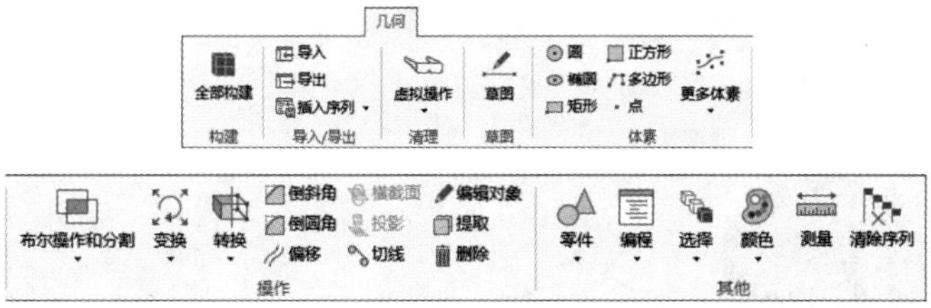


图 3-11　平面“几何”选项卡

（1）全部构建

“全部构建”用于在当前建模过程中生成所有对象。

在创建模型时除了经常用到“全部构建”命令外，还会用到设置窗口中的“构建选定对象”和“构建所有对象”两个命令，如图 3-12 所示。三个命令都能够进行模型的构建，但又有区别。例如，绘制如图 3-13 所示的示例模型，该模型由正方形、不同的圆和矩形等图形构成，用这三种命令进行操作，会有不同的结果，分别如下所述。

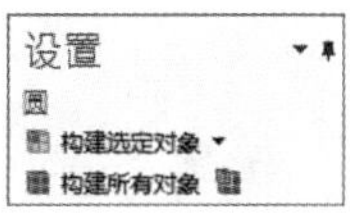


图 3-12　“设置”窗口

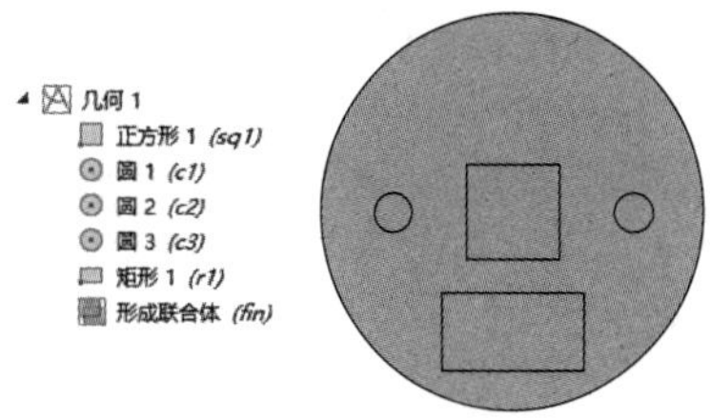


图 3-13　示例模型

① 构建选定对象：只对所选对象节点以前（包含所选对象）的所有图形创建对象。例如，选中模型中的“圆 2”，然后单击“构建选定对象”按钮，则只对“正方形 1”“圆 1”和“圆 2”创建对象，结果如图 3-14 所示。

② 构建所有对象：只对构成模型的所有图形创建对象，而不创建“形成联合体”，结果如图 3-15 所示。

③ 全部构建：构建模型的所有对象，包括创建“形成联合体”，结果如图 3-13 所示。

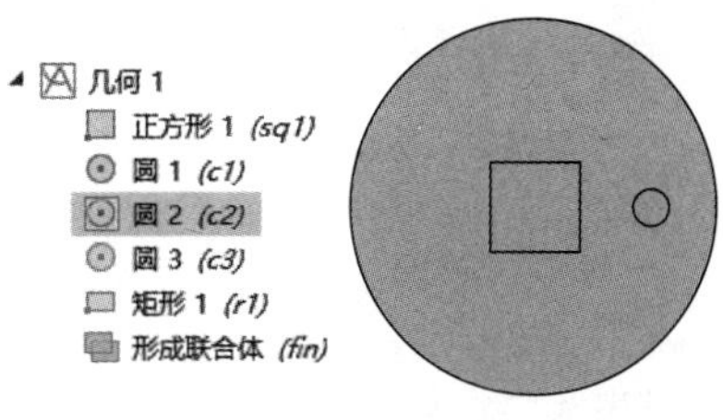


图 3-14　构建选定对象

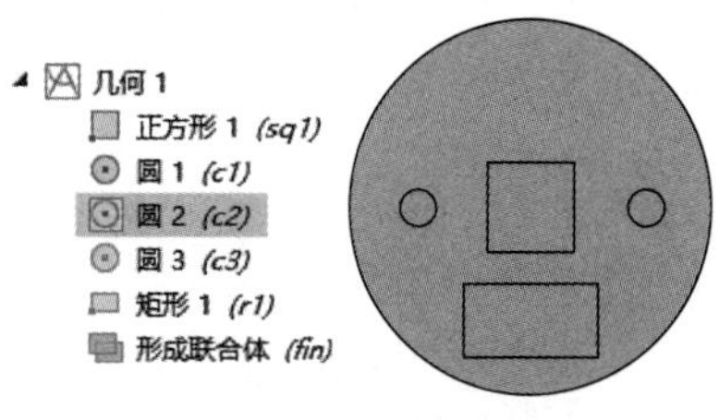


图 3-15　构建所有对象

知识拓展

形成联合体：这是生成几何模型的默认方法，相当于对几何序列中的所有对象执行布尔并集操作，并保持内部边界，从而创建由许多不同域组成的单个几何对象。任何重叠的几何对象都成为由每个封闭体的不同域组成的单个对象。如图 3-13 所示为形成联合体的模型，若选择该模型中最大的圆组成的域，则可以看到该域被内部的重叠图形分割，结果如图 3-16 所示；而如图 3-15 所示为没有形成联合体的模型，若选择该模型中最大的圆组成的域，则可看到该域被全部选中，结果如图 3-17 所示。

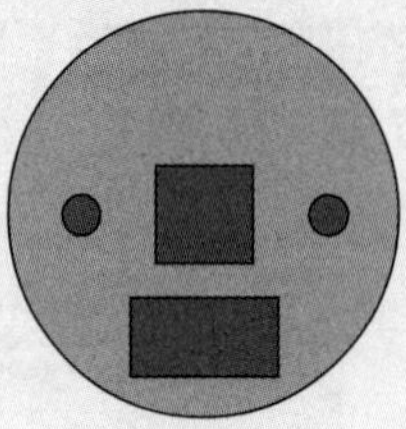

图 3-16　形成联合体的模型域的选择

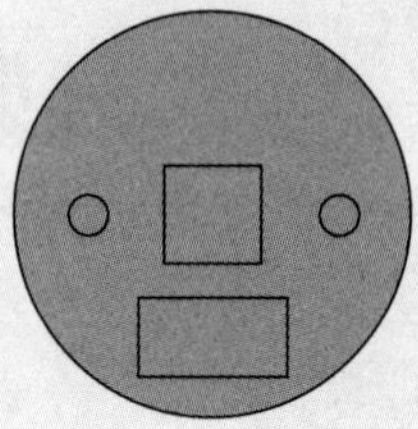

图 3-17　没有形成联合体的模型域的选择

（2）“导入 / 导出”面板

如图 3-18 所示，该面板用于导入 / 导出几何模型，或者以插入序列的方式打开一个 COMSOL 的“*.mph”文件，或者将该文件作为一个节点列在当前节点之后的几何序列中。

① 导入：导入 COMSOL 文件或其他 CAD 文件。单击该按钮，弹出“导入”设置窗口，如图 3-19 所示，单击“浏览”按钮，打开“导入几何”窗口，选择符合导入格式的对象，然后单击“导入”设置窗口中的“导入”按钮导入对象。通过不同的“导入选项”可生成“形成实体”“接合曲线”和“不接合”模型。

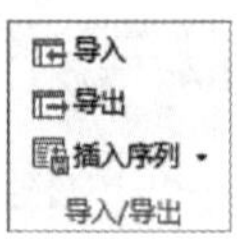


图 3-18　“导入 / 导出”面板

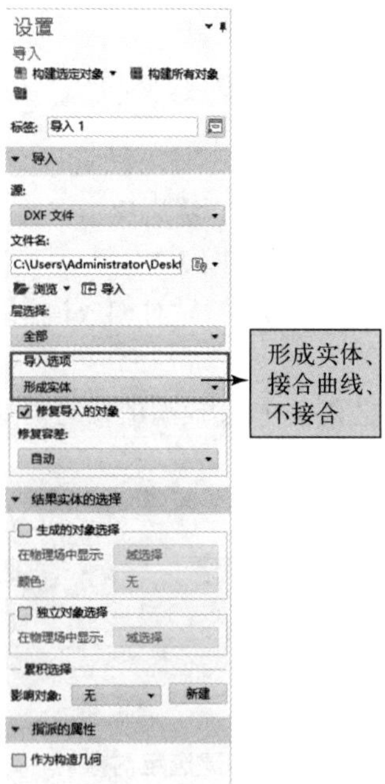


图 3-19　“导入”设置窗口

a. 形成实体：将导入的对象合并和转化为实体对象，形成一个单独的模型，自己不能进行编辑，如图 3-20 所示。

b. 接合曲线：将导入的对象合并和转化为曲线对象，形成一个单独的模型，自己不能进行编辑，如图 3-21 所示。

c. 不接合：不对导入的对象进行合并等操作，各个封闭部分生成完整的实体对象，可对这些对象做布尔操作，如图 3-22 所示。

② 导出：将模型导出为 COMSOL 的二进制文件（*.mphbin）、文本文件（*.mphtxt），或导出为 DXF 文件（*.dxf）。

③ 插入序列：用于在“几何”节点下插入已有的 COMSOL 文件，插入的文件节点会列在当前节点之后的几何序列中。

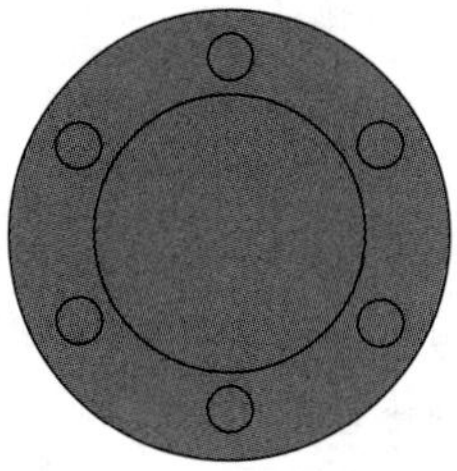

图 3-20　生成实体模型

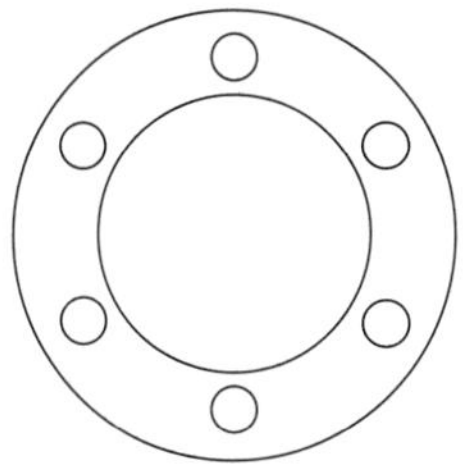

图 3-21　生成整体曲线

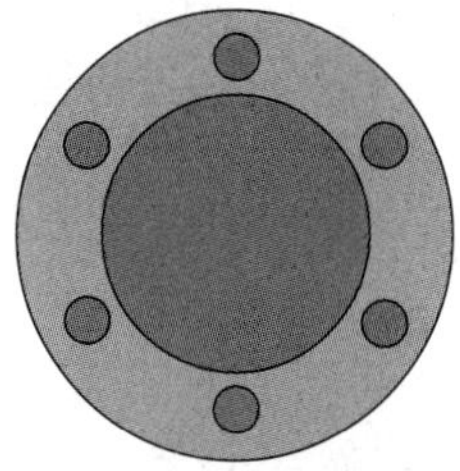

图 3-22　各部分相互独立

### （3）“清理”面板

如图 3-23 所示，“清理”面板用于对几何和网格进行虚拟操作，主要用于简化几何模型，包括忽略定点、忽略边、网格控制顶点等操作。

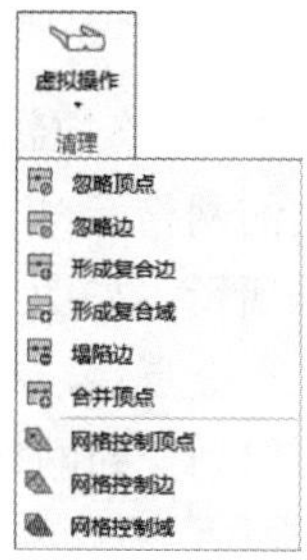


图 3-23 “清理”面板

① 忽略顶点：用于移除孤立的或两条非交叉边的公共点，可减少边的数量。如图 3-24 所示，图中的孤立点、两线公共点可被忽略，而端点、多线公共点和两线交叉点不能被忽略。

② 忽略边：用于移除孤立的边与两个面或两个域之间的公共边，可减少面或域的数量。如图 3-25 所示，忽略边后，模型中的“域 1”和“域 2”合并。

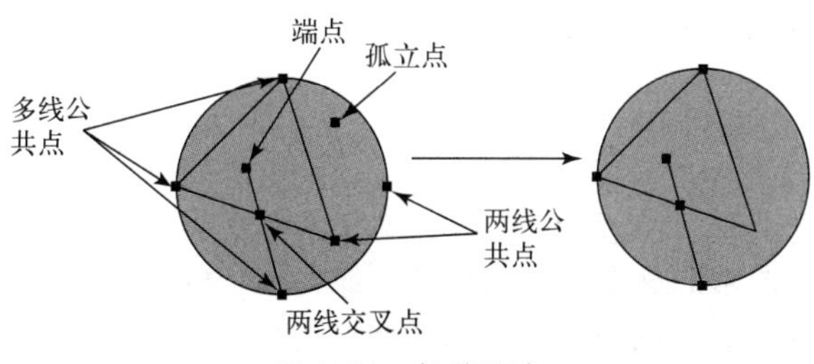


图 3-24　忽略顶点

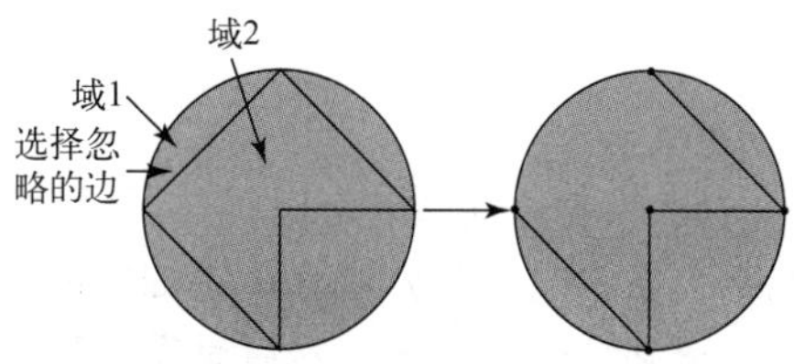


图 3-25　忽略边

③ 形成复合边：通过忽略非交叉边的公共点形成复合边，与“忽略顶点”类似，可减少边的数量。如图 3-26 所示，形成复合边后，原有的“边 1”“边 2”和“边 3”成为一条边。

④ 形成复合域：与“忽略边”类似，通过忽略相邻域之间的边界，使所选的几个域形成一个复合域。如图 3-27 所示，将选中的“域 1”“域 2”和“域 3”形成复合域后，与“域 2”相邻的“边 1”和“边 2”被忽略，形成一个较大的复合域。

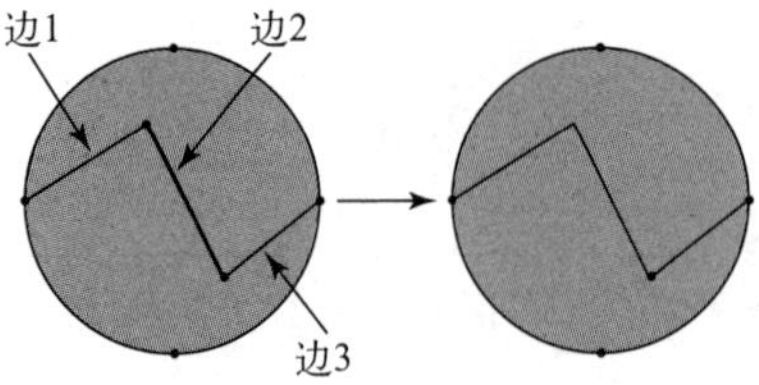


图 3-26　形成复合边

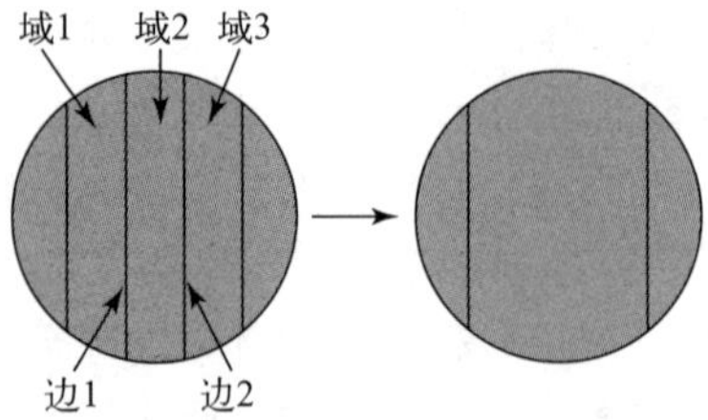


图 3-27　形成复合域

⑤ 塌陷边：通过移除边、合并相邻顶点，并将相邻边重新连接到合并的顶点（交点较多的点）来折叠边，可改变边界形状。如图 3-28 所示，移除塌陷的边，并将交点较少的顶点合并到交点较多的顶点处，以折叠边。

⑥ 合并顶点：通过选择保留一个顶点和删除另一个顶点来折叠这两个顶点之间的边，并将与移除的顶点相邻的边重新连接到保留的顶点处，用于合并两个顶点，如图 3-29 所示。

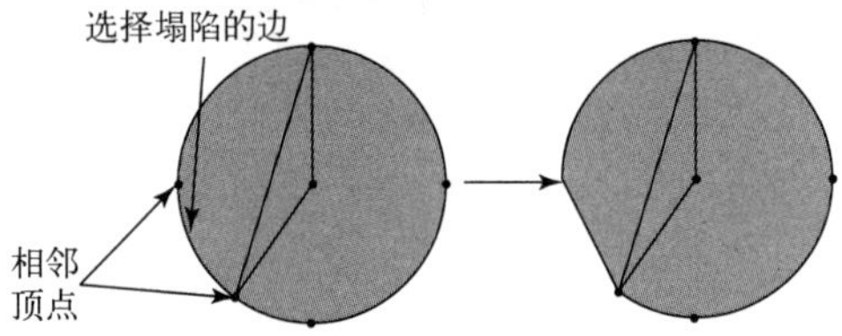


图 3-28　塌陷边

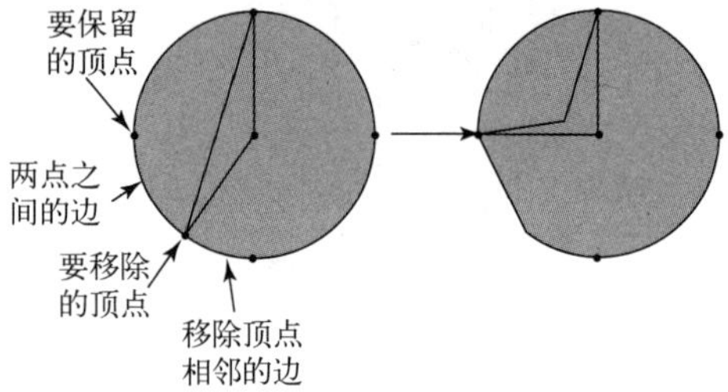


图 3-29　合并顶点

⑦ 网格控制顶点：有时在对模型进行网格细化时，需要引入一个点，然后为这个点分配更细化的网格尺寸，引入网格控制顶点，就可以移除这个点，但保留该点细化网格的功能，如图 3-30 所示。如图 3-30（a）所示，对一个长方形面域进行正常网格的划分；如图 3-30（b）所示，引入一个点后，在该点形成较细化的网格；如图 3-30（c）所示，引入网格控制点后，移除引入点，但划分的网格与图 3-30（b）相同。

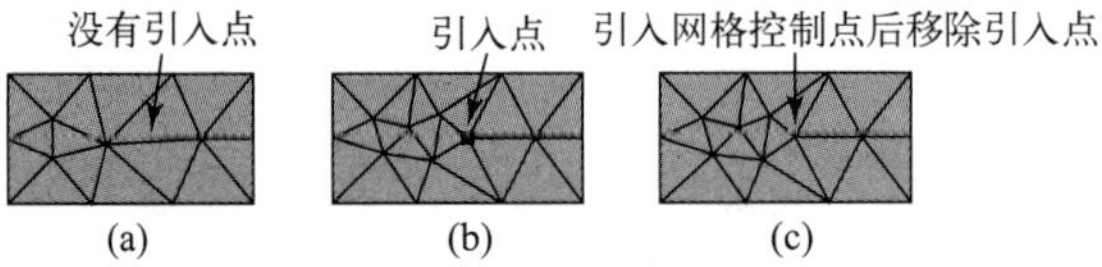


图 3-30　网格控制顶点

⑧ 网格控制边：在进行有限元分析时，有时为了使求解更精确，需要对某个域中的一部分或某个面中的一部分进行更精细的网格划分，通常的操作是通过绘制边线将这个域或面进行分区，得到几个域或面，然后对需要精细划分网格的区域分配更细化的网格尺寸，以达到划分网格的目的。但这样会将原有的域或面分割。引入网格控制边后，就会使这些分割边在几何体中移除，仅网格模式下可见，从而避免域或面的分割，如图 3-31 所示。图 3-31（a）中，将模型中间的两条分割边设置为"网格控制边"后，将其移除，使"域1""域2""域3"合并为一个大域；划分网格后，如图 3-31（b）所示。未引入"网格控制边"的模型，划分的网格仍有三个域；而引入"网格控制边"的模型，划分的网格只有一个域。

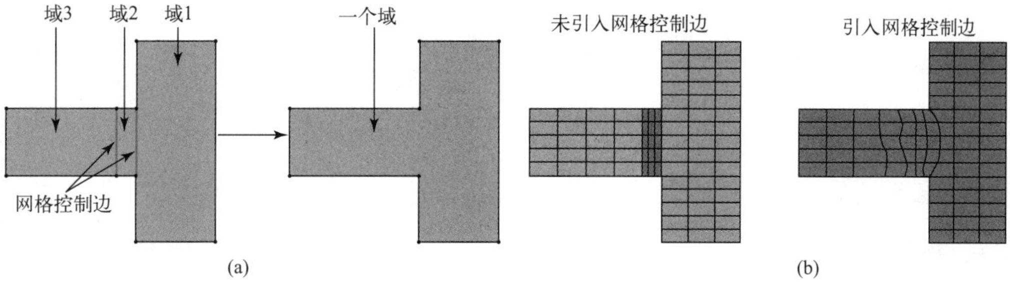


图 3-31 网格控制边

⑨ 网格控制域：该命令与“网格控制边”类似，同样是对模型中某个域中的一部分或某个面中的一部分进行更精细的网格划分，而不分割这些域或面。“网格控制边”是将选择的边移除，从而避免域或面的分割；而“网格控制域”是将与选择的域相邻的边移除，从而避免域或面的分割，如图 3-32 所示。图 3-32（a）中，将模型中间的一个域设置为“网格控制域”后，与这个域相邻的两条边被移除，使“域 1”“域 2”“域 3”合并为一个大域；划分网格后，如图3-32（b）所示。未引入“网格控制域”的模型，划分的网格仍有三个域；而引入“网格控制域”的模型，划分的网格只有一个域。

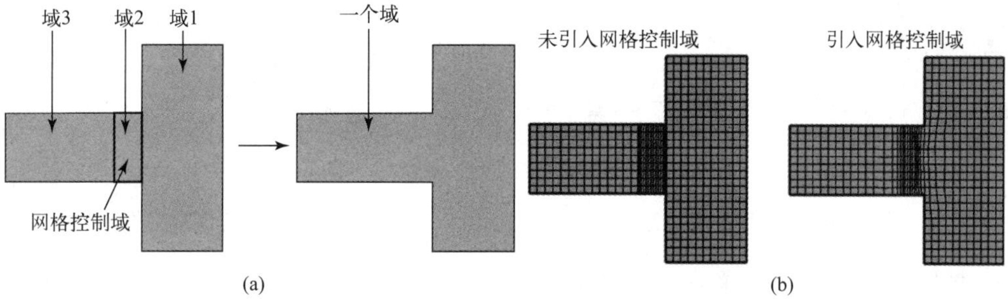


图 3-32 网格控制域

（4）“草图”面板

单击该面板中的“草图”按钮，会切换到“草图”选项卡，可利用“草图”面板中的各种命令创建几何模型。

（5）“体素”面板

如图 3-33 所示，“体素”面板中是用于创建平面模型的二维基本体素，包括“圆”“椭圆”“矩形”“正方形”“多边形”“点”等。选择不同的体素，会弹出相应的设置窗口，在设置窗口中可对该体素的名称、类型、大小和位置等进行设置。

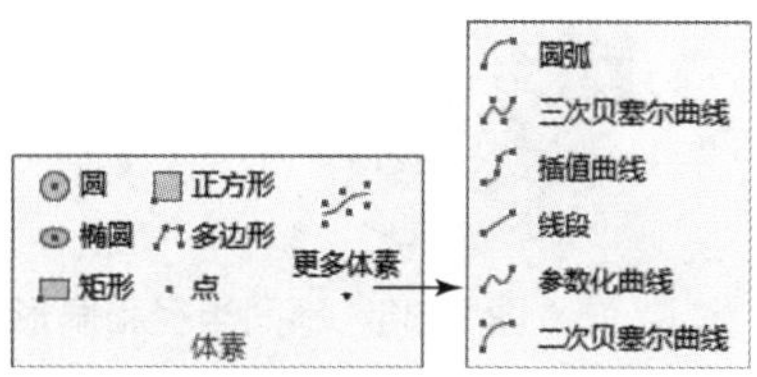


图 3-33 “体素”面板

下面对常用的体素及其设置窗口进行简单介绍。

① 圆：用于创建圆体素，单击该按钮弹出“圆”设置窗口，如图 3-34 所示，可对创建的圆体素进行设置。

a. 标签：用于设置所创建的圆体素的名称。

b. 对象类型：用于将创建的圆体素设置为实体或曲线，如图 3-35 所示。

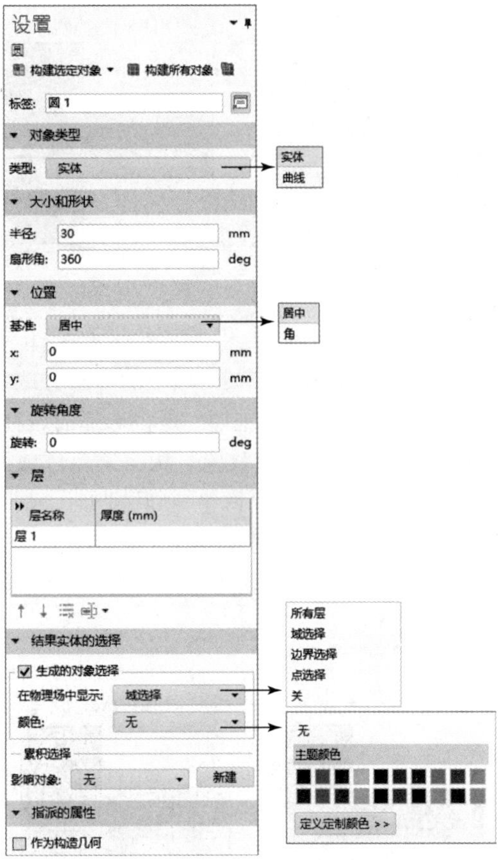


图 3-34 “圆”设置窗口

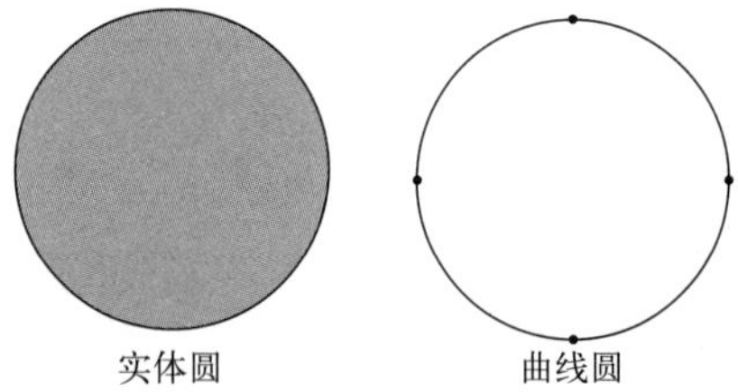


图 3-35 圆体素的不同类型

c. 大小和形状：通过设置圆的半径和扇形角（圆周角）的大小来创建不同大小和形状的圆体素，如图 3-36 所示。

d. 位置：若选择基准为“居中”，则设置的 x、y 值为圆的圆心位置；若选择基准为“角”，则设置的 x、y 值为圆的左下交点位置，如图 3-37 所示。

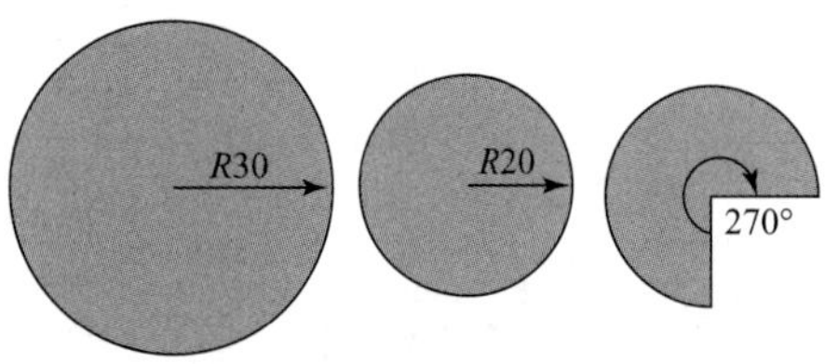


图 3-36 不同半径和扇形角的圆

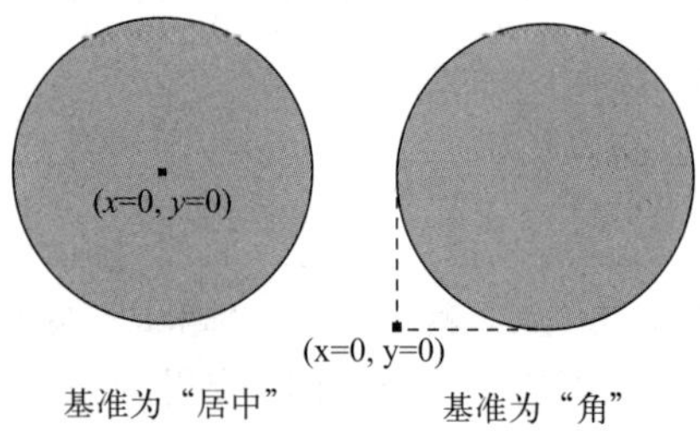


图 3-37 不同基准位置的圆

e. 旋转角度：用于设置圆旋转的角度（由于圆的性质，可能旋转前后的圆不好区分，可通过选择圆的节点来观察），如图 3-38 所示。

f. 层：通过设置层的名称和向内偏移的距离来创建不同大小的同心圆。利用“层”选项绘制同心圆，每次绘制都会将与之相邻的外圆分割为 4 个区域，而通过绘制具有相同圆心、不同半径的多个圆体素形成的同心圆，外圆不会被分割，如图 3-39 所示。

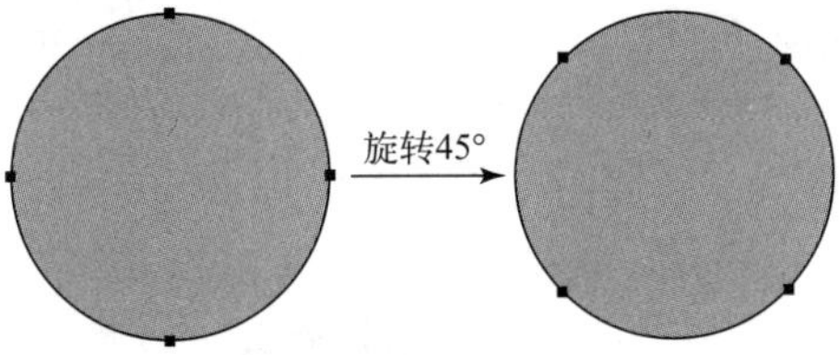


图 3-38　旋转圆

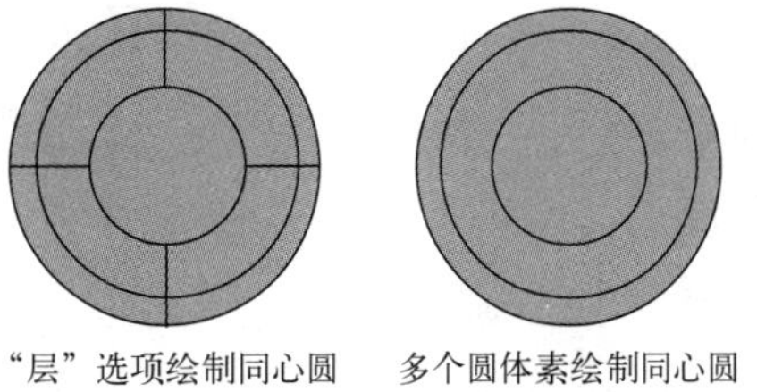


图 3-39　不同形式的同心圆

**知识拓展**

通过这两种方式创建的同心圆，在划分网格时有不同的效果。通过“层”选项创建的同心圆，在对最小的圆划分网格后，其余外部的圆可通过“映射”方式划分网格，得到较规则的整体网格，如图 3-40 所示；而通过绘制具有相同圆心、不同半径的圆体素形成的同心圆，在对最小的圆划分网格后，其余外部的圆通过“映射”方式划分网格会出现错误提示，如图 3-41 所示。

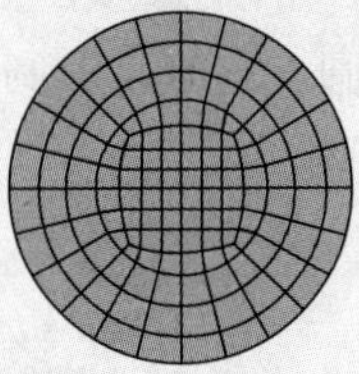

图 3-40　映射网格

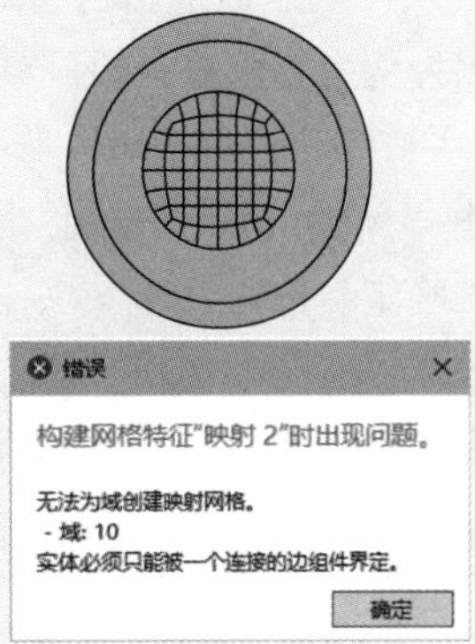


图 3-41　错误提示

g. 在物理场中显示：将绘制的圆体素预定义为在物理场操作时可显示、可选择的对象，包括“域选择”“边界选择”“点选择”“关”和“所有层”5 种类型。

● 域选择：为默认选项，通过该选项创建圆后，该圆的标签名只出现在“物理场”操作对域的选择列表中，通过选择该名称来选择该圆形成的域，如图 3-42 所示。

● 边界选择：通过该选项创建圆后，该圆的标签名只出现在“物理场”操作对边界的选择列表中，通过选择该名称来选择该圆上的所有边，如图 3-43 所示。

● 点选择：通过该选项创建圆后，该圆的标签名只出现在“物理场”操作对点的选择列表中，通过选择该名称来选择该圆上的所有点，如图 3-44 所示。

● 关：通过该选项创建圆后，该圆的标签名不会出现在“物理场”操作对域、边界和点的选择列表中。

● 所有层：通过该选项创建圆后，该圆的标签名会出现在“物理场”操作对所有域、边界和点的选择列表中。

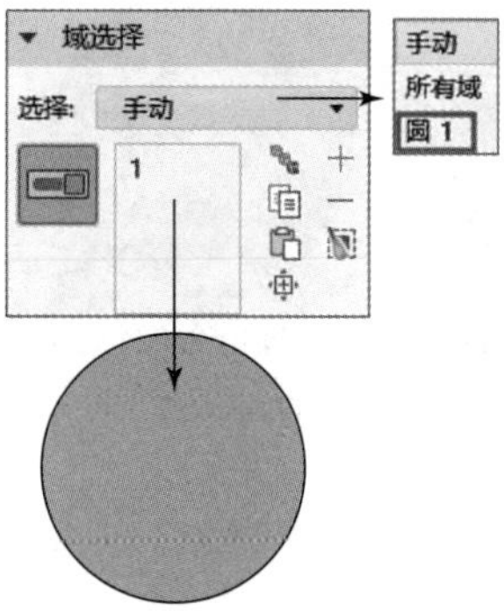


图 3-42　域选择

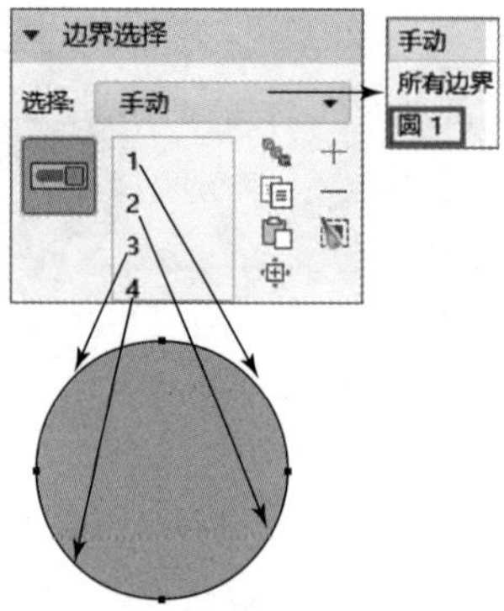


图 3-43　边界选择

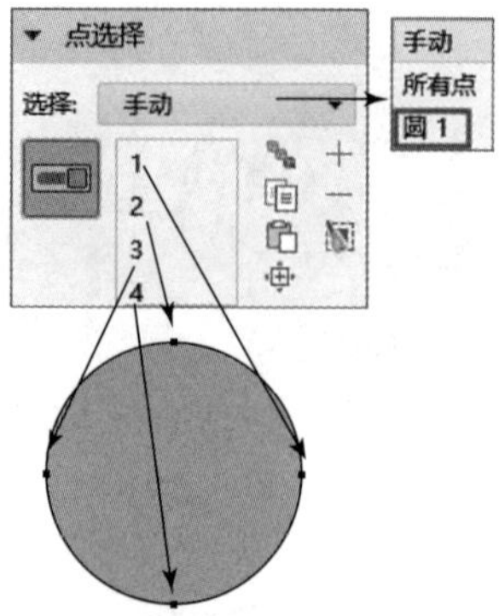


图 3-44　点选择

h. 颜色：为绘制的圆体素填充颜色。

i. 累积选择：默认选择为“无”，当需要时可新建一个“累积选择”，则在“模型开发器”的“几何”节点下出现“累积选择”节点，可将具有相同选择集的对象添加到创建的“累积选择”节点下，从而快速地选择这些对象和这些对象的域、边界和点。这里以创建两个圆的“累积选择”节点为例进行简单介绍，具体操作如下。

- 创建一个半径为 30mm、圆心为（0,0）的圆体素，然后在“圆”设置面板的“累积选择”栏中单击“新建”按钮 新建 ，弹出“新建累积选择”窗口，设置名称为“圆”，如图 3-45 所示。单击“确定”按钮 确定 ，则在“模型开发器”的“几何”节点下出现“累积选择”节点，包括“圆（对象）”“圆（域）”“圆（边界）”和“圆（点）”四个选项，如图 3-46 所示。然后单击“圆”设置面板中的“构建选定对象”按钮 构建该圆，同时将该圆添加到“累积选择”节点下。

图 3-45　“新建累积选择”窗口

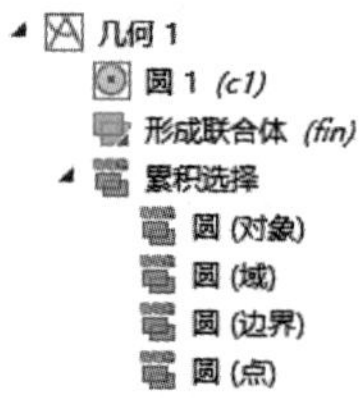


图 3-46　“累积选择”节点

- 创建一个半径为 20mm、圆心为（60,0）的圆体素，然后在“圆”设置面板的“累积选择”栏中的“影响对象”列表中选择“圆”，再单击“圆”设置面板中的“构建选定对象”按钮 构建该圆，同时也将该圆添加到“累积选择”节点下，结果如图 3-47 所示。

- 在“模型开发器”中选择“累积选择”节点下的“圆（对象）”，则同时选择这两个圆，如图 3-48 所示；选择“累积选择”节点下的“圆（域）”，则同时选择这两个圆的域，如图 3-49 所示（选择效果与累积选择对象相同）；选择“累积选择”节点下的“圆（边界）”，则同时选择这两个圆的所有边，如图 3-50 所示；选择“累积选择”节点下的“圆（点）”，则同时选择这两个圆的所有点，如图 3-51 所示。

j. 作为构造几何：将创建的圆生成构造几何，如图 3-52 所示，构造几何只在“模型开发器”中的“几何”相关节点下可见，在其他节点，如“材料”“物理场”“研究”和“结果”节点下不可见。

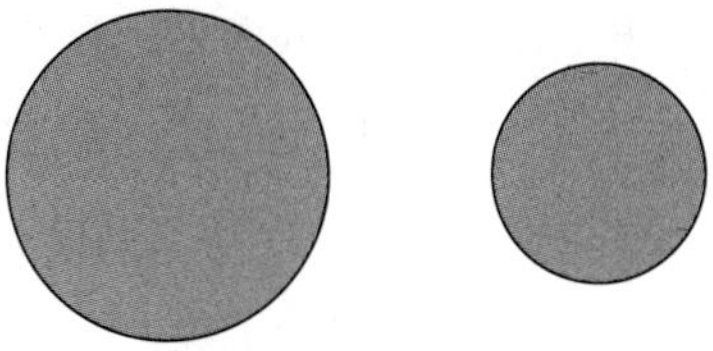

图 3-47　创建两个圆

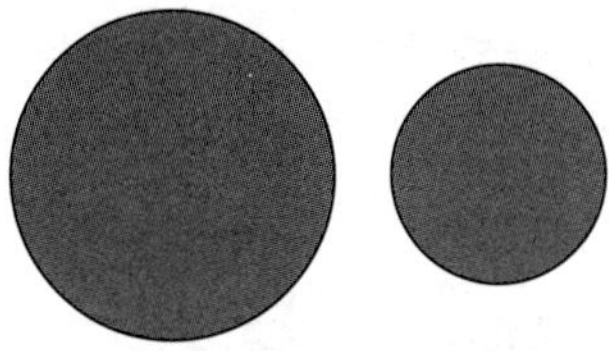

图 3-48　累积选择对象

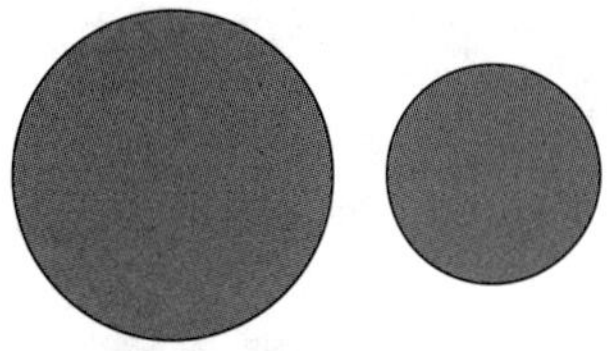

图 3-49　累积选择域

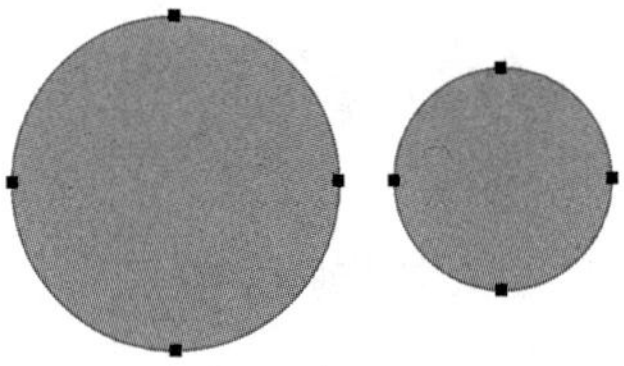

图 3-50　累积选择边界

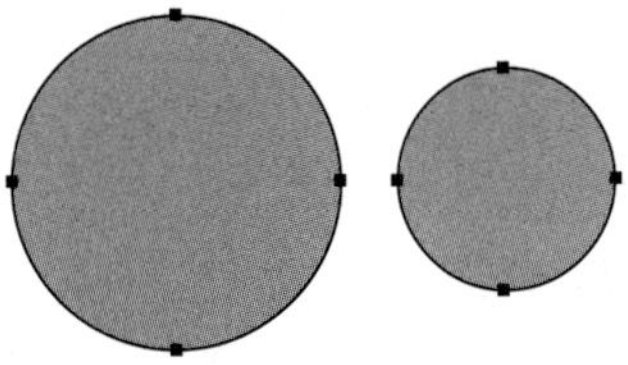

图 3-51　累积选择点

图 3-52　构造几何

② 椭圆 ：通过设置椭圆的两个半轴的长度、扇形角和位置来创建椭圆体素，其“椭圆”设置窗口与“圆”设置窗口类似，这里不再讲解。

③ 矩形 ：通过设置矩形的长、宽和位置来创建矩形体素。

④ 正方形 ：通过设置正方形的边长和位置来创建正方形体素。

⑤ 多边形 ：通过导入文件、以表格的形式输入多边形各点坐标或以矢量坐标点来创建多边形体素，单击该按钮弹出“多边形”设置窗口，如图 3-53 所示，可对创建的多边形体素进行设置。

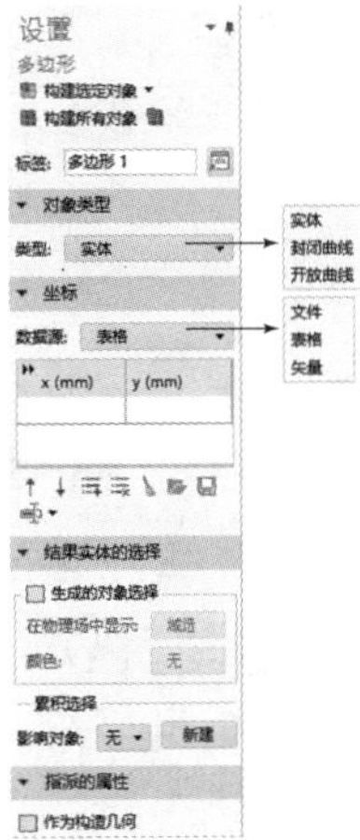


图 3-53 “多边形”设置窗口

a. 实体：用于将多边形体素创建为封闭的实体，若输入的多边形的各个角点坐标不能成为闭合回路，则会自动将多边形的首尾两点重合，形成闭合回路以创建实体，如图 3-54（a）所示。

b. 封闭曲线：用于将多边形体素创建为封闭曲线，若输入的多边形的各个角点坐标不能成为闭合回路，则会自动将多边形的首尾两点重合，形成闭合回路以创建封闭曲线，如图 3-54（b）所示。

c. 开放曲线：用于将多边形体素创建为开放曲线，若输入的多边形的各个角点坐标不能成为闭合回路，则会创建开放曲线，如图 3-54（c）所示。

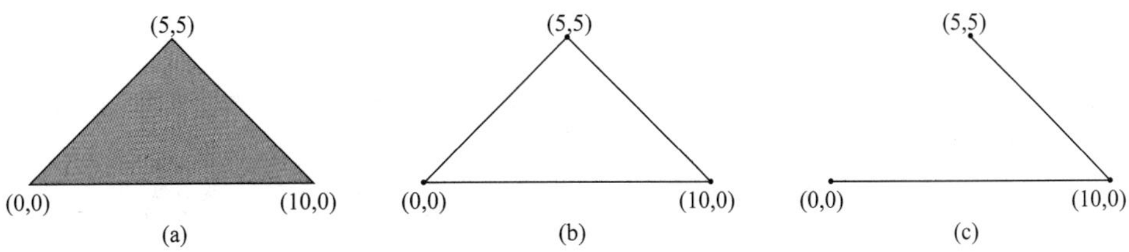


图 3-54　创建实体、封闭曲线和开放曲线

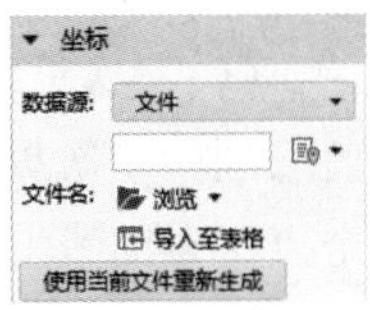


图 3-55 “文件”创建多边形

d. 文件：利用“文件”创建多边形，此时“坐标”栏如图 3-55 所示，需要从外部导入可用的多边形文件以创建多边形，包括“文本文件（*.txt）”“CSV 文件（*.csv）”和“数据（*.dat）文件”，这里以导入一个“文本文件（*.txt）”为例进行简单介绍，步骤如下。

单击“坐标”栏中的“浏览”按钮，弹出“多边形数据”窗口，如图 3-56 所示，找到要导入的多边形文本，单击“打开”按钮 打开(O)，然后单击“多边形”设置窗口中的“构建选定对象”，对导入的多边形数据进行创建，结果如图 3-57 所示。

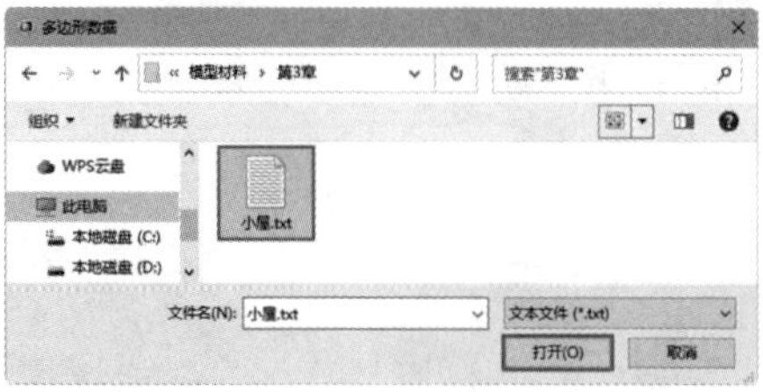


图 3-56 “多边形数据”窗口

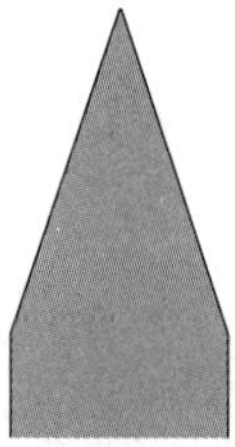

图 3-57 导入文件创建多边形

e. 表格：将绘制的多边形的各个角点输入到表格中，以绘制多边形；还可以通过“上移”“下移”“插入”和“删除”等命令调整表格，以修改多边形。如图 3-58 所示为通过输入表格的数据创建的五角星。

f. 矢量：以矢量的形式表示多边形各点的坐标，以创建多边形。如图 3-59 所示是将图 3-58 中的“表格”数据转变为“矢量”（各数据之间用空格或逗号隔开），创建同样的五角星。

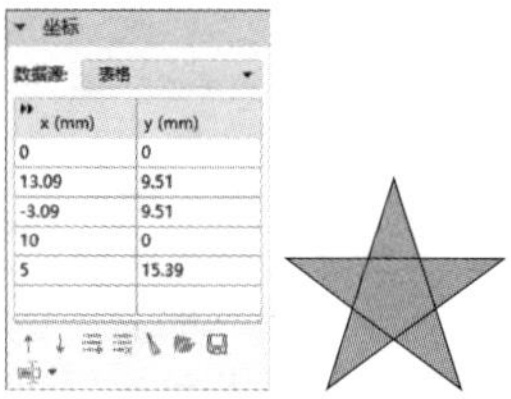


图 3-58 “表格”数据创建五角星

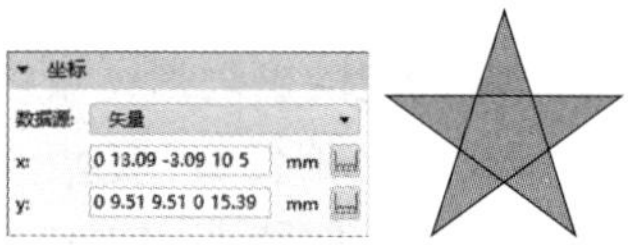


图 3-59 “矢量”数据创建五角星

⑥ 点：通过输入点的坐标来创建点。可在 x、y 文本框中同时输入几个点坐标，中间用空格或逗号隔开，以同时创建几个点。

⑦ 圆弧：用于创建圆弧。这里提供了四种创建圆弧的方法，如下所述。

- 中心、半径、角度：通过指定圆弧的圆心、半径长度、起始角度和终止角度来绘制圆弧。默认情况下从起始角度到终止角度是以逆时针为顺序的。
- 端点和半径：通过指定圆弧的起点坐标、终点坐标和半径长度来绘制圆弧，默认情况下是绘制指定两端点之间的短弧（弧度最多为 180°），当取消勾选“短弧”复选框后，可绘制长弧。
- 端点和起始角度：通过指定圆弧的起点坐标、终点坐标和起始角度来绘制圆弧，默认情况下角度是以逆时针为顺序的。
- 端点和终止角度：通过指定圆弧的起点坐标、终点坐标和终止角度来绘制圆弧，默认情况下角度是以逆时针为顺序的。

⑧ 三次贝塞尔曲线：通过指定控制三次贝塞尔曲线的四个点的坐标和这四个点的权重值来创建三次贝塞尔曲线。三次贝塞尔曲线上的四个点——起点和终点是在曲线上的。中间两个点不在曲线上。当设置的中间两点的权重值越大时，这两点越接近曲线，越小时则会远离曲线，默认的权重值为 1。

⑨ 插值曲线：通过指定插值曲线通过的点的坐标来创建插值曲线。类型包括实体、封

闭曲线和开放曲线。

⑩ 线段 ：从已有的点中选择线段的起点和终点，或者输入线段的起点坐标和终点坐标来创建线段。

⑪ 参数化曲线 ：通过指定曲线上的最大值和最小值，然后以参数表达式的形式代表曲线通过的点来创建曲线。

⑫ 二次贝塞尔曲线 ：通过指定控制二次贝塞尔曲线的三个点的坐标和这三个点的权重值来创建二次贝塞尔曲线。二次贝塞尔曲线上的三个点——起点和终点是在曲线上的，中间的点不在曲线上。当设置的中间点的权重值越大时，该点越接近曲线，越小时则会远离曲线。这三个点默认的权重值为 1、$\sqrt{2}/2$、1。

### （6）“操作”面板

如图 3-60 所示，“操作”面板主要用于对创建的模型进行编辑和修改，包括布尔操作和分割、变换、转换等操作。下面对该面板做简单介绍。

① 并集 ：对创建的几何对象进行并集运算，并生成一个新的几何对象。单击该按钮，弹出“并集”设置窗口，如图 3-61 所示，可对并集操作进行设置。

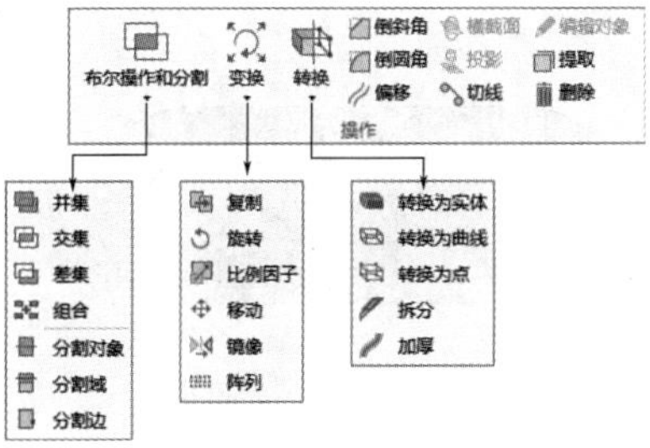


图 3-60　“操作”面板

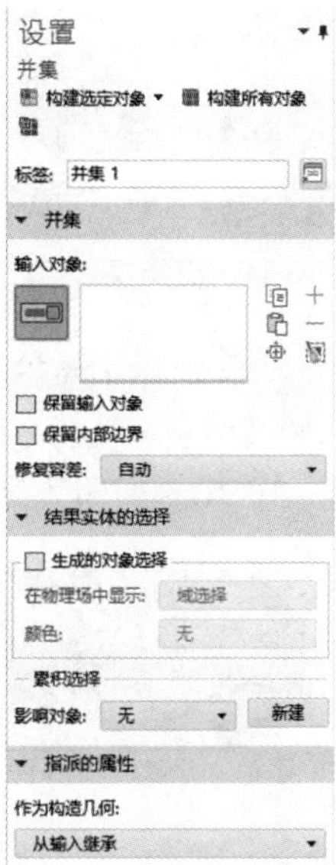


图 3-61　“并集”设置窗口

a. 标签：用于设置并集的名称。

b. 输入对象：用于选择进行并集操作的几何对象。

c. 保留输入对象：在进行并集运算并生成新的几何对象的同时，保留原有的对象。如图 3-62（a）所示，一个正方形和一个圆形将图形分为三个域，对两个几何对象做并集运算，若不保留输入对象，运算后合并为一个对象和一个域，结果如图 3-62（b）所示；若保留输入对象，运算后会保留原来的正方形和圆，并生成一个新对象和域，如图 3-62（c）所示。

d. 保留内部边界：勾选该选项，在进行并集运算时，保留内部的边界。如图 3-63（a）所示，一个正方形和一个圆形将图形分为三个域，对两个几何对象做并集运算，若保留内部边界，运算后合并为一个对象，但仍保留三个域，结果如图 3-63（b）所示；若不保留内部边界，运算后不保留内部边界，而是生成一个新对象和域，如图 3-63（c）所示。

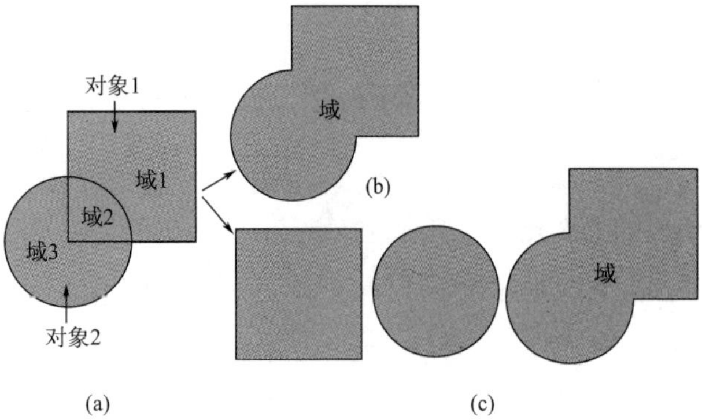


图 3-62 保留输入对象

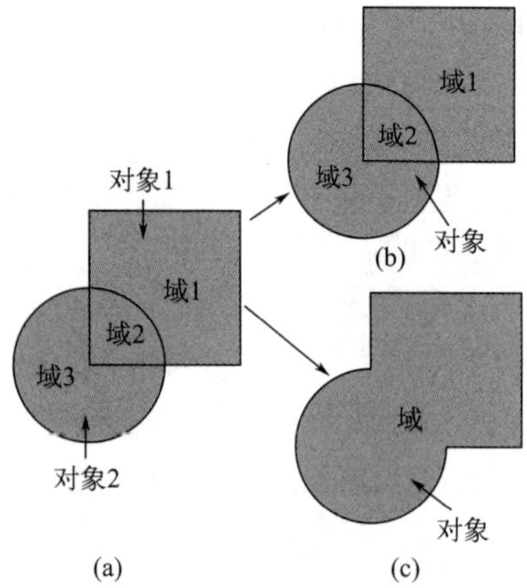


图 3-63 保留内部边界

② 交集 ：对创建的几何对象进行交集运算，如图 3-64 所示。

③ 差集 ：对创建的几何对象进行差集运算，如图 3-65 所示。

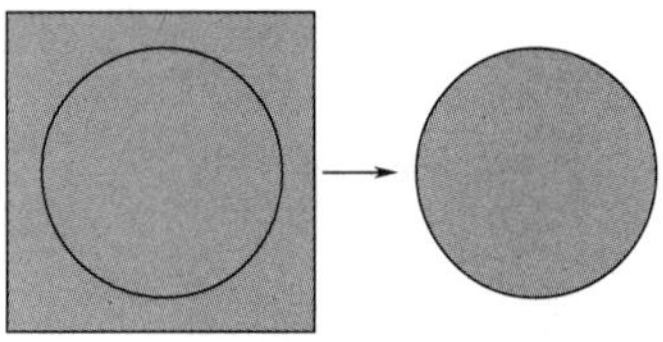

图 3-64 交集操作

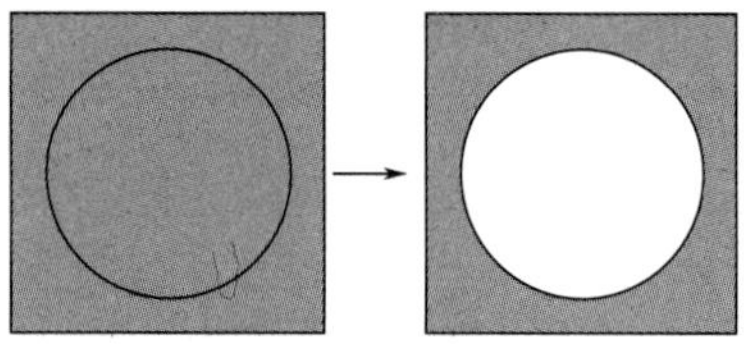

图 3-65 差集操作

④ 组合 ：通过输入计算公式对参与布尔运算的几何对象进行操作。例如，将一个长方形（r1）与两个大圆（c1、c2）进行并集运算，然后与两个小圆（c3、c4）做差集运算，设置公式为 r1+c1+c2−c3−c4，结果如图 3-66 所示。

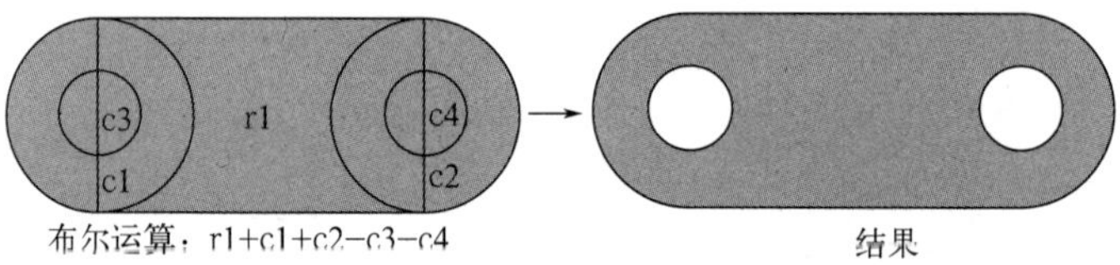


图 3-66 组合操作

⑤ 分割对象 ：利用工具对象对要分割的对象进行分割，可以将原有对象的 1 个域分割为多个域。该功能对于创建单独的域、引入内部边界或剪切不参与分析的几何图形十分有用。如图 3-67 所示，利用两条交叉线将圆形对象的 1 个域分割为 4 个域。

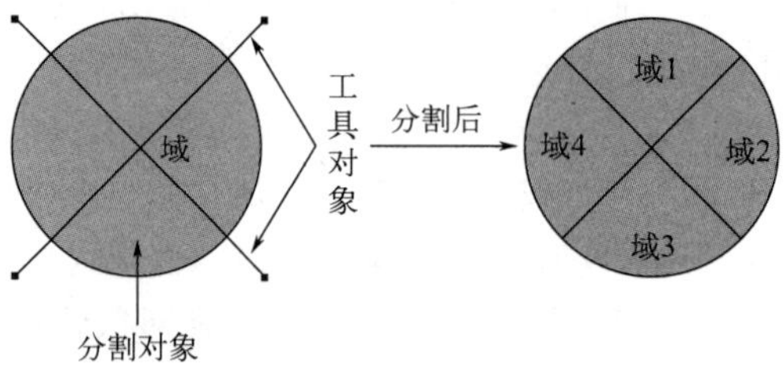


图 3-67 分割对象操作

⑥ 分割域 ：在指定位置，利用顶点间的线段、穿过顶点的线、边、延伸边或对象来分割域。

a. 顶点间的线段分割域：通过选择两个点构造一条线段来分割域，如图 3-68 所示。

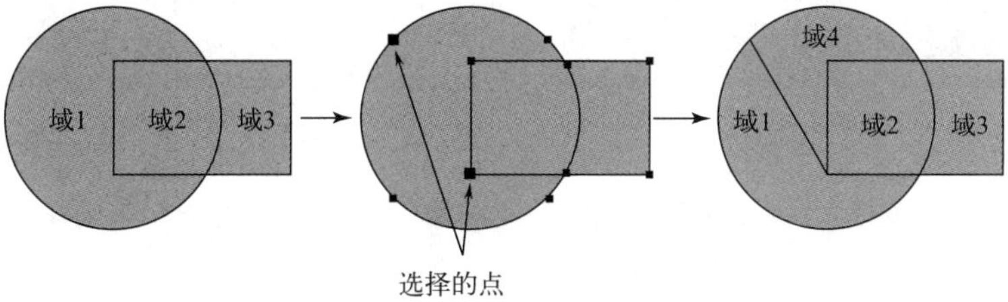


图 3-68　顶点间的线段分割域

b. 穿过顶点的线分割域：通过选择两个点构造一条线段并延长该线段来分割域，如图 3-69 所示。

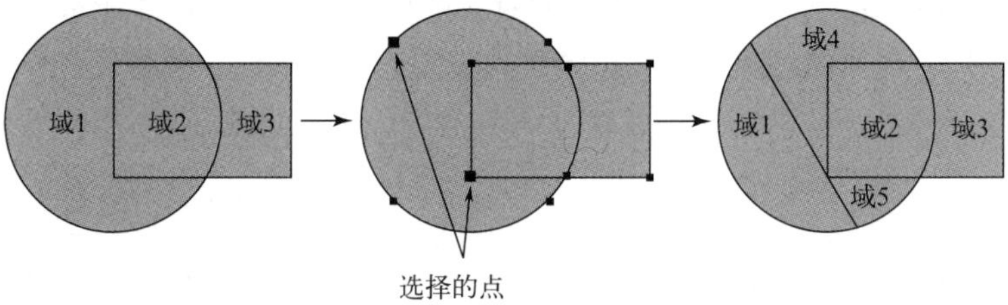


图 3-69　穿过顶点的线分割域

c. 边分割域：通过选择已有的边线来分割域，如图 3-70 所示。

d. 延伸边分割域：若选择的已有边与分割对象没有相交，则会延伸已有边来分割域，如图 3-71 所示。

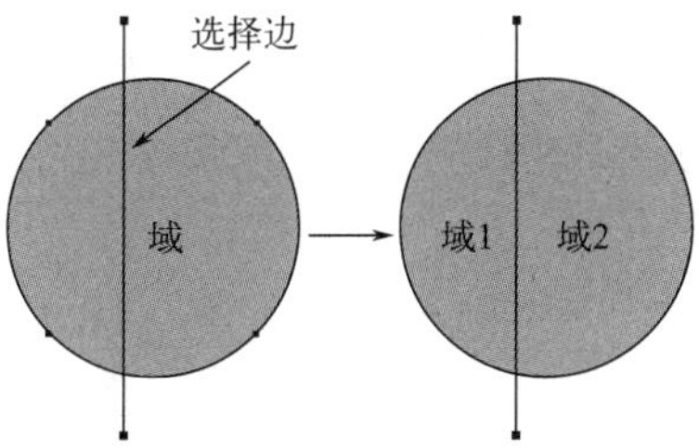


图 3-70　边分割域

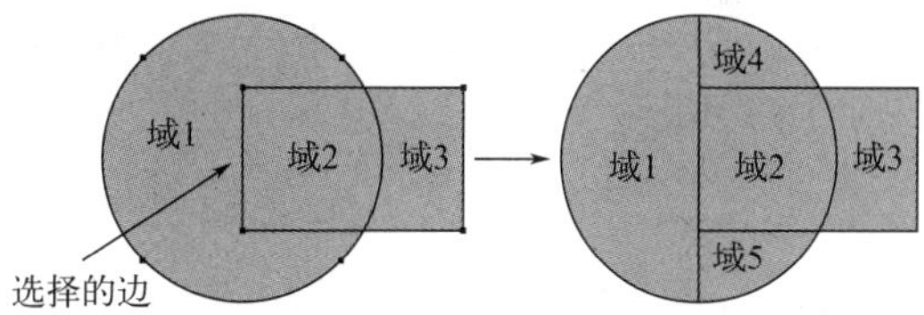


图 3-71　延伸边分割域

e. 对象分割域：选择一个分割对象对要分割的域进行分割。如图 3-72 所示，用一个矩形对象对一个圆形域进行分割，分割后该圆被分成两个域。

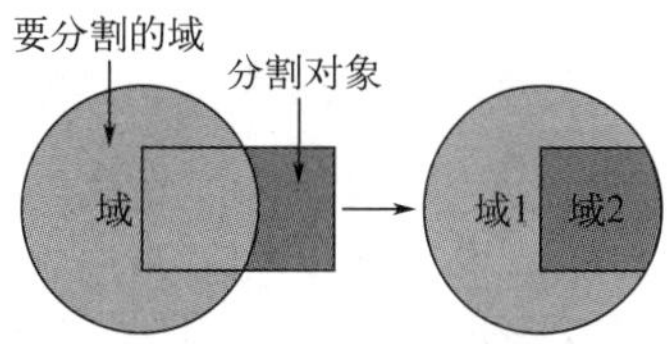


图 3-72　对象分割域

⑦ 分割边 ：通过设置弧长参数或选择边上已有的点等方法对所选的边进行分割。

a. 弧长：通过设置分割后的弧长与原有边的比例参数来分割边，如图 3-73 所示。

b. 顶点的投影：通过选择边上已有的点或边外的点在所选边的正交投影分割边，如图 3-74 所示。

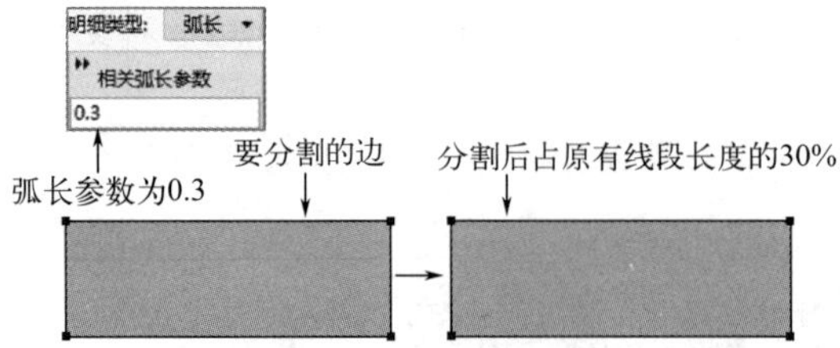


图 3-73 弧长分割边

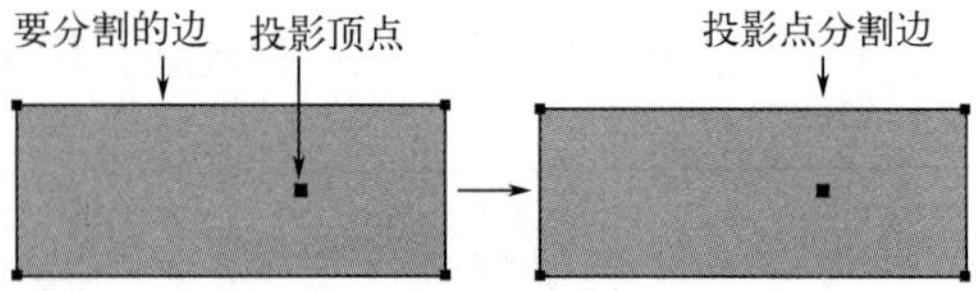


图 3-74 顶点的投影分割边

⑧ 复制：通过指定“位移矢量”或选择对象上顶点的位置变换来复制对象。

⑨ 旋转：通过指定旋转中心和旋转角度来旋转对象。

⑩ 比例因子：通过设置比例因子来缩放对象。

⑪ 移动：通过指定“位移矢量”或选择对象上顶点的位置变换来移动对象。

⑫ 镜像：将选择的对象以指定的边为镜像线进行镜像，或者将选择的对象以通过指定点的设定向量的法线为镜像线进行镜像。

a. 边：选择一条边或线为镜像线对选择的对象进行镜像，如图 3-75 所示。

b. 点与法线：将选择的对象以通过指定点的设定向量的法线为镜像线进行镜像，如图 3-76 所示。

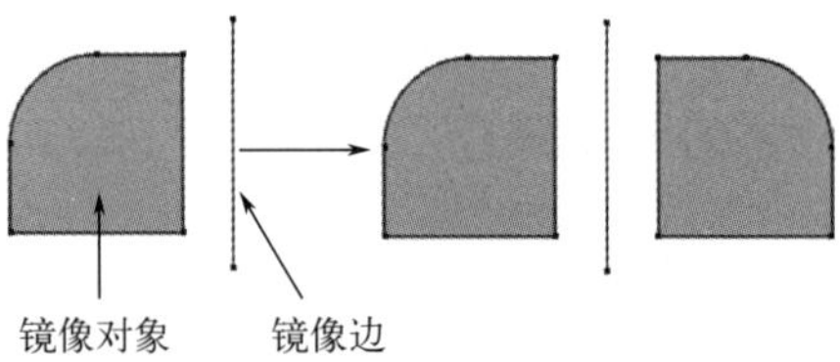


图 3-75 通过边镜像对象

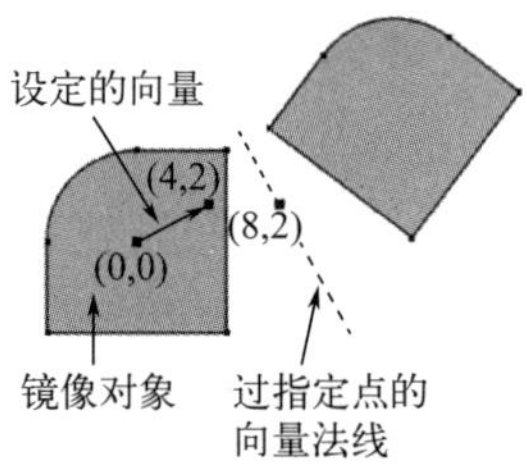


图 3-76 通过点和法线镜像对象

**注意**

图 3-76 中设定的向量和过指定点的向量法线，是为了方便讲解另外绘制的，实际操作中不会出现这些对象。

⑬ 阵列：对选择的对象进行矩形或线性阵列。

⑭ 转换为实体：将选择的封闭几何对象合并，并转换为单个实体对象。

⑮ 转换为曲线：将选择的几何实体对象合并，并转换为单个曲线对象。

⑯ 转换为点：将选择的几何实体对象转化为点对象。

⑰ 拆分：对选择的对象进行拆分。

a. 将一个实体对象拆分为与其域相对应的几个实体对象。如图 3-77 所示，将一个圆和一个矩形合并为一个实体后，可拆分为 5 个实体对象。

b. 将一个曲线对象拆分为与其边相对应的曲线对象。如图 3-78 所示，将一个矩形曲线对象拆分后，4 条边线为 4 个曲线对象。

c. 将一组点对象拆分为与其点相对应的单个点对象，如图 3-79 所示。

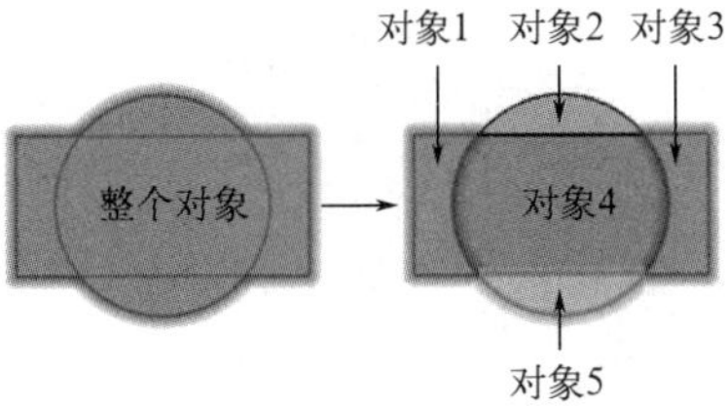


图 3-77　拆分实体对象

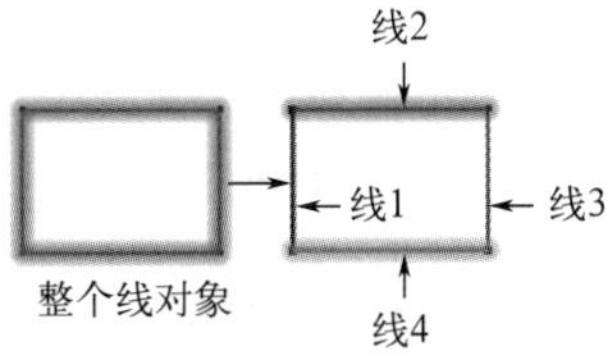


图 3-78　拆分边对象

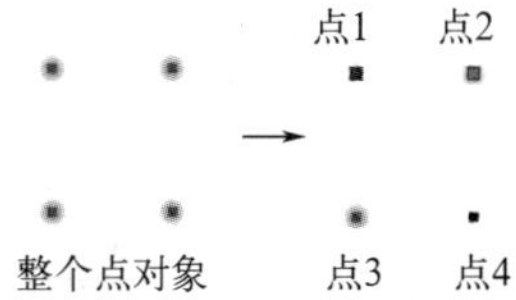


图 3-79　拆分点对象

⑱ 加厚 ：将曲线对象沿法线方向加厚指定的距离，使其转换为平面对象，如图 3-80 所示。

⑲ 倒斜角 ：在所选对象的顶点位置沿指定的距离进行倒角操作。

⑳ 倒圆角 ：在所选对象的顶点位置按设置的半径大小进行倒圆角操作。

㉑ 偏移 ：对所选的二维曲线或实体对象的边沿法线方向偏移指定的距离。

㉒ 横截面 ：在三维几何实体中的平面几何节点下创建该三维几何实体的一个二维横截面。

㉓ 投影 ：在三维几何实体中的平面几何节点下创建该三维几何实体的二维投影。

㉔ 切线 ：用于创建两个圆的公切线，如图 3-81 所示。

㉕ 编辑对象 ：通过调整二维图形上点的位置来调整图形。

㉖ 提取 ：用于提取选定的几何对象并将其他对象删除。

㉗ 删除 ：删除所选的对象，包括几何实体、域、面、边和点等。

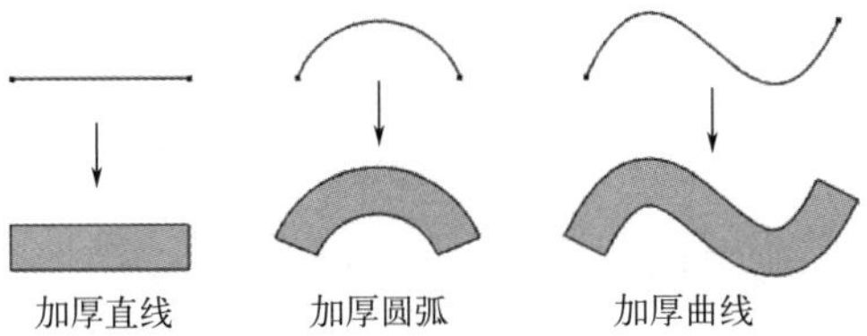


图 3-80　加厚对象

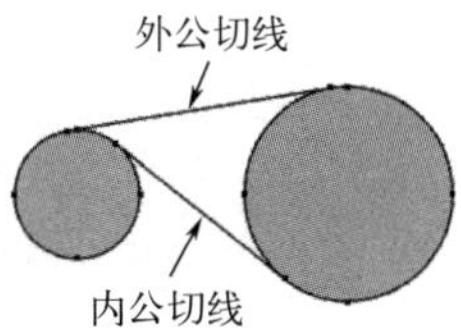


图 3-81　创建切线

（7）“其他”面板

如图 3-82 所示，“其他”面板主要用于创建或加载零件、给对象添加程序、创建选择类型、修改对象颜色、测量对象和清除序列。下面对该面板中使用较多的命令做简单介绍。

① 创建零件 ：用于在“模型开发器”中的“全局定义”下创建一个新的“几何零件”节点，然后在该节点下创建几何序列，以创建新的零件，如图 3-83 所示。在“全局定义”下创建“几何零件”，并在该节点下创建“零件 1”和“零件 2”两个零件。

② 加载零件 ：将自定义或其他含有“几何零件”的 COMSOL 文件加载到当前的“几何零件”节点下。

③ 零件库 ：单击该按钮，打开 COMSOL 预定义的零件库，如图 3-84 所示。用户可选择所需的零件，将其加载到当前的“几何零件”节点下。

④ 编程 ：在几何序列中选择对象的前面或后面添加“If”“Else if”或“End if”等程序，以为这些对象设置参与分析的条件。

⑤ 选择 ：对多个对象、域、边界或点创建选择集，以便快速地对这些对象、域、边界或点进行选择。创建方法包括“显式选择”“框选择”“圆盘选择”“并集选择”“交集选择”“差集选择”“补集选择”“相邻选择”和“累积选择”。

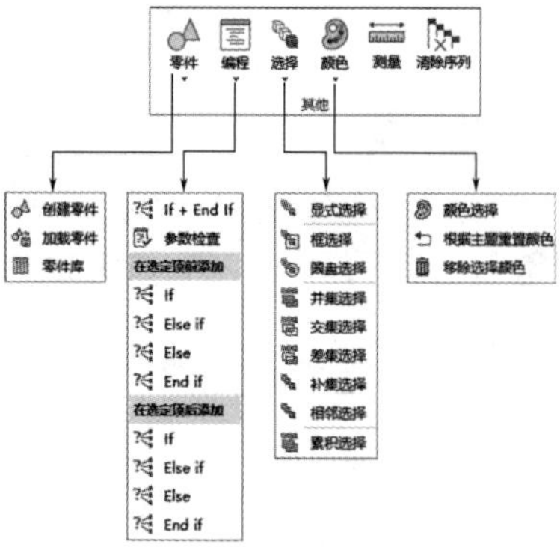


图 3-82 “其他”面板

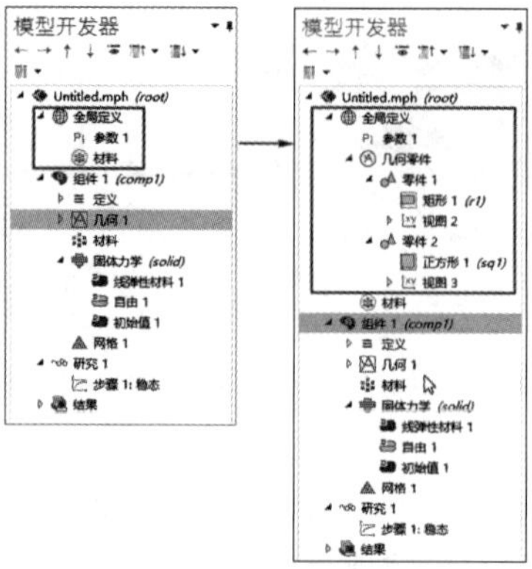


图 3-83 创建零件

图 3-84 零件库

a. 显式选择：通过同时选择多个对象来创建选择集，如图 3-85 所示，将图中的“域 1”和“域 2”创建为“显式选择 1”；“域 2”和“域 3”创建为“显式选择 2”。若在以后的操作中需要同时选择“域 1”和“域 2”，可在“模型开发器”中单击选择“显式选择 1”；若在以后的操作中需要同时选择“域 2”和“域 3”，可在“模型开发器”中单击选择“显式选择 2”。

b. 框选择：设置一个矩形框范围，在该矩形框中的所有对象都被定义到其选择集中。如图 3-86 所示，设置的矩形框范围内的“域 1”“域 2”和“域 3”被定义到框选择集中。

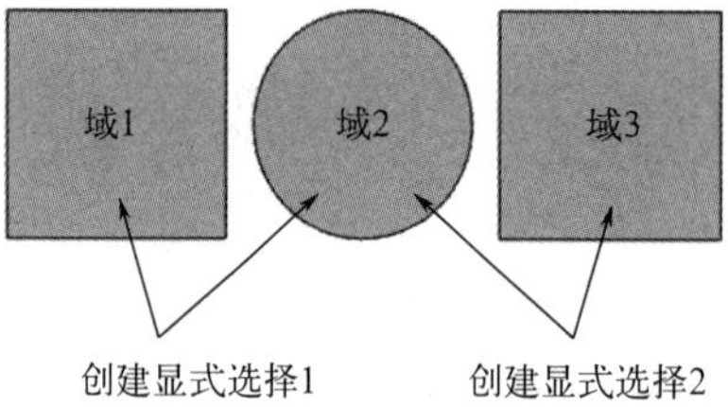


图 3-85 创建显式选择

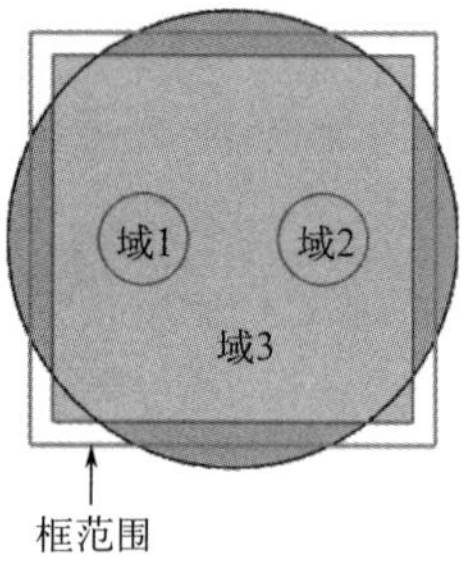


图 3-86 框选择

c. 圆盘选择：设置一个圆盘范围，在该圆盘中的所有对象都被定义到其选择集中。

d. 并集选择：添加已有的选择集，对这些选择集进行并集运算。例如，将 a. 中的“显式选择 1”和“显式选择 2”进行并集选择后，可同时选择“域 1”“域 2”和“域 3”。

e. 交集选择：添加已有的选择集，对这些选择集进行交集运算。例如，将 a. 中的“显式选择 1”和“显式选择 2”进行交集选择后，只可选择两者共有的“域 3”。

f. 差集选择：添加已有的选择集，对这些选择集进行差集运算。如图 3-87 所示，将“域 1”“域 2”和“域 3”设置为“显式选择 1”，将“域 3”设置为“显式选择 2”，然后对“显式选择 1”和“显式选择 2”做差集选择后，只能同时选择“域 1”和“域 2”。

g. 补集选择：对选中的一个或多个选择集做补集运算，如图 3-88 所示，有“显式选择 1”“显式选择 2”和“显式选择 3”三个选择集，若将“显式选择 2”设置为“补集选择”，只能同时选择“显式选择 1”和“显式选择 3”两个选择集。

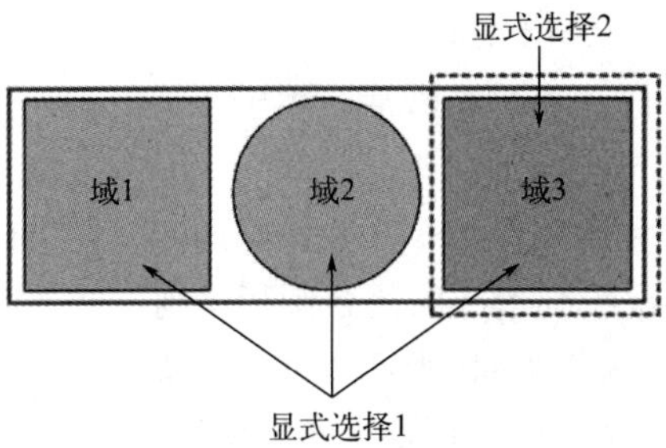


图 3-87　差集选择

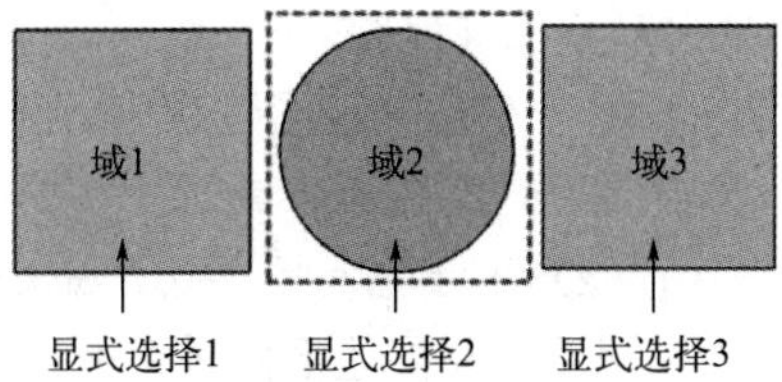


图 3-88　补集选择

h. 相邻选择 ：用于选择与指定选择集中的实体相邻的边界、边或点。

i. 累积选择 ：在“模型开发器”的“几何”节点下创建“累积选择”节点，可将具有相同选择集的对象添加到“累积选项”节点下，从而快速地选择这些对象和这些对象的域、边界和点。

⑥ 颜色选择 ：为所选的对象添加颜色。

⑦ 根据主题重置颜色 ：将所选的对象的颜色重置为默认的主题颜色。

⑧ 移除选择颜色 ：将所选的对象的颜色删除。

⑨ 测量 ：用于测量所选的几何实体或对象的体积、面积、周长等属性。

⑩ 清除序列 ：将“模型开发器”中“几何”节点下的所有序列删除，清空“几何”节点。

### 3.1.3 “草图”选项卡

“草图”选项卡主要用于在创建二维或三维模型过程中绘制草图。如图 3-89 所示，该选项卡包括“草图”“绘图设置”“绘图”“操作”“约束”和“尺寸”等面板。这里对常用的命令进行简单介绍。

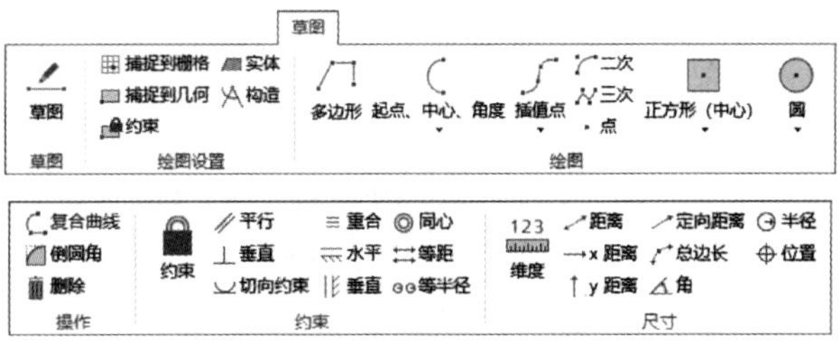


图 3-89　“草图”选项卡

（1）“草图”面板

单击该面板中的“草图”按钮 ，会打开或退出草图绘制功能。

（2）“绘图设置”面板

“绘图设置”面板用于在绘制草图时对捕捉对象、自动约束和草图特性进行设置，包括捕捉到栅格、捕捉到几何、约束、实体和构造等命令。

① 捕捉到栅格 ：在图形窗口绘制草图的过程中，拖动鼠标光标时，会自动捕捉到图形窗口的栅格，捕捉的光标位置用蓝色圆圈表示，如图 3-90 所示。

② 捕捉到几何 ：在图形窗口绘制草图过程中，拖动鼠标光标时，会自动捕捉到图形窗

口中已有的几何的边或点，捕捉到的边或点会以蓝绿色突出显示。

③ 约束 ：只有在执行“捕捉到几何”命令时才可以被激活，用于在捕捉到几何时，根据绘图对象自动添加几何约束。

④ 实体 ：在绘制草图过程中，将利用同一种绘图命令一次性绘制的闭合图形创建为实体模型；若利用不同绘图命令或同一种命令经过多次绘制形成的闭合图形，则不能创建实体模型。如图 3-91（a）所示为利用多边形命令一次性绘制的闭合图形，可创建为实体模型；图 3-91（b）所示为利用圆弧和多边形两种命令绘制的闭合图形，不能创建为实体模型；图 3-91（c）所示为利用多边形命令两次绘制形成的闭合图形，也不能创建实体模型。

**注意**

图 3-91 中的（b）、（c）封闭图形可以利用“几何”选项卡中的“转换为实体”命令来生成实体模型，也可以利用“草图”选项卡中的“复合曲线”命令生成实体模型。

⑤ 构造 ：在绘制草图过程中将绘制的几何图形创建为构造线。

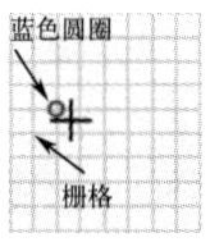


图 3-90　捕捉到栅格

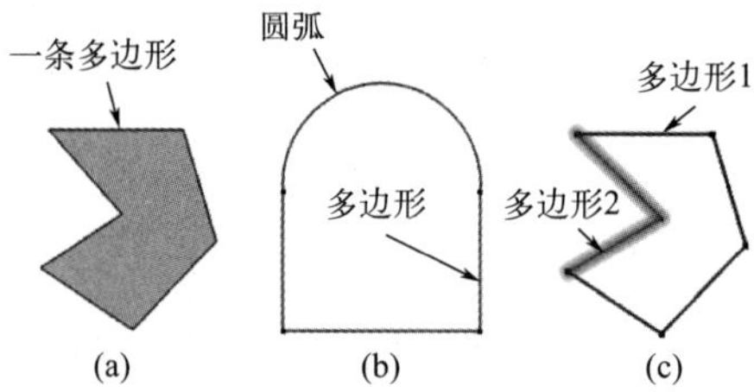


图 3-91　创建实体或曲线

## （3）“绘图”面板

如图 3-92 所示，“绘图”面板包括用于绘制草图的所有基本元素，包括多边形、圆弧线、插值曲线、二次或三次贝塞尔曲线、点、矩形和圆等。

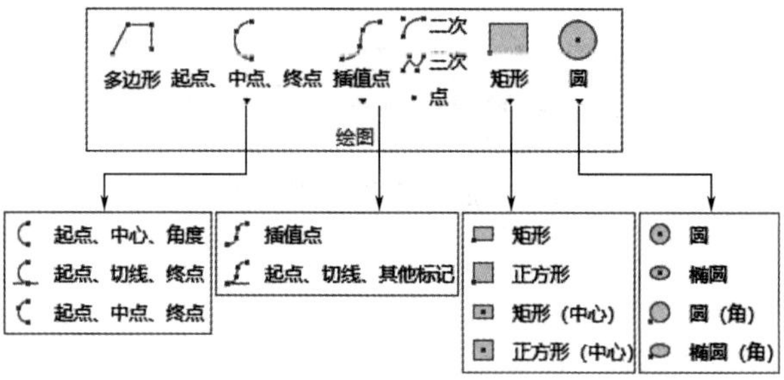


图 3-92　“绘图”面板

① 多边形 ：用于在图形窗口中绘制一系列线段。单击鼠标右键，弹出快捷菜单，选择“完成‘多边形’”命令，结束绘制。若选择其他曲线绘制命令绘制曲线或创建复合曲线，如图 3-93 所示。

② 起点、中心、角度 ：通过指定圆弧的起点、中心和角度来绘制圆弧，如图 3-94（a）所示。

③ 起点、切线、终点：通过指定圆弧的起点、切线和终点来绘制圆弧，如图 3-94（b）所示。

④ 起点、中点、终点：通过指定圆弧的起点、中点和终点三个点来绘制圆弧，如图 3-94（c）所示。

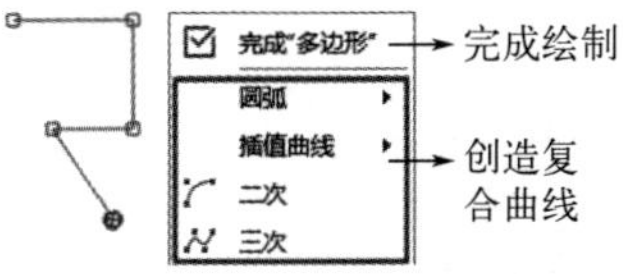


图 3-93　绘制多边形

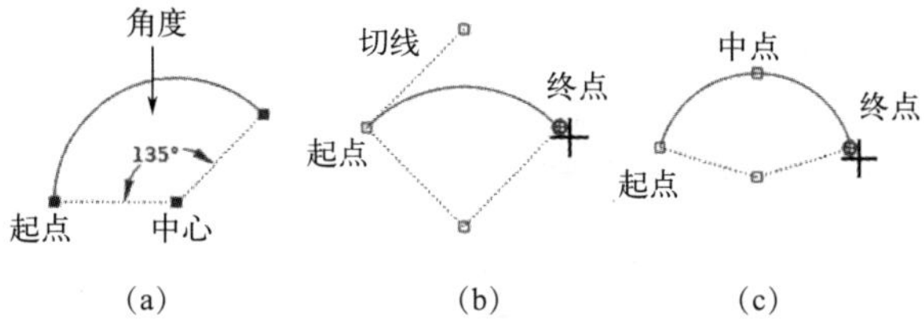


图 3-94　绘图圆弧

⑤ 插值点：通过指定样条曲线通过的点来绘制样条曲线，如图 3-95（a）所示。

⑥ 起点、切线、其他标记：通过指定样条曲线的起点、起点处的切线和其他插值点来绘制样条曲线，如图 3-95（b）所示。

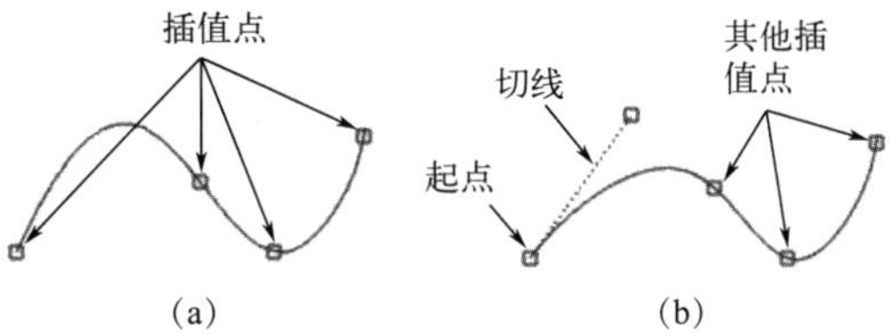


图 3-95　绘图样条曲线

⑦ 二次：在图形窗口中通过三个控制点创建一条二次贝塞尔曲线，或者在第一条二次贝塞尔曲线的基础上设置偶数个其他点来创建多条二次贝塞尔曲线。

⑧ 三次：在图形窗口中通过四个控制点创建一条三次贝塞尔曲线，或者在第一条三次贝塞尔曲线的基础上设置其他点来创建多条三次贝塞尔曲线。

⑨ 点：用于在图形窗口中绘制点。

⑩ 矩形：通过指定矩形的两个角点来绘制矩形。

⑪ 正方形：通过指定正方形的两个角点来绘制正方形。

⑫ 矩形（中心）：通过指定矩形的中心和一个角点来绘制矩形。

⑬ 正方形（中心）：通过指定正方形的中心和一个角点来绘制正方形。

⑭ 圆：通过指定圆的圆心和圆上一点来调整圆的半径从而绘制圆。

⑮ 椭圆：通过指定椭圆的圆心和椭圆上一点来调整长轴和短轴从而绘制椭圆。

⑯ 圆（角）：通过指定圆的外接正方形的一个角点，然后拖动鼠标调整该圆外接正方形的大小来绘制圆，多用于绘制正方形的内切圆。

⑰ 椭圆（角）：通过指定椭圆的外接矩形的一个角点，然后拖动鼠标调整椭圆外接矩形的大小来绘制椭圆，多用于绘制矩形的内切椭圆。

#### （4）"操作"面板

如图 3-96 所示，"操作"面板用于将绘制的多条曲线设置为复合曲线、对几何图形进行倒圆角和删除几何图形。

① 复合曲线 ：可以使相互连接的不同类型的曲线（包括多边形、圆弧、插值曲线、二次贝塞尔曲线和三次贝塞尔曲线）形成一个曲线链，可以创建开放的曲线链、封闭的曲线链和实体。

② 倒圆角 ：选择一个或多个角点，然后用鼠标拖动一个角点来创建圆角，可以通过设置圆角半径来设置圆角的大小，如图 3-97 所示。

图 3-96 “操作”面板

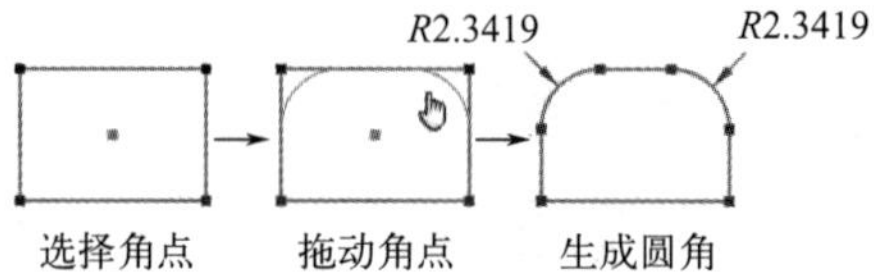


图 3-97 倒圆角

③ 删除 ：用于删除选择的对象，包括几何实体、域、边界、点、约束和尺寸特征等。

（5）“约束”面板

如图 3-98 所示，“约束”面板用于对绘制的图形添加几何约束，包括智能约束、平行约束、垂直约束、水平约束等。图 3-99 中包含了“约束”面板中的约束并显示了其符号。

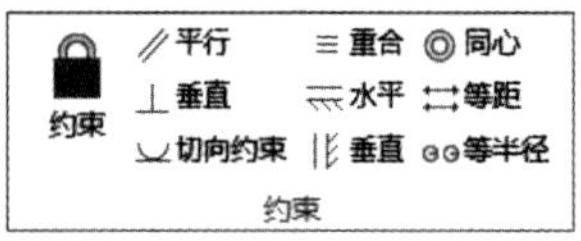


图 3-98 “约束”面板

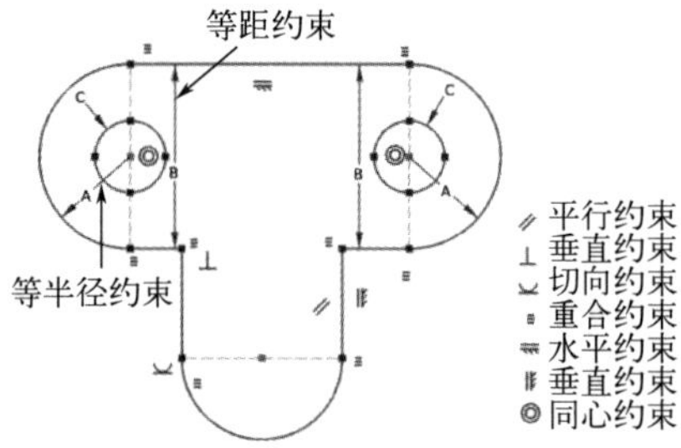


图 3-99 约束符号

① 约束 ：单击该按钮，启动智能约束，系统会根据选择的对象自动添加合适的约束。

② 平行 ：对选择的两条或多条直线添加平行约束。

③ 垂直 ：对选择的两条直线添加垂直约束。

④ 切向约束 ：添加直线与圆或圆弧、圆与圆或圆弧、圆弧与圆弧之间的相切约束。

⑤ 重合 ：对选择的对象添加重合约束。

⑥ 水平 ：对所选的直线添加水平约束，使直线平行于 x 轴。

⑦ 垂直 ：对所选的直线添加垂直约束，使直线平行于 y 轴。

⑧ 同心 ：对所选的圆或圆弧添加同心约束。

⑨ 等距 ：对所选的两对几何图元添加等距约束。

⑩ 等半径 ：对所选的圆或圆弧添加等半径约束。

（6）“尺寸”面板

如图 3-100 所示，“尺寸”面板用于对绘制的图形添加尺寸约束，包括智能尺寸、距离、x 距离、y 距离、定向距离、总边长、角、半径和位置等。

① 维度 ：单击该按钮，启动智能尺寸，系统会根据选择的对象自动添加合适的尺寸约束。

② 距离 ：对所选的两个几何图元添加距离约束。

③ x 距离 ⟶：对所选的两个几何图元添加 x 方向上的尺寸约束。

④ y 距离↑：对所选的两个几何图元添加 y 方向上的尺寸约束。

⑤ 定向距离 ↗：通过设置矢量或选择一条边线，来创建与矢量或所选边线平行的距离约束，如图 3-101 所示。

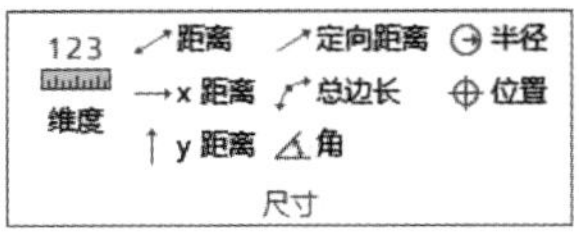


图 3-100　“尺寸”面板

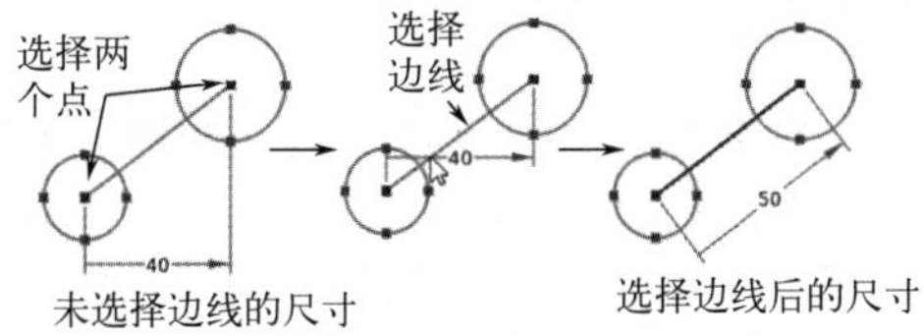


图 3-101　定向距离尺寸

⑥ 总边长：对所选的形成一条链的直线、圆或样条曲线进行总长度的标注或测量。

⑦ 角 ∠：对所选的两条直线添加角度约束。

⑧ 半径：对所选的圆或圆弧添加半径约束。

⑨ 位置 ⊕：对所选的顶点添加位置坐标约束。

## 3.2 COMSOL 创建三维模型

利用 COMSOL 通过“模型向导”建模的过程中，若在“选择空间维度”界面中选择“三维”选项，进入主界面后，可以通过体素、工作平面或草图等面板来创建三维模型，利用操作命令对三维模型进行修改等。如图 3-102 所示为创建三维模型的“几何”选项卡及主界面。

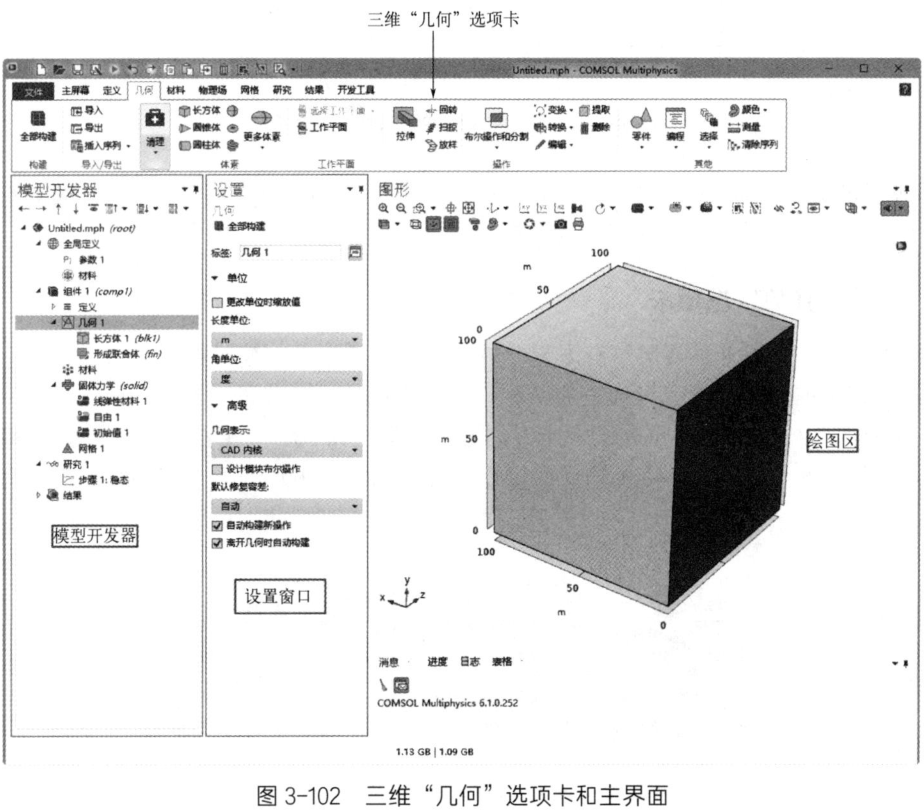


图 3-102　三维“几何”选项卡和主界面

在创建模型的过程中，主要在“模型开发器”下的“几何”节点下生成建模过程，建模的主要命令则集中在“几何”选项卡中；也可以右键单击“模型开发器”中的“几何”节点，会弹出建模命令的快捷菜单。选择不同的绘图命令，则对应有不同的设置，主要在设置窗口中设置参数。

### 3.2.1 三维“几何”设置窗口

利用 COMSOL 通过“模型向导”建模进入主界面后，若要进行模型的创建，首先需要对“几何”设置窗口进行设置，如图 3-103 所示。大部分功能与平面“几何”设置窗口一致，这里对不同的地方做简单介绍。

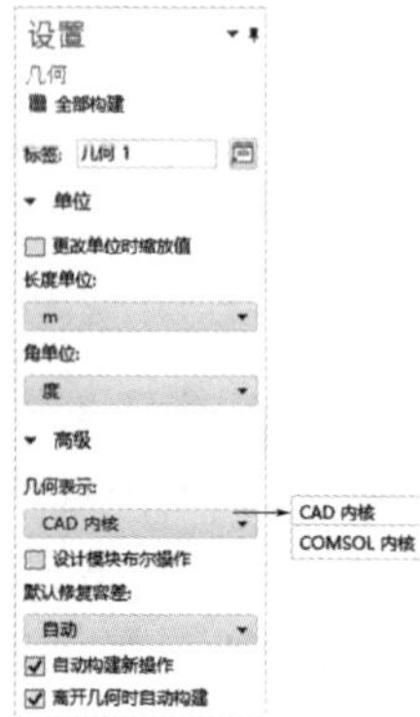


图 3-103　三维“几何”设置窗口

① CAD 内核与 COMSOL 内核：COMSOL 创建的模型可以是通过 COMSOL 自建的模型，也可以是从外部导入的 CAD 模型。针对不同的模型类型，COMSOL 提供了两种内核：CAD 内核与 COMSOL 内核。

a. COMSOL 内核适合处理在 COMSOL 中自建的几何模型。选择该内核，则“几何”选项卡“清理”面板中的“特征去除和修复”命令不能激活，如图 3-104（a）所示。

b. CAD 内核适用于从外部导入的 CAD 模型，这类模型通常需要进行修复或简化等操作，删除对分析影响很小或多余的细节。选择该内核，则“几何”选项卡“清理”面板中的“特征去除和修复”命令被激活，如图 3-104（b）所示。

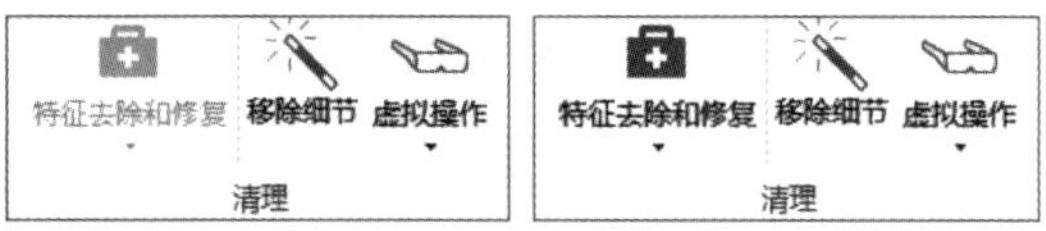


(a)　　　　(b)

图 3-104　不同内核下的“清理”面板

② 设置模块布尔操作：在“几何”设置面板中选择了“CAD 内核”选项时，可勾选该复选框，使用 CAD 内核提供的导入模型本身的布尔运算操作，以获得更好的模型效果。

### 3.2.2 三维“几何”选项卡

三维“几何”选项卡主要用于有限元分析中的三维模型的创建。由于本节讲述如何创建三维模型，因此这里介绍创建三维模型的三维“几何”选项卡，如图 3-105 所示。该选项卡包括“构建”面板、“导入 / 导出”面板、“清理”面板、“体素”面板、“工作平面”面板、“操作”面板和“其他”面板。这里只对常用的命令进行讲解，以利于用户快速入门和掌握创建三维模型的方法。

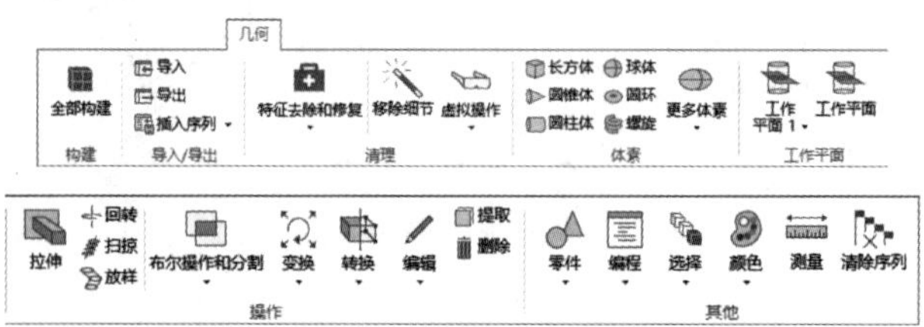


图 3-105　三维“几何”选项卡

（1）全部构建

“全部构建”命令用于在当前建模过程中生成所有对象，与平面“几何”选项卡中的功能相同，这里不再讲解。

（2）“导入 / 导出”面板

“导入 / 导出”面板用于导入、导出几何模型，或者以插入序列的方式打开一个 COMSOL 的“*.mph”文件，或者将该文件作为一个节点列在当前节点之下的几何序列中，与平面“几何”选项卡中的功能相同，这里不再讲解。

（3）“清理”面板

如图 3-106 所示，在有限元分析中，有些模型的特征对分析结果影响很小，可以通过去除和修复这些特征，或者通过对几何和网格进行虚拟操作来忽略这些特征，从而简化模型。“清理”面板包括特征去除和修复、移除细节和虚拟操作等。

① 端盖面 ：用于对几何模型中的孔添加封口面，以添加一个边界或域，多用于流体分析中“入口”和“出口”的添加。若创建的端盖面没有形成封闭体，则只创建一个面边界，如图 3-107（a）所示；若创建的端盖面形成了新的封闭体，则将该封闭体转换为实体域，如图 3-107（b）所示。

图 3-106　“清理”面板

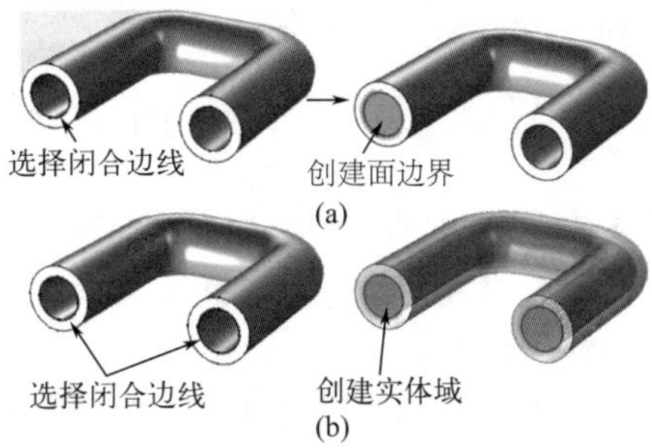


图 3-107　创建端盖面

② 检测干涉 ：用于查找多个物体之间在设置的容差范围内的相互干涉，包括相交、接触和间隙等。如图 3-108 所示，对该图中的对象设置 3mm 的容差。

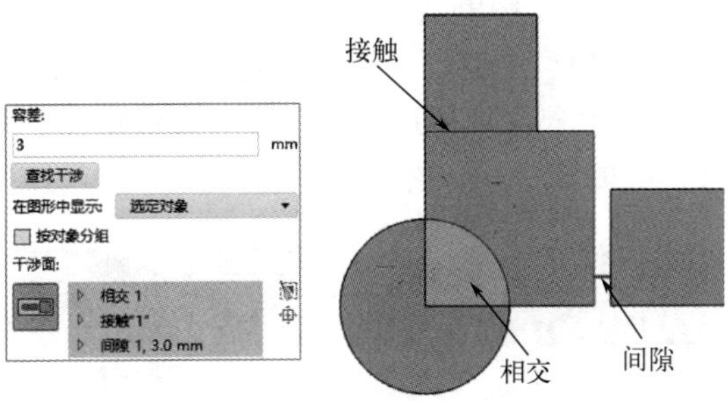


图 3-108　检测干涉

③ 删除圆角：通过设置“最小圆角半径”和“最大圆角半径”来确定要删除的圆角的范围，然后将范围内的圆角删除，将范围外的圆角保留，如图 3-109 所示。

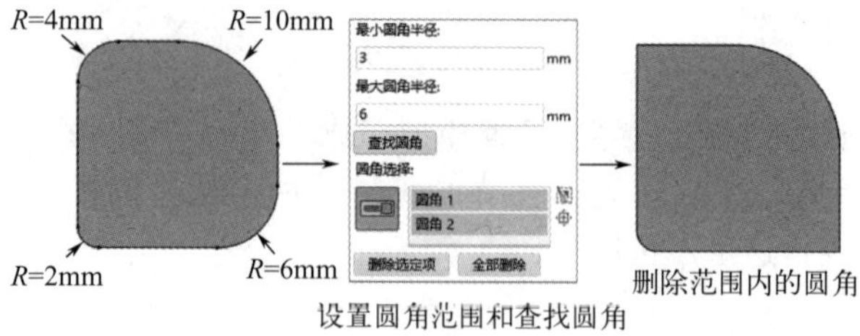


图 3-109　删除圆角

④ 删除孔：通过设置“最小孔半径”和“最大孔半径”来确定要删除的孔的范围，然后将范围内的孔删除，将范围外的孔保留，如图 3-110 所示。

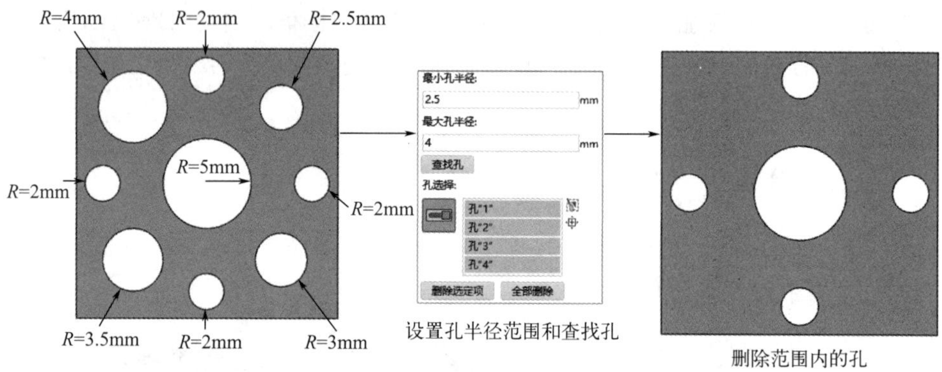


图 3-110　删除孔

⑤ 删除短边：导入的模型中如果存在短边，可能会对后续的划分网格产生影响，从而影响分析结果，因此需要将短边删除。通过设置“最大边长”来确定要删除的短边的范围，然后将小于该边长的短边删除。

⑥ 删除长条面：同删除短边类似，若导入的模型中存在长条面，可能会对后续的划分网格产生影响，从而影响分析结果，因此需要将长条面删除。通过设置“最大面宽度”来确定要删除的长条面的宽度范围，然后将小于该面宽度的长条面删除。

⑦ 删除小面：同删除长条面类似，若导入的模型中存在小面，可能会对后续的划分网格产生影响，从而影响分析结果，因此需要将小面删除。通过设置“最大面大小”来确定要删除的小面的面积范围，然后将小于该面积的小面删除。

⑧ 删除尖峰：若导入的模型中存在尖峰，可能会对后续的划分网格产生影响，从而影响分析结果，因此需要将这些尖峰删除。通过设置“最大尖峰宽度”来确定要删除的尖峰的宽度范围，然后将小于该宽度的尖峰删除，如图 3-111 所示。

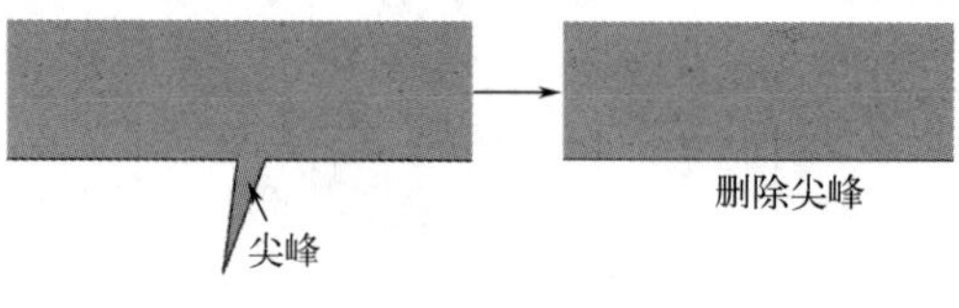


图 3-111　删除尖峰

⑨ 替换面 ：通过“延伸相邻面”或“创建端盖面”来替换选中的面，如图 3-112 所示。

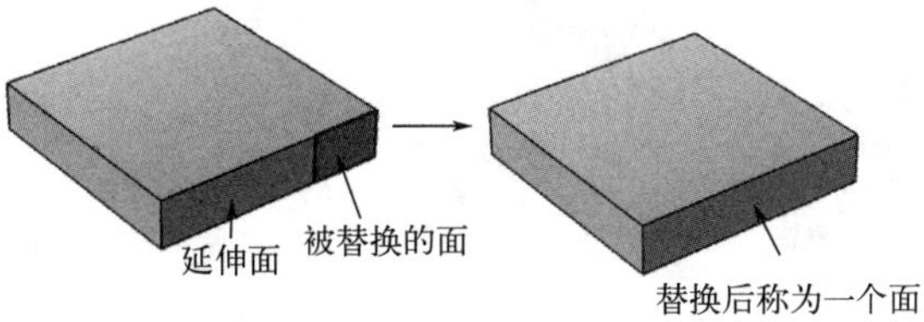


图 3-112　替换面

⑩ 分离面 ：通过“创建端盖面”或“延伸相邻面”将选择的面从模型中移除，并通过“创建端盖面”“从子项延伸相邻面”或“从父项延伸相邻面”来创建新对象，如图 3-113 所示。

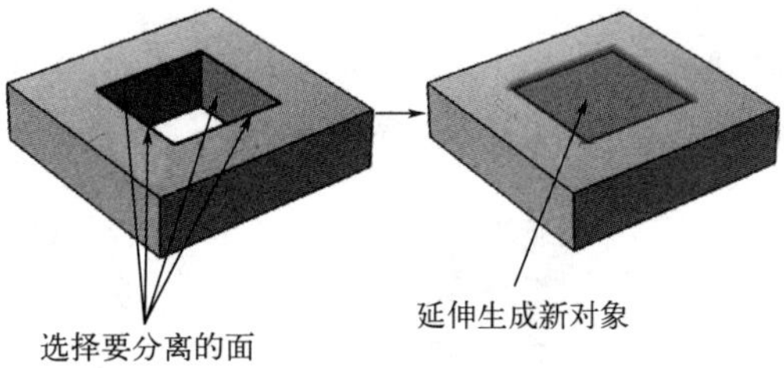


图 3-113　分离面

⑪ 修复 ：通过设置“绝对修复容差”来对导入的模型进行细节的修复，通过“简化曲线和曲面”“修复固体中的面与面不一致”等操作将模型中小于该容差值的顶点、短边、小面、长条面和尖峰简化或删除。

⑫ 接合至实体 ：将导入的曲面对象转换为实体对象。

⑬ 检查 ：检查导入的 CAD 模型的缺陷，从而对这些缺陷进行修复。

⑭ 移除细节 ：该操作会自动发现并移除导入的模型的小细节，包括“连续相切的顶点”“短边”“小面”“长条面”“窄面区域”和“薄域”。

⑮ 忽略面 ：用于移除孤立的或位于两个域之间的选定面，可减少面或域的数量。如图 3-114 所示，忽略面后，模型中的“域 1”和“域 2”合并。

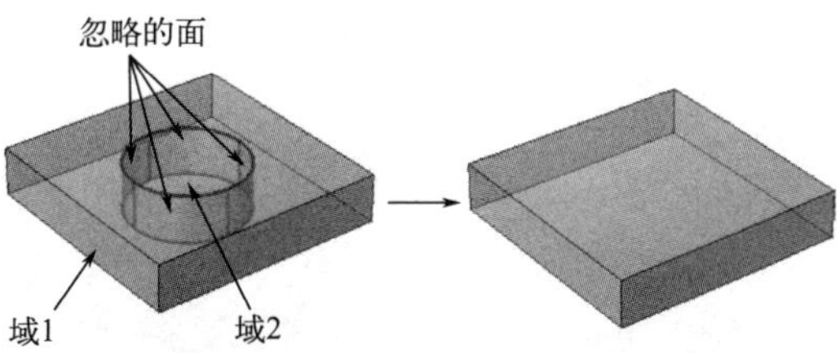


图 3-114　忽略面

⑯ 形成复合面 ：通过忽略面之间的边来形成复合面，与“忽略面”类似，可减少面和域的数量。如图 3-115（a）所示，形成复合面，原有的“面 1”“面 2”“面 3”“面 4”和“面 5”成为一个面。形成复合面操作只适用于不在同一平面内的多个面，若两个面在同一平面内，则不能形成复合面。如图 3-115（b）所示，A 面和 B 面不能复合，而 A 面和 C 面可以复合。

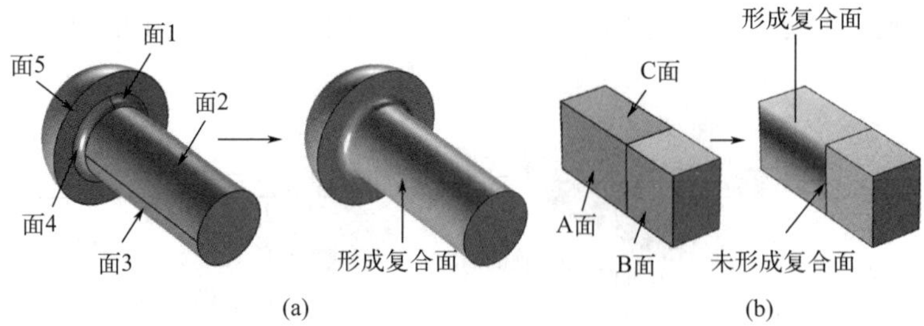


图 3-115　形成复合面

⑰ 塌陷面：通过移除边、合并相邻边或折叠所有相邻边，并将相邻面重新连接到合并的边来折叠面。边长相似的小面通常会折叠成一个顶点，而长条面通常会折叠成一条边，如图 3-116 所示。

⑱ 塌陷面区域：该操作用于检测并移除小于指定宽度容差的狭窄区域的面，通过分割创建的长条面被折叠成一条边，这使原来的面变宽，如图 3-117 所示。

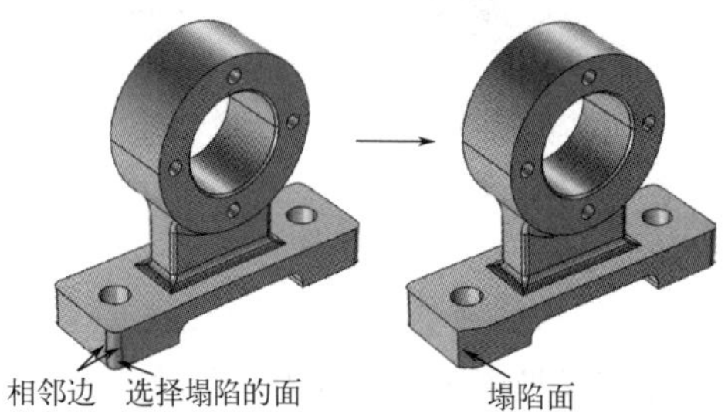


图 3-116　塌陷面

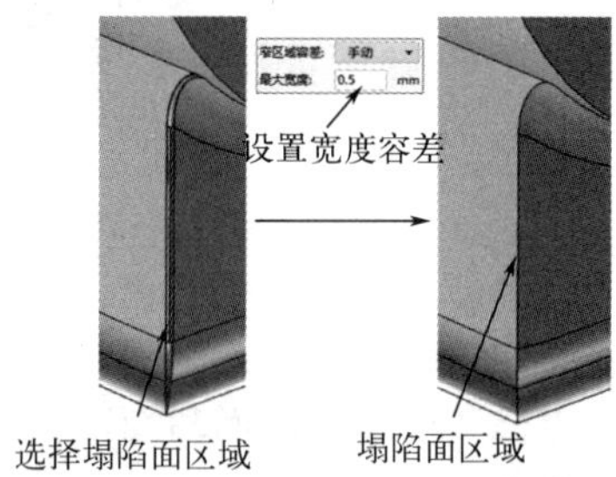


图 3-117　塌陷面区域

⑲ 合并边：选择要保留的边和要删除的边，然后将要删除的边收拢到要保留的边，通过收拢这两条边之间的面来合并边，如图 3-118 所示。

⑳ 网格控制面：该命令与“网格控制边”类似，同样是对模型中某个域中的一部分进行更精细的网格划分，而不分割这些域。“网格控制面”是将选择的面移除，将与该面相邻的两个域合并，如图 3-119 所示。图 3-119（a）中，将模型中间的两个面设置为“网格控制面”，与这两个面相邻的几个域合并为一个域，即使“域 1”“域 2”“域 3”合并为一个大域；划分网格后，如图 3-119（b）所示，未引入网格控制面的模型，划分的网格仍有三个域，而引入网格控制面的模型，划分的网格只有一个域。

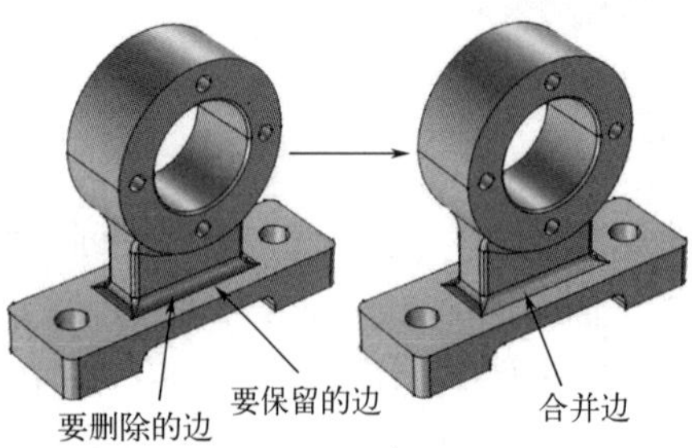


图 3-118　合并边

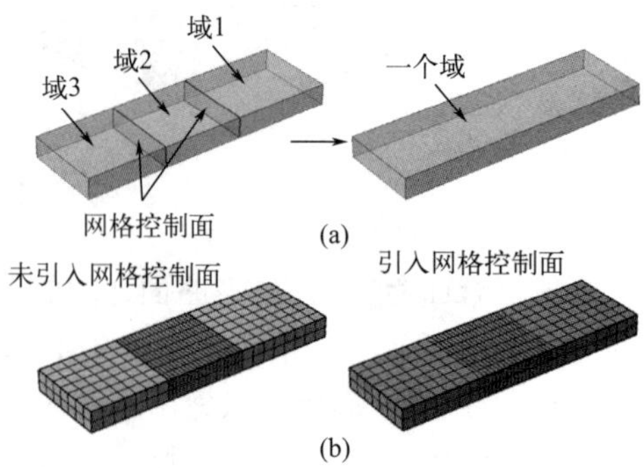


图 3-119　网格控制面

（4）“体素”面板

如图 3-120 所示，“体素”面板包括用于创建三维模型的基本体素，如“长方体”“圆锥体”“圆柱体”“球体”“圆环”“螺旋”等。选择不同的体素，会弹出相应的设置窗口，在设置窗口中可对该体素的名称、类型、大小和位置等进行设置。

下面对常用的体素及其设置窗口进行简单介绍。

① 长方体 ：用于创建长方体。单击该按钮弹出“长方体”设置窗口，如图 3-121 所示，可对创建的“长方体”体素进行设置。

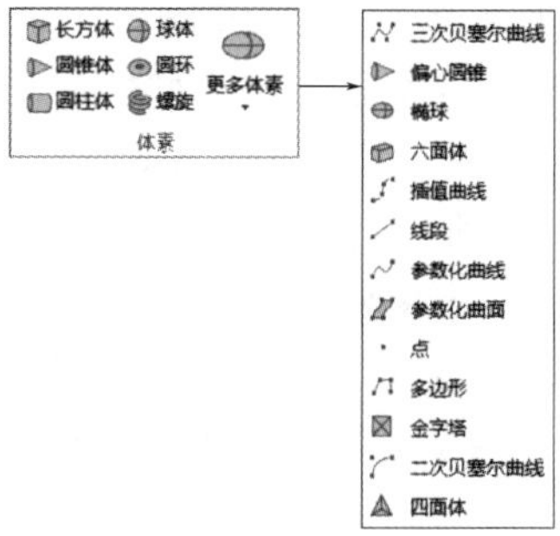


图 3-120　“体素”面板

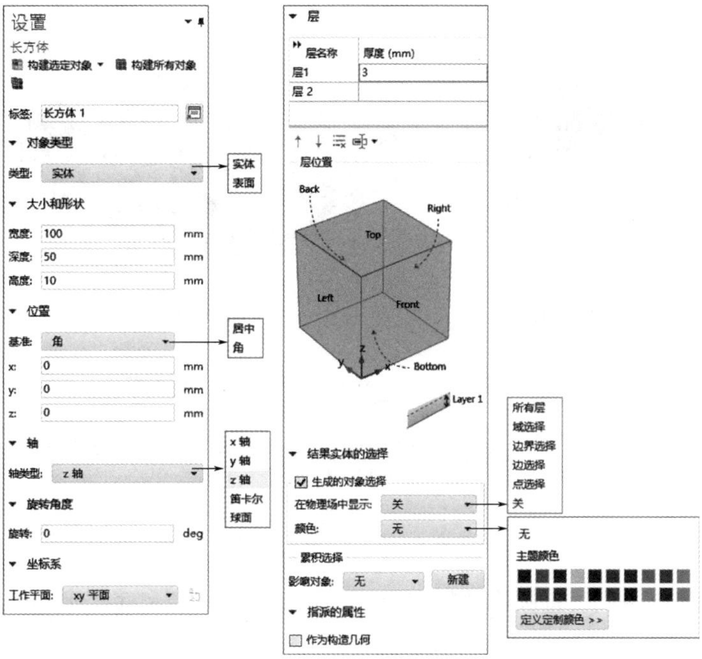


图 3-121　“长方体”设置窗口

a. 标签：用于设置所创建的长方体的名称。

b. 对象类型：用于将创建的长方体设置为实体对象或（空心）表面对象，如图 3-122 所示。

c. 大小和形状：通过设置长方体“宽度”“深度”和“高度”来设置长方体的大小，如图 3-123 所示。

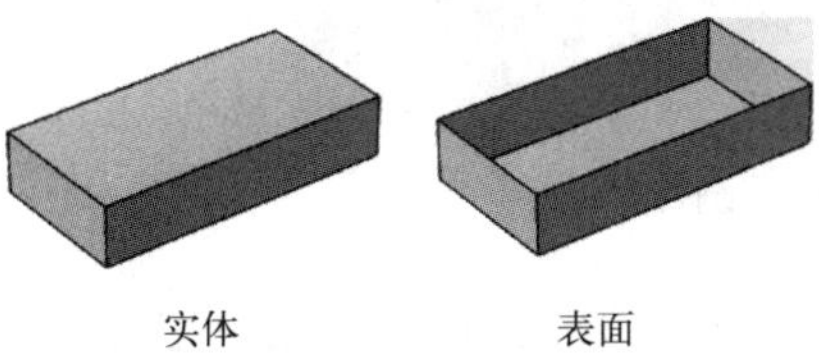


图 3-122　长方体的不同类型

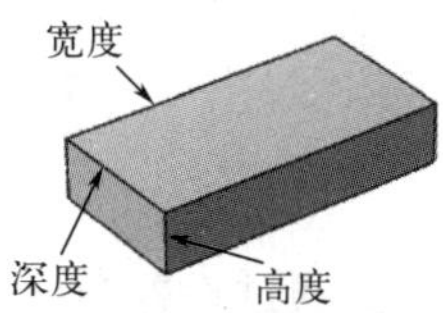


图 3-123　长方体大小和形状

d. 位置：若选择基准为“居中”，则设置的 x、y、z 值为长方体的中心位置；若选择基准为“角”，则设置的 x、y、z 值为长方体的左下角点位置。

e. 轴：指定长方体轴的方向，轴的方向对应长方体高度的方向。选择 x 轴、y 轴或 z 轴，则长方体的高定义在 x 轴、y 轴或 z 轴方向；选择“笛卡尔”，则在“x”“y”“z”文本框中输入数值以定义一个方向向量，长方体的高与该向量方向一致；选择“球形”，则通过设置 θ 角和 phi 角（图 3-124）来确定长方体的高对应的方向。

f. 旋转：用于设置长方体在基准位置绕选择的轴旋转指定的角度。

g. 坐标系：用于定义长方体底面所在的平面，默认为“xy 平面”。

h. 层：通过设置层的名称和沿所选轴的方向偏移指定的距离来分层长方体。可添加一层或多层，但层的总厚度不能大于整个长方体的总高度，如图 3-125 所示。

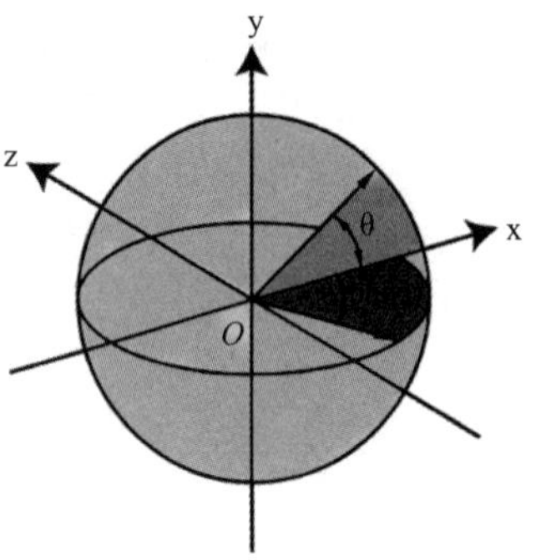


图 3-124 球形坐标

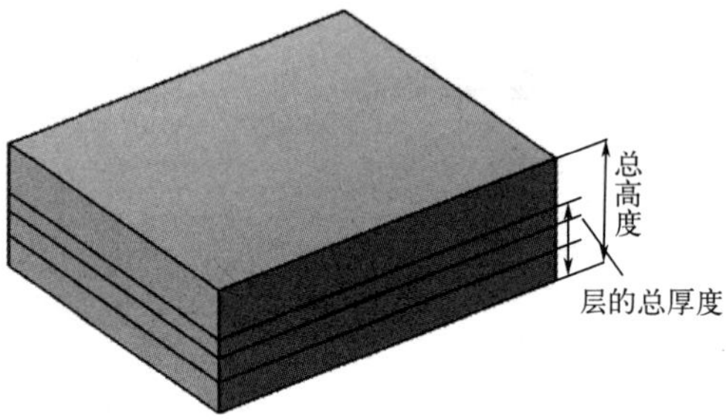


图 3-125 层设置

> **注意**
>
> “结果实体的选择”栏和“指派的属性”栏与平面“几何”选项卡中“体素”面板中的相同，这里不再讲解。

② 圆锥体 ：通过设置圆锥体的底半径、高度、顶半径和底部圆心位置来创建圆锥体，如图 3-126 所示。

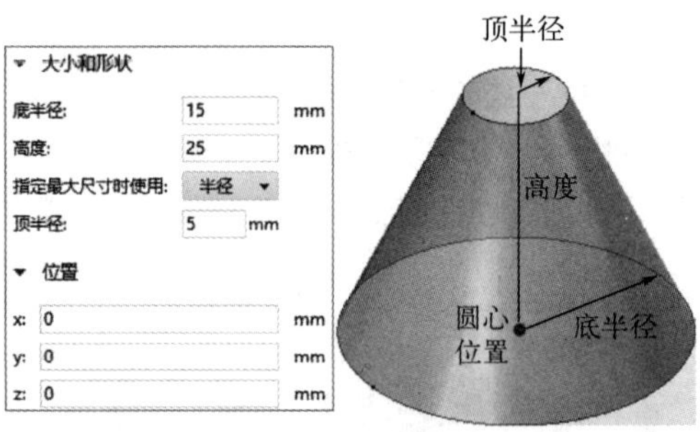


图 3-126 圆锥体

③ 圆柱体 ：通过设置圆柱体的半径、高度和底部圆心位置来创建圆柱体，如图 3-127 所示。

④ 球体 ：通过设置球体的半径和球心位置来创建球体，如图 3-128 所示。

⑤ 圆环 ：通过设置圆环的大半径、小半径和位置来创建圆环，如图 3-129 所示。

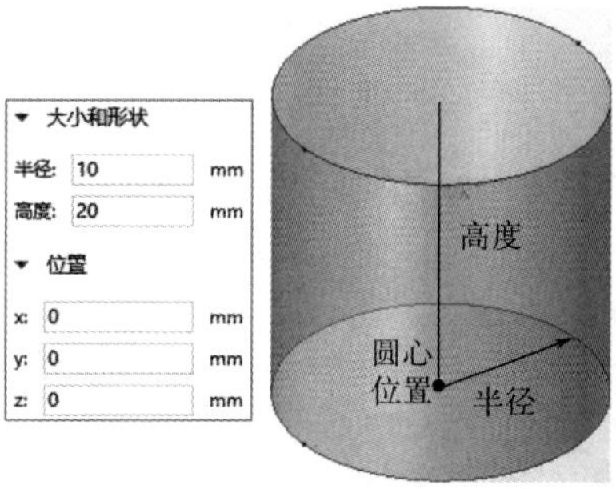


图 3-127　圆柱体

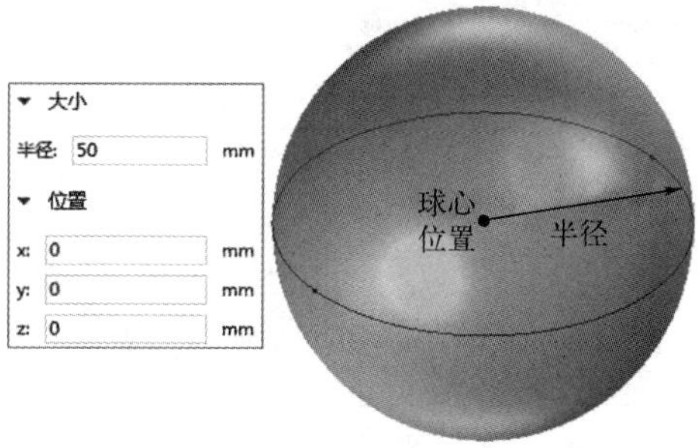


图 3-128　球体

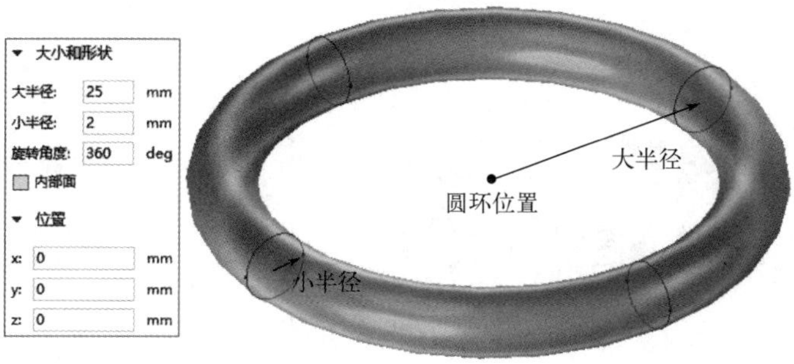


图 3-129　圆环

⑥ 螺旋 ：通过设置螺旋的匝数、大半径、小半径、轴向节距、径向节距、手性、端盖和位置来创建螺旋，如图 3-130 所示。

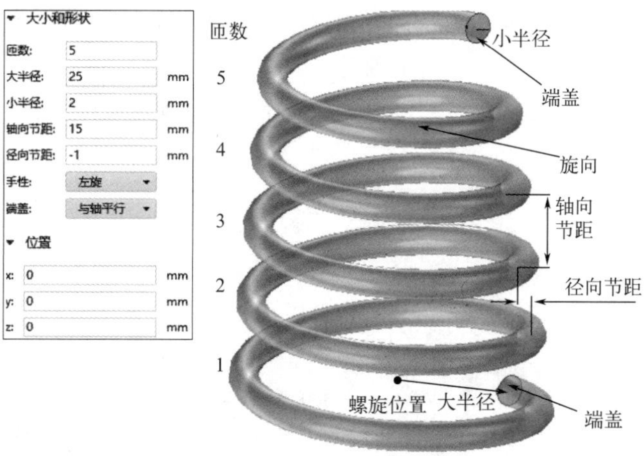


图 3-130　螺旋

⑦ 偏心圆锥 ：通过设置底部椭圆的 a、b 两个半轴长度、圆锥高度、顶部椭圆与底部椭圆的比率、顶部椭圆圆心的位移 1（沿 x 方向）、顶部椭圆圆心的位移 2（沿 y 方向）和底部椭圆圆心位置来创建偏心椭圆，如图 3-131 所示。

⑧ 椭球 ：通过设置椭球的 3 个半轴和球心位置来创建椭球，如图 3-132 所示。

⑨ 六面体 ：通过设置六面体的 8 个顶点的坐标来创建六面体，如图 3-133 所示。

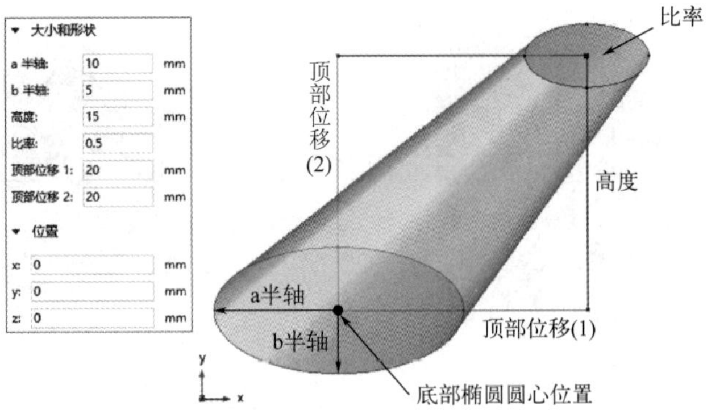


图 3-131　偏心圆锥

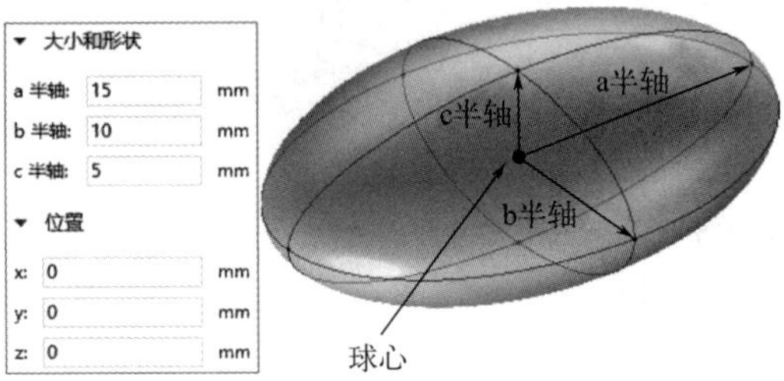


图 3-132　椭球

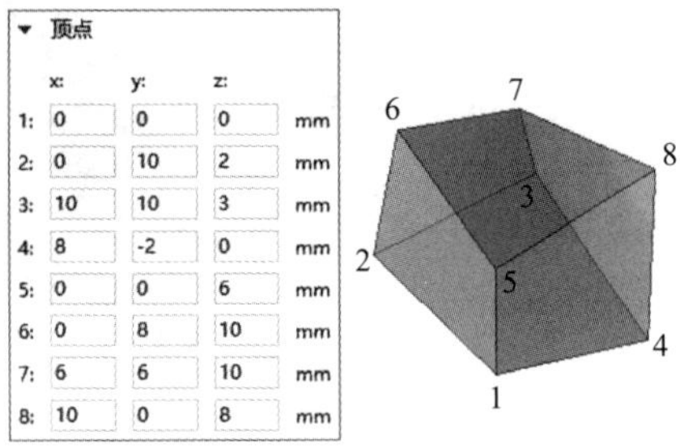


图 3-133　六面体

⑩ 参数化曲面 ：通过使用两个参数来定义曲面的坐标，形成三维曲面，如图 3-134 所示。

⑪ 金字塔 ：与偏心圆锥类似，通过设置底部矩形的基准长度（1）、基准长度（2）、金字塔高度、顶部矩形与底部矩形的比率、顶部矩形中心的位移 1（沿 x 方向）、顶部矩形中心的位移 2（沿 y 方向）和底部矩形中心位置来创建金字塔。

⑫ 四面体 ：与六面体类似，通过设置四面体的 4 个顶点坐标来创建四面体，如图 3-135 所示。

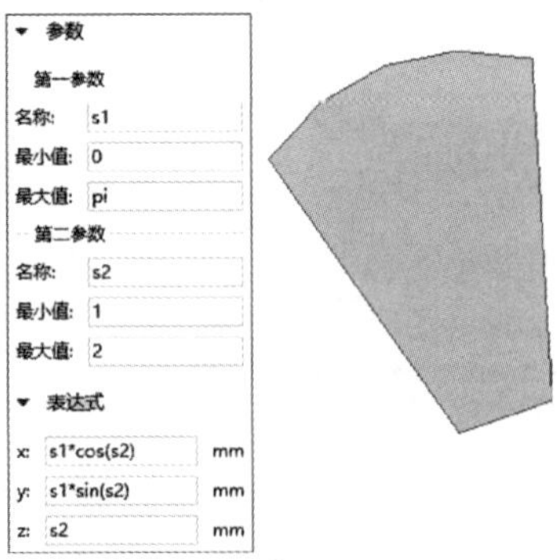


图 3-134　参数化曲面

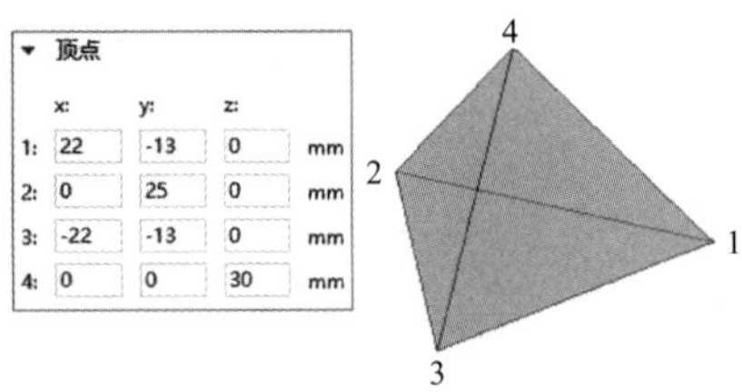


图 3-135　四面体

## （5）“工作平面”面板

如图 3-136 所示，“工作平面”面板主要用于创建工作平面和选择创建的工作平面。

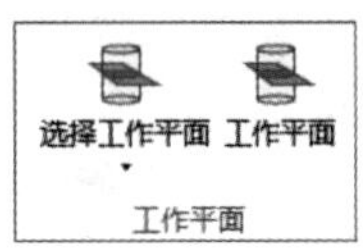


图 3-136　“工作平面”面板

① 选择工作平面 ：选择创建的工作平面，将选中的工作

平面设置为当前的工作平面。

② 工作平面 ：在三维模型创建过程中，创建用于放置二维体素、草图绘制或三维体素的平面，创建的平面类型包括快速、面平行、边平行、边角、圆垂直、法矢、顶点、坐标和变换，如图 3-137 所示。

图 3-137 “工作平面”设置窗口

a. 快速：通过选择已有的全局坐标平面和与该平面偏移的距离或通过的顶点来创建新平面。

b. 面平行：选择已有的面，然后通过设置偏移的距离或通过的点来创建新平面。

c. 边平行：选择已有的曲线边，然后通过设置偏移的距离或通过的点来创建新平面。

d. 边角：选择一条直边和与该边相邻的面来确定一个面，然后通过设置与确定的面的夹角来创建新平面。

e. 圆垂直：选择圆柱体上的一条圆弧边和圆柱面上的一点来确定一个面，然后通过设置与确定的面的夹角来创建新平面。

f. 法矢：定义一个与设置向量垂直的平面，然后通过设置与该平面偏移的距离来创建新平面。

g. 顶点：选择 3 个顶点来定义一个平面，然后通过设置与该平面偏移的距离来创建新平面。

h. 坐标：通过输入 3 个点的坐标来创建一个平面。

i. 变换：通过对已有的平面进行平移、旋转等操作来创建新平面。

### （6）“操作”面板

如图 3-138 所示，“操作”面板主要是通过拉伸、回旋、扫掠或放样二维平面几何来创建三维几何对象，或者对已有的三维几何进行布尔操作和分割、变换、转换等操作。有些命令在 3.1.2 节平面“几何”选项卡中讲过，这里只介绍未讲解的命令。

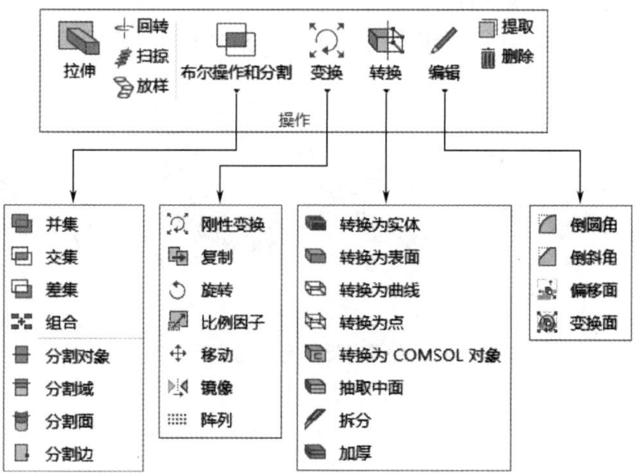


图 3-138 “操作”面板

① 拉伸 ：将平面对象拉伸为三维对象，如图 3-139 所示。

② 回转 ：将平面对象绕回旋轴旋转为三维对象，如图 3-140 所示。

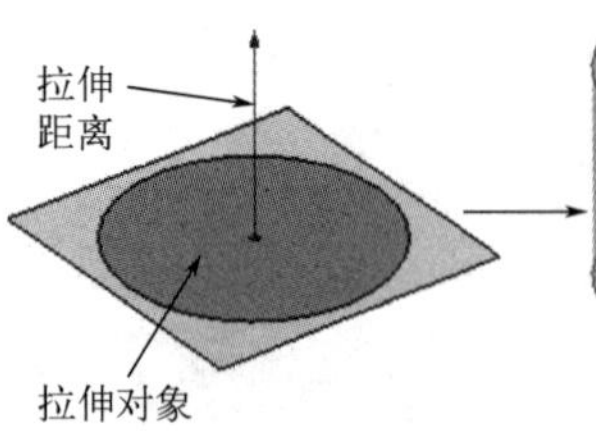


图 3-139　拉伸操作

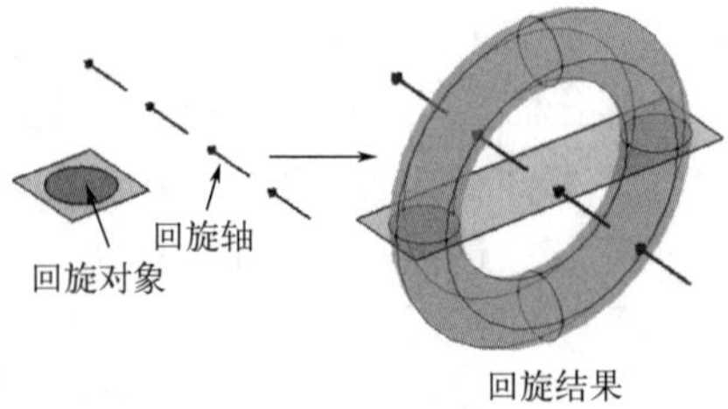


图 3-140　回转操作

注意

回转操作的回旋对象不能和回旋轴相交。

③ 扫掠：将已有的平面对象沿扫掠脊线扫掠成三维对象，如图 3-141 所示。

④ 放样：对已有的两个或多个几何对象进行放样，创建三维对象，如图 3-142 所示。

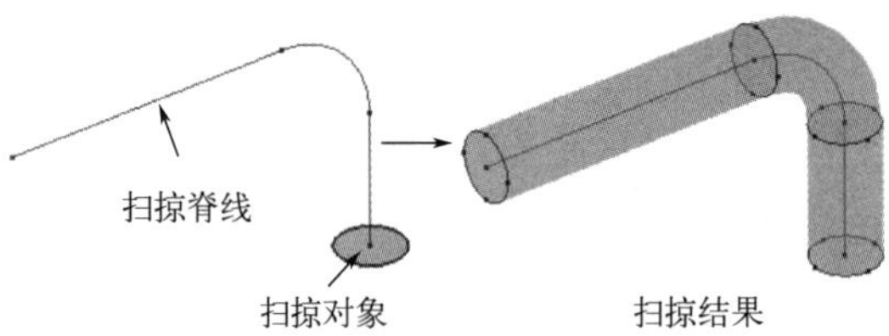


图 3-141　扫掠操作

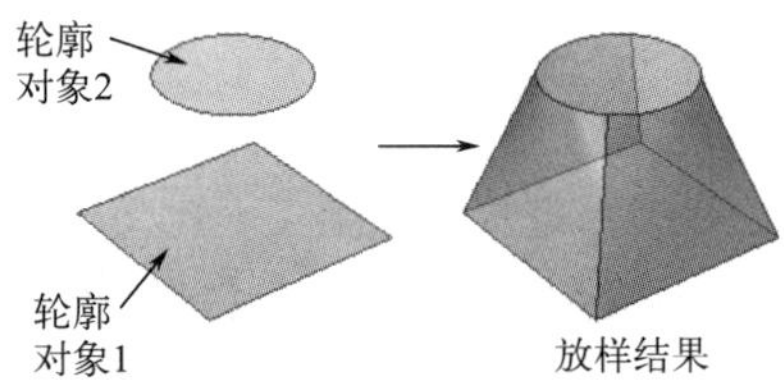


图 3-142　放样操作

⑤ 分割面：通过选择顶点之间的曲线段、延伸边或工作平面对选择的平面进行分割。

a. 选择顶点之间的曲线：通过选择面上曲线通过的点来对该面进行分割，如图 3-143（a）所示。

b. 延伸边：通过延伸面上的边线来分割面，如图 3-143（b）所示。

c. 工作平面：选择与被分割的面相交的工作平面来分割面，如图 3-143（c）所示。

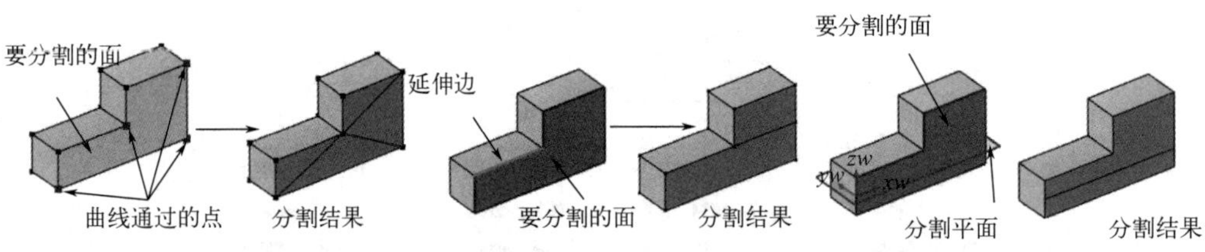


图 3-143　分割面

⑥ 刚性变换：将几何对象在选择的工作平面上沿指定坐标平移或绕指定的旋转轴旋转指定的角度。

⑦ 转换为表面：将实体几何对象合并并转化为表面对象。

⑧ 转换为 COMSOL 对象：将由“CAD 内核”导入的几何对象转换为由“COMSOL 内核”表示的对象。

⑨ 抽取中面：根据实体对象各部分的厚度，抽取中间面，从而生成曲面对象。

⑩ 加厚 ：对曲面对象在法向或矢量方向上指定厚度，将曲面对象转换为实体对象。

⑪ 偏移面 ：对三维几何对象上选择的面在其法线方向上进行偏移，正向偏移为增加，负向偏移为减少。在偏移过程中可创建台阶面，有如下三种形式：

a. 创建台阶面：面与连续切线相交，如图 3-144（a）所示。

b. 创建台阶面：面与连续切线相交并合并两端的面，如图 3-144（b）所示。

c. 创建台阶面：否，如图 3-144（c）所示。

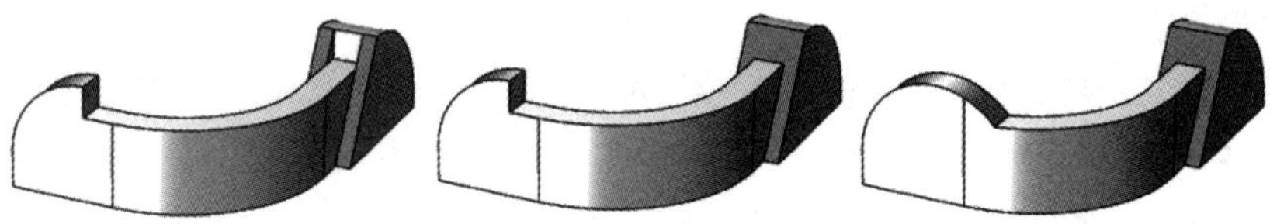

(a)　(b)　(c)

图 3-144　偏移面

⑫ 变换面 ：对三维几何对象上选择的面进行置换、旋转、拉伸或缩放，变换的面和它们的相邻面被延伸或修剪。

## 3.3　实例—创建平面几何

图 3-145 为一个音叉尺寸图，本例通过绘制音叉的平面几何，综合讲述利用 COMSOL 草图和平面几何来进行平面几何的创建和编辑，以使读者掌握更多的绘图知识。本例在绘图过程中将最大限度地使用不同的命令。

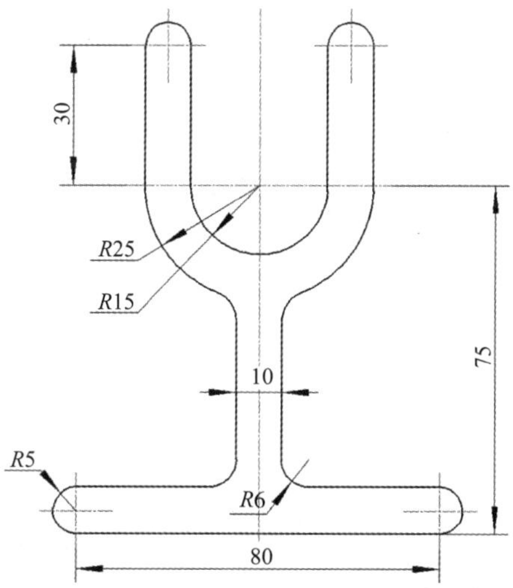


扫码看视频

图 3-145　音叉尺寸图（单位：mm）

**操作步骤**

① 进入平面几何界面。在“新建”界面中单击“模型向导”按钮 ，弹出“选择空间维度”界面，在该界面选择“二维”维度，进入“选择物理场”界面，跳过此步，然后单击“完成”按钮

，进入主界面。

② 设置单位。在“几何”设置面板“长度单位”下拉列表中选择“mm”单位。

③ 创建圆 1 体素。单击“几何”选项卡“体素”面板中的“圆”按钮，弹出“圆”设置窗口，设置“对象类型”为“实体”，“半径”为“25”，设置“基准”为“居中”，“x”值为“0”，“y”值为“0”，如图 3-146 所示，然后单击“构建选定对象”按钮，创建“圆 1”体素。

④ 创建矩形 1 体素。单击“几何”选项卡“体素”面板中的“矩形”按钮，弹出“矩形”设置窗口，设置“对象类型”为“实体”，“宽度”为“50”，“高度”为“30”，设置“基准”为“角”，“x”值为“-25”，“y”值为“0”，如图 3-147 所示，然后单击“构建选定对象”按钮，创建“矩形 1”体素，结果如图 3-148 所示。

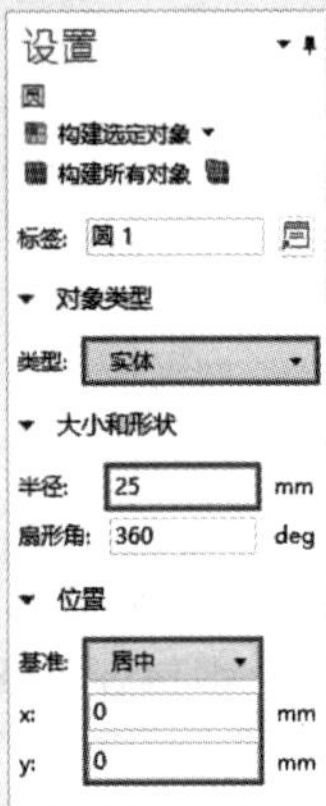


图 3-146 “圆”设置窗口

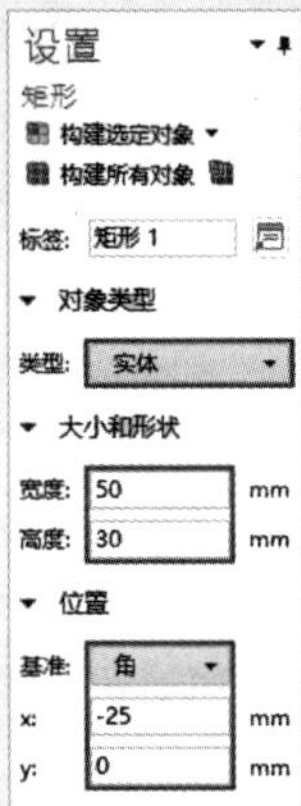


图 3-147 “矩形”设置窗口

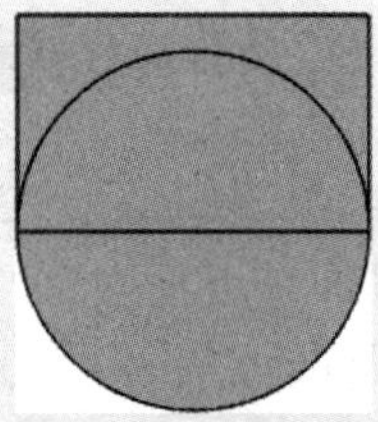

图 3-148 创建圆 1 和矩形 1

⑤ 合并圆 1 和矩形 1。单击“几何”选项卡“操作”面板“布尔操作和分割”下拉列表中的“并集”按钮，弹出“并集”设置窗口，激活“输入对象”，然后在图形窗口选择创建的“圆 1”和“矩形 1”，取消勾选“保留内部边界”复选框，如图 3-149 所示，然后单击“构建选定对象”按钮，合并“圆 1”和“矩形 1”，结果如图 3-150 所示。

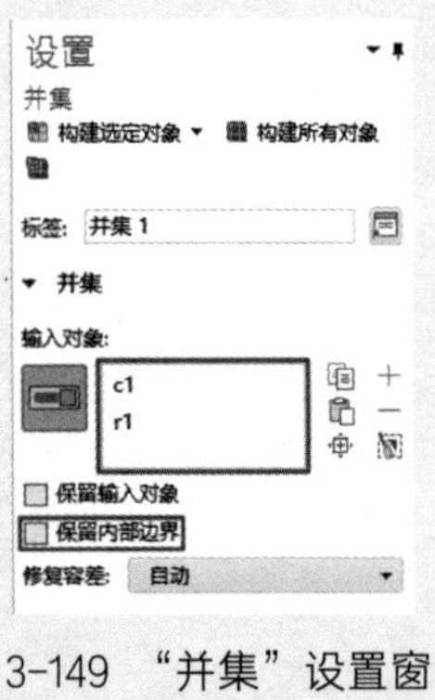


图 3-149 “并集”设置窗口

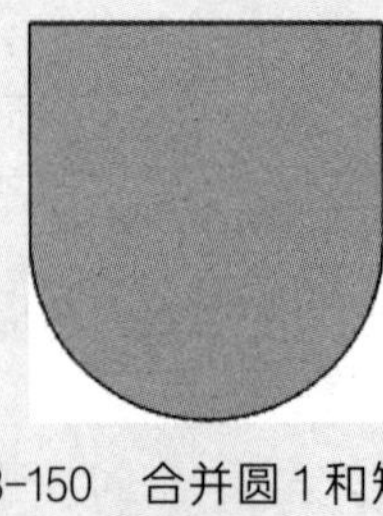

图 3-150 合并圆 1 和矩形 1

⑥ 绘制圆弧草图。单击“草图”选项卡“绘图”面板中的“起点、中心、角度”按钮，在图形窗口指定圆弧的起点、中心和角度，绘制一个圆弧，同时弹出“圆弧”设置窗口，设置“居中”

栏中的“x”为“0”，“y”为“0”，“半径”为“15”，“起始角度”为“-180”，“终止角度”为“0”，如图3-151所示，绘制圆弧1。

⑦ 绘制多边形。单击“草图”选项卡“绘图”面板中的“多边形”按钮，在图形窗口绘制多边形，完成后单击鼠标右键，在弹出的快捷菜单中单击“完成多边形”按钮，结果如图 3-152 所示，绘制多边形 1。

⑧ 生成复合曲线。在图形窗口中选择绘制的圆弧和多边形，然后单击“操作”面板中的“复合曲线”按钮，弹出“复合曲线”设置窗口，设置“对象类型”为“实体”，如图 3-153 所示，单击“构建选定对象”按钮，生成复合曲线，然后单击“草图”选项卡中的“草图”按钮，退出草图绘制。

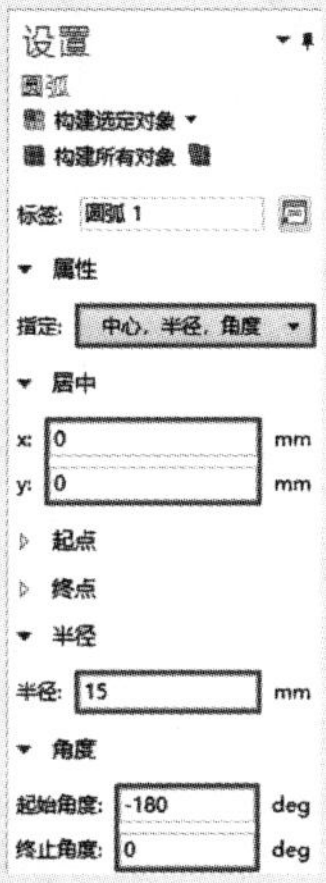


图 3-151　“圆弧”设置窗口

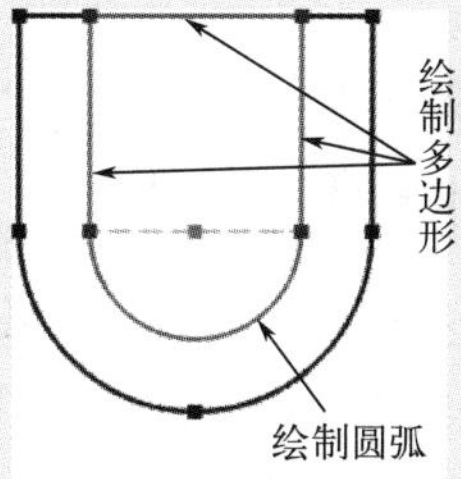


图 3-152　绘制圆弧和多边形

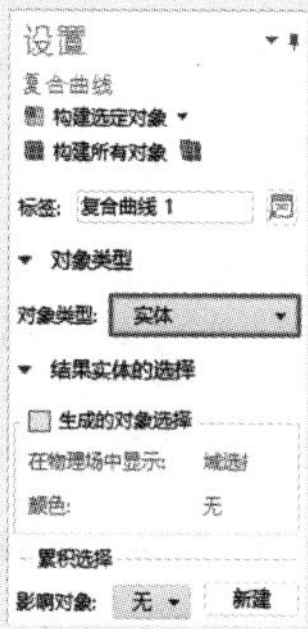


图 3-153　生成复合曲线

⑨ 差集操作。单击“几何”选项卡“操作”面板“布尔操作和分割”下拉列表中的“差集”按钮，弹出“差集”设置窗口，首先激活“要添加的对象”，在图形窗口选择创建的“并集 1”，然后激活“要减去的对象”，在图形窗口选择创建的“复合曲线 1”，如图 3-154 所示，然后单击“构建选定对象”按钮，进行差集操作，结果如图 3-155 所示。

图 3-154　“差集”设置窗口

图 3-155　差集操作

⑩ 创建矩形 2 体素和矩形 3 体素。单击“几何”选项卡“体素”面板中的“矩形”按钮，弹出“矩形”设置窗口，设置“对象类型”为“实体”,“宽度”为“10”,“高度”为“45”，设置“基准”为“角”，“x”值为“-5”；“y”值为“-65”，然后单击“构建选定对象”按钮，创建“矩形 2”体素；然后继续单击“几何”选项卡“体素”面板中的“矩形”按钮，弹出“矩形”设置窗口，设置“对象类型”为“实体”,“宽度”为“80”,“高度”为“10”，设置“基准”为“角”,“x”值为“-40”；“y”值为“-75”，然后单击“构建选定对象”按钮，创建“矩形 3”体素，结果如图 3-156 所示。

⑪ 绘制圆形草图。单击“草图”选项卡“绘图”面板中的“圆”按钮，绘制圆 2，然后采用同样的操作绘制其他圆，结果如图 3-157 所示。

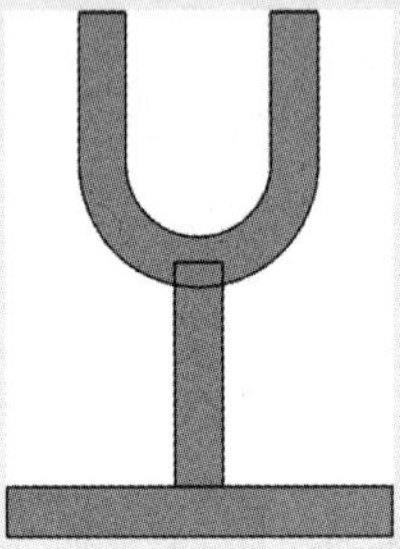

图 3-156　创建矩形 2 体素和矩形 3 体素

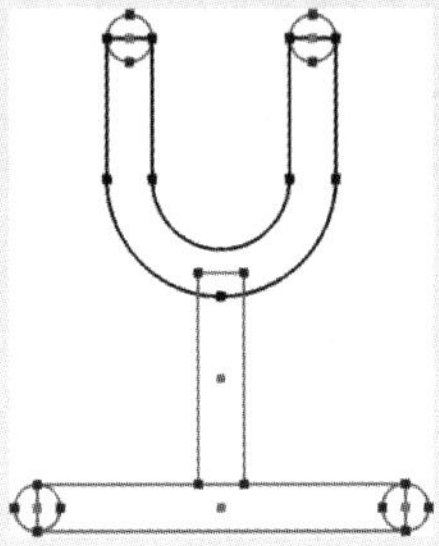

图 3-157　绘制圆形草图

⑫ 并集操作。单击“草图”选项卡中的“草图”按钮，退出草图绘制。然后单击“几何”选项卡“操作”面板“布尔操作和分割”下拉列表中的“并集”按钮，弹出“并集”设置窗口，激活“输入对象”，在图形窗口选择所有的对象，取消勾选“保留内部边界”复选框，然后单击“构建选定对象”按钮，进行并集操作，结果如图 3-158 所示。

⑬ 创建圆角。单击“几何”选项卡“操作”面板中的“倒圆角”按钮，弹出“倒圆角”设置窗口，激活“要倒圆角的顶点”，然后在图形窗口选择需要倒圆角的顶点，如图 3-159 所示。设置“半径”为“6”，如图 3-160 所示，然后单击“构建选定对象”按钮，进行倒圆角操作，结果如图 3-161 所示。

图 3-158　并集操作

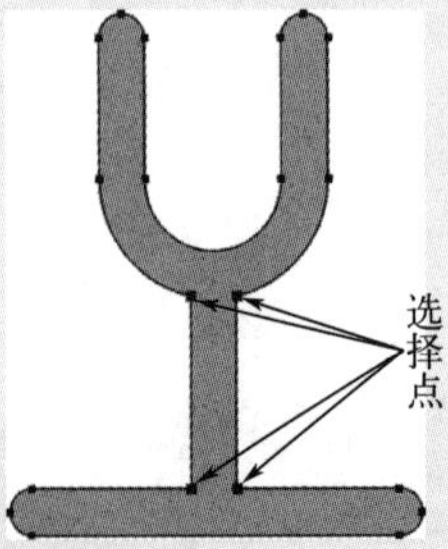


图 3-159　选择点

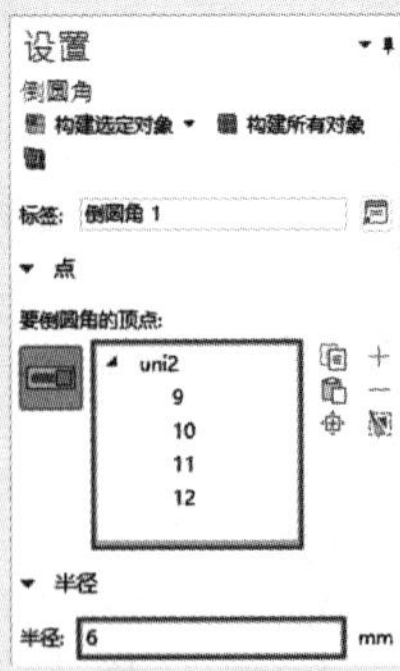


图 3-160 “倒圆角”设置窗口

图 3-161　音叉

## 3.4　实例—创建三维几何

如图 3-162 所示是一个手压阀的阀体模型，本例通过绘制该阀体模型，综合讲述利用 COMSOL 创建三维实体模型的方法。为了使读者掌握更多的建模功能，本例在绘图过程中将最大限度地使用不同的命令。

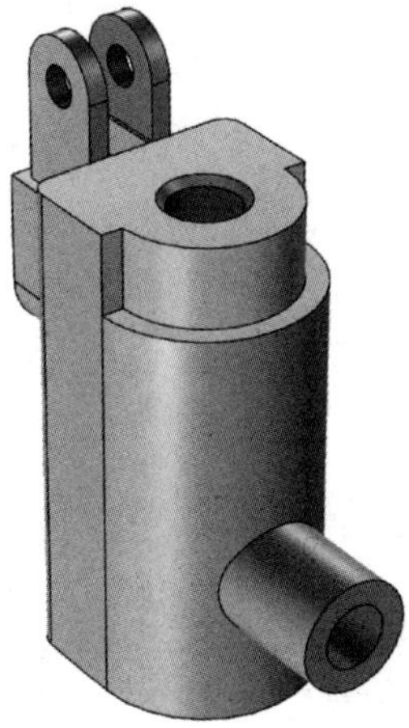

图 3-162　阀体

扫码看视频

操作步骤

① 进入三维几何界面。在“新建”界面中单击“模型向导”按钮，弹出“选择空间维度”界面，在该界面选择“三维”维度，进入“选择物理场”界面，跳过此步，然后单击“完成”按钮，进入主界面。

② 设置单位。在“几何”设置面板中的“长度单位”下拉列表中选择“mm”单位。

③ 创建长方体 1。单击“几何”选项卡“体素”面板中的“长方体”按钮，弹出“长方体”设置窗口，设置“对象类型”为“实体”，“宽度”为“56”，“深度”为“56”，“高度”为“120”，设置“基准”为“居中”，“z”值为“60”，如图 3-163 所示，然后单击“构建选定对象”按钮，创建长方体 1。

④ 倒圆角操作。单击“几何”选项卡“操作”面板“编辑”下拉列表中的“倒圆角”按钮，弹出“倒圆角”设置窗口，首先激活“要倒圆角的边”，然后选择要倒圆角的边，如图 3-164 所示。设置“半径”为“28”，如图 3-165 所示，然后单击“构建选定对象”按钮，进行倒圆角操作。采用同样的操作对长方体的另外两条边进行半径为“5”的倒圆角操作，结果如图 3-166 所示。

⑤ 创建圆柱体 1。单击“几何”选项卡“体素”面板中的“圆柱体”按钮，弹出“圆柱体”设置窗口，设置“对象类型”为“实体”，“半径”为“14”，“高度”为“56”，设置“位置”的“x”值为“0”，“y”值为“-56”，“z”值为“35”，设置“轴类型”为“y 轴”，如图 3-167 所示，然后单击“构建选定对象”按钮，创建圆柱体 1。

⑥ 创建长方体 2。单击“几何”选项卡“体素”面板中的“长方体”按钮，弹出“长方

体”设置窗口，设置“对象类型”为“实体”，“宽度”为“42”，“深度”为“28”，“高度”为“56”，设置“基准”为“角”，“x”值为“14”，“z”值为“106”，设置“轴类型”为“y 轴”，如图3-168所示，然后单击“构建选定对象”按钮，创建长方体2，结果如图3-169所示。

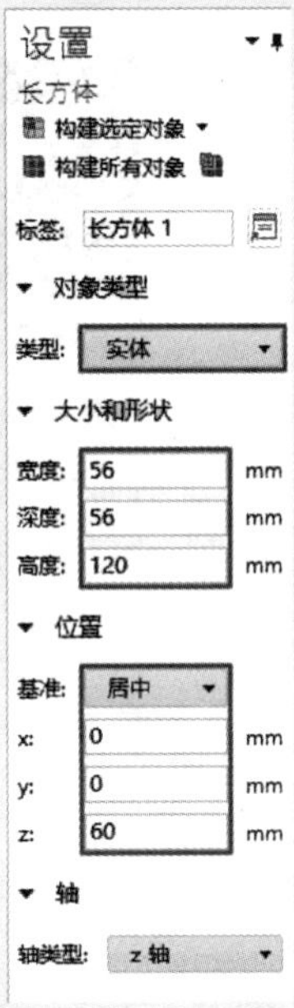


图 3-163 “长方体”设置窗口

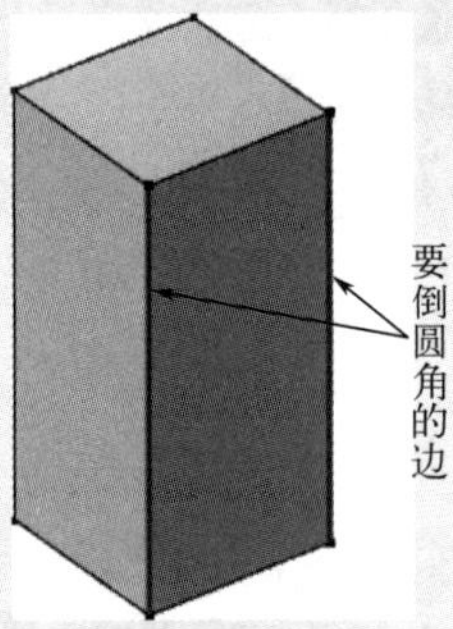


图 3-164 要倒圆角的边（1）

图 3-165 “倒圆角”设置窗口

图 3-166 倒圆角操作（1）

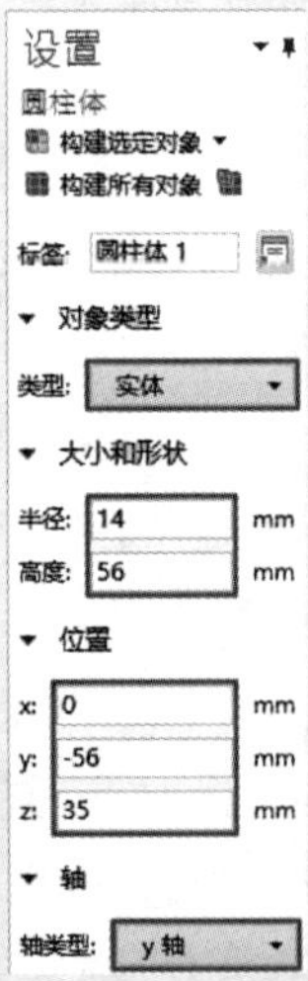


图 3-167 “圆柱体”设置窗口

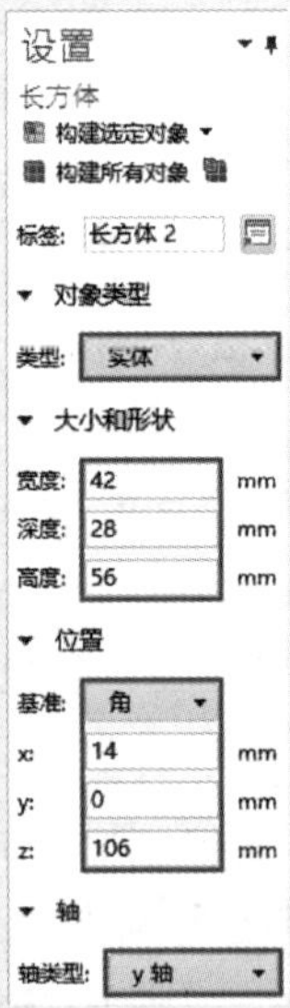


图 3-168 “长方体”设置窗口

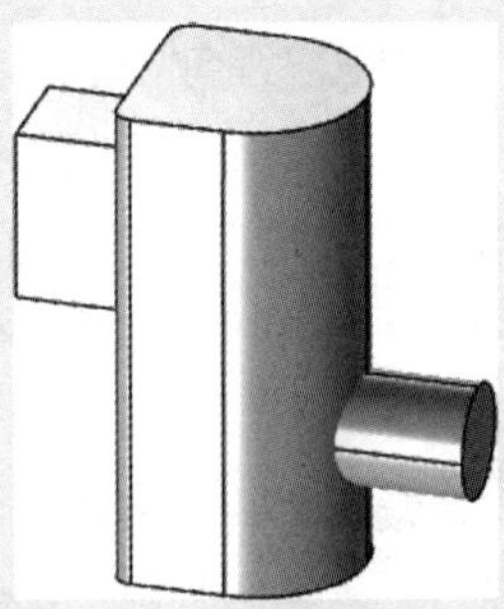

图 3-169 创建圆柱体 1 和长方体 2

⑦ 倒圆角操作。单击“几何”选项卡“操作”面板“编辑”下拉列表中的“倒圆角”按钮，

弹出“倒圆角”设置窗口，首先激活“要倒圆角的边”，然后选择要倒圆角的边，如图3-170所示。设置“半径”为“14”，然后单击“构建选定对象”按钮，进行倒圆角操作，结果如图3-171所示。

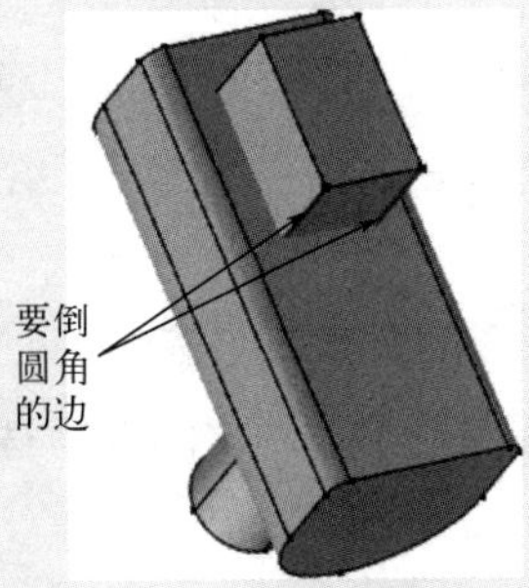


图 3-170　要倒圆角的边（2）

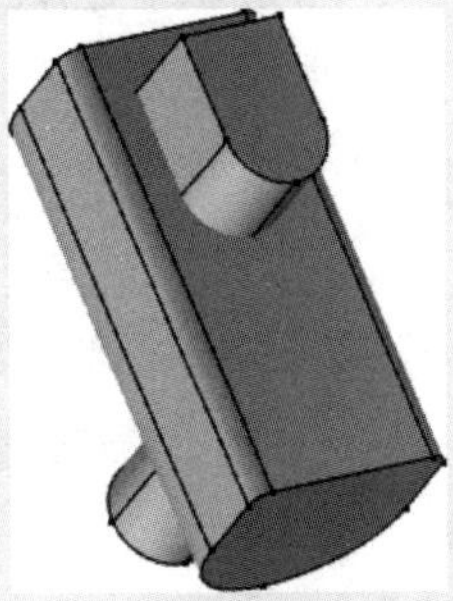

图 3-171　倒圆角操作（2）

⑧ 创建工作平面 1。单击“几何”选项卡“工作平面”面板中的“工作平面”按钮，弹出“工作平面”设置窗口，设置“平面类型”为“快速”,“平面”为“yz 平面”，其余为默认设置，然后单击“构建选定对象”按钮，创建工作平面 1。

⑨ 绘制加强筋草图。在“模型开发器”中单击“工作平面 1”节点下的“平面几何”，然后单击“工作平面”选项卡中的“草图”按钮，进入草绘环境。再单击“草图”选项卡“绘图”面板中的“多边形”按钮，绘制多边形，并单击“尺寸”面板中的“角”按钮，标注尺寸，如图 3-172 所示。最后单击“工作平面”选项卡中的“关闭”按钮，退出草绘环境。

⑩ 拉伸并移动加强筋。单击“几何”选项卡“操作”面板中的“拉伸”按钮，弹出“拉伸”设置窗口，首先激活“输入对象”，在图形窗口选择绘制的加强筋草图，然后设置“距离”为“4”，如图 3-173 所示。单击“构建选定对象”按钮，拉伸加强筋，结果如图 3-174 所示。单击“操作”面板“变换”下拉列表中的“移动”按钮，弹出“移动”设置窗口，首先激活“输入对象”，在图形窗口选择拉伸的加强筋，然后设置“位移”栏中的“x”为“-2”，其余为默认设置，如图 3-175 所示，再单击“构建选定对象”按钮，移动加强筋，结果如图 3-176 所示。

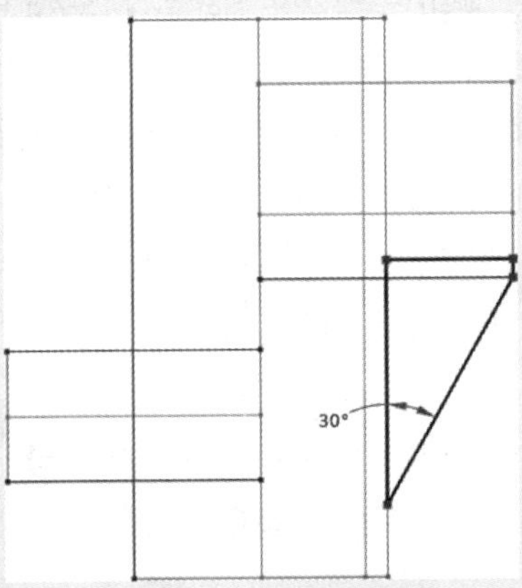


图 3-172　绘制草图

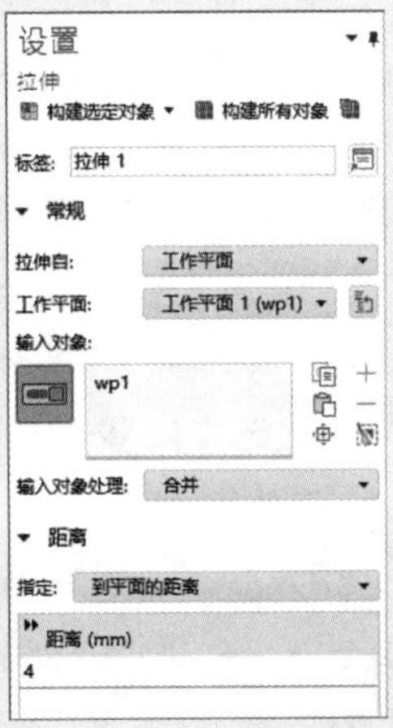


图 3-173　“拉伸”设置窗口

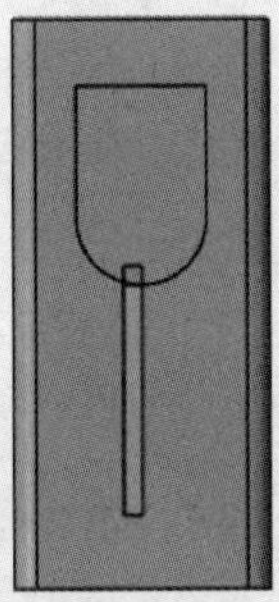

图 3-174　拉伸加强筋

⑪ 创建工作平面 2。单击“几何”选项卡“工作平面”面板中的“工作平面”按钮，弹出“工作平面”设置窗口，设置“平面类型”为“快速”，“平面”为“yz 平面”，其余为默认设置，然后单击“构建选定对象”按钮，创建工作平面 2。

⑫ 绘制内腔草图。在“模型开发器”中单击“工作平面 2”节点下的“平面几何”，然后单击“工作平面”选项卡中的“草图”按钮，进入草绘环境。单击“草图”选项卡“绘图”面板中的“多边形”按钮，绘制多边形，然后单击“约束”面板中的“水平”按钮，为多段线的所有水平线段添加水平约束，同理为多段线的所有竖直线段添加竖直约束，并单击“尺寸”面板中的“维度”按钮 标注尺寸，调整位置后如图 3-177 所示。最后单击“工作平面”选项卡中的“关闭”按钮，退出草绘环境。

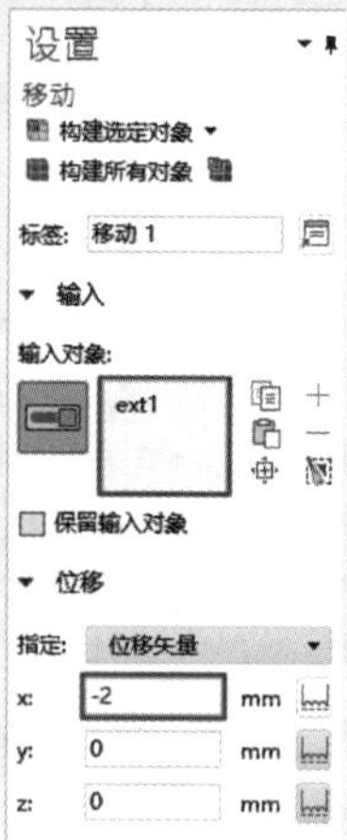


图 3-175 “移动”设置窗口

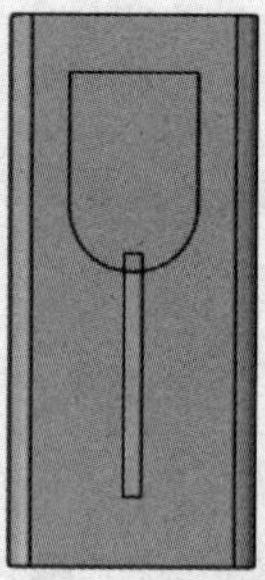

图 3-176 移动加强筋

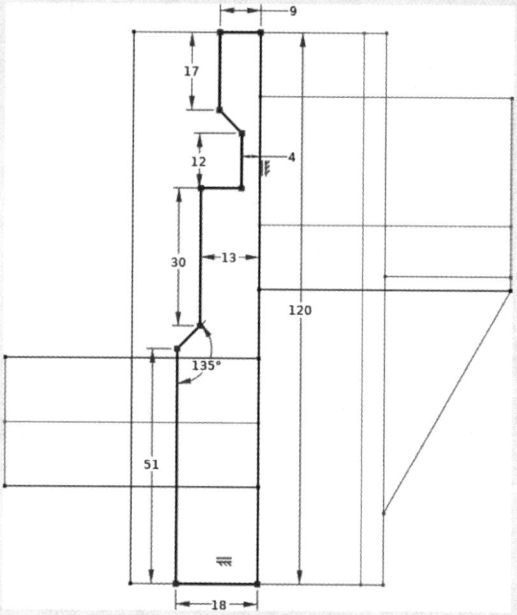


图 3-177 绘制内腔草图

⑬ 旋转内腔。单击“几何”选项卡“操作”面板中的“回转”按钮，弹出“回转”设置窗口，首先激活“输入对象”，在图形窗口选择绘制的内腔草图，设置“输入对象处理”为“合并”，然后在“结果实体的选择”栏中勾选“生成的对象选择”复选框，在“颜色”列表中选择洋红色，其余为默认设置，如图 3-178 所示，再单击“构建选定对象”按钮，旋转内腔。为了方便查看内部结构，单击图形窗口上部的“透明”按钮，结果如图 3-179 所示。

⑭ 创建圆柱体 2。单击“几何”选项卡“体素”面板中的“圆柱体”按钮，弹出“圆柱体”设置窗口，设置“对象类型”为“实体”，“半径”为“8”，“高度”为“56”，设置“位置”的“x”值为“0”,“y”值为“-56”,“z”值为“35”，设置“轴类型”为“y 轴”，然后在“结果实体的选择”栏中勾选“生成的对象选择”复选框，在“颜色”列表中选择橙色，其余为默认设置，最后单击“构建选定对象”按钮，创建圆柱体 2。

⑮ 创建圆柱体 3。单击“几何”选项卡“体素”面板中的“圆柱体”按钮，弹出“圆柱体”

设置窗口，设置“对象类型”为“实体”，“半径”为“8”，“高度”为“56”，设置“位置”的“x”值为“0”，“y”值为“0”，“z”值为“78”，设置“轴类型”为“y轴”，然后在“结果实体的选择”栏中勾选“生成的对象选择”复选框，在“颜色”列表中选择青色，其余为默认设置，最后单击“构建选定对象”按钮，创建圆柱体3，结果如图3-180所示。

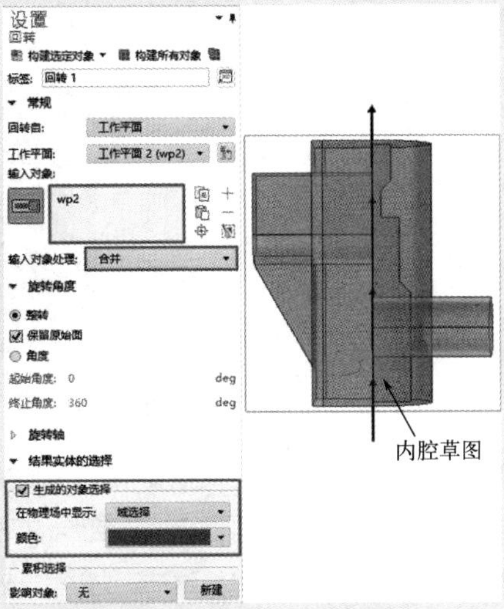


图 3-178　“回转”设置窗口

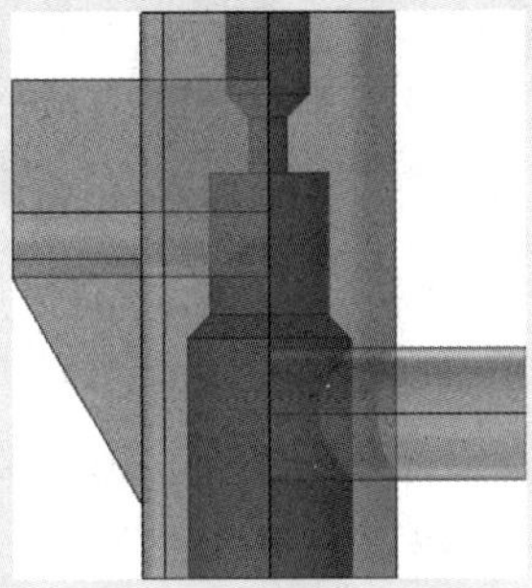

图 3-179　旋转内腔

⑯ 创建长方体 3。单击“几何”选项卡“体素”面板中的“长方体”按钮，弹出“长方体”设置窗口，设置“对象类型”为“实体”，“宽度”为“6”，“深度”为“24”，“高度”为“40”，设置“基准”为“角”，“x”值为“5”，“y”值为“28”，“z”值为“106”，设置“轴类型”为“z 轴”，然后单击“构建选定对象”按钮，创建长方体 3。

⑰ 复制长方体 3。单击“几何”选项卡“操作”面板“变换”下拉列表中的“复制”按钮，弹出“复制”设置窗口，首先激活“输入对象”，在图形窗口中选择创建的长方体 3，勾选“保留输入对象”复选框，在“位移”栏中设置“x”值“-16”，如图 3-181 所示，然后单击“构建选定对象”按钮，复制长方体 3，结果如图 3-182 所示。

⑱ 创建长方体 4。单击“几何”选项卡“体素”面板中的“长方体”按钮，弹出“长方体”设置窗口，设置“对象类型”为“实体”，“宽度”为“12”，“深度”为“24”，“高度”为“26”，设置“基准”为“角”，“x”值为“-6”，“y”值为“28”，“z”值为“120”，设置“轴类型”为“z 轴”，然后在“结果实体的选择”栏中勾选“生成的对象选择”复选框，在“颜色”列表中选择绿色，其余为默认设置，最后单击“构建选定对象”按钮，创建长方体 3，结果如图 3-183 所示。

⑲ 创建圆柱体 4。单击“几何”选项卡“体素”面板中的“圆柱体”按钮，弹出“圆柱体”设置窗口，设置“对象类型”为“实体”，“半径”为“5”，“高度”为“22”，设置“位置”的“x”值为“-11”，“y”值为“40”，“z”值为“134”，设置“轴类型”为“x 轴”，然后在“结果实体的选择”栏中勾选“生成的对象选择”，在“颜色”列表中选择洋红色，其余为默认设置，最后单击“构建选定对象”按钮，创建圆柱体 4，结果如图 3-184 所示。

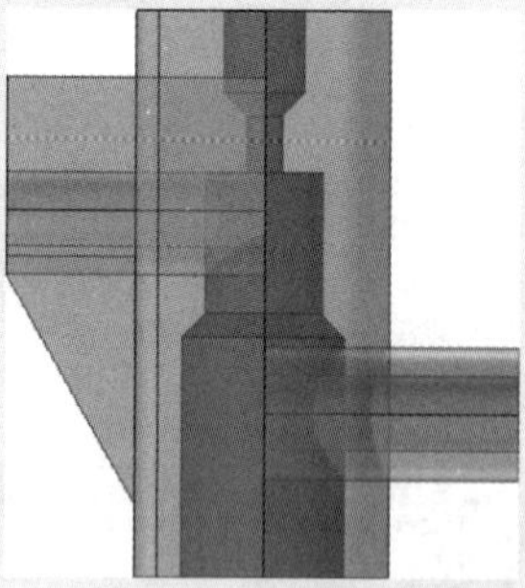

图 3-180　创建圆柱体 2 和圆柱体 3

图 3-181　“复制”设置窗口

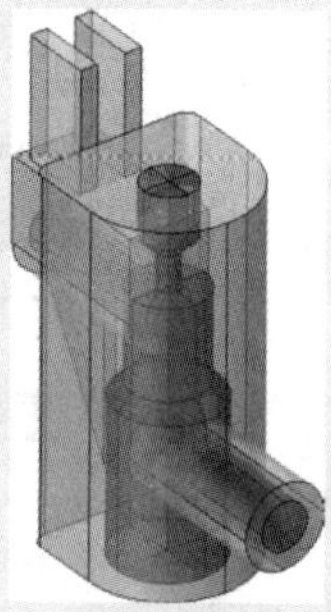

图 3-182　复制长方体 3

⑳ 创建工作平面 3。单击“几何”选项卡“工作平面”面板中的“工作平面”按钮，弹出“工作平面”设置窗口，设置“平面类型”为“面平行”，然后激活“平面”，在图形窗口中选择“长方体 1”的上表面，如图 3-185 所示，其余为默认设置，最后单击“构建选定对象”按钮，创建工作平面 3。

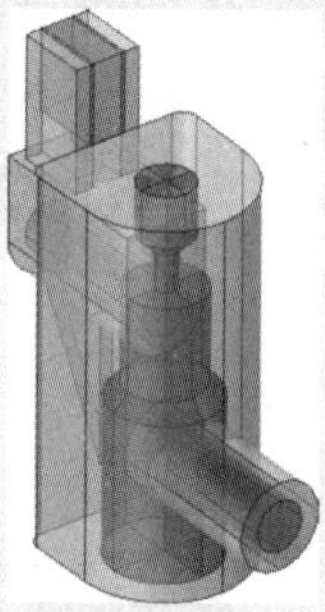

图 3-183　创建长方体 4

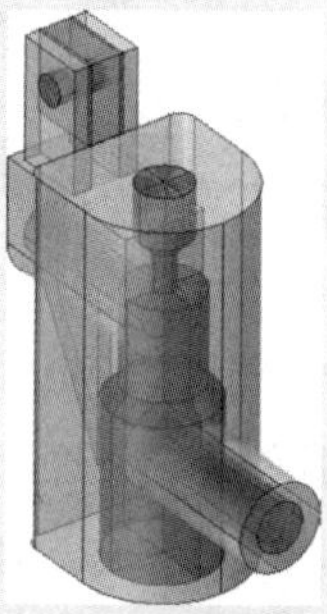

图 3-184　创建圆柱体 4

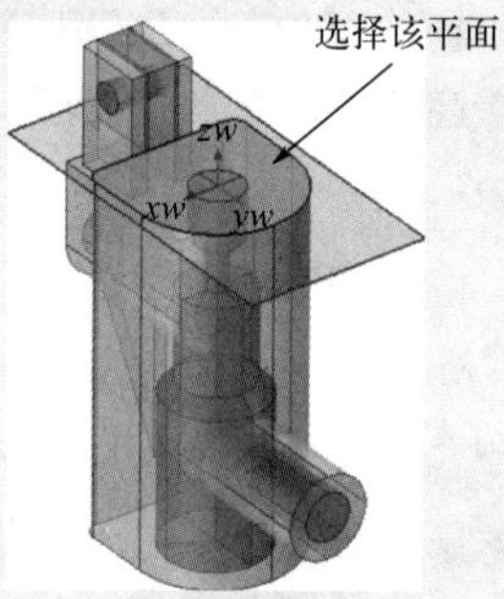


图 3-185　创建工作平面 3

㉑ 绘制凹台草图。在“模型开发器”中单击“工作平面 3”节点下的“平面几何”，然后单击“工作平面”选项卡中的“草图”按钮，进入草绘环境。单击“草图”选项卡“绘图”面板中的“起点、中心、角度”按钮，绘制两条圆弧，单击“多边形”按钮，绘制两条线段，然后标注尺寸，如图 3-186 所示。再选中绘制的两个圆弧和多段线，单击“操作”面板中的“复合曲线”按钮，弹出“复合曲线”设置窗口，设置“对象类型”为“实体”，单击“构建选定对象”按钮，构建复合曲线。最后单击“工作平面”选项卡中的“关闭”按钮，退出草绘环境。

㉒ 拉伸凹台草图。单击“几何”选项卡“操作”面板中的“拉伸”按钮，弹出“拉伸”设置窗口，首先激活“输入对象”，在图形窗口中选择绘制的凹台草图，然后设置“距离”为“-20”，在“结果实体的选择”栏中勾选“生成的对象选择”，在“颜色”列表中选择黄色，其余为默认设置，单击“构建选定对象”按钮，拉伸凹台，结果如图 3-187 所示。

㉓ 并集操作。单击“几何”选项卡“操作”面板“布尔操作和分割”下拉列表中的“并集”按钮，弹出“并集”设置窗口，激活“输入对象”，在图形窗口选择创建的长方体 1、长方体 2、圆柱体 1、长方体 3、复制的长方体和拉伸的加强筋，如图 3-188 所示，取消勾选“保留内部边界”复选框，然后单击“构建选定对象”按钮，进行并集操作，结果如图 3-189 所示。

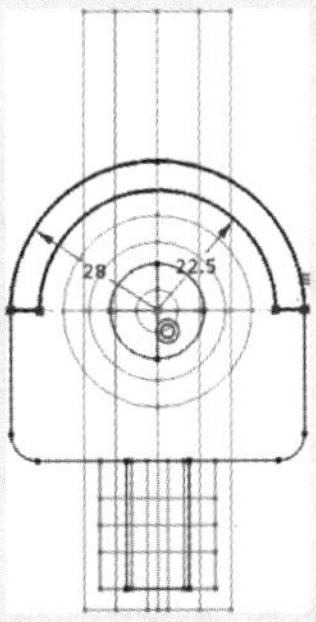

图 3-186　绘制凹台草图

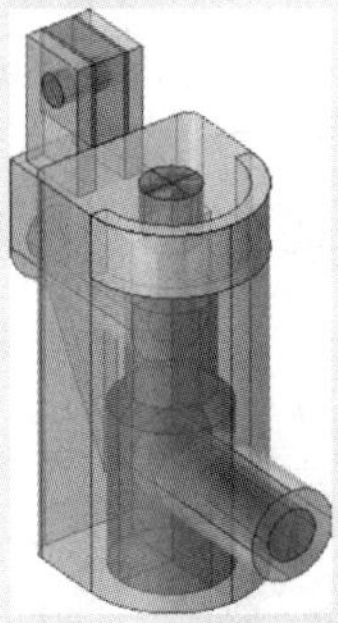
图 3-187　拉伸凹台

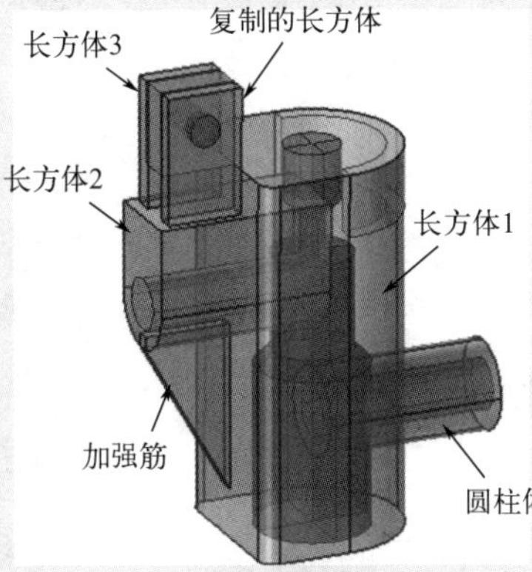

图 3-188　选择并集对象

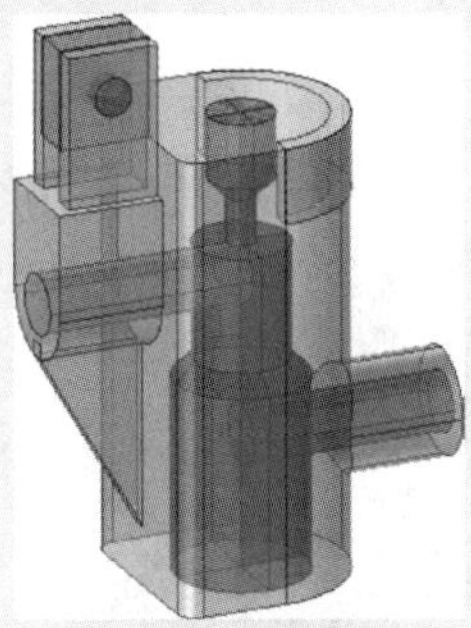
图 3-189　并集操作

㉔ 差集操作。单击“几何”选项卡“操作”面板“布尔操作和分割”下拉列表中的“差集”按钮，弹出“差集”设置窗口，首先激活“要添加的对象”，在图形窗口中选择创建并集操作对象，然后激活“要减去的对象”，在图形窗口中选择创建的圆柱体 2、圆柱体 3、圆柱体 4、长方体 4、旋转的内腔和拉伸的凹台，如图 3-190 所示，取消勾选“保留内部边界”复选框，如图 3-191 所示，然后单击“构建选定对象”按钮，进行差集操作，结果如图 3-192 所示。

㉕ 倒圆角。单击“几何”选项卡“操作”面板“编辑”下拉列表中的“倒圆角”按钮，弹出“倒圆角”设置窗口，激活“要倒圆角的边”，然后在图形窗口中选择需要倒圆角的边，如图 3-193 所示，设置“半径”为“12”，如图 3-194 所示，最后单击“构建选定对象”按钮，进行倒圆角操作，结果如图 3-195 所示。

㉖ 倒斜角。单击“几何”选项卡“操作”面板“编辑”下拉列表中的“倒斜角”按钮，弹出“倒斜角”设置窗口，激活“要倒斜角的边”，然后在图形窗口中选择需要倒斜角的边，如图 3-196 所示，设置“半径”为“2”，如图 3-197 所示，最后单击“构建选定对象”按钮，进行倒斜角操作，结果如图 3-198 所示。

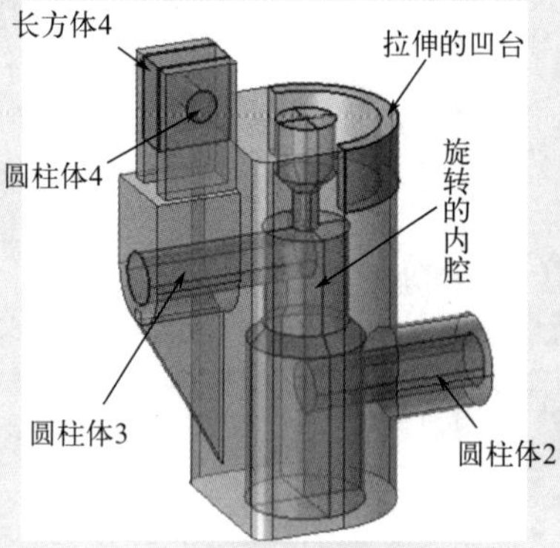


图 3-190　选择要减去的对象

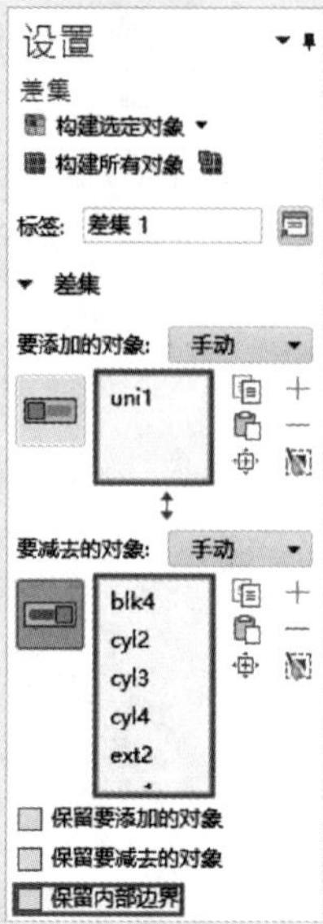


图 3-191　差集设置窗口

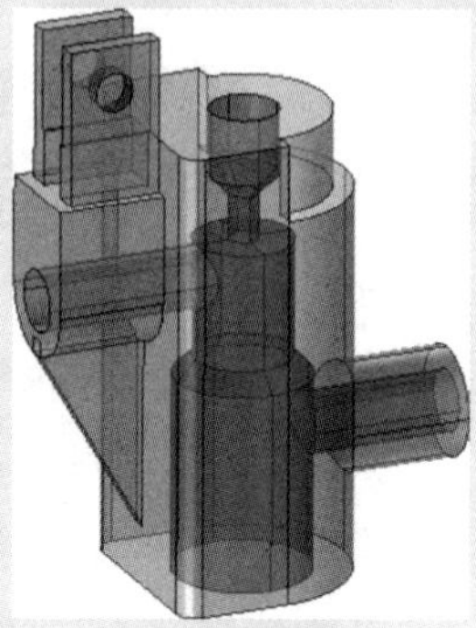

图 3-192　差集操作

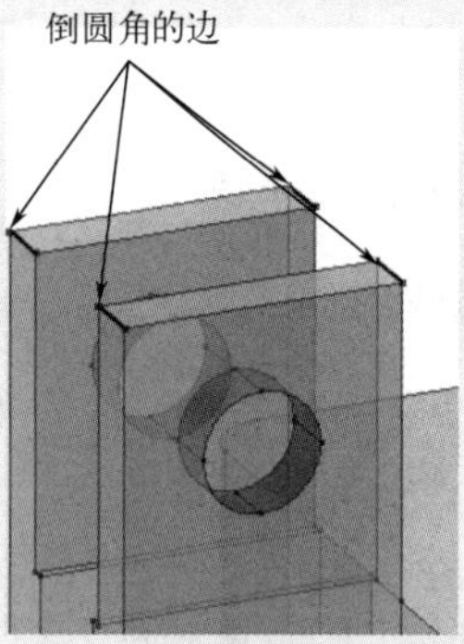


图 3-193　倒圆角的边

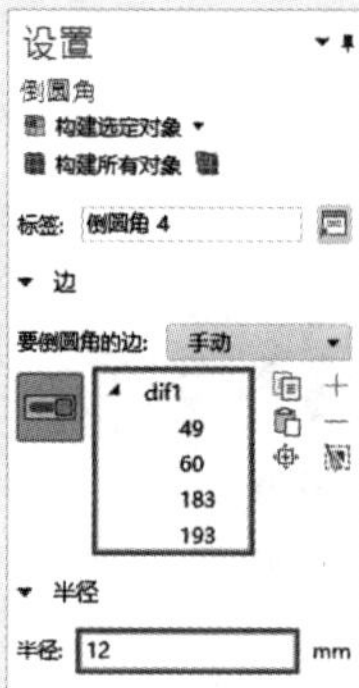


图 3-194　“倒圆角”设置窗口

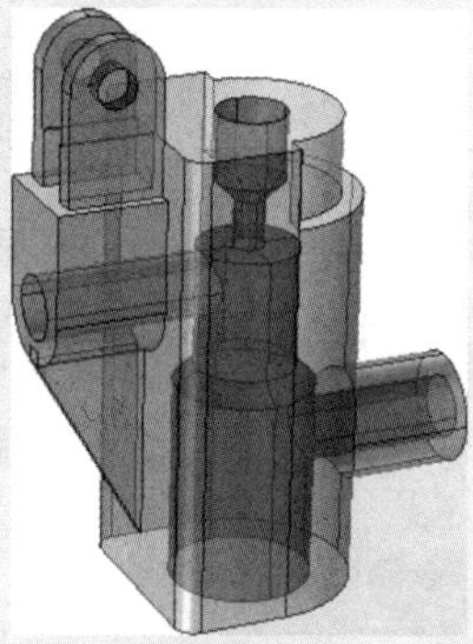

图 3-195　倒圆角操作

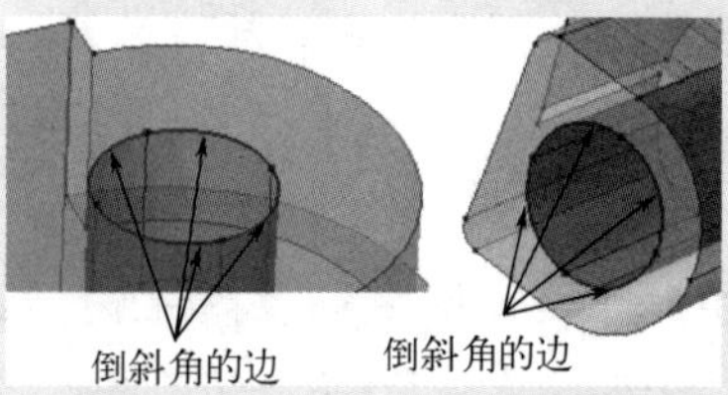


图 3-196　倒斜角的边

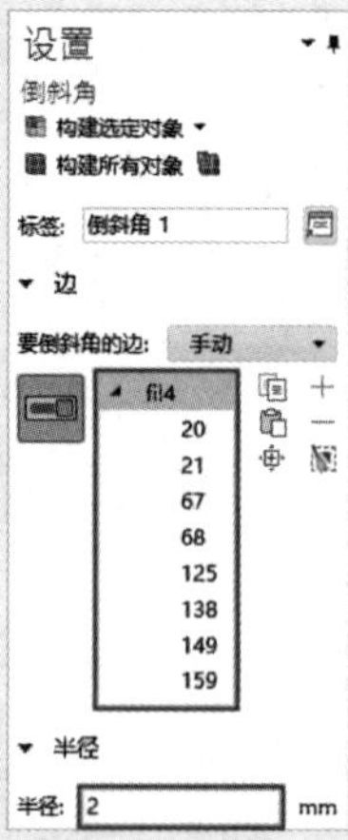


图 3-197　“倒斜角”设置窗口

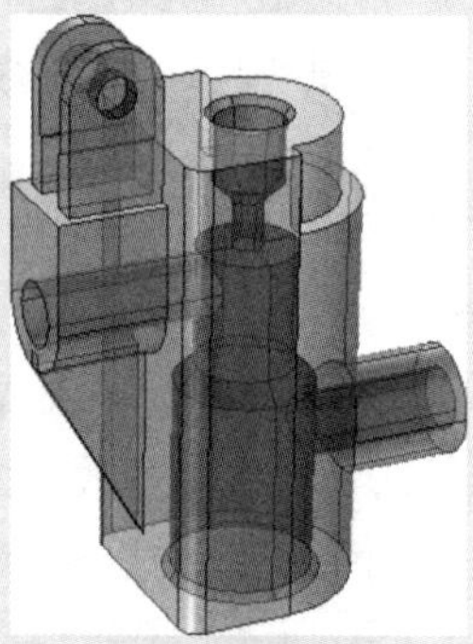

图 3-198　倒斜角操作

㉗ 忽略边。单击“几何”选项卡“清理”面板“虚拟”下拉列表中的“忽略边”按钮，弹出“忽略边”设置窗口，激活“要忽略的边”，然后在图形窗口中选择需要忽略的边（加强筋与阀体表面的交线和各个圆内外表面的 4 条线），再单击“构建选定对象”按钮，进行忽略边操作。最后单击图形窗口上部的“透明”按钮，取消透明显示，结果如图 3-199 所示。

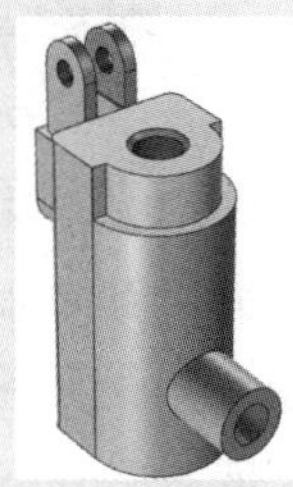

图 3-199　忽略边操作

## 3.5　动手练一练

如图 3-200 所示为一个支架模型，图 3-201 所示为该支架模型的尺寸图，参照该尺寸图，在 COMSOL 中创建三维模型图。

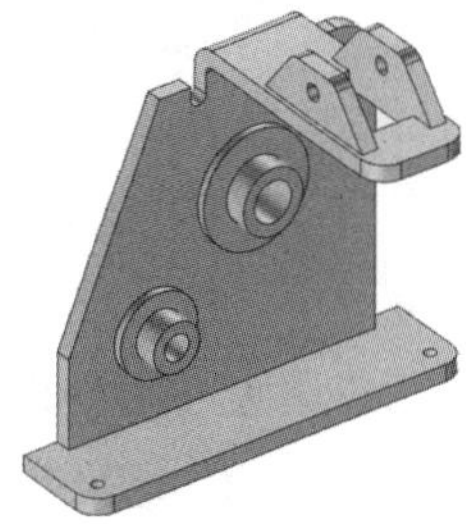

图 3-200　支架模型

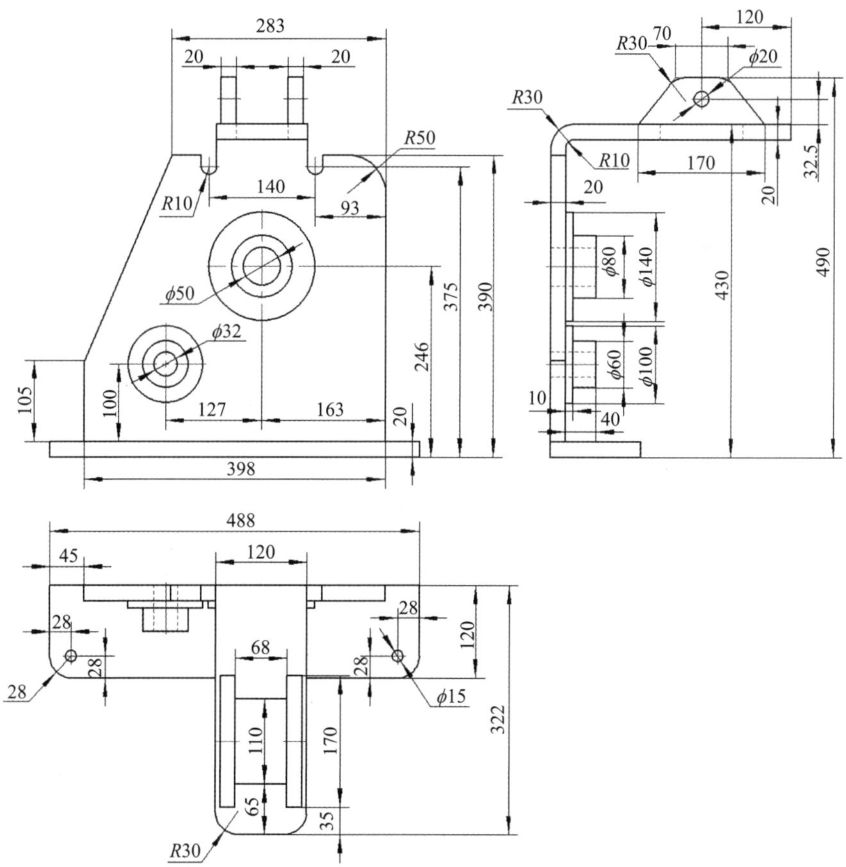


图 3-201　支架尺寸图（单位：mm）

思路点拨

① 根据模型向导进入三维模型。

② 创建底板长方体（基准为居中）。

③ 创建立板所在的工作平面，绘制立板草图并转化为复合曲线，然后拉伸生成立板。

④ 创建与立板相连的圆柱体所在的工作平面，绘制圆草图，然后拉伸生成圆柱体。

⑤ 创建另外两个有孔的圆柱体。

⑥ 创建顶部长方体。

⑦ 创建顶部吊耳所在的工作平面，并绘制吊耳矩形草图，拉伸生成矩形吊耳。

⑧ 在吊耳侧面创建一个工作平面，并绘制修剪吊耳的草图和圆，拉伸生成修剪吊耳的工具。

⑨ 在顶部长方体上表面创建一个工作平面，绘制修剪顶部矩形孔的草图，拉伸生成修剪矩形孔的工具。

⑩ 在底部创建两个圆柱体，作为生成底孔的修剪工具。

⑪ 选择合适的模型进行并集操作。

⑫ 选择剩余的模型进行差集操作。

⑬ 进行倒圆角操作。

⑭ 进行忽略边操作。

# 第 4 章　COMSOL 划分网格

本章主要介绍 COMSOL 网格划分功能，介绍了 COMSOL 中的网格类型和设置方法，重点讲解了网格尺寸的调整，以及扫掠网格、映射网格、边界层网格和复制网格几种特殊的网格划分形式。

## 4.1　网格划分概述

有限元分析的基础依据是有限元分析法，体现在模型上就是划分网格。网格划分得是否合适关系着分析结果的精度和正确与否。网格划分越密，则计算精度越高，但计算时间也会延长，对计算机的要求就越高，从而增加计算成本。因此，合理地划分网格对有限元分析非常重要。COMSOL 的自由网格参数可以根据用户需求设置，如设置网格单元大小、单元增长率及局部细化等，以满足求解所需网格的划分要求。

### 4.1.1　为什么要划分网格

在有限元分析过程中，非常重要的一步就是对模型进行网格划分，网格划分的过程就是将模型离散化的过程。通过网格划分将模型离散为一定数量的几何域，每个几何域为一个单元，当离散的单元足够多、足够小后，就可以将这些几何域近似等价为要分析的模型，然后将模型的物理参数和边界条件根据设置施加到各个单元中，通过简单的一次或二次函数来描述各个单元，实现对复杂物理系统的简单数学描述，再对这些函数进行求解，就可以得到相关的数值解，通过这些解来表征所要分析的物理现象。

### 4.1.2　网格的分类

（1）根据形状分类

几何模型往往是比较复杂甚至是不规则的。在 COMSOL 有限元设计软件中，为了使网格能够接近要表征的几何模型，通常将二维平面模型剖分为三角形或四边形；将三维模型剖分为四面体、六面体、金字塔和三棱柱单元，它们的面、边和角点分别称为网格面、网格边和网格顶点。如图 4-1 所示为平面和三维网格单元的几种类别。由于二维平面几何可以看作三维几何的一个面，因此本章重点讲解三维网格的划分。

（2）根据性质分类

根据性质，网格可分为结构化网格和非结构化网格。结构化网格包括四边形或六面体；非结构化网格是指没有固定规则的自由网格，包括三角形、不规则四边形、四面体和不规则的金字塔，但应用最多的是三角形和四面体。

① 结构化网格：网格内部的网格顶点由相同的网格单元共用。结构化网格可以很容易地实现区域的边界拟合，适用于流体和表面应力集中等方面的计算。

结构化网格具有以下优点。

a. 网格生成速度快。

b. 划分的网格比较规整。

c. 生成的网格质量高。

d. 由于结构化网格较规则，因此数据结构简单，在形函数、基函数计算，等参变换，处理模型和模型编辑上具有优势。

e. 对曲面或空间的拟合，大多采用参数化或样条插值方法实现，区域光滑，更容易与实际的模型接近。

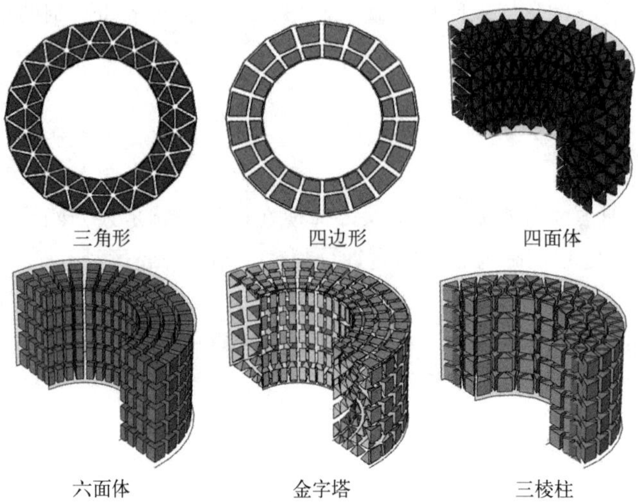


图 4-1　网格单元类型

结构化网格也有不足之处，比较突出的缺点是适用范围窄。形状规则的模型较容易获得；若图形复杂，就不容易获得规则的结构化网格，有时需要将模型分割成几个比较规则的部分，再划分得到结构化网格。

② 非结构化网格：网格内部的网格顶点可以被其他的不相同的网格单元共用。非结构化网格没有一定的规则，也没有层的概念，是最通用的网格，网格节点的分布较随意，对几何形状没有要求，因此划分网格具有灵活性。

非结构化网格具有以下优点。

a. 生成网格操作简单，容易划分。

b. 对模型形状要求低，可以很好地贴合模型。

非结构化网格也有不足之处，如非结构化网格不能很好地处理黏性问题，在进行分析计算时需要较大的内存等。

## 4.2　COMSOL 的网格划分

COMSOL 划分网格的工具集中在“网格”选项卡中；也可以在“模型开发器”的网格节点上单击鼠标右键，在弹出的快捷菜单中选择需要的网格工具。

### 4.2.1　“网格”设置窗口

在“模型开发器”中单击“网格”节点，弹出“网格”设置窗口，如图 4-2 所示，其中提供了“物理场控制网格”和“用户控制网格”两种序列类型。在该设置窗口中可以设置网格标签、序列类型和单元大小等。

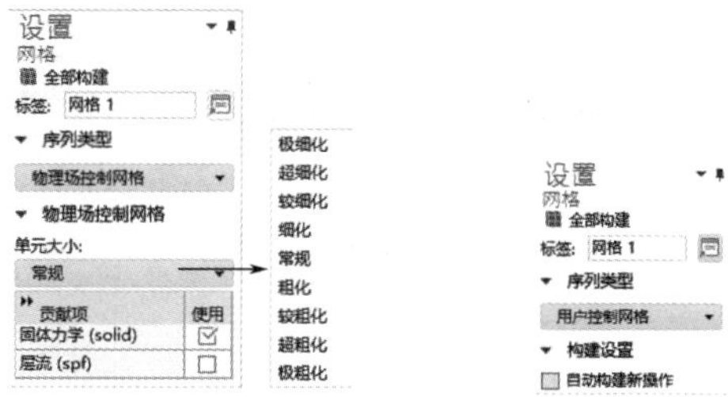


“物理场控制网格”设置窗口　　“用户控制网格”设置窗口

图 4-2　“网格”设置窗口

① 标签：用于划分的网格的名称。

② 序列类型：用于选择通过“物理场控制网格”还是“用户控制网格”来划分网格。

a. 物理场控制网格：COMSOL 会根据模型中不同的物理场环境自动划分网格，不同的物理场会划分相应的网格。如图 4-3（a）所示为固体力学物理场划分的网格；如图 4-3（b）所示为层流物理场划分的网格。

(a)　(b)

图 4-3　不同物理场划分网格

b. 用户控制网格：用户可以根据需要对网格的划分进行自定义，通过“网格”选项卡中的命令调整网格的大小和类型。

③ 单元大小：当“序列类型”选择“物理场控制网格”时，显示该选项及列表。其提供了从极细化到极粗化 9 个预制的网格大小级别，用于控制自动划分的网格的大小。如图 4-4 所示为不同级别网格的大小。

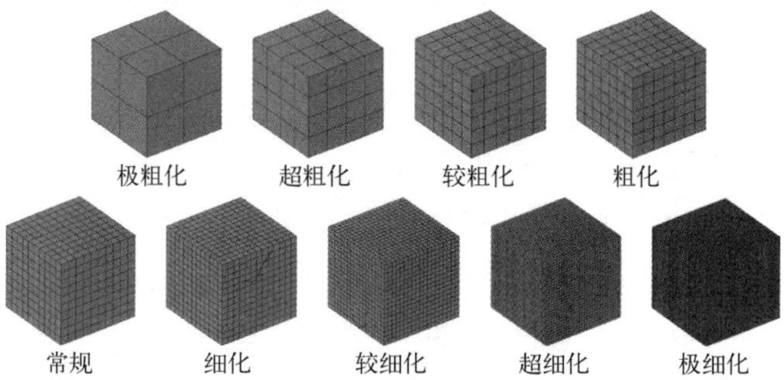


图 4-4　不同级别网格的大小

④ 贡献项：勾选下面的不同物理场的复选框，以选择控制划分网格的物理场。

⑤ 自动构建新操作：勾选该复选框，系统允许自动构建网格的新操作。

### 4.2.2 “网格”选项卡

“网格”选项卡主要用于在有限元分析中对模型划分网格。如图 4-5 所示，该选项卡包括“网格”面板、“导入 / 导出”面板、“物理场控制”面板、“生成器”面板、“属性”面板、“操作”面板、“计算”面板和“清除”面板。这里就常用的命令进行讲解，以利于用户快速入门和掌握网格的划分。

图 4-5

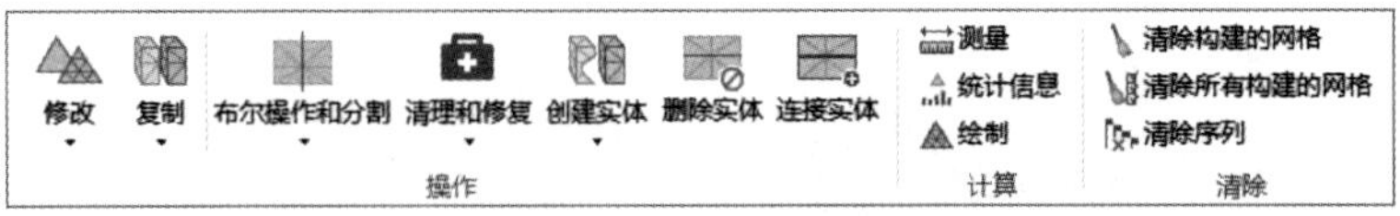


图 4-5 “网格”选项卡

（1）“网格”面板

“网格”面板用于在当前网格划分过程中划分所有的网格，选择查看不同网格节点下网格的划分或添加的新网格，如图 4-6 所示。下面对该面板进行介绍。

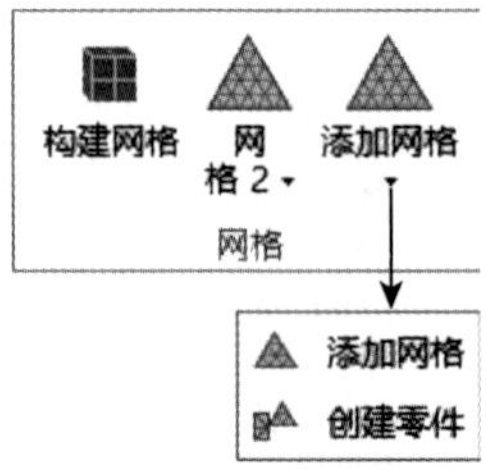


图 4-6 “网格”面板

① 构建网格 ：对网格划分过程中所有的网格操作进行构建，以最终确定网格的划分。

② 选择网格 ：当对模型添加了不同的网格节点并划分网格后，利用该选项将选择的网格设置为当前网格，然后利用该网格进行有限元分析。

③ 添加网格 ：添加新的网格节点，用于划分不同类型的网格。

④ 创建零件 ：将创建的或已有的网格零件导入到“模型开发器”中的“全局定义”节点下，然后利用该网格零件通过“创建几何”命令来创建几何模型，或者利用“复制”命令来创建网格。可导入的网格零件包括 MPHBIN 文件、MPHTXT 文件、NASTRAN 文件、STL 文件、PLY 文件、3MF 文件、VRML 文件、分段文件、网格划分序列和几何序列等文件。具体操作详见“实例 1—通过网格零件来创建模型并划分网格”。

（2）“导入 / 导出”面板

“导入 / 导出”面板用于导入、导出网格或利用网格零件来创建几何模型，如图 4-7 所示。下面对该面板进行介绍。

图 4-7 “导入 / 导出”面板

a. 导入 ：导入已有的 COMSOL 网格文件或其他可用的网格文件，对其进行有限元分析。

b. 导出 ：将划分的 COMSOL 网格导出为网格文件，包括 MPHBIN 文件、MPHTXT 文件、3MF 文件、NASTRAN 文件、STL 文件、PLY 文件和分段文件等。

c. 创建几何 ：利用导入的网格零件来创建几何模型。

（3）“物理场控制”面板

“物理场控制”面板用于编辑物理场控制序列、将序列重置为物理场控制的设置和选择网格单元的级别，如图 4-8 所示。该面板操作简单，这里不做详解。

（4）“生成器”面板

“生成器”面板包含了划分网格常用的关键命令，包括在划分网格过程中调整网格的大小，创建自由四面体网格、扫掠网格、边界网格和边界层网格等，如图 4-9 所示。下面对该面板进行介绍。

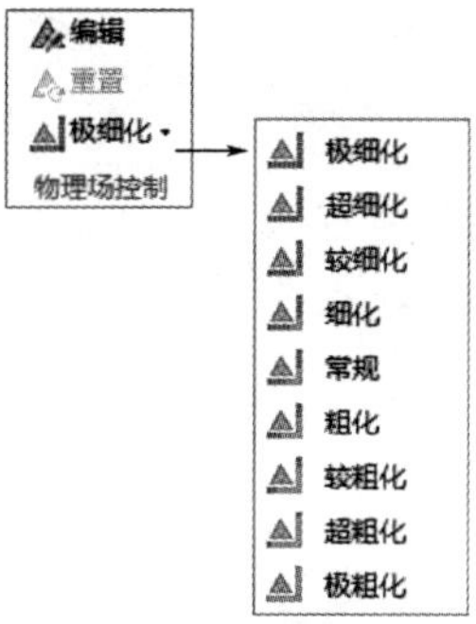


图 4-8 “物理场控制”面板

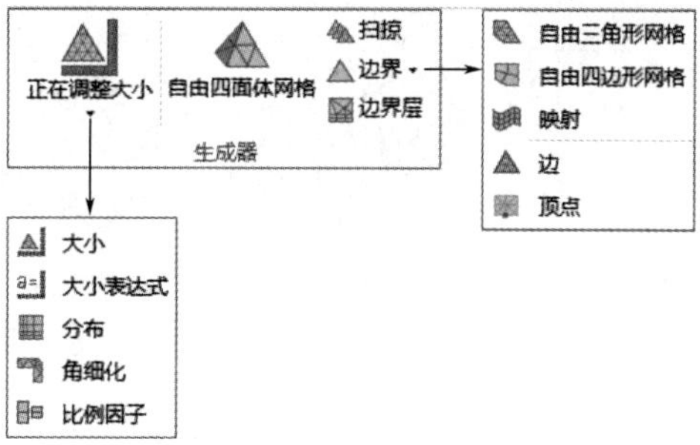


图 4-9 “生成器”面板

① 大小 ：对几何模型进行网格划分时用于设置整体或局部网格单元的大小。单击该按钮，弹出“大小”设置窗口，如图 4-10 所示。其中，图 4-10（a）所示为整体网格单元大小的设置，图 4-10（b）所示为局部网格单元大小的设置。

a. 几何实体选择：该栏中的参数用于局部网格单元大小的设置，可将网格大小设置参数用于“整个几何”“域”“边界”“边”和“点”。

b. 校准为：COMSOL 对不同的物理类别制定了不同的网格分辨率。内置的物理类别有“普通物理学”“流体动力学”“等离子体”“半导体”和“用于自适应的粗化网格”，可以通过选择不同的物理类别来划分网格。如图 4-11 所示为不同物理类别的网格大小。

c. 预定义：同“网格”面板中的“单元大小”相同，提供了从极细化到极粗化 9 个预制的网格大小级别，用于控制自动划分的网格的大小。

d. 最大单元大小：用于指定模型网格划分单元尺寸的最大值。

e. 最小单元大小：用于指定模型网格划分单元尺寸的最小值，该命令可以避免在模型网格划分过程中在小曲面周围产生过密的网格。

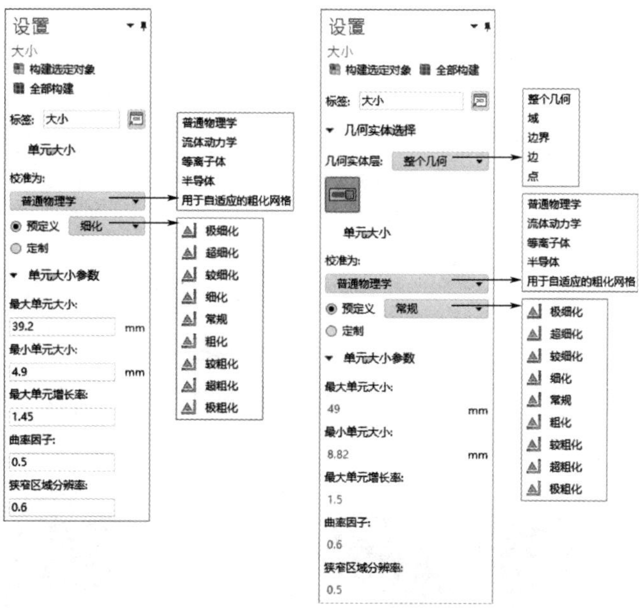


(a)　　(b)

图 4-10 “大小”设置窗口

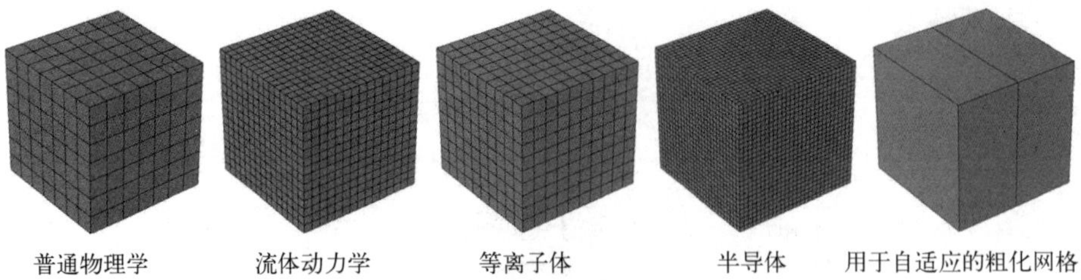


图 4-11　不同物理类别的网格大小

f. 最大单元增长率：用于设置模型网格划分过程中单元大小从小单元区域增长到具有较大单元区域的最大速率，该值必须大于或等于 1。例如，最大单元增长率为 1.5 时，从最小单元到最大单元的增长率为 50%。

g. 曲率因子：即边界单元大小与模型边界曲率半径的比值，该值必须大于或等于 0。该值影响模型边界处单元的大小。模型边界曲率半径 × 曲率因子 = 边界最大单元大小，因此曲率因子的值越小，则沿弯曲边界的网格越精细。

h. 狭窄区域分辨率：用于控制在狭窄区域中创建的单元的层数，该值必须大于或等于 0。较大的值会在狭窄区域产生较细的网格单元，如果该值小于 1，可能会产生各向异性的网格单元。

如图 4-12 所示为不同单元大小参数设置下的网格划分。

② 大小表达式 ：利用尺寸大小表达式、计算解或应用于研究步骤初始值的临时解来划分网格的大小。该命令对于初学者来说使用较少，这里不做详解。

③ 分布 ：用于指定域沿扫掠方向的单元分布或指定边上的单元分布，也就是指定域在扫掠方向上或指定边上的网格节点的分布密度和形式。该命令可用于指定全局网格，也可用于指定局部网格。单击该按钮，弹出“分布”设置窗口，如图 4-13 所示。

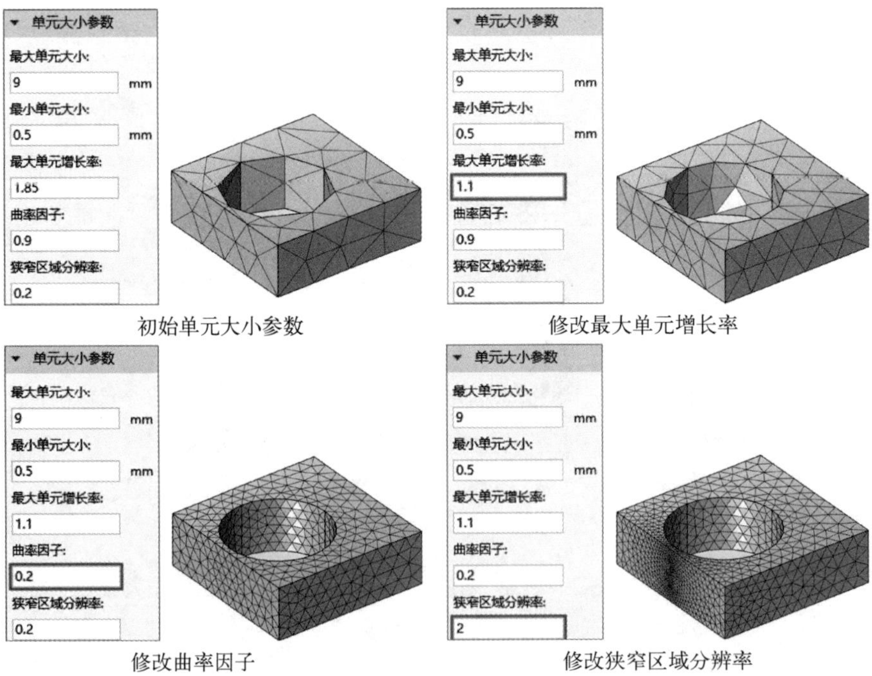


图 4-12　不同单元大小参数设置下的网格划分

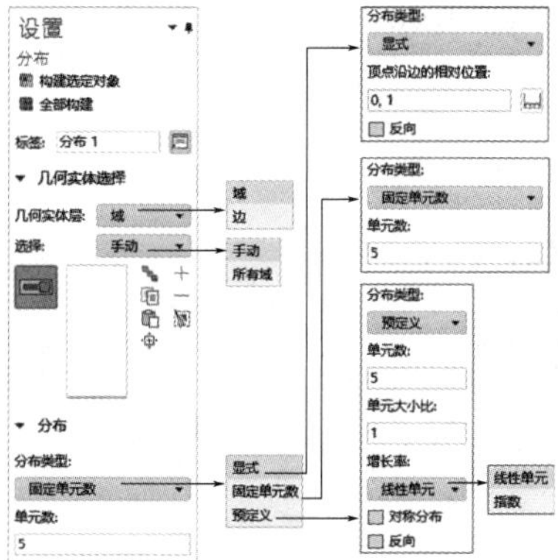


图 4-13　“分布”设置窗口

a. 几何实体层：用于将分布命令中的设置指定给选择的域或边。

b. 选择：用于设置手动选择要添加的域或边，或者是选择所有的域或边。

c. 显式分布：根据表达式精确地分布单元，需要在“顶点沿边的相对位置”文本框中输入一个严格递增的非负数序列（中间用逗号隔开）的向量值表达式，用于指定所选的域沿扫掠方向或所选的边沿边的方向划分的网格顶点所占弧长的比值。例如，在“顶点沿边的相对位置”文本框中输入“range（0,2,6）”，表示将所选的域沿扫掠方向或所选的边沿边的方向划分 3 个单元，每两个单元之间的相对弧长为 2，如图 4-14 中的 a 边所示；如果输入“range（0,3,8）”，则表示将所选对象沿扫掠方向或所选的边沿边的方向划分成 2 段，每段的相对弧长比值为 3∶5，如图 4-14 中的 b 边所示。如果勾选“反向”复选框，则划分的方向与初始设置相反。

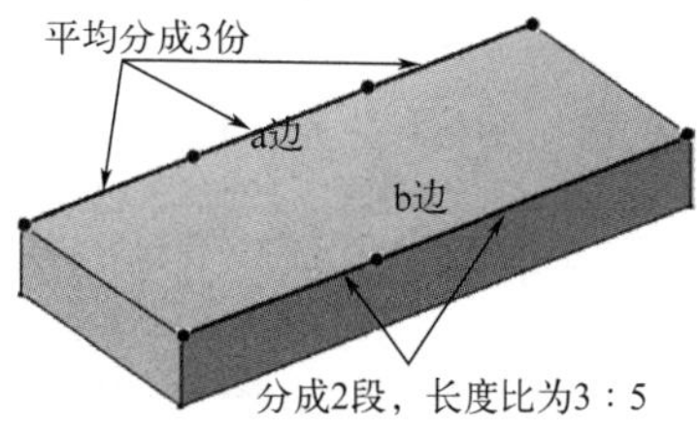


图 4-14　显式分布划分边网格

d. 固定单元数分布：该选项为默认选项，用于指定所选的域沿扫掠方向或所选的边沿边的方向平均划分为固定的数目，每两个节点之间的距离均相等。如图 4-15 所示，将一个圆柱体域沿扫掠方向划分为 10 份，将内、外圆环的每 1/4 弧线划分为 8 份，整个圆弧划分为 32 份。

e. 预定义分布：用于指定所选的域沿扫掠方向或所选的边沿边的方向划分固定的单元数量，单元之间的弧长按照指定的单元大小比成线性或指数关系分布。

- 单元数：用于指定所选的域沿扫掠方向或所选的边沿边的方向划分的单元个数。
- 单元大小比：用于指定划分的第一个单元尺寸和最后一个单元尺寸的比值，默认为 1。
- 线性单元：用于指定划分的相邻单元尺寸成线性增长关系。
- 指数：用于指定划分的相邻单元尺寸成指数增长关系。
- 对称分布：用于指定划分的单元数和单元大小比由两端向中间分布。

如图 4-16 所示，矩形的 a 边是设置“单元数”为“6”，“单元大小比”为“3”，各单元长度成线性增长关系划分的边网格；矩形的 b 边是设置“单元数”为“6”，“单元大小比”为“3”，各单元长度成线性增长关系且成“对称分布”划分的边网格。

④ 角细化 ：对整个几何形体或所选域的网格通过控制边界之间最小夹角和单元大小比例因子来细化折角处的网格，以实现对局部网格细化的目的。单击该按钮，弹出“角细化”设置窗口，如图 4-17 所示。为起到网格加密作用，边界之间最小夹角的取值范围为 180°～360°；单元大小比例因子的取值范围为 0～1。如图 4-18（a）所示为角细化前网格的

划分，图 4-18（b）所示为角细化后网格的划分。

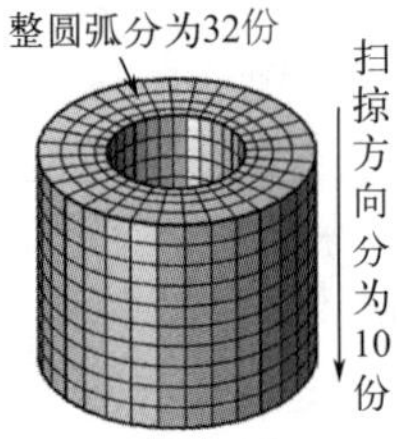


图 4-15　固定单元数分布划分网格

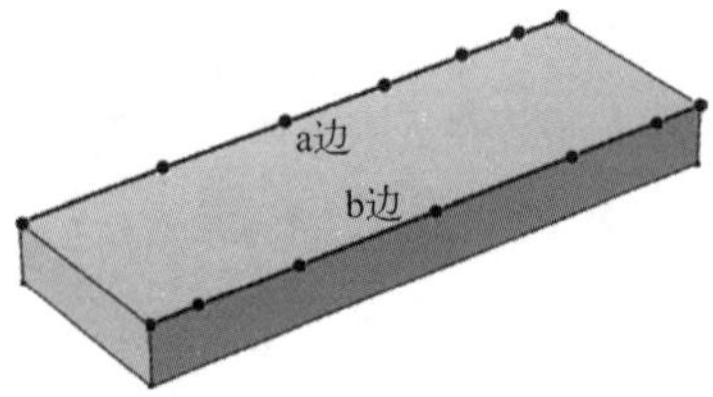


图 4-16　预定义分布划分边网格

图 4-17　“角细化”设置窗口

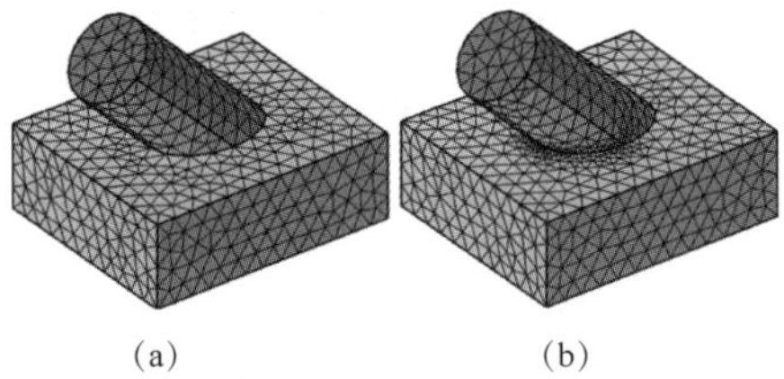


图 4-18　角细化

⑤ 比例因子 ：将划分的网格在整个几何或所选择域、边界、边或点处对单元的大小进行比例缩放，若设置的“单元大小比例”＜1，则对网格进行缩小；若设置的“单元大小比例”＞1，则对网格进行放大。单击该按钮，弹出“比例因子”设置窗口，如图 4-19 所示。

a. 几何实体层：用于将比例因子的设置应用于整个几何、域、边界、边或点。

b. 单元大小比例：用于设置对初始网格放大或缩小的比例。

图 4-20 展示了对模型划分网格后，通过设置比例因子分别对模型的域、边界、边和点进行网格的细化。

图 4-19　“比例因子”设置窗口

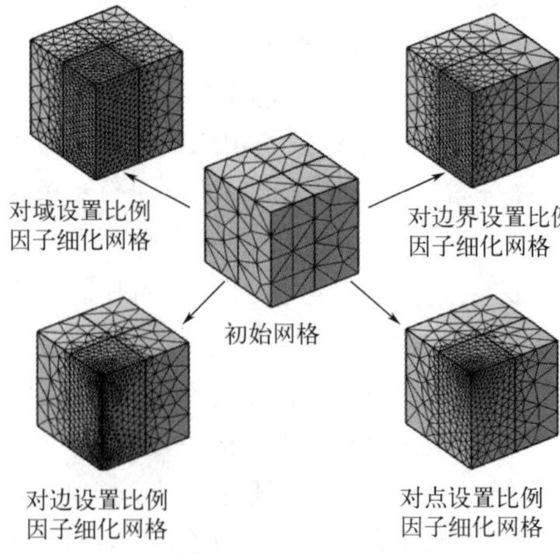


图 4-20　设置比例因子对网格进行细化

⑥ 自由四面体网格 ：用于在选定的域上创建非结构化的四面体网格，如果未指定划分网格的对象，则会在剩余的域、对象和边界上创建网格。单击该按钮，弹出“自由四面体网格”设置窗口，如图 4-21 所示，下面对主要的命令做简单介绍。

a. 几何实体层：用于对所选的对象进行自由四面体网格的划分，包括“剩余部分”对象、“整个几何”对象或选择的“域”对象。

b. 缩放几何：用于对划分网格的对象在 x 方向、y 方向或 z 方向进行虚拟的放大或缩小，再对缩放后的虚拟模型进行网格划分，然后根据缩放比例反向映射到实际的对象中，以实现对模型划分的网格的放大或细化。如图 4-22 所示为将模型在 z 方向扩大 4 倍后网格的划分。

c. 控制实体：勾选“跨移除的控制实体进行平滑”复选框，通过“迭代次数”和“要处理的最大单元深度”对实体的网格划分进行平滑处理。

d. 细分方法：用于选择划分自由四面体网格的细分方法，包括“自动”“Delaunay”和“Delaunay（旧版本）”三种方法。

- 自动：使用“网格生成器”确定用于每个域的最佳划分网格的方法。
- Delaunay：使用某个版本的 Delaunay 算法对所选的对象进行网格划分，该方法在某些情况下可以修改边界网格以简化网格。
- Delaunay（旧版本）：使用 COMSOL 早期版本中可用的 Delaunay 算法对所选的对象进行网格划分。

e. 优化级别：提供了单元质量的优化级别，级别等级由低到高依次为“基本”“中等”和“高”，选择不同的级别决定了网格优化过程的工作量。

- 基本：对单元进行基本优化，其对应的目标网格是最小单元，质量为 0.2。
- 中等：对单元进行更多优化，其对应的目标网格是最小单元，质量为 0.35。
- 高：对单元进行最高级别的优化，用于对所有有可能优化的单元进行优化操作。

图 4-21　“自由四面体网格”设置窗口

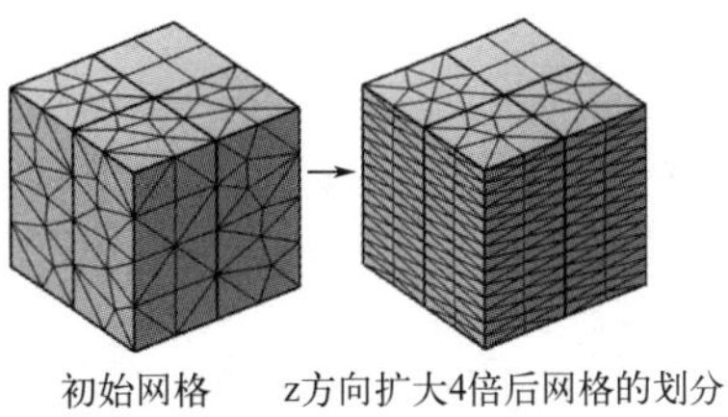


图 4-22　几何缩放

f. 避免过大的单元：若优化过程对过大的网格单元较敏感，可勾选该复选框，以避免对过大的网格进行优化。

g. 避免过小的单元：若优化过程对过小的网格单元较敏感，可勾选该复选框，以避免对过小的网格进行优化。

h. 避免反转的弯曲单元：该选项为默认选项，用于在优化过程中尝试减少在弯曲时反转的网格单元的数量。

⑦ 扫掠 ：用于创建扫掠网格。首先对在三维对象上选择的边界面进行网格划分，将该面作为“源面”。然后沿着路径扫掠到“目标面”，对所选的对象或域进行网格划分。划分的网格在扫掠方向上是结构化网格，在源面上可以是非结构化网格，也可以是结构化的网格。单击该按钮，弹出“扫掠”设置窗口，如图 4-23 所示。下面对主要的命令做简单介绍。

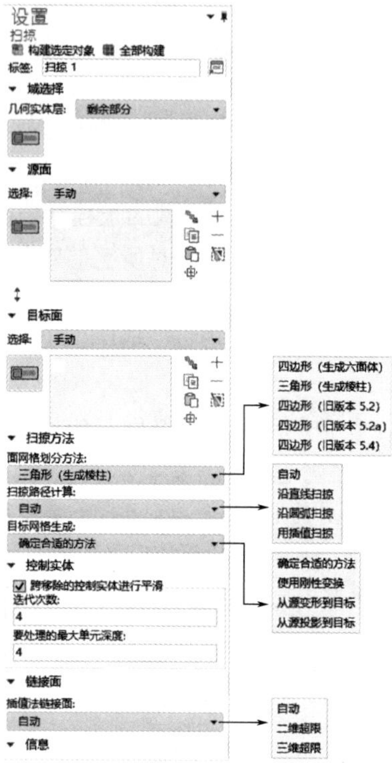


图 4-23 “扫掠”设置窗口

a. 源面：用于创建扫掠网格的起始面，系统将对该面进行边界面网格划分，默认将该面划分为非结构化四边形网格。

b. 目标面：用于创建扫掠网格的终止面。

> **注意** 在大多数情况下，系统会自动识别扫掠网格的源面和目标面，无须特别指定。

c. 面网格划分方法：用于选择对源面进行网格划分的方法，默认的是对源面进行四边形网格划分，扫掠后生成六面体网格；若选择“三角形”，则对源面进行三角形网格划分，扫掠后生成三棱柱网格；还可以选择旧版本的四边形网格进行扫掠网格划分。

d. 扫掠路径计算：用于选择扫掠路径的形状，包括自动、沿直线扫掠、沿圆弧扫掠和用插值扫掠等计算方法。

● 自动：系统根据模型形状自动计算扫掠路径。

- 沿直线扫掠：将源面上的三角形或四边形网格沿直线扫掠到目标面上。
- 沿圆弧扫掠：将源面上的三角形或四边形网格沿圆弧线扫掠到目标面上。
- 用插值扫掠：将源面上的三角形或四边形网格沿插值线扫掠到目标面上。

e. 目标网格生成：用于选择将源面上的三角形或四边形网格传递到目标面上的方法，包括确定合适的方法、使用刚性变换、从源变形到目标和从源投影到目标几种方法。

- 确定合适的方法：默认选项，系统自动计算创建目标网格的合适方法。
- 使用刚性变换：当源面和目标面形状相同，但尺寸不同时，选择该方法，可将源面上的网格通过一个缩放因子扫掠到目标面，如图 4-24 所示。
- 从源变形到目标：当源面和目标面形状不同时，选择该方法，可将源面上的网格通过变形扫掠到目标面，如图 4-25 所示。
- 从源投影到目标：目标面上的网格是通过投影从源面上获得的，这种方法在彼此靠近且形状不同的源面和目标面的几何进行扫掠划分时较实用，如图 4-26 所示。

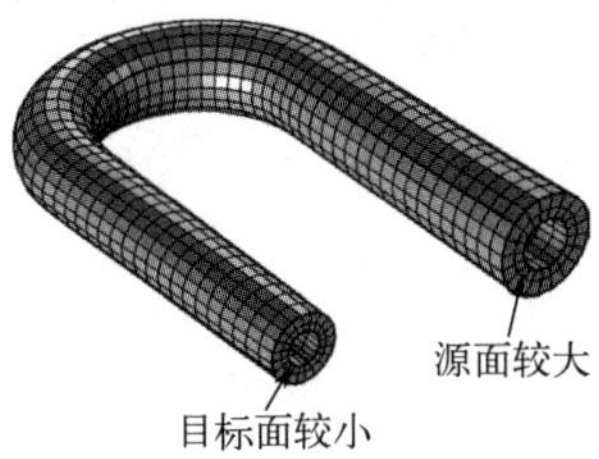

图 4-24　使用刚性变换扫掠

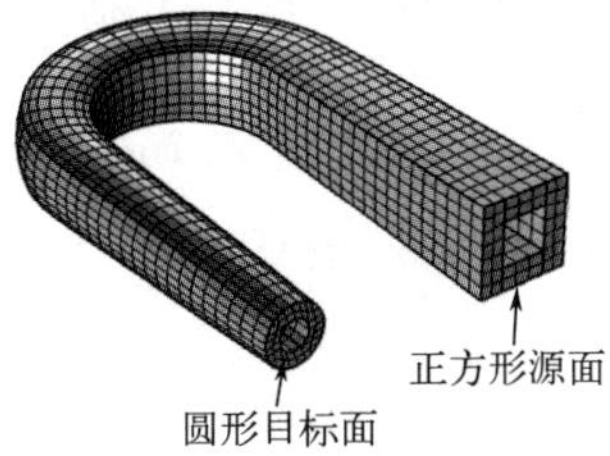

图 4-25　从源变形到目标扫掠

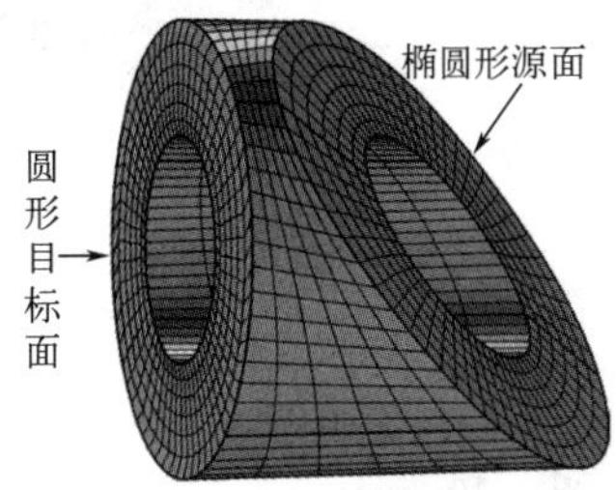

图 4-26　从源投影到目标扫掠

f. 插值法链接面：用于指定将源面上的网格扫掠到目标面的过程中，沿扫掠路径映射的网格如何确定内部网格位置的方法，包括自动、二维超限和三维超限。

- 自动：默认选项，系统自动确定内部网格位置的插值方法。
- 二维超限：内部网格的位置由相应曲面的二维参数空间中的超限插值确定，非常适用于平滑参数化的曲面网格的划分。
- 三维超限：内部网格的位置由三维参数空间中的超限插值确定，非常适用于外部边的形状能够很好地代表曲面的形状的三维模型网格的划分。

⑧ 自由三角形网格 ：用于在二维模型的域或三维模型的边界面上划分非结构化的自由三角形网格。该命令操作简单，不做详细介绍。

⑨ 自由四边形网格 ：用于在二维模型的域或三维模型的边界面上划分非结构化的自由四边形网格。若模型中存在小角度且狭窄的区域，则会插入三角形网格过渡，避免出现过于倾斜的四边形网格，如图 4-27 所示。该命令操作简单，不做详细介绍。

⑩ 映射 ：用于在三维模型的边界面或二维模型的域上创建结构化的四边形网格，能够获得更好的网格质量。单击该按钮弹出“映射”设置窗口，如图 4-28 所示，下面对主要的命令做简单介绍。

调整边网格：用于调整映射网格中偏斜的单元，勾选该复选框可以减少这些单元，如图 4-29 所示。

映射网格划分命令对模型要求较高，为了能够划分映射网格，几何模型需要满足以下条件。

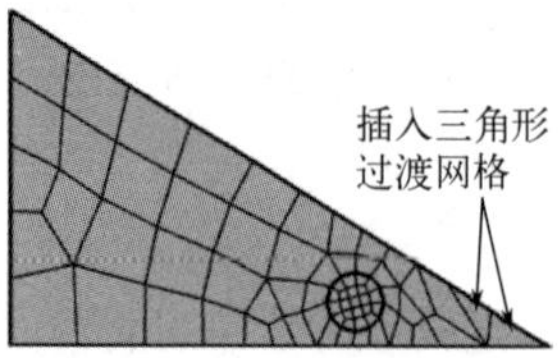


图 4-27　自由四边形网格

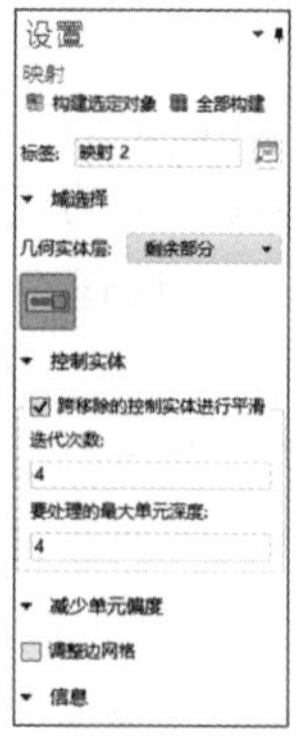


图 4-28　“映射”设置窗口

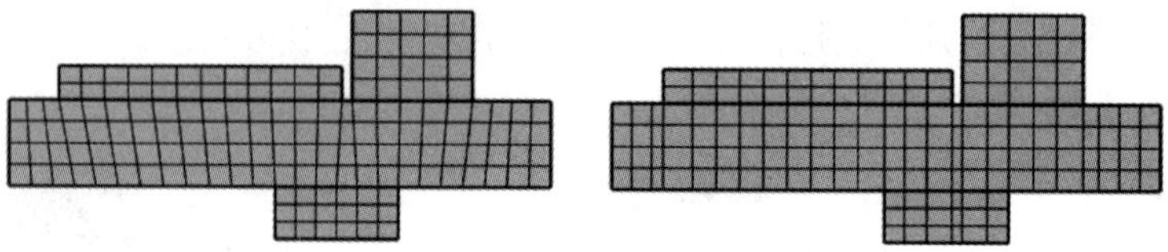


图 4-29　调整边网格

a. 用于划分映射网格的边界面或域必须是由至少 4 条边（包含曲线）组成的平面或曲面，如图 4-30 所示。

b. 用于划分映射网格的边界面或域必须仅由一个相连的边界组成，不能有孔。若有孔，需要将孔分割，如图 4-31 所示。

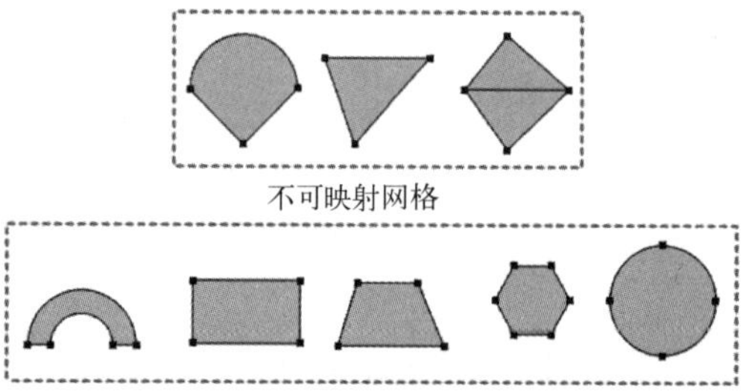


图 4-30　边界面或域至少包含 4 条边

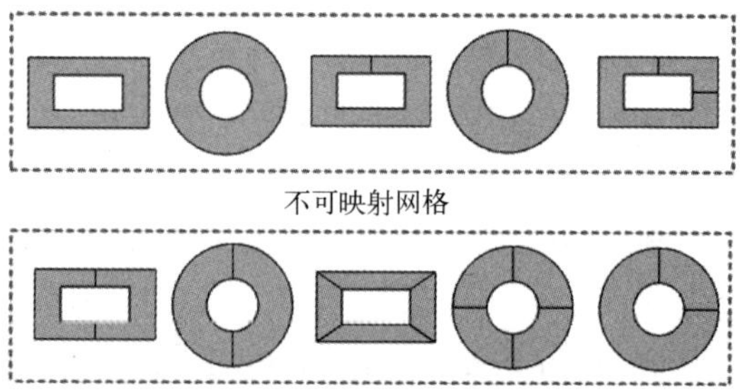


图 4-31　边界面或域不能有孔

c. 用于划分映射网格的边界面或域最好不要有孤立或嵌入的顶点或边界线段，当这些顶点或边界线段对映射网格产生干扰时，不能划分映射网格，如图 4-32 所示。

d. 用于划分映射网格的边界面或域的形状如果与矩形有明显的不同，则会导致划分映射网格时产生反转单元，使划分失败，因此这些边界面或域不能与矩形有明显的不同，如图 4-33 所示。

⑪ 边 ：对一维、二维或三维模型的边进行网格的划分，该命令操作简单，不做详细介绍。

⑫ 顶点 ：将一维、二维或三维模型的点网格化，非常适用于对模型中的孤立顶点网格化，该命令操作简单，不做详细介绍。

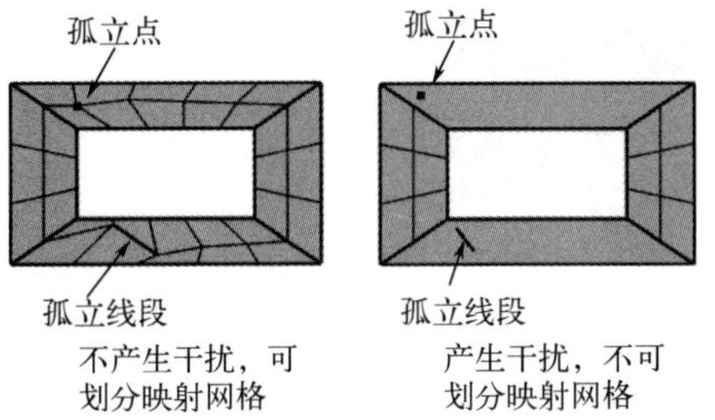


图 4-32　孤立的点和线段对映射网格的影响

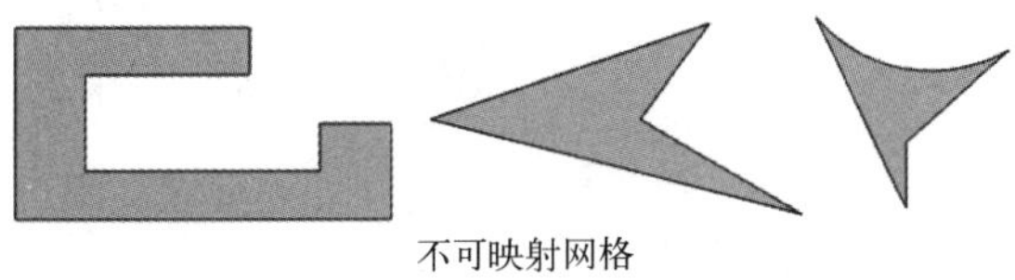


图 4-33　形状对映射网格的影响

⑬ 边界层：在流体或高频电磁场金属边界等物理仿真中，划分的网格容易在边界附近发生突变，导致求解因不收敛而失败。为解决这一问题，通常需要划分边界层网格。边界层网格划分在二维模型中生成四边形网格，在三维模型中生成三棱柱或六面体网格，以提高边界处网格的质量。单击该按钮弹出“边界层”设置窗口，如图 4-34 所示，下面对主要的命令做简单介绍。

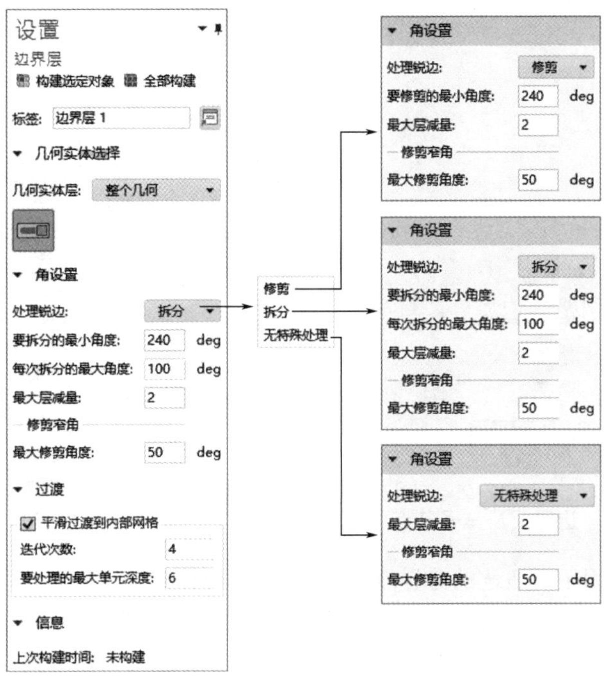


图 4-34　“边界层”设置窗口

a. 处理锐边：由于边界层网格是将已划分好的网格在边界处进行拆分，从而生成的四边形、三棱柱或六面体网格，为了得到更好的拆分效果，在遇到锐角（二维模型）或锐边（三维模型）时，需要对这些锐角或锐边进行处理，包括修剪、拆分和无特殊处理三种方法。

● 修剪：通过指定“要修剪的最小角度”，将大于该角度的相邻边界层的边界进行修剪。该方法与“修剪窄角”结合起来使用，将小于设置的“最大修剪角度”的单元网格进一步细化，使其更接近尖角，从而获得更好的边界层网格，如图 4-35（a）所示。

● 拆分：该方法是默认选项，通过指定“要拆分的最小角度”，将大于该角度的相邻边界层的边界进行拆分，通过指定“每次拆分的最大角度”来控制每次拆分后生成的新单元的最大角度，从而获得更好的边界层网格，如图 4-35（b）所示。

● 无特殊处理：不对锐角或锐边进行处理，如图 4-35（c）所示。

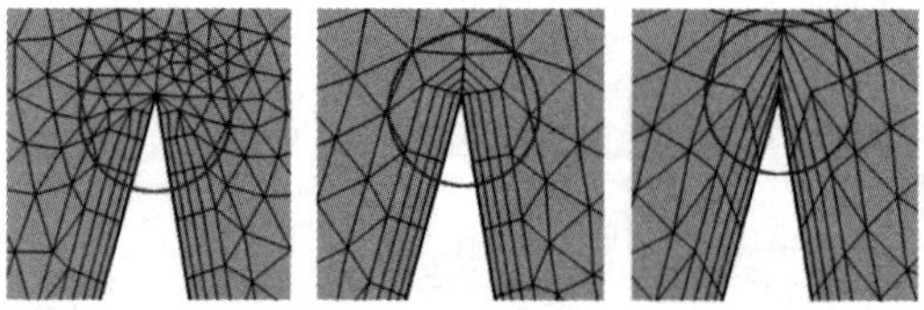

(a) (b) (c)

图 4-35 处理锐边

b. 最大层减量：用于指定边界层边界上相邻点之间在最大层数量上的差异，最多不能超过设置的数值。

在进行边界层网格划分时，在“模型开发器”中会同时出现“边界层”节点和“边界层属性”子节点，如图 4-36 所示。该子节点用于设置边界层网格的属性，包括选择划分边界层网格的边界，以及对划分边界层网格的“层数”“拉伸因子”“厚度明细”和“总厚度”进行设置。完成窗口的设置后才能划分边界层网格。单击该子节点，弹出“边界层属性”设置窗口，如图 4-37 所示。

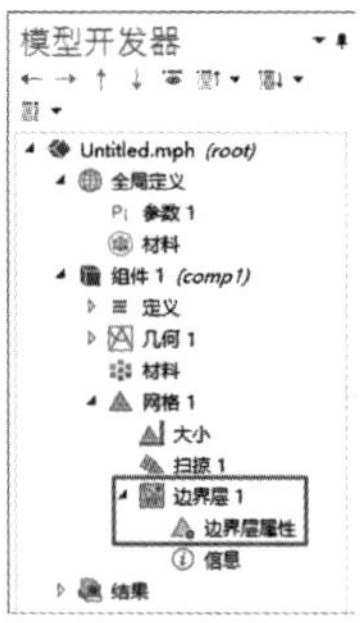


图 4-36 边界层及其子节点

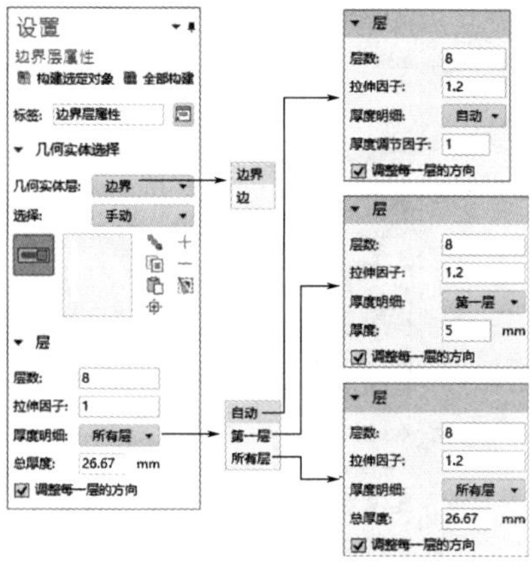


图 4-37 “边界层属性”设置窗口

a. 几何实体层：用于对所选的边界或边划分边界层网格。

b. 层数：用于设置划分的边界层网格的总层数，默认数值为“8”。

c. 拉伸因子：指划分的边界层网格从上一层到下一层的增长率，其对网格从边界层的结构化网格向内过渡到非结构化网格非常有用。

d. 厚度明细：用于选择划分边界层网格厚度的方法，包括“自动”“第一层”“所有层”。

● 自动：系统自动分配第一层边界层网格的厚度，可通过“厚度调节因子”来调整第一层厚度的比例，默认值为“1”。

● 第一层：通过输入厚度值来确定第一层边界层网格的厚度。

● 所有层：用于指定总的边界层网格的厚度，然后根据拉伸因子和总厚度来分配每层的厚度。

e. 调整每一层的方向：默认情况下该复选框处于勾选状态，用于在划分边界层网格时逐层调整边界层网格的方向；若不勾选该复选框，则整个边界层网格每层之间的方向一致。

### （5）“属性”面板

“属性”面板用于在划分的“自由四面体”网格、“扫掠”网格、“自由三角形”网格、“自由四边形”网格、“映射”网格、“边”网格和“顶点”网格等节点下添加相应的子节点，对这些网格进行相应属性的设置，从而达到细化网格的目的，如图 4-38 所示。

该面板中的各种命令与“生成器”中相应的命令相同，这里不做详解。

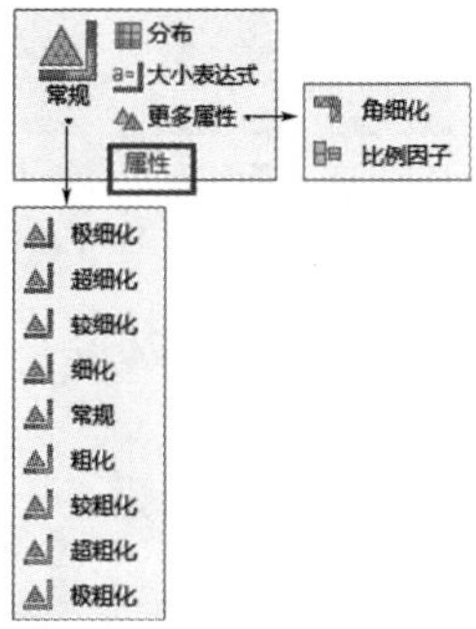

图 4-38 “属性”面板

(6) “操作”面板

如图 4-39 所示，其主要用于对划分的网格进行修改、复制、布尔操作和分割、清理和修复等操作，下面对该面板进行介绍。

① 细化 ：对整个几何、域、边界或边上的网格进行细化。单击该按钮，弹出“细化”设置窗口，如图 4-40 所示，下面对其进行简单介绍。

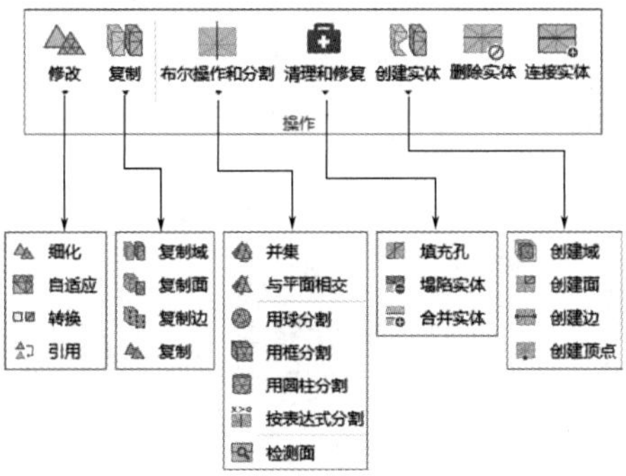

图 4-39 “操作”面板

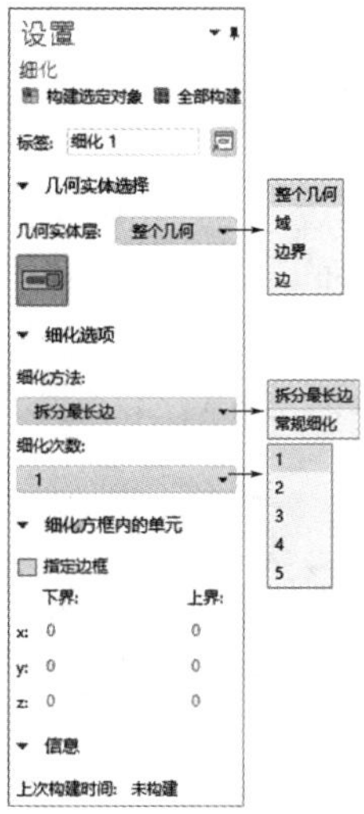

图 4-40 “细化”设置窗口

a. 几何实体层：用于对选择的“整个几何”“域”“边界”和“边”的网格进行细化。

b. 细化方法：包括“拆分最长边”和“常规细化”两种细化方法。

● 拆分最长边：将每个网格单元的最长边分为 $2^n$（$n$=1、2、3、4、5）个部分，这种方法通常不适用于对简单的或规则的结构化网格进行细化，因为这种方法会破坏网格的结构化性质，如图 4-41 所示。当 $n$=1 时，对结构化的四边形网格以拆分最长边的方法细化网格后，会得到一个三角形单元和一个含有倾斜边的四边形单元。

● 常规细化：将单元的每条边分为 $2^n$（$n$=1、2、3、4、5）个部分。例如，当 $n$=1 时，会将一个三角形拆分为 4 个小三角形，如图 4-42 所示；将三棱柱拆分为 8 个小三棱柱，如图 4-43 所示；将六面体拆分为 8 个小六面体，如图 4-44 所示；将金字塔拆分为 6 个小金字塔和 4 个四面体，如图 4-45 所示。

c. 细化次数：将网格单元的每条边分为 $2^n$（$n$=1、2、3、4、5）个部分。

d. 细化方框内的单元：勾选“指定边框”复选框，通过设置 x、y、z 的上下界限来指定一个边界框，仅对该边界框中的网格进行细化。

② 自适应 ：通过计算出来的解的一些误差来自适应细化网格，通常使用“错误指示器”来细化网格，该命令使用较少，这里不再详解。

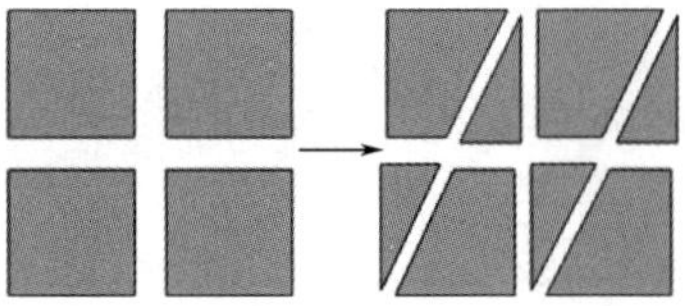

图 4-41　拆分最长边—拆分四边形

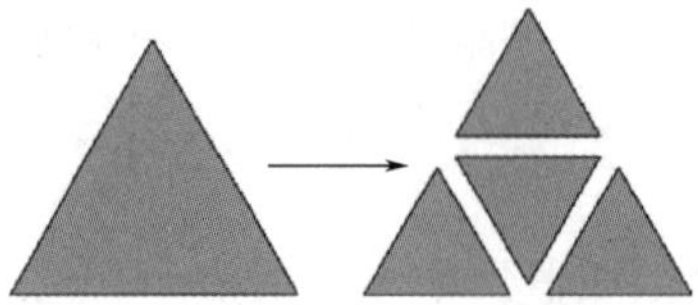

图 4-42　常规细化—拆分三角形

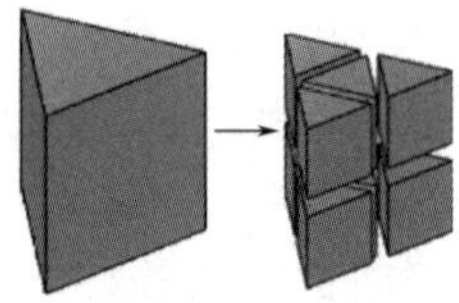

图 4-43　常规细化—拆分三棱柱

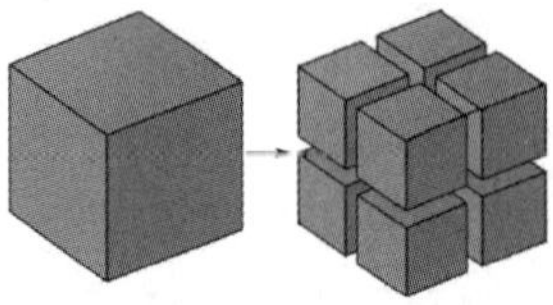

图 4-44　常规细化—拆分六面体

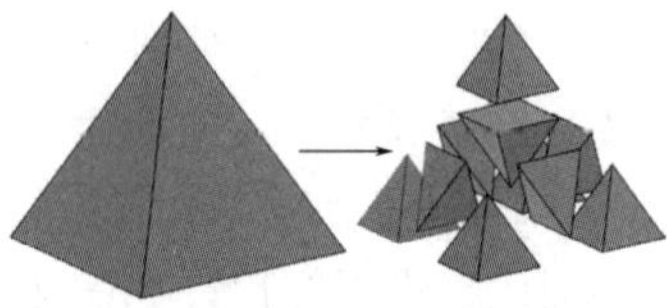

图 4-45　常规细化—拆分金字塔

③ 转换 ：使用该命令可以将二维平面模型的四边形网格转化为三角形网格，将三维模型的六面体、三棱柱或金字塔网格转化为四面体网格。单击该按钮，弹出“转换”设置窗口，如图 4-46 所示。

a. 插入对角边：其为默认方法，使用该方法可将四边形网格转化为两个三角形单元，如图 4-47（a）所示；将六面体转换为五个四面体单元，如图 4-47（b）所示；将三棱柱转换为三个四面体单元，如图 4-47（c）所示；将金字塔转换为两个四面体单元，如图 4-47（d）所示。

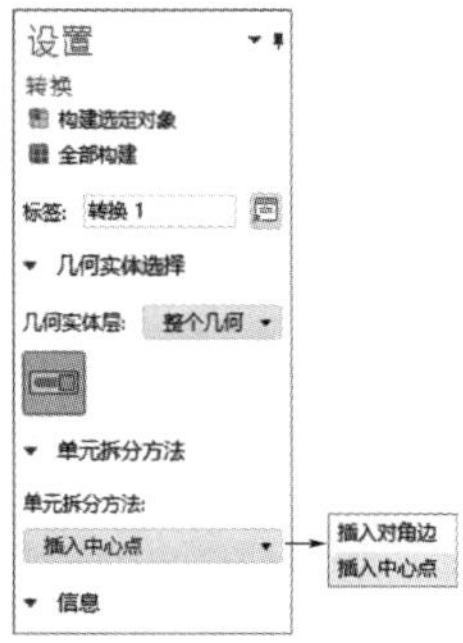


图 4-46　“转换”设置窗口

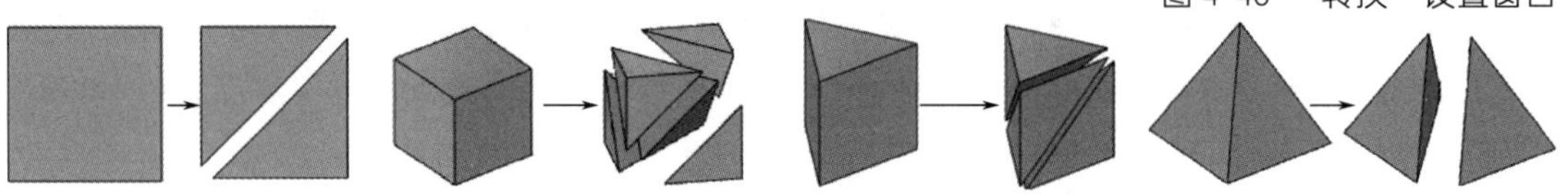

（a）将四边形转换为三角形　（b）将六面体转换为四面体　（c）将三棱柱转换为四面体　（d）将金字塔转换为四面体

图 4-47　“插入对角边”转换

b. 插入中心点：使用该方法可将四边形网格转化为四个三角形单元，如图 4-48（a）所示；将六面体转换为 28 个四面体单元，如图 4-48（b）所示；对三棱柱和金字塔的划分与“插入对角边”相同。

④ 引用 ：通过引用已有的网格序列来细化网格。

⑤ 复制域 ：将已有的域上网格复制到另一个域上。

⑥ 复制面 ：将已有的面上网格复制到另一个面上。

⑦ 复制边 ：将已有的边上网格复制到另一个边上。

⑧ 复制 ：将已有的几何体、域、边界或边上的网格复制到另一个几何体、域、边界或边中，该命令是以上“复制域”“复制面”和“复制边”的集合。

**知识拓展**

如果几何模型中存在许多重复的对象，就可以利用复制网格命令（包括复制域、复制面和复制边）来生成其他对象的网格，从而避免重复操作。网格的复制是指将源网格通过平移、旋转和各向同性缩放映射到目标实体中，这就要求源实体形状与目标实体形状必须相同，但位置和尺寸可以不同。如图4-49中显示了同一模型中对域、面和边网格的复制。

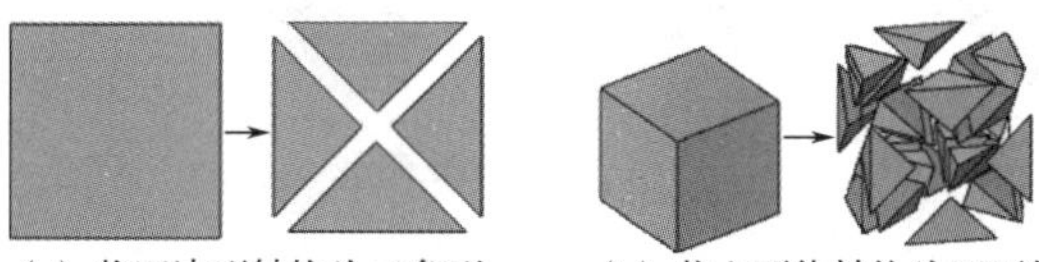

(a) 将四边形转换为三角形　(b) 将六面体转换为四面体

图 4-48 “插入中心点”转换

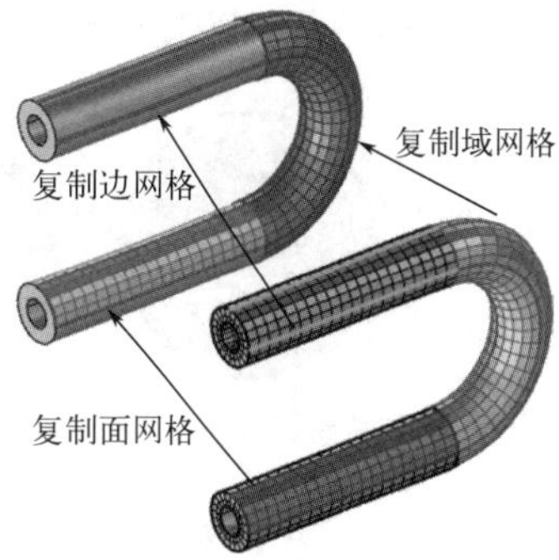


图 4-49　复制网格

⑨ 并集：用于在三维网格中并入二维平面网格，若三维网格与二维网格相交，则会生成一个网格边，相应地分割几何体。如图 4-50 所示，在正方体与平面相交处生成网格边，使正方体与平面的网格合并。

⑩ 与平面相交：创建一个或多个平面与导入的网格的单元相交，并将实体分割。分割后的实体在相交平面处形成一个新的闭合边界面，在该边界面上划分非结构化的三角形网格，如图 4-51 所示。

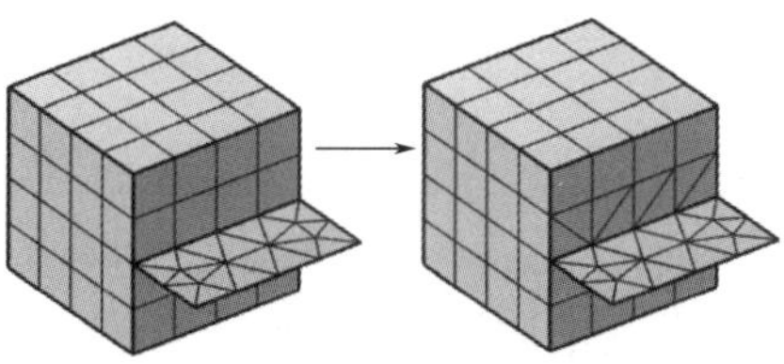

图 4-50　并集网格

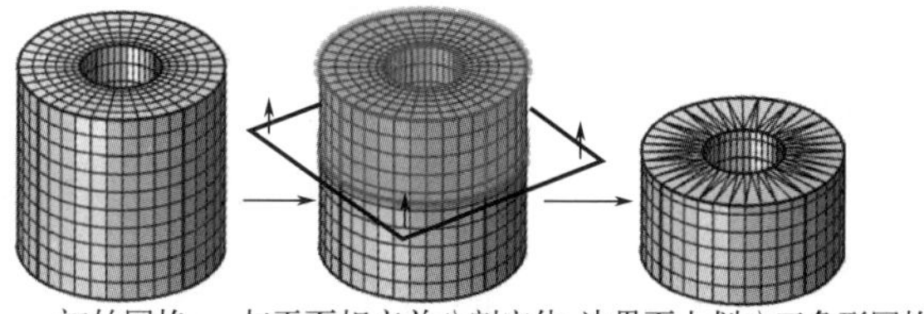


图 4-51　与平面相交

⑪ 用球分割：通过设置球心坐标和半径创建一个虚拟的球形界面，对导入的网格几何进行分割，如图 4-52 所示。

⑫ 用框分割：通过设置 x、y、z 的最大值和最小值来创建一个虚拟的矩形界面，对导入的网格几何进行分割，如图 4-53 所示。

⑬ 用圆柱分割：通过设置圆柱的半径、顶部距离和底部距离来创建一个虚拟的圆柱形界面，对导入的网格几何进行分割，如图 4-54 所示。

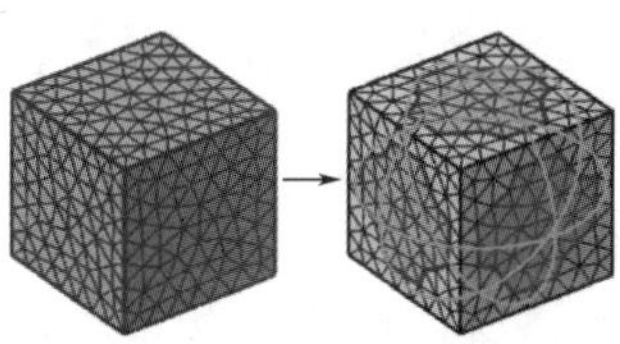

图 4-52　用球分割网格几何

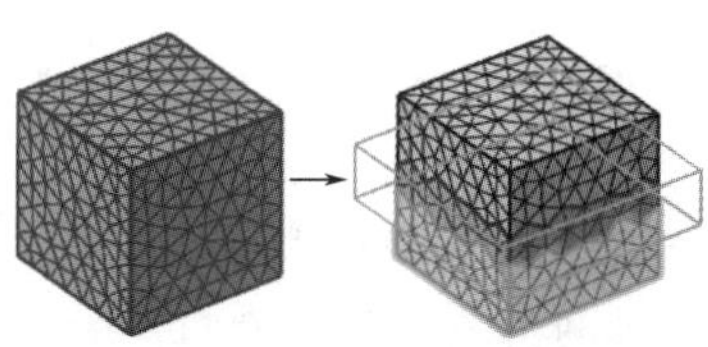

图 4-53　用框分割网格几何

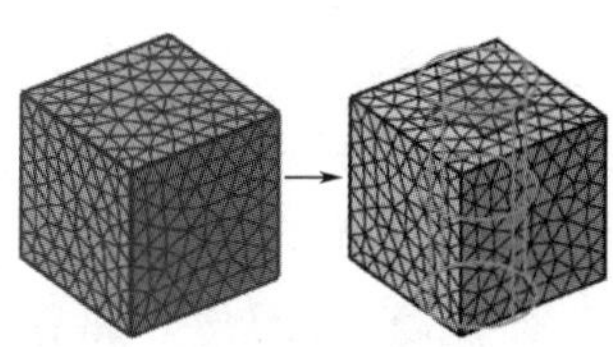

图 4-54　用圆柱形分割网格几何

⑭ 按表达式分割 ：通过设置指定的逻辑表达式来分割导入的网格几何，该命令一般初学者不常用，这里不详细讲解。

⑮ 检测面 ：对选择的边界面上符合最大相邻角度、最小相对面积和最大偏差角的相邻单元进行分组、分割，如图 4-55 所示。

⑯ 填充孔 ：用于在三维模型中只对边界面进行网格划分，并对边界面网格中的孔进行填充，如图 4-56 所示。若对整个三维模型的实体集合或域进行网格划分，则不能使用该命令。

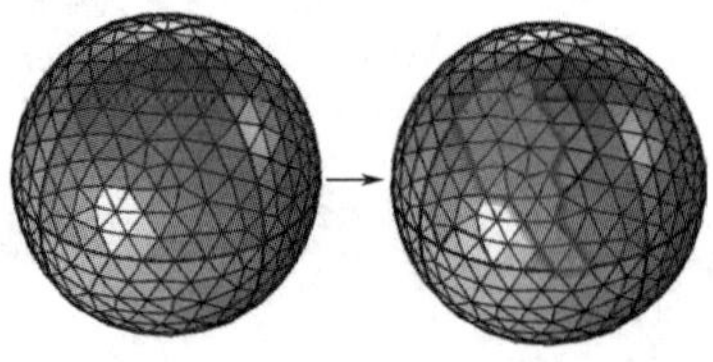

图 4-55　检测面分割网格边界

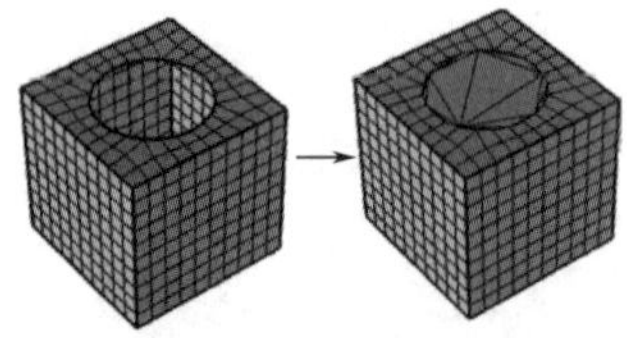

图 4-56　填充孔

⑰ 塌陷实体 ：对导入的三维模型网格的边或边界进行折叠，以收拢网格，如图 4-57 所示。

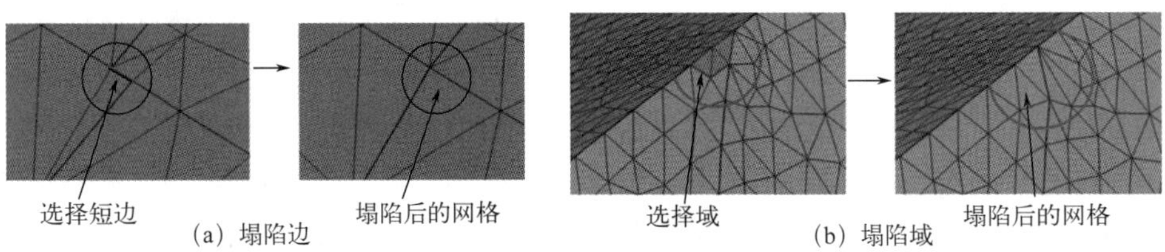


(a) 塌陷边　(b) 塌陷域

图 4-57　塌陷实体

⑱ 合并实体 ：通过选择导入的三维网格实体中要移除和保留的边界、边或点，根据设置的公差距离来合并（部分）网格实体，如图 4-58 所示。

⑲ 创建面 ：对导入的三维网格的空心区域通过选择封闭的边来创建一个边界面，如图 4-59 所示。

⑳ 创建域 ：对导入的三维网格的空心区域通过选择封闭的边界面来创建一个域，和创建面类似。

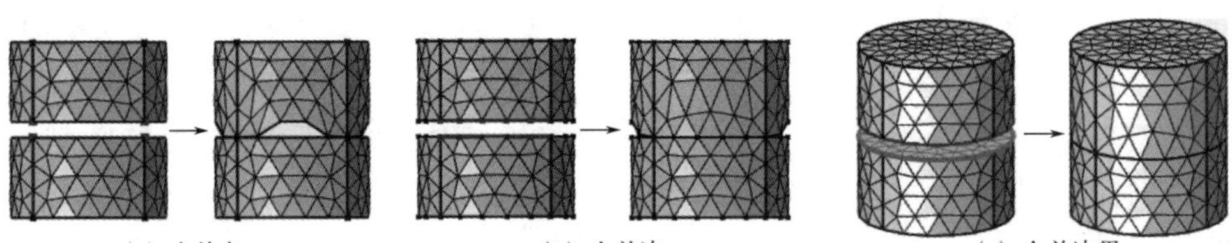

(a) 合并点　(b) 合并边　(c) 合并边界

图 4-58　合并实体

㉑ 创建边 ：对导入的三维网格通过选择起始顶点和结束顶点来创建一条边，如图 4-60 所示。

㉒ 创建顶点 ：对导入的三维网格通过选择网格的交点来创建顶点。

㉓ 删除实体 ：将导入的三维网格中多余的域、边界或边删除，可简化网格模型，如图 4-61 所示。

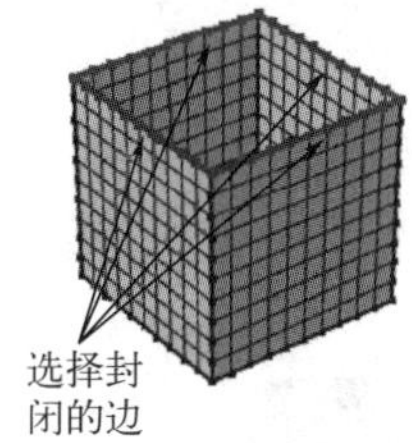


图 4-59　创建面

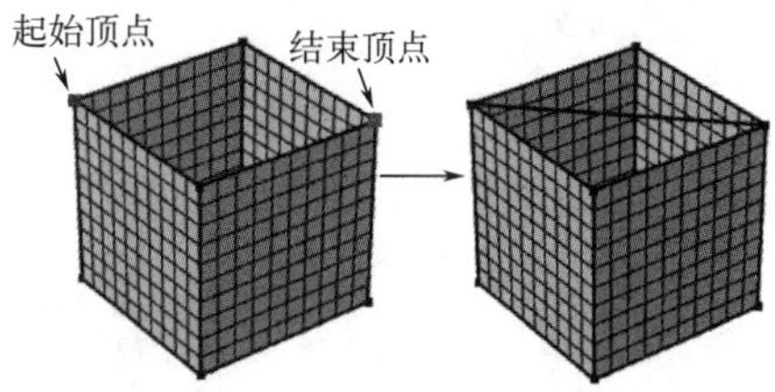


图 4-60　创建边

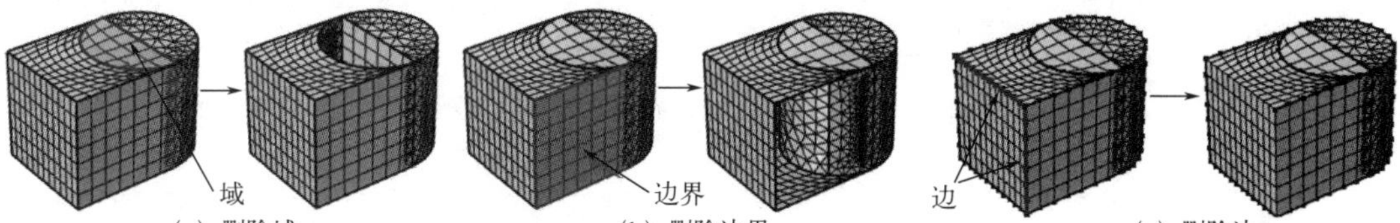


（a）删除域　（b）删除边界　（c）删除边

图 4-61　删除实体

㉔ 连接实体：将导入的三维网格中相邻的域或边界进行连接，如图 4-62 所示。

（7）“计算”面板

如图 4-63 所示，“计算”面板包括“测量”“统计信息”和“绘制”命令，下面进行简单介绍。

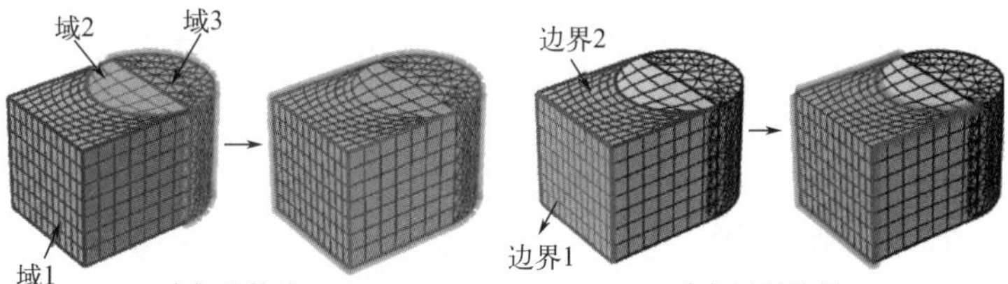


（a）连接域　（b）连接边界

图 4-62　连接实体

图 4-63　“计算”面板

① 测量：对选择的一组几何对象进行测量。

a. 如果选择了几何实体，则在消息栏中显示实体、孔隙和对象的数量。

b. 如果选择了域，则在消息栏中显示所选域的总体积、总面积和域的编号。

c. 如果选择了边界，则在消息栏中显示所选边界的总面积和边界的编号。

d. 如果选择了边，则在消息栏中显示所选边的总长度和边的编号。

e. 如果选择了点，则在消息栏中显示所选点的坐标、两点间的距离和点的编号。

② 统计信息：用于对所选的域、边界、边或点上的单元数量和质量进行统计。

③ 绘制：将划分网格按单元类型、单元质量、颜色和大小进行绘制，并对单元的大小进行缩放。单击该按钮，弹出“网格”设置窗口，如图 4-64 所示，下面对常用命令做简单介绍。

a. 层：用于选择显示网格的级别，包括“全部”“体”“表面”“线”和“点”。当选择“体”时，对应的“单元类型”可选择“全部”“四面体”“金字塔”“棱柱”和“六面体”；当选择“表面”时，对应的“单元类型”可选择“全部”“三角形”和“四边形”。

b. 单元颜色：用于选择网格单元显示的质量、大小、类型和各类基本颜色及定制的颜色。

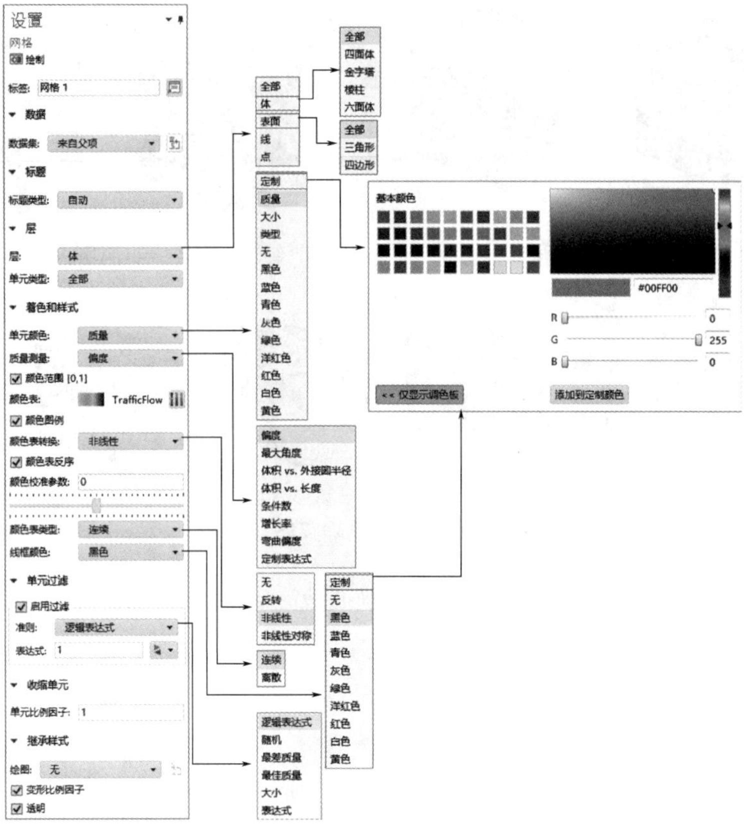


图 4-64 “绘制网格”设置窗口

● 定制：选择该选项后可利用“定义定制颜色”来自定义网格显示的颜色。

● 质量：该选项为默认选项，用于显示划分的网格单元的质量图，如图 4-65 所示，划分的网格与图例视图条中下端颜色相近的质量差，与上端颜色相近的质量高。

● 大小：用于查看划分的网格的尺寸，如图 4-66 所示，划分的网格与图例视图条中下端颜色相近的网格小，与上端颜色相近的网格大。

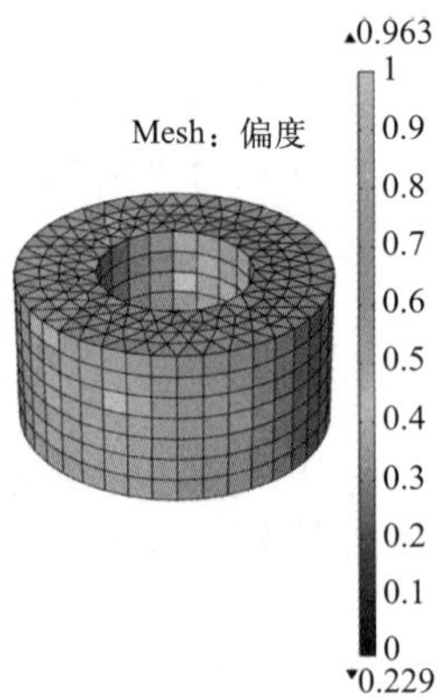


图 4-65 网格单元质量图

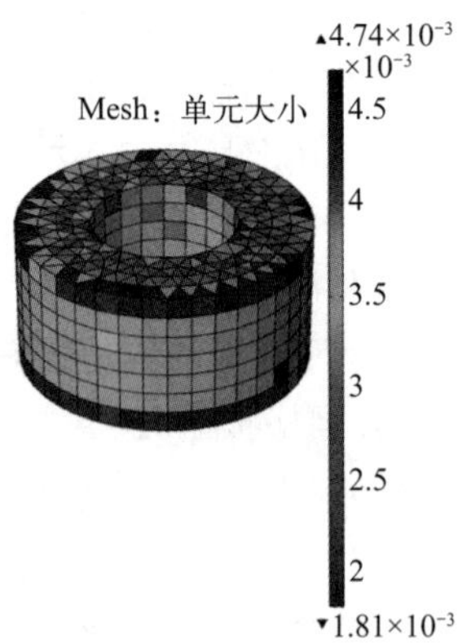


图 4-66 单元尺寸图

● 类型：将划分网格单元的类型用不同的颜色区分。默认的各单元颜色：线单元为红色、三角形单元为橘色、四边形单元为蓝色、四面体单元为绿色、金字塔单元为洋红色、三棱柱单元为黄色、六面体单元为青色。各类型单元的颜色如图 4-67 所示。

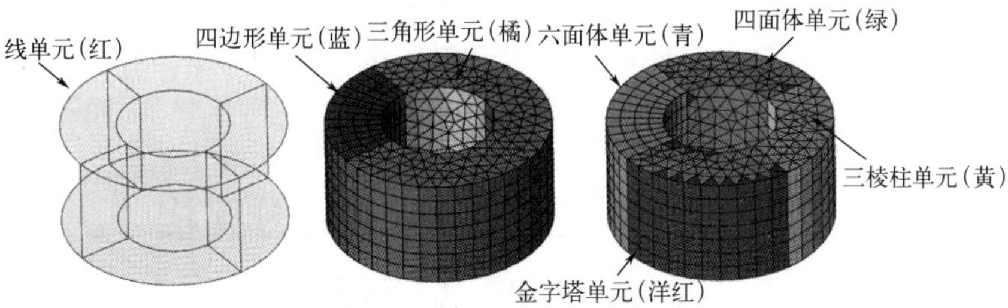


图 4-67　各类型单元的颜色

● 无：表示不使用颜色绘制单元网格，呈现的只是线框颜色，如图 4-68 所示。

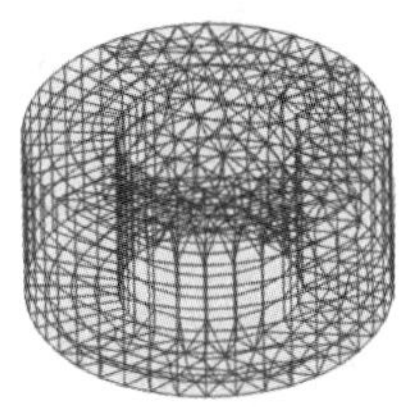

图 4-68　不使用颜色绘制网格单元

c. 质量测量：用于选择测量网格质量的类型依据包括偏度、最大角度、增长率等。

● 偏度：默认的选项，利用等角偏斜的量来测量网格质量。

● 最大角度：根据网格单元中最大角度的余弦值来测量网格质量。

● 体积 vs. 外接圆半径：根据网格单元体积（或面积）和网格单元的外接球（或圆）半径的比值来测量网格质量。

● 体积 vs. 长度：根据网格单元的边长和网格单元的体积（或面积）的比值来测量网格质量。

● 条件数：根据网格单元的维度与将该单元转换为参考单元的条件数的比值来测量网格质量。

● 增长率：根据局部各向异性网格的增长率来测量网格质量。

● 弯曲偏度：用偏斜度和单元的 reldetjacmin 值的乘积来测量网格质量，在生成高阶单元时对变形进行测量。

● 定制表达式：通过设置单元质量表达式来测量网格质量。

d. 颜色表转换：用于对网格单元质量或大小的颜色与图例视图条中的颜色进行反转对比、非线性对比或非线性对称对比。

e. 颜色表类型：用于设置网格单元质量或大小的颜色是连续渐变或离散显示。

f. 线框颜色：用于选择划分网格单元的边界线的颜色，包括定制颜色、无颜色和其他基本颜色。

g. 单元过滤：启用该选项，即可过滤最差质量单元、最佳质量单元，或者尺寸小于指定分数的单元，以及根据逻辑表达式过滤单元等，以便于查看网格单元。

h. 收缩单元：通过设置“单元比例因子”来放大或缩小网格单元。

### （8）“清除”面板

如图 4-69 所示，“清除”面板包括“清除构建的网格”“清除所有构建的网格”和“清除序列”命令，下面对其进行简单介绍。

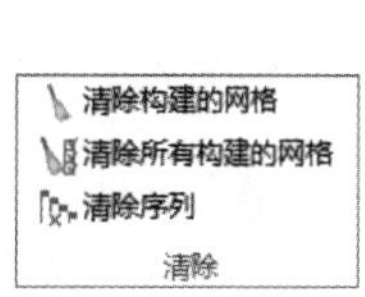


图 4-69　“清除”面板

① 清除构建的网格：当“网格”节点下存在一个或多个“网格”序列时，只对选择的“网格”序列所划分的网格进行清除，并不删

除操作和属性节点，可通过“构建”命令重新划分网格。

② 清除所有构建的网格 ：与“清除构建的网格”功能类似，只是对所有的“网格”序列划分的网格进行清除，同样可以通过“构建”命令重新划分网格。

③ 清除序列 ：删除所有“网格”序列中的操作和属性节点，不能通过“构建”命令重新划分网格。

## 4.3 实例—通过网格零件来创建模型并划分网格

如图 4-70 所示，导入一个非结构化四面体网格的 U 形管网格模型，利用该网格模型创建 U 形管实体模型，然后对该实体模型进行扫掠并划分网格，生成结构化的六面体网格。

(a) 非结构化四面体网格　(b) 生成模型　(c) 扫掠成结构化六面体网格

图 4-70　U 形管

扫码看视频

操作步骤

① 进入三维“几何”界面。在“新建”界面中单击“模型向导”按钮 ，弹出“选择空间维度”界面，在该界面选择“三维”维度，进入“选择物理场”界面，跳过此步，然后单击“完成”按钮 ，进入主界面。

② 导入“U 形管 .mphbin”网格文件。单击“网格”选项卡“网格”面板“添加网格”下拉菜单中的“创建零件”按钮 ，弹出“导入”设置窗口，如图 4-71 所示。设置“源”为“所有可导入的文件”，单击“浏览”按钮 ，找到要导入的“U 形管 .mphbin”网格文件，再单击“导入”按钮 ，导入“U 形管 .mphbin”网格文件，结果如图 4-72 所示。

图 4-71　“导入”设置窗口

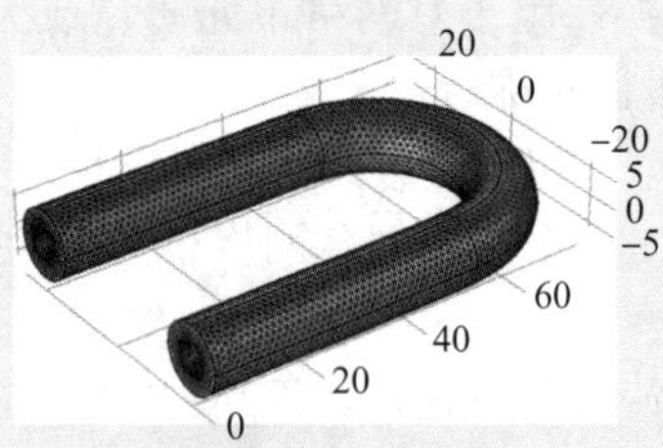


图 4-72　导入 U 形管网格文件

③ 创建 U 形管实体模型。单击“网格”选项卡“导入 / 导出”面板中的“创建几何”按钮 ，系统自动在“模型开发器”中创建“组件 2”序列，并生成 U 形管实体模型，单击“图形窗口”工具栏中的“显示栅格”按钮 ，取消栅格的显示，结果如图 4-73 所示。

④ 划分边网格。单击“网格”选项卡“生成器”面板“边界”下拉菜单中的“边”按钮 ，

弹出“边”设置窗口，如图4-74所示。设置“几何实体层”为“边”，然后激活“选择”框，在图形窗口中选择U形管底部内外圈的8条边线，如图4-75所示。然后单击“构建选定对象”按钮 ，划分边网格，结果如图4-76所示。

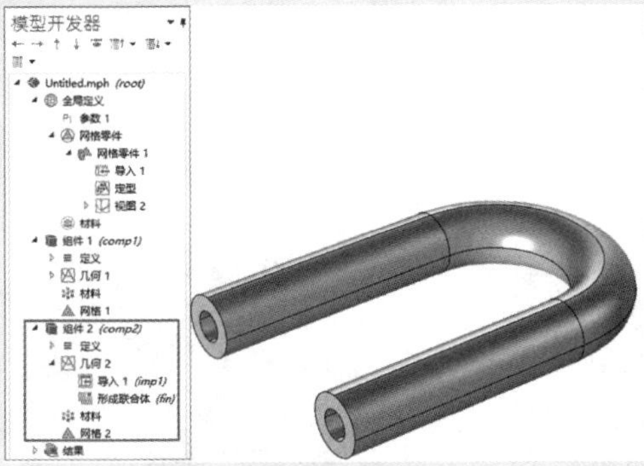

图 4-73　创建 U 形管实体模型

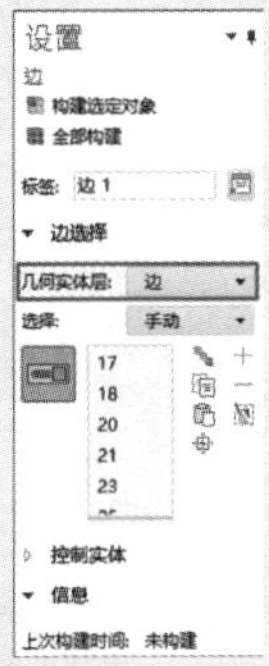


图 4-74　“边”设置窗口

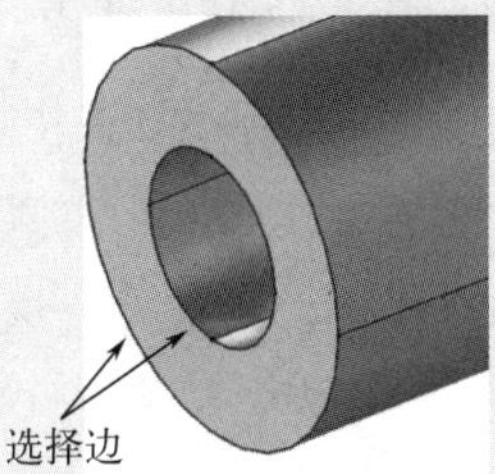


图 4-75　选择边

图 4-76　划分边网格

⑤ 设置边网格分布。由图 4-76 中可见，初次划分的边网格较稀疏，为获得较高质量的网格，需要对边网格进行细化。单击“网格”选项卡“属性”面板中的“分布”按钮 ，弹出“分布”设置窗口，激活“选择”框，在图形窗口中选择 U 形管底部内外圈的 8 条边线，如图 4-75 所示。设置“分布类型”为“固定单元数”，设置“单元数”为“10”，如图 4-77 所示。然后单击“构建选定对象”按钮 ，细化边网格，结果如图 4-78 所示，可以看到此时边网格细化了许多。

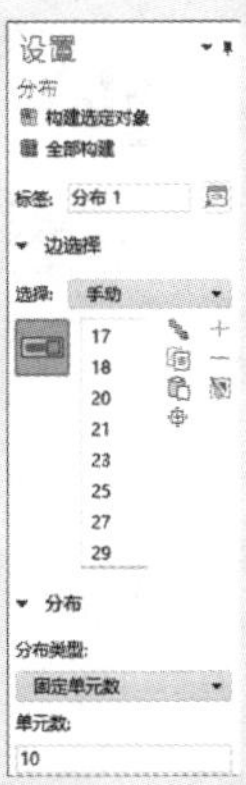


图 4-77　“分布”设置窗口

图 4-78　设置边网格分布

⑥ 划分自由四边形网格。单击“网格”选项卡“生成器”面板“边界”下拉菜单中的“自由四边形网格”按钮，弹出“自由四边形网格”设置窗口，如图 4-79 所示。设置“几何实体层”为“边界”，然后激活“选择”框，在图形窗口中选择 U 形管底部一端面，如图 4-80 所示。再单击“构建选定对象”按钮，划分自由四边形网格，结果如图 4-81 所示。

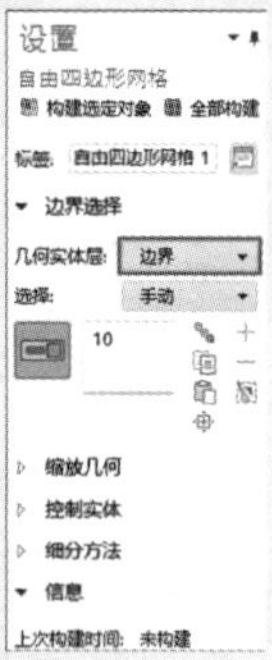


图 4-79 “自由四边形网格”设置窗口

图 4-80 选择面边界

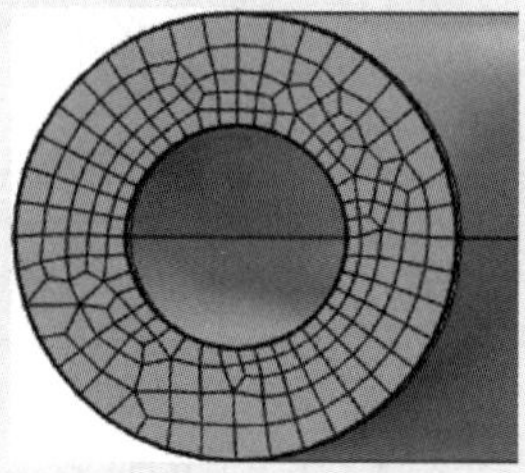

图 4-81 划分自由四边形网格

⑦ 设置大小。在图 4-81 中可见初次划分的自由四边形网格分布不整齐，为获得较整齐的网格，需要对自由四边形网格的大小进行设置。单击“网格”选项卡“属性”面板“常规”下拉菜单中的“极细化”按钮，弹出“大小”设置窗口，设置“几何实体层”为“边界”，然后激活“选择”框，在图形窗口中选择 U 形管底部一端面，设置“预定义”为“极细化”，再单击“构建选定对象”按钮，为自由四边形网格设置大小，结果如图 4-82 所示，此时自由四边形网格呈环形整齐排列。

⑧ 扫掠划分网格。单击“网格”选项卡“生成器”面板中的“差集”按钮，然后单击“扫掠”按钮，弹出“扫掠”设置窗口，设置“几何实体层”为“剩余部分”，表示对图形窗口中所有未划分网格的几何进行扫掠网格的划分。首先激活“源面”，选择划分扫掠网格的端面；其次激活“目标面”，选择 U 形管底部的另一端面，如图 4-83 所示；最后单击“构建选定对象”按钮，完成扫掠网格划分，结果如图 4-84 所示。

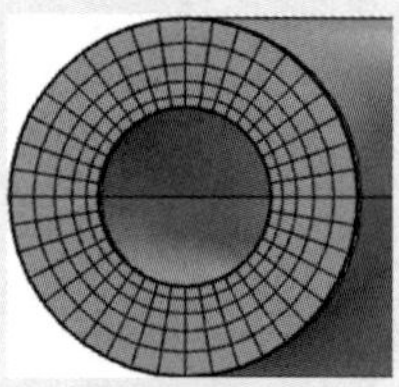

图 4-82 设置大小

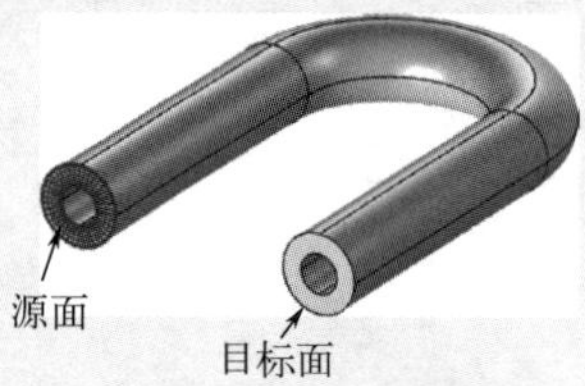


图 4-83 选择源面和目标面

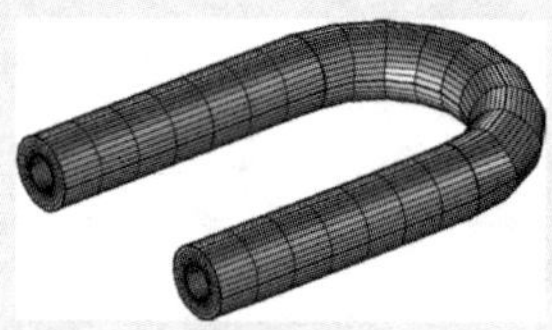

图 4-84 扫掠划分网格

⑨ 设置扫掠网格分布。由图 4-84 可知，扫掠网格中沿扫掠路径划分的网格较大，为获得较高质量的网格，需要对扫掠网格进行细化。单击“网格”选项卡“属性”面板中的“分布”按钮，弹出“分布”设置窗口，系统自动选择 U 形管的 3 个域，如图 4-85 所示，设置“分布类型”为“固定单元数”，设置“单元数”为“50”，然后单击“构建选定对象”按钮，为扫掠网格设置大小，结果如图 4-86 所示，此时扫掠网格细化了许多。

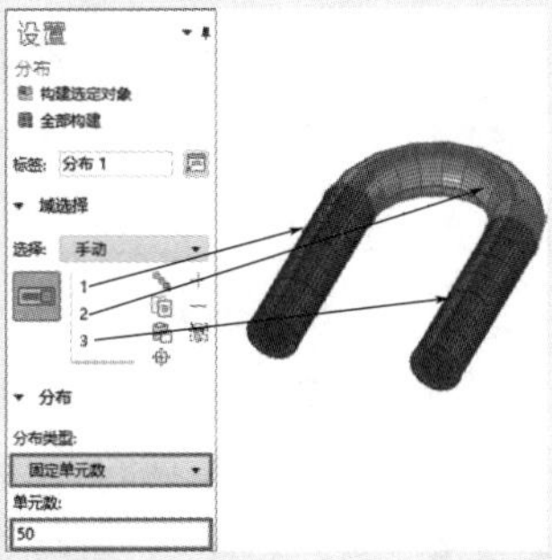


图 4-85 “分布”设置窗口

图 4-86 设置扫掠网格分布

⑩ 绘制网格。单击“网格”选项卡“计算”面板中的“绘制”按钮 ，弹出“网格”设置窗口，如图 4-87 所示。设置“单元颜色”为“质量”，展开“收缩单元”栏，设置“单元比例因子”为“0.8”，然后单击“绘制”按钮 ，绘制网格的质量图，如图 4-88 所示，可以看出划分的网格均为六面体网格，网格质量很高；再设置“单元颜色”为“大笑”，展开“收缩单元”栏，设置“单元比例因子”为“1”，最后单击“绘制”按钮 ，绘制网格的尺寸图，如图 4-89 所示，可以看出划分的网格在 U 形管的直段较小，在 U 形管转弯处较大。

图 4-87 “绘制网格”设置窗口

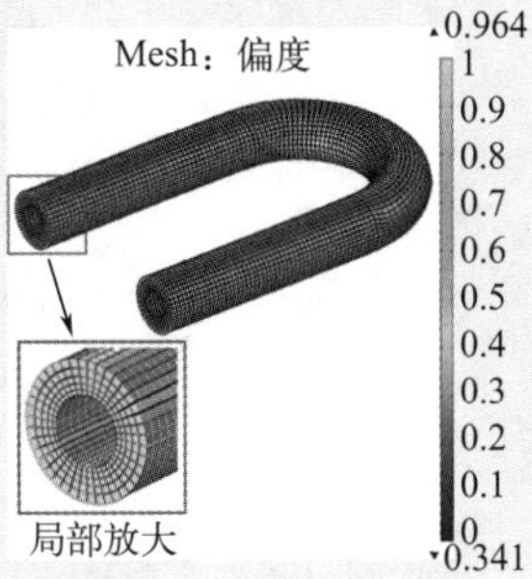


图 4-88 绘制网格质量图

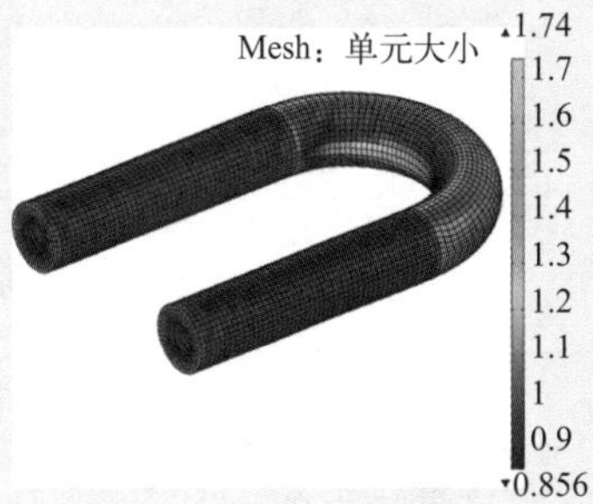


图 4-89 绘制网格尺寸图

## 4.4 实例—对球体划分六面体网格

扫码看视频

如图 4-90 所示，由于自由四面体网格对模型的贴合度较高，而且划分网格灵活，对模型没有要求，因此对球体进行自由四面体网格划分非常简单，只要设置网格的大小就可以划分。若要对球体进行结构化的六面体网格划分，就没有那么简单了，如图 4-91 所示，需要先建立一个内部由正方体分割的 1/8 球体，对其进行六面体网格的划分，再通过旋转和镜像，从而得到整个六面体网格球体。

图 4-90 自由四面体网格球体

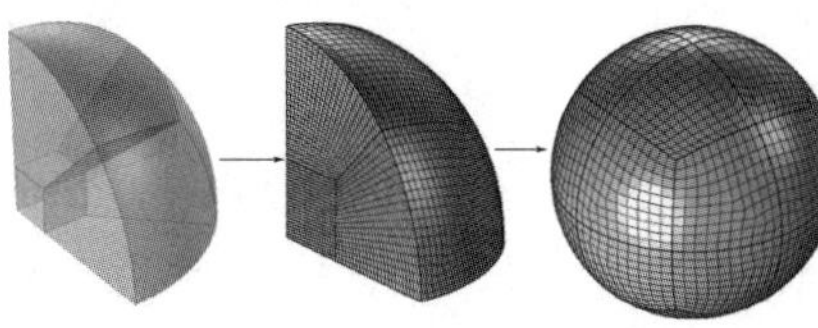

图 4-91 六面体网格球体

操作步骤

① 进入三维“几何”界面。在“新建”界面中单击“模型向导”按钮，弹出“选择空间维度”界面，在该界面选择“三维”维度，进入“选择物理场”界面，跳过此步，然后单击“完成”按钮，进入主界面。

② 设置单位。在“几何”设置面板中的“长度单位”下拉列表中选择“mm”单位。

③ 创建球体 1。单击“几何”选项卡“体素”面板中的“球体”按钮，弹出“球体”设置窗口，设置“对象类型”为“实体”，“半径”为“80”，其余为默认设置，如图 4-92 所示，单击“构建选定对象”按钮，创建球体 1，然后单击“图形窗口”工具栏“显示栅格”按钮，取消栅格的显示，结果如图 4-93 所示。

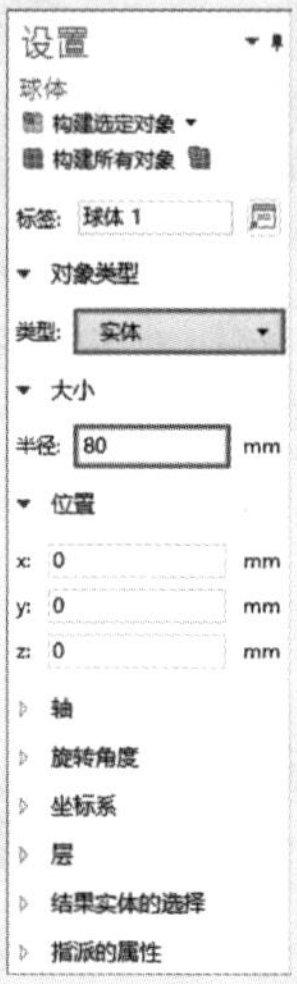


图 4-92 “球体”设置窗口

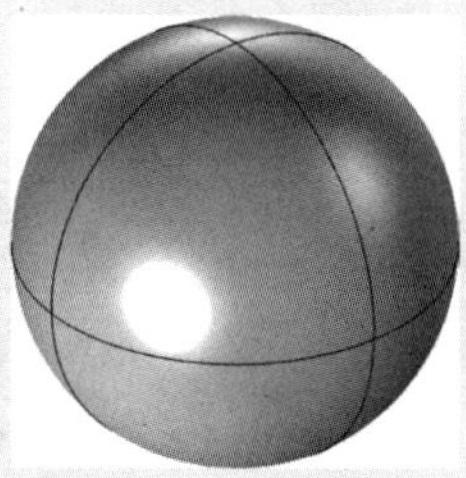

图 4-93 创建球体 1

④ 创建长方体 1。单击“几何”选项卡“体素”面板中的“长方体”按钮，弹出“长方体”设置窗口，设置“对象类型”为“实体”，“宽度”“深度”和“高度”均为“60”，设置“基准”为“居中”，如图 4-94 所示，单击“构建选定对象”按钮，创建长方体 1，然后单击“图形窗口”工具栏中的“透明”按钮，设置模型显示为透明，结果如图 4-95 所示。

⑤ 差集操作。单击“几何”选项卡“操作”面板“布尔操作和分割”下拉列表中的“差集”按钮，弹出“差集”设置窗口，首先激活“要添加的对象”，在图形窗口选择创建的球体 1，然后激活“要减去的对象”，在图形窗口选择创建的长方体 1，勾选“保留要减去的对象”复选框，取消勾选“保留内部边界”复选框，如图 4-96 所示，最后单击“构建选定对象”按钮，进行差集操作。

⑥ 创建 xy 平面。单击“几何”选项卡“工作平面”面板中的“工作平面”按钮，弹出“工作平面”设置窗口，设置“标签”为“xy 平面”，“平面类型”为“快速”，“平面”为“xy 平面”，“偏移类型”为“距离”，“z 坐标”为“0”，其余为默认选择，如图 4-97 所示，单击“构建选定对象”按钮，创建 xy 平面。同理创建“yz 平面”和“zx 平面”。

⑦ 分割域。单击“几何”选项卡“操作”面板“布尔操作和分割”下拉列表中的“分割域”

按钮 ，弹出“分割域”设置窗口，首先激活“要分割的域”，然后选择球体1和长方体1为要分割的对象，设置“分割方式”为“工作平面”，设置“工作平面”为“xy平面”，其余为默认设置，如图4-98所示，最后单击“构建选定对象”按钮 ，分割球体域。采用同样的方法，分别利用“yz平面”和“zx平面”分割所有的域，结果如图4-99所示。

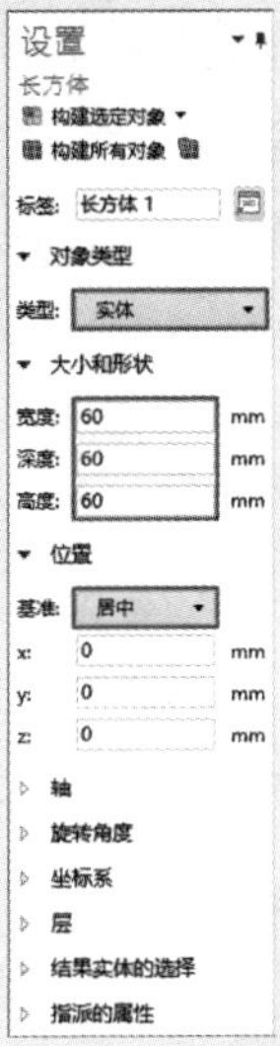


图 4-94　“长方体”设置窗口

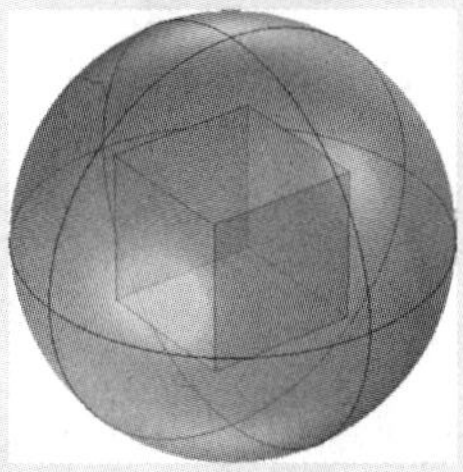

图 4-95　创建长方体 1

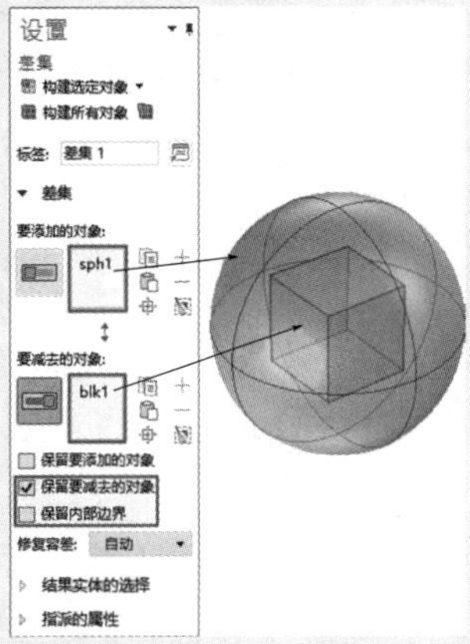


图 4-96　“差集”设置窗口

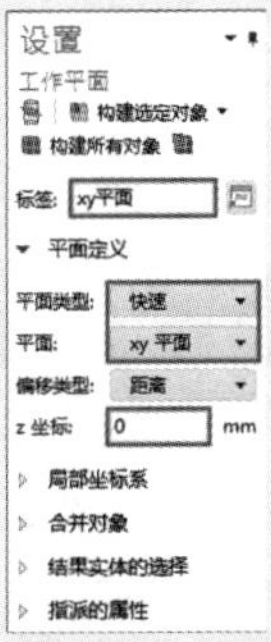


图 4-97　“工作平面”设置窗口

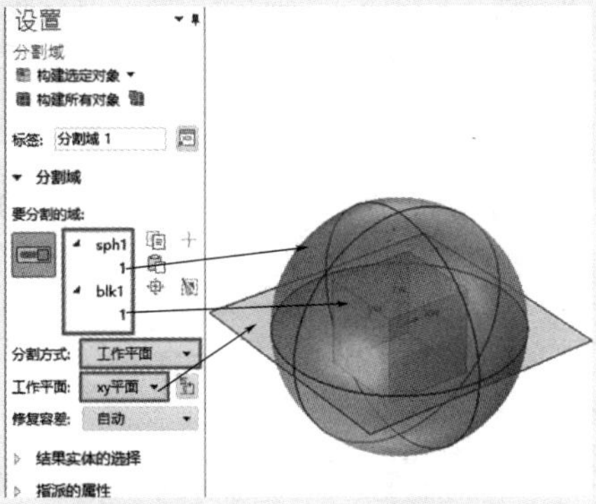


图 4-98　“分割域”设置窗口

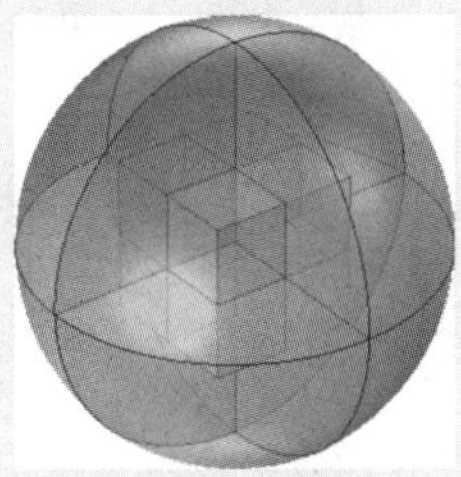

图 4-99　分割域

⑧ 删除域。单击“几何”选项卡“操作”面板中的“删除”按钮 ，弹出“删除实体”设置窗口，设置“几何实体层”为“域”，激活选择框，选择分割后的球体和长方体 3/8 的域，只留 1/8，如图 4-100 所示，然后单击“构建选定对象”按钮 ，删除多余的域，结果如图 4-101 所示。

⑨ 创建工作平面 4。单击“几何”选项卡“工作平面”面板中的“工作平面”按钮 ，弹出“工作平面”设置窗口，设置“平面类型”为“顶点”，激活第一顶点，选择长方体的一个角点，激活第二顶点，选择长方体的另一个角点，激活第三顶点，选择长方体的第三个角点，如图 4-102 所示，然后单击“构建选定对象”按钮 ，创建工作平面 4。采用同样的操作，根据图 4-103 和图 4-104 所示的顶点分别创建工作平面 5 和工作平面 6。

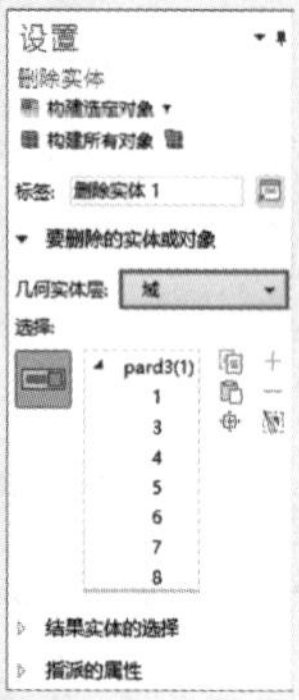


图 4-100 “删除实体”设置窗口

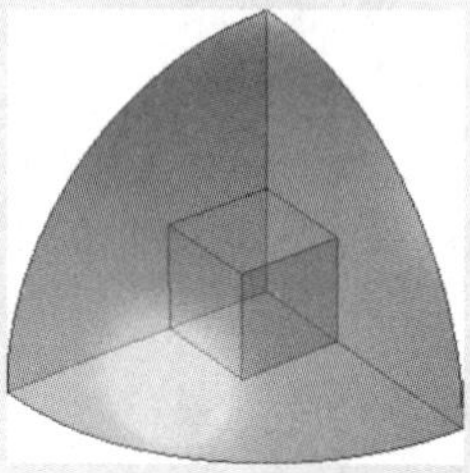

图 4-101 删除域

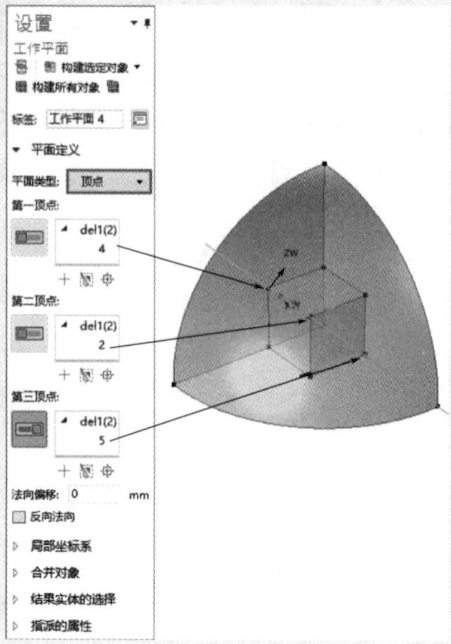


图 4-102 创建工作平面 4

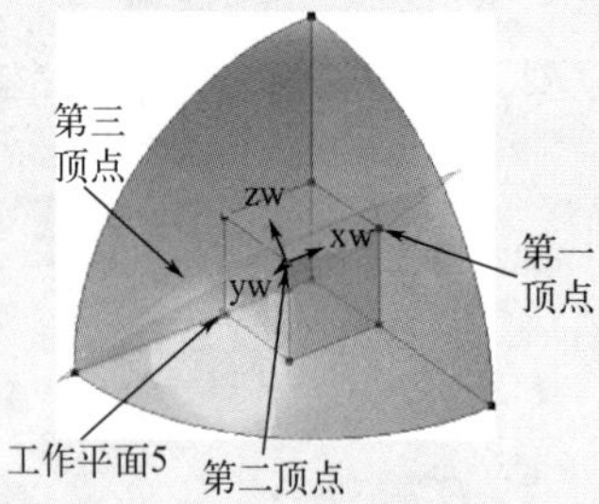


图 4-103 创建工作平面 5

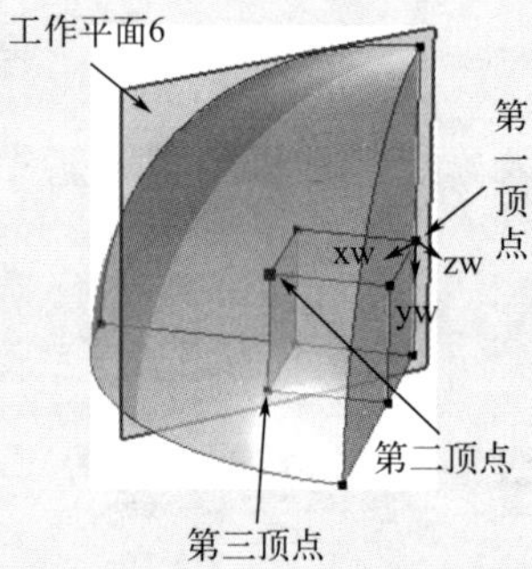


图 4-104 创建工作平面 6

⑩ 分割球体域。单击“几何”选项卡“操作”面板“布尔操作和分割”下拉列表中的“分割域”按钮，弹出“分割域”设置窗口，首先激活要分割的域，然后选择 1/8 球体为要分割的对象，设置“分割方式”为“工作平面”，设置“工作平面”为“工作平面 4”，其余为默认设置，最后单击“构建选定对象”按钮，分割球体域。采用同样的方法，分别利用“工作平面 5”和“工作平面 6”分割所有的域，结果如图 4-105 所示。

⑪ 忽略面。单击“几何”选项卡“清理”面板“虚拟操作”下拉列表中的“忽略面”按钮，弹出“忽略面”设置窗口，首先激活“要忽略的面”，然后在图形窗口选择要忽略的面，如图 4-106 所示，单击“构建选定对象”按钮，将这些面忽略，结果如图 4-107 所示。

⑫ 创建映射网格。单击“网格”选项卡“生成器”面板“边界”下拉列表中的“映射”按钮，弹出“映射”设置窗口，设置“几何实体层”为“边界”，然后激活选择框，在图形窗口选择长方体的一个侧面，如图 4-108 所示，单击“构建选定对象”按钮，创建映射网格，结果如图 4-109 所示。

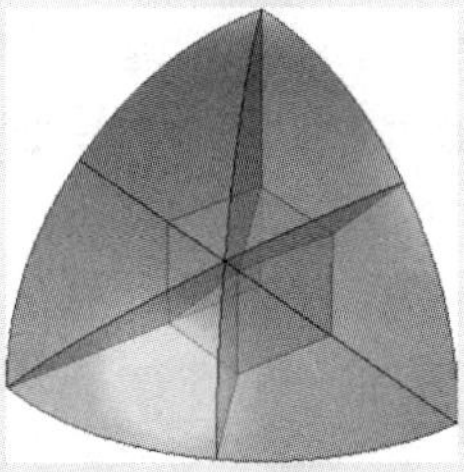

图 4-105　分割球体域

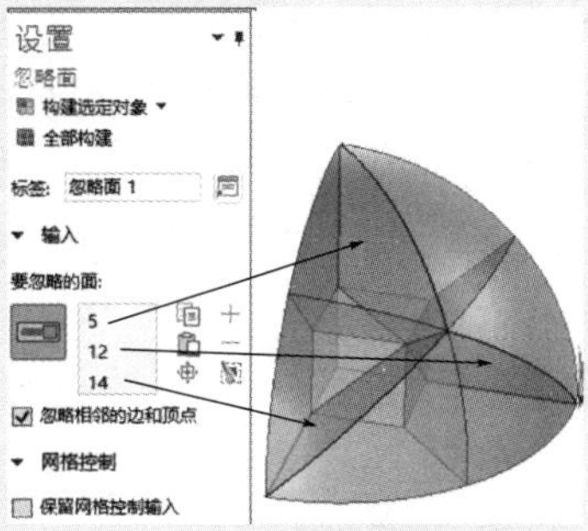


图 4-106　选择要忽略的面

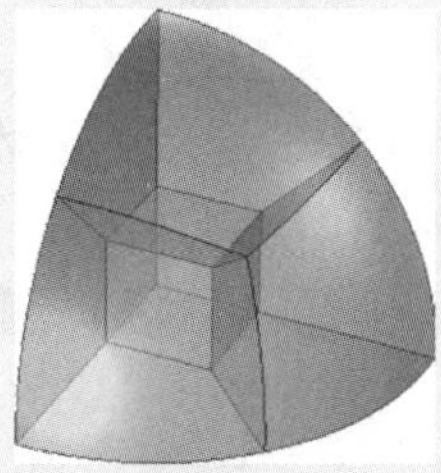

图 4-107　忽略面

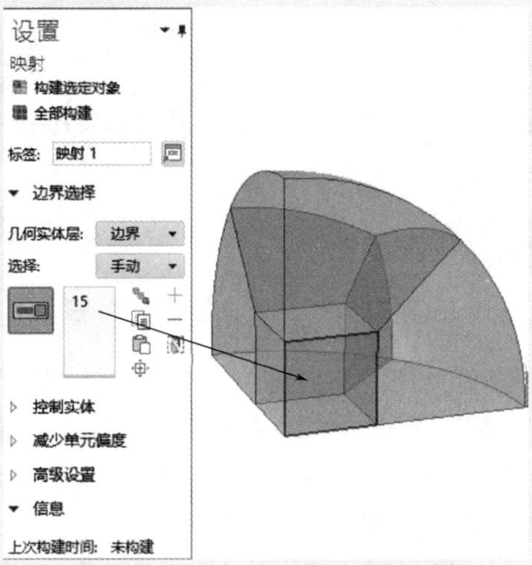


图 4-108　选择划分映射网格的面

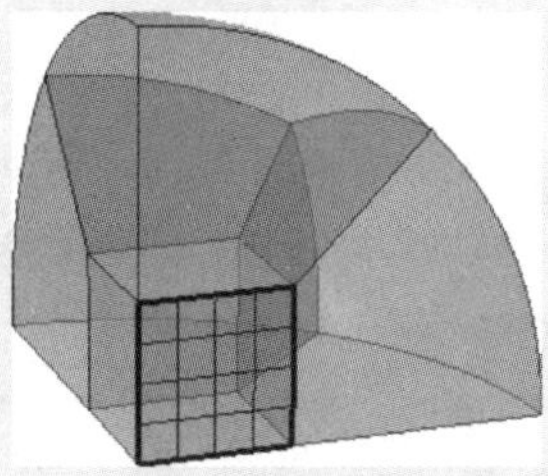

图 4-109　创建映射网格

⑬ 细化映射网格。如图 4-109 所示，划分的映射网格较稀疏，为得到更高质量的网格，需要对该网格进行细化。在“模型开发器”中单击“网格”节点下的“大小”子节点，设置“预定义”为“极细化”，对全局网格进行细化处理，如图 4-110 所示，然后单击“全部构建”按钮 ，细化网格，结果如图 4-111 所示。

图 4-110　设置网格大小

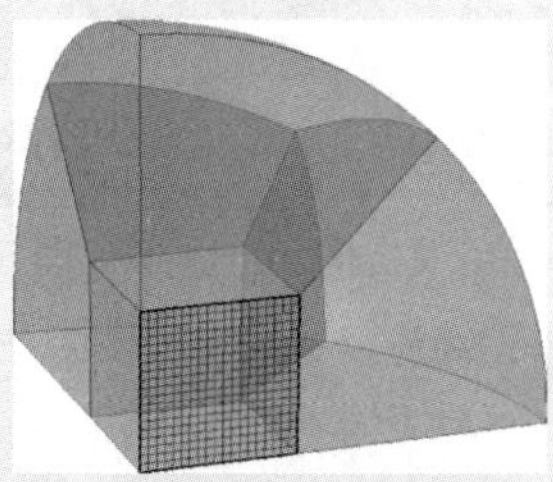

图 4-111　细化映射网格

⑭ 创建扫掠网格 1。单击“网格”选项卡“生成器”面板中的“扫掠”按钮 ，弹出“扫掠”

设置窗口，设置“几何实体层”为“域”，然后激活选择框，在图形窗口选择长方体，如图4-112所示，单击“构建选定对象”按钮，创建扫掠网格1，结果如图4-113所示。

⑮ 创建扫掠网格 2。单击“网格”选项卡“生成器”面板中的“扫掠”按钮，弹出“扫掠”设置窗口，设置“几何实体层”为“剩余部分”，单击“构建选定对象”按钮，创建扫掠网格 2，结果如图 4-114 所示。

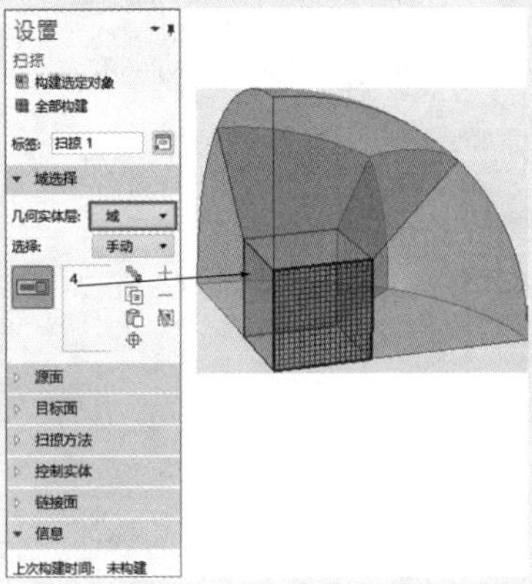


图 4-112　选择扫掠域

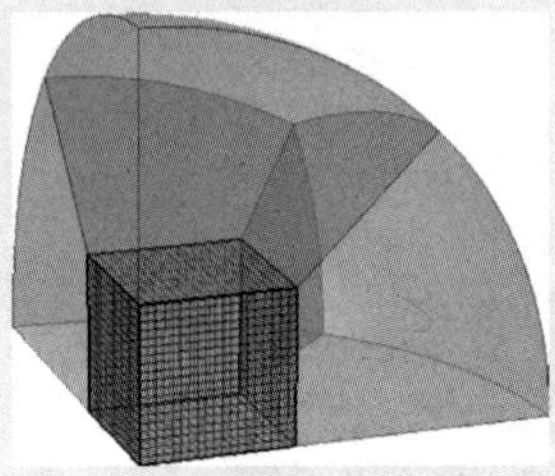

图 4-113　扫掠网格 1

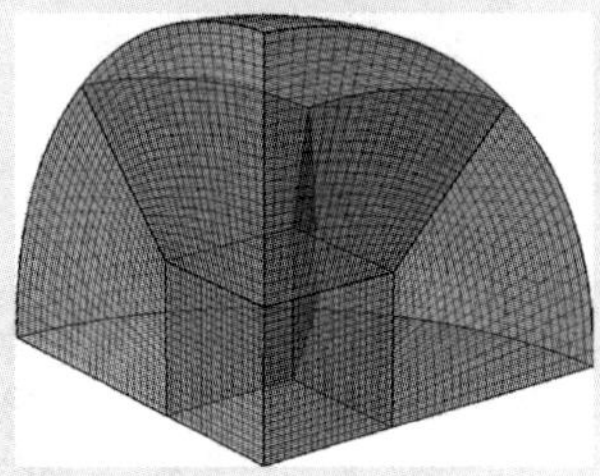

图 4-114　扫掠网格 2

⑯ 旋转对象。单击“几何”选项卡“操作”面板“变换”下拉列表中的“旋转”按钮，弹出“旋转”设置窗口，然后激活“输入对象”，在图形窗口选择长方体和 1/8 球体，勾选“保留输入对象”复选框，在“旋转”栏中设置“轴类型”为“z 轴”，设置“角”为“90,180,270”，其余为默认设置，如图 4-115 所示，最后单击“构建选定对象”按钮，复制旋转对象，结果如图 4-116 所示。

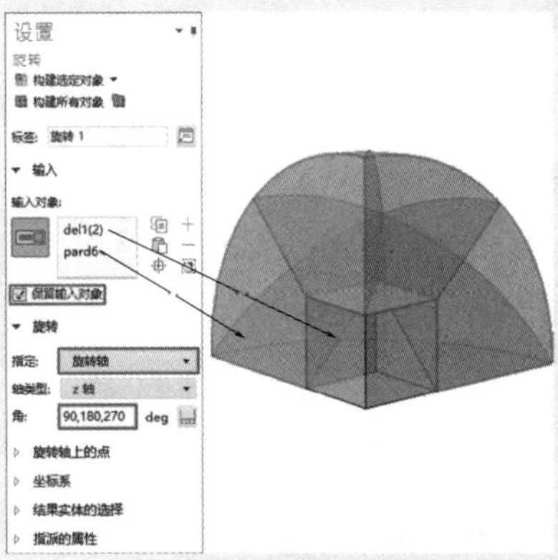


图 4-115　选择旋转对象

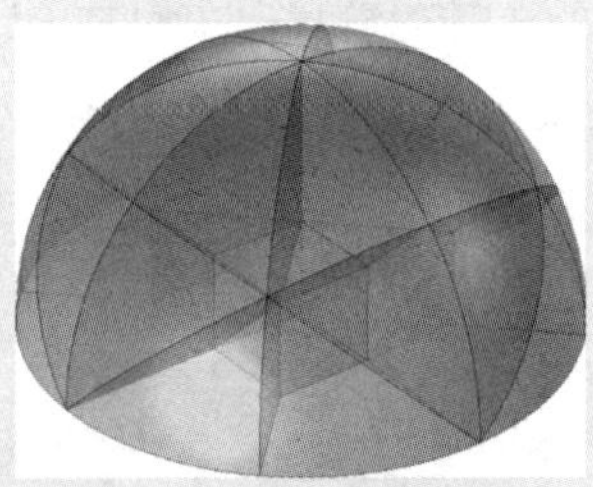

图 4-116　旋转对象

⑰ 镜像对象。单击“几何”选项卡“操作”面板“变换”下拉列表中的“镜像”按钮，弹出“镜像”设置窗口，然后激活“输入对象”，在图形窗口选择所有对象，勾选“保留输入对象”复选框，在“坐标系”栏中设置“工作平面”为“xy 平面”，其余为默认设置，如图 4-117 所示，最后单击“构建选定对象”按钮，复制旋转对象，结果如图 4-118 所示。

⑱ 划分所有网格。单击“网格”选项卡“网格”面板中的“构建网格”按钮，划分所有网格，然后单击“图形窗口”工具栏中的“透明”按钮，取消透明显示，结果如图 4-119 所示。

图 4-117　“镜像”设置窗口

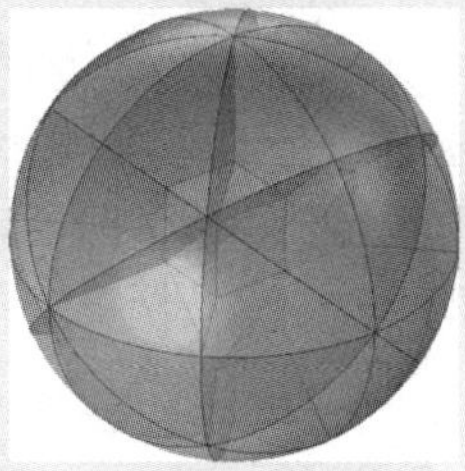

图 4-118　镜像对象

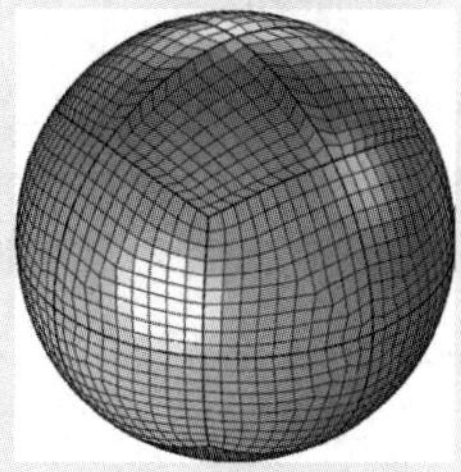

图 4-119　划分所有网格

## 4.5　动手练一练

如图 4-120 所示为一个刮板模型，对其进行六面体网格划分。

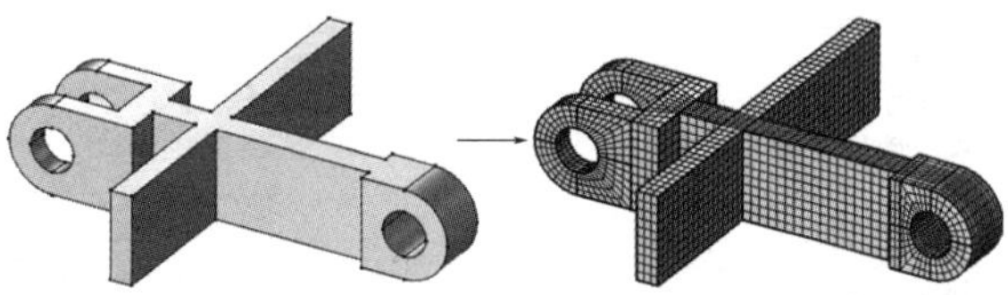

图 4-120　刮板划分网格

**思路点拨**

① 创建工作平面。

② 分割域。

③ 划分映射网格。

④ 划分扫掠网格。

# 第 5 章　结构力学分析

本章主要利用 COMSOL 的结构力学模块对结构力学进行有限元仿真，包括线性静力分析、特征频率分析、频域分析、随机振动分析、显示动力学分析和疲劳分析等。

## 5.1 “结构力学”模块

“结构力学”模块可以对结构力学应用和设计进行建模和仿真；也可以对壳、板、膜、桁架、梁和管等进行静态和动态的力学分析；还可以进行几何非线性（大变形）分析、接触分析，以及与热力学进行耦合分析等。其物理场如图 5-1 所示，对应的研究类型如图 5-2 所示。本章主要对单一场的结构力学分析进行讲解。

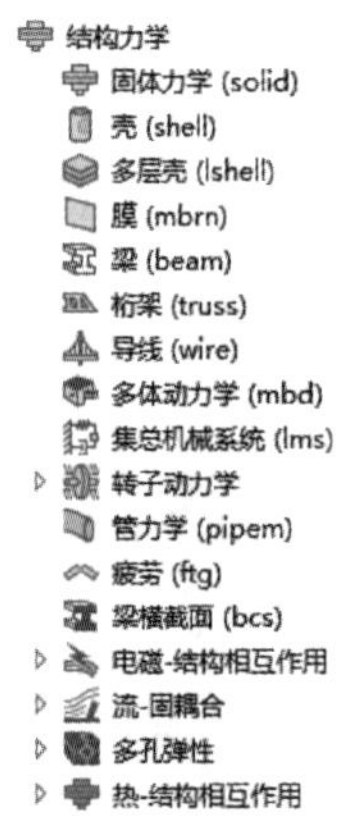


图 5-1　结构力学物理场

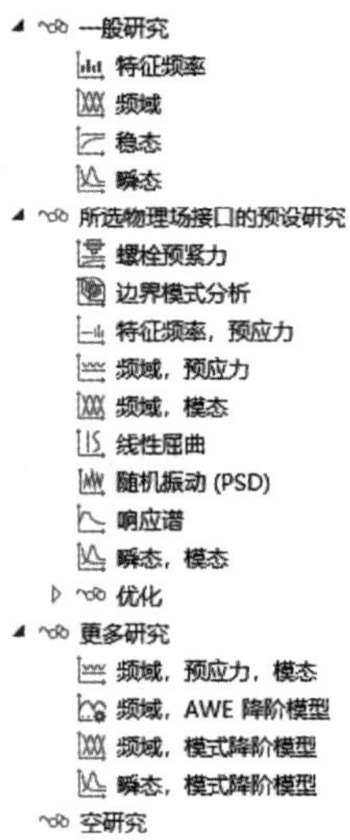


图 5-2　结构力学研究类型

结构力学分析是有限元分析方法中最常见的一个应用领域。它包括土木工程结构，如桥梁和建筑物；汽车结构，如车身骨架；航空结构，如飞机机身；船舶结构等。同时，还包括机械零部件，如活塞、传动轴等。结构力学分析就是对这些结构进行分析计算。

结构力学分析中计算得出的基本未知量是位移，其他的一些未知量，如应变、应力和反作用力等可通过节点位移导出。结构力学分析可以进行下列分析。

① 静力分析：用于求解静力载荷作用下结构的位移和应力等。静力分析包括线性分析和非线性分析。非线性分析涉及塑性、应力刚化、大变形、大应变、超弹性、接触面和蠕变等。

② 特征频率分析：用于计算结构的固有频率和模态。

③ 频域分析：用于计算线性或线性化模型受到一个或多个频率的谐波激励时的响应。

④ 瞬态动力分析：用于计算结构在随时间任意变化的载荷作用下的响应，并且可计算上述提到的静力分析中所有的非线性性质。

⑤ 随机振动分析：也称为功率谱密度分析，是一种基于概率统计学理论的谱分析技术。

⑥ 线性屈曲分析：用于计算结构变得不稳定的临界载荷和确定屈曲模态。

⑦ 多体动力学分析：用于分析由各种类型的关节、齿轮、凸轮、链条、弹簧和阻尼器连接

的机械装配。

⑧ 疲劳分析：用于根据结构力学计算的应力、应变或能量结果对模型进行疲劳评估。

# 5.2　线性静力分析

静力分析用于计算在给定静力载荷作用下结构的响应，它不考虑惯性和阻尼的影响，但是不能忽略固定不变的惯性载荷对结构的影响（如重力和离心力），以及那些可以近似为等效静力作用的随时间变化的载荷（如通常在许多建筑规范中定义的等效静力风载和地震载荷）对结构的影响。线性静力分析是指在分析过程中结构的几何参数值发生轻微的变化，从而可以把这种变化忽略，而将分析中的所有非线性项去掉。

## 5.2.1　线性静力分析的依据

在经典力学理论中，物体的动力学通用方程为

$$[\boldsymbol{M}]\ddot{x}+[\boldsymbol{C}]\dot{x}+[\boldsymbol{K}]\boldsymbol{x}=\{\boldsymbol{F}(t)\} \tag{5-1}$$

式中，$[\boldsymbol{M}]$为质量矩阵；$[\boldsymbol{C}]$为阻尼矩阵；$[\boldsymbol{K}]$为刚度系数矩阵；$\boldsymbol{x}$为位移矢量；$\boldsymbol{F}$为力矢量。线性静力分析与时间无关，因此位移$\boldsymbol{x}$可以由下面的矩阵方程解出。

$$[\boldsymbol{K}]\boldsymbol{x}=\boldsymbol{F} \tag{5-2}$$

## 5.2.2　线性静力分析的载荷

线性静力分析用于计算由不包括惯性和阻尼效应的载荷作用于结构或部件上引起的位移、应力、应变和力。固定不变的载荷和响应是一种假设，即假设载荷和结构的响应时间变化得非常缓慢。

线性静力分析所施加的载荷包括以下几种：

① 外部施加的作用力和压力；

② 稳态的惯性力（重力和离心力）；

③ 位移载荷；

④ 温度载荷。

扫码看视频

## 5.2.3　实例——晾衣杆线性静力分析

如图 5-3 所示为一个铝合金升降晾衣架的横杆，为检查其承重能力，在最中间的挂孔的下表面施加 2000N 向下的力，计算晾衣杆的变形和其产生的应力。

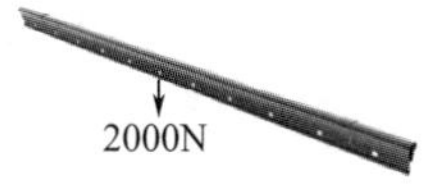


图 5-3　晾衣杆

操作步骤

（1）导入模型

① 进入三维“几何”界面。在“新建”界面中单击“模型向导”按钮 ，弹出“选择空间维度”界面，在该界面选择“三维”维度，进入“选择物理场”界面，展开“结构力学”列表，

选择列表中的“固体力学”选项，单击“添加”按钮，将“固体力学”添加到物理场接口中，如图5-4所示。然后单击“研究”按钮，进入“选择研究”界面，在“一般研究”列表中选择“稳态”，如图5-5所示。最后单击“完成”按钮，进入主界面。

② 导入晾衣杆模型。在“几何”设置窗口中设置“长度单位”为“mm”，设置“几何表示”为“CAD 内核”，如图 5-6 所示。然后单击“几何”选项卡“导入 / 导出”面板中的“导入”按钮，弹出“导入”设置窗口，单击“浏览”按钮，弹出“导入几何”窗口，找到要导入的“晾衣架 .SLDPRT”文件，单击“打开”按钮 打开(O)，返回“导入”设置窗口，设置“长度单位”为“来自 CAD 文档”，其余为默认设置，如图 5-7 所示。单击“导入”按钮，导入晾衣杆模型，单击“图形窗口”工具栏中的“显示栅格”按钮，取消栅格的显示，结果如图 5-8 所示。

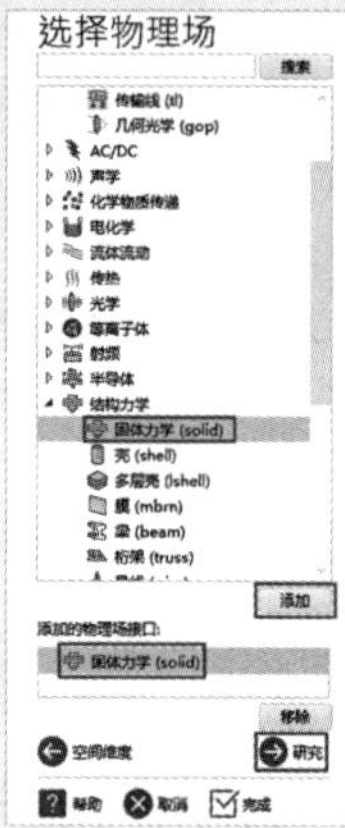


图 5-4　选择物理场

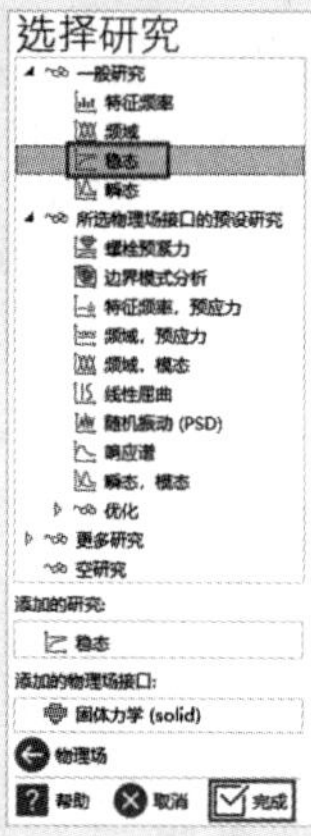


图 5-5　选择研究

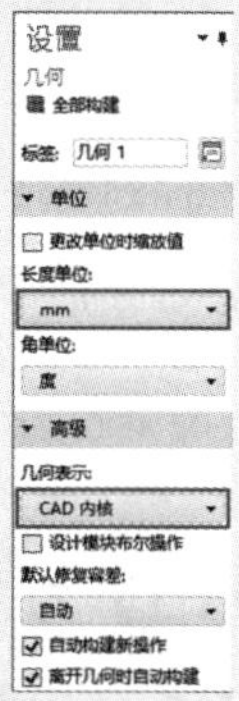


图 5-6　设置单位

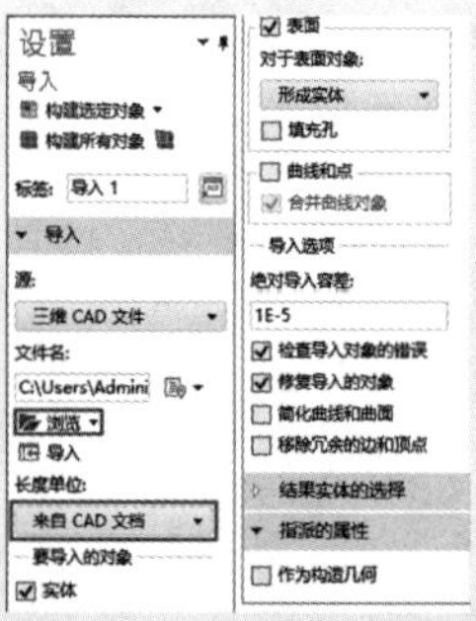


图 5-7 “导入”设置窗口

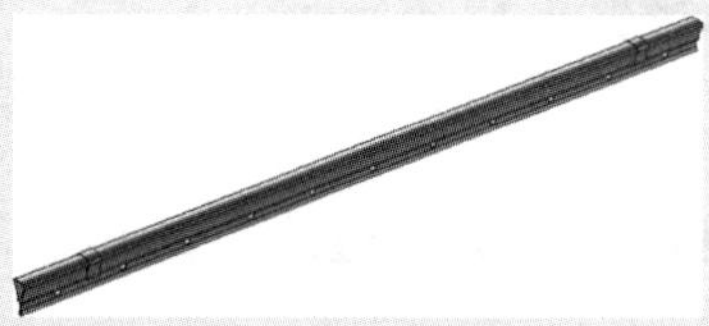

图 5-8　晾衣杆

（2）添加材料

单击“材料”选项卡“材料”面板中的“添加材料”按钮，弹出“添加材料”窗口，展开“内置材料”列表，选择其中的“Aluminum”（铝），然后单击“添加到组件”按钮，如图 5-9 所示，将铝材料添加到晾衣杆上，最后单击“关闭”按钮，关闭“添加材料”窗口。

（3）添加约束和载荷

① 添加固定约束。单击“物理场”选项卡“边界”面板“边界”下拉列表“固体力学”栏中的

“固定约束”按钮 **固定约束**，弹出“固定约束”设置窗口，激活“选择”框，选择晾衣杆的两个上表面，如图5-10所示。

② 添加边界载荷。单击“物理场”选项卡“边界”面板“边界”下拉列表“固体力学”栏中的“边界载荷”按钮 **边界载荷**，弹出“边界载荷”设置窗口，激活“选择”框，选择晾衣杆最中间的方孔的下表面，设置“载荷类型”为“总力”，在下面的“$F_{tot}$”中设置“z”值为“-2000”，如图 5-11 所示。

图 5-9　“添加材料”窗口

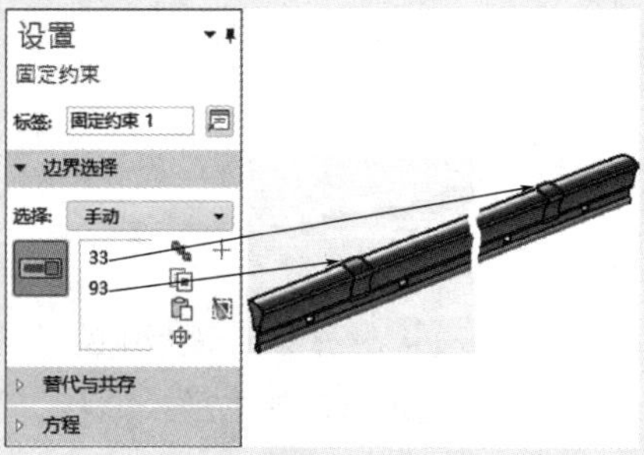

图 5-10　添加固定约束

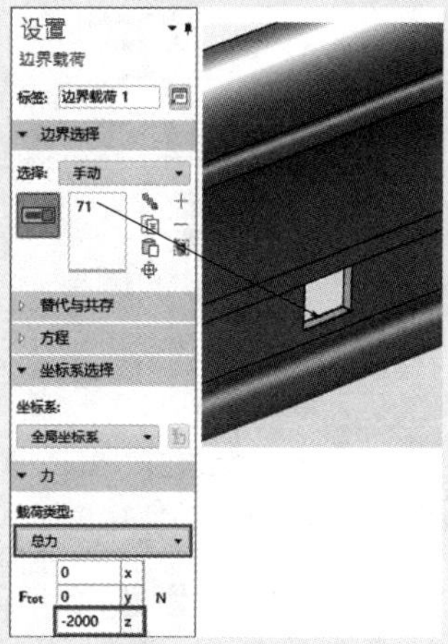

图 5-11　添加边界载荷

（4）划分网格

单击“网格”选项卡“生成器”面板中的“自由四面体网格”按钮，然后在“模型开发器”单击“网格”节点下的“大小”子节点，在“大小”设置窗口中设置“预定义”为“较细化”，如图 5-12 所示，单击“全部构建”按钮，划分网格，结果如图 5-13 所示。

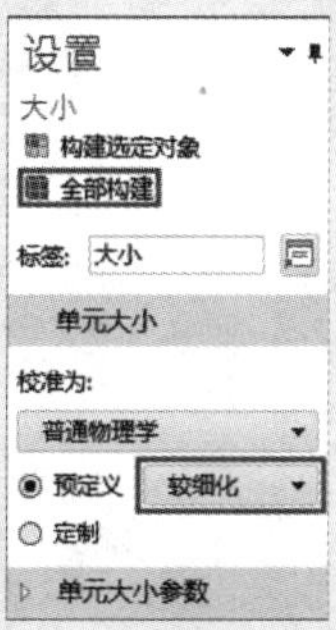

图 5-12　设置网格大小

图 5-13　划分网格

（5）设置求解器

单击“研究”选项卡“求解器”面板中的“显示默认求解器”按钮，然后展开“模型开发器”中的“解 1”节点下的“稳态求解器 1”子节点，右击“建议的迭代求解器（solid）”子节点，在弹出的快捷菜单中选择“启用”命令，如图 5-14 所示，以采用迭代求解器。

（6）求解计算

在“模型开发器”中选中“研究 1”节点，弹出“研究”设置窗口，取消勾选“生成默认绘图”和“生成收敛图”复选框，如图 5-15 所示，然后单击“计算”按钮，进行求解计算。

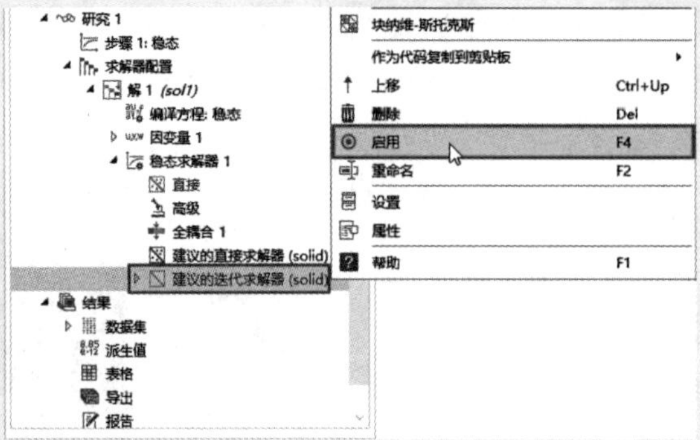


图 5-14　设置求解器

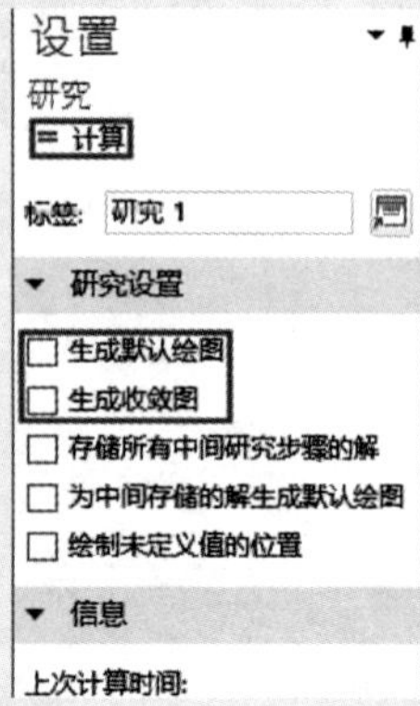


图 5-15　求解计算

（7）查看结果

① 查看总位移云图。单击“结果”选项卡“绘图组”面板中的“三维绘图组”按钮，弹出“三维绘图组”设置窗口和“三维绘图组 1”选项卡，在“三维绘图组”设置窗口设置“标签”为“总位移”，如图 5-16 所示，此时“三维绘图组 1”选项卡变为“总位移”选项卡。单击“总位移”选项卡“添加绘图”面板中的“体”按钮，弹出“体”设置窗口，在该窗口中单击“替换表达式”按钮，弹出表达式窗口，在“组件 1”→“固体力学”→“位移”下双击“solid.disp- 位移大小 -m”选项，如图 5-17 所示。然后单击“总位移”选项卡“属性”面板中的“变形”按钮，弹出“变形”设置窗口，勾选“比例因子”复选框，设置“比例因子”为“30”，其他采用默认设置，如图 5-18 所示，单击该窗口中的“绘制”按钮，绘制总位移云图，如图 5-19 所示。

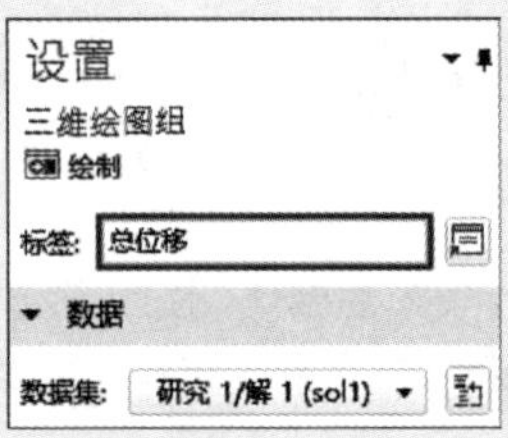


图 5-16　设置标签

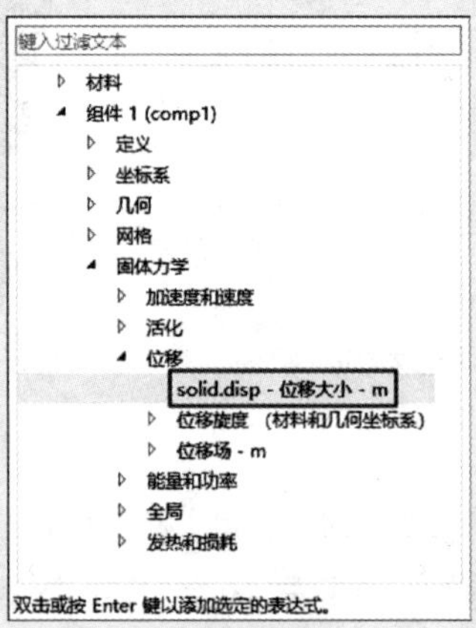


图 5-17　选择位移表达式

图 5-18　“变形”设置窗口

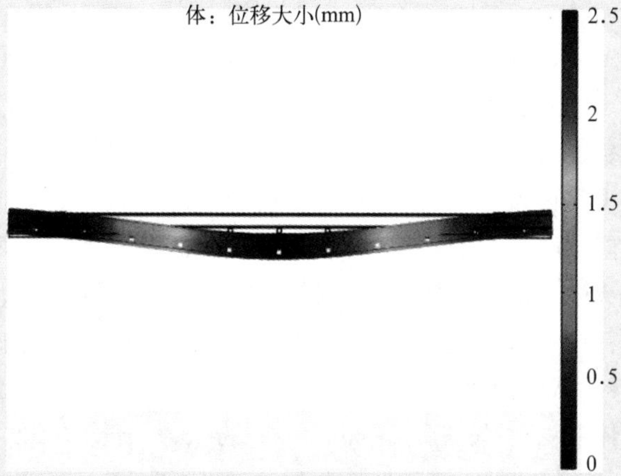


图 5-19　绘制总位移云图

② 查看等效应力云图。单击“结果”选项卡“绘图组”面板中的“三维绘图组”按钮 ，弹出“三维绘图组”设置窗口和“三维绘图组 2”选项卡，在“三维绘图组”设置窗口设置“标签”为“等效应力”，此时“三维绘图组 2”选项卡变为“等效应力”选项卡。单击“等效应力”选项卡“添加绘图”面板中的“体”按钮 ，弹出“体”设置窗口，在该窗口中单击“替换表达式”按钮 ，弹出表达式窗口，在“组件 1”→“固体力学”→“应力”→“应力不变量”下双击“solid.mises-von Mises 应力 -N/$m^2$”选项，如图 5-20 所示。然后单击“等效应力”选项卡“属性”面板中的“变形”按钮 ，弹出“变形”设置窗口，勾选“比例因子”复选框，设置“比例因子”为“30”，其他采用默认设置，单击该窗口中的“绘制”按钮 ，绘制等效应力云图，如图 5-21 所示。

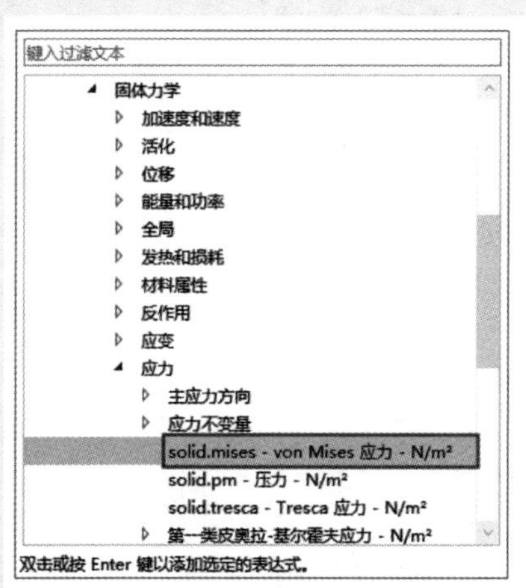


图 5-20　选择等效应力表达式

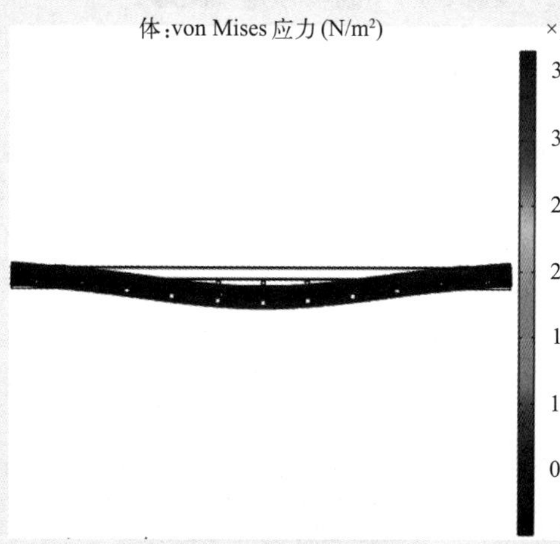


图 5-21　绘制等效应力云图

③ 查看最大位移值和最大等效应力值。单击“结果”选项卡“数值”面板“更多派生值”下拉列表中的“体最大值”按钮 **MAX 体最大值**，如图 5-22 所示，弹出“体最大值”设置窗口，激活“选择”框，然后在图形窗口选择晾衣杆实体，再单击“替换表达式”按钮 ，弹出表达式窗口，在“组件 1”→“固体力学”→“位移”下双击“solid.disp- 位移大小 -m”选项，如图 5-17 所示，在“体

最大值”设置窗口中单击“添加表达式”按钮 ＋；在弹出的表达式窗口双击“组件1”→“固体力学”→“应力”→“应力不变量”中的“solid.mises-von Mises 应力-N/m$^2$”选项，如图5-20所示，在“体最大值”设置窗口中单击“计算”按钮 **= 计算**，在界面下方的“信息窗口”中的“表格1”中显示“位移大小”和“von Mises 应力”值，如图5-23所示。可以看到最大位移值为“2.6000”，最大等效应力值为“5.1083×10$^8$”。

④ 查看最大总反作用力。单击“结果”选项卡“数值”面板“更多派生值”下拉列表中的“体最大值”按钮 **MAX 体最大值**，如图 5-22 所示，弹出“体最大值”设置窗口，激活“选择”框，然后在图形窗口选择晾衣杆实体，再单击“替换表达式”按钮，弹出表达式窗口，在“组件 1”→“固体力学”→“反作用”→“总反作用力”下双击“solid.RFtotalz- 总反作用力，z 分量”选项，如图 5-24 所示。单击“体最大值”设置窗口中的“计算”按钮 **= 计算**，在界面下方的“信息窗口”中的“表格 2”中显示“总反作用力，z 分量”的值，如图 5-25 所示。可以看到最大 z 分量的总反作用力值为“1999.5”。

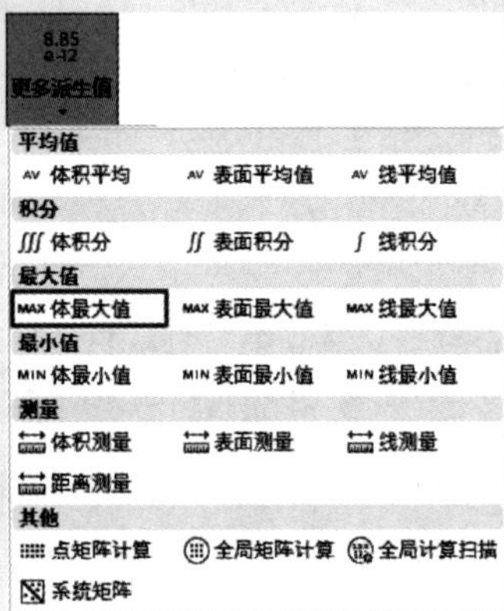


图 5-22　选择体最大值

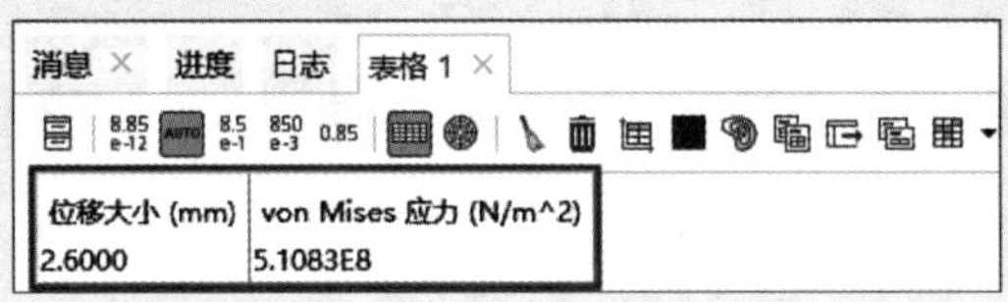


图 5-23　最大位移和最大等效应力值

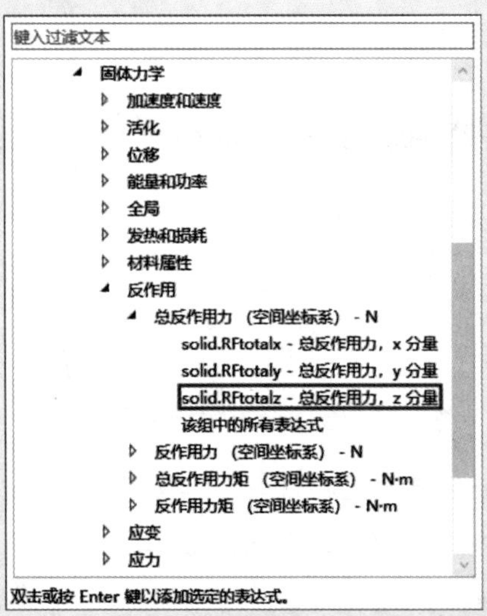


图 5-24　选择 z 分量的总反作用力表达式

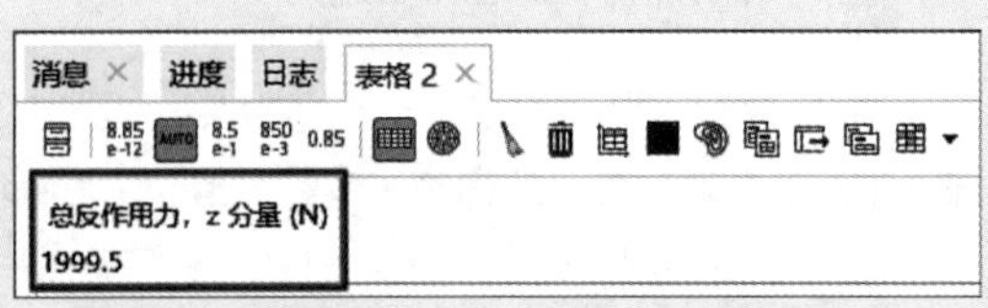


图 5-25　最大 z 分量的总反作用力值

# 5.3　特征频率（模态）分析

## 5.3.1　特征频率（模态）分析概述

特征频率分析也称为模态分析，它通常用于确定所设计物体或零部件的振动特性，即所设计物体或零部件的固有频率和振型，它是承受动态载荷结构设计中的重要分析，同时也可以作为其他动力学分析问题的开始，如瞬态动力学分析、频域分析和响应谱分析。并且，在进行响应谱分析或频域和模态叠加的频域分析或瞬态动力学分析之前必须先进行特征频率分析。

在特征频率分析中，固有频率和振型是常用的分析参数，这两者存在于所要研究的结构上。一方面，特征频率分析要计算或测试出这些频率和相应的振型；另一方面，特征频率分析要找出影响结构动力响应的外在激励。然后，对所设计的物体或零部件进行优化设计。

需要记住以下两个要点。

① 特征频率分析中只有线性行为是有效的，如果指定了非线性单元，它们将被当作线性单元。例如，如果分析中包含了接触单元，则系统取其初始状态的刚度值并不再改变此刚度值。

② 必须指定弹性模量 EX（或某种形式的刚度）和密度 DENS（或某种形式的质量）。材料性质可以是线性的或非线性的、各向同性的或正交各向异性的、恒定的或与温度有关的，非线性特性将被忽略。

对于特征频率分析，振动频率$\omega_i$和特征频率$\phi_i$是根据下面的方程计算出的。

$$\left(\left[\boldsymbol{K}\right]-\omega_i^2\left[\boldsymbol{M}\right]\right)\{\phi_i\}=0 \tag{5-3}$$

假设公式中的刚度矩阵$[\boldsymbol{K}]$、质量矩阵$[\boldsymbol{M}]$是定值，这就要求材料是线弹性的，任何非线性特性，如塑性、接触单元等，即使被定义了，也将被忽略。

特征频率分析的最终目标是识别出系统的特征频率参数，为结构系统的振动特性分析、振动故障诊断和预报、结构动力特征的优化设计提供依据。特征频率分析应用归结如下。

① 评价现有结构系统的动态特性。

② 在新产品设计中进行结构动态特性的预估和优化。

③ 诊断及预报结构系统的故障。

④ 控制结构系统的辐射噪声。

⑤ 识别结构系统的载荷。

## 5.3.2　有预应力的特征频率分析

受不变载荷影响产生应力作用的结构可能会影响其固有频率，尤其是那些在某一个或两个尺度上很薄的结构。因此，在某些情况下进行特征频率分析时，可能需要考虑预应力的影响。进行预应力分析时首先需要进行静力分析，计算公式为

$$[\boldsymbol{K}]\{x\}=\{\boldsymbol{F}\} \tag{5-4}$$

得出的应力刚度矩阵用于计算结构分析（$[\boldsymbol{\sigma}_0]$-$[\boldsymbol{S}]$），这样原来的特征频率方程即可修改为

$$([\boldsymbol{K}+\boldsymbol{S}]-\phi_i^2[\boldsymbol{M}])\{\phi_i\}=0 \tag{5-5}$$

式 (5-5) 即为存在预应力的特征频率分析公式。

### 5.3.3 特征频率分析的作用

使用特征频率分析有如下作用。

① 可以使结构避免共振或按照特定的频率进行振动。

② 可以认识到对于不同类型的动力载荷，结构是如何响应的。

③ 有助于在其他动力学分析中估算求解控制参数（如时间步长）。

### 5.3.4 实例—声子晶体周期性预应力能带结构计算

如图 5 26 所示为一个声子晶体，其材料参数见表 5-1，本例将研究该晶体在无预应力［图 5-28（a)］和有预应力［图 5-28（b)］情况下的能带结构。由布里渊理论可知，通过引入周期边界条件可将声子晶体的振动特性转换到单元结构中来研究。在周期边界条件中引入布里渊波矢 $k$，使其沿单元结构的布里渊区边界取值，然后求解这些特征值，就可以得到声子晶体结构的特征频率，将这些特征频率按指定的方向展开排列在一起，就得到该声子晶体的能带结构。由于晶体的对称性，通常只在第一布里渊区取 $k$ 值，本例由于篇幅限制，只在$\Gamma\to X$范围内取值（图 5-27)。

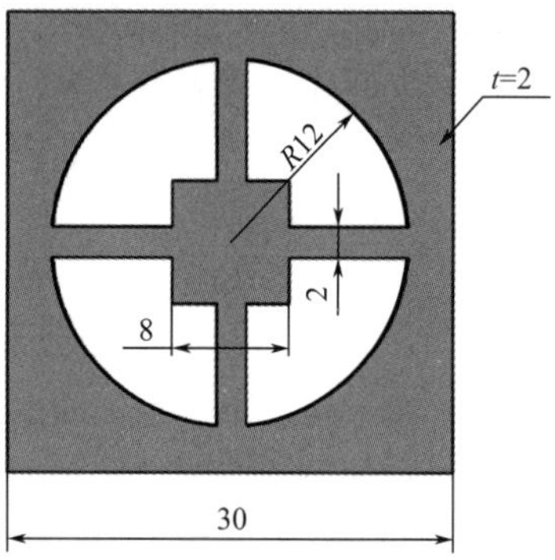

图 5-26　声子晶体（单位：mm）

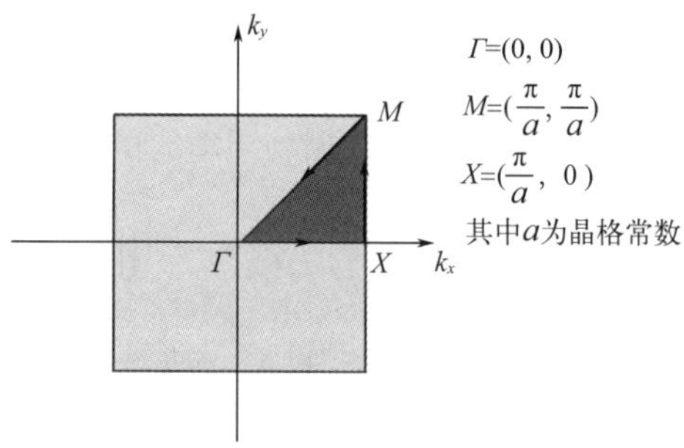

图 5-27　简约布里渊区

**表 5-1　材料参数**

| 材料名称 | 密度 | 弹性模量 | 泊松比 |
|---|---|---|---|
| 铝 | 2730kg/m$^3$ | 7.1×10$^{10}$Pa | 0.33 |

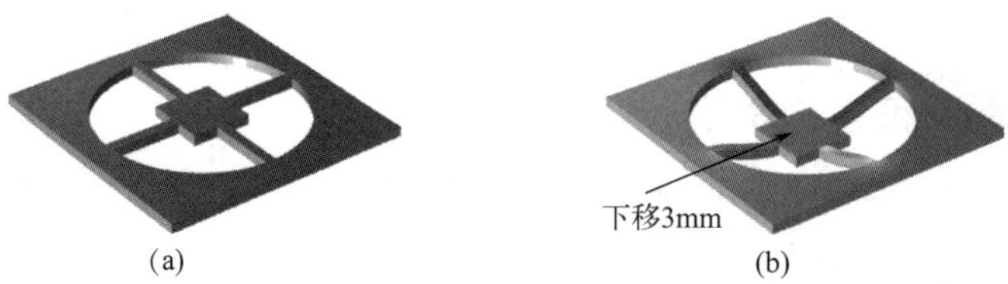

图 5-28　晶体状态

扫码看视频

操作步骤

（1）导入模型

① 进入三维“几何”界面。在“新建”界面中单击“模型向导”按钮 ，弹出“选择空

间维度”界面，在该界面选择“三维”维度，进入“选择物理场”界面，展开“结构力学”列表，选择列表中的“固体力学”选项，单击“添加”按钮，将“固体力学”添加到物理场接口中，然后单击“研究”按钮，进入“选择研究”界面，在“一般研究”列表中选择“特征频率”，如图5-29所示，最后单击“完成”按钮，进入主界面。

② 设置参数并导入模型。在“模型开发器”中单击“全局定义”节点下的“参数”子节点，在弹出的“参数”设置窗口中设置参数，结果如图 5-30 所示。在“几何”设置窗口中设置“长度单位”为“m”，设置“几何表示”为“CAD 内核”，如图 5-31 所示。然后单击“几何”选项卡“导入/导出”面板中的“导入”按钮，弹出“导入”设置窗口，单击“浏览”按钮，弹出“导入几何”窗口，找到要导入的“声子晶体 .mphbin”文件，单击“打开”按钮 打开(O)，返回“导入”设置窗口，如图 5-32 所示，单击“导入”按钮，导入声子晶体模型。单击“图形窗口”工具栏中的“显示栅格”按钮，取消栅格的显示，结果如图 5-33 所示。

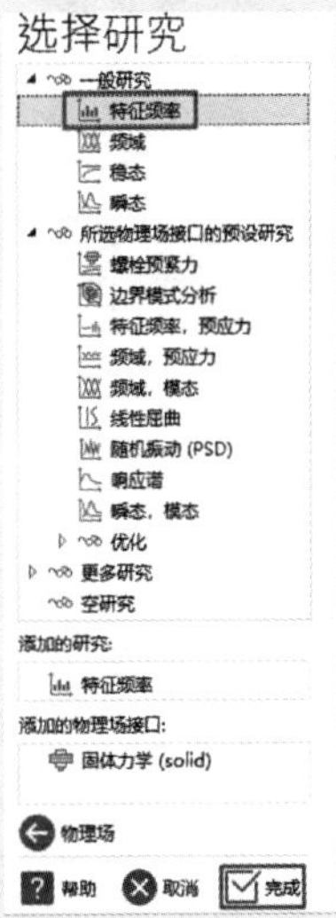


图 5-29　选择研究

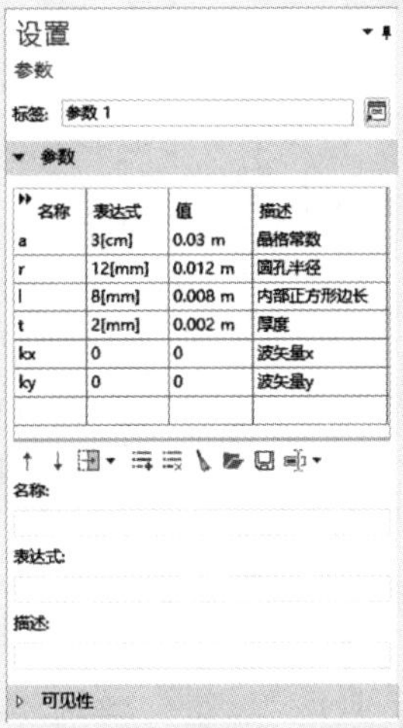


图 5-30　设置参数

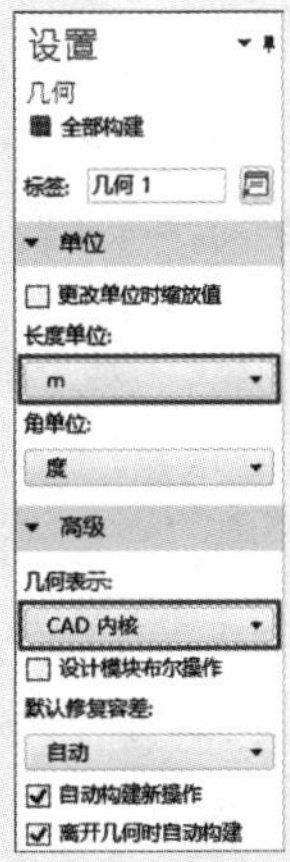


图 5-31　设置单位

图 5-32　“导入”设置窗口

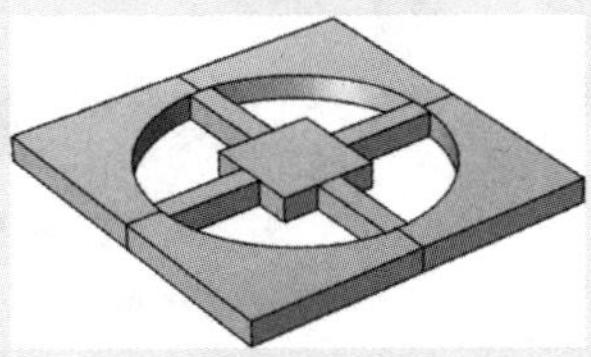

图 5-33　声子晶体

（2）添加材料

单击“材料”选项卡“材料”面板中的“空材料”按钮，弹出“材料”设置窗口，系统默认选择“所有域”，然后在“材料属性明细”栏中设置“杨氏模量”（弹性模量）为“7.1e10”（$7.1\times10^{10}$），“泊松比”为“0.33”，“密度”为“2730”，其余为默认设置，如图5-34所示，将材料添加给模型。

（3）添加周期性条件

添加 X 轴方向的周期性边界条件。单击“物理场”选项卡“边界”面板“边界”下拉列表“连接”栏中的“周期性条件”按钮 **周期性条件**，弹出“周期性条件”设置窗口，激活“选择”框，选择声子晶体 X 轴向的 4 个面，选择“周期性类型”为“Floquet 周期”，在“$K_F$”右侧栏中输入周期，如图 5-35 所示，同理添加 Y 轴方向的周期性边界条件，在“$K_F$”右侧栏中输入同样的周期。

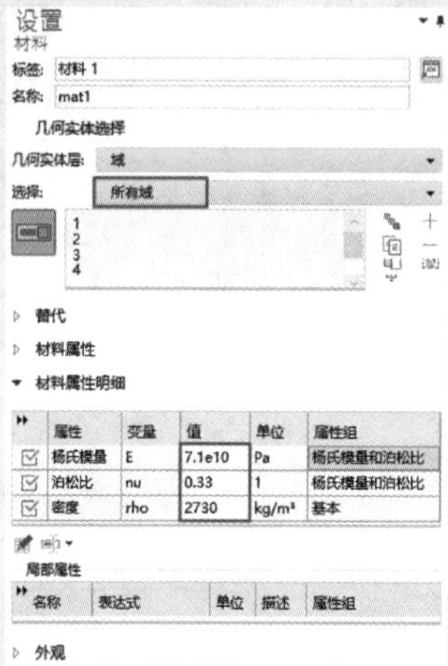


图 5-34 “材料”设置窗口

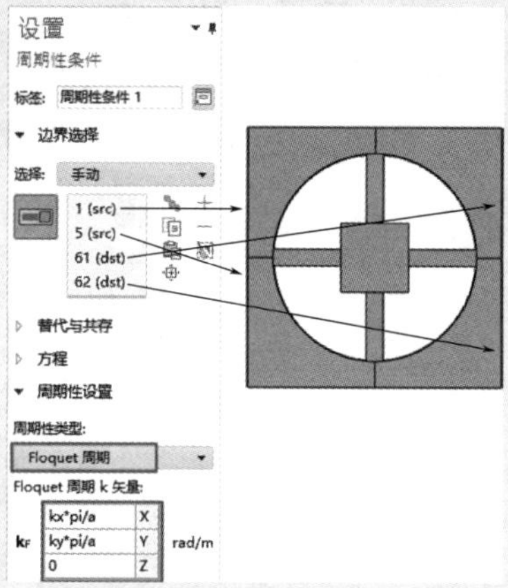


图 5-35 “周期性条件”设置窗口

（4）划分网格

① 划分映射网格。

a. 添加映射网格。单击“网格”选项卡“生成器”面板“边界”下拉列表中的“映射”按钮，弹出“映射”设置窗口，激活“选择”框，选择声子晶体的所有上表面，如图 5-36 所示，然后单击“构建选定对象”按钮，划分映射网格，结果如图 5-37 所示。

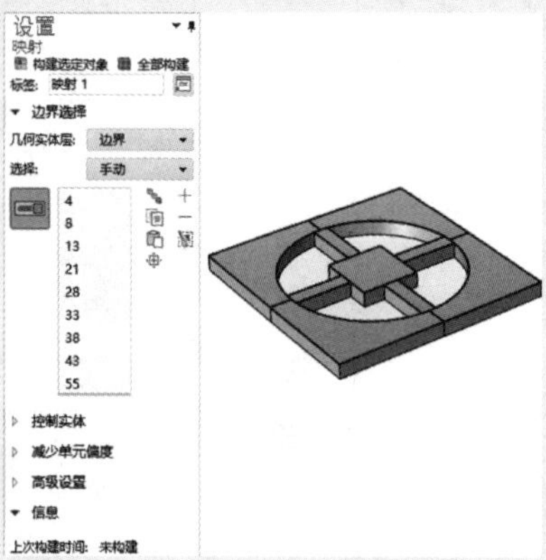


图 5-36 “映射”设置窗口

图 5-37 划分映射网格

b. 添加分布 1。单击“网格”选项卡“属性”面板中的“分布”按钮 ，弹出“分布”设置窗口，激活“选择”框，选择如图 5-38 所示的边线，设置“分布类型”为“固定单元数”，设置“单元数”为“4”，然后单击“构建选定对象”按钮 ，划分分布网格，结果如图 5-39 所示。

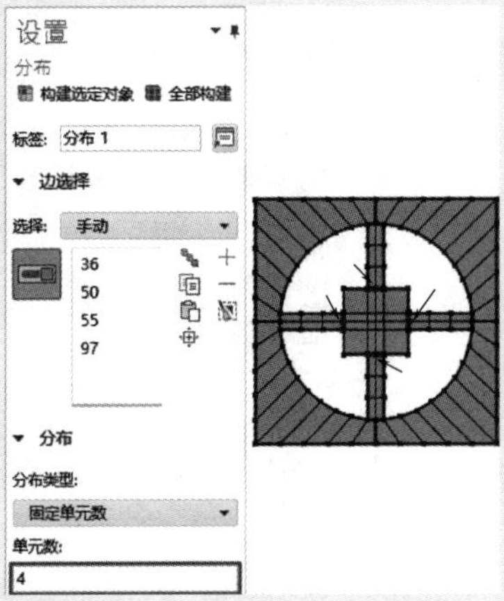


图 5-38　“分布”设置窗口

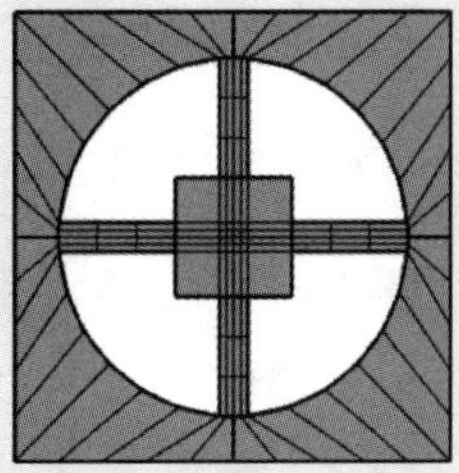

图 5-39　添加分布 1

c. 添加分布 2。单击“网格”选项卡“属性”面板中的“分布”按钮 ，弹出“分布”设置窗口，激活“选择”框，选择如图 5-40 所示的边线，设置“分布类型”为“固定单元数”，设置“单元数”为“6”，然后单击“构建选定对象”按钮 ，划分分布网格，结果如图 5-41 所示。

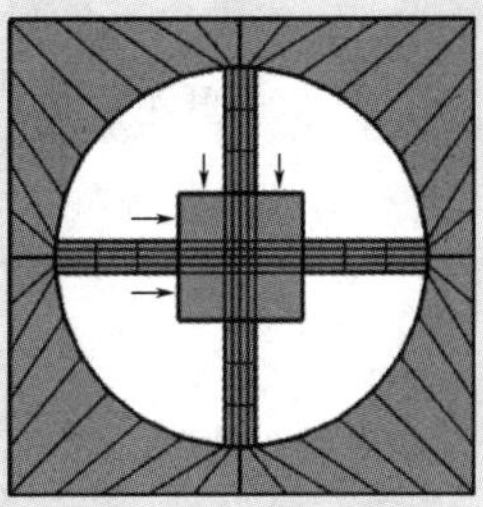

图 5-40　选择边

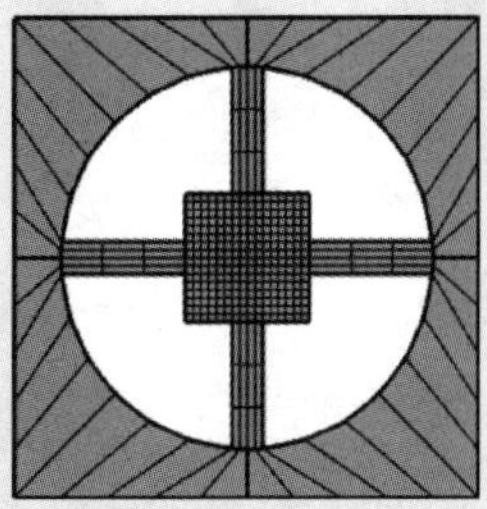

图 5-41　添加分布 2

d. 添加分布 3。单击“网格”选项卡“属性”面板中的“分布”按钮 ，弹出“分布”设置窗口，激活“选择”框，选择如图 5-42 所示的边线，设置“分布类型”为“固定单元数”，设置“单元数”为“14”，然后单击“构建选定对象”按钮 ，划分分布网格，结果如图 5-43 所示。

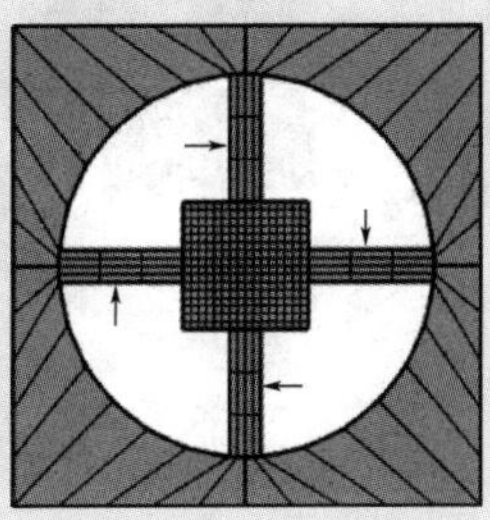

图 5-42　选择边

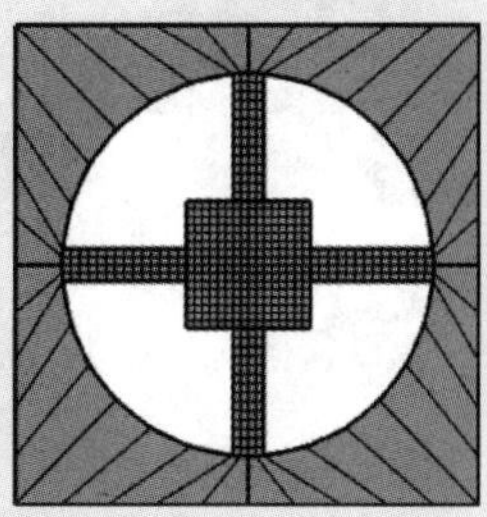

图 5-43　添加分布 3

e. 添加分布 4。单击“网格”选项卡“属性”面板中的“分布”按钮 ▦，弹出“分布”设置窗口，激活“选择”框，选择如图 5-44 所示的边线，设置“分布类型”为“固定单元数”，设置“单元数”为“18”，然后单击“构建选定对象”按钮 ▦，划分分布网格，结果如图 5-45 所示。

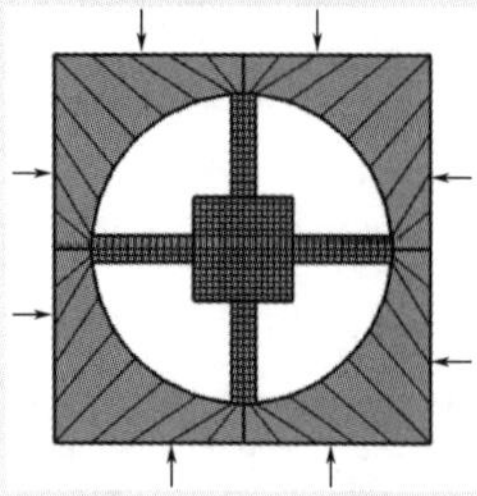

图 5-44 选择边

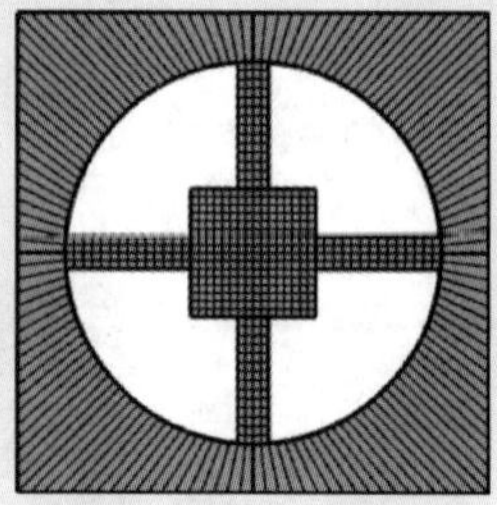

图 5-45 添加分布 4

f. 添加分布 5。单击“网格”选项卡“属性”面板中的“分布”按钮 ▦，弹出“分布”设置窗口，激活“选择”框，选择如图 5-46 所示的边线，设置“分布类型”为“固定单元数”，设置“单元数”为“8”，然后单击“构建选定对象”按钮 ▦，划分分布网格，结果如图 5-47 所示。

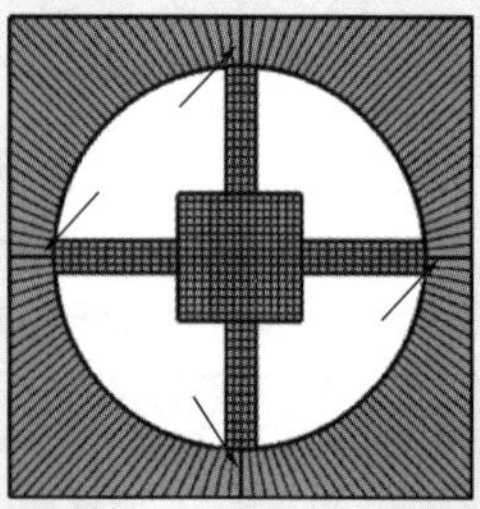

图 5-46 选择边

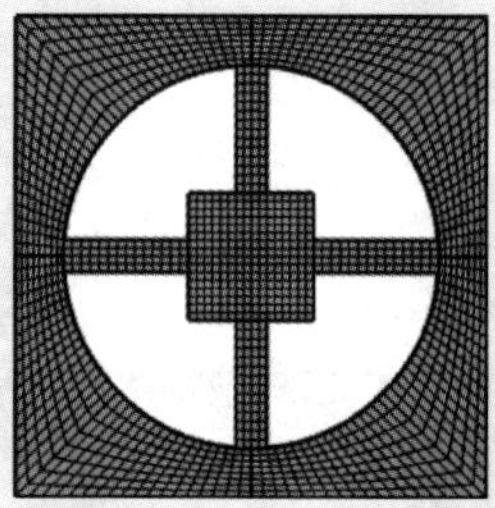

图 5-47 添加分布 5

② 划分扫掠网格。

a. 添加扫掠网格。单击“网格”选项卡“生成器”面板中的“扫掠”按钮 ▲，弹出“扫掠”设置窗口，采用默认设置，单击“构建选定对象”按钮 ▦，划分扫掠网格，结果如图 5-48 所示。

b. 添加分布网格来细化扫掠网格。单击“网格”选项卡“属性”面板中的“分布”按钮 ▦，弹出“分布”设置窗口，系统自动选择所有域，设置“分布类型”为“固定单元数”，设置“单元数”为“2”，然后单击“构建选定对象”按钮 ▦，划分分布网格，结果如图 5-49 所示。

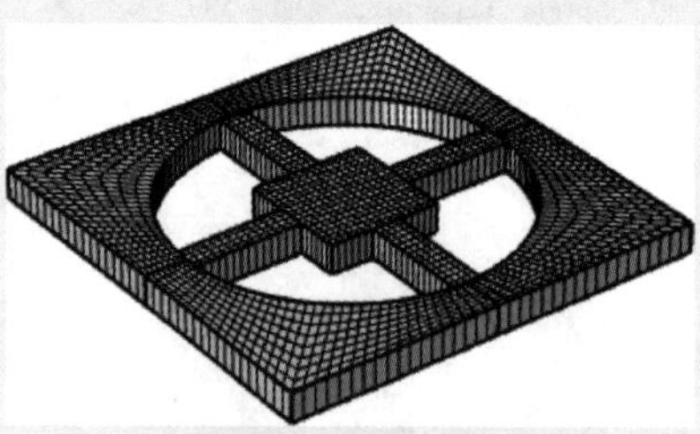

图 5-48 划分扫掠网格

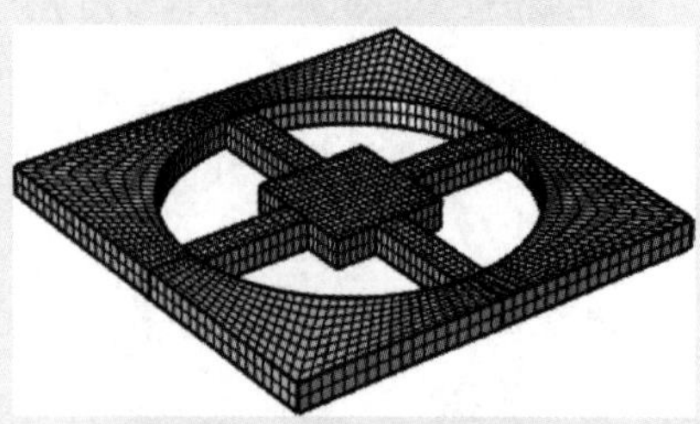

图 5-49 划分分布网格

注意

由于对该模型进行能带结构计算时充分考虑了晶体结构的对称性，因此划分的网格也要严格对称。

（5）无预应力研究

① 重命名研究 1。在“模型开发器”中选中“研究 1”节点，弹出“研究”设置窗口，在“标签”栏中输入“研究—无预应力”，如图 5-50 所示。

② 添加参数化扫描。单击“研究”选项卡“研究步骤”面板中的“参数化扫描”按钮，弹出“参数化扫描”设置窗口，单击“添加”按钮＋，添加一个参数，在列表中选择“kx( 波矢量 x )”，然后单击“范围”按钮，打开“范围”窗口，如图 5-51 所示。设置“定义方法”为“步长”,“起始”步长为“0”，“步长”为“0.04”，“停止”步长为“1”，然后单击“替换”按钮 替换 ，返回“参数化扫描”设置窗口，如图 5-52 所示。

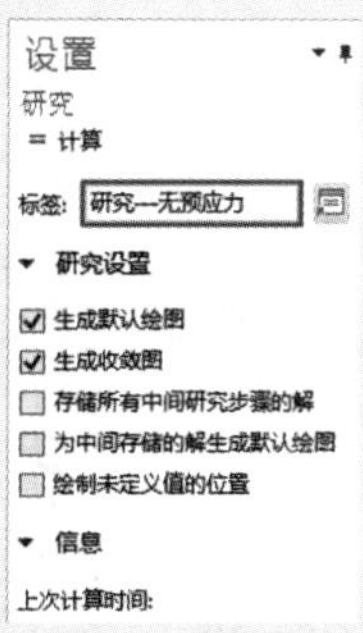


图 5-50 重命名研究 1

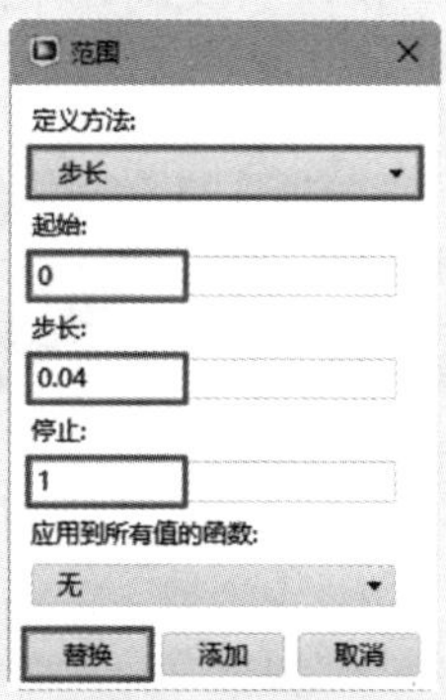


图 5-51 “范围”窗口

图 5-52 “参数化扫描”设置窗口

③ 求解计算。单击“研究”选项卡“研究”面板中的“计算”按钮，进行求解计算。

④ 查看体振型图。在“模型开发器”中选择“结果”节点下的“振型( solid )”子节点，弹出“三维绘图组”设置窗口，重新设置“标签”为“振型—无预应力”，设置“数据集”为“研究—无预应力 / 参数化解 1（sol2）”，设置“参数值（kx）”为“1”（也可以查看其他参数值），取消勾选“绘制数据集的边”复选框，并勾选“显示图例”复选框，如图 5-53 所示。然后禁用该节点下的“表面 1”，单击“振型—无预应力”选项卡“添加绘图”面板中的“体”按钮，弹出“体”设置窗口，采用默认设置，再单击“振型—无预应力”选项卡“属性”面板中的“变形”按钮，采用默认

设置。返回“振型—无预应力”节点，通过单击“绘制下一个（特征频率）”按钮 ➡ 或“绘制上一个（特征频率）”按钮 ⬅ 查看体振型图，如图5-54～图5-59所示。

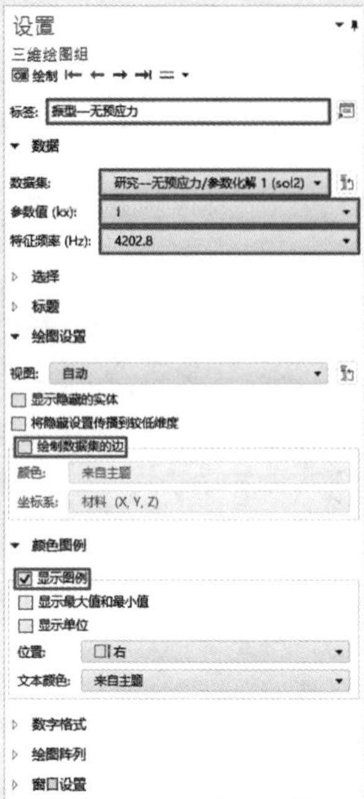


图 5-53 “三维绘图组”设置窗口

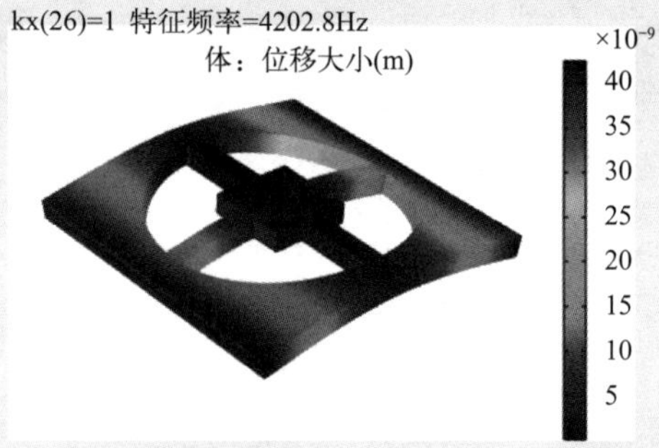


图 5-54 一阶振型图

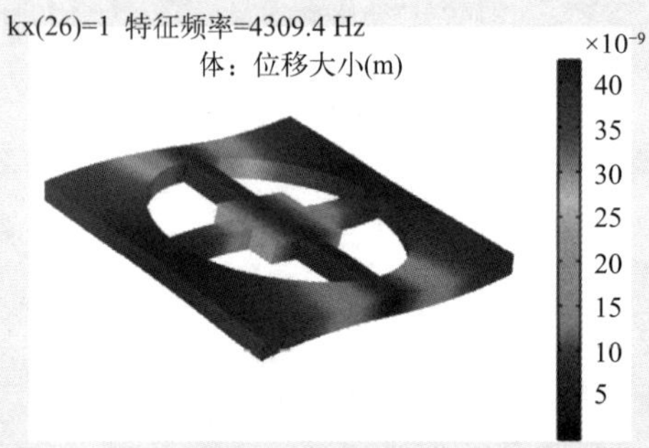


图 5-55 二阶振型图

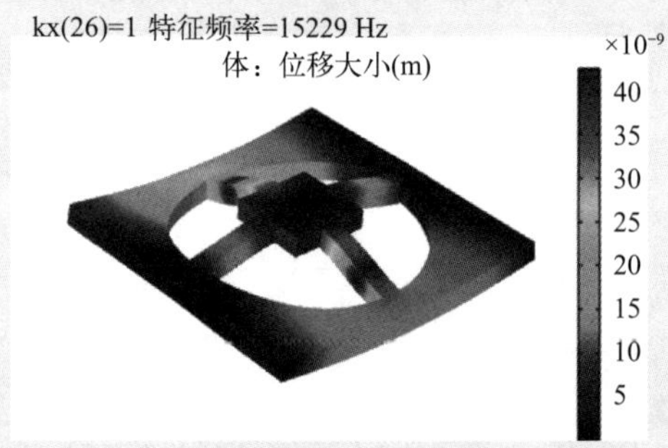


图 5-56 三阶振型图

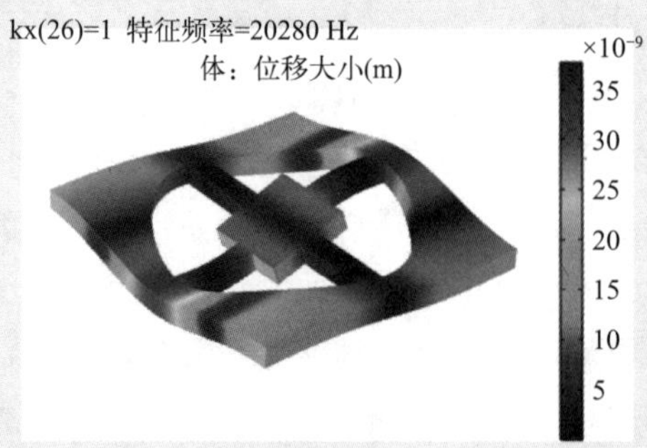


图 5-57 四阶振型图

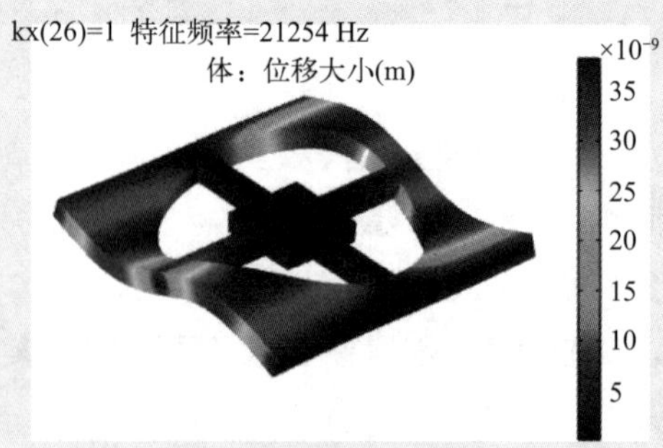


图 5-58 五阶振型图

⑤ 绘制能带结构图。

a. 添加一维绘图组。单击“结果”选项卡“绘图组”面板中的“一维绘图组”按钮 ，弹出“一维绘图组”设置窗口和“一维绘图组 2”选项卡，在“一维绘图组”设置窗口中设置“标签”为“无预应力能带结构图”，设置“数据集”为“研究—无预应力 / 参数化解 1 ( sol2 )”，其余为默认设置，如图 5-60 所示。此时“一维绘图组 2”选项卡变为“无预应力能带结构图”选项卡。

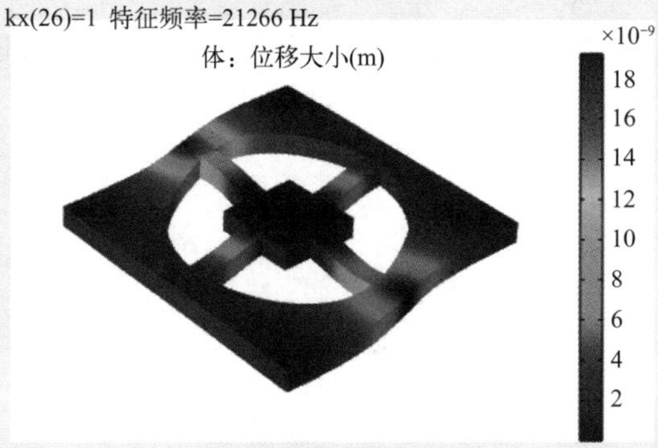


图 5-59　六阶振型图

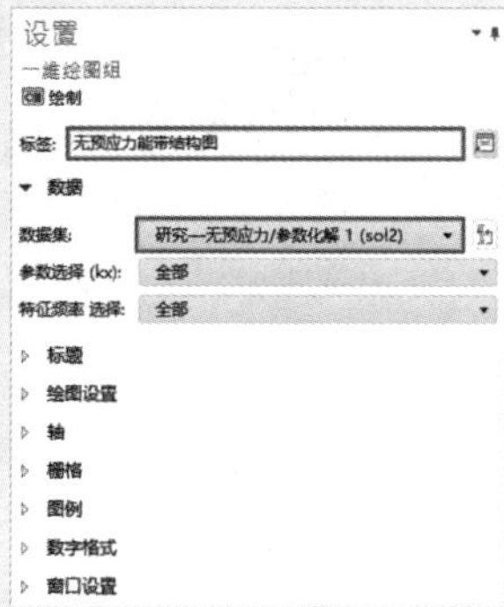


图 5-60　“一维绘图组”设置窗口

b. 添加全局图。单击“无预应力能带结构图”选项卡“添加绘图”面板中的“全局”按钮 ，弹出“全局”设置窗口，在“y 轴数据”栏中的“表达式”文本框中输入“freq”，在“x 轴数据”栏中的“轴源数据”列表中选择“外解”，设置“参数”为“表达式”，输入“表达式”为“kx”，展开“着色和样式”栏，设置“宽度”为“2”,“标记”为“圆”，如图 5-61 所示，然后单击“绘制”按钮 ，绘制能带结构图，如图 5-62 所示。

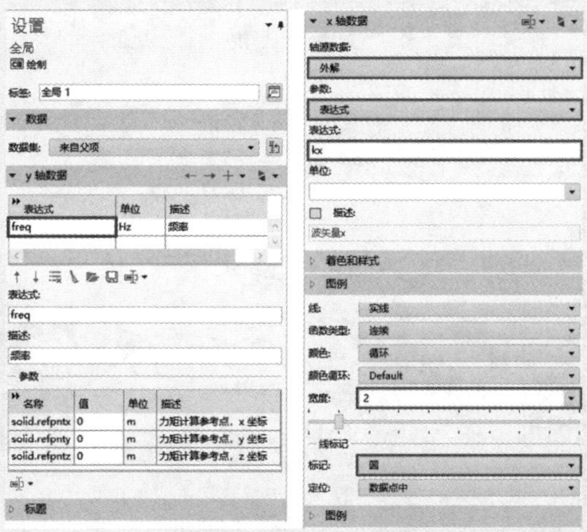


图 5-61　“全局”设置窗口

（6）有预应力研究

① 添加预应力研究。单击“研究”选项卡“研究”面板中的“添加研究”按钮 ，在图形窗口右侧弹出“添加研究”窗口，选择“所选物理场接口的预设研究”栏中的“特征频率，预应力”

选项，如图5-63所示，单击“添加研究”按钮 ＋ **添加研究** ，添加该研究到“模型开发器”中，然后关闭该窗口。

② 重命名研究 2。在“模型开发器”中选择“研究 2”节点，弹出“研究”设置窗口，在“标签”栏中输入“研究—有预应力”。

③ 添加位移边界条件。单击“物理场”选项卡“边界”面板“边界”下拉列表“固体力学”栏中的“固定约束”按钮 **固定约束** ，弹出“指定位移”设置窗口，激活“选择”框，选择声子晶体中心方块的上表面，勾选“在 x 方向指定”“在 y 方向指定”和“在 z 方向指定”复选框，并设置“$u_{0z}$”为“0.003”，如图 5-64 所示。

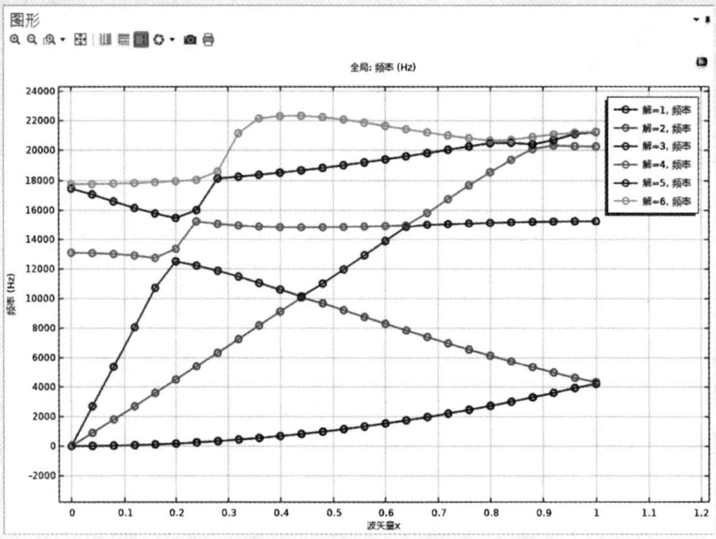


图 5-62　无预应力能带结构图

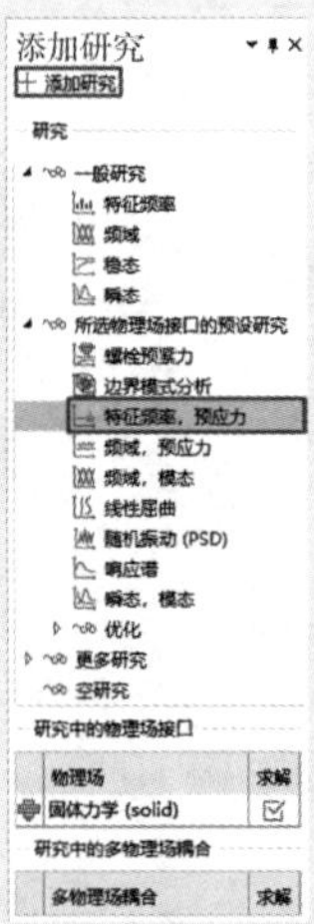


图 5-63　“添加研究”窗口

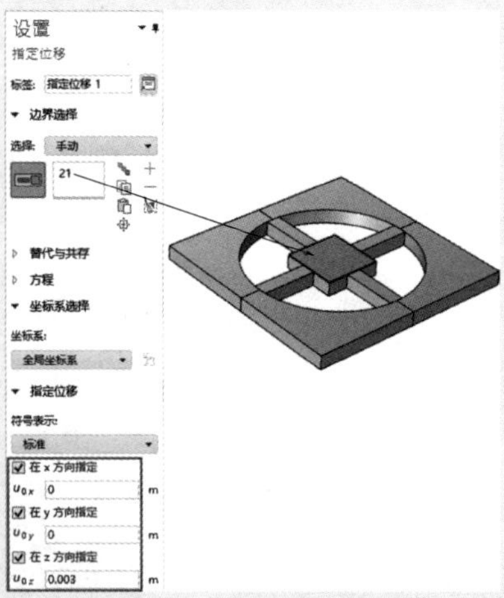


图 5-64　“指定位移”窗口

④ 添加固定约束。单击“物理场”选项卡“边界”面板“边界”下拉列表“固体力学”栏中

的“指定位移”按钮 **指定位移**，弹出“固定约束”设置窗口，激活“选择”框，选择声子晶体所有的侧表面，如图5-65所示。

⑤ 添加参数化扫描。单击“研究”选项卡“研究步骤”面板中的“参数化扫描”按钮，弹出“参数化扫描”设置窗口，单击“添加”按钮 ＋，添加一个参数，在列表中选择“kx（波矢量 x）”，然后单击“范围”按钮，打开“范围”窗口，设置“定义方法”为“步长”，“起始”步长为“0”，“步长”为“0.04”，“停止”步长为“1”，然后单击“替换”按钮 替换 ，返回“参数化扫描”设置窗口。

⑥ 禁用周期性条件。在“模型开发器”中单击“研究—有预应力”节点下的“步骤 1：稳态”子节点，弹出“稳态”设置窗口，勾选“修改研究步骤的模型配置”复选框，选中其中的“周期性条件 1”和“周期性条件 2”，单击“禁用”按钮，如图 5-66 所示，其余为默认设置。

⑦ 禁用位移和固定约束。在“模型开发器”中单击“研究—有预应力”节点下的“步骤 2：特征频率”子节点，弹出“特征频率”设置窗口，勾选“修改研究步骤的模型配置”复选框，选中其中的“指定位移 1”和“固定约束 1”，单击“禁用”按钮，如图 5-67 所示，其余为默认设置。

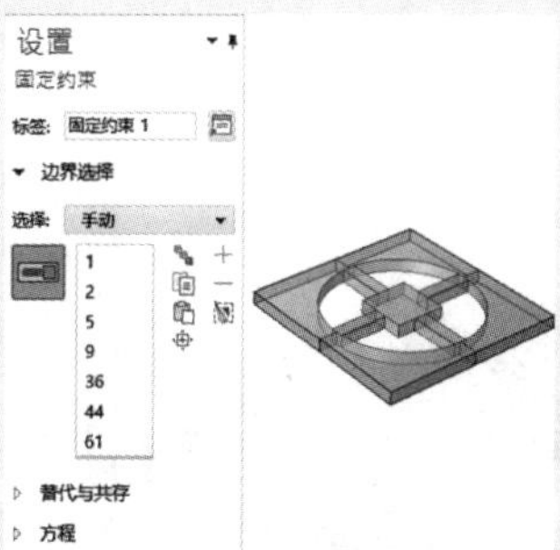
图 5-65　“固定约束”窗口

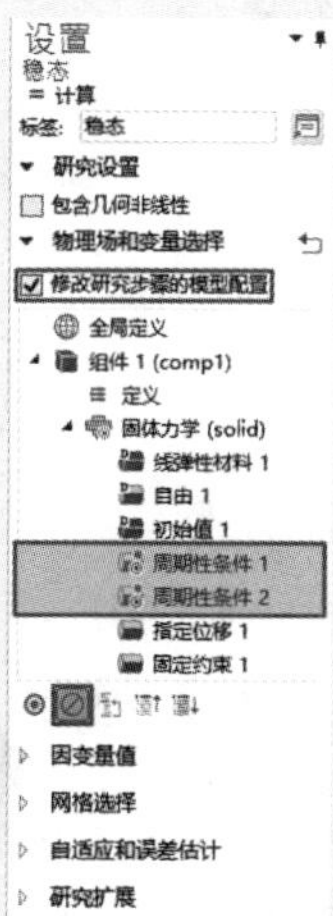
图 5-66　禁用周期性条件

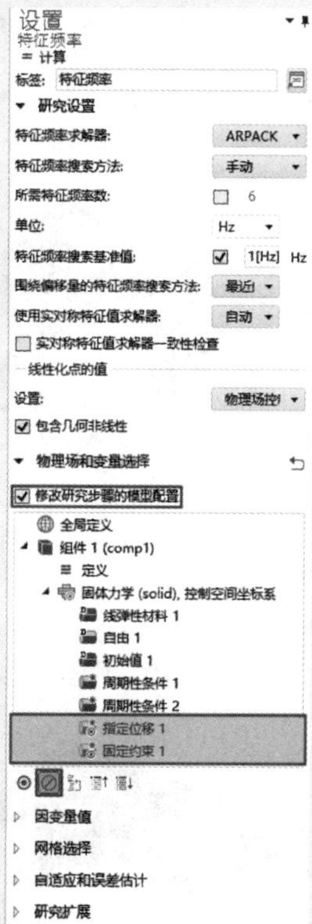
图 5-67　禁用位移和固定约束

⑧ 求解计算。单击“研究”选项卡“研究”面板中的“计算”按钮，进行求解计算。

⑨ 查看体振型图。在“模型开发器”中选择“结果”节点中的“振型（solid）”子节点，弹出“三维绘图组”设置窗口，重新设置“标签”为“振型—有预应力”，设置“数据集”为“研究—

有预应力/参数化解2（sol31）”，设置“参数值（kx）”为“1”（也可以查看其他参数值），取消勾选“绘制数据集的边”复选框，并勾选“显示图例”复选框，然后禁用该节点下的“表面1”，单击“振型—有预应力”选项卡“添加绘图”面板中的“体”按钮，弹出“体”设置窗口，采用默认设置，再单击“振型—有预应力”选项卡“属性”面板中的“变形”按钮，采用默认设置。返回“振型—有预应力”节点，通过单击“绘制下一个（特征频率）”按钮➡或“绘制上一个（特征频率）”按钮⬅查看体振型图，如图5-68～图5-73所示。

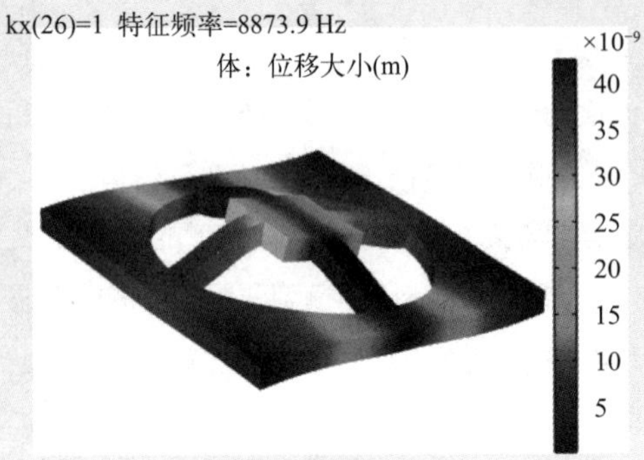


图 5-68　一阶振型图

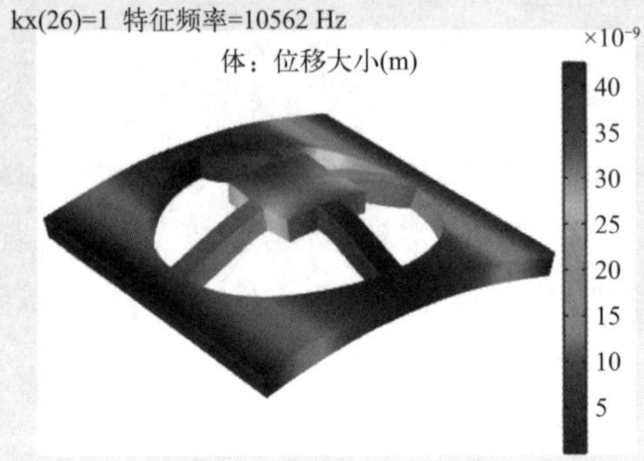


图 5-69　二阶振型图

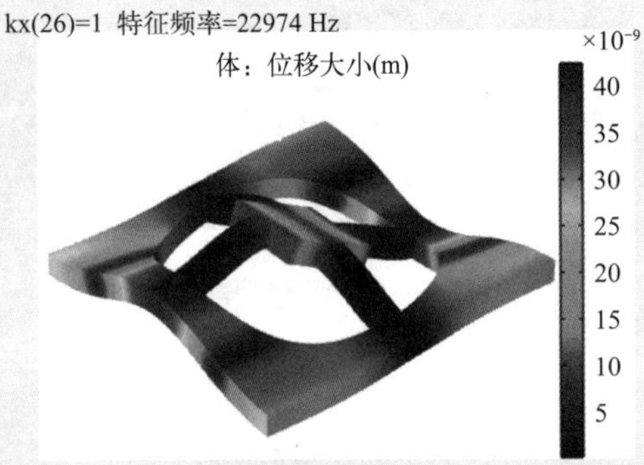


图 5-70　二阶振型图

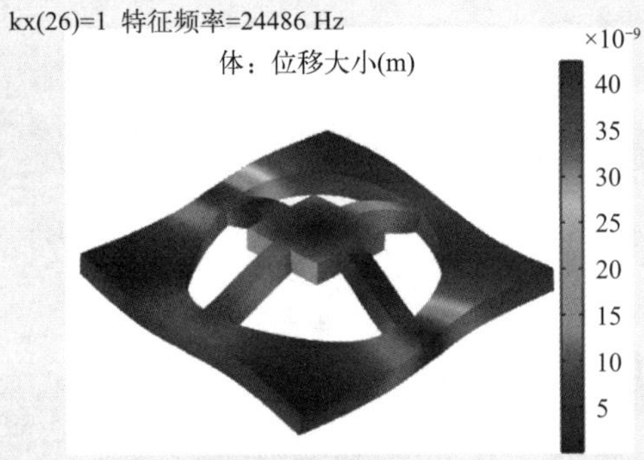


图 5-71　四阶振型图

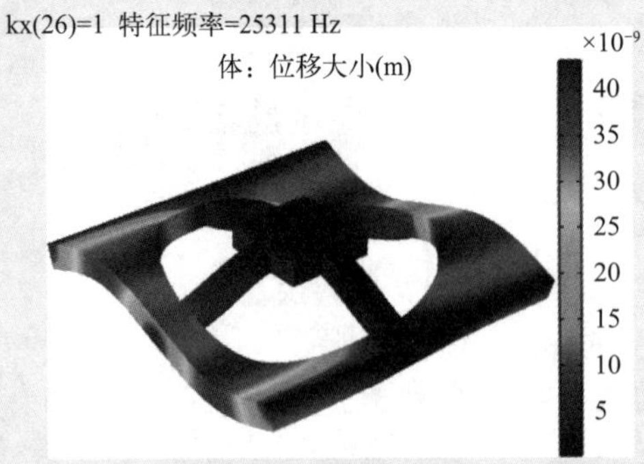


图 5-72　五阶振型图

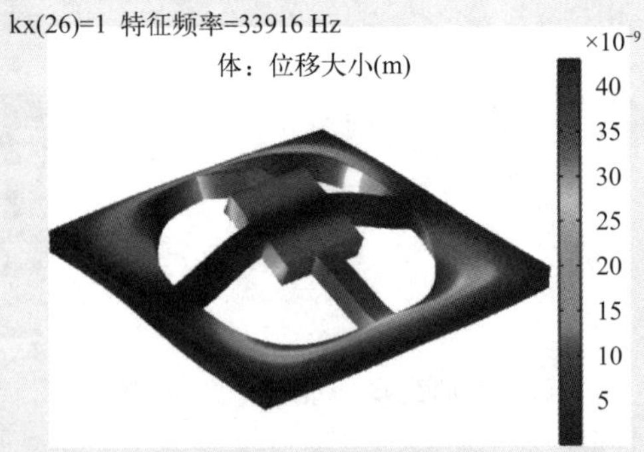


图 5-73　六阶振型图

⑩ 绘制能带结构图。

a. 添加一维绘图组。单击“结果”选项卡“绘图组”面板中的“一维绘图组”按钮 ，弹出“一维绘图组”设置窗口和“一维绘图组 4”选项卡，在“一维绘图组”设置窗口中设置“标签”为“有预应力能带结构图”，设置“数据集”为“研究一有预应力 / 参数化解 2 ( sol31 )”，其余为默认设置，此时“一维绘图组 4”选项卡变为“有预应力能带结构图”选项卡。

b. 添加全局图。单击“有预应力能带结构图”选项卡“添加绘图”面板中的“全局”按钮 ，弹出“全局”设置窗口，在“y 轴数据”栏中的“表达式”文本框中输入“freq”，在“x 轴数据”栏中的“轴源数据”列表中选择“外解”，设置“参数”为“表达式”，输入“表达式”为“kx”，展开“着色和样式”栏，设置“宽度”为“2”，“标记”为“圆”，然后单击“绘制”按钮 ，绘制能带结构图，如图 5-74 所示。

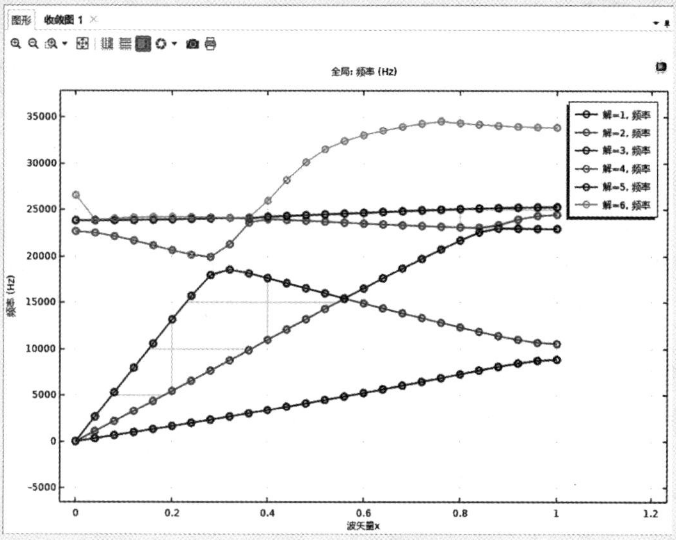


图 5-74　有预应力能带结构图

# 5.4　频域分析

## 5.4.1　频域分析概述

频域分析也称为谐波响应分析，它是用于计算线性化或非线性化模型受到一个或多个频率的谐波激励时的稳态响应的技术。只计算随时间按正弦规律变化的稳态受迫振动，不计算刚开始受到激励时的瞬态振动。

频域分析的目的是计算出结构在几种频率下的响应并得到这些响应值对应的频率曲线，这样就可以预测结构的持续动力学特征，从而验证其能否成功地克服共振、疲劳及其他受迫振动引起的有害效果。

频域分析是一种线性分析。任何非线性特性，如塑性和接触（间隙）单元，即使被定义了，也将被忽略，其输入的材料性质可以是线性的或非线性的、各向同性的或正交各向异性的、温度恒定的或温度相关的，但必须指定材料的弹性模量和密度。

对于频域分析，其运动方程如下：

$$(-\omega^2[\boldsymbol{M}]+\mathrm{i}\omega[\boldsymbol{C}]+[\boldsymbol{K}])(\{\phi_1\}+\mathrm{i}\{\phi_2\})=(\{\boldsymbol{F}_1\}+\mathrm{i}\{\boldsymbol{F}_2\}) \tag{5-6}$$

这里假设刚度矩阵$[\boldsymbol{K}]$、质量矩阵$[\boldsymbol{M}]$是定值，要求材料是线弹性的，使用位移理论（不包括非线性），阻尼为$[\boldsymbol{C}]$、激振（简谐载荷）为$[\boldsymbol{F}]$。

频域分析的输入条件包括已知幅值和频率的简谐载荷，包括力、压力和位移。

简谐载荷可以是具有相同频率的多种载荷，力和位移可以相同或不同，但是压力分布载荷和体载荷只能指定零相位角。

### 5.4.2 频域分析的方法

频域分析的方法有两种，分别为完全法和模态叠加法。完全法是最容易的方法，允许使用完整的结构矩阵，而且允许采用非对称矩阵。该方法求解准确，可采用稀疏矩阵求解计算复杂的方程，支持各种类型载荷和约束，但该方法求解时间较长。模态叠加法需要先进行特征频率（模态）分析，通过特征频率分析得到各个振型后再乘以系数，然后叠加起来，该方法是一种近似求解方法，求解结果与实际结果的近似度取决于提取的特征频率数量，数量越多越接近，如果只采用几个特征频率，得到的结果会很差，但可以保证得到良好的位移结果。该方法运算速度较快，但不适用于非零位移载荷、非对称矩阵和非线性性质的分析计算。

### 5.4.3 实例—固定梁频域分析

如图 5-75 所示为固定梁，材质为结构钢，其截面尺寸如图 5-76 所示。梁的两端固定，在梁的每 1/4 长度处有一台机械设备，由于设备的振动会产生一个简谐力，大小为 1000N，故对此状态下的固定梁进行频域分析。

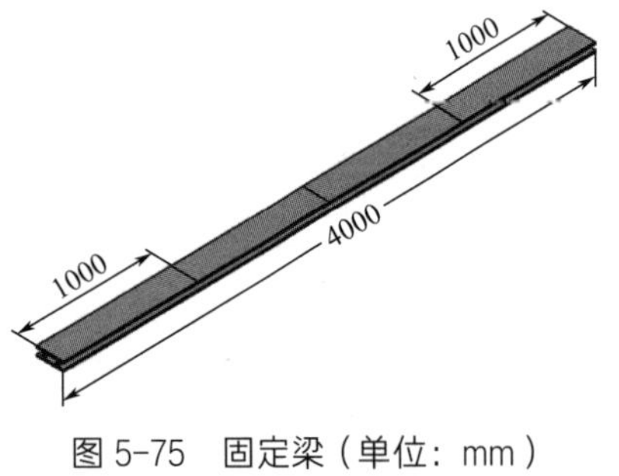


图 5-75 固定梁（单位：mm）

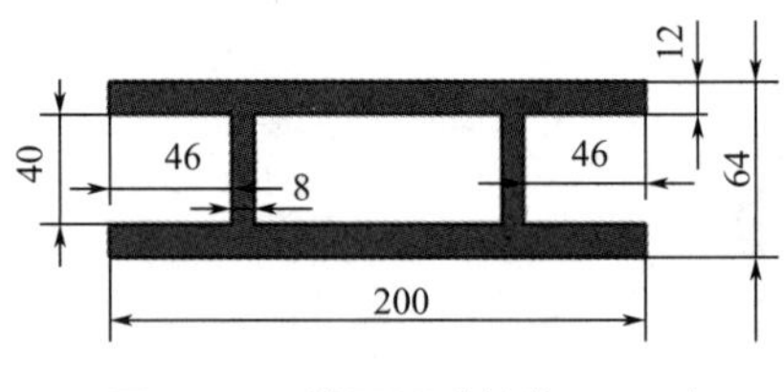


图 5-76 截面图（单位：mm）

扫码看视频

操作步骤

（1）创建模型

① 进入三维“几何”界面。在“新建”界面中单击“模型向导”按钮 ，弹出“选择空间维度”界面，在该界面选择“三维”维度，进入“选择物理场”界面，展开“结构力学”列表，

选择列表中的“固体力学”选项，单击“添加”按钮 添加 ，将“固体力学”添加到物理场接口中，然后单击“研究”按钮 ，进入“选择研究”界面，在“一般研究”栏中选择“特征频率”选项，如图5-77所示，然后单击“完成”按钮 ，进入主界面。

② 创建模型。

a. 设置单位。在“几何”设置窗口“长度单位”列表中选择“mm”，设置“几何表示”为“COMSOL 内核”，如图 5-78 所示。

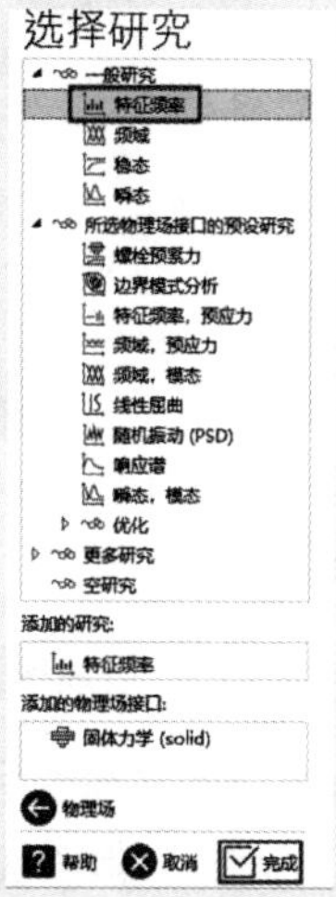


图 5-77　选择研究

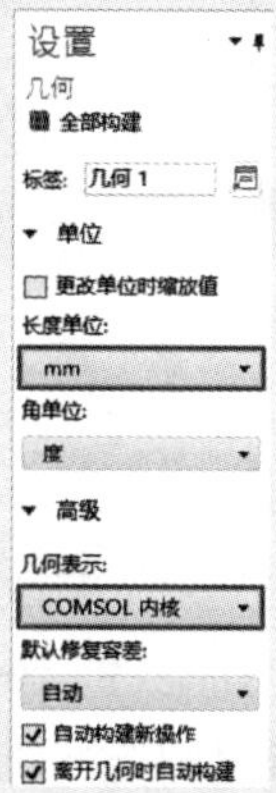


图 5-78　设置单位

b. 创建长方体。单击“几何”选项卡“体素”面板中的“长方体”按钮 ，弹出“长方体”设置窗口，在“大小和形状”栏中设置“宽度”为“4000”,“深度”为“200”,“高度”为“12”，其余为默认设置，如图 5-79 所示，然后单击“构建选定对象”按钮 ，创建长方体 1；继续单击“几何”选项卡“体素”面板中的“长方体”按钮 ，弹出“长方体”设置窗口，在“大小和形状”栏中设置“宽度”为“4000”,“深度”为“8”,“高度”为“40”，在“位置”栏中设置“基准”为“角”，设置“y”值为“46”，设置“z”值为“-40”，其余为默认设置，如图 5-80 所示，然后单击“构建选定对象”按钮 ，创建长方体 2。

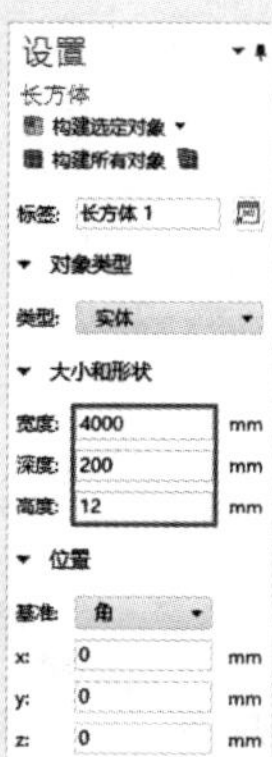


图 5-79　长方体 1 设置窗口

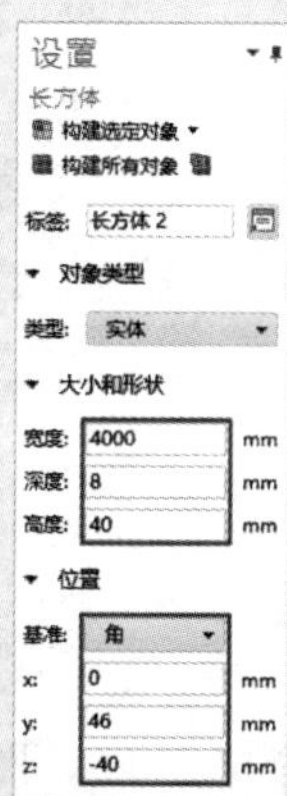


图 5-80　长方体 2 设置窗口

c. 复制移动长方体。单击“几何”选项卡“操作”面板“变换”下拉列表中的“移动”按钮 ，弹出“移动”设置窗口，激活“选择”框，选择“长方体 1”为移动对象，勾选“保留输入对象”复选框，然后在“位移”栏中设置“z”值为“-52”，如图 5-81 所示，再单击“构建选定对象”按钮 ，创建移动 1。同理，将长方体 2 沿 y 向移动 100，创建移动 2，完成模型的创建，单击“图形窗口”工具栏中的“显示栅格”按钮 ，取消栅格的显示，结果如图 5-82 所示。

图 5-81　复制移动长方体

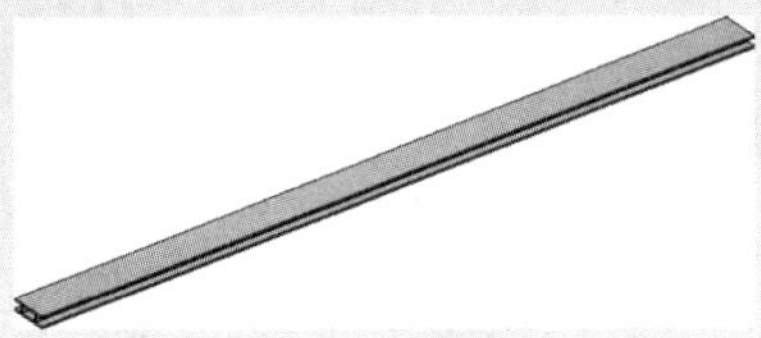

图 5-82　创建模型

③ 创建平面。单击“几何”选项卡“工作平面”面板中的“工作平面”按钮 ，弹出“工作平面”设置窗口，在“平面定义”栏中选择“平面”为“yz 平面”，设置“偏移类型”为“距离”，输入“x 坐标”为“1000”，其余为默认设置，如图 5-83 所示，然后单击“构建选定对象”按钮 ，创建工作平面 1；采用同样的操作创建一个与 yz 平面距离为 2000 的工作平面 2 和一个与 yz 平面距离为 3000 的工作平面 3。

④ 分割域。单击“几何”选项卡“操作”面板“布尔操作和分割”列表中的“分割域”按钮 ，弹出“分割域”设置窗口，选择固定梁为“要分割的域”，设置“分割方式”为“工作平面”，设置“工作平面”为“工作平面 1”，其余为默认设置，如图 5-84 所示，单击“构建选定对象”按钮 ，分割域完成；采用同样的操作用“工作平面 2”和“工作平面 3”分割域，结果如图 5-85 所示。

图 5-83　“工作平面”设置窗口

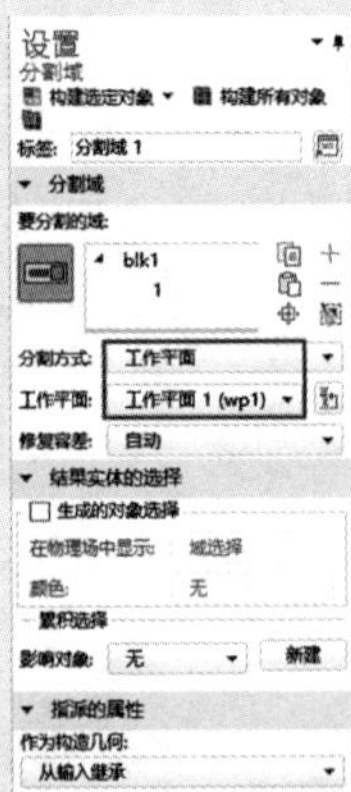


图 5-84　“分割域”设置窗口

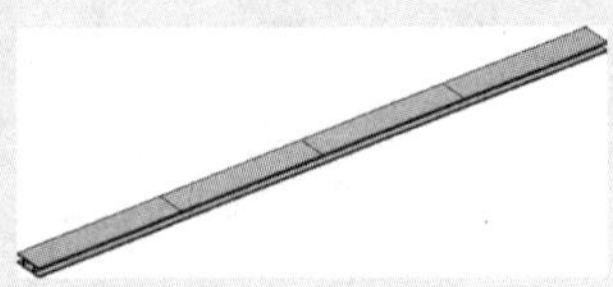

图 5-85　固定梁

（2）添加材料

单击“材料”选项卡“材料”面板中的“添加材料”按钮，弹出“添加材料”窗口，展开“内置材料”列表，选择其中的“Structural steel”（结构钢），然后单击“添加到组件”，将结构钢材料添加给固定梁，然后单击“关闭”按钮 ×，关闭“添加材料”窗口。

（3）添加固定约束

单击“物理场”选项卡“边界”面板“边界”下拉列表“固体力学”栏中的“固定约束”按钮 **固定约束**，弹出“固定约束”设置窗口，选择固定梁左右两个端面，如图 5-86 所示。

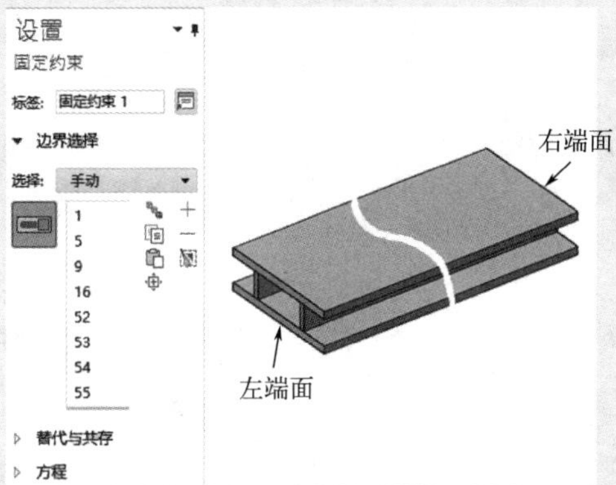


图 5-86　添加固定约束

（4）划分网格

① 划分映射网格。

a. 添加映射网格。单击“网格”选项卡“生成器”面板“边界”下拉列表中的“映射”按钮，弹出“映射”设置窗口，激活“选择”框，选择固定梁的左端面，然后展开“减少单元偏度”栏，勾选“调整边网格”复选框，如图 5-87 所示。

b. 添加分布 1。单击“网格”选项卡“属性”面板中的“分布”按钮，弹出“分布”设置窗口，激活“选择”框，选择固定梁上下两条长边，设置“分布类型”为“固定单元数”，设置“单元数”为“25”，然后单击“构建选定对象”按钮，如图 5-88 所示。

c. 添加分布 2。单击“网格”选项卡“属性”面板中的“分布”按钮，弹出“分布”设置窗口，激活“选择”框，选择固定梁左右两条短边，设置“分布类型”为“固定单元数”，设置“单元数”为“8”，然后单击“构建选定对象”按钮，结果如图 5-89 所示。

② 划分扫掠网格。

a. 添加扫掠网格。单击“网格”选项卡“生成器”面板中的“扫掠”按钮，弹出“扫掠”设置窗口，采用默认设置，单击“构建选定对象”按钮，划分扫掠网格。

b. 添加分布来细化扫掠网格。单击“网格”选项卡“属性”面板中的“分布”按钮，弹出“分布”设置窗口，系统自动选择所有域，设置“分布类型”为“固定单元数”，设置“单元数”为“40”，然后单击“构建选定对象”按钮，划分分布网格，结果如图 5-90 所示。

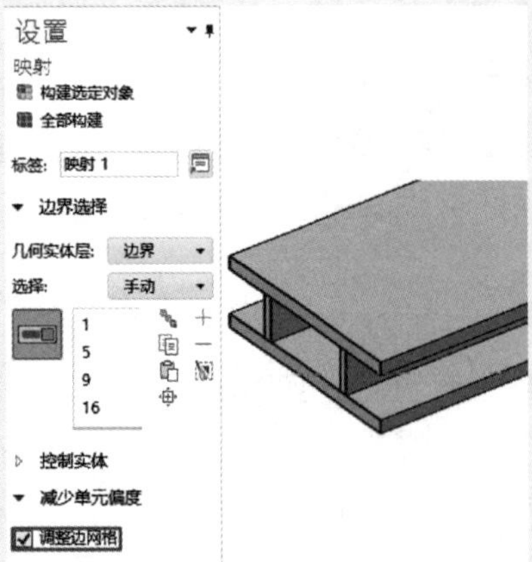


图 5-87 “映射”设置窗口

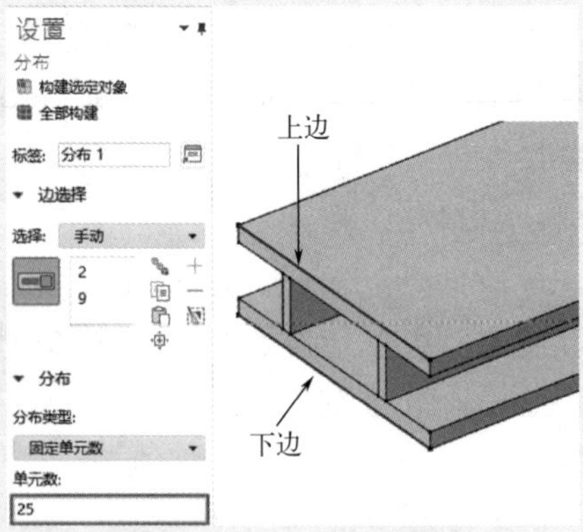


图 5-88 “分布”设置窗口

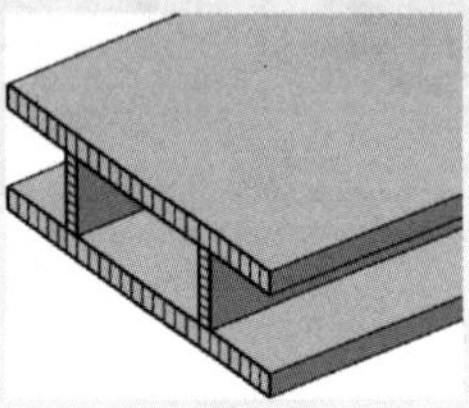

图 5-89 划分映射网格

图 5-90 划分扫掠网格

（5）特征频率分析

① 设置研究 1。

a. 研究设置。在“模型开发器”中选中“研究 1”节点，弹出“研究”设置窗口，在“研究设置”栏中取消勾选“生成默认绘图”复选框，如图 5-91 所示。

b. 求解计算。单击“研究”选项卡“研究”面板中的“计算”按钮，进行求解计算。

② 查看体振型图。

在“模型开发器”中选择“结果”节点中的“振型（solid）”子节点，弹出“三维绘图组”设置窗口，重新设置“标签”为“振型图”，设置“数据集”为“研究 1/ 解 1（sol1）”，取消勾选“绘制数据集的边”复选框，并勾选“显示图例”复选框，如图 5-92 所示。单击“振型图”选项卡“添加绘图”面板中的“体”按钮，弹出“体”设置窗口，采用默认设置，然后单击“振型图”选项卡“属性”面板中的“变形”按钮，采用默认设置。返回“振型图”节点，通过单击“绘制下一个（特征频率）”按钮或“绘制上一个（特征频率）”按钮查看体振型图，如图 5-93 ~ 图 5-98 所示。

（6）频域分析

通过特征频率分析，在振型图中可以看到，固定梁的前六阶特征频率范围为 27.662 ~ 175.87Hz，因此对机械振动进行扫频的范围略大于前六阶的特征频率，即在 0 ~ 190Hz 的范围内进行扫频，查看机械振动对固定梁的影响。为了求解方便、快捷，一般采用模态叠加法进行频域分析。

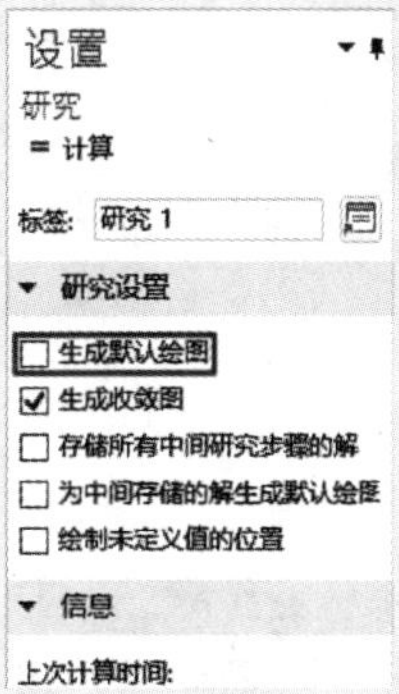


图 5-91　设置研究 1

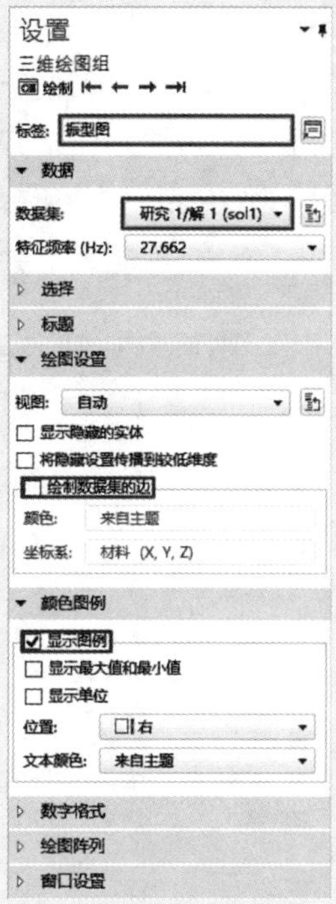


图 5-92　“三维绘图组”设置窗口

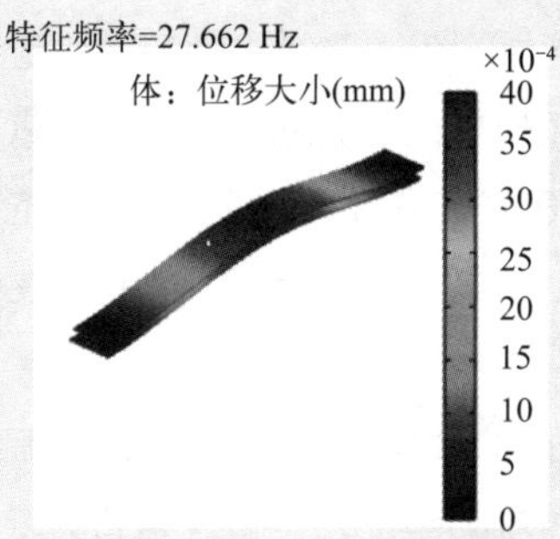


图 5-93　一阶振型图

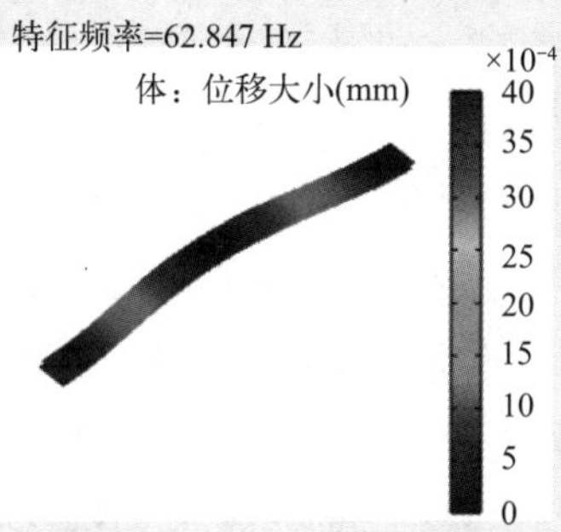


图 5-94　二阶振型图

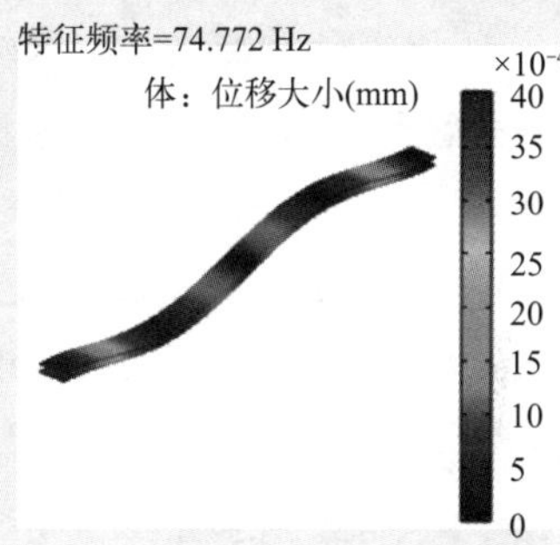


图 5-95　三阶振型图

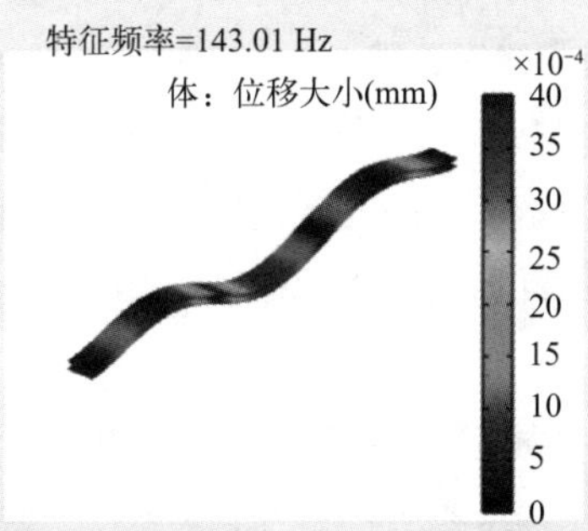


图 5-96　四阶振型图

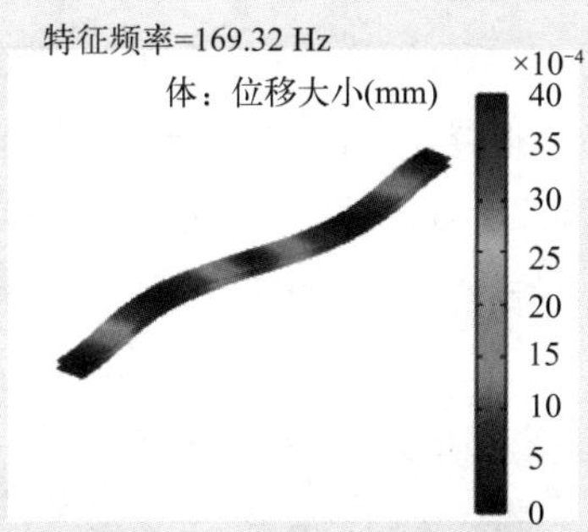


图 5-97　五阶振型图

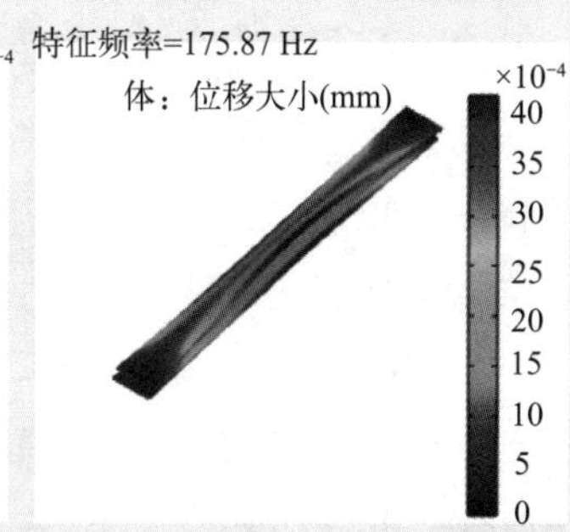


图 5-98　六阶振型图

① 添加阻尼和边载荷

a. 添加阻尼。在“模型开发器”中选择“固体力学”节点下的“线弹性材料 1”，然后单击“物理场”选项卡“上下文”面板“属性”下拉列表“固体力学”栏中的“阻尼”按钮 **阻尼**，如图 5-99 所示，弹出“阻尼”设置窗口，选择所有域，在“阻尼设置”栏中设置“阻尼类型”为“各向同性损耗因子”，设置“$\eta_s$”为“用户定义”，并设置其值为“0.02”，其余为默认设置，如图 5-100 所示。

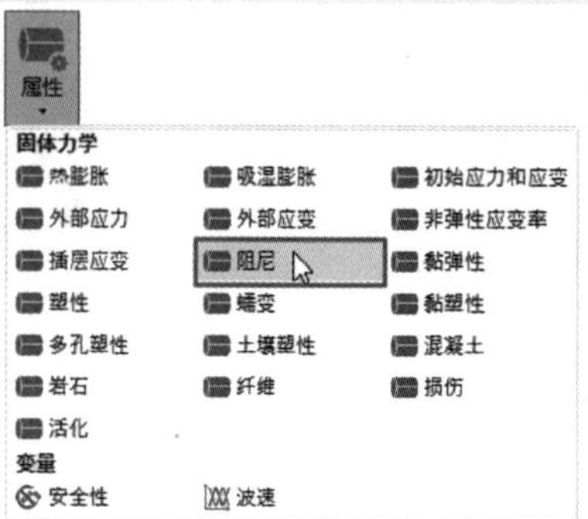


图 5-99　添加阻尼

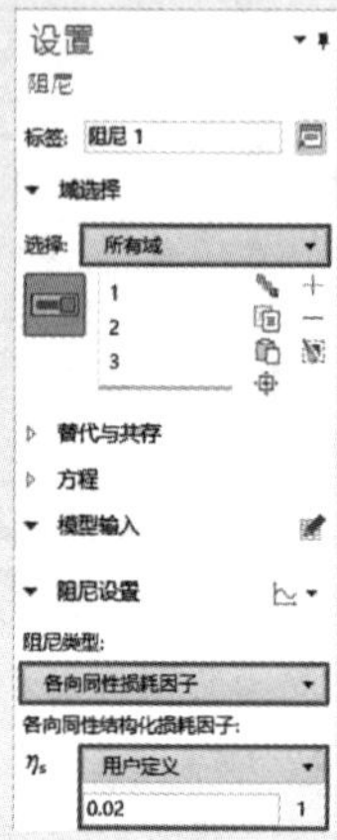


图 5-100　“阻尼”设置窗口

b. 添加边载荷。单击“物理场”选项卡“边”面板“边”下拉列表中的“边载荷”按钮 **边载荷**，弹出“边载荷”设置窗口，激活“选择”框，选择固定梁最左侧的分割边线，设置“载荷类型”为“单位长度的力”，在下面的“$F_L$”中设置“z”值为“-1000”，如图 5-101 所示。在“模型开发器”中选择刚添加的边载荷，然后单击“物理场”选项卡“上下文”面板“属性”下拉列表中的“相位”按钮 **相位**，弹出“相位”设置窗口，设置“载荷相位”均为“0”，如图 5-102 所示，为“边载荷”添加相位；再在“模型开发器”中选择刚添加的边载荷，然后单击“物理场”选项卡“上下文”面板中的“谐波扰动”按钮 ，将“边载荷”设置为简谐力。同理，在固定梁最右侧的分割线上添加同样的简谐力。

② 添加研究步骤。单击“研究”选项卡“研究步骤”面板中的“研究步骤”下拉列表“频域”栏中的“频域，模态”选项，如图 5-103 所示，添加“频域，模态”求解步骤。

③ 设置特征频率求解步。在“模型开发器”中单击“研究 1”节点下的“步骤 1：特征频率”子节点，弹出“特征频率”设置窗口，勾选“修改研究步骤的模型配置”复选框，选中其中的“阻尼”“边载荷 1”和“边载荷 2”，单击“禁用”按钮 ⊘，如图 5-104 所示，其余为默认设置。

④ 设置“频域，模态”求解步。在“模型开发器”中单击“研究 1”节点下的“步骤 2：频域，模态”子节点，弹出“频域，模态”设置窗口，在“研究设置”栏中设置“频率单位”为“Hz”，然后单击“范围”按钮 ，打开“范围”窗口，设置“定义方法”为“步长”，“起始”步长为“0”，“步长”为“1”，“停止”步长为“190”，最后单击“替换”按钮 替换 ，返回“频域，模态”设置窗口，其余为默认设置，如图 5-105 所示。

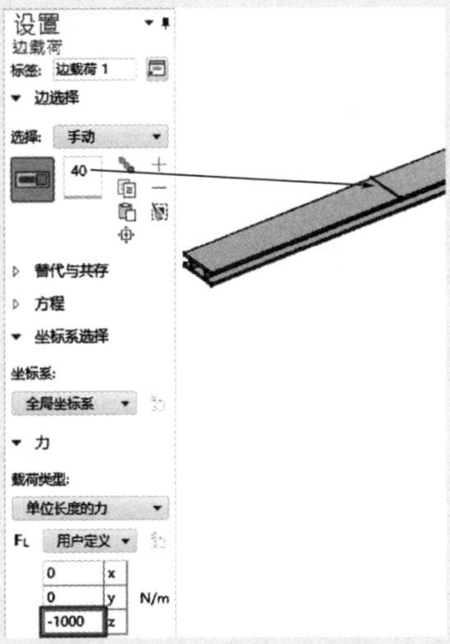


图 5-101　“边载荷”设置窗口

图 5-102　“相位”设置窗口

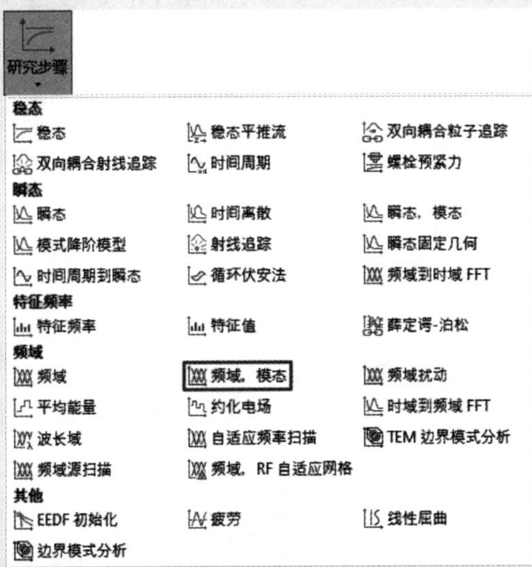


图 5-103　添加研究步骤

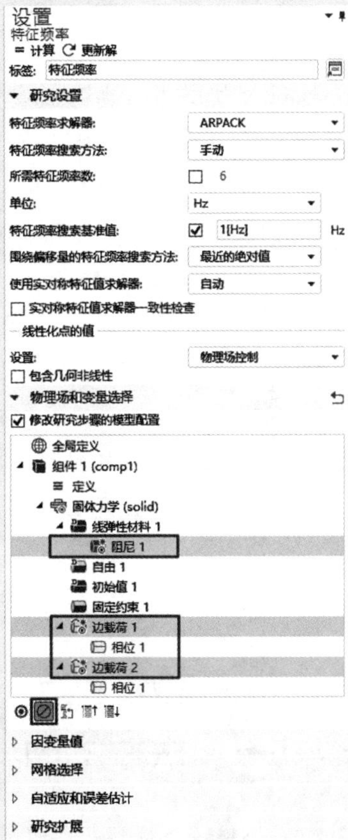


图 5-104　特征频率设置

图 5-105 “频域，模态”设置窗口

⑤ 求解计算。单击“研究”选项卡“研究”面板中的“计算”按钮，进行求解计算。

⑥ 绘制图谱。

a. 绘制位移均方根—频率图。单击“结果”选项卡“绘图组”面板中的“一维绘图组”按钮，弹出“一维绘图组”设置窗口和“一维绘图组 2”选项卡，在“一维绘图组”设置窗口中设置“标签”为“位移均方根—频率图”，设置“数据集”为“研究 1/ 解 1（sol1）”，其余为默认设置，如图 5-106 所示。此时，“一维绘图组 2”选项卡变为“位移均方根—频率图”选项卡。单击“位移均方根—频率图”选项卡“添加绘制”面板中的“点结果图”按钮，激活“选择”框，选择固定梁最左侧分割线上一点和中间分割线上一点，然后单击“y 轴数据”左侧的“替换表达式”按钮，弹出表达式窗口，如图 5-107 所示。在“组件 1”→“固体力学”→“位移”中双击“solid.disp_rms- 位移均方根 -m”选项；展开“图例”栏，勾选“显示图例”复选框，在“包含”中勾选“点”和“解”复选框，如图 5-108 所示，单击“绘图”按钮，绘制位移均方根—频率图，如图 5-109 所示。通过图形可以看到，频率在 28Hz 和 143Hz 时有两个位移波峰。

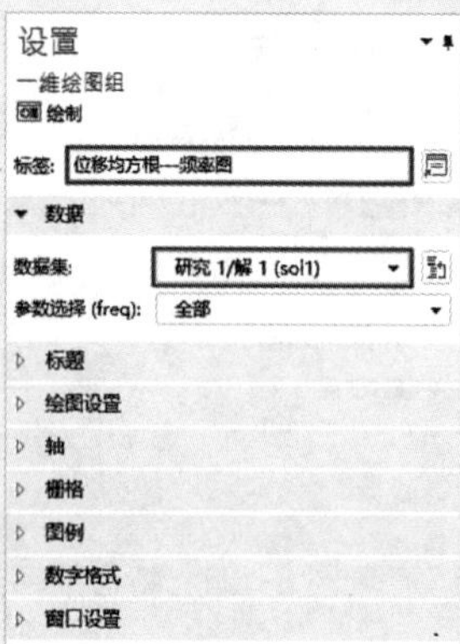


图 5-106 “一维绘图组”设置窗口

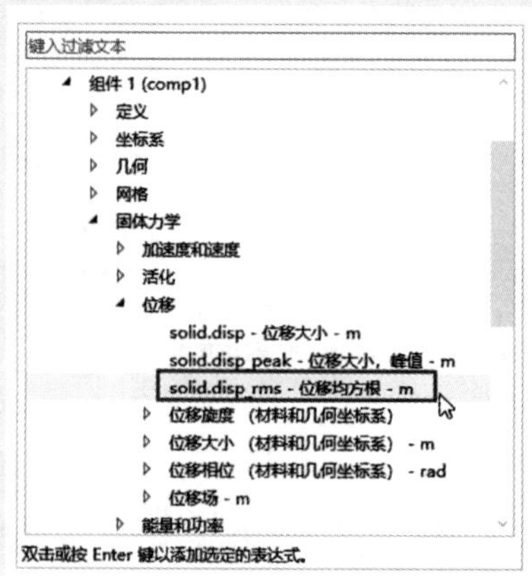


图 5-107 选择位移均方根表达式

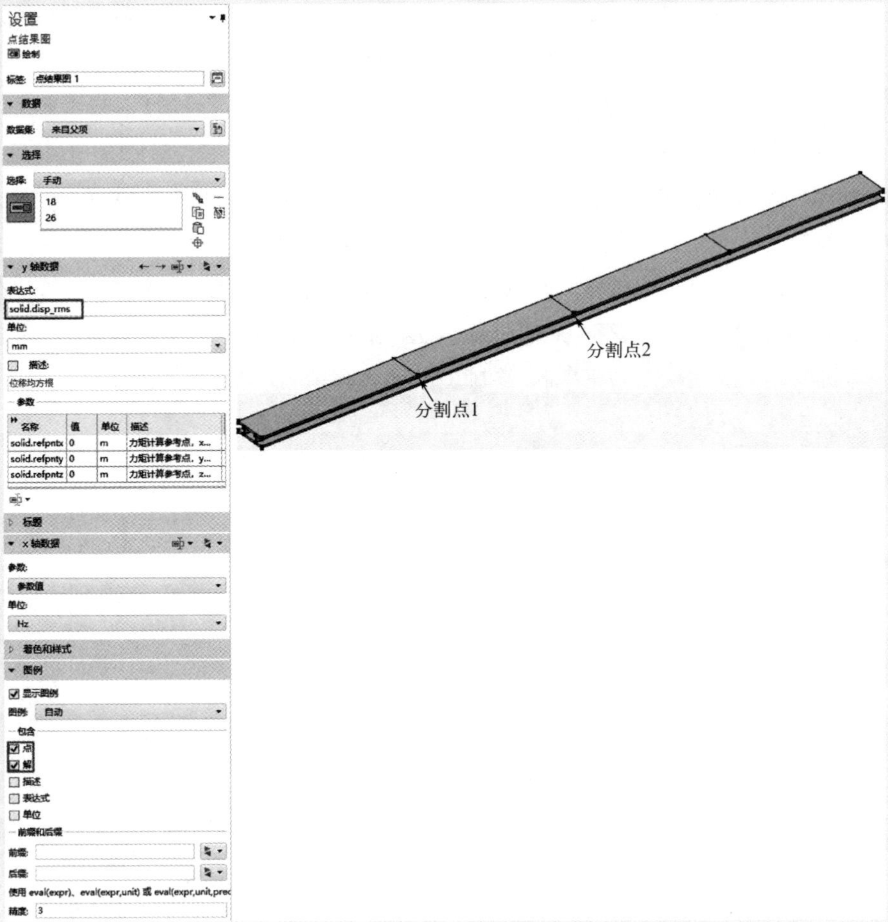


图 5-108 “点结果图”设置窗口

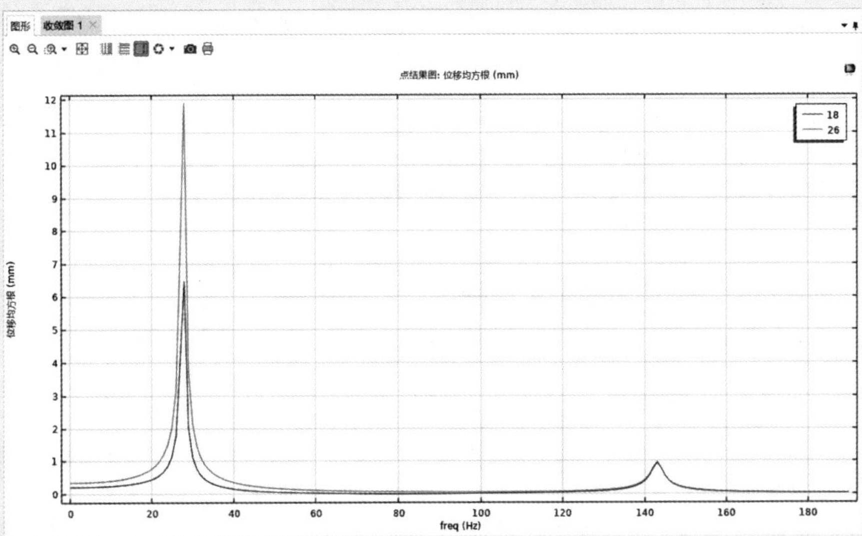


图 5-109 位移均方根—频率图

b. 绘制位移相位—频率图。单击“结果”选项卡“绘图组”面板中的“一维绘图组”按钮 ，弹出“一维绘图组”设置窗口和“一维绘图组 3”选项卡，在“一维绘图组”设置窗口中设置“标签”为“位移相位—频率图”，设置“数据集”为“研究 1/ 解 1（sol1）”，其余为默认设置。此时“一维绘图组 3”选项卡变为“位移相位—频率图”选项卡。单击“位移相位—频率图”选项卡“添加绘制”面板中的“点结果图”按钮 ，激活“选择”框，选择固定梁最左侧分割线上一点和中间分割线上一点，然后单击“y 轴数据”左侧的“替换表达式”按钮 ，弹出表达式窗口。在“组件 1”→“固体力学”→“位移”→“位移相位”中双击“solid.uPhaseZ - 位移相位，Z 分量”选项，设置“单位”为“°”；展开“图例”栏，勾选“显示图例”复选框，在“包含”中勾选“点”和“解”复选框，单击“绘图”按钮 ，绘制位移相位—频率图，如图 5-110 所示。

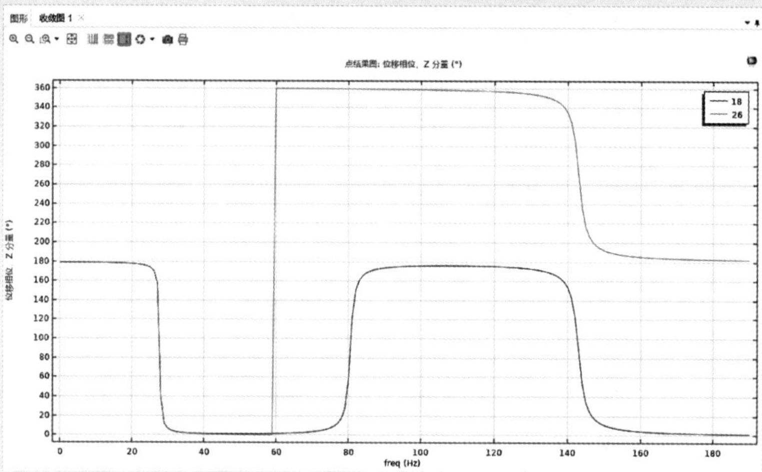


图 5-110　位移相位—频率图

⑦ 分析更改相位对结果的影响。在“模型开发器”中单击“边载荷 2”节点下的“相位 1”节点，弹出“相位”设置窗口，在“相位”栏中设置“z”值为“90”，如图 5-111 所示。然后单击“研究”选项卡“研究”面板中的“计算”按钮 ，进行求解计算。查看更改相位后的位移均方根—频率图，如图 5-112 所示。从图中可以看出此时在 75Hz 处多出一个位移波峰，但是整体的位移极限有所降低。更改相位后的位移相位—频率图如图 5-113 所示。

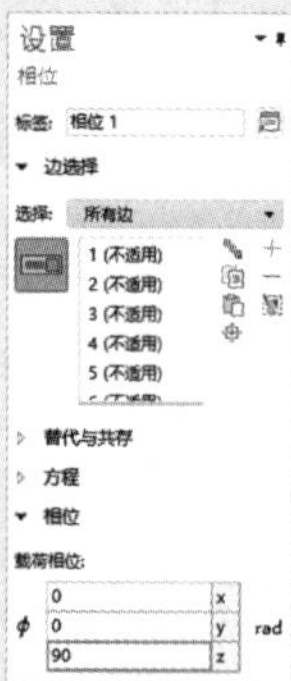


图 5-111　更改相位

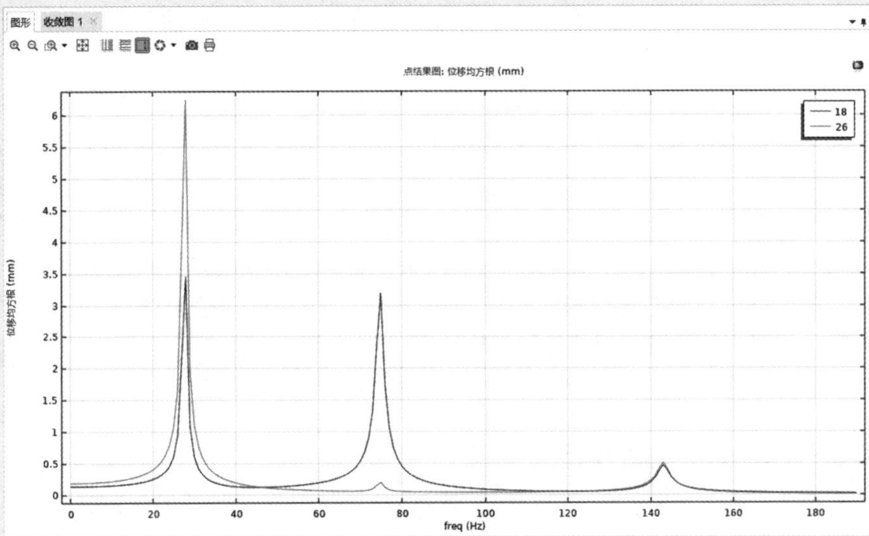


图 5-112　改相位后的位移均方根—频率图

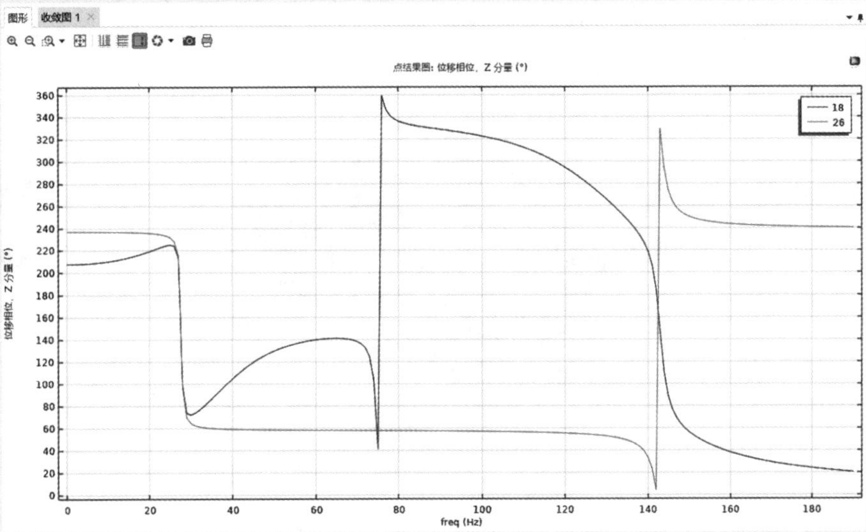


图 5-113　改相位后的位移相位—频率图

# 5.5　随机振动分析

## 5.5.1　随机振动分析概述

随机振动分析也称为功率谱密度分析，是一种基于概率统计学理论的谱分析技术。现实中有很多情况下的载荷是不确定的，例如，火箭每次发射会产生不同时间历程的振动载荷，汽车在路上行驶时每次的振动载荷也会有所不同。由于时间历程的不确定性，这种情况不能选择瞬态分析进行模拟计算，因此从概率统计学角度出发，将时间历程的统计样本转变为功率谱密度（PSD）函数——随机载荷时间历程的统计响应，在功率谱密度函数的基础上进行随机振动分析，得到响应的概率统计值。

随机振动分析可以是单点的或多点的。当进行单点随机振动分析时，要求在结构的一个点上指定一个功率谱密度函数；当进行多点随机振动分析时，则要求在模型的不同点上指定不同的功率谱密度函数。

进行随机振动分析首先要进行模态分析，在特征频率分析的基础上进行随机振动分析。

特征频率分析应该提取主要被激活振型的频率和振型，提取出来的频谱应该位于 PSD 曲线频率范围内，为了保证计算考虑所有影响显著的振型，通常 PSD 曲线的频率范围不能太小，应该一直延伸到谱值较小的区域，而且特征频率提取的频率也应该延伸到谱值较小的频率区。

在随机振动分析完成后可以查看定向变形、等效应力、响应 PSD 等。

### 5.5.2 实例—车架随机振动分析

如图 5-114 所示为一个汽车车架，材质为结构钢，车架的连接孔 1 和连接孔 2 与汽车发动机在某处存在一刚性连接，在汽车的行驶过程中，由于汽车左右和上下的颠簸，会在连接孔处的水平方向和竖直方向各产生一个随机激励。本例将模拟在这种情况下车架的随机振动响应以及点 A 处的功率谱密度位移。假设车架的底部固定，在连接孔 1 和连接孔 2 处施加一个刚性连接，在这个刚性连接上施加一个与随机载荷相关的作用力，力的大小为 1000N，随机载荷的功率谱密度见表 5-2。

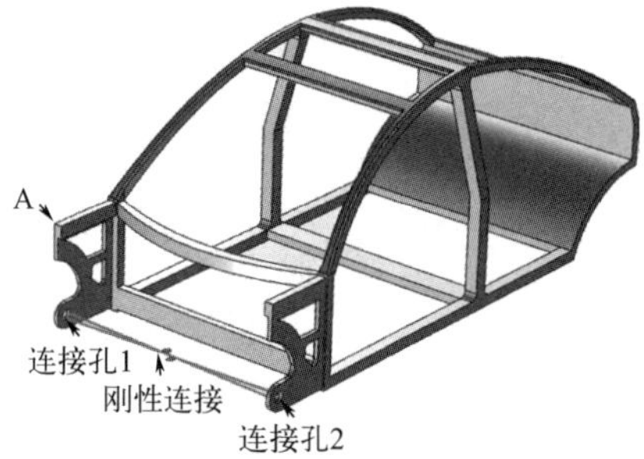


扫码看视频

图 5-114 汽车车架

表 5-2 随机载荷功率谱密度

| 序号 | 频率 /Hz | 力 /（N²/Hz） | 序号 | 频率 /Hz | 力 /（N²/Hz） |
|---|---|---|---|---|---|
| 1 | 380 | 1 | 9 | 500 | 625 |
| 2 | 395 | 16 | 10 | 515 | 400 |
| 3 | 410 | 64 | 11 | 530 | 324 |
| 4 | 425 | 144 | 12 | 545 | 144 |
| 5 | 440 | 324 | 13 | 560 | 64 |
| 6 | 455 | 400 | 14 | 575 | 16 |
| 7 | 470 | 625 | 15 | 590 | 1 |
| 8 | 485 | 900 | | | |

操作步骤

（1）导入模型

① 进入三维几何界面。在“新建”界面中单击“模型向导”按钮，弹出“选择空间维度”界面，在该界面选择“三维”维度，进入“选择物理场”界面，展开“结构力学”列表，选择列表中的“固体力学”选项，单击“添加”按钮 添加 ，将“固体力学”添加到物理场接口中，然后单击“研究”按钮，进入“选择研究”界面，在“所选物理场接口的预设研究”栏中选择“随机振动（PSD）”选项，如图 5-115 所示，最后单击“完成”按钮，进入主界面。

② 导入车架模型。在“几何”设置窗口中设置“长度单位”为“m”，设置“几何表示”为“CAD 内核”，如图 5-116 所示。然后单击“几何”选项卡“导入 / 导出”面板中的“导入”按钮，弹出“导入”设置窗口，单击“浏览”按钮，弹出“导入几何”窗口，找到要导入的“车架 .mphbin”文件，单击“打开”按钮 打开(O) ，返回“导入”设置窗口，其余为默认设置。单击“导入”按钮，导入车架模型，单击“图形窗口工具栏”中的“显示栅格”按钮，取消栅格的显示，结果如图 5-117 所示。

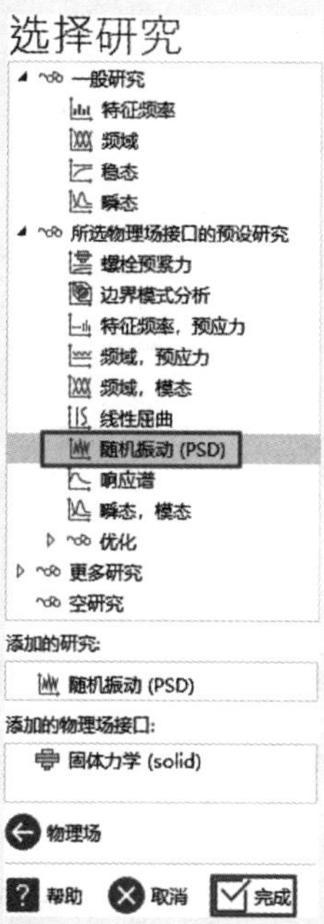


图 5-115　选择研究

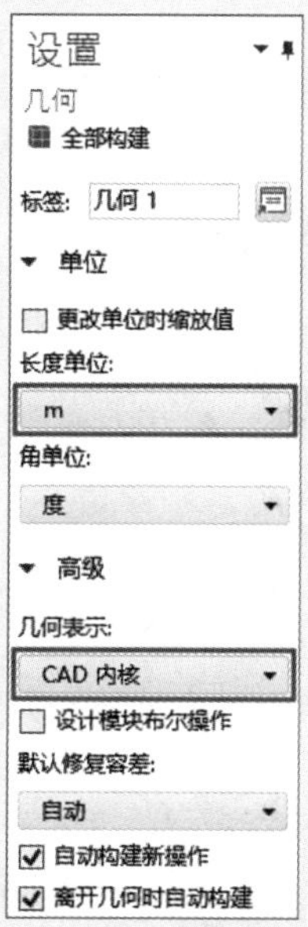


图 5-116　设置单位

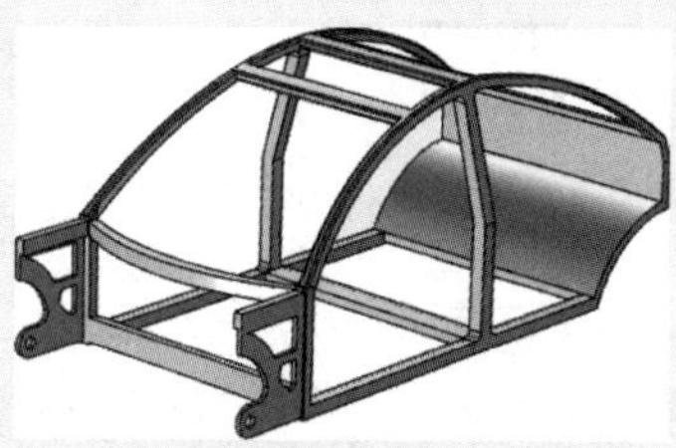

图 5-117　车架

（2）添加材料

单击“材料”选项卡“材料”面板中的“添加材料”按钮，弹出“添加材料”窗口，展开“内置材料”列表，选择其中的“Structural steel”（结构钢），然后单击“添加到组件”，将结构钢材料添加给车架，最后单击“关闭”按钮，关闭“添加材料”窗口。

（3）添加约束和载荷

① 添加固定约束。单击“物理场”选项卡“边界”面板“边界”下拉列表“固体力学”栏中的“固定约束”按钮 **固定约束**，弹出“固定约束”设置窗口，选择车架的底面，如图 5-118 所示。

② 设置阻尼。在“模型开发器”中选择“固体力学”节点下的“线弹性材料 1”，然后单击“物理场”选项卡“上下文”面板“属性”下拉列表“固体力学”栏中的“阻尼”按钮 **阻尼**，弹出“阻尼”设置窗口，选择“所有域”，在“阻尼设置”栏中设置“阻尼类型”为“瑞利阻尼”，“输入参数”选择“阻尼比”，设置“频率 1”为“400”，“阻尼比 1”为“0.05”，“频率 2”为“700”，“阻尼比 2”为“0.03”，其余为默认设置，如图 5-119 所示。

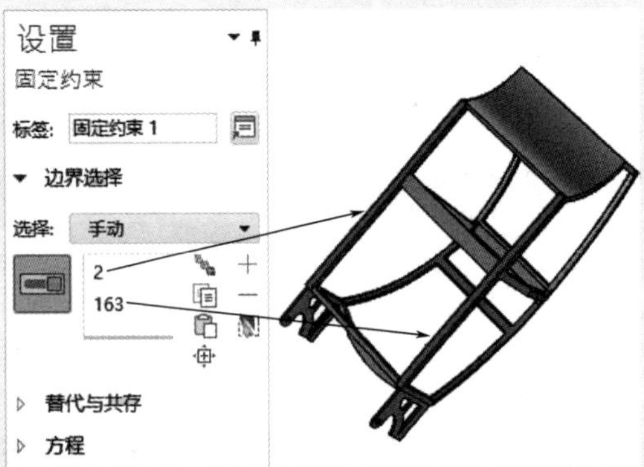


图 5-118　添加固定约束

图 5-119　“阻尼”设置窗口

③ 添加力载荷。在“模型开发器”中的“全局定义”节点中展开“降阶建模”，“标签”选择“全局降阶模型输入 1”，打开“降阶模型输入”窗口，在第一栏中输入“控制名称”为“Fx”，“表达式”为“-1000[N]”，在第二栏中输入“控制名称”为“Fy”，“表达式”为“1000[N]”，如图 5-120 所示。

④ 设置刚性连接件。

a. 添加刚性连接。单击“物理场”选项卡“边界”面板“边界”下拉列表“连接”栏中的“刚性连接件”按钮 **刚性连接件**，弹出“刚性连接件”设置窗口，激活“选择”框，选择车架前端的连接孔的 4 个圆弧面，在“指定旋转中心位移”栏中勾选“在 z 方向指定”复选框，设置“指定旋转”为“约束旋转”，然后勾选“约束绕 x 轴的旋转”“约束绕 y 轴的旋转”和“约束绕 z 轴的旋转”复选框，如图 5-121 所示。

b. 在刚性连接件处添加作用力。在“模型开发器”中选中刚刚添加的“刚性连接件 1”，然后单击“物理场”选项卡“上下文”面板“属性”下拉列表中的“作用力”按钮，弹出“作用力”设置窗口，激活“选择”框，在“F”后面的文本框中输入如图5-122所示的结果。

图 5-120　“全局降阶模型输入”设置窗口

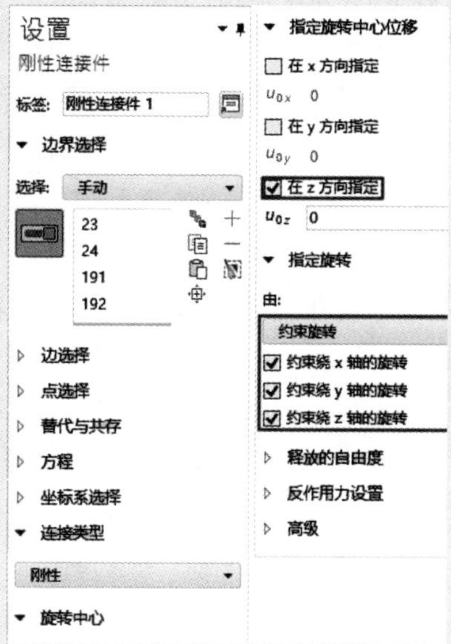


图 5-121　“刚性连接件”设置窗口

（4）定义 A 点积分和变量

① 添加积分。单击“定义”选项卡“耦合”面板“非局部耦合”下拉列表中的“积分”按钮 ∫du，弹出“积分”设置窗口，设置“几何实体层”为“点”，然后选择车架的 A 点，其余为默认设置。

② 添加变量。单击“定义”选项卡“变量”面板中的“局部变量”按钮 a=，弹出“变量”设置窗口，设置“几何实体层”为“整个模型”，然后在“变量”栏中设置如图 5-123 所示的结果。

图 5-122　“作用力”设置窗口

图 5-123　“变量”设置窗口

（5）划分网格

① 划分边网格。

a. 添加边网格。单击“网格”选项卡“生成器”面板“边界”下拉列表中的“边”按钮，弹出“边”设置窗口，激活“选择”框，选择车架连接孔处的所有圆弧边线。

b. 添加分布细化边网格。单击“网格”选项卡“属性”面板中的“分布”按钮，弹出“分布”设置窗口，系统自动选择上步边网格选择的圆弧边线，设置“分布类型”为“固定单元数”，设置“单元数”为“15”，如图 5-124 所示，然后单击“构建选定对象”按钮，划分分布网格。

② 划分自由四面体网格。单击“网格”选项卡“生成器”面板中的“自由四面体网格”按钮，弹出“自由四面体网格”设置窗口，采用默认设置，然后单击“构建选定对象”按钮，划分自由四面体网格。

③ 设置全局网格大小。在“模型开发器”中选中“网格 1”节点下的“大小”子节点，设置“预定义”为“粗化”，然后单击“全部构建”按钮，划分所有网格，结果如图 5-125 所示。

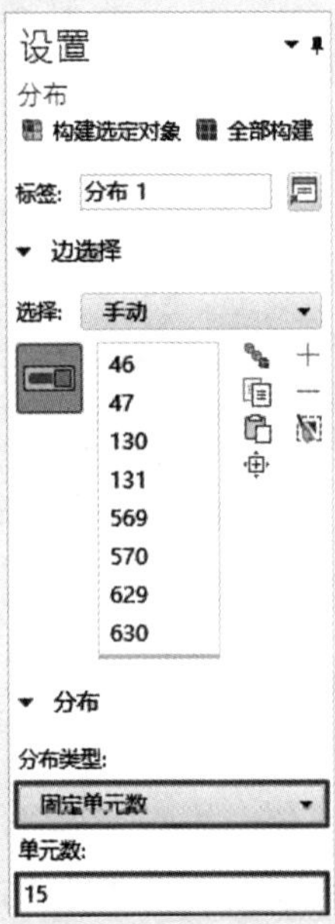


图 5-124 “分布”设置窗口

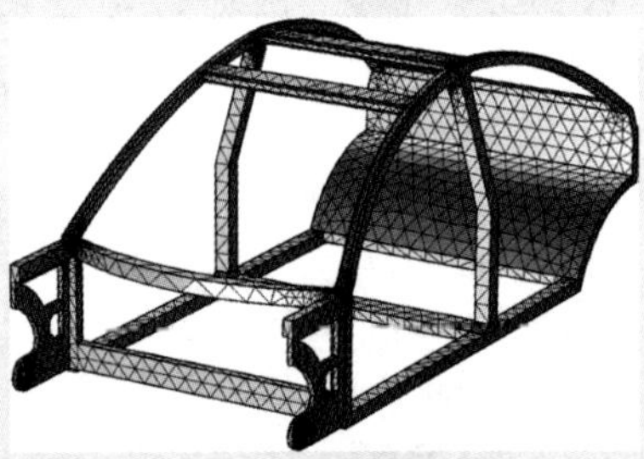

图 5-125 划分网格

（6）设置分析步骤和求解

① 设置特征频率并求解。在“模型开发器”中选中“步骤 1，特征频率”节点，弹出“特征频率”设置窗口，在“研究设置”栏中设置“所需特征频率数”为“20”，设置“特征频率搜索基准值”为“500”，然后在“物理场和变量选择”栏中勾选“修改研究步骤的模型配置”复选框，选中其中的“阻尼 1”，单击“禁用”按钮，其余为默认设置，如图 5-126 所示，单击“计算”按钮，进行求解计算。

② 设置频域并求解。在“模型开发器”中选中“步骤 1，模型降阶”的子节点“频域 1”，弹出“频域”设置窗口，在“研究设置”栏中设置“频率”为“450”，其余为默认设置，如图 5-127

所示，单击“计算”按钮，进行求解计算。

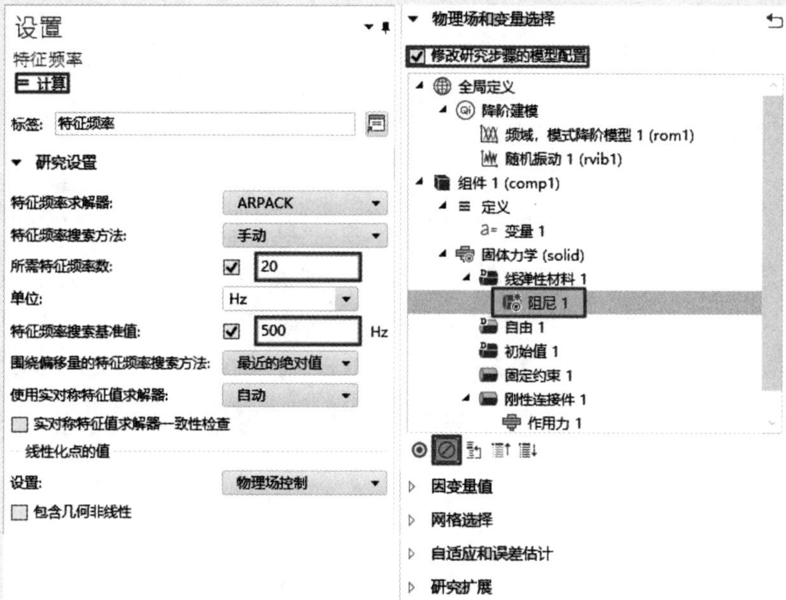


图 5-126　“特征频率”设置窗口

图 5-127　“频域”设置窗口

（7）添加功率谱密度

① 添加插值函数。单击“主屏幕”选项卡“定义”面板“函数”下拉列表“全局”栏中的“插值”按钮，弹出“插值”设置窗口，然后单击窗口中的“从文件加载”按钮，弹出“从文件加载”窗口，选择“功率谱密度 .txt”文件，如图 5-128 所示，单击“打开”按钮 打开(O) ，将其加载到“插值”设置窗口中，如图 5-129 所示。

② 添加分段函数。单击“主屏幕”选项卡“定义”面板“函数”下拉列表“全局”栏中的“分段”按钮，弹出“分段”设置窗口，在“定义”栏中设置“变元”为“freq”，设置“起始”为“380”，“结束”为“590”，设置“函数”为“exp(int1(log(freq[1/Hz]+10)))”；在“单位”栏中设置“变元”为“Hz”，“函数”为“N^2/Hz”，如图 5-130 所示。同理再添加一个分段函数，在“定义”栏中设置“变元”为“freq”，设置“起始”为“380”，“结束”为“590”，设置“函数”为“exp(int1(log(freq[1/Hz])))”，在“单位”栏中设置“变元”为“Hz”，“函数”为“N^2/Hz”，如图 5-131 所示。

图 5-128 “从文件加载”窗口

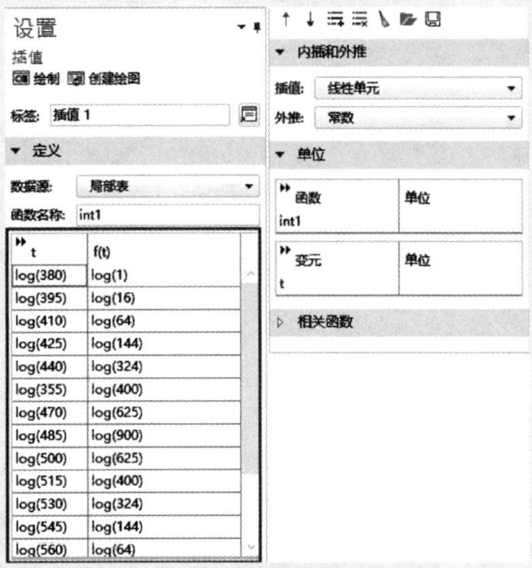


图 5-129 “插值”设置窗口

（8）设置随机振动

在“模型开发器”中的“全局定义”节点中展开“降阶建模”，选择“随机振动 1”，打开“随机振动”窗口，在“功率谱”栏中设置“相关类型”为“完全相关”，设置“Fx”的“功率谱密度”为“pw1(freq)”，设置“Fy”的“功率谱密度”为“pw2(freq)”，设置“频率下限”为“380”，设置“频率上限”为“590”，如图 5-132 所示。

（9）更新解

在“模型开发器”中选择“研究 2”，然后在“研究”设置窗口中单击“更新解”按钮，更新数据。

图 5-130　添加分段函数 1

图 5-131　添加分段函数 2

（10）查看结果

① 绘制载荷功率谱密度图谱。

a. 计算载荷功率谱密度值。单击“结果”选项卡“数值”面板“更多派生值”下拉列表中的“全局计算扫描”按钮，如图 5-133 所示。打开“全局计算扫描”设置窗口，设置“标签”为“载荷功率谱密度值”，设置“数据集”为“研究 2/ 解 2（sol2）”，在“参数”栏中设置“参数名称”为“freq”，设置“参数值列表”为“range(380,1,590)[Hz]”，然后在“表达式”栏中输入如图 5-134 所示的参数，再单击“计算”按钮 **= 计算**，进行计算，计算完成后在“模型开发器”中的“表格”节点中出现“表格 1”。

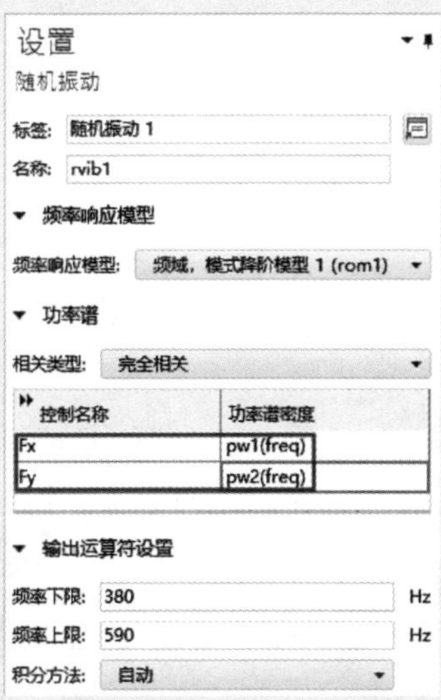


图 5-132　“随机振动”设置窗口

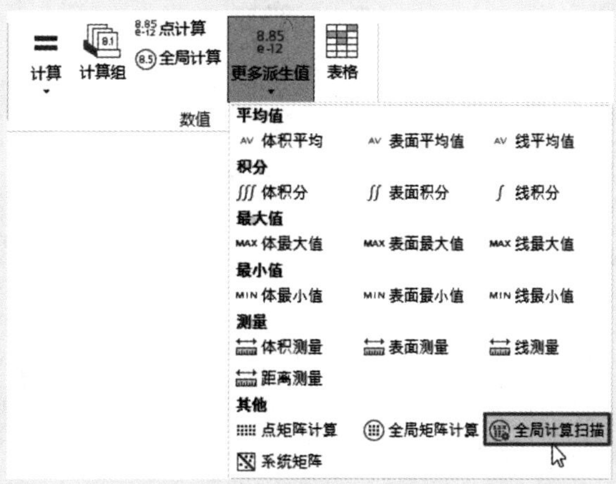


图 5-133　全局计算扫描

b. 添加一维绘图组。单击“结果”选项卡“绘图组”面板中的“一维绘图组”按钮，打开“一维绘图组”设置窗口，设置“标签”为“载荷功率谱密度”，在“轴”列表中勾选“x 轴对数刻度”和“y 轴对数刻度”复选框，在“图例”栏中设置“位置”为“中间偏下”，如图 5-135 所示。

c. 添加表图。单击“载荷功率谱密度”选项卡“添加绘图”面板中的“表图”按钮，打开“表图”设置窗口，设置“表格”为“表格 1”，在“着色和样式”栏中设置“宽度”为“2”，设置“标记”为“正方形”，设置“定位”为“内插”，设置“数量”为“16”，在“图例”栏中勾选“显示图例”复选框，如图 5-136 所示。单击“绘制”按钮，绘制载荷功率谱密度图谱，如图 5-137 所示。

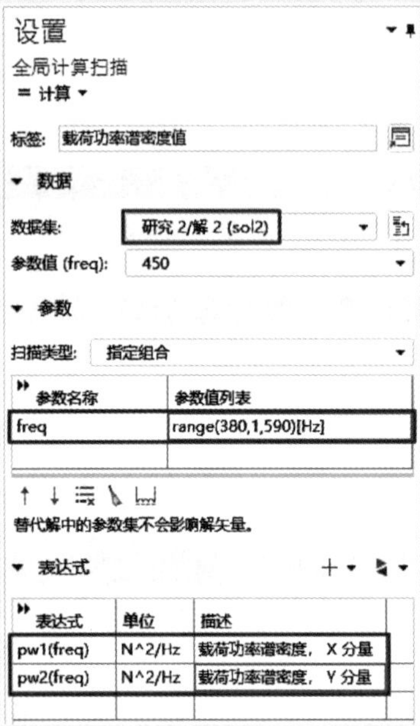


图 5-134 “全局计算扫描”设置窗口

图 5-135 “一维绘图组”设置窗口

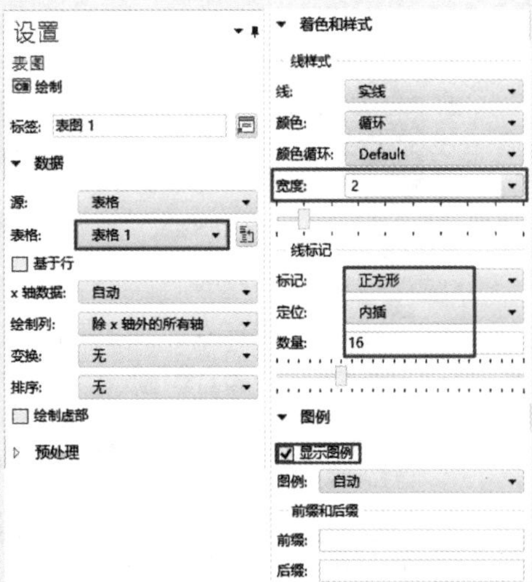


图 5-136 “表图”设置窗口

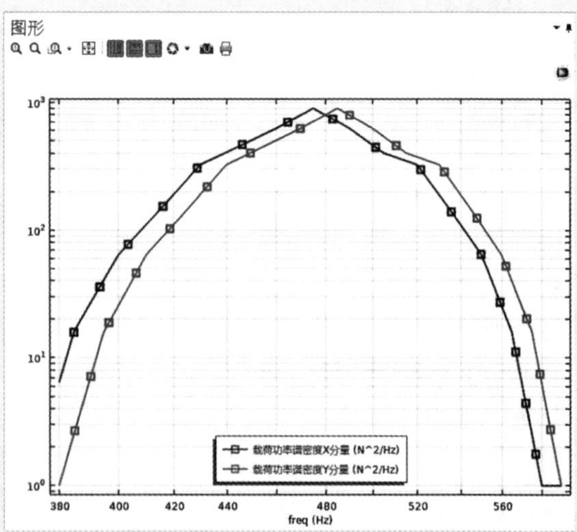


图 5-137 载荷功率谱密度图谱

② 绘制位移功率谱密度图谱。

a. 计算位移功率谱密度值。单击“结果”选项卡“数值”面板“更多派生值”下拉列表中的“全局计算扫描”按钮，打开“全局计算扫描”设置窗口，设置“标签”为“位移功率谱密度值”，设置“数据集”为“研究 2/ 解 2( sol2 )”在“参数”栏中设置“参数名称”为“freq”，设置“参数值列表”为“range(380,1,590)[Hz]”，然后在“表达式”栏中输入如图 5-138 所示的参数，最后单击“计算”按钮 **= 计算**，进行计算，计算完成后在“模型开发器”中的“表格”节点中出现“表格 2”。

b. 添加一维绘图组。单击“结果”选项卡“绘图组”面板中的“一维绘图组”按钮，打开“一维绘图组”设置窗口，设置“标签”为“位移功率谱密度”，在“图例”栏中设置“位置”为“右上角”。

c. 添加表图。单击“位移功率谱密度”选项卡“添加绘图”面板中的“表图”按钮，打开“表图”设置窗口，设置“表格”为“表格 2”，在“着色和样式”栏中设置“宽度”为“2”，“标记”为“圆”，“定位”为“内插”，“数量”为“16”，在“图例”栏中勾选“显示图例”复选框，然后单击“绘制”按钮，绘制位移功率谱密度图谱，如图 5-139 所示。

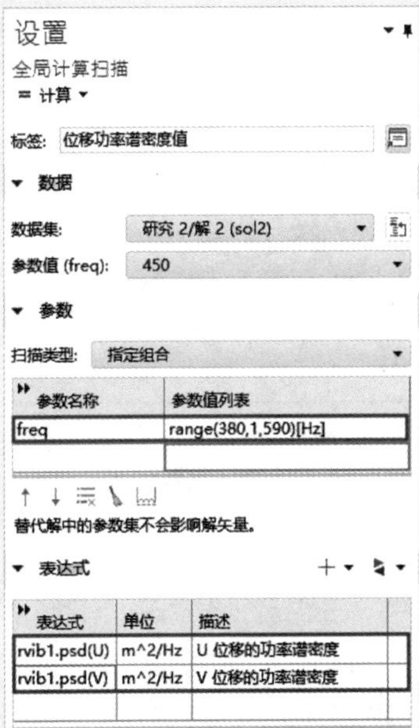


图 5-138　“全局计算扫描”设置窗口

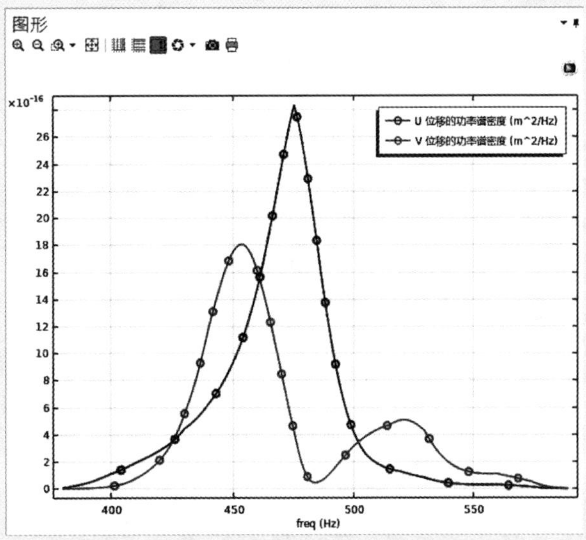


图 5-139　位移功率谱密度图谱

③ 绘制互相关图谱。

a. 计算互相关（U，V）值。单击“结果”选项卡“数值”面板“更多派生值”下拉列表中的“全局计算扫描”按钮，打开“全局计算扫描”设置窗口，设置“标签”为“互相关（U，V）值”，设置“数据集”为“研究 2/ 解 2（sol2）”，在“参数”栏中设置“参数名称”为“freq”，设置“参数值列表”为“range(380,1,590)[Hz]”，然后在“表达式”栏中输入如图 5-140 所示的参数，最后单击“计算”按钮 **= 计算** 进行计算，计算完成后在“模型开发器”中的“表格”节点中出现“表格 2”。

b. 添加一维绘图组。单击“结果”选项卡“绘图组”面板中的“一维绘图组”按钮 ，打开“一维绘图组”设置窗口，设置“标签”为“互相关（U，V）”，在“绘图设置”栏中勾选“x 轴标签”复选框，在后面的文本框中输入“频率 [Hz]”；勾选“y 轴标签”复选框，在后面的文本框中输入“互相关 (U,V) [m^2/Hz]”，在“图例”栏中设置“位置”为“右上角”。

c. 添加表图。单击“位移功率谱密度”选项卡“添加绘图”面板中的“表图”按钮 ，打开“表图”设置窗口，设置“表格”为“表格 3”，在“着色和样式”栏中设置“宽度”为“2”，“标记”为“星形”，“定位”为“内插”，“数量”为“16”，在“图例”栏中勾选“显示图例”复选框，单击“绘制”按钮 ，绘制互相关（U，V）图谱，如图 5-141 所示。

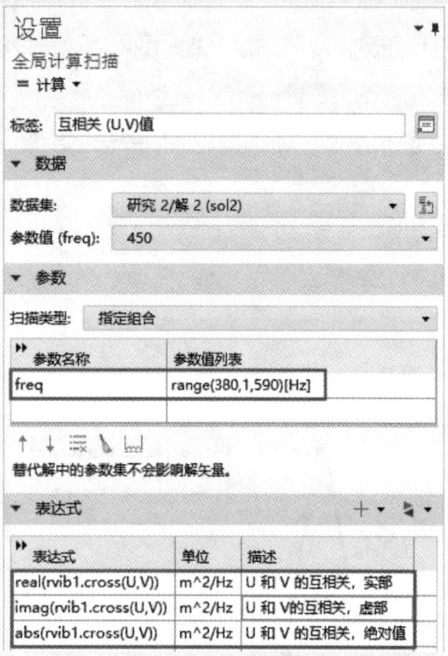


图 5-140 “全局计算扫描”设置窗口

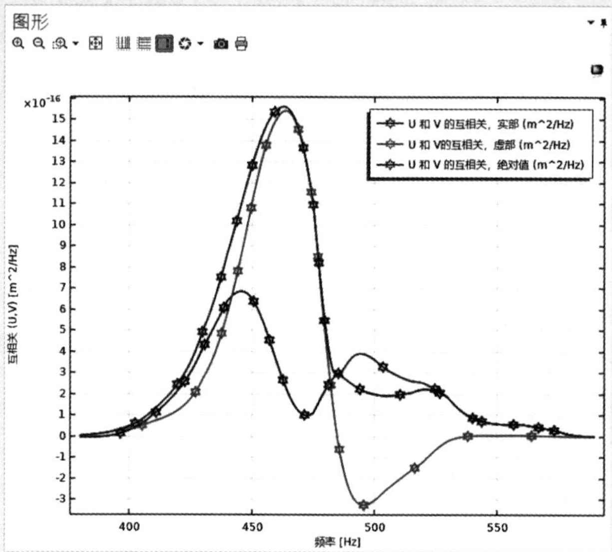


图 5-141 互相关（U，V）图谱

④ 绘制 x 轴向功率谱密度位移云图。

a. 添加三维绘图组。单击“结果”选项卡“绘图组”面板中的“三维绘图组”按钮，打开“三维绘图组”设置窗口，设置“标签”为“PSD，u 位移”，设置“数据集”为“研究 2/ 解 2(sol2)”，在“颜色图例”栏中勾选“显示图例”复选框。

b. 添加体。单击“PSD，u 位移”选项卡“添加绘图”面板中的“体”按钮，弹出“体”设置窗口，在“表达式”文本框中输入“rvib1.psd(u)”，在“单位”文本框中输入“m^2/Hz”，勾选“描述”复选框，在下方的文本框中输入“位移，x 分量”，其余为默认设置，如图 5-142 所示。然后单击“绘制”按钮 ，绘制 x 轴向的功率谱密度位移云图，结果如图 5-143 所示。

⑤ 绘制 y 轴向功率谱密度位移云图。

a. 添加三维绘图组。单击“结果”选项卡“绘图组”面板中的“三维绘图组”按钮，打开“三维绘图组”设置窗口，设置“标签”为“PSD，v 位移”，设置“数据集”为“研究 2/ 解 2(sol2)”，在“颜色图例”栏中勾选“显示图例”复选框。

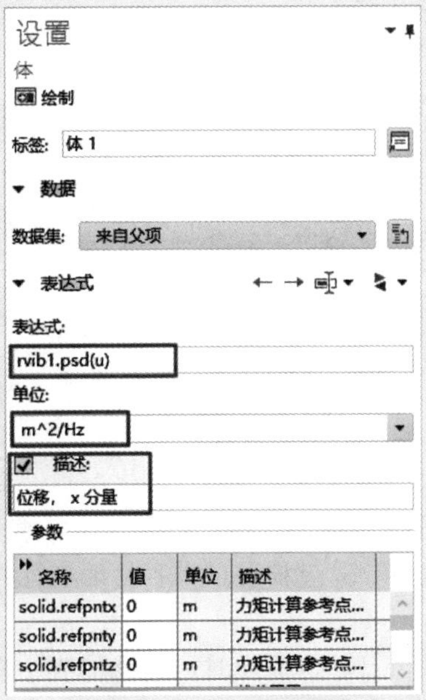


图 5-142　“体”设置窗口

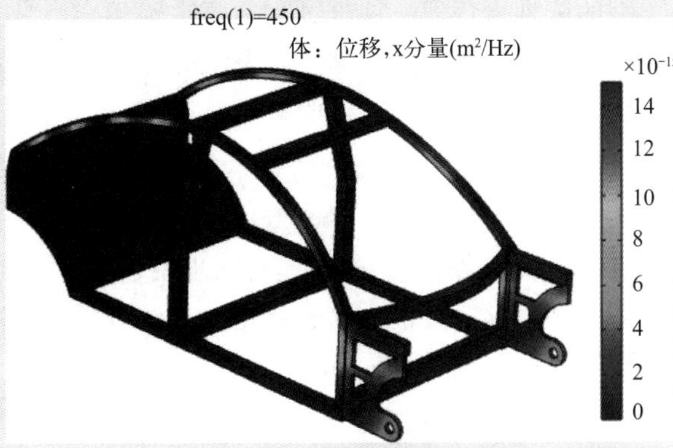


图 5-143　x 轴向功率谱密度位移云图

b. 添加体。单击“PSD，v 位移”选项卡“添加绘图”面板中的“体”按钮，弹出“体”设置窗口，在“表达式”文本框中输入“rvib1.psd(v)”，在“单位”文本框中输入“m^2/Hz”，勾选“描述”复选框，在下方的文本框中输入“位移，y 分量”，其余为默认设置，然后单击“绘制”按钮 ，绘制 y 轴向的功率谱密度位移云图，结果如图 5-144 所示。

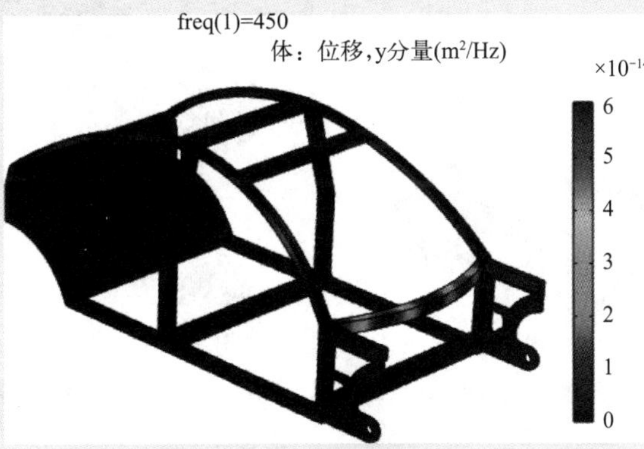


图 5-144　y 轴向功率谱密度位移云图

# 5.6　显示动力学分析

## 5.6.1　显示动力学分析概述

COMSOL 的显示动力学分析设置主要应用多体动力学分析接口进行，多体动力学分析虽然经常用于机械装配体之间的关节、齿轮、凸轮、链条、弹簧和阻尼器的分析，但也可以进行物体的碰撞和跌落分析。

### 5.6.2 显示动力学分析常用的方法

显示动力学分析常用的方法有隐式算法和显式算法两种。

（1）隐式算法

在隐式算法中，每一增量步内都需要对静态平衡方程进行迭代求解，并且每次迭代都需要求解大型的线性方程组，这一过程需要占用相当数量的计算资源、磁盘空间和内存。该算法中的增量步可以比较大，至少比显式算法大得多，但是实际运算中还要受到迭代次数及非线性程度的限制，所以需要取一个合理值。

（2）显式算法

动态显式算法采用动力学方程的一些差分格式，该算法不用直接求解切线刚度，也不需要进行平衡迭代，计算速度较快，当时间步长足够小时，一般不存在收敛性问题。

动态显式算法需要的内存也比隐式算法少得多，同时数值计算过程可以很容易地进行并行计算，程序编制也相对简单。

显式算法要求质量矩阵为对角矩阵，而且只有当单元级计算尽可能少时，速度优势才能发挥，因而往往采用减缩积分方法，但容易激发沙漏模式，影响应力和应变的计算精度。

### 5.6.3 实例—台球撞击分析

如图 5-145 所示为常见的台球，它是一种非常受大家喜爱的室内体育运动，是一种用球杆在台上击球，依靠计算得分确定比赛胜负的室内娱乐体育项目。本例将利用 COMSOL 的多体动力学接口模拟台球的撞击过程，如图 5-146 所示，研究台球的撞击规律和能量守恒。

图 5-145　台球

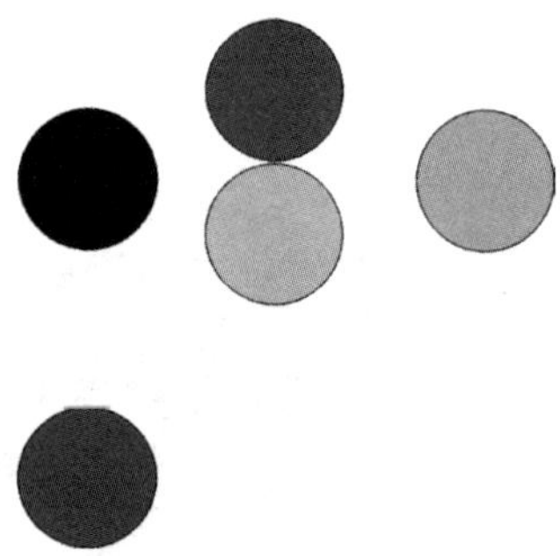

图 5-146　台球模型

扫码看视频

操作步骤

（1）导入模型

① 进入二维几何界面。在“新建”界面中单击“模型向导”按钮，弹出“选择空间维度”界面，在该界面选择“二维”维度，进入“选择物理场”界面，展开“结构力学”列表，选择列表中的“多体动力学”选项，单击“添加”按钮 添加，将“多体动力学”添加到物理场接口中，然后单击“研究”按钮，进入“选择研究”界面，在“一般研究”栏中选择“瞬态”选项，如图 5-147 所示，最后单击“完成”按钮，进入主界面。

② 导入台球模型。在“几何”设置窗口中设置“长度单位”为“mm”，设置“几何表示”为“CAD 内核”。然后单击“几何”选项卡“导入 / 导出”面板中的“导入”按钮，弹出“导入”设置窗口，单击“浏览”按钮，弹出“导入几何”窗口，找到要导入的“台球 .mphbin”文件，单击“打开”按钮 打开(O)，返回“导入”设置窗口，其余为默认设置。单击“导入”按钮，导入台球模型，单击“图形窗口”工具栏中的“显示栅格”按钮，取消栅格的显示，结果如图 5-148 所示。

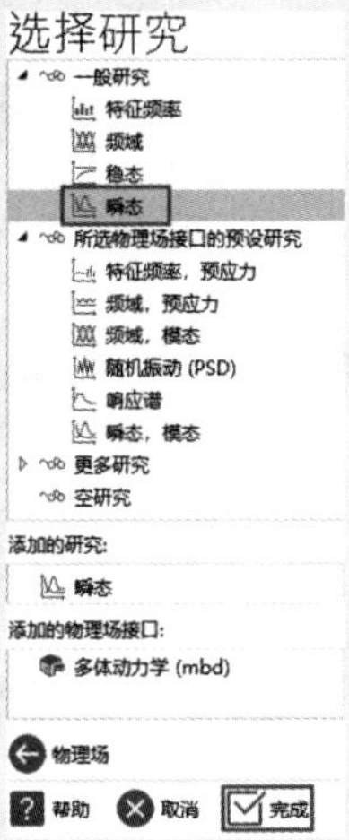


图 5-147　选择研究

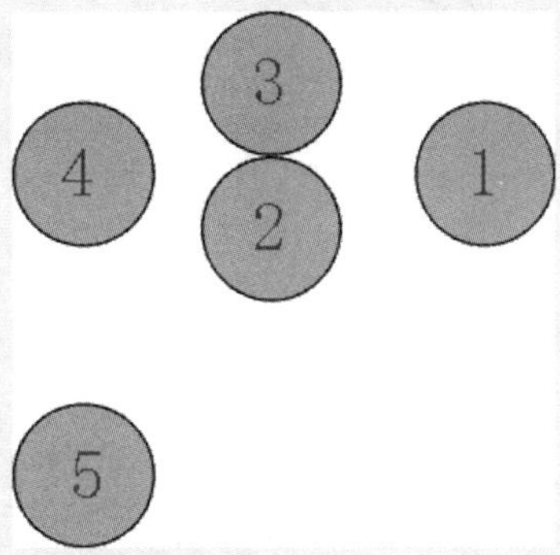


图 5-148　台球

（2）定义接触对

单击“定义”选项卡“耦合”面板“对”下拉列表中的“接触对”按钮，弹出“对”设置窗口，在“源边界”栏中激活“选择”框，选择 1 号球的外边线，然后在“目标边界”栏中激活“选择”框，选择 2 号球和 3 号球的外边线，其余为默认设置，添加接触对 1。同理添加“源边界”为 2 号球的外边线，“目标边界”为 4 号球和 5 号球外边线的接触对 2。

（3）添加材料

单击“材料”选项卡“材料”面板中的“添加材料”按钮，弹出“添加材料”窗口，展开“内置材料”列表，选择其中的“nylon”（尼龙），然后单击“添加到组件”，将材料尼龙添加给台球，最后单击“关闭”按钮 ×，关闭“添加材料”窗口。

（4）添加接触和初始值

① 添加接触。单击“物理场”选项卡“边界”面板“对”下拉列表中的“接触”按钮 **接触**，弹出“接触”设置窗口，在“对选择”栏中单击“添加”按钮 +，打开“添加”窗口，选择“接触对 1（p1）”，如图 5-149 所示。单击“确定”按钮 确定，返回“接触”设置窗口，在“接触方法”栏中选择“增广拉格朗日”，其余为默认设置。然后单击“物理场”选项卡“上下文”面板“属性”下拉列表中的“摩擦”按钮 **摩擦**，弹出“摩擦”设置窗口，设置“摩擦模型”为“库仑”，“摩擦系数”为“0.2”，最后展开“高级”栏，勾选“计算摩擦耗散”复选框，如图 5-150 所示。采用同样的操作添加接触 2。

② 添加初始值。单击“物理场”选项卡“域”面板下拉列表“更多”栏中的“初始值”按钮 **初始值**，弹出“初始值”设置窗口，激活“选择”框，选择 1 号球，然后在“初始值”栏中选择“局部定义”，在“结构速度场”中设置“X”值为“-1”，其余为默认设置，如图 5-151 所示。

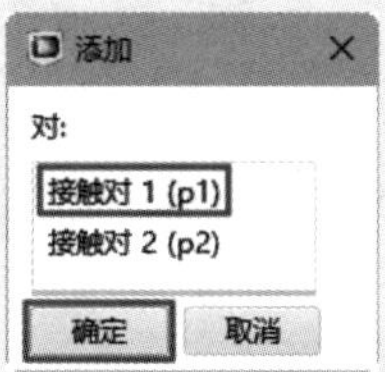


图 5-149 “添加”窗口

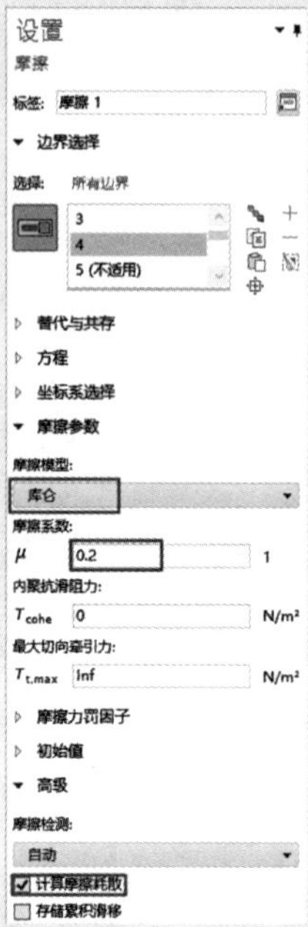


图 5-150 “摩擦”设置窗口

图 5-151 “初始值”设置窗口

（5）划分网格

① 划分边网格。

a. 添加边网格。单击“网格”选项卡“生成器”面板“边界”下拉列表中的“边”按钮，弹出“边”设置窗口，设置“选择”为“所有边界”，如图 5-152 所示。

b. 添加分布细化边网格。单击“网格”选项卡“属性”面板中的“分布”按钮，弹出“分布”设置窗口，系统自动选择上步边网格选择的所有边线，设置“分布类型”为“固定单元数”，设置“单元数”为“20”，然后单击“构建选定对象”按钮，划分分布网格。

② 划分自由四面体网格。单击“网格”选项卡“生成器”面板中的“自由四面体网格”按钮，弹出“自由四面体网格”设置窗口，采用默认设置，然后单击“构建选定对象”按钮，划分自由四面体网格，结果如图 5-153 所示。

（6）设置分析步骤和求解

在“模型开发器”中选中“步骤 1，瞬态”节点，弹出“瞬态”设置窗口，在“研究设置”栏中设置“输出时步”为“range(0,0.05,3)”，其余为默认设置，如图 5-154 所示，单击“计算”按钮，进行求解计算。

（7）查看结果

① 查看位移图。单击“模型开发器”中的“位移”节点，通过单击“绘制下一个（时间）”按钮或“绘制上一个（时间）”按钮，查看位移图，如图 5-155 所示为 3s 时的位移图。同理

还可以查看速度图，这里不再展示。

② 绘制能量图谱。

a. 添加一维绘图组。单击“结果”选项卡“绘图组”面板中的“一维绘图组”按钮 ∿，打开“一维绘图组”设置窗口，设置“标签”为“能量图”，在“绘图设置”栏中勾选“y 轴标签”复选框，在后面的文本框中输入“能量 (J)”，其余为默认设置，如图 5-156 所示。

b. 添加全局图。单击“能量图”选项卡“添加绘图”面板中的“全局”按钮，打开“全局”设置窗口，在“y 轴数据”栏中单击“添加表达式”按钮 ＋，弹出表达式窗口，在“组件 1”→“多体动力学”→“全局”中双击“mbd.Wk_tot- 总动能 -J”选项，如图 5-157 所示；采用同样的方法再添加一个“mbd.Wfric_tot- 总摩擦耗散 -J”，在“着色和样式”栏中设置“宽度”为“2”，其余为默认设置，如图 5-158 所示，单击“绘制”按钮，绘制能量图谱，如图 5-159 所示。

图 5-152 “边”设置窗口

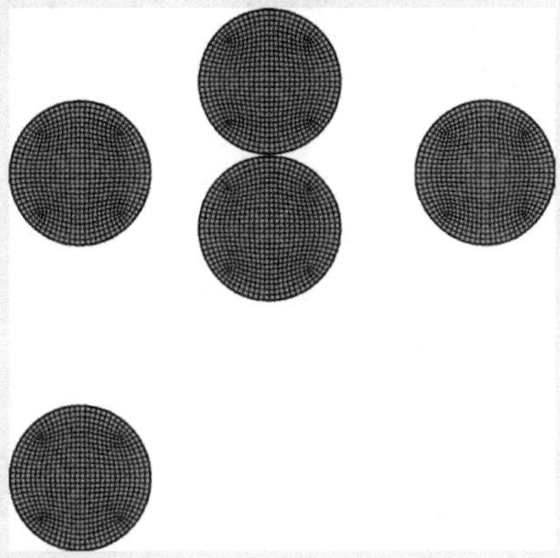

图 5-153 划分网格

图 5-154 “瞬态”设置窗口

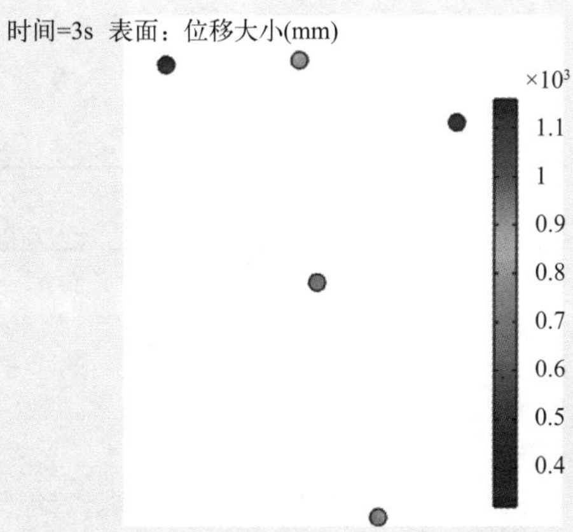


图 5-155 3s 时的位移图

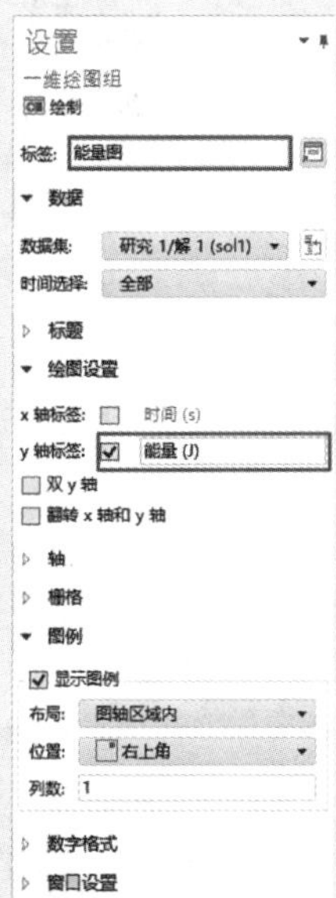


图 5-156 “一维绘图组”设置窗口

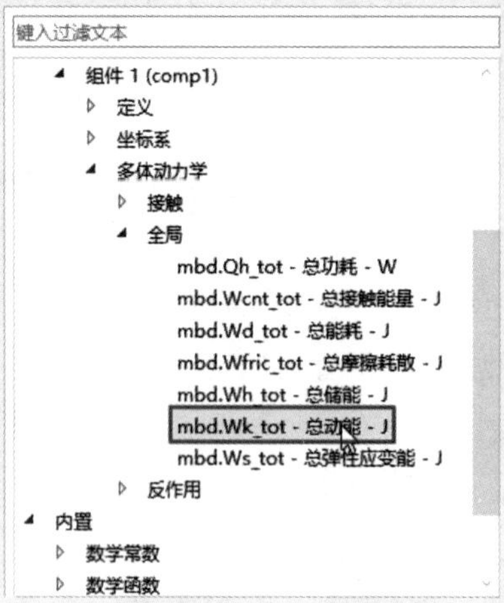


图 5-157　选择总动能表达式

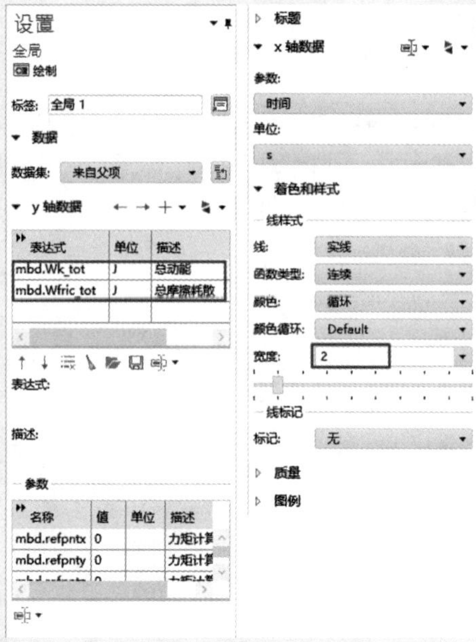


图 5-158　“全局”设置窗口

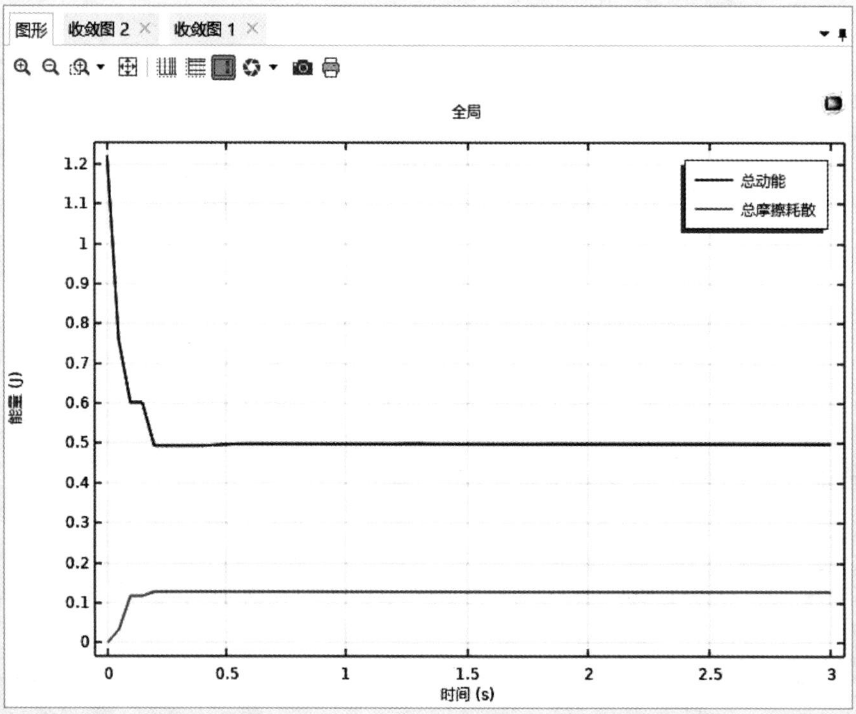


图 5-159　能量图谱

③ 绘制各球速度图谱。

a. 添加计算组。单击“结果”选项卡“数值”面板中的“计算组”按钮 ，打开“计算组”设置窗口，设置“标签”为“各球速度”，其余为默认设置。

b. 添加表面积分。单击“各球速度”选项卡“添加计算”面板“积分”下拉列表中的“表面积分”按钮 ∬，打开“表面积分”设置窗口，设置“标签”为“球 1 速度”，然后激活“选择”框，选择 1 号球，再在“表达式”栏中单击“替换表达式”按钮，弹出“表达式”窗口，在“组件 1”→“多体动力学”→“加速度和速度”中双击“mbd.vel- 速度大小 -m/s”选项，添加表达式，最后在“描述”文本框中输入“球 1”，其余为默认设置，如图 5-160 所示；采用同样的方法分别添加 2 号球～5 号球的表面积分。

c. 计算。在“模型开发器”中选择“各球速度”计算组，打开“计算组”设置窗口，单击“计算”按钮，进行计算。

d. 添加一维绘图组。单击“结果”选项卡“绘图组”面板中的“一维绘图组”按钮，打开“一维绘图组”设置窗口，设置“标签”为“各球速度图”，在“绘图设置”栏中勾选“y 轴标签”复选框，在后面的文本框中输入“速度”，其余为默认设置。

e. 添加表图。单击“各球速度图”选项卡“添加绘图”面板中的“表图”按钮，打开“表图”设置窗口，设置“源”为“计算组”，设置“计算组”为“各球速度”，在“着色和样式”栏中设置“宽度”为“2”，在“图例”栏中勾选“显示图例”复选框，其余为默认设置，如图 5-161 所示，单击“绘制”按钮，绘制各球速度图谱，如图 5-162 所示。

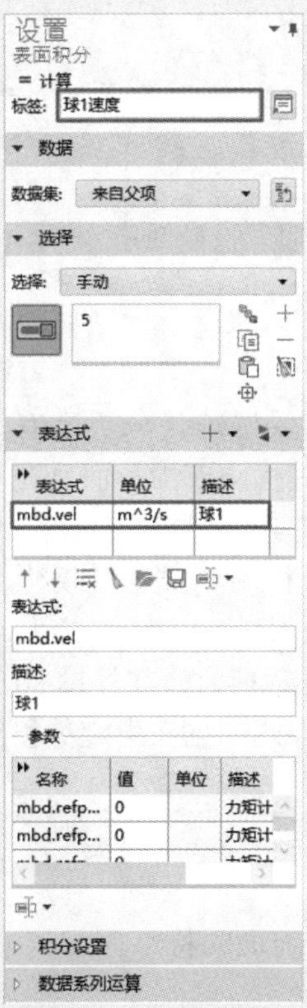


图 5-160　“表面积分”设置窗口

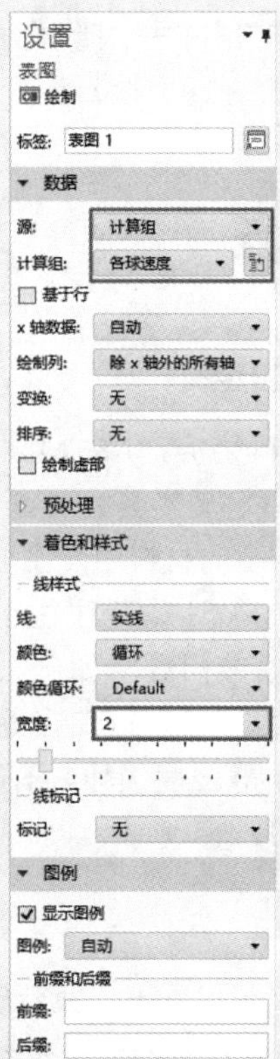


图 5-161　“表图”设置窗口

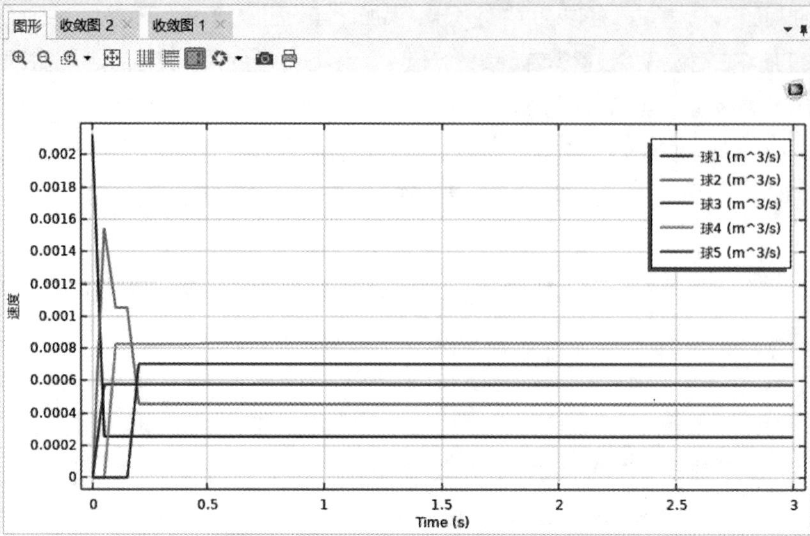


图 5-162　各球速度图谱

④ 设置动画。在“模型开发器”中选择“位移”节点，然后单击“位移”选项卡“导出”面板“动画”下拉列表中的“播放器”按钮，弹出“动画”设置窗口，在“帧”栏中设置“帧选择”为“全部”，最后在图像窗口中单击“播放”按钮，查看动画。

# 5.7　疲劳分析

## 5.7.1　疲劳分析的定义

美国试验与材料协会（ASTM）在《疲劳试验及数据统计分析之有关述语的标准定义》（ASTM E206-72）中定义疲劳为“在某点或某些点承受扰动应力，而且在足够多的循环扰动之后形成裂纹或完全断裂的材料中发生的局部的、永久结构变化的发展过程”。

引起疲劳失效的循环载荷往往小于根据静强度分析的“安全”载荷，因此传统的静强度分析方法不能解决疲劳问题。如一根圆钢，最大可以承受 320kN 的拉力，当受到的拉力大于 320kN 时，就会断裂，但当在圆钢上施加 200kN 的循环载荷时，在经过 80 万次的循环时也会损坏，这种破坏相对于静强度损坏具有较大的隐蔽性，因此一旦产生疲劳损伤，产生的后果也较大，甚至是灾难性的。

## 5.7.2　疲劳的特点

从疲劳的定义中可以看出，疲劳破坏具有以下几个方面的特点。

（1）疲劳发生的外部原因是扰动应力

扰动应力是指随时间变化的应力，也可以将这一概念进行推广，称之为扰动载荷，载荷可以是力、应力、应变、位移等。

如图 5-163 所示，载荷随时间的变化可以是有规律的，也可以是无规律的，甚至是随机的。

描述载荷 - 时间变化关系的图或表称为载荷时间历程，也称为载荷谱。规则的载荷谱可以看作是由一系列载荷循环构成的。最简单的载荷循环历程是恒幅载荷，如图 5-163 (a) 所示。图 5-164 是正弦恒幅疲劳载荷循环。下面介绍载荷循环的几个重要概念。

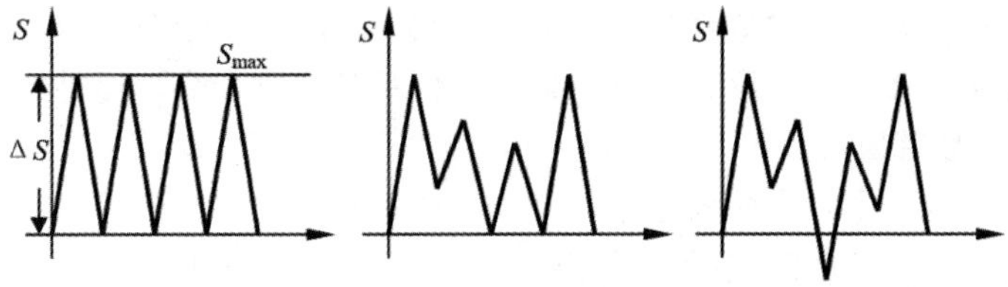


(a) 恒幅载荷　(b) 变幅载荷　(c) 随机载荷

图 5-163　疲劳载荷形式分类

描述一个应力循环，至少需要两个量，即循环最大应力$\sigma_{max}$和循环最小应力$\sigma_{min}$，这是描述循环载荷的基本参量。疲劳分析中，经常用到下述参量。

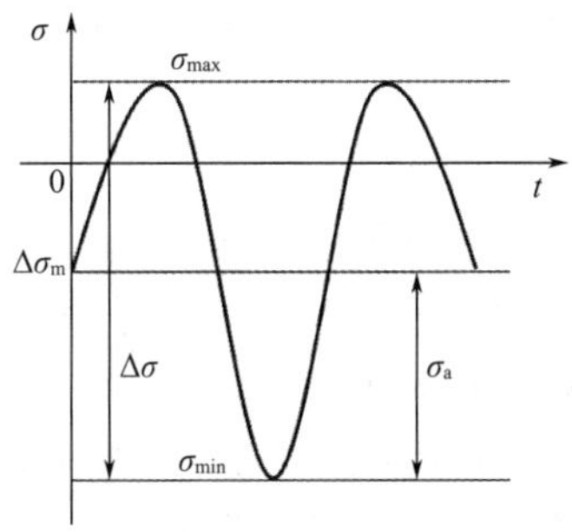


图 5-164　正弦恒幅疲劳载荷循环

应力变程定义为：
$$\Delta\sigma = \sigma_{max} - \sigma_{min} \tag{5-7}$$

应力幅$\sigma_a$定义为：
$$\sigma_a = \Delta\sigma / 2 \tag{5-8}$$

平均应力$\sigma_m$定义为：
$$\sigma_m = (\sigma_{max} + \sigma_{min}) / 2 \tag{5-9}$$

应力比$R$定义为：
$$R = \sigma_{min} / \sigma_{max} \tag{5-10}$$

上述各参量中，应力比 $R$ 反映了载荷的循环特征。例如，当$\sigma_{max} = -\sigma_{min}$时，$R = -1$，是对称循环；当$\sigma_{max} = \sigma_{min}$时，$R = 1$；$\sigma_a = 0$时，是静载荷。

上述六个参量中，只需要知道任意两个，即可确定整个应力循环。为了使用方便，在设计时，一般使用最大应力和最小应力，这是因为两者比较直观，便于设计控制；在实验时，一般使用平均应力和应力幅，便于施加载荷；在分析时，一般使用应力幅和应力比，便于按载荷的循环特征分类研究。

### (2) 疲劳破坏产生于局部

零部件应力集中处常常是疲劳破坏的起源，局部性是疲劳失效的特征。疲劳分析要从整体出发，注意结构细节，尽可能减少应力集中。

(3) 疲劳是一个发展的过程

从疲劳裂纹的形成到裂纹扩展，以致最后断裂，是疲劳损伤逐渐累积的过程。这一过程中结构经历的时间或载荷循环的次数称为疲劳寿命。它不仅取决于载荷水平，还与结构的抗疲劳能力有关。需要引起注意的是，疲劳分析的最高目标不是预测寿命，而是解决疲劳问题，结构在使用过程中不发生疲劳失效。

疲劳破坏一般分为三个发展阶段，包括裂纹萌生、裂纹扩展和最后失稳扩展断裂。由于裂纹失稳扩展断裂是一个很迅速的过程，对疲劳寿命影响很小，在疲劳分析中一般不予考虑。所以一般只考虑裂纹萌生和裂纹扩展两部分的寿命，即

$$N_{\text{total}} = N_{\text{initiation}} + N_{\text{propagation}} \tag{5-11}$$

进行裂纹起始寿命分析时，一般采用应变疲劳分析方法；进行裂纹扩展寿命分析时，一般采用断裂力学的方法进行计算。当疲劳载荷相对较小时，不会使材料产生宏观塑性变形，一般直接采用应力疲劳分析方法，应力疲劳分析的结果是两个阶段疲劳寿命之和。

### 5.7.3 疲劳的类型

高周疲劳涉及很少或没有塑性变形的情况。因此，它是受应力控制的。通常，通过实验测试为每种材料生成疲劳曲线（也称为 *S-N* 曲线），该测试将施加的应力与失效的循环次数相关联。对于高周疲劳，分析的目的是确定耐久极限，这实际上是一个可以施加无限次而不会出现任何失效的应力水平。作为一般规则，循环数 100000 被认为是高周疲劳和低周疲劳的分界点。

管道设计中应用的加载循环通常很少，只有几千次，这种类型的疲劳被确定为低周疲劳。对于低周疲劳，施加的应力通常超过材料的屈服强度，这会导致被测试样的塑性不稳定。用应变作为控制变量时，低周疲劳区域的结果是可靠且可重复的。

### 5.7.4 疲劳寿命的估算方法

材料的疲劳寿命可以通过多种方法来确定，常用的方法包括应力 - 寿命（*S-N*）法、应变 - 寿命（*E-N*）法、振动疲劳法和裂纹扩展法。无论使用哪种方法来计算疲劳寿命，都需要通过雨流循环计数法等循环计数方法，将复杂的疲劳载荷（完全随机或可变）简化为一系列等效的简单循环载荷。

(1) 应力 - 寿命（*S-N*）法

应力 - 寿命法也称为 *S-N* 方法，使用弹性计算的应力进行总寿命计算。它假设结构是完全弹性的，应力驱动裂纹扩展，而不考虑初始和裂纹扩展阶段。它适用于低应力 / 高周疲劳问题（涉及低负载和长寿命）；延展性金属的失效通常超过 100000 次循环。

该方法的主要特点如下。

① 雨流循环计数用于简化复杂的疲劳循环载荷。

② 可以使用简单的计算技术，甚至可以使用手工计算。

③ 疲劳寿命基于整体曲线（交变应力范围和 *S-N* 曲线）。

④ Goodmon、Gerber、Soderberg、ASME 椭圆平均应力校正理论被使用。

(2) 应变 - 寿命（*E-N*）法

应变 - 寿命法也称为局部应力 - 应变法、临界定位法、*E-N* 或裂纹萌生法，它使用塑性应

变来预测疲劳损伤。它通常被称为低周疲劳（LCF）方法，但也可用于高周疲劳（HCF）领域。在存在应力集中的情况下，当应变不再有弹性时，可以用总应变代替应力来预测疲劳寿命，这称为应变 - 寿命法。

该方法的主要特点如下。

① 它使用根据弹性结果估计甚至直接计算的弹塑性应变。

② 最适合低周疲劳，也可用于高周疲劳。

③ 它很难应用于手工计算，因此通常使用 CAE 等数值方法实现。

④ 雨流循环计数可用于简化复杂的疲劳循环载荷。

⑤ 预测裂纹萌生阶段局部应变的裂纹萌生和应力幅值。

（3）振动疲劳法

疲劳是由于循环载荷导致材料中裂纹的萌生和扩展。这些循环载荷也可能是振动的形式，由于其自身的固有频率或其他外部激励形成的振动，如随机振动、谐波振动等。这种随机或谐波性质的强制振动导致材料疲劳，称为振动疲劳。由于施加的激励，该结构响应其自然动态模式，导致材料点中的动态应力。因此，振动疲劳过程在很大程度上取决于在频域中分析的激励曲线的形状，即功率谱密度（PSD）曲线。

振动疲劳分析主要基于模态分析，即振动结构的固有模态和频率，它能准确预测给定激励下的局部应力响应。

（4）裂纹扩展法

在该方法中，疲劳寿命是根据每个加载周期的裂纹增长来估算的；使用裂纹扩展方程计算每个裂纹增量的宽度总和。Paris Erdogan 方程用于预测部件的疲劳寿命，该方程可用于预测从 10μm 到失效的裂纹扩展。

裂纹扩展方法可预测裂纹的中间尺寸，用于安排检查以确保部件的安全，而应变寿命 / 应力寿命法只能预测部件失效前的寿命。

### 5.7.5　实例—电动自行车车筐支架疲劳分析

如图 5-165 所示为一个电动自行车前端部分安装车筐的支架，焊接在电动自行车的头管上，通过安装孔与车筐连接。当车筐中装有重物并在骑行时，由于颠簸，会产生一个循环载荷，这种长时间的循环载荷可能导致支架产生疲劳损伤，下面将对该车筐支架进行疲劳分析。

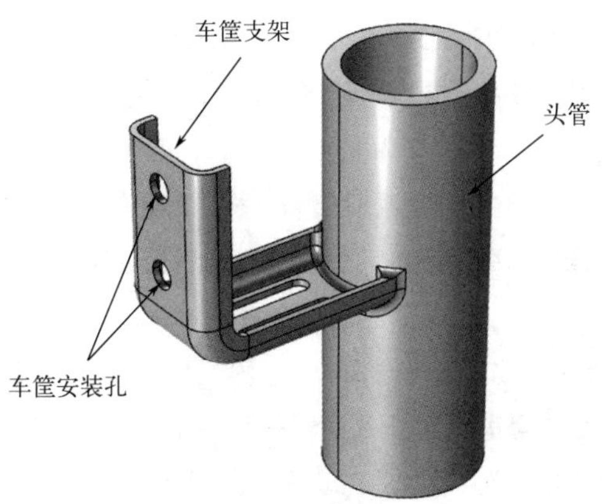


扫码看视频

图 5-165　车筐支架

操作步骤

（1）导入模型

① 进入三维几何界面。在“新建”界面中单击“模型向导”按钮 ，弹出“选择空间维度”界面，在该界面选择“三维”维度，进入“选择物理场”界面，展开“结构力学”列表，选择列表中的“固体力学”选项，单击“添加”按钮 添加 ，将“固体力学”添加到物理场接口中，然后单击“研究”按钮 ，进入“选择研究”界面，在“所选物理场接口的预设研究”栏中选择“稳态”选项，然后单击“完成”按钮 ，进入主界面。

② 导入车筐支架模型。在“几何”设置窗口中设置“长度单位”为“mm”，设置“几何表示”为“CAD 内核”。然后单击“几何”选项卡“导入 / 导出”面板中的“导入”按钮 ，弹出“导入”设置窗口，单击“浏览”按钮 ，弹出“导入几何”窗口，找到要导入的“车筐支架 .mphbin”文件，单击“打开”按钮 打开(O) ，返回“导入”设置窗口，其余为默认设置，单击“导入”按钮 ，导入车筐支架模型，单击“图形窗口工具栏”中的“显示栅格”按钮 ，取消栅格的显示，结果如图 5-166 所示。

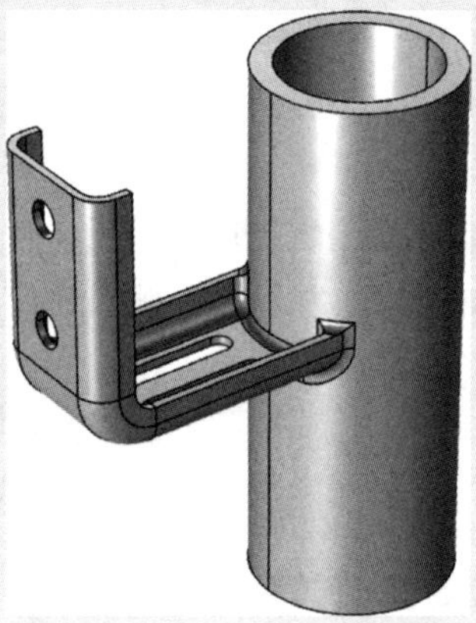

图 5-166　车架

（2）添加材料

单击“材料”选项卡“材料”面板中的“添加材料”按钮 ，弹出“添加材料”窗口，展开“内置材料”列表，选择其中的“Structural steel”（结构钢），然后单击“添加到组件”按钮，将结构钢材料添加给车筐支架，最后单击“关闭”按钮 ，关闭“添加材料”窗口。

（3）添加约束和载荷

① 添加固定约束。单击“物理场”选项卡“边界”面板“边界”下拉列表“固体力学”栏中的“固定约束”按钮 **固定约束** ，弹出“固定约束”设置窗口，选择头管的上下两个端面，将其固定。

② 添加边界载荷。单击“物理场”选项卡“边界”面板“边界”下拉列表“固体力学”栏中的“边界载荷”按钮 **边界载荷** ，弹出“边界载荷”设置窗口，选择车筐支架的上表面，然后在“力”栏中设置“载荷类型”为“总力”，设置“z”值为“1”，其余为默认设置，如图 5-167 所示。

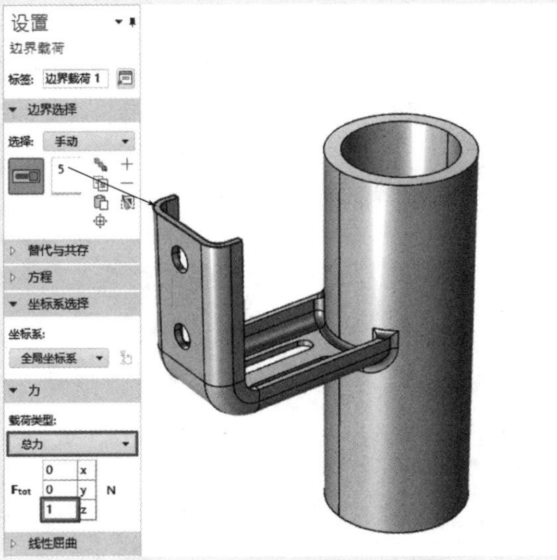


图 5-167　“边界载荷”设置窗口

③ 添加载荷组。单击“物理场”选项卡“上下文”面板“载荷组”下拉列表中的“新载荷组”命令，如图 5-168 所示。

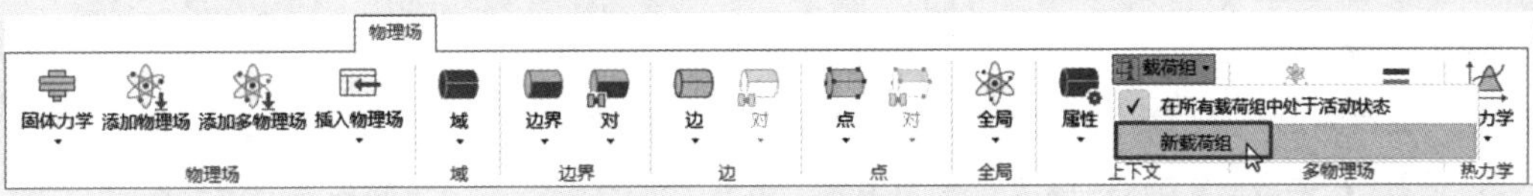


图 5-168　添加载荷组

（4）划分网格

在“模型开发器”中单击“网格”节点，弹出“网格”设置窗口，设置“序列类型”为“物理场控制网格”，设置“单元大小”为“细化”，其余为默认设置，如图 5-169 所示，单击“全部构建”按钮 ，划分网格，结果如图 5-170 所示。

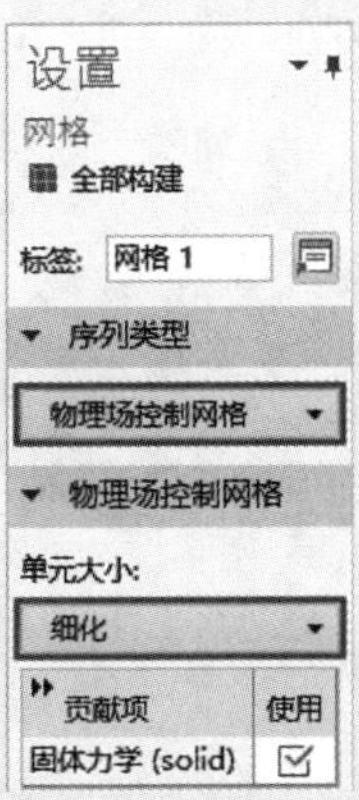


图 5-169　“网格”设置窗口

图 5-170　划分网格

（5）设置分析步骤和求解

在“模型开发器”中选中“步骤 1，稳态”节点，弹出“稳态”设置窗口，展开“研究扩展”栏，勾选“定义载荷工况”复选框，单击下面的“添加”按钮 ＋，添加 4 个载荷工况，并勾选各个工况的“lg1”复选框，设置“载荷工况 1”为“0”、“载荷工况 2”为“-300”、“载荷工况 3”为“300”、“载荷工况4”为“0”，其余为默认设置，如图5-171所示，单击“计算”按钮，进行求解计算。

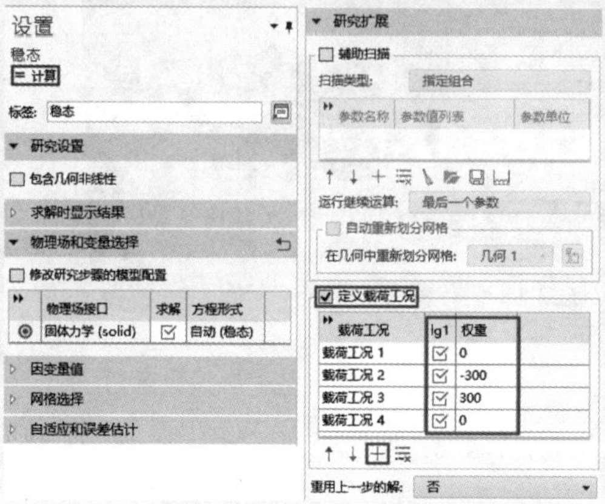


图 5-171 “稳态”设置窗口

（6）查看结果

① 查看应力云图。单击“模型开发器”中的“应力”节点，弹出“三维绘图组”设置窗口，在“绘图设置”栏中取消勾选“绘制数据集的边”复选框，如图 5-172 所示。然后单击“体 1”子节点，弹出“体”设置窗口，在“数据”栏中设置“数据集”为“研究 1/ 解 1（sol1）”，设置“载荷工况”为“载荷工况 2”，在“表达式”栏中设置“单位”为“MPa”，其余为默认设置，如图 5-173 所示。最后单击“绘制”按钮，绘制载荷工况 2 状态下的应力云图，结果如图 5-174 所示。

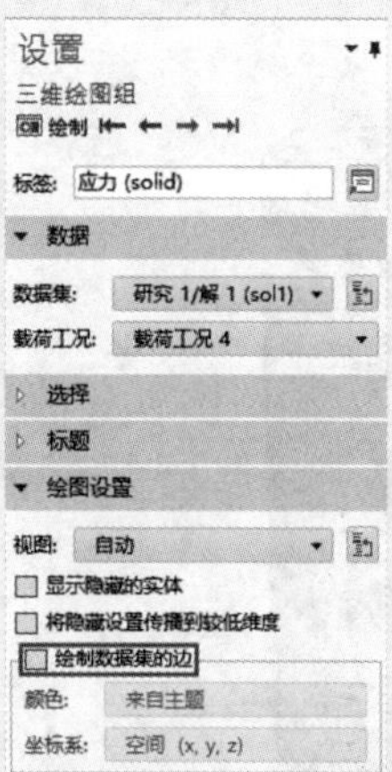


图 5-172 “三维绘图组”设置窗口

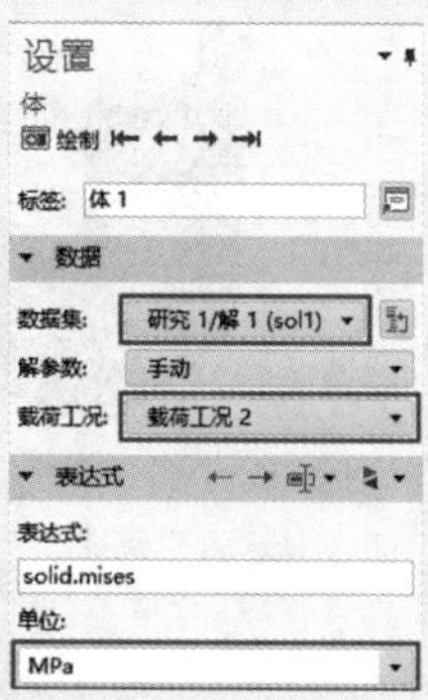


图 5-173 “体”设置窗口

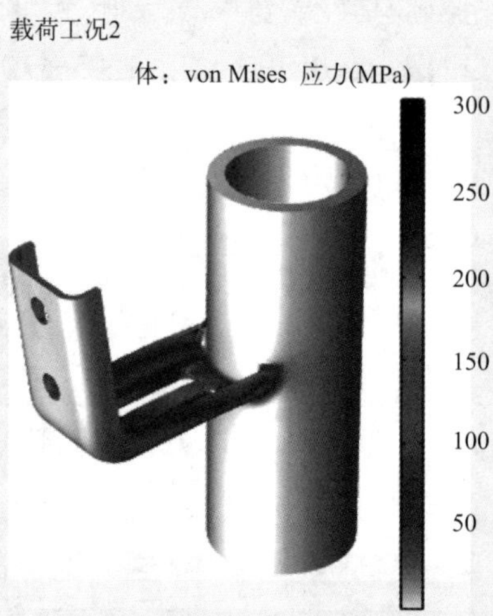


图 5-174 载荷工况 2 状态下的应力云图

② 查看最大和最小应变云图。

a. 添加三维绘图组。单击“结果”选项卡“绘图组”面板中的“三维绘图组”按钮，打开“三维绘图组”设置窗口，设置“标签”为“主应变”，在“绘图设置”栏中取消勾选“绘制数据集的边”复选框，其余为默认设置。

b. 添加体 1。单击“主应变”选项卡“添加绘图”面板中的“体”按钮，打开“体”设置窗口，设置“标签”为“最大主应变”，在“数据”栏中设置“数据集”为“研究 1/ 解 1（sol1）”，设置“载荷工况”为“载荷工况 2”，在“表达式”栏中单击“替换表达式”按钮，弹出表达式窗口，在“组件 1”→“固体力学”→“应变”→“主应变”中双击“solid.ep1- 第一主应变”选项，添加表达式，其余为默认设置，如图 5-175 所示。

c. 添加变形 1。单击“主应变”选项卡“属性”面板中的“变形”按钮，打开“变形”设置窗口，在“表达式”栏中设置“Y 分量”为“v+0.06”，在“比例因子”栏中勾选“比例因子”复选框并设置其值为“1”，其余为默认设置，如图 5-176 所示，然后单击“绘制”按钮，绘制载荷工况 2 状态下的最大主应变云图，结果如图 5-177 所示。

d. 添加体 2。单击“主应变”选项卡“添加绘图”面板中的“体”按钮，打开“体”设置窗口，设置“标签”为“最小主应变”，在“数据”栏中设置“数据集”为“研究 1/ 解 1（sol1）”，设置“载荷工况”为“载荷工况 3”，在“表达式”栏中单击“替换表达式”按钮，弹出表达式窗口，在“组件 1”→“固体力学”→“应变”→“主应变”中双击“solid.ep3- 第三主应变”选项，添加表达式，其余为默认设置。

e. 添加变形 2。单击“主应变”选项卡“属性”面板中的“变形”按钮，打开“变形”设置窗口，在“表达式”栏中设置“Y 分量”为“v-0.06”，在“比例因子”栏中勾选“比例因子”复选框并设置其值为“1”，其余为默认设置，然后单击“绘制”按钮，同时绘制载荷工况 2 和载荷工况 3 状态下的最大主应变云图和最小主应变云图，结果如图 5-178 所示。

图 5-175　“体”设置窗口

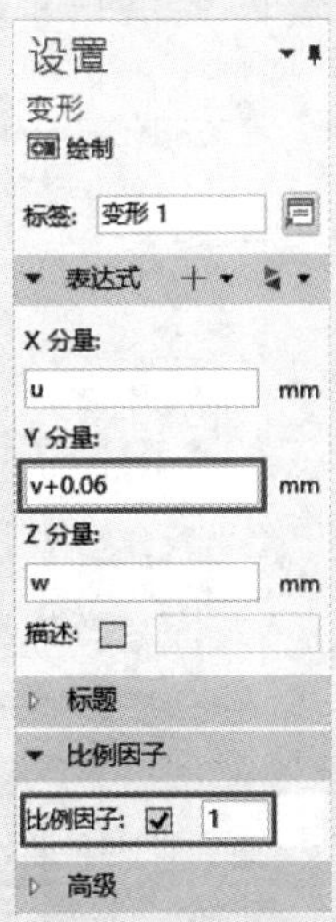


图 5-176　“变形”设置窗口

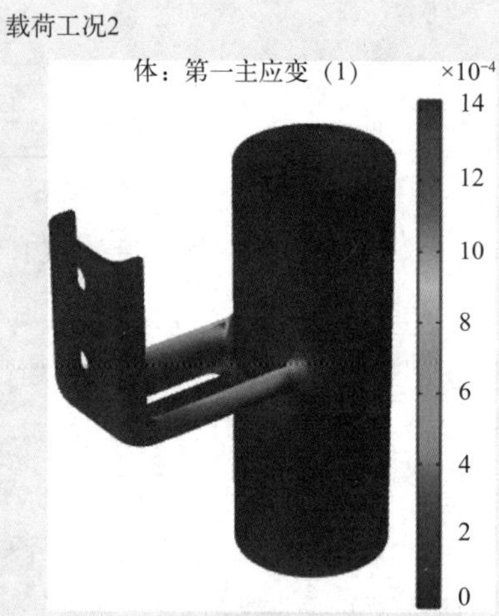


图 5-177　载荷工况 2 状态下的最大主应变云图

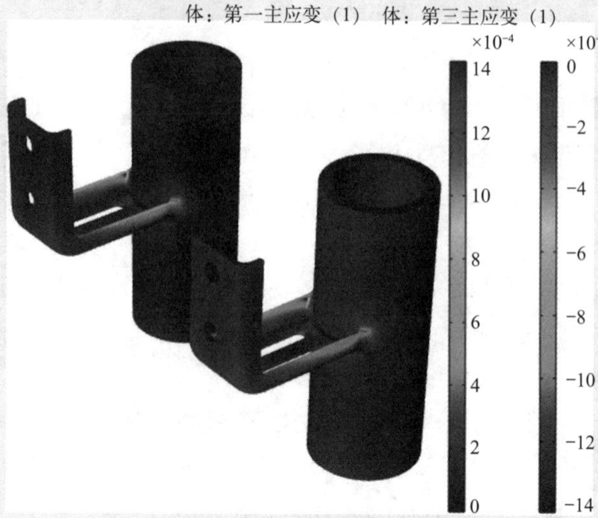


图 5-178　最大 / 最小主应变云图

（7）进行疲劳分析

① 添加疲劳物理场。单击“物理场”选项卡“物理场”面板中的“添加物理场”按钮，弹出“添加物理场”窗口，选择“结构力学”列表中的“疲劳”选项，在“研究中的物理场接口”中取消勾选研究 1“求解”复选框，然后单击“添加到‘组件 1’”按钮 **+ 添加到“组件 1”**，添加疲劳分析，如图 5-179 所示，最后关闭“添加物理场”窗口。

② 添加应变寿命载荷。首先在“模型开发器”中选择“疲劳”分支，然后单击“物理场”选项卡“域”面板下拉列表中的“应变寿命”按钮 **应变寿命**，弹出“应变寿命”设置窗口，设置“选择”为“所有域”，在“解场”栏中设置“物理场接口”为“固体力学（solid）”，在“疲劳模型选择”栏中设置“准则”为“组合 Basquin 和 Coffin-Manson”，其余为默认设置，如图 5-180 所示，然后关闭“应变寿命”设置窗口。

图 5-179　添加疲劳物理场

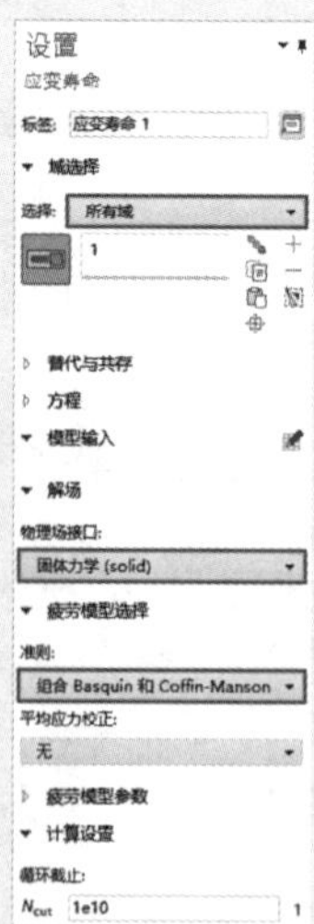


图 5-180　“应变寿命”设置窗口

③ 设置材料。首先在“模型开发器”中选择“材料”分支中的“Structural steel”（结构钢）材料，弹出“材料”设置窗口，在“材料属性明细”栏中设置“疲劳强度系数”为“1323[MPa]”，“疲劳强度指数”为“-0.097”，“疲劳延性系数”为“0.375”，“疲劳延性指数”为“-0.60”，其余为默认设置，如图 5-181 所示，然后关闭“材料”设置窗口。

④ 添加研究。单击“研究”选项卡“研究”面板中的“添加研究”按钮，弹出“添加研究”窗口，首先在“研究中的物理场接口”中取消勾选固体力学“求解”复选框，然后选择“所选物理场接口的预设研究”列表中的“疲劳”选项，单击“添加研究”按钮 **十 添加研究**，添加疲劳研究，如图 5-182 所示，最后关闭“添加研究”窗口。

图 5-181　设置材料

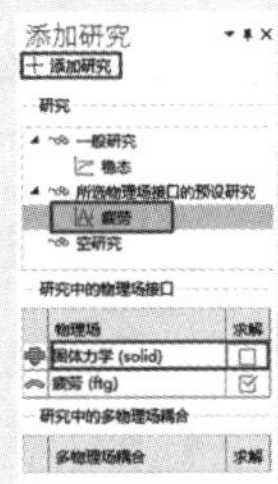


图 5-182　添加疲劳研究

⑤ 设置疲劳研究并求解。在“疲劳”设置窗口中的“因变量值”栏中选择“设置”为“用户控制”，“方法”为“解”，“研究”为“研究 1，稳态”，其余为默认设置，如图 5-183 所示。然后单击“计算”按钮，进行疲劳分析，最终得到失效循环次数云图，如图 5-184 所示。通过该图可知，在循环 $5.6\times10^6$ 次后，出现疲劳损伤。

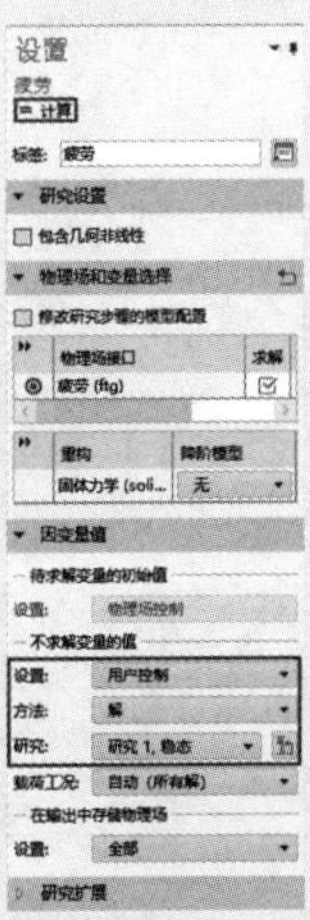


图 5-183　“疲劳”设置窗口

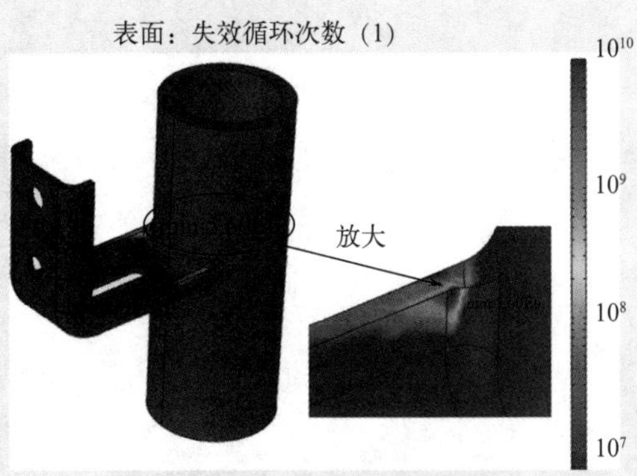


图 5-184　失效循环次数云图

## 5.8 动手练一练

如图 5-185 所示为一个刮板模型，材质为结构钢，在第 4 章对其划分网格的基础上，对固定孔施加固定约束后，在两侧的翼板上各施加 500N 的总力，分析刮板链条的应力和应变，结果如图 5-186 和图 5-187 所示。

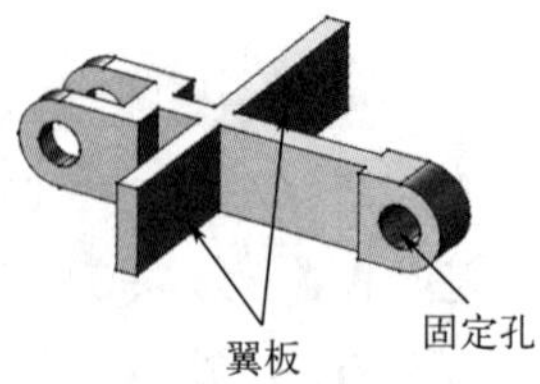


图 5-185　刮板

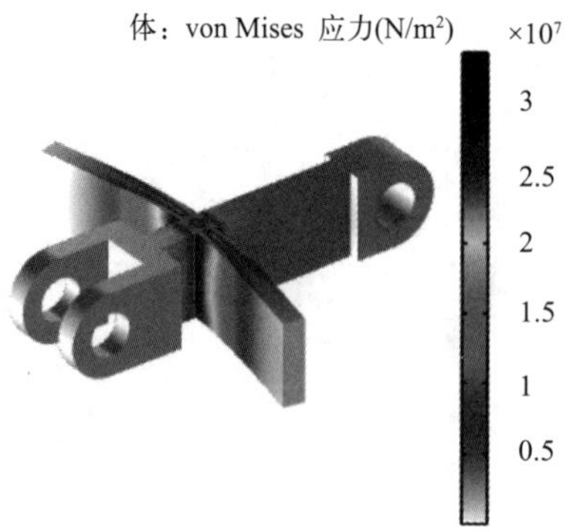


图 5-186　等效应力云图

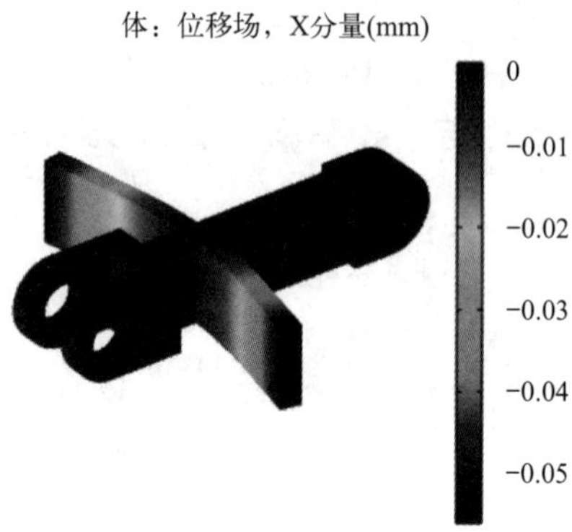


图 5-187　X 分量变形云图

**思路点拨**

① 添加结构钢材料。

② 添加固体力学物理场。

③ 添加边界固定约束。

④ 添加边界载荷，在每个翼板上添加 500N 的总力。

⑤ 添加稳态研究并计算。

⑥ 查看等效应力。

⑦ 查看 X 分量位移。

# 第 6 章　电磁学分析

本章主要利用 COMSOL 的 AC/DC 模块对电磁学进行有限元仿真，包括静电分析、电流分析、静磁分析和电磁感应分析等。

## 6.1　电磁学概述

电磁学理论可由麦克斯韦方程组来描述，麦克斯韦方程组的提出标志着经典电动力学的建立。这是库仑、奥斯特、高斯、安培和法拉第等伟大的科学家所从事的电学和磁学研究的继承、发展和综合。该方程组将电学、磁学和光学统一为一整套静电的电磁理论。

麦克斯韦方程组实际上是由 4 个定律组成的，分别是安培环路定律、法拉第电磁感应定律、高斯电通定律（简称高斯定律）和高斯磁通定律（也称磁通连续性定律）。

（1）安培环路定律

无论介质和磁场强度 $\boldsymbol{H}$ 的分布如何，磁场中的磁场强度沿任何一条闭合路径的线积分等于穿过该积分路径所确定的曲面 $\Omega$ 的电流的总和。这里的电流包括传导电流（自由电荷产生）和位移电流（电场变化产生）。其用积分表示为

$$\int_{\Gamma}\boldsymbol{H}\mathrm{d}l=\iint_{\Omega}(\boldsymbol{J}+\frac{\partial \boldsymbol{D}}{\partial t})\mathrm{d}S \tag{6-1}$$

式中，$\boldsymbol{J}$ 为传导电流密度矢量，A/m$^2$；$\partial \boldsymbol{D}/\partial t$ 为位移电流密度；$\boldsymbol{D}$ 为电通密度矢量，C/m$^2$。

（2）法拉第电磁感应定律

闭合回路中感应电动势与穿过此回路的磁通量随时间的变化率成正比。其用积分表示为

$$\int_{\Gamma}\boldsymbol{E}\mathrm{d}l=-\iint_{\Omega}(\boldsymbol{J}+\frac{\partial \boldsymbol{B}}{\partial t})\mathrm{d}S \tag{6-2}$$

式中，$\boldsymbol{E}$ 为电场强度，V/m；$\boldsymbol{B}$ 为磁感应强度，T 或 Wb/m$^2$。

（3）高斯电通定律

在电场中，无论电介质与电通密度矢量的分布如何，穿出任何一个闭合曲面的电通量等于已闭合曲面所包围的电荷量。这里指出的电通量也就是电通密度矢量对此闭合曲面的积分，用积分形式表示为

$$\iint_{S}\boldsymbol{D}\mathrm{d}S=\iiint_{v}\rho\mathrm{d}v \tag{6-3}$$

式中，$\rho$ 为电荷体密度，C/m$^3$；$v$ 为闭合曲面 $S$ 所围成的体积区域。

（4）高斯磁通定律

磁场中，不论磁介质与磁通密度矢量的分布如何，穿出任何一个闭合曲面的磁通量恒等于零。这里指出的磁通量即为磁通密度矢量对此闭合曲面的有向积分，用积分形式表示为

$$\iint_{S}\boldsymbol{B}\mathrm{d}S=0 \tag{6-4}$$

式（6-1）～式（6-4）还分别有自己的微分形式，也就是微分形式的麦克斯韦方程组，它们

分别对应式（6-5）～式（6-8）。

$$\nabla \times \boldsymbol{H} = \boldsymbol{J} + \frac{\partial \boldsymbol{D}}{\partial t} \tag{6-5}$$

$$\nabla \times \boldsymbol{E} = -\frac{\partial \boldsymbol{B}}{\partial t} \tag{6-6}$$

$$\nabla \cdot \boldsymbol{D} = \rho \tag{6-7}$$

$$\nabla \cdot \boldsymbol{B} = 0 \tag{6-8}$$

COMSOL 中的电磁分析主要集中在 AC/DC 接口中，如图 6-1 所示，可进行电场和电流、静磁场、电磁场、电磁热、电磁学和力学、电磁和流体及粒子追踪等有限元分析。其中，电场和电流、静磁场、电磁场为单场的电磁学分析，在本章中主要对这几种单场电磁学分析结合实例进行讲解；而电磁热、电磁学和力学、电磁和流体及粒子追踪等为多物理场耦合分析，则在后面的多物理场耦合章节中进行讲解。

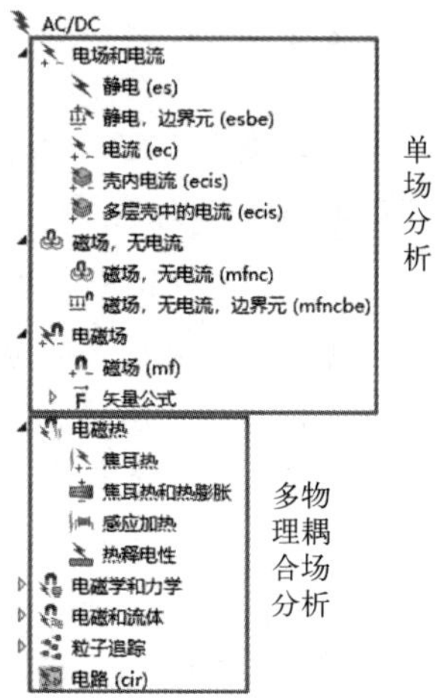


图 6-1　AC/DC 接口

# 6.2　静电分析

COMSOL 中有一个“静电”接口，用于进行静电分析，对静电的特性及规律进行研究。在静电分析中，将所有电荷都视为静止的，因此没有电流输入或输出。静电是指静止的电荷，是人们对电荷在静止状态下的称呼。静止的电荷会在其周围建立一个场，称为静电场，它会对场中的其他电荷产生作用。

## 6.2.1　静电分析中的基本概念

（1）电荷

电荷是物质所带电的电量单元。电量用 $Q$ 表示，其单位为库仑（C）。实验表明，自然界只存在两种电荷：正电荷和负电荷，并且相同性质的电荷互相排斥，不同性质的电荷互相吸引。电荷用 $e$ 来表示，其电量为 $1.60217733\times10^{-19}$C，在计算时可取 $e=1.6\times10^{-19}$C，其是静电分析中一个重要的常量。

为了便于描述，一般将电荷称为“带电粒子”，其中的点电荷就是一种理想的模型。真正的点电荷并不存在，只有当带电粒子之间的距离远大于粒子的尺寸，或是带电粒子的形状与大小对于带电粒子间的相互作用力的影响足以忽略时，此带电粒子就能称为“点电荷”。点电荷是建立基本规律时必要的抽象概念，也是分析复杂问题时必不可少的模型。

（2）电场

电场是存在于电荷周围能传递电荷与电荷之间相互作用的物理场。在电荷周围总有电场存在；同时电场对场中其他电荷产生力的作用。观察者相对于电荷静止时所观察到的场称为静电场。如果电荷相对于观察者运动，则除静电场外，还有磁场。除了电荷可以引起电场外，变化的磁场也可以引起电场，前者称为静电场，后者称为涡旋电场或感应电场。运动电荷或电流之间的作用要通过电磁场来传递。

（3）电场力

电场力是当电荷置于电场中时所受到的作用力，或是在电场中为移动自由电荷所施加的作用力。其大小可由库仑定律得出。当有多个电荷同时作用时，其大小及方向遵循矢量运算规则。

（4）电场强度

电场强度是描述电场强弱和方向的物理量。其定义为放入电场中的电荷所受电场力（$F$）与所带电量（$q$）的比值，用 $E$ 表示，即 $E=F/q$。电场强度的大小取决于电场本身或激发电场的电荷，与电场中的受力电荷无关。

（5）电场线

在任何电场中，每一点 $P$ 的场强都有一定的方向。据此，可以在电场中画出一系列曲线，使曲线上每一点的切线方向都与该点的场强方向一致，这些线称为电场线。在没有电荷的空间，电场线具有不相交、不中断的特点。静电场的电场线还具有下列性质：

① 电场线不闭合，始于正电荷或无穷远处，终止于无穷远或负电荷；

② 电场线垂直于导体表面；

③ 电场线与等势面垂直。

### 6.2.2　静电学的基础理论

静电学的基础理论有电荷守恒定律、库仑定律和叠加原理。

（1）电荷守恒定律

电荷守恒定律是物理学的基本定律之一。它指出，对于一个孤立系统，不论发生什么变化，其中所有电荷的代数和永远保持不变。电荷守恒定律表明，如果某一区域中的电荷增加或减少了，那么必定有等量的电荷进入或离开该区域；如果在一个物理过程中产生或消失了某种电荷，那么必定有等量的异号电荷同时产生或消失。

（2）库仑定律

静电学中最基本的定律是库仑定律。其表述为一个点电荷 $q$ 与另一个点电荷 $Q$ 相互之间的静电力 $\boldsymbol{F}$，可以用库仑定律计算出来。其中，称点电荷 $q$ 为源点电荷，称点电荷 $Q$ 为检验电荷，静电力的大小与两个点电荷之间的距离的平方成反比，$q$ 和 $Q$ 的乘积成正比，作用力的方向沿连线，同号电荷相斥，异号电荷相吸，其公式为

$$\boldsymbol{F}=\frac{1}{4\pi\varepsilon_0}\times\frac{qQ}{\boldsymbol{r}^2}\hat{\boldsymbol{r}} \tag{6-9}$$

式中，$\varepsilon_0=8.854187817\times10^{-12}\mathrm{C^2/(N\cdot m^2)}$，为真空电容率；$\boldsymbol{r}$为从源点电荷 $q$ 指向检验电荷 $Q$ 的矢量；$\hat{\boldsymbol{r}}$为单位矢量。

（3）叠加原理

两个电荷之间的作用力不会因为第三个电荷的存在而改变，在一个体系中，无论存在多少电荷，每对电荷之间的作用力都符合库仑定律，而任意电荷所受到的合力为所有其他点电荷单独作用于该电荷的库仑力的矢量和。例如，当体系中存在 $N$ 个点电荷时，可以用库仑定律单独计算出电荷 $Q$ 与其他电荷之间的库仑力 $F_i$，那么电荷 $Q$ 在该系统中受到的总库仑力可表示为

$$F=\sum_{i=1}^{N}F_i \tag{6-10}$$

### 6.2.3 静电学常见的现象及应用

（1）摩擦起电

两种不同的物质经过接触、摩擦，然后将其分开，这两种物体会从原本的中性体变为带电体；其中一种物质会带有正电，另一种物质会带同样大小的负电，如丝绸与玻璃的摩擦、硬橡胶与毛料的摩擦，都会产生静电。科学家已经利用摩擦起电现象制作出了摩擦纳米发电机。

（2）尖端放电

导体尖端的电荷密度非常大，在其附近会产生强大的电场，这就会产生尖端放电现象。尖端放电最常见的应用就是避雷针。

（3）静电屏蔽

空腔导体可以屏蔽外电场，而使内部物体不受任何外电场的影响，这种现象叫作静电屏蔽。利用该原理制成的同轴电缆可以不受外部电场的干扰而很好地传播信号。

利用静电学的知识，人们还制造了静电除尘器、静电复印机、静电加速器及静电植绒机等有利于人们生产和生活的设备。

### 6.2.4 实例—摩擦发电机

如图 6-2 所示为一个简易的手摇往复摩擦发电机，其原理为摩擦发电。该发电机主要由支架、转盘、连杆、滑块铜板、固定块铜板、导线、小灯泡和摇把等组成。当转动转盘时，连杆会带动滑块做往复运动，滑块由铜板和尼龙板组成，固定块由 PVC（聚氯乙烯）板和铜板组成，尼龙板与下面的 PVC（聚氯乙烯）板摩擦，由于 PVC 板易得到电子，而尼龙板易失去电子，这样在两板之间形成电势差，然后通过整流桥和导线等连接两个铜板和小灯泡，最终点亮小灯泡。本例通过 AC/DC 中的静电模块，对摩擦发电机进行分析，查看其产生的电势和电场及其与位移、距离的关系。为了便于分析，将有限元模型简化为二维平面图，如图 6-3 所示。

扫码看视频

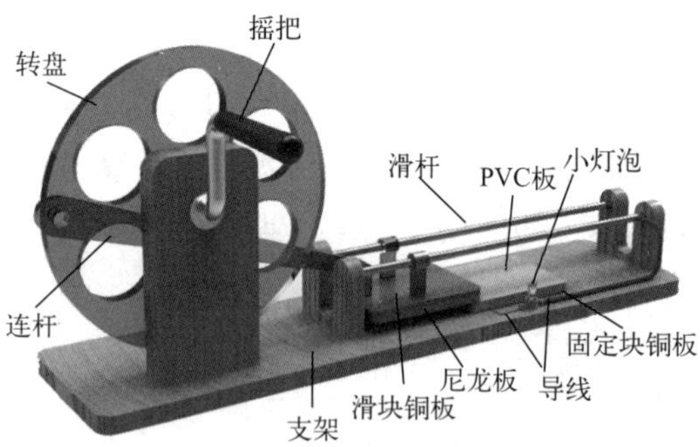


图 6-2 手摇往复摩擦发电机

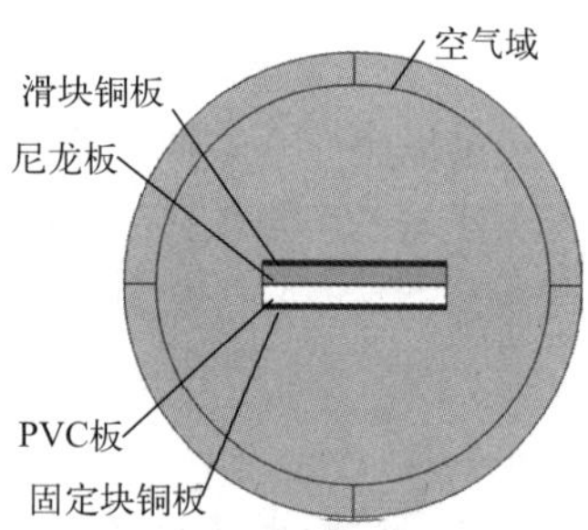


图 6-3 简化模型

**操作步骤**

（1）创建模型

① 进入二维几何界面。在“新建”界面中单击“模型向导”按钮 ，弹出“选择空间维度”界面，在该界面选择“二维”维度，进入“选择物理场”界面，展开“AC/DC”列表，选择列表中的“电场和电流”→“静电（es）”选项，单击“添加”按钮 添加 ，将“静电（es）”

添加到物理场接口中，如图6-4所示。然后单击“研究”按钮 ，进入“选择研究”界面，在“一般研究”列表中选择“稳态”，如图6-5所示，单击“完成”按钮 ，进入主界面。

② 创建模型。

a. 设置单位。在“几何”设置窗口中设置“长度单位”为“mm”，其余为默认设置，如图 6-6 所示。

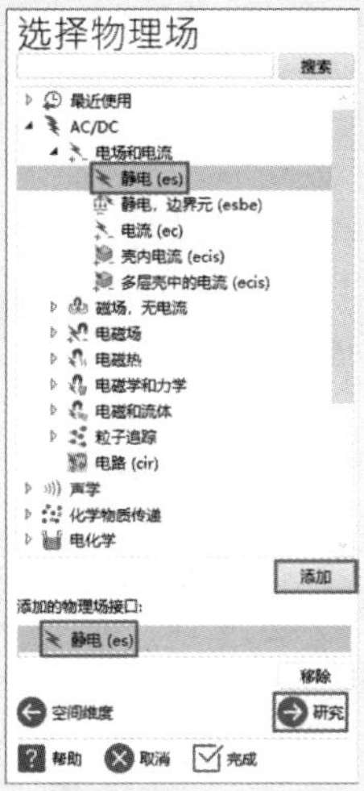


图 6-4　选择物理场

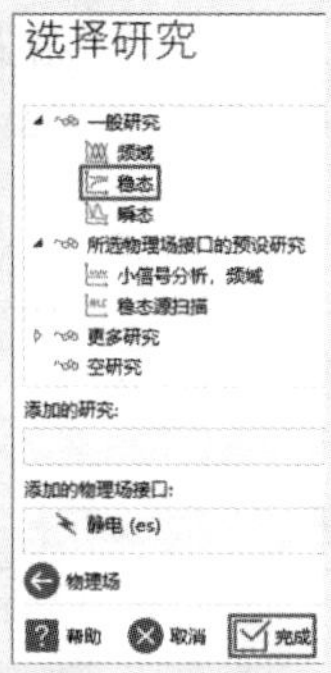


图 6-5　选择研究

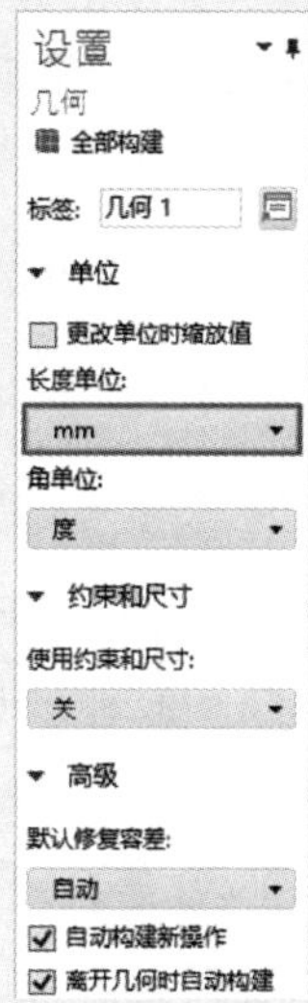


图 6-6　设置单位

b. 定义全局参数。在“模型开发器”中选择“全局定义”节点中的“参数 1”，弹出“参数”设置窗口，在“参数”栏中设置“名称”为“d”，“表达式”为“0[mm]”，“描述”为“滑动距离”，如图 6-7 所示。

c. 创建尼龙板。单击“几何”选项卡“体素”面板中的“矩形”按钮 ，弹出“矩形”设置窗口，设置“标签”为“尼龙板”，在“大小和形状”栏中设置“宽度”为“40”，“高度”为“4”，在“位置”栏中设置“基准”为“居中”，“x”为“d”，“y”为“2.1”，其余为默认设置，如图 6-8 所示，然后单击“构建选定对象”按钮 ，创建尼龙板。

d. 创建滑块铜板。单击“几何”选项卡“体素”面板中的“矩形”按钮 ，弹出“矩形”设置窗口，设置“标签”为“滑块铜板”，在“大小和形状”栏中设置“宽度”为“40”，“高度”为“1”，在“位置”栏中设置“基准”为“居中”，“x”为“d”，“y”为“4.6”，其余为默认设置，然后单击“构建选定对象”按钮 ，创建滑块铜板。

e. 创建 PVC 板。单击“几何”选项卡“体素”面板中的“矩形”按钮 ，弹出“矩形”设置窗口，设置“标签”为“PVC 板”，在“大小和形状”栏中设置“宽度”为“40”，“高度”为“4”，在“位置”栏中设置“基准”为“居中”，“x”为“0”，“y”为“-2.1”，其余为默认设置，如图 6-9 所示，然后单击“构建选定对象”按钮 ，创建 PVC 板。

f. 创建固定块铜板。单击“几何”选项卡“体素”面板中的“矩形”按钮 ，弹出“矩形”设置窗口，设置“标签”为“固定块铜板”，在“大小和形状”栏中设置“宽度”为“40”，“高度”

为“1”，在“位置”栏中设置“基准”为“居中”，“x”为“0”，“y”为“-4.6”，其余为默认设置，然后单击“构建选定对象”按钮，创建固定块铜板。

g. 创建空气域。单击“几何”选项卡“体素”面板中的“圆”按钮，弹出“圆”设置窗口，设置“标签”为“空气域”，在“大小和形状”栏中设置“半径”为“100”，在“位置”栏中设置“x”为“0”，“y”为“0”，在“层”栏中设置“层 1”为“15”，其余为默认设置，如图 6-10 所示，然后单击“构建选定对象”按钮，创建空气域。在“图形窗口”中单击“显示栅格”按钮，取消栅格的显示，结果如图 6-11 所示。

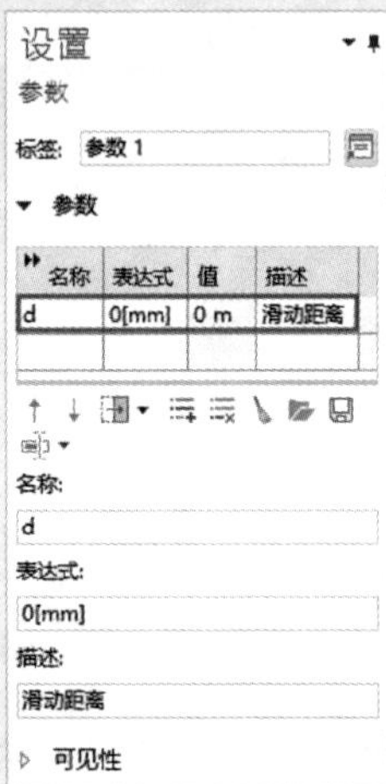


图 6-7 “参数”设置窗口

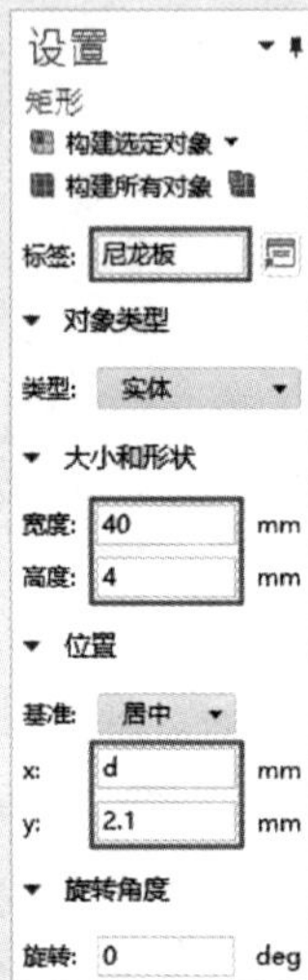


图 6-8 创建尼龙板

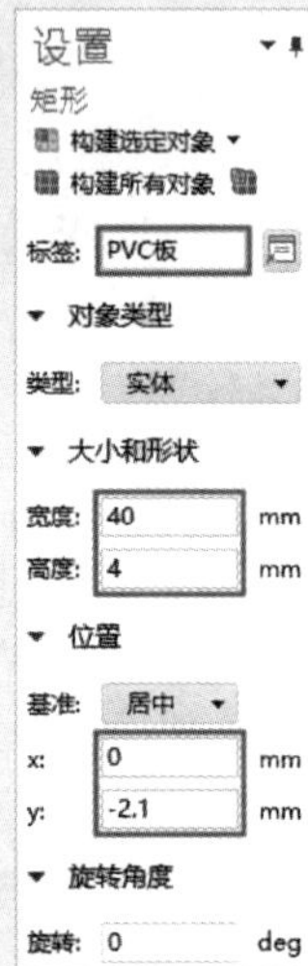


图 6-9 创建 PVC 板

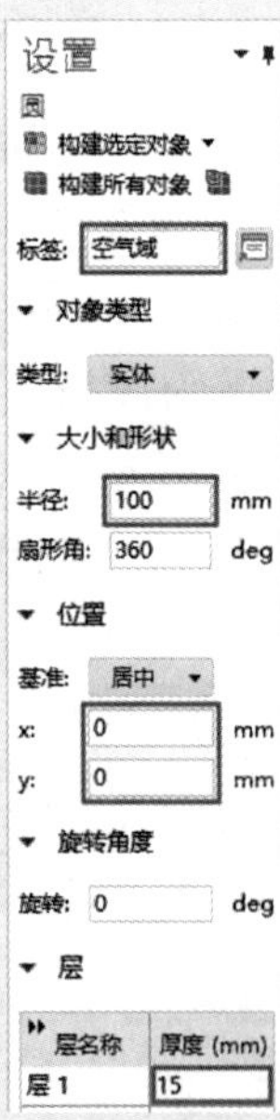


图 6-10 创建空气域

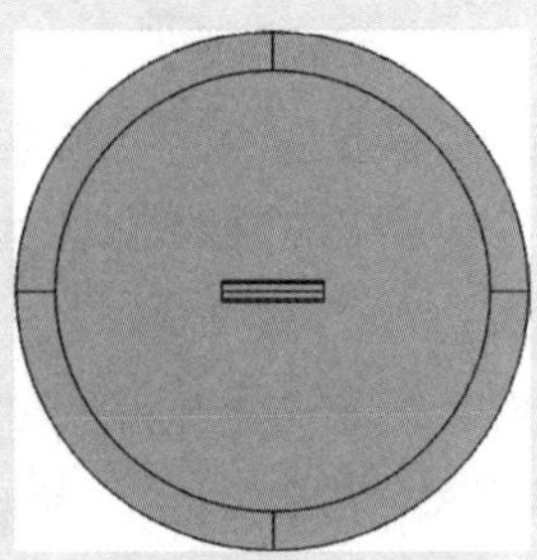

图 6-11 创建模型

（2）定义积分和无限元域

① 定义积分。单击“定义”选项卡“耦合”面板“非局部耦合”下拉列表中的“积分”按钮 ∫du，弹出“积分”设置窗口，在“源选择”栏中设置“几何实体层”为“边界”，然后激活“选择”框，选择“滑块铜板”的上表面，如图 6-12 所示，其余为默认设置，定义“积分 1”；采用同样的方法，选择“固定块铜板”的下表面，定义“积分 2”。

② 定义无限元域。单击“定义”选项卡“坐标系”面板中的“无限元域”按钮，弹出“无限元域”设置窗口，激活“选择”框，选择“空气域”的四个域单元，设置“类型”为“圆柱型”，其余为默认设置，如图 6-13 所示，定义“无限元域 1”。

图 6-12　“积分”设置窗口

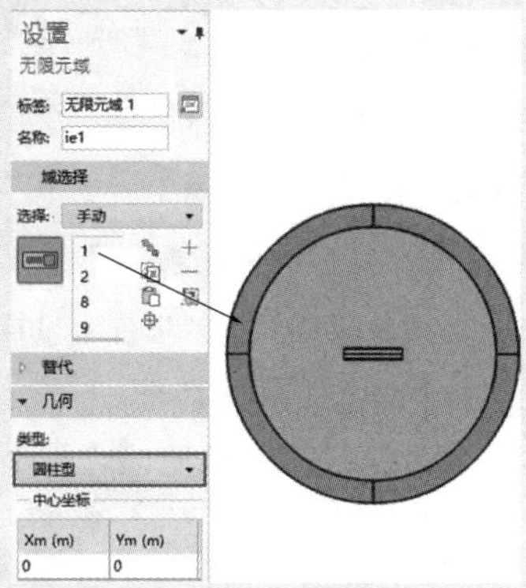


图 6-13　“无限元域”设置窗口

（3）添加和设置材料

① 添加材料。单击“材料”选项卡“材料”面板中的“添加材料”按钮，弹出“添加材料”窗口，展开“内置材料”列表，双击其中的“Air”（空气）和“Copper”（铜），展开“MEMS”列表中的“Polymers”（聚合物）节点，双击其中的“Nylon”（尼龙）和“PVC-Polyvinyl chloride”（PVC-聚氯乙烯），将其添加到“模型开发器”中的“材料”节点下，如图 6-14 所示。然后单击“关闭”按钮 ×，关闭“添加材料”窗口。

② 设置材料。选择“模型开发器”中“材料”节点下的“Copper *(mat2)*”，然后激活“选择”栏，选择“滑块铜板”和“固定块铜板”，如图 6-15 所示。为“Nylon”选择“尼龙板”，为“PVC-Polyvinyl chloride”选择“PVC 板”，设置相应的模型材料。

图 6-14　添加材料

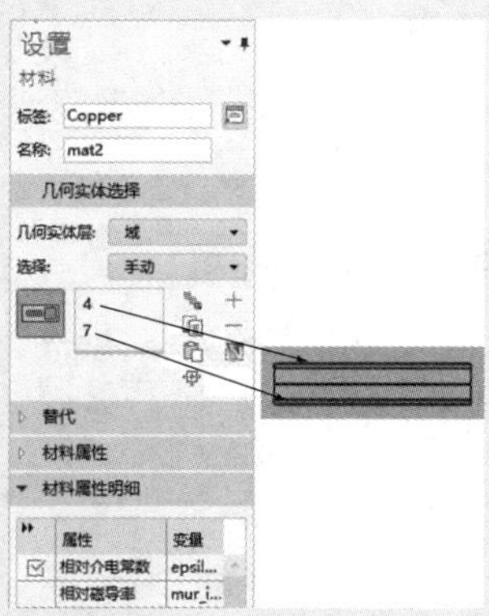


图 6-15　设置模型材料

（4）添加载荷

① 添加表面电荷密度。单击“物理场”选项卡“边界”面板“边界”下拉列表“静电”栏中的“表面电荷密度”按钮 **表面电荷密度**，弹出“表面电荷密度”设置窗口，激活“选择”框，选择“尼龙板”的下表面，设置“表面电荷密度”为“0.00004”，如图 6-16 所示，添加表面电荷密度 1；采用同样的操作，选择“PVC 板”的上表面，设置“表面电荷密度”为“-0.00004”，添加表面电荷密度 2。

② 添加悬浮电位。单击“物理场”选项卡“边界”面板“边界”下拉列表“静电”栏中的“悬浮电位”按钮 **悬浮电位**，弹出“悬浮电位”设置窗口，激活“选择”框，选择“滑块铜板”的上表面，其余为默认设置，如图6-17所示，添加悬浮电位1；采用同样的操作，选择“固定块铜板”的下表面，添加悬浮电位 2。添加的悬浮电位用于测量模型产生的电势输出与距离的关系。

③ 添加接地。单击“物理场”选项卡“边界”面板“边界”下拉列表“静电”栏中的“接地”按钮 **接地**，弹出“接地”设置窗口，激活“选择”框，选择“滑块铜板”的上表面，其余为默认设置，添加接地 1；采用同样的操作，选择“固定块铜板”的下表面，添加接地 2。添加的接地用于测量模型电极的电荷量与距离的关系。

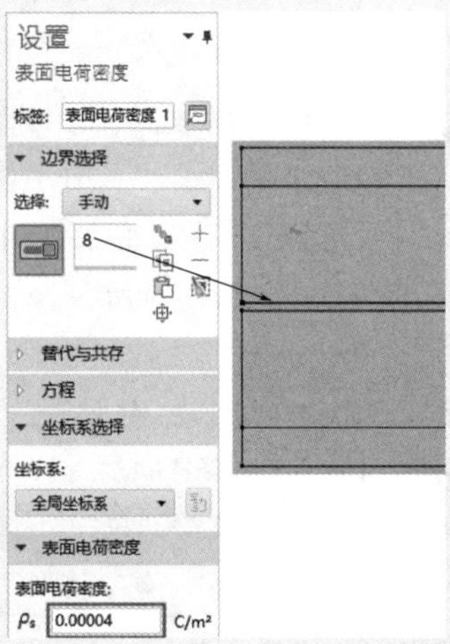


图 6-16 “表面电荷密度”设置窗口

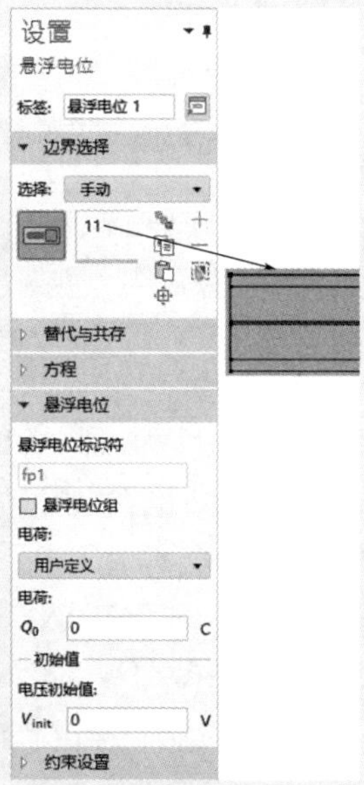


图 6-17 “悬浮电位”设置窗口

（5）划分网格

① 划分映射网格 1 和分布网格。

a. 添加映射网格。单击“网格”选项卡“生成器”面板“边界”下拉列表中的“映射”按钮，弹出“映射”设置窗口，在“域选择”栏中设置“几何实体层”为“域”，然后激活“选择”框，选择“滑动铜板”“尼龙板”“PVC 板”和“固定块铜板”，其余为默认设置。

b. 细化映射网格。单击“网格”选项卡“属性”面板中的“分布”按钮，弹出“分布”设置窗口，激活“选择”框，选择“滑动铜板”和“固定块铜板”的长边，在“分布”栏中设置“分布类型”为“固定单元数”，设置“单元数”为“40”；采用同样的操作添加另一个分布网格，选择“尼龙板”和“PVC板”的短边，在“分布”栏中设置“分布类型”为“固定单元数”，设置“单元数”为“3”，然后单击“构建选定对象”按钮，划分分布网格，结果如图6-18所示。

② 划分自由三角形网格。

a. 添加自由三角形网格。单击“网格”选项卡“生成器”面板中的“自由三角形网格”按钮，弹出“自由三角形网格”设置窗口，在“域选择”栏中设置“几何实体层”为“域”，然后激活“选择”框，选择“空气域”的内圆。

b. 细化自由三角形网格。单击“网格”选项卡“属性”面板“常规”下拉列表中的“超细化”按钮，弹出“大小”设置窗口，在“单元大小”栏中设置“预定义”为“超细化”，其余为默认设置，然后单击“构建选定对象”按钮，细化自由三角形网格，结果如图 6-19 所示。

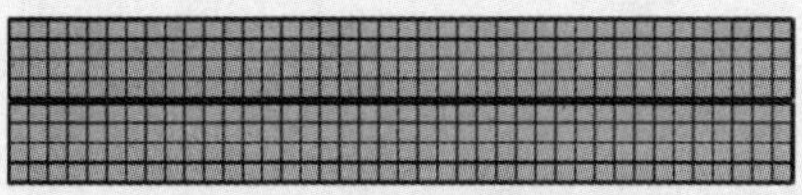

图 6-18　划分映射网格 1

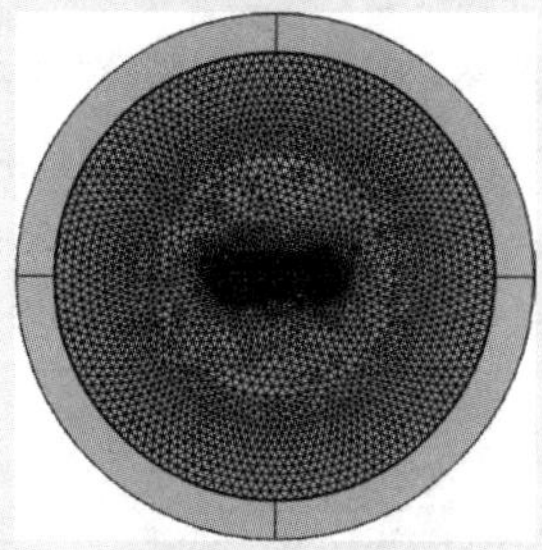

图 6-19　划分自由三角形网格

③ 划分映射网格 2。

a. 添加映射网格。单击“网格”选项卡“生成器”面板“边界”下拉列表中的“映射”按钮，弹出“映射”设置窗口，采用默认设置。

b. 细化映射网格。单击“网格”选项卡“属性”面板“常规”下拉列表中的“超细化”按钮，弹出“大小”设置窗口，在“单元大小”栏中设置“预定义”为“超细化”，其余为默认设置，然后单击“构建选定对象”按钮，细化映射网格，结果如图 6-20 所示。

（6）设置研究—悬浮电位和计算

① 设置研究 1。在“模型开发器”中选择“研究 1”节点，弹出“研究”设置窗口，设置“标签”为“研究—悬浮电位”，在“研究设置”栏中取消勾选“生成默认绘图”和“生成收敛图”复选框，如图 6-21 所示。

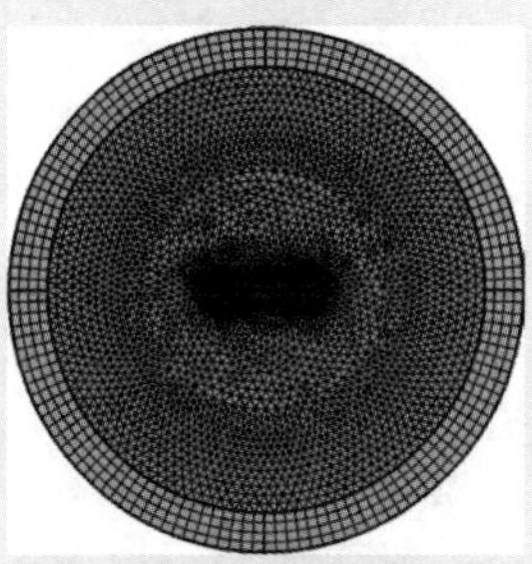

图 6-20　划分映射网格 2

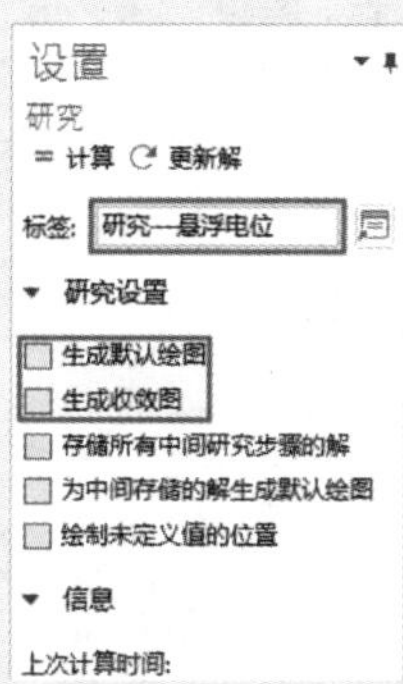


图 6-21　“研究”设置窗口

② 添加参数化扫描。单击“研究”选项卡“研究步骤”面板中的“参数化扫描”按钮，弹出“参数化扫描”设置窗口，在“研究设置”栏中单击“添加”按钮＋，设置“参数名称”为“d(滑动距离)”，然后单击“范围”按钮，弹出“范围”窗口，设置“定义方法”为“步长”，设置“起始”为“0”、“步长”为“1”、“停止”为“30”，单击“替换”按钮 替换 ，关闭该窗口，如图6-22所示。返回“参数化扫描”设置窗口，设置“参数单位”为“mm”，其余为默认设置，如图6-23所示。

③ 设置步骤1：稳态。在“模型开发器”中选择“步骤1：稳态”节点，弹出“稳态”设置窗口，在“物理场和变量选择”栏中勾选“修改研究步骤的模型配置”复选框，在下面的列表中选择“接地1”和“接地2”，然后单击“禁用”按钮⊘，禁用这两项，如图6-24所示。

④ 求解器设置。单击“研究”选项卡“求解器”面板中的“显示默认求解器”按钮，然后在“模型开发器”中展开“求解器配置”中的“解1”节点，选择“稳态求解器1”，弹出“稳态求解器”设置窗口，在“常规”栏中设置“相对容差”为“0.05”，如图6-25所示。单击“研究”选项卡“研究”面板中的“计算”按钮，进行求解计算。

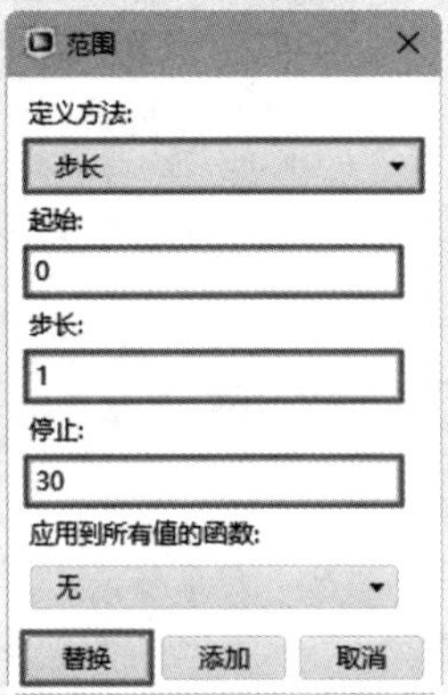

图6-22 “范围”窗口

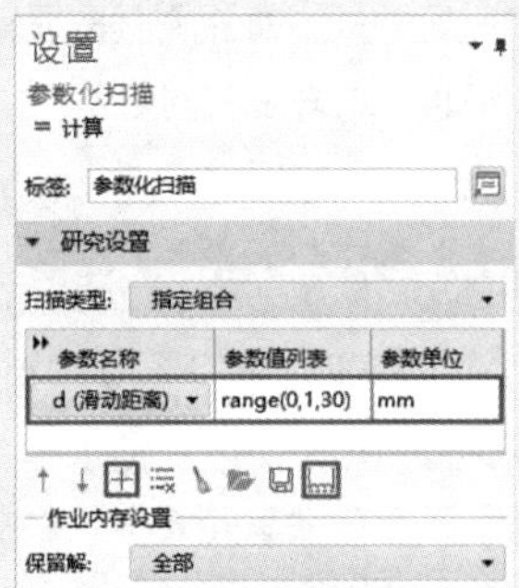

图6-23 “参数化扫描”设置窗口

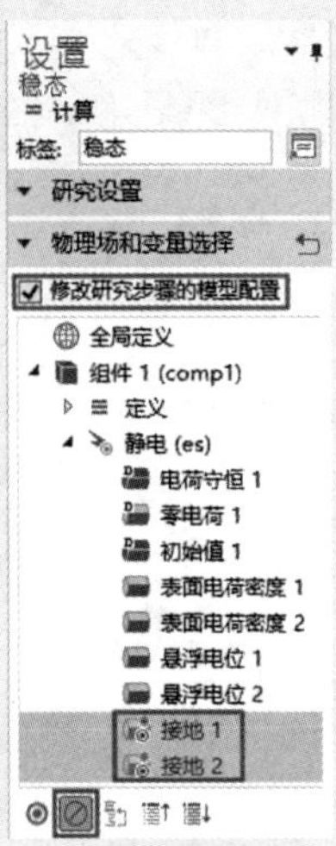

图6-24 “稳态”设置窗口

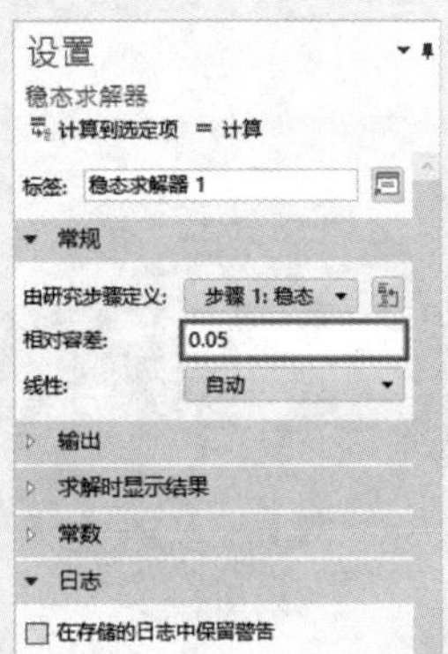

图6-25 “稳态求解器”设置窗口

（7）查看结果

① 查看悬浮电位。单击“结果”选项卡“绘图组”面板中的“二维绘图组”按钮，弹出“二维绘图组”设置窗口和“二维绘图组 1”选项卡，在“数据”栏中设置“数据集”为“研究—悬浮电位 / 参数化解 1（sol2）”，设置“参数值”为“0”，其余为默认设置，如图 6-26 所示。单击“二维绘图组 1”选项卡“添加绘图”面板中的“表面”按钮，弹出“表面”设置窗口，设置“标签”为“悬浮电位电势（V）”，在该窗口中单击“替换表达式”按钮，弹出表达式窗口，在“组件 1”→“静电”→“电”中双击“V- 电势 -V”选项，如图 6-27 所示，然后在“表面”设置窗口中设置“标题类型”为“标签”。单击该窗口中的“绘制”按钮，绘制无位移时的悬浮电位电势云图，如图 6-28 所示；设置“二维绘图组”设置窗口“数据”栏中的“参数值”为“30”，单击该窗口中的“绘制”按钮，绘制位移为 30mm 时的悬浮电位电势云图，如图 6-29 所示。

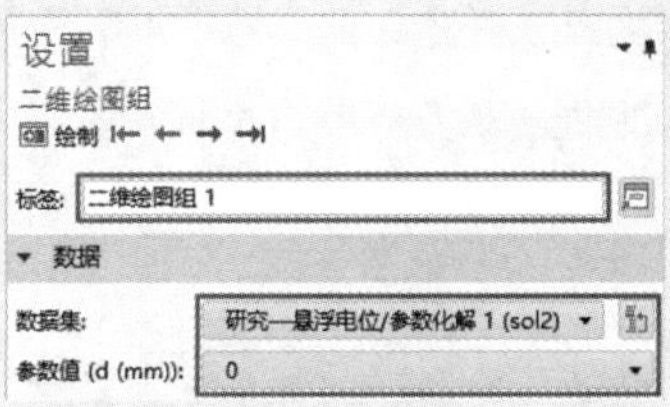


图 6-26　“二维绘图组”设置窗口

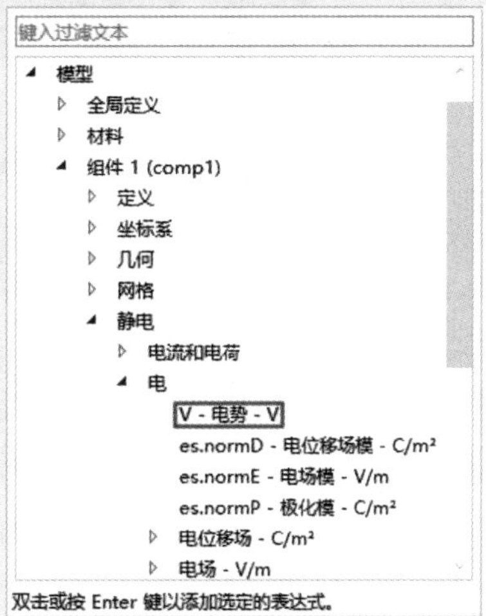


图 6-27　选择表达式

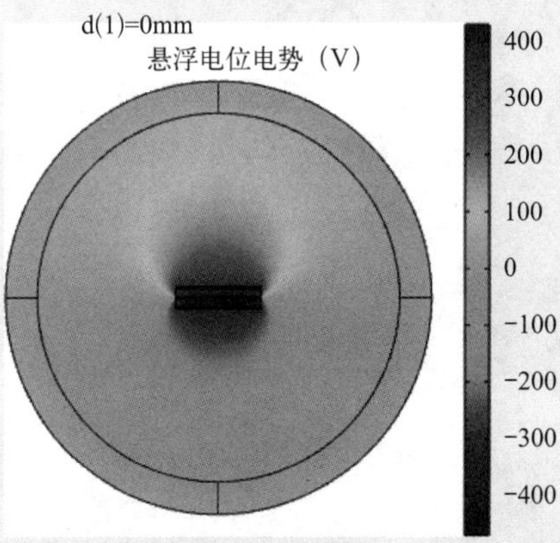


图 6-28　无位移时的悬浮电位电势云图

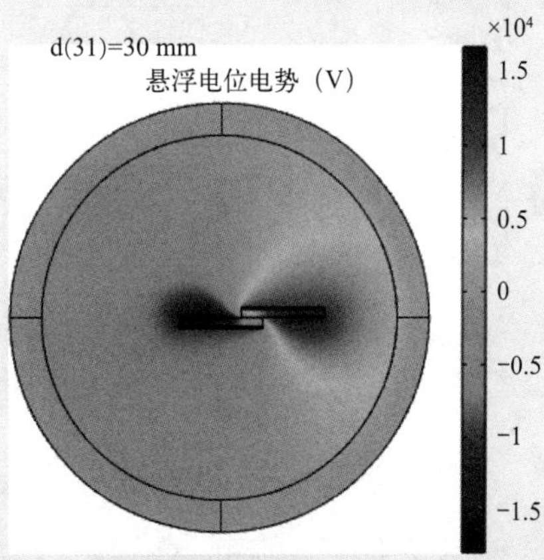


图 6-29　位移为 30mm 时的悬浮电位电势云图

② 查看悬浮电位电场线。设置“二维绘图组”设置窗口“数据”栏中的“参数值”为“0”，然

后单击“二维绘图组1”选项卡“添加绘图”面板中的“流线”按钮，弹出“流线”设置窗口，设置“标签”为“悬浮电位电场线”，在该窗口中单击“替换表达式”按钮，弹出表达式窗口，在“组件1”→“静电”→“电”中双击“es.Ex，es.Ey-电场”选项，在“标题”栏中设置“标题类型”为“标签”，在“流线定位”栏中设置“定位”为“起点控制”，设置“定义方法”为“点数”，设置“点数”为“100”，在“着色和样式”栏中设置“线样式”的“类型”为“线”，设置“点样式”的“类型”为“箭头”，设置“颜色”为“红色”，其余为默认设置，如图6-30所示。最后单击该窗口中的“绘制”按钮，绘制无位移时的悬浮电位电场线图，如图6-31所示；设置“二维绘图组”设置窗口“数据”栏中的“参数值”为“30”，单击该窗口中的“绘制”按钮，绘制位移为30mm时的悬浮电位电场线图，如图6-32所示。

③ 查看电势输出与位移的关系。单击“结果”选项卡“绘图组”面板中的“一维绘图组”按钮，弹出“一维绘图组”设置窗口和“一维绘图组 2”选项卡，在“数据”栏中设置“数据集”为“研究—电压 / 参数化解 1”，设置“参数选择”为“全部”。在“绘图设置”栏中勾选“x 轴标签”复选框，并在后面的文本框中输入“d ( 滑动距离 ) (mm)”；勾选“y 轴标签”复选框，并在后面的文本框中输入“电势差”。在“图例”栏中取消勾选“显示图例”复选框，其余为默认设置，如图 6-33 所示。单击“一维绘图组 2”选项卡“添加绘图”面板中的“全局”按钮，弹出“全局”设置窗口，设置“标签”为“电势输出与位移的关系”，在“y 轴数据”栏中设置“表达式”为“es.fp1.V0-es.fp2.V0”,“单位”为“V”,“描述”为“电势输出与位移的关系”，在“着色和样式”栏中设置“颜色”为“红色”，设置“宽度”为“2”，其余为默认设置，如图 6-34 所示，单击该窗口中的“绘制”按钮，绘制电势输出与位移的关系，如图 6-35 所示。

图 6-30 “流线”设置窗口

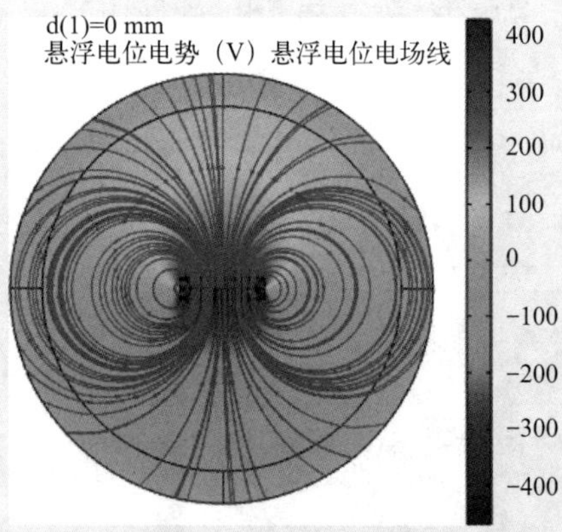


图 6-31 无位移时的悬浮电位电场线图

（8）设置研究—电流和计算

① 添加研究 2。单击“研究”选项卡“研究”面板中的“添加研究”按钮，弹出“添加研究”窗口，在“研究”栏中选择“稳态”选项，单击“添加研究”按钮 ＋，添加研究 2。

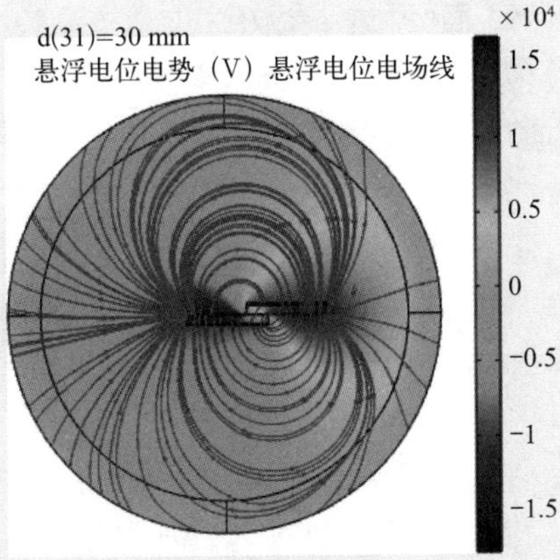


图 6-32　位移为 30mm 时的悬浮电位电场线图

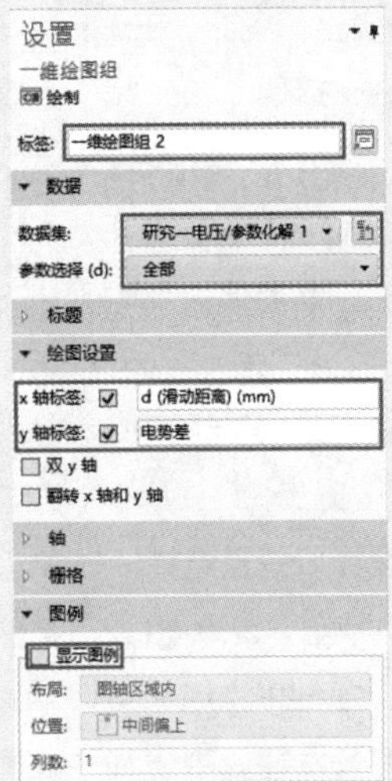


图 6-33　“一维绘图组”设置窗口

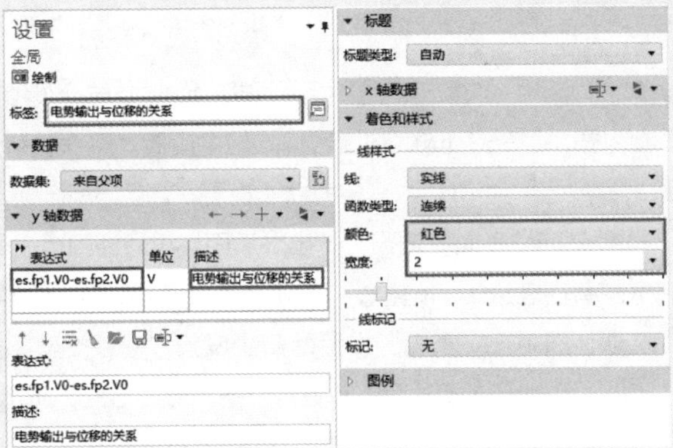


图 6-34　“全局”设置窗口

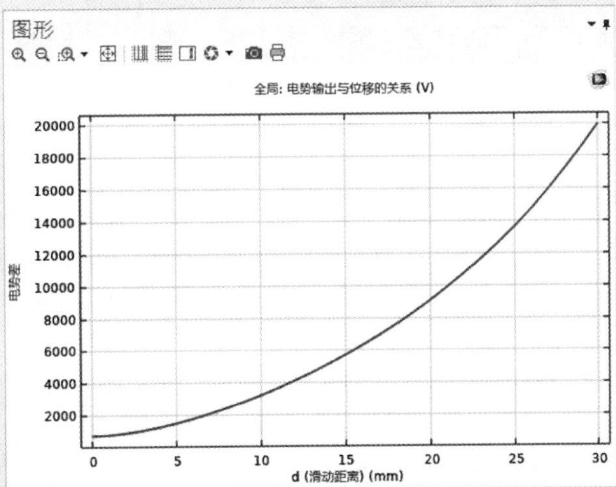


图 6-35　电势输出与位移的关系

② 设置研究 2。在“模型开发器”中选择“研究 2”节点，弹出“研究”设置窗口，设置“标签”为“研究—接地”，在“研究设置”窗口中取消勾选“生成默认绘图”和“生成收敛图”复选框。

③ 添加参数化扫描。单击“研究”选项卡“研究步骤”面板中的“参数化扫描”按钮，弹出“参数化扫描”设置窗口，在“研究设置”栏中单击“添加”按钮 +，设置“参数名称”为“d(滑动距离)”，然后单击“范围”按钮，弹出“范围”对话框，设置“定义方法”为“步长”，设置“起始”为“0”、“步长”为“1”、“停止”为“30”，单击“替换”按钮 替换 ，关闭该窗口，返回“参数化扫描”设置窗口，设置“参数单位”为“mm”，其余为默认设置。

④ 设置步骤 1：稳态。在“模型开发器”中选择“步骤 1：稳态”节点，弹出“稳态”设置窗口，在“物理场和变量选择”栏中勾选“修改研究步骤的模型配置”复选框，在下面的列表中选择“悬浮电位 1”和“悬浮电位 2”，然后单击“禁用”按钮，禁用这两项。

⑤ 求解器设置。单击“研究”选项卡“求解器”面板中的“显示默认求解器”按钮，然后在“模型开发器”中展开“求解器配置”中的“解 34”节点，选择“稳态求解器 1”，弹出“稳态求解器”设置窗口，在“常规”栏中设置“相对容差”为“0.05”。单击“研究”选项卡“研究”面板中的“计算”按钮，进行求解计算。

（9）查看结果

① 查看接地电势。单击“结果”选项卡“绘图组”面板中的“二维绘图组”按钮，弹出“二维绘图组”设置窗口和“二维绘图组 3”选项卡，在“数据”栏中设置“数据集”为“研究—接地 / 参数化解 2 (sol35)”，设置“参数值”为“0”，其余为默认设置，如图 6-36 所示。单击“二维绘图组 3”选项卡“添加绘图”面板中的“表面”按钮，弹出“表面”设置窗口，设置“标签”为“接地电位(V)”，在该窗口中单击“替换表达式”按钮，弹出表达式窗口，在“组件 1”→“静电”→“电”中双击“V- 电势 -V”选项，然后在“表面”设置窗口中设置“标题类型”为“标签”，再单击该窗口中的“绘制”按钮，绘制无位移时的接地电势云图，如图 6-37 所示；设置“二维绘图组”设置窗口中的“参数值”为“30”，单击该窗口中的“绘制”按钮，绘制位移为 30mm 时的接地电势云图，如图 6-38 所示。

② 查看接地电场线。设置“二维绘图组”窗口“数据”栏中的“参数值”为“0”，单击“二维绘图组 3”选项卡“添加绘图”面板中的“流线”按钮，弹出“流线”设置窗口，设置“标签”为“接地电场”，在该窗口中单击“替换表达式”按钮，弹出表达式窗口，在“组件 1”→“静电”→“电”中双击“es.Ex，es.Ey- 电场”选项，然后在“标题”栏中设置“标题类型”为“标签”，在“流线定位”栏中设置“定位”为“起点控制”，设置“定义方法”为“点数”，设置“点数”为“100”，在“着色和样式”栏中设置“线样式”的“类型”为“线”，设置“点样式”的“类型”为“箭头”，设置“颜色”为“黑色”，其余为默认设置，再单击该窗口中的“绘制”按钮，绘制无位移时的接地电场线图，如图 6-39 所示；设置“二维绘图组”窗口“数据”栏中的“参数值”为“30”，单击该窗口中的“绘制”按钮，绘制位移为 30mm 时的接地电场线图，如图 6-40 所示。

③ 查看电极电荷量与距离的关系。单击“结果”选项卡“绘图组”面板中的“一维绘图组”按钮，弹出“一维绘图组”设置窗口和“一维绘图组 4”选项卡，在“数据”栏中设置“数据集”为“研究—接地 / 参数化解 2 (sol35)”，设置“参数选择”为“全部”，在“绘图设置”栏中勾选“x 轴标签”复选框，并在后面的文本框中输入“d (滑动距离) (mm)”，勾选“y 轴标签”复选框，并

在后面的文本框中输入“电荷量”，在“图例”栏中取消勾选“显示图例”复选框，其余为默认设置。单击“一维绘图组4”选项卡“添加绘图”面板中的“全局”按钮 ，弹出“全局”设置窗口，设置“标签”为“电极电荷量与距离的关系”，在“y轴数据”栏中设置“表达式”为“intop1(es.nD)*1[m]”，“单位”为“C”，“描述”为“电极电荷量与距离的关系”，在“着色和样式”栏中设置“颜色”为“黑色”，设置“宽度”为“2”，其余为默认设置，单击该窗口中的“绘制”按钮 ，绘制电极电符量与距离的关系图，如图6-41所示。

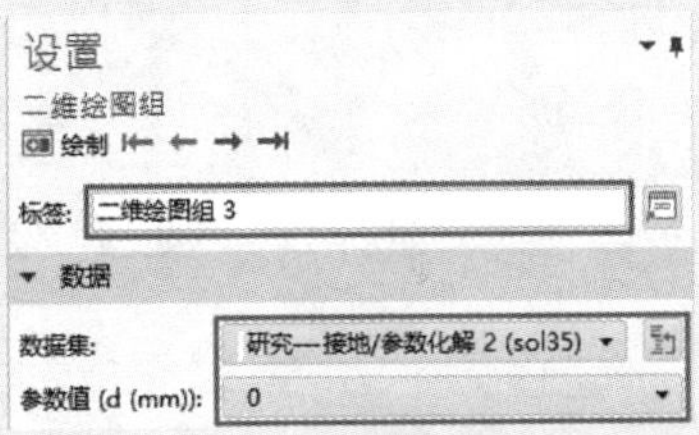


图 6-36　“二维绘图组”设置窗口

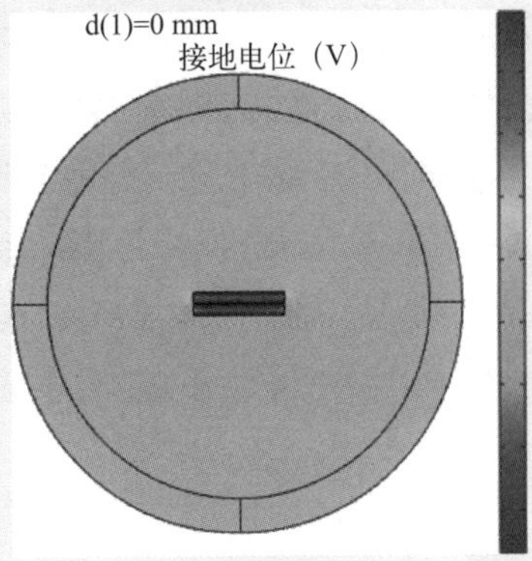


图 6-37　无位移时的接地电势云图

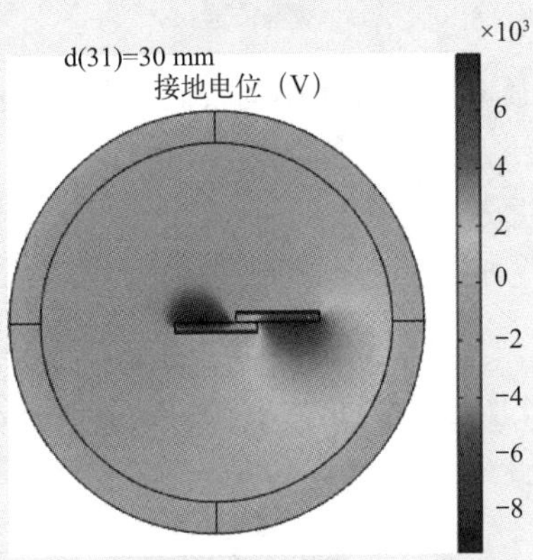


图 6-38　位移为 30mm 时的接地电势云图

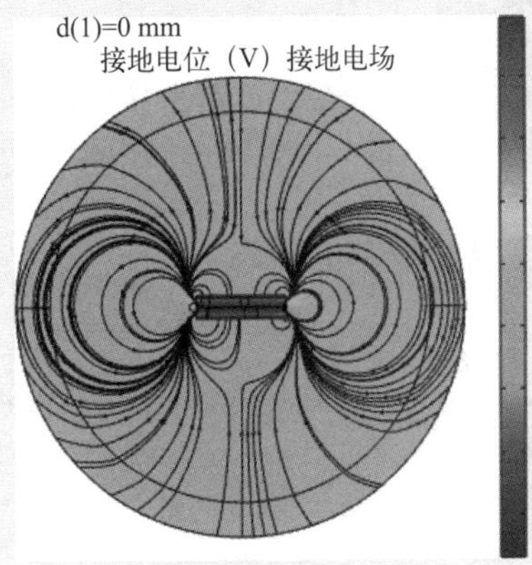


图 6-39　无位移时的接地电场线

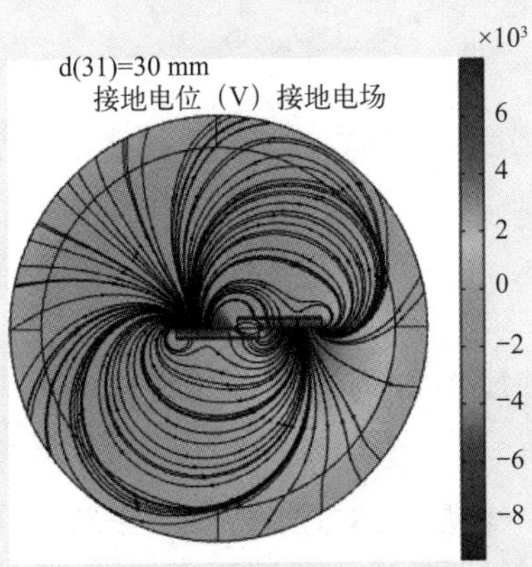


图 6-40　位移为 30mm 时的接地电场线

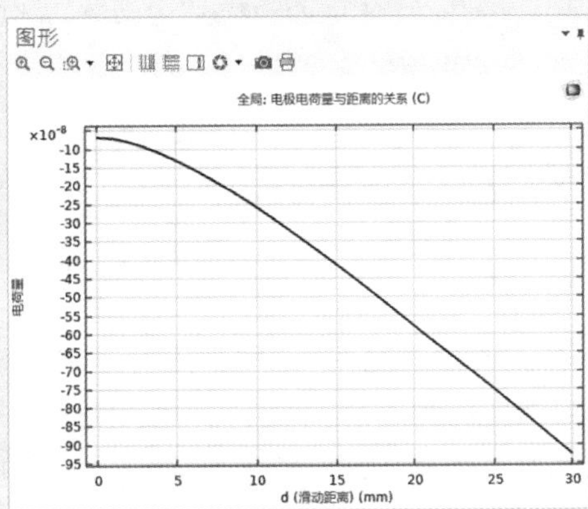


图 6-41　电极电符量与距离的关系

（10）查看动画

① 查看悬浮电位电势及电场线动画。在“模型开发器”中选择“二维绘图组 1”节点，然后单击“二维绘图组 1”选项卡“导出”面板“动画”下拉列表中的“播放器”按钮，弹出“动画”设置窗口，在“帧”栏中设置“帧选择”为“全部”，其余为默认设置，如图 6-42 所示。在图形窗口中单击“播放”按钮，查看悬浮电位电势及电场线动画。

② 查看接地电势及电场线动画。在“模型开发器”中选择“二维绘图组 3”节点，然后单击“二维绘图组 3”选项卡“导出”面板“动画”下拉列表中的“播放器”按钮，弹出“动画”设置窗口，在“帧”栏中设置“帧选择”为“全部”，其余为默认设置。在图形窗口中单击“播放”按钮，查看接地电势及电场线动画。

图 6-42 “动画”设置窗口

# 6.3 电流分析

COMSOL 中有一个“电流”接口，用于对导电介质和电容介质中的直流、交流和瞬态电流的流动进行建模分析，计算导电介质中的电场、电流及电势分布。

## 6.3.1 电流分析中的概念

（1）电流密度

电荷的流动形成电流，流过单位面积的电荷量称为电流密度，是一种矢量，用$\boldsymbol{j}$表示，公式为

$$\boldsymbol{j} = \rho \boldsymbol{\upsilon} \tag{6-11}$$

式中，$\rho$为电荷的密度；$\boldsymbol{\upsilon}$为电荷的运动速度。

（2）电流强度

单位时间内通过导体任一横截面的电量叫作电流强度，简称电流，它是描述电流大小的物理量，单位是安培，用字母 $I$ 表示，公式为

$$I = nevS \tag{6-12}$$

式中，$n$为电荷的数量；$e$为单位电荷量；$v$为电子的速率；$S$为横截面面积。

（3）电阻

当电流流过导体时，导体会对电流产生阻碍作用，这是导体本身的一种性质，叫作电阻，用 $R$ 表示。电阻与导体的长度成正比，与导体的面积成反比。

（4）安培定律

安培定律建立了电流与电流之间的相互作用力。安培定律由两个电流元引出，假设有两个稳定的电流元$\boldsymbol{j}_1\mathrm{d}V_1$和$\boldsymbol{j}_2\mathrm{d}V_2$，则电流元$\boldsymbol{j}_1\mathrm{d}V_1$受到电流元$\boldsymbol{j}_2\mathrm{d}V_2$的作用力为

$$\boldsymbol{F}_{12}=\frac{\mu_0}{4\pi}\times\frac{\boldsymbol{j}_1\mathrm{d}V_1\times(\boldsymbol{j}_2\mathrm{d}V_2\times\boldsymbol{r}_{12})}{\boldsymbol{r}_{12}^3} \tag{6-13}$$

同理，电流元$\boldsymbol{j}_2\mathrm{d}V_2$受到电流元$\boldsymbol{j}_1\mathrm{d}V_1$的作用力为

$$\boldsymbol{F}_{21}=\frac{\mu_0}{4\pi}\times\frac{\boldsymbol{j}_2\mathrm{d}V_2\times(\boldsymbol{j}_1\mathrm{d}V_1\times\boldsymbol{r}_{21})}{\boldsymbol{r}_{21}^3} \tag{6-14}$$

则由两个电流元推导出的线电流 $I_1\mathrm{d}\boldsymbol{l}_1$受到线电流$I_2\mathrm{d}\boldsymbol{l}_2$的作用力为

$$\mathrm{d}\boldsymbol{F}_{12}=\frac{\mu_0}{4\pi}\times\frac{I_1\mathrm{d}\boldsymbol{l}_1\times(I_2\mathrm{d}\boldsymbol{l}_2\times\boldsymbol{r}_{12})}{\boldsymbol{r}_{12}^3} \tag{6-15}$$

同理，线电流$I_2\mathrm{d}\boldsymbol{l}_2$受到线电流$I_1\mathrm{d}\boldsymbol{l}_1$的作用力为

$$\mathrm{d}\boldsymbol{F}_{21}=\frac{\mu_0}{4\pi}\times\frac{I_2\mathrm{d}\boldsymbol{l}_2\times(I_1\mathrm{d}\boldsymbol{l}_1\times\boldsymbol{r}_{21})}{\boldsymbol{r}_{21}^3} \tag{6-16}$$

（5）欧姆定律

欧姆定律描述的是电流、电压与电阻之间的关系，其内容是：导体中的电流与施加在导体两端的电压成正比，与导体的电阻成反比，公式为

$$I=\frac{U}{R} \tag{6-17}$$

## 6.3.2　实例—电屏蔽比较

如图 6-43 所示为一个方形的导电材料，边长为 1.5m，其电导率为 1S/m，上表面施加大小为 3V 的电压，下表面接地，方形导电材料内有一根金属圆管，半径为 0.45m，壁厚为 0.05m，其电导率可变，对此模型进行电屏蔽分析。利用两种建模方式进行建模：一种是建立带有壁厚的圆管；另一种是利用薄壁结构和电屏蔽边界条件模拟圆管。试比较电屏蔽边界条件的适用范围及优点。

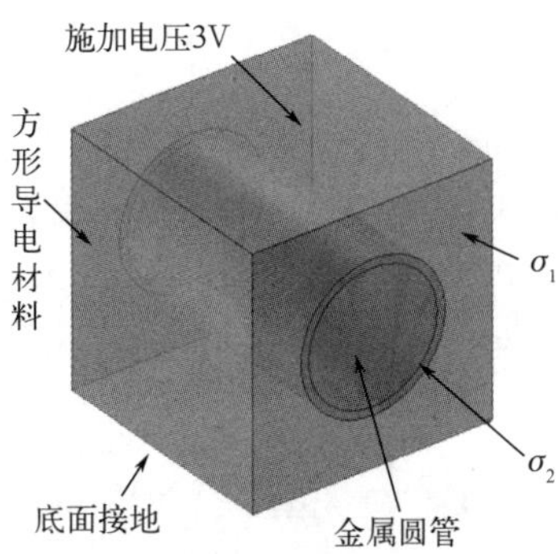


图 6-43　电屏蔽

扫码看视频

操作步骤

（1）创建模型

① 进入三维几何界面。在“新建”界面中单击“模型向导”按钮，弹出“选择空间维度”界面，在该界面选择“三维”维度，进入“选择物理场”界面，展开“AC/DC”列表，选择列表中的“电场和电流”→“电流”选项，单击“添加”按钮 添加 ，将“电流”添加到物理场接口中，如图 6-44 所示。然后单击“研究”按钮，进入“选择研究”界面，在“所选物理场接口的预设研究”栏中选择“稳态”选项，单击“完成”按钮，进入主界面。

② 创建模型。

a. 设置单位。在“几何”设置窗口中设置“长度单位”为“cm”，设置“几何表示”为“COMSOL 内核”，如图 6-45 所示。

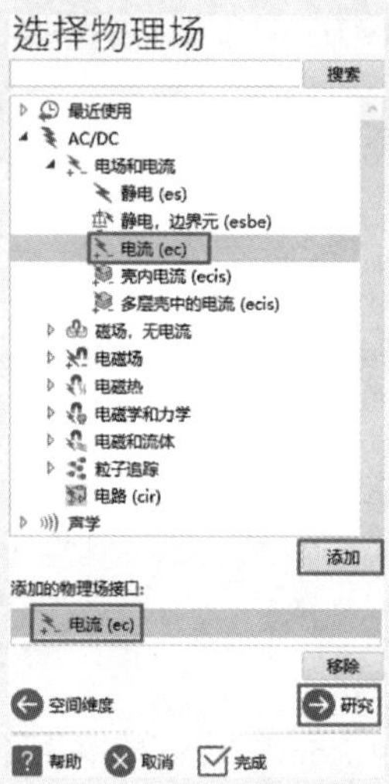


图 6-44 选择物理场

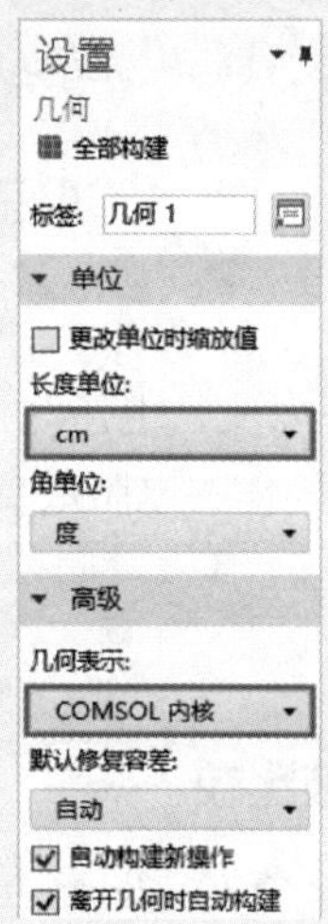


图 6-45 设置单位

b. 定义全局参数。在“全局开发器”中选择“全局定义”节点中的“参数 1”，弹出“参数”设置窗口，在“参数”栏中设置第一行“名称”为“sigma1”，“表达式”为“1[S/m]”，“描述”为“电导率 1”，在“参数”栏中设置第二行“名称”为“sigma2”，“表达式”为“1[S/m]”，“描述”为“电导率 2”，如图 6-46 所示。

c. 创建长方体。单击“几何”选项卡“体素”面板中的“长方体”按钮，弹出“长方体”设置窗口，在“大小和形状”栏中设置“宽度”为“150”，“深度”为“150”，“高度”为“150”，在“位置”栏中设置“基准”为“角”，设置“x”值为“10”，其余为默认设置，如图 6-47 所示，然后单击“构建选定对象”按钮，创建长方体 1。继续单击“几何”选项卡“体素”面板中的“长方体”按钮，弹出“长方体”设置窗口，在“大小和形状”栏中设置“宽度”为“150”，“深度”为“150”，“高度”为“150”，在“位置”栏中设置“基准”为“角”，设置“x”值为“-160”，其余为默认设置，然后单击“构建选定对象”按钮，创建长方体 2。

d. 创建圆柱体。单击“几何”选项卡“体素”面板中的“圆柱体”按钮，弹出“圆柱体”设置窗口，在“对象类型”栏中设置“类型”为“表面”，在“大小和形状”栏中设置“半径”为

“40”，“高度”为“150”，在“位置”栏中设置“x”值为“85”，“z”值为“75”，在“轴”栏中设置“轴类型”为“y轴”，其余为默认设置，如图6-48所示，然后单击“构建选定对象”按钮，创建圆柱体1。继续单击“几何”选项卡“体素”面板中的“圆柱体”按钮，弹出“圆柱体”设置窗口，在“对象类型”栏中设置“类型”为“实体”，在“大小和形状”栏中设置“半径”为“45”，“高度”为“150”，在“位置”栏中设置“x”值为“-85”，“z”值为“75”，在“轴”栏中设置“轴类型”为“y轴”，展开“层”栏，设置“层1”的厚度为“5”，其余为默认设置，如图6-49所示，然后单击“构建选定对象”按钮，创建圆柱体2。在“图形窗口”中单击“透明”按钮，将显示类型切换为透明，然后单击“显示栅格”按钮，取消栅格的显示，结果如图6-50所示。

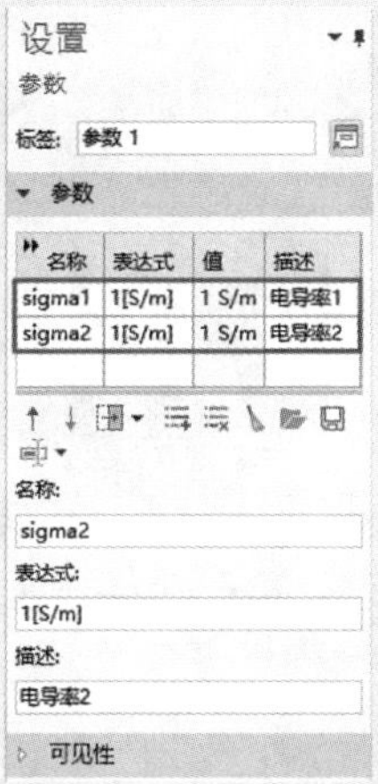


图 6-46　“参数”设置窗口

图 6-47　“长方体”设置窗口

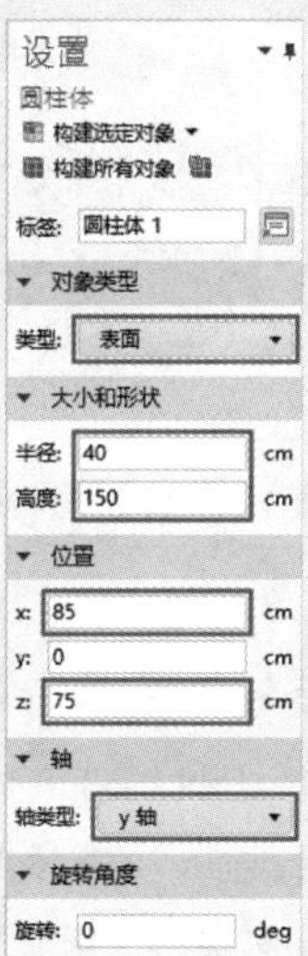


图 6-48　圆柱体 1 设置窗口

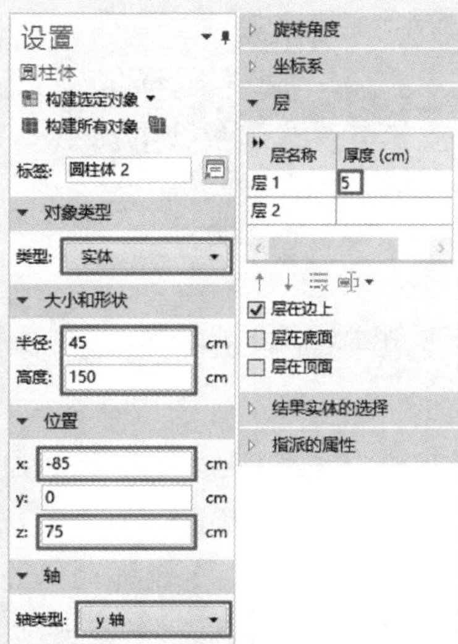


图 6-49　圆柱体 2 设置窗口

（2）创建选择集

① 创建金属管电屏蔽选择集。单击“定义”选项卡“选择”面板中的“显式”按钮，弹出“显

式”设置窗口，设置“标签”为“金属管电屏蔽”，在“输入实体”栏中设置“几何实体层”为“域”，激活“选择”框，选择金属管的四个域，其余为默认设置，如图6-51所示。

② 创建表面电屏蔽选择集。单击“定义”选项卡“选择”面板中的“显式”按钮，弹出“显式”设置窗口，设置“标签”为“表面电屏蔽”，在“输入实体”栏中设置“几何实体层”为“边界”，激活“选择”框，选择表面圆管的四个边界，其余为默认设置，如图 6-52 所示。

③ 创建方形导体选择集。单击“定义”选项卡“选择”面板中的“显式”按钮，弹出“显式”设置窗口，设置“标签”为“方形导体”，在“输入实体”栏中设置“几何实体层”为“域”，激活“选择”框，选择方形导体及其内部的圆柱，其余为默认设置，如图 6-53 所示。

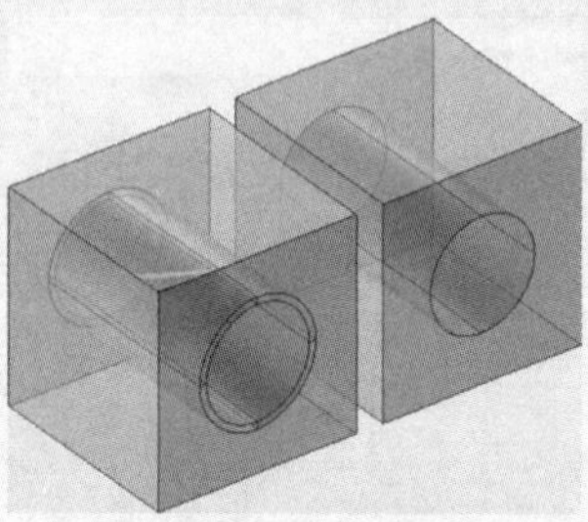

图 6-50　创建模型

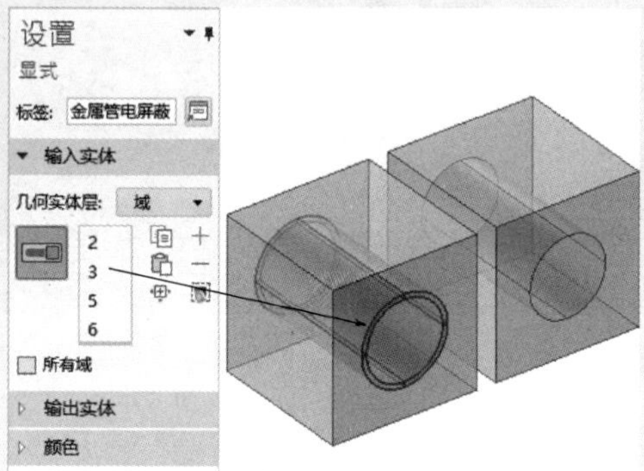


图 6-51　创建金属管电屏蔽选择集

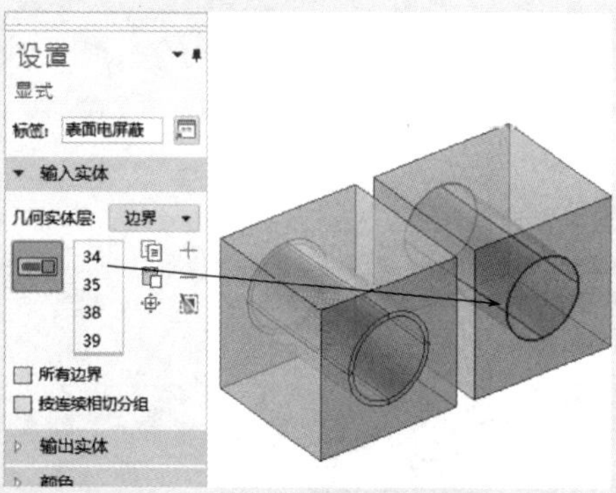


图 6-52　创建表面电屏蔽选择集

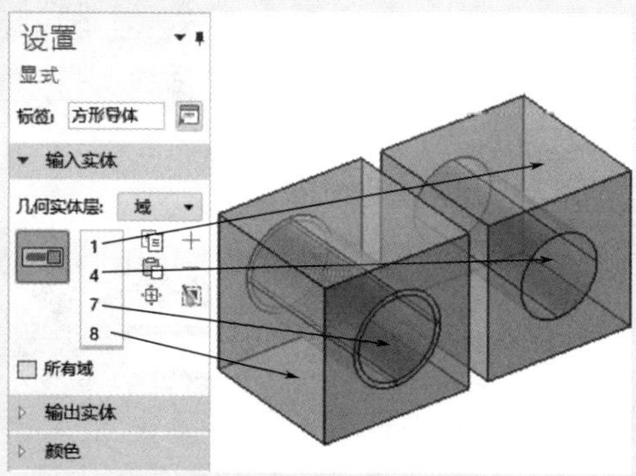


图 6-53　创建方形导体选择集

（3）添加载荷

① 添加接地。单击“物理场”选项卡“边界”面板“边界”下拉列表“电流”栏中的“接地”按钮 **接地**，弹出“接地”设置窗口，激活“选择”框，选择长方体 1 的下表面，如图 6-54 所示，其余为默认设置，添加接地 1；采用同样的操作，选择长方体 2 的下表面，添加接地 2。

② 添加终端。单击“物理场”选项卡“边界”面板“边界”下拉列表“电流”栏中的“终端”按钮 **终端**，弹出“终端”设置窗口，激活“选择”框，选择长方体 1 的上表面，在“终端”栏中设置“终端类型”为“电压”。设置“$V_0$”为“3”，其余为默认设置，如图 6-55 所示，添加终端 1；采用同样的操作，选择长方体 2 的上表面，添加终端 2。

③ 添加电屏蔽。单击“物理场”选项卡“边界”面板“边界”下拉列表“电流”栏中的“电屏蔽”按钮 电屏蔽，弹出“电屏蔽”设置窗口，在“选择”下拉列表中选择“表面电屏蔽”，在“厚度”栏中设置“表面厚度”为“5[cm]”，如图 6-56 所示，其余为默认设置，添加电屏蔽。

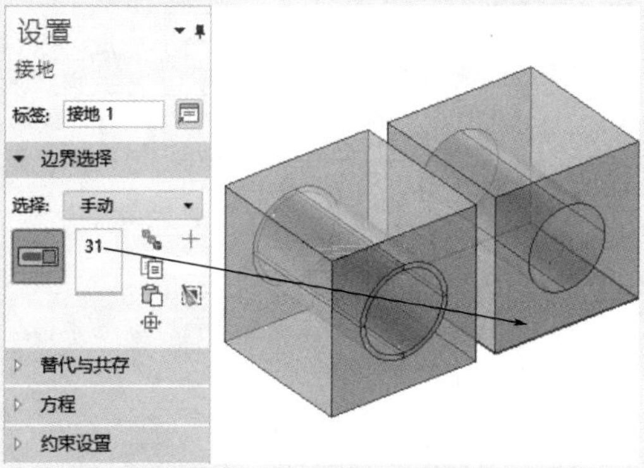


图 6-54 “接地”设置窗口

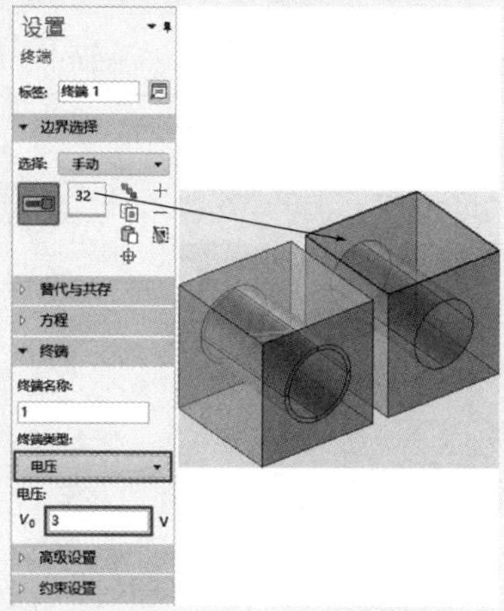


图 6-55 “终端”设置窗口

（4）添加材料

① 添加方形导体材料。单击“材料”选项卡“材料”面板中的“空材料”按钮，弹出“材料”设置窗口，设置“标签”为“方形导体”，然后在“几何实体选择”栏中设置“几何实体层”为“域”，在“选择”下拉列表中选择“方形导体”，在“材料属性明细”栏中设置“电导率”的值为“sigma1”，设置“相对介电常数”的值为“1”，其余为默认设置，如图 6-57 所示。

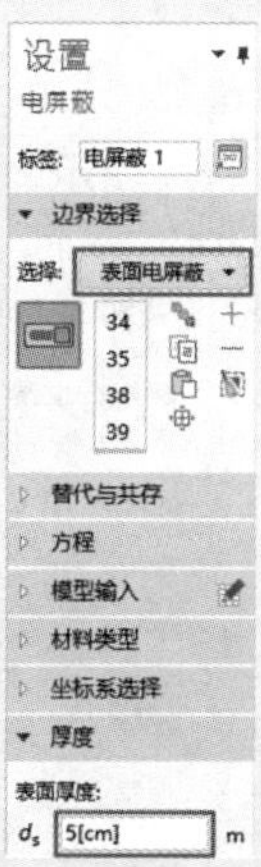


图 6-56 “电屏蔽”设置窗口

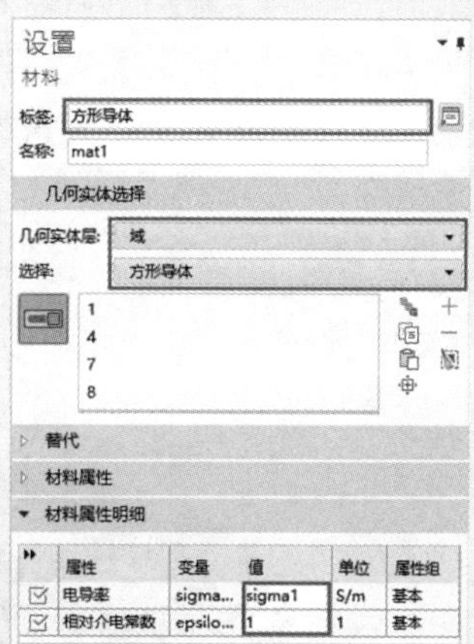


图 6-57 方形导体“材料”设置窗口

② 添加金属管材料。单击“材料”选项卡“材料”面板中的“空材料”按钮，弹出“材料”设置窗口，设置“标签”为“金属管”，然后在“几何实体选择”栏中设置“几何实体层”为“域”，在“选择”下拉列表中选择“金属管电屏蔽”，在“材料属性明细”栏中设置“电导率”的值为“sigma2”，设置“相对介电常数”的值为“1”，其余为默认设置，如图 6-58 所示。

③ 添加表面电屏蔽材料。单击“材料”选项卡“材料”面板中的“空材料”按钮，弹出“材

料”设置窗口，设置“标签”为“表面电屏蔽”，然后在“几何实体选择”栏中设置“几何实体层”为“边界”，在“选择”下拉列表中选择“表面电屏蔽”，在“材料属性明细”栏中设置“电导率”的值为“sigma2”，设置“相对介电常数”的值为“1”，其余为默认设置，如图6-59所示。

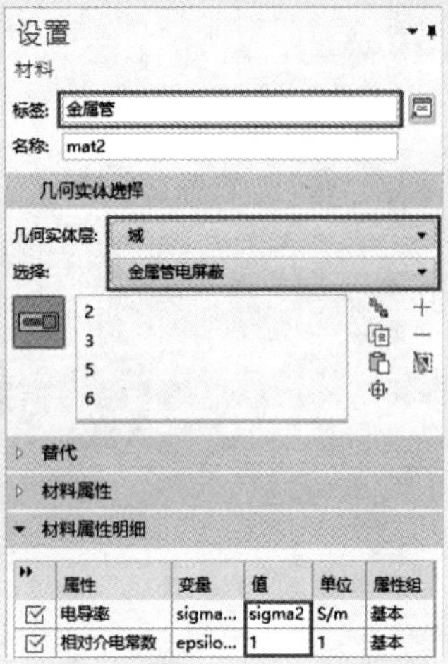


图 6-58　金属管“材料”设置窗口

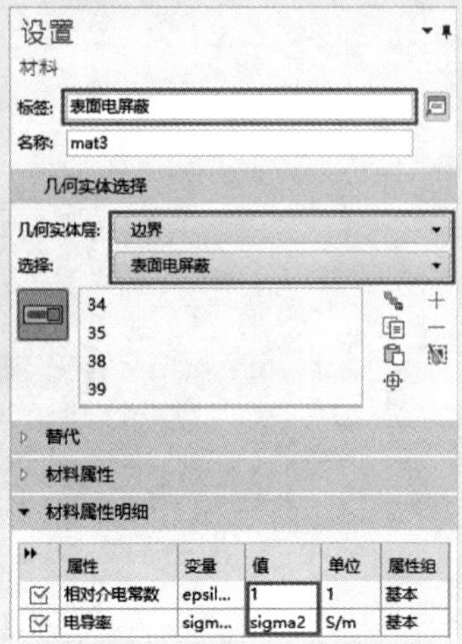


图 6-59　表面电屏蔽“材料”设置窗口

（5）划分网格

① 划分边网格。

a. 添加边网格。单击“网格”选项卡“生成器”面板“边界”下拉列表中的“边”按钮，弹出“边”设置窗口，激活“选择”框，选择表面电屏蔽的四条边，其余为默认设置，如图 6-60 所示。

b. 细化网格。单击“网格”选项卡“属性”面板中的“分布”按钮，弹出“分布”设置窗口，设置“分布类型”为“固定单元数”，设置“单元数”为“8”，如图 6-61 所示。

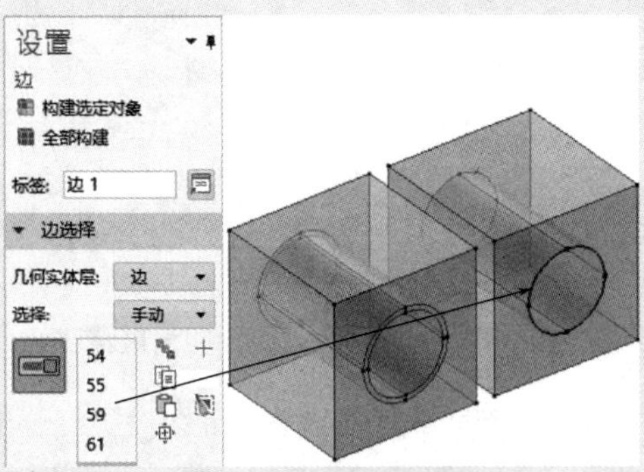


图 6-60　“边”设置窗口

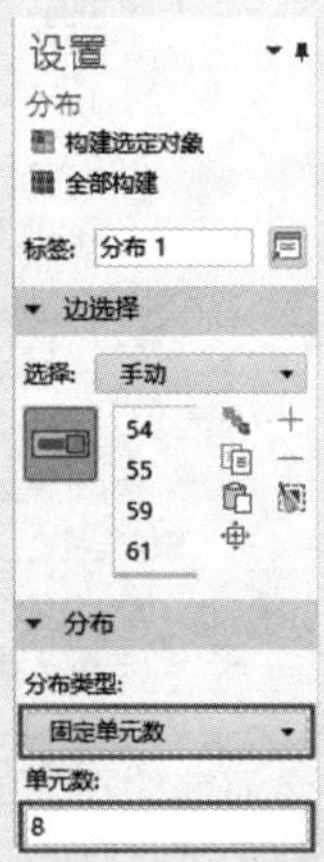


图 6-61　“分布”设置窗口

② 划分自由四面体网格。单击“网格”选项卡“生成器”面板中的“自由四面体网格”按钮，弹出“自由四面体网格”设置窗口，采用默认设置，单击“构建选定对象”按钮，划分自

由四面体网格，结果如图6-62所示。

（6）设置研究 1 和求解计算

① 设置研究 1。

a. 研究设置。在“模型开发器”中选中“研究 1”节点，弹出“研究”设置窗口，在“研究设置”窗口中取消勾选“生成默认绘图”复选框，如图 6-63 所示。

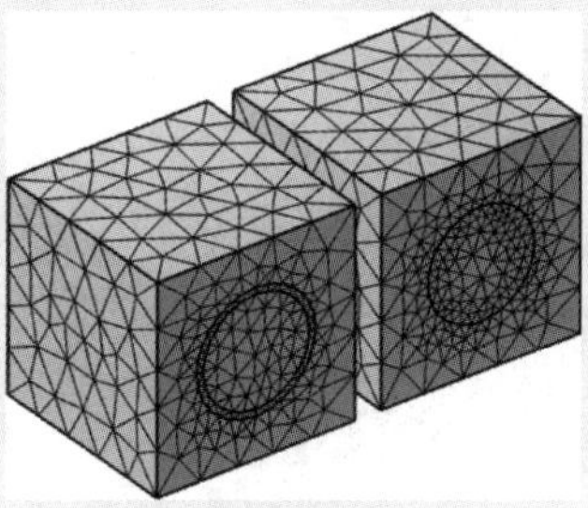

图 6-62　划分自由四面体网格

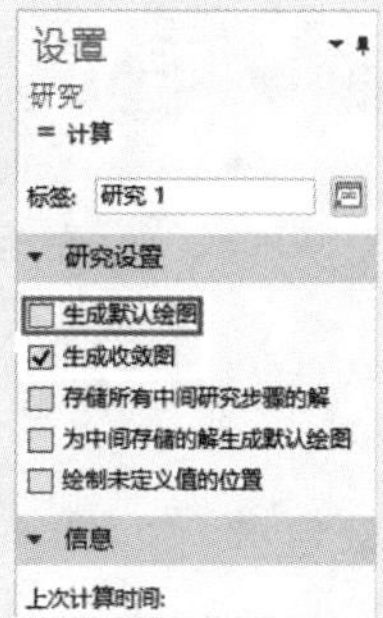


图 6-63　“研究”设置窗口

b. 添加参数化扫描。单击“研究”选项卡“研究步骤”面板中的“参数化扫描”按钮，弹出“参数化扫描”设置窗口，在“研究设置”栏中单击“添加”按钮 ＋，设置“参数名称”为“sigma2”，设置“参数值列表”为“0.01 0.1 10 1000”，其余为默认设置，如图 6-64 所示。

② 求解计算。单击“研究”选项卡“研究”面板中的“计算”按钮，进行求解计算。

（7）查看结果

① 设置结果显示的选择。展开“结果”节点下的“数据集”子节点，选择“研究 1/ 解 1( sol1 )”，然后单击“结果”选项卡“数据集”面板“属性”下拉列表中的“选择”按钮 **选择**，弹出“选择”设置窗口，在“几何实体选择”栏中设置“几何实体层”为“域”，在“选择”列表中选择“方形导体”，其余为默认设置，如图 6-65 所示。

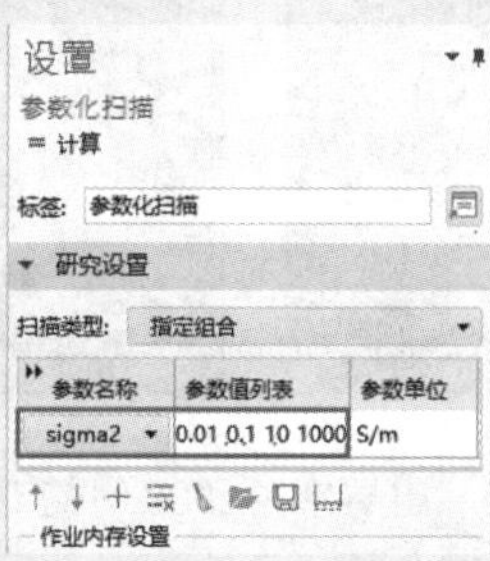


图 6-64　“参数化扫描”设置窗口

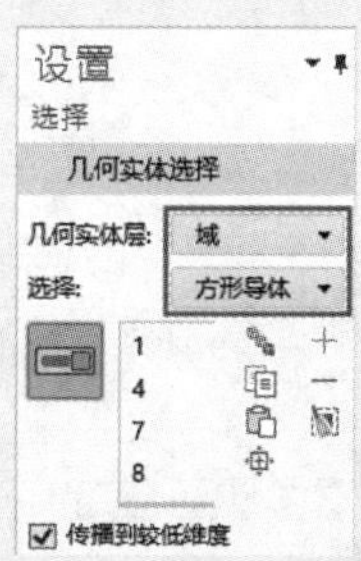


图 6-65　“选择”设置窗口

② 查看电场模。

a. 添加三维绘图组。单击“结果”选项卡“绘图组”面板中的“三维绘图组”按钮，弹出“三维绘图组”设置窗口和“三维绘图组 1”选项卡，在“三维绘图组”设置窗口中的“数据”栏中设置“数据集”为“研究 1/ 解 1 ( sol1 )”，设置“参数值”为“1000”，其余为默认设置，如图 6-66 所示。

b. 添加体。单击“三维绘图组 1”选项卡“添加绘图”面板中的“体”按钮，弹出“体”设置窗口，设置“标签”为“电场模”，在该窗口中单击“替换表达式”按钮，弹出表达式窗口，在“组件 1（comp1）”→“电流”→“电”中双击“ec.normE- 电场模 -V/m”选项，如图 6-67 所示。在“标题”栏中设置“标题类型”为“标签”，在“着色和样式”栏中设置“颜色表”为“Prism”，设置“颜色表转换”为“非线性”，设置“颜色校准参数”为“-1”，其余为默认设置，如图 6-68 所示。单击该窗口中的“绘制”按钮，绘制电导率为 1000 时的电场模云图，然后调整视图为“xz”方向，关闭模型的透明效果，结果如图 6-69 所示。

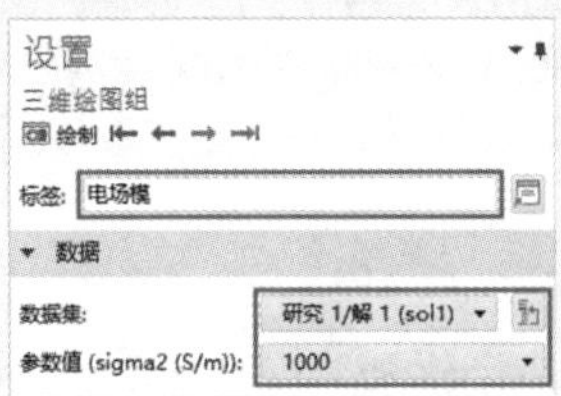


图 6-66 “三维绘图组”设置窗口

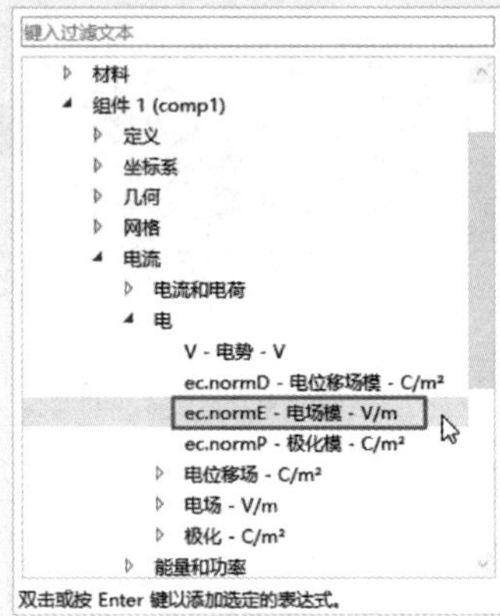


图 6-67 选择表达式

图 6-68 “体”设置窗口

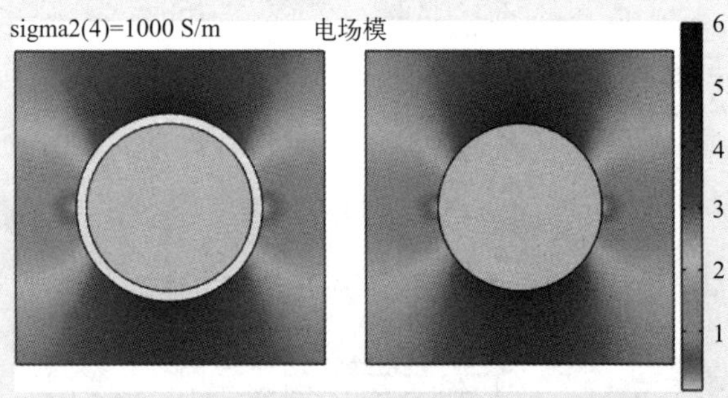


图 6-69 电导率为 1000 时的电场模云图

③ 添加电势等值线。单击“三维绘图组 1”选项卡“添加绘图”面板中的“等值线”按钮，弹出“等值线”设置窗口，设置“标签”为“电势等值线”，然后在“标题”栏中设置“标题类型”为“标签”，在“着色和样式”栏中设置“着色方式”为“均匀”，设置“颜色”为“黑色”，其余为默认设置，如图 6-70 所示。然后单击该窗口中的“绘制”按钮，绘制电导率为 1000 时的电场模和电势等值线图，如图 6-71 所示。

④ 添加电场方向箭头。单击“三维绘图组 1”选项卡“添加绘图”面板中的“面上箭头”按钮

，弹出“面上箭头”设置窗口，设置“标签”为“电场方向”，在该窗口中单击“替换表达式”按钮，弹出表达式窗口，在“组件1”→“电流”→“电”中双击“ec.Ex, ec.Ey, ec.Ez - 电场”选项，然后在“标题”栏中设置“标题类型”为“标签”，在“箭头位置”栏中设置“位置”为“均匀”，设置“箭头数”为“1000”，在“着色和样式”栏中设置“颜色”为“黑色”，其余为默认设置，如图6-72所示。然后单击该窗口中的“绘制”按钮，绘制电导率为1000时的电场模、电势等值线和电场方向图，如图6-73所示。

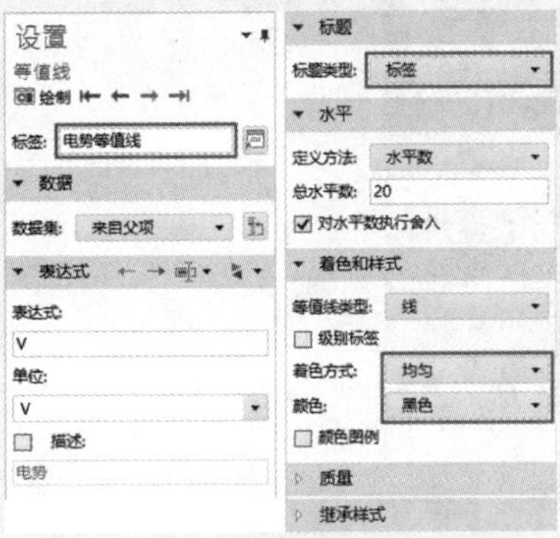


图 6-70　“等值线”设置窗口

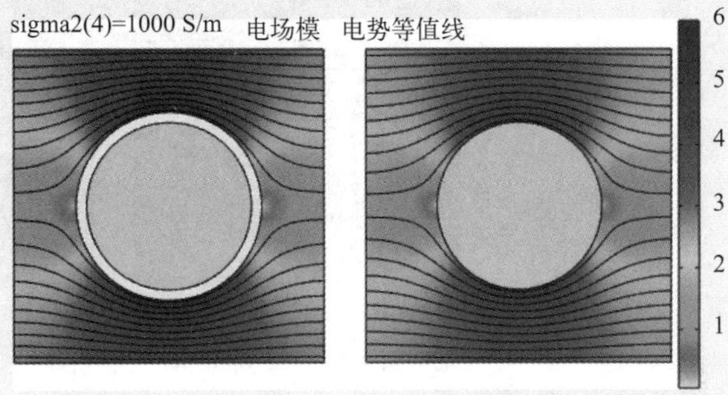


图 6-71　电导率为 1000 时的电场模和电势等值线图

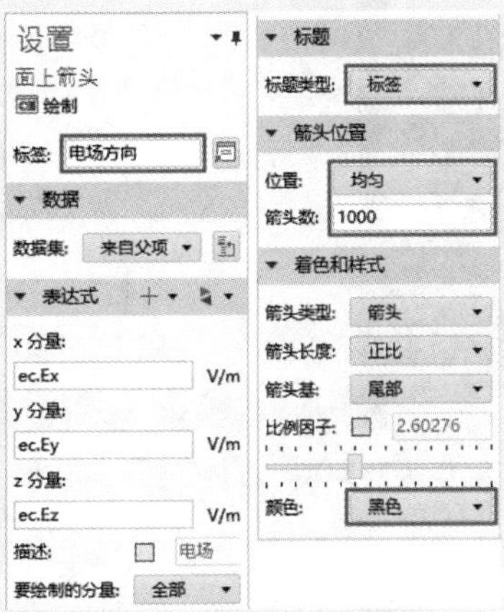


图 6-72　“面上箭头”设置窗口

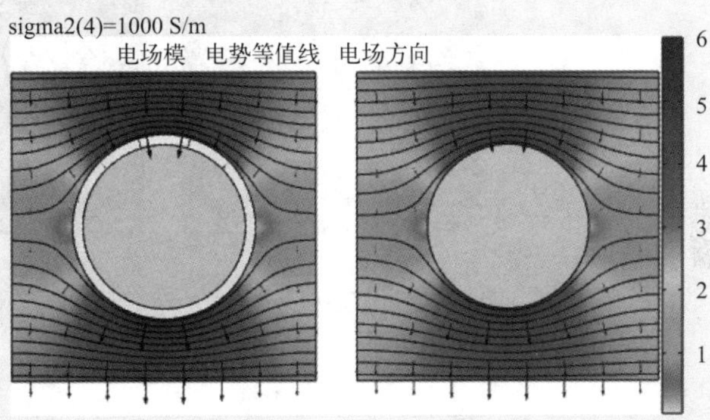


图 6-73　电导率为 1000 时的电场模、电势等值线和电场方向图

⑤ 查看其他电导率下的各图。在“模型开发器”中选择“三维绘图组 1”，然后在“三维绘图组”的“数据”栏中设置“参数值（sigma2（S/m））”为“10S/m”，单击“绘制”按钮，绘制电导率为 10 时的电场模、电势等值线和电场方向图，如图 6-74 所示；采用同样的操作分别绘制电导率为 0.1 和 0.01 时的电场模、电势等值线和电场方向图，分别如图 6-75 和图 6-76 所示。

（8）分析结论

通过图 6-73 ~ 图 6-76 可知，当金属管的电导率是方形导电材料电导率的 1000 倍时，此时两种模型都显示有大量电流流过金属管的表面，金属管屏蔽了内部的一切妨碍电场和电流产生的效应；当金属管的电导率是方形导电材料电导率的 10 倍时，大部分电流流过金属管的表面，与电导率为1000倍时基本一致；当金属管的电导率是方形导电材料电导率的0.1倍时，此时这两种模型的结果不再一样，采用电屏蔽边界条件模拟的圆管不会显著改变电流，也不会阻止垂直于边界的电流流过，而由有壁厚的圆管创建的模型可以阻止垂直于边界的电流流过；当金属管的电导率是方形导电材料电导率0.01倍时，这种差别会更大。由此得出结论，使用薄膜和电屏蔽边界条件模拟带有厚度的电屏蔽模型时，电屏蔽材料的电导率需要比周围介质的电导率大许多，这样结果才更准确。

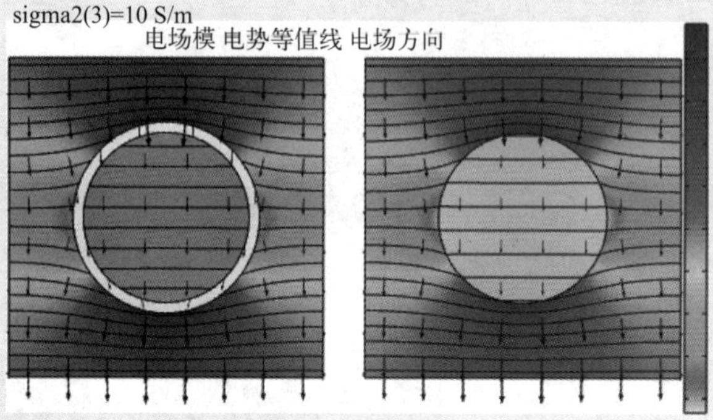


图 6-74 电导率为 10 时的电场模、电势等值线和电场方向图

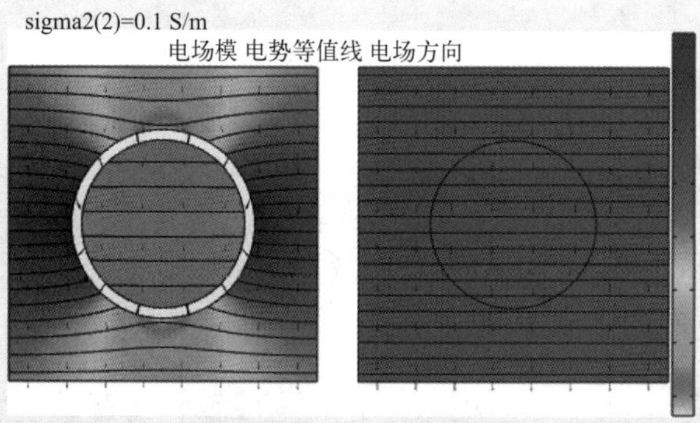


图 6-75 电导率为 0.1 时的电场模、电势等值线和电场方向图

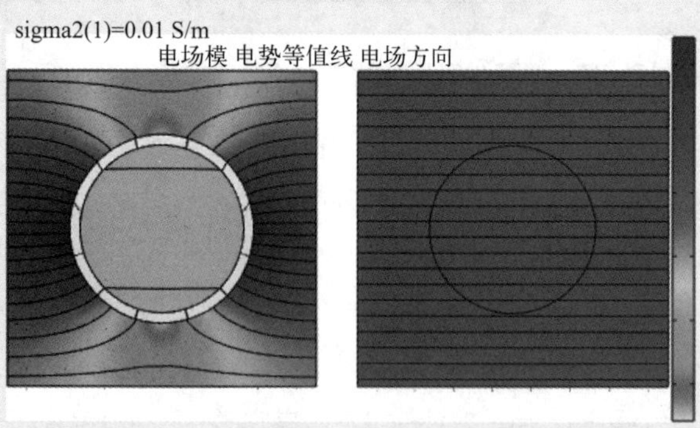


图 6-76 电导率为 0.01 时的电场模、电势等值线和电场方向图

但利用电屏蔽边界条件来模拟真实模型，划分的网格尺寸较均匀，可减少求解时间和内存。

# 6.4　静磁分析

静磁分析研究的是静态的磁场。在静电学中，电荷的周围存在着电场，但会不会存在磁场呢？通过大量的实验和理论证实，静止的电荷周围只存在电场，运动的电荷形成电流，其周围存在电场和磁场，因此磁现象的本质是电荷的运动，若电荷运动形成的电流是恒定的，则产生静磁场。本节主要对静磁场进行分析和研究

## 6.4.1　静磁分析中的概念

（1）磁场

磁场是存在于磁体、电流和运动的电荷周围空间的一种特殊形态的物质，它是一种螺线矢量场。将通过单位面积的磁场称为磁通密度或磁感应强度，用字母 $\boldsymbol{B}$ 表示，单位为特斯拉，用 T 表示。

奥利弗 • 赫维赛德指出，若一个点电荷以固定的速度运行，则其周围产生的磁场为

$$\boldsymbol{B}=\boldsymbol{v}\times\frac{1}{c^2}\boldsymbol{E}\quad \text{或}\quad \boldsymbol{B}=\boldsymbol{v}\times\mu\boldsymbol{D} \tag{6-18}$$

式中，$\boldsymbol{v}$ 为电荷运动的速度，m/s；$c$ 为光速；$\boldsymbol{E}$ 为电场矢量，N/C 或 V/m；$\mu$为真空磁导率；$\boldsymbol{D}$为电位移矢量。

（2）磁通量

磁通量是磁通密度对面的积分，用$\varPhi$表示，单位为韦伯，用 Wb 表示，其公式为

$$\varPhi=\boldsymbol{B}\cdot S \tag{6-19}$$

式中，$\boldsymbol{B}$为磁通密度，T；$S$为面积，$m^2$。

（3）磁感线

在磁场中画一些曲线，使曲线上任一点的切线方向都与该点的磁场方向相同，这些曲线就是磁感线。磁感线具有如下特点。

① 磁感线是无头无尾的闭合曲线（或两端伸向无穷远处）。

② 磁感线与载流电路互相套合（即每条磁感线都围绕着载流导线）。

③ 任意两条磁感线都不相交。

④ 磁感线密集的地方，磁场强度大，磁感线稀疏的地方，磁场强度小。

（4）毕奥 - 萨伐尔定律

毕奥 - 萨伐尔定律适用于计算一个稳定电流产生的磁场，这里的电流是连续流过一条导线的电荷，称为稳定电流，不会在任意位置积累或消失。用方程表示如下。

$$\boldsymbol{B}_{(r)}=\frac{\mu_0 I}{4\pi}\int \mathrm{d}\ell'\times\frac{r-r'}{\left|r-r'\right|^3} \tag{6-20}$$

式中，$\boldsymbol{B}$ 为磁通密度；$r$ 为检验位置；$r'$为源头位置；$\mu_0$为真空磁导率；$I$为源头电流；$\mathrm{d}\ell'$为源头电流的微小路径元素。

（5）洛伦兹力

洛伦兹力是运动的电荷在磁场中受到的力，公式为

$$f = qv\boldsymbol{B}\sin\theta \tag{6-21}$$

式中，$q$为电荷的带电量；$v$为电荷运动的速度；$\boldsymbol{B}$为磁感应强度；$\theta$为电荷运动的方向与磁场的夹角。

洛伦兹力的方向与电荷运动的方向和磁场方向都垂直，它只改变带电粒子的运动方向，不改变带电粒子运动速度的大小，因此洛伦兹力不对电荷做功。

## 6.4.2 实例—小铁球靠近永磁体的受力变化

如图 6-77 所示，有一个圆柱形永磁体，当一个小球在慢慢靠近永磁体的过程中，受到的磁场力的作用会越来越大，本例对该模型的磁场及小球的受力情况进行分析，图 6-78 为该模型的尺寸图，可按该尺寸进行建模。

扫码看视频

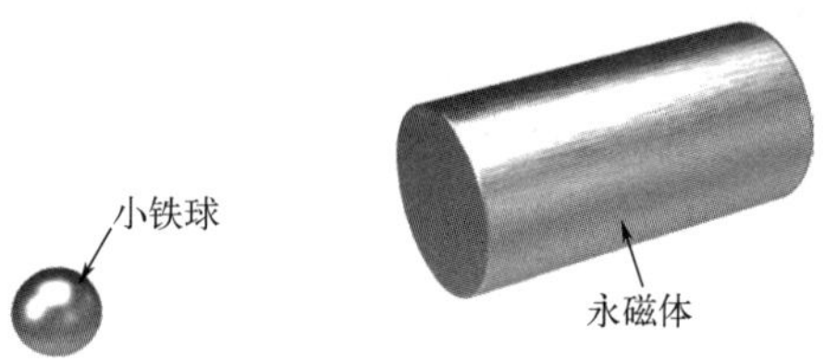

图 6-77　小铁球靠近永磁体

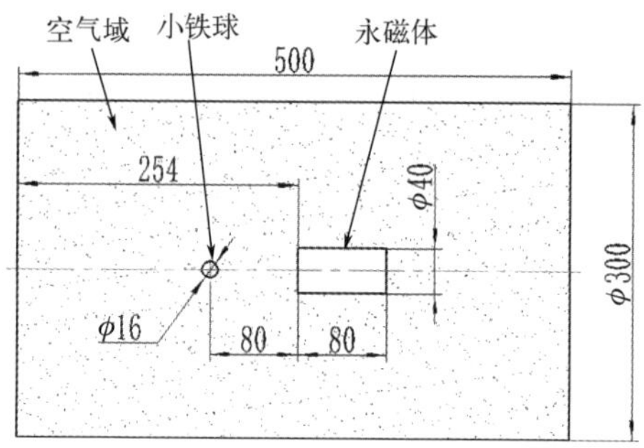

图 6-78　小铁球和永磁体尺寸图（单位：mm）

操作步骤

（1）创建模型

① 进入三维几何界面。在“新建”界面中单击“模型向导”按钮，弹出“选择空间维度”界面，在该界面选择“三维”维度，进入“选择物理场”界面，展开“AC/DC”列表，选择列表中的“磁场，无电流”→“磁场，无电流（mfnc）”选项，单击“添加”按钮 添加，将“磁场，无电流（mfnc）”添加到物理场接口中，如图 6-79 所示。然后单击“研究”按钮，进入“选择研究”界面，在“所选物理场接口的预设研究”栏中选择“稳态”选项，最后单击“完成”按钮，进入主界面。

② 创建模型。

a. 设置单位。在“几何”设置窗口中设置“长度单位”为“mm”，设置“几何表示”为“COMSOL 内核”。

b. 定义全局参数。在“全局开发器”中选择“全局定义”节点中的“参数 1”，弹出“参数”设置窗口，在“参数”栏中设置“名称”为“dx”，“表达式”为“-80[mm]”，“描述”为“小球与永磁体的距离”，如图 6-80 所示。

c. 创建永磁体。单击“几何”选项卡“体素”面板中的“圆柱体”按钮，弹出“圆柱体”设置窗口，设置“标签”为“永磁体”，在“大小和形状”栏中设置“半径”为“20”，“高度”为“80”，在“轴”栏中设置“轴类型”值为“x 轴”，其余为默认设置，如图 6-81 所示，然后单击“构建选定对象”按钮，创建永磁体。

图 6-79　选择物理场

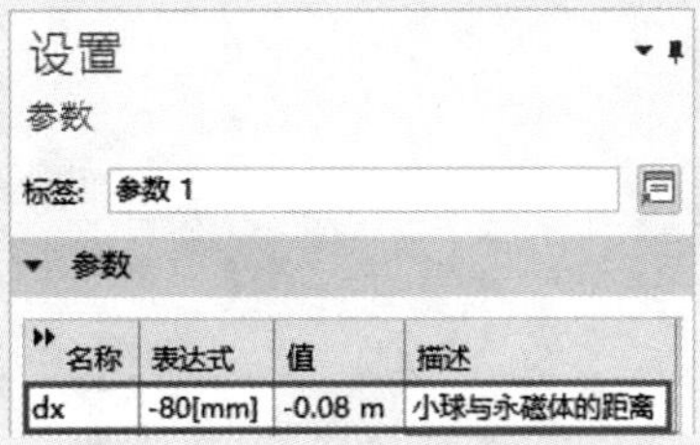


图 6-80　“参数”设置窗口

d. 创建小球。单击“几何”选项卡“体素”面板中的“球体”按钮，弹出“球体”设置窗口，设置“标签”为“小球”，在“大小”栏中设置“半径”为“8”，在“位置”栏中设置“x”值为“dx”，其余为默认设置，如图 6-82 所示，然后单击“构建选定对象”按钮，创建小球。

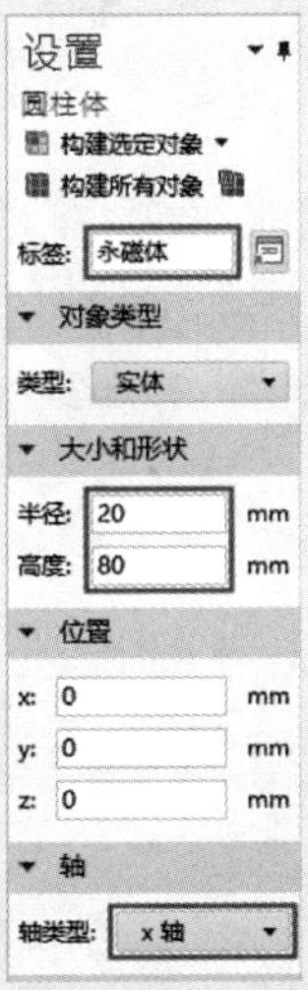


图 6-81　“圆柱体”设置窗口

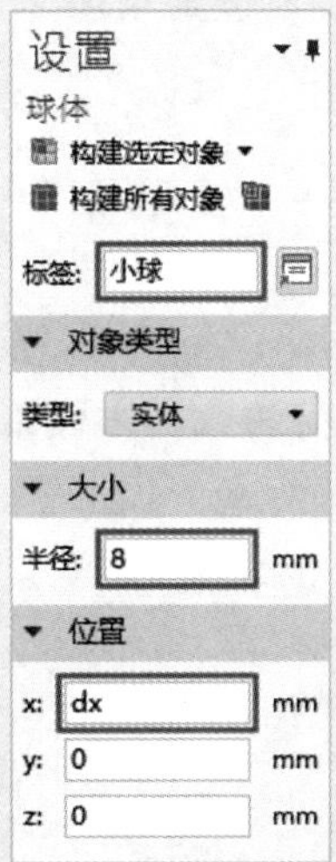


图 6-82　“球体”设置窗口

e. 创建空气域。单击“几何”选项卡“体素”面板中的“圆柱体”按钮，弹出“圆柱体”设置窗口，设置“标签”为“空气域”，在“大小和形状”栏中设置“半径”为“150”，“高度”为“500”，在“位置”栏中设置“x”值为“-254”，在“轴”栏中设置“轴类型”值为“x 轴”，其余为默认设置，然后单击“构建选定对象”按钮，创建空气域。

f. 布尔操作。单击“几何”选项卡“操作”面板“布尔操作和分割”下拉列表中的“差集”按钮 ，弹出“差集”设置窗口，在“差集”栏中设置“要添加的对象”为空气域，设置“要减去的对象”为永磁体和小球，勾选“保留要减去的对象”复选框，其余为默认设置，如图 6-83 所示，然后单击“构建选定对象”按钮 ，进行差集运算。在“图形窗口”中单击“透明”按钮 ，将显示类型切换为透明，然后单击“显示栅格”按钮 ，取消栅格的显示，结果如图 6-84 所示。

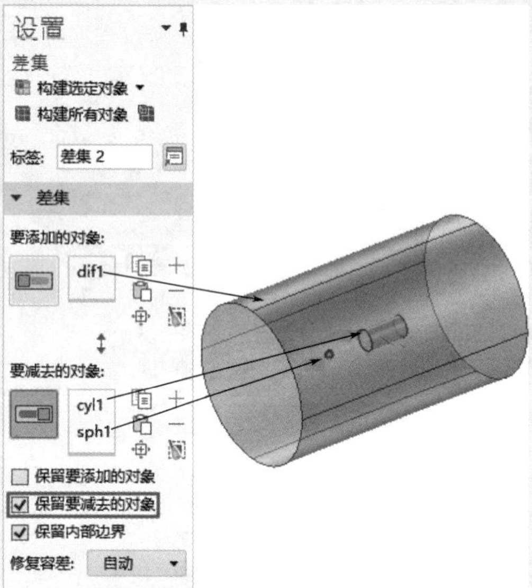


图 6-83 “差集”设置窗口

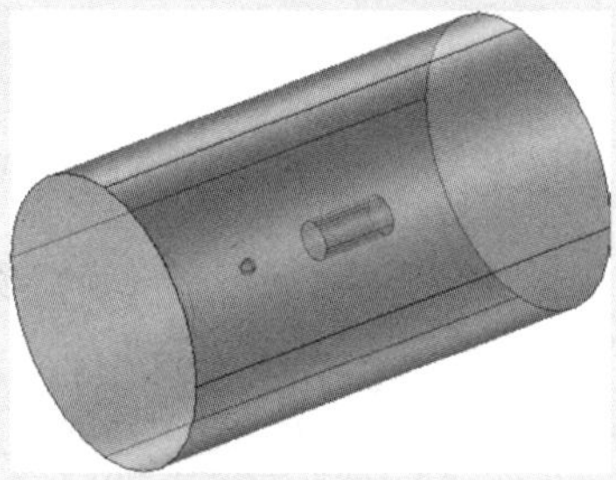

图 6-84 创建模型

（2）添加材料

① 添加材料。单击“材料”选项卡“材料”面板中的“添加材料”按钮 ，弹出“添加材料”窗口，展开“内置材料”列表，双击其中的“Air”（空气）和“Iron”（铁），然后展开“AC/DC”列表中的“Hard Magnetic Materials”（硬磁性材料）节点，双击其中的“N54（Sintered NdFeB）”（钕铁硼永磁体），将其添加到“模型开发器”中的“材料”节点下，最后单击“关闭”按钮 ，关闭“添加材料”窗口。

② 设置材料。选择“模型开发器”中“材料”节点下的“Iron”，然后激活“选择”框，选择“小球”，为“N54（Sintered NdFeB）”选择“永磁体”，设置相应的模型材料。

（3）添加载荷

① 添加磁体。

a. 创建磁体。单击“物理场”选项卡“域”面板“域”下拉列表中的“磁体”按钮 **磁体**，弹出“磁体”设置窗口，激活“选择”框，选择永磁体域，如图 6-85 所示，其余为默认设置，创建磁体。

b. 创建北极。在“模型开发器”中选择“磁体 1”节点下的“北 1”子节点，弹出“北”设置窗口，激活“选择”框，选择永磁体的右端面，如图 6-86 所示，其余为默认设置，创建北极。采用同样的操作，选择永磁体的左端面，创建南极。

② 添加力计算。单击“物理场”选项卡“域”面板“域”下拉列表中的“力计算”按钮 **力计算**，弹出“力计算”设置窗口，激活“选择”框，选择小球域，其余为默认设置，添加力计算。

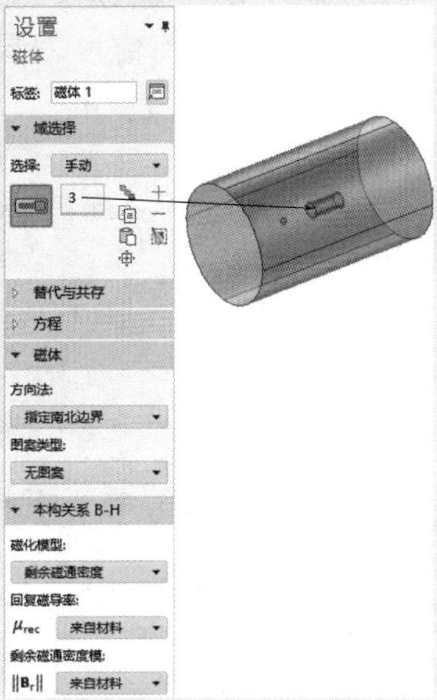


图 6-85 “磁体”设置窗口

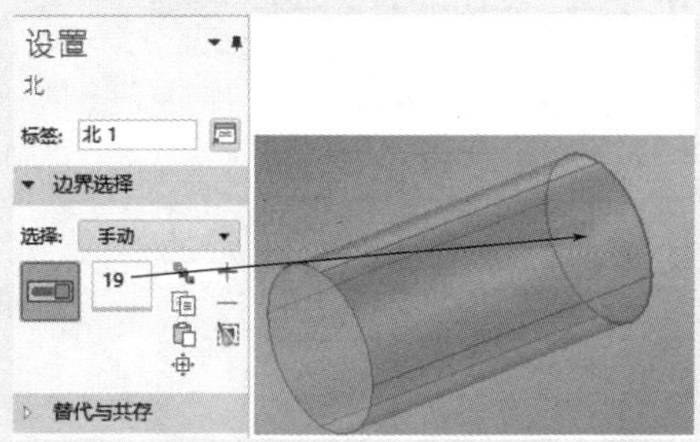


图 6-86“北”设置窗口

（4）划分网格

① 划分自由四面体网格。单击“网格”选项卡“生成器”面板中的“自由四面体网格”按钮，弹出“自由四面体网格”设置窗口，采用默认设置。

② 细化网格。单击“网格”选项卡“属性”面板“常规”下拉列表中的“超细化”按钮，弹出“大小”设置窗口，在“单元大小”栏中设置“预定义”为“超细化”，其余为默认设置，然后单击“构建选定对象”按钮，细化自由四面体网格，结果如图 6-87 所示。

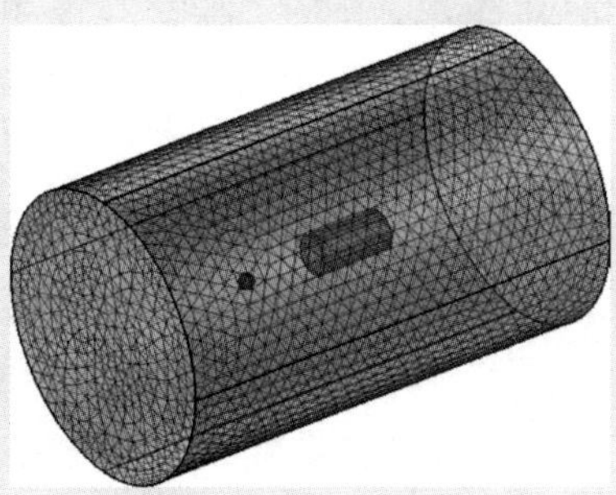

图 6-87　划分网格

（5）设置研究 1 和计算

① 设置研究 1

a. 研究设置。在“模型开发器”中选中“研究 1”节点，弹出“研究”设置窗口，在“研究设置”

窗口中取消勾选“生成默认绘图”复选框。

b. 添加参数化扫描。单击“研究”选项卡“研究步骤”面板中的“参数化扫描”按钮，弹出“参数化扫描”设置窗口，在“研究设置”栏中单击“添加”按钮 +，设置“参数名称”为“dx（小球与永磁体的距离）”，然后单击“范围”按钮，弹出“范围”窗口，设置“定义方法”为“步长”，设置“起始”为“-80”、“步长”为“5”、“停止”为“-10”，单击“替换”按钮 替换，关闭该窗口，如图 6-88 所示。返回“参数化扫描”设置窗口，设置“参数单位”为“mm”，其余为默认设置，如图 6-89 所示。

② 求解计算。单击“研究”选项卡“研究”面板中的“计算”按钮，进行求解计算。

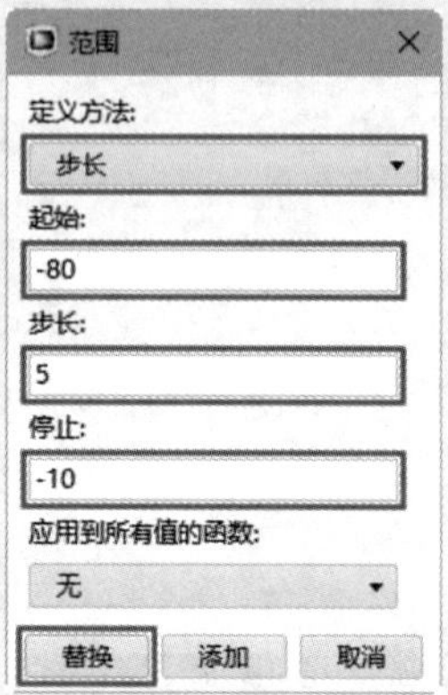


图 6-88 “范围”窗口

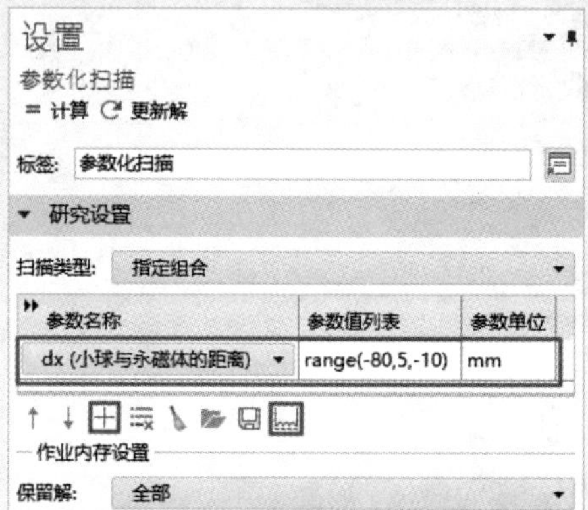


图 6-89 “参数化扫描”设置窗口

（6）查看结果

① 查看磁场密度模。

a. 添加三维绘图组。单击“结果”选项卡“绘图组”面板中的“三维绘图组”按钮，弹出“三维绘图组”设置窗口和“三维绘图组 1”选项卡，在“三维绘图组”设置窗口“数据”栏中设置“数据集”为“研究 1/ 参数化解 1（sol2）”，设置“参数值”为“-10”，其余为默认设置。

b. 添加切面。单击“三维绘图组 1”选项卡“添加绘图”面板中的“切面”按钮，弹出“切面”设置窗口，设置“标签”为“xy 平面磁通密度模”，在该窗口中单击“替换表达式”按钮，弹出表达式窗口，在“组件 1”→“磁场，无电流”→“磁”中双击“mfnc.normB- 磁通密度模 -T”选项，如图 6-90 所示。在“标题”栏中设置“标题类型”为“标签”，在“平面数据”栏中设置“平面”为“xy 平面”，设置“定义方法”为“平面数”，设置“平面数”为“1”，在“着色和样式”栏中设置“颜色表”为“Prism”，设置“颜色表转换”为“非线性”，设置“颜色校准参数”为“-1”，其余为默认设置，如图 6-91 所示。单击该窗口中的“绘制”按钮，绘制小球距永磁体为 10mm 时的切面磁通密度模云图，如图 6-92 所示。

c. 添加体箭头。单击“三维绘图组 1”选项卡“添加绘图”面板中的“体箭头”按钮，弹出“体箭头”设置窗口，设置“标签”为“磁通密度箭头”，在“标题”栏中设置“标题类型”为“标签”，在“箭头位置”栏中设置“x 栅格点”的“点数”为“100”，设置“y 栅格点”的“点数”为“50”，设置“z 栅格点”的“点数”为“50”，其余为默认设置，如图 6-93 所示，然后单击该窗口中的“绘制”按钮，绘制小球距永磁体为10mm时的带箭头的切面磁通密度模云图，如图6-94所示。

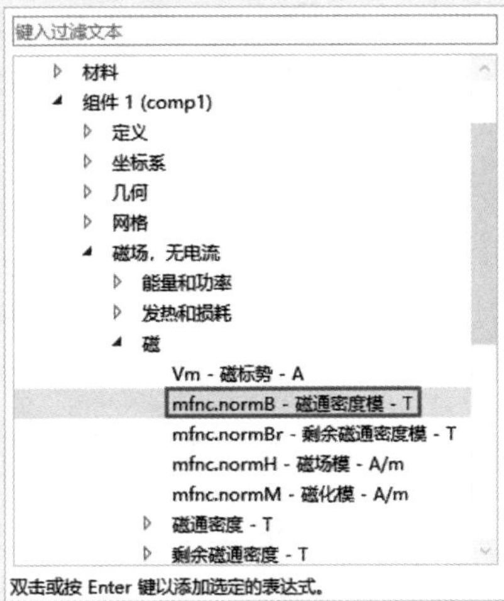


图 6-90　选择表达式

图 6-91　“切面”设置窗口

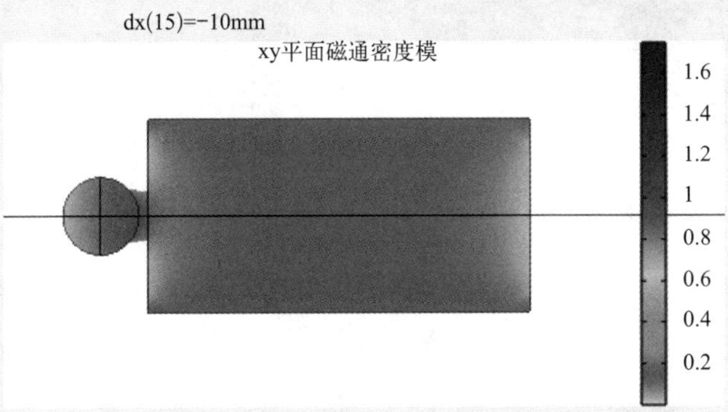


图 6-92　小球距永磁体为 10mm 时的切面磁通密度模云图

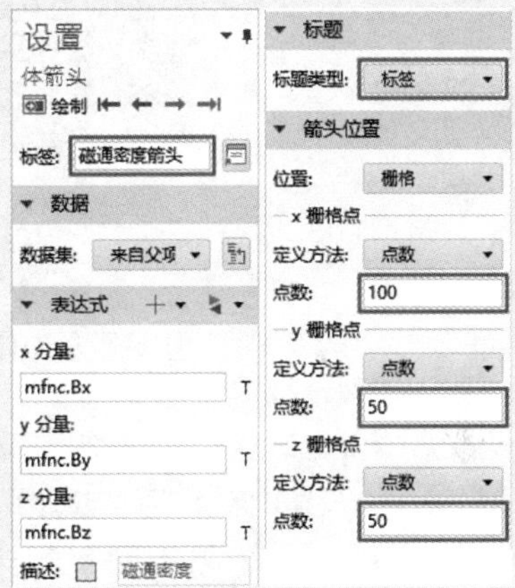


图 6-93　“体箭头”设置窗口

② 添加流线。

a. 单击“三维绘图组 1”选项卡“添加绘图”面板中的“流线”按钮，弹出“流线”设置窗口，设置“标签”为“磁通密度流线”，然后在“标题”栏中设置“标题类型”为“标签”，在“流线定位”栏中设置“定位”为“均匀密度”，设置“间隔距离”为“0.05”，其余为默认设置，如图 6-95 所示。

b. 设置流线颜色。单击“三维绘图组 1”选项卡“属性”面板中的“颜色表达式”按钮，弹出“颜色表达式”设置窗口，在该窗口中单击“替换表达式”按钮，弹出表达式窗口，在“组件 1”→“磁场，无电流”→“磁”中双击“mfnc.normB- 磁通密度模 -T”选项，其余采用默认设置，然后单击该窗口中的“绘制”按钮，绘制小球距永磁体为 10mm 时的带箭头和流线的切面磁通密度模云图，如图 6-96 所示。

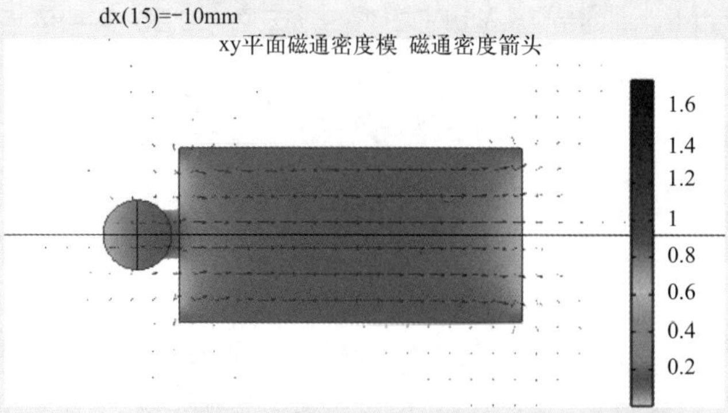


图 6-94 小球距永磁体为 10mm 时的带箭头的切面磁通密度模云图

图 6-95 “流线”设置窗口

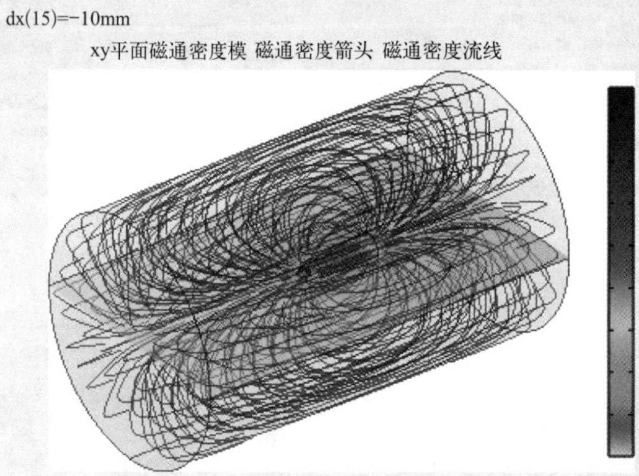


图 6-96 小球距永磁体为 10mm 时的带箭头和流线的切面磁通密度模云图

③ 计算电磁力。单击“结果”选项卡“数值”面板中的“全局计算”按钮 8.5，弹出“全局计算”设置窗口，设置“标签”为“电磁力”，在“数据”栏中设置“数据集”为“研究 1/ 参数化解 1( sol2 )”，设置“参数选择”为“全部”，在该窗口中单击“替换表达式”按钮，弹出表达式窗口，在“组件 1”→“磁场，无电流”→“力学”→“电磁力 -N”中双击“mfnc.Forcex_0- 电磁力，x 分量”选项，如图 6-97 所示，其余为默认设置，然后单击该窗口中的“计算”按钮，得到小球与永磁体在不同距离时受到的磁力表格，如图 6-98 所示。

④ 绘制电磁力曲线图。

a. 添加一维绘图组，单击“结果”选项卡“绘图组”面板中的“一维绘图组”按钮，弹出“一维绘图组”设置窗口和“一维绘图组 2”选项卡，在“数据”栏中设置“数据集”为“研究 1/ 参数化解 1 ( sol2 )”，设置“参数选择”为“全部”，在“图例”栏中设置“位置”为“中间偏上”。

b. 添加全局数据，单击“一维绘图组 2”选项卡“添加绘图”面板中的“全局”按钮，弹出“全局”设置窗，设置“标签”为“电磁力曲线图”，在该窗口中单击“替换表达式”按钮，弹出表达式窗口，在“组件 1”→“磁场，无电流”→“力学”→“电磁力 -N”中双击“mfnc.

Forcex_0-电磁力，x分量”选项，在“标题”栏中设置“标题类型”为“标签”，在“着色和样式”栏中设置“颜色”为“红色”，设置“宽度”为“2”，选择“标记”为“圆”，选择“定位”为“数据点中”，在“图例”栏中取消勾选“显示图例”复选框，如图6-99所示。然后单击该窗口中的“绘制”按钮，绘制电磁力曲线图，如图6-100所示。

（7）分析结论

结合表格和电磁力曲线图可以看到，当小球靠近永磁铁时，受到的磁力会越来越大，由刚开始的 0.0268N 增加到 49.92N，这是因为越靠近永磁体，小球周围的磁场越强，因此受到的磁力就越大。

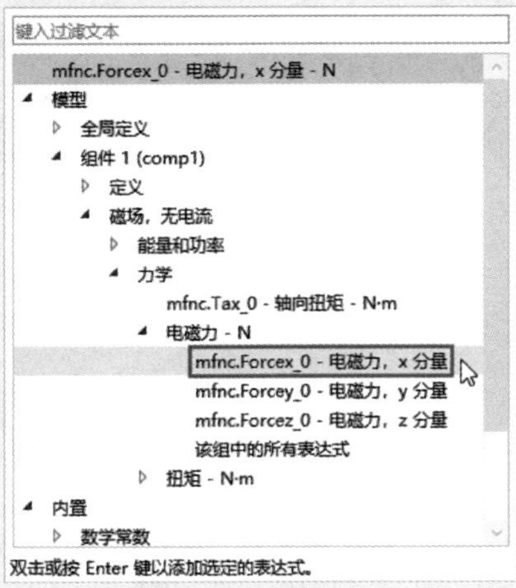


图 6-97　选择表达式

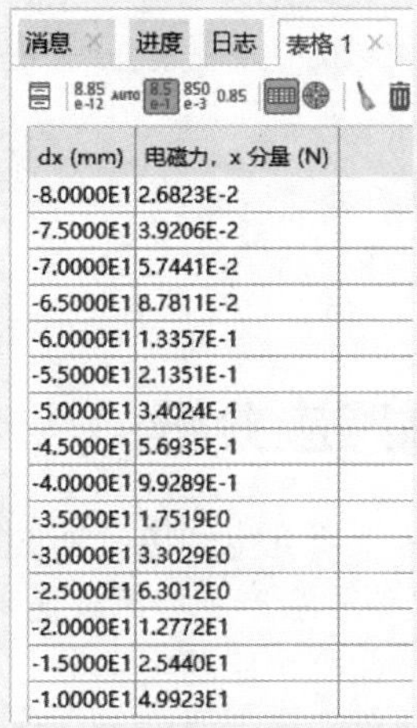

| dx (mm) | 电磁力，x 分量 (N) |
|---|---|
| -8.0000E1 | 2.6823E-2 |
| -7.5000E1 | 3.9206E-2 |
| -7.0000E1 | 5.7441E-2 |
| -6.5000E1 | 8.7811E-2 |
| -6.0000E1 | 1.3357E-1 |
| -5.5000E1 | 2.1351E-1 |
| -5.0000E1 | 3.4024E-1 |
| -4.5000E1 | 5.6935E-1 |
| -4.0000E1 | 9.9289E-1 |
| -3.5000E1 | 1.7519E0 |
| -3.0000E1 | 3.3029E0 |
| -2.5000E1 | 6.3012E0 |
| -2.0000E1 | 1.2772E1 |
| -1.5000E1 | 2.5440E1 |
| -1.0000E1 | 4.9923E1 |

图 6-98　小球与永磁体在不同距离时受到的磁力表格

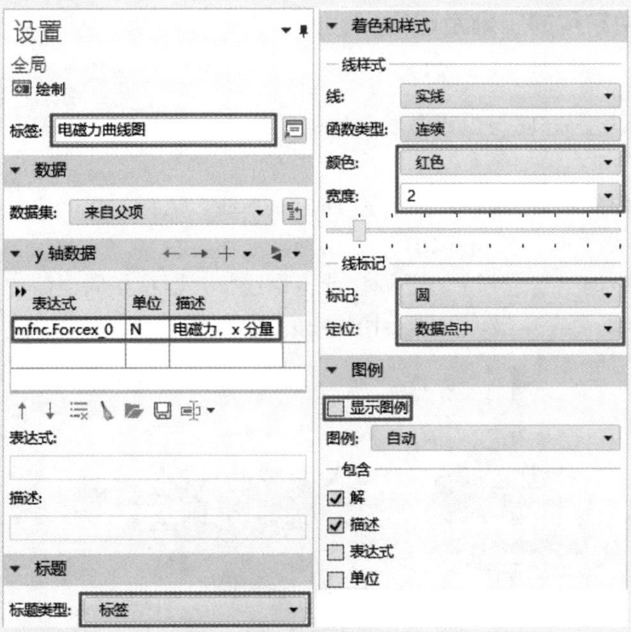


图 6-99　“全局”设置窗口

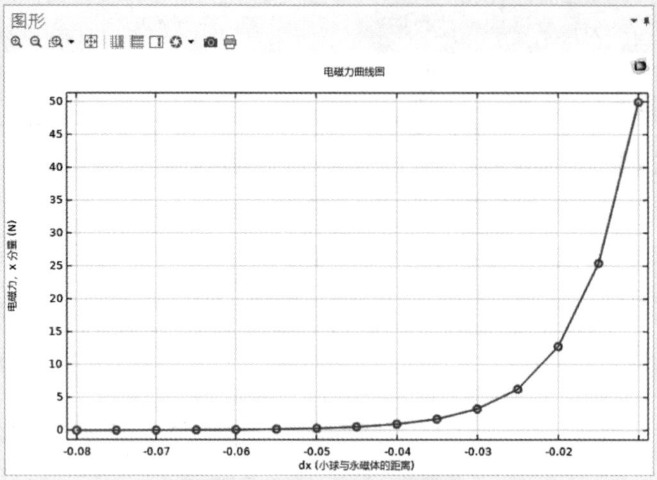


图 6-100　电磁力曲线图

# 6.5　电磁感应分析

电磁感应主要研究电和磁之间的关系。在静磁分析中可以知道，电流或移动的电荷会产生磁场，那么磁场是否会产生电流就是电磁感应要研究的对象。

实验表明，闭合电路的一部分导体在磁场中切割磁感线时，导体中会产生电流，这种现象叫作电磁感应现象，产生的电流被称为感应电流，相应的电动势被称为感应电动势。人们根据这一现象发明了发电机，从而推动了人类社会的发展。

## 6.5.1　电磁感应中常用的定则及定律

（1）安培定则

安培定则是表示电流方向与电流激发磁场的磁感线方向之间关系的定则。它有以下两种情形的表述。

① 通电直导线中的安培定则：右手握住通电直导线，大拇指指向电流的方向，那么四指的指向就是磁感线的环绕方向，如图 6-101（a）所示。

② 通电螺线管中的安培定则：右手握住通电螺线管，四指指向电流的方向，那么大拇指所指的那一端是通电螺线管的 N 极，如图 6-101（b）所示。

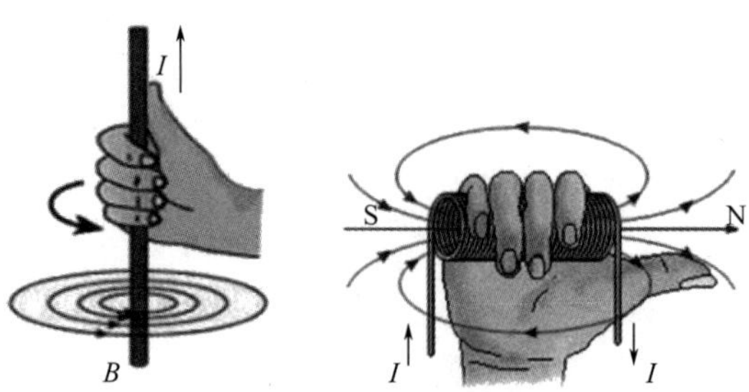


（a）通电直导线　　（b）通电螺线管

图 6-101　安培定则手势

（2）右手定则

右手定则是确定闭合回路的部分导体切割磁感线时产生的电流的方向的定则，具体表述如下：伸开右手，使拇指与其余四个手指垂直，并且都与手掌在一个平面内，使磁感线从手心进入，并使拇指指向导线运动的方向，这时四指所指的方向就是感应电流的方向，如图 6-102 所示。

（3）左手定则

左手定则是判断通电导线处于磁场中时，所受安培力 $\boldsymbol{F}$ 的方向、磁感应强度 $\boldsymbol{B}$ 的方向及通电导线中的电流 $I$ 的方向三者之间的关系的定律，具体表述如下：伸开左手，使拇指与其余四个手指垂直，并且都与手掌在一个平面内，使磁感线从手心进入，手心面向 N 极，四指与电流方向一致，那么大拇指所示的方向就是通电导体受力的方向，如图 6-103 所示。

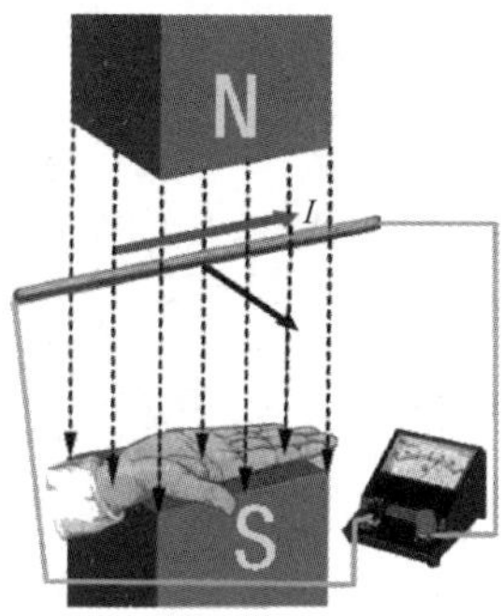


图 6-102　右手定则手势

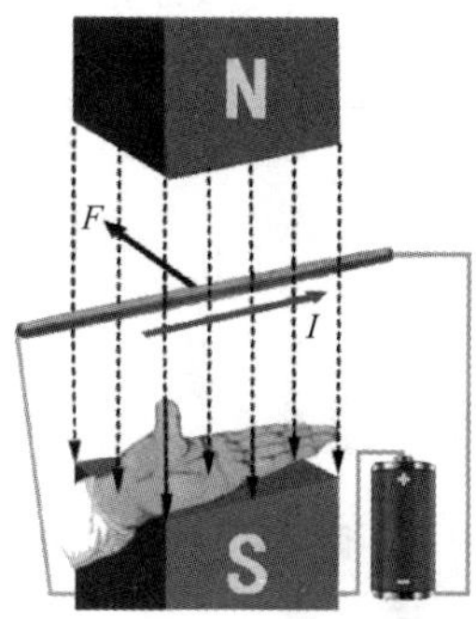


图 6-103　左手定则手势

（4）楞次定律

当将磁铁插入或拔出线圈时，线圈中感应电流所产生的磁场方向，总是阻碍原磁通的变化。这就是楞次定律的内容。

根据楞次定律判断出感应电流磁场的方向，然后根据安培定则，即可判断出线圈中的感应电流方向。

由于线圈中所产生的感应电流磁场总是阻碍原磁通的变化，即阻碍磁铁与线圈的相对运动，因此要想保持它们的相对运动，必须有外力来克服阻力做功，并通过做功将其他形式的能转化为电能，即线圈中的电流不是凭空产生的，因此楞次定律符合能量守恒定律。

### 6.5.2　电磁感应常见的现象及应用

（1）互感现象

两个线圈之间并没有导线相连，但当一个线圈中的电流变化时，它所产生的变化的磁场会在另一个线圈中产生感应电动势，这种现象叫作互感现象。人们利用这一现象发明了变压器。

（2）涡流

把块状的金属放在变化的磁场中，或者让它在磁场中运动时，金属块内将产生感应电流，这种电流在金属块内组成闭合回路，很像水的旋涡，因此叫作涡流。这种旋涡状的感应电流在金属中流动时，由于导体存在电阻，就会产生热，这就是涡流的热效应。人们利用这一现象生产出了电磁炉。

（3）电磁驱动

导体与磁场相对运动时，感应电流受到的安培力总是阻碍它们的相对运动。由于安培力阻碍磁场与导体的相对运动的方式是多种多样的，当磁场以某种方式运动时，导体中的安培力为阻碍导体与磁场间的相对运动使导体跟随磁场运动起来，这就是电磁驱动。感应式电动机（异步电动机）就是根据这个原理制成的。

### 6.5.3 电磁感应的意义

电磁感应的发现使人们对电与磁内在联系的认识更加完善，宣告了电磁学作为一门统一学科的诞生；电磁感应的发现使人们找到了磁生电的条件，开辟了人类的电气化时代。

### 6.5.4 实例—涡流分析

如图 6-104 所示，将一根通有 50Hz、有效电流值为 16kA 的交流电的导体穿过一个铜环（铜质金属环），此时铜环中会产生涡流，本例将对该结构产生的涡流进行分析。图 6-105 为该模型的尺寸图，可按该尺寸进行建模。

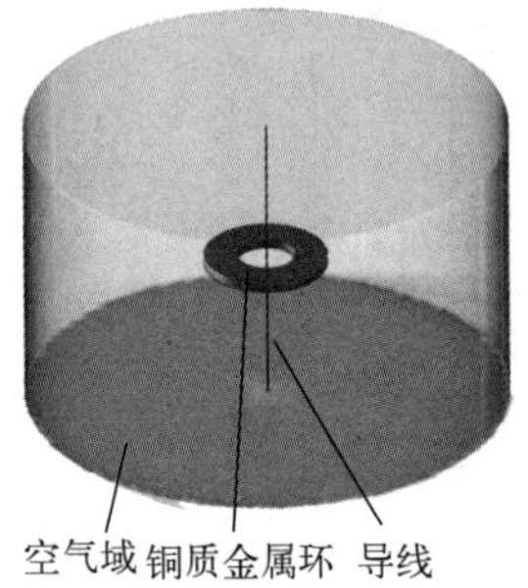


图 6-104　小铁球靠近永磁体

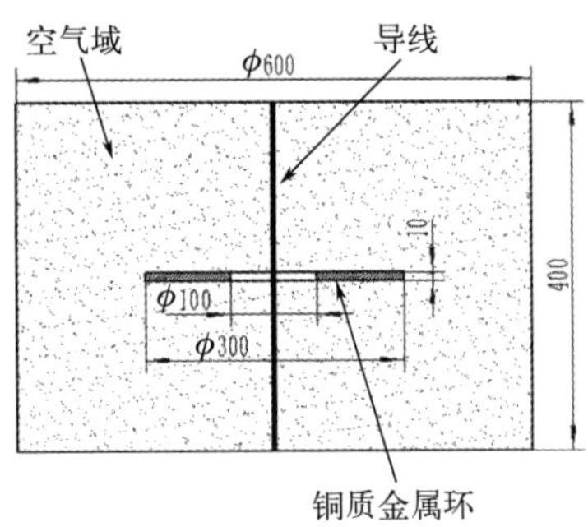


图 6-105　小铁球和永磁体尺寸图（单位：mm）

扫码看视频

操作步骤

（1）创建模型

① 进入三维几何界面。在“新建”界面中单击“模型向导”按钮，弹出“选择空间维度”界面，在该界面选择“三维”维度，进入“选择物理场”界面，展开“AC/DC”列表，选择列表中的“电磁场”→“磁场”选项，单击“添加”按钮 添加，将“磁场”添加到物理场接口中，如图 6-106 所示。然后单击“研究”按钮，进入“选择研究”界面，在“所选物理场接口的预设研究”栏中选择“频域”选项。最后单击“完成”按钮，进入主界面。

② 创建模型。

a. 设置单位。在“几何”设置窗口中设置“长度单位”为“mm”，设置“几何表示”为“COMSOL 内核”。

b. 创建空气域。单击“几何”选项卡“体素”面板中的“圆柱体”按钮，弹出“圆柱体”设置窗口，设置“标签”为“空气域”，在“大小和形状”栏中设置“半径”为“300”，“高度”为“400”，其余为默认设置，如图 6-107 所示，然后单击“构建选定对象”按钮，创建空气域。

c. 创建导线。单击“几何”选项卡“体素”面板“更多选项”下拉列表中的“线段”按钮，弹出“线段”设置窗口，设置“标签”为“导线”，在“起点”栏中设置“指定”为“坐标”，在“终点”栏中设置“指定”为“坐标”，设置“z”值为“400”，其余为默认设置，如图6-108所示，然后单击“构建选定对象”按钮，创建导线。

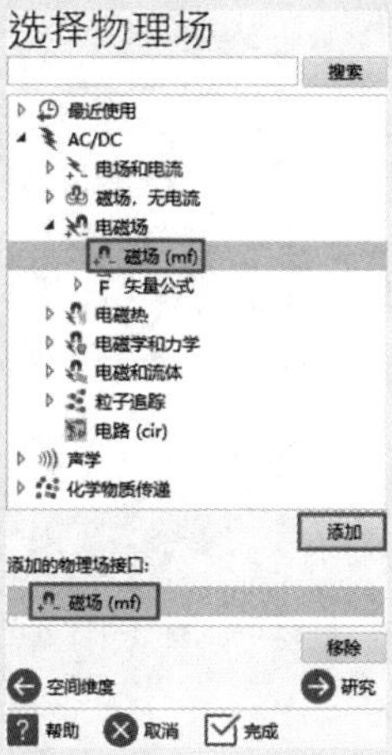


图 6-106　选择物理场

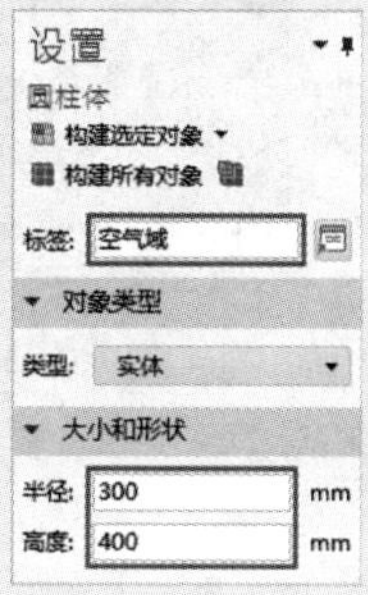


图 6-107　“圆柱体”设置窗口

d. 创建铜环。单击“几何”选项卡“体素”面板中的“圆柱体”按钮，弹出“圆柱体”设置窗口，设置“标签”为“铜环”，在“大小和形状”栏中设置“半径”为“150”,“高度”为“10”，在“位置”栏中设置“z”值为“195”，展开“层”栏，设置“厚度”为“100”，其余为默认设置，如图 6-109 所示，然后单击“构建选定对象”按钮，创建铜环。

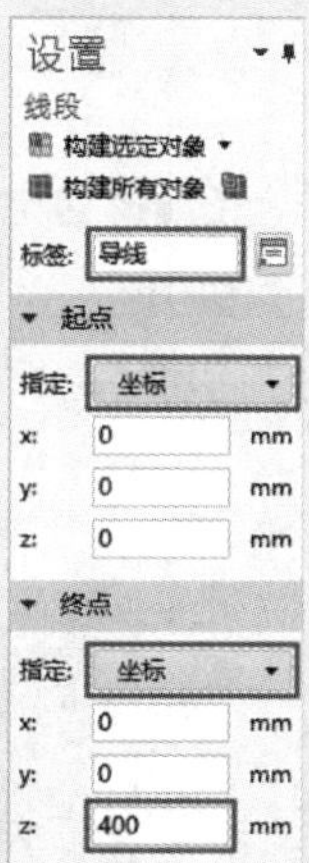


图 6-108　“线段”设置窗口

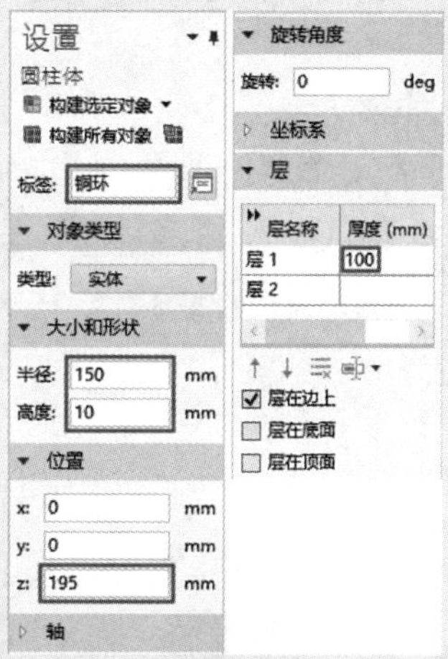


图 6-109　“圆柱体”设置窗口

e. 删除实体。单击“几何”选项卡“操作”面板中的“删除”按钮，弹出“删除实体”设置窗口，在“要删除的实体或对象”栏中设置“几何实体层”为“域”，然后激活“选择”框，选择铜环中间的 1 个域，如图 6-110 所示，其余为默认设置。在“图形窗口”中单击“透明”按钮，将显示类型切换为透明，然后单击“显示栅格”按钮，取消栅格的显示，结果如图 6-111 所示。

③ 创建选择集。单击“定义”选项卡“选择”面板中的“显式”按钮，弹出“显式”设置

窗口，设置“标签”为“铜环”，在“输入实体”栏中设置“几何实体层”为“域”，激活“选择”框，选择铜环的4个域，如图6-112所示，其余为默认设置，创建铜环域选择集。

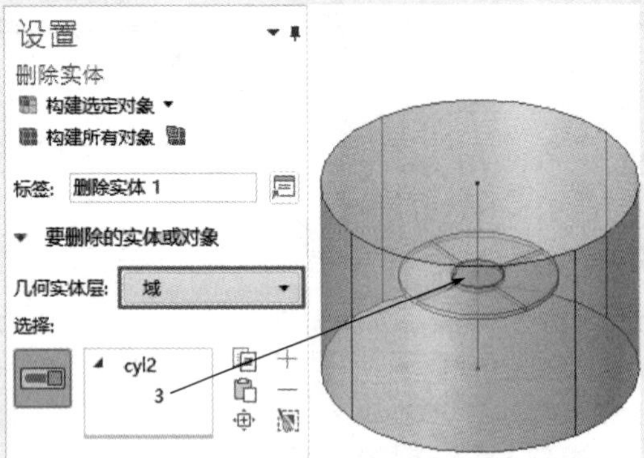


图 6-110 “删除实体”设置窗口

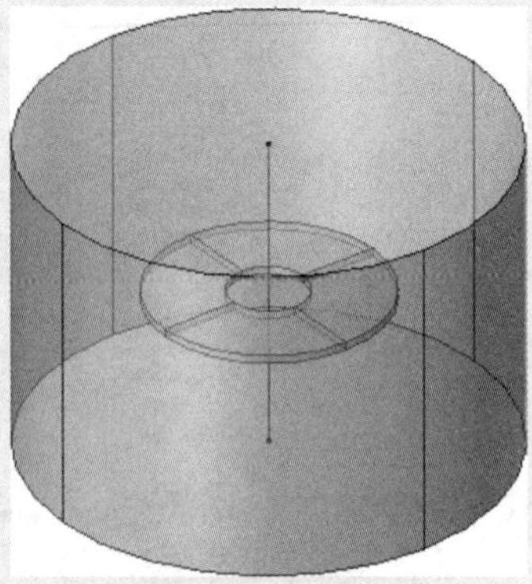

图 6-111 创建模型

（2）添加材料

① 添加材料。单击“材料”选项卡“材料”面板中的“添加材料”按钮，弹出“添加材料”窗口，展开“内置材料”列表，双击其中的“Air”（空气）和“Copper”（铜）；将其添加到“模型开发器”中的“材料”节点中，然后单击“关闭”按钮 ×，关闭“添加材料”窗口。

② 设置材料。选择“模型开发器”中“材料”节点中的“Air”，然后在“材料属性明细”栏中设置“电导率”为“50[S/m]”，其余为默认设置；选择“模型开发器”中“材料”节点中的“Copper”，在“几何实体选择”栏中设置“几何实体层”为“域”，在“选择”列表中选择“铜环”，为铜环设置材料。

（3）添加边电流

单击“物理场”选项卡“边”面板“边”下拉列表中的“边电流”按钮 **边电流**，弹出“边电流”设置窗口，激活“选择”框，在图形窗口中选择导线，然后设置“边电流”为“sqrt(2)*20[kA]”，设置 16kA 的均方根电流，如图 6-113 所示，其余为默认设置，添加边电流。

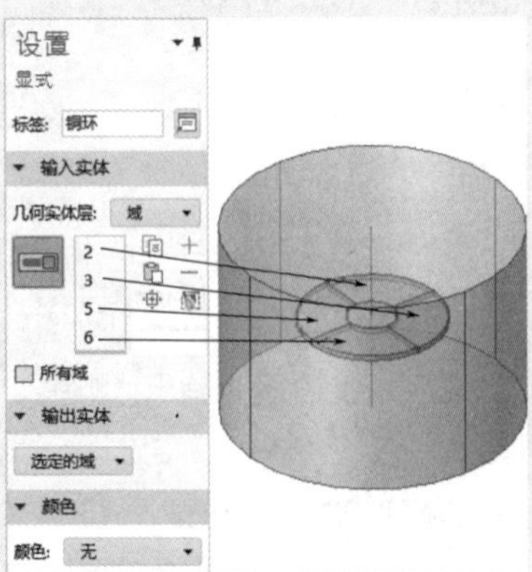


图 6-112 创建铜环域选择集

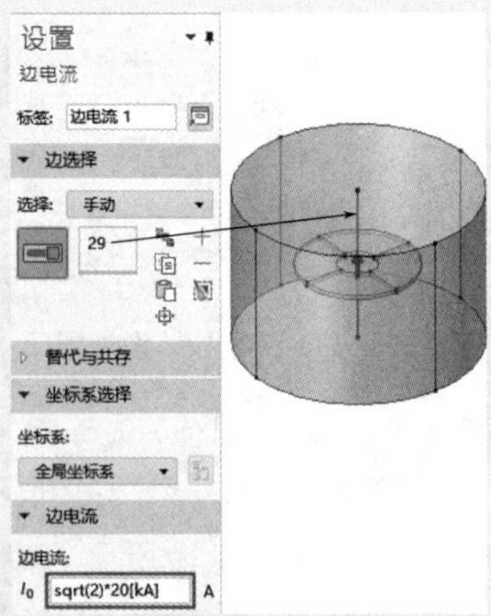


图 6-113 “边电流”设置窗口

（4）划分网格

① 划分映射网格。

a. 添加映射网格。单击“网格”选项卡“生成器”面板“边界”下拉列表中的“映射”按钮 ，弹出“映射”设置窗口，激活“选择”框，选择铜环的所有上表面，如图 6-114 所示，然后单击“构建选定对象”按钮 ，划分映射网格，结果如图 6-115 所示。

图 6-114　“映射”设置窗口

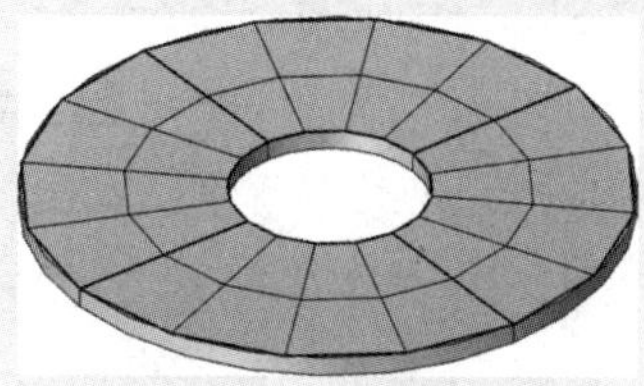
图 6-115　划分映射网格

b. 添加分布网格 1。单击“网格”选项卡“属性”面板中的“分布”按钮 ，弹出“分布”设置窗口，激活“选择”框，选择如图 6-116 所示的边线，设置“分布类型”为“固定单元数”，设置“单元数”为“20”，然后单击“构建选定对象”按钮 ，划分分布网格，结果如图 6-117 所示。

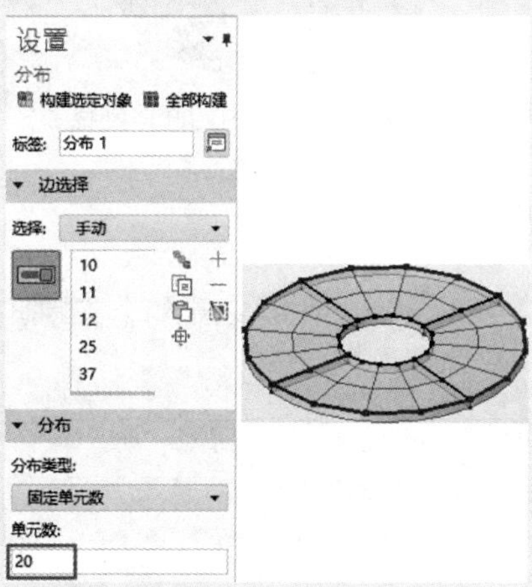

图 6-116　“分布”设置窗口

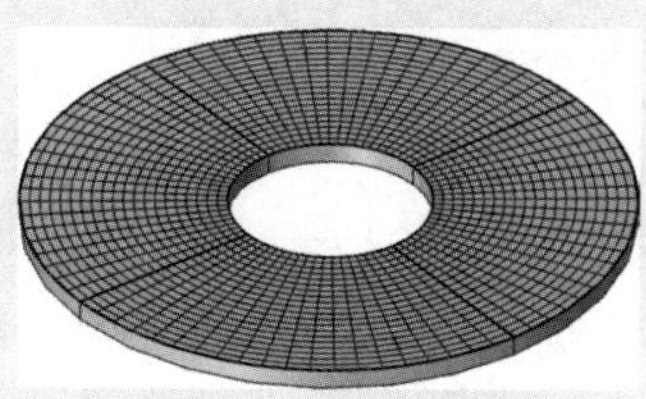
图 6-117　划分分布网格

② 划分扫掠网格。

a. 添加扫掠网格。单击“网格”选项卡“生成器”面板中的“扫掠”按钮 ，弹出“扫掠”设置窗口，在“域选择”栏中的“选择”列表中选择“铜质圆环”，其余采用默认设置，如图 6-118

所示，单击“构建选定对象”按钮，划分扫掠网格，结果如图6-119所示。

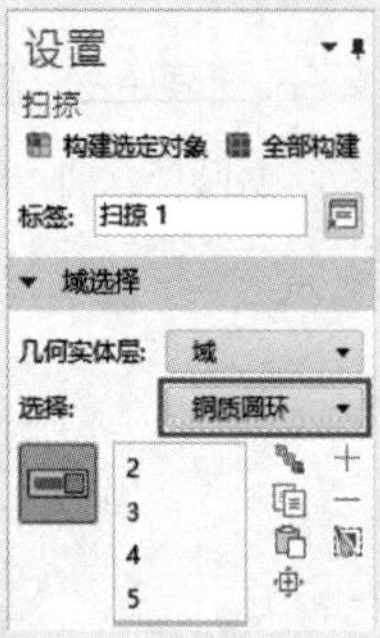


图 6-118 “扫掠”设置窗口

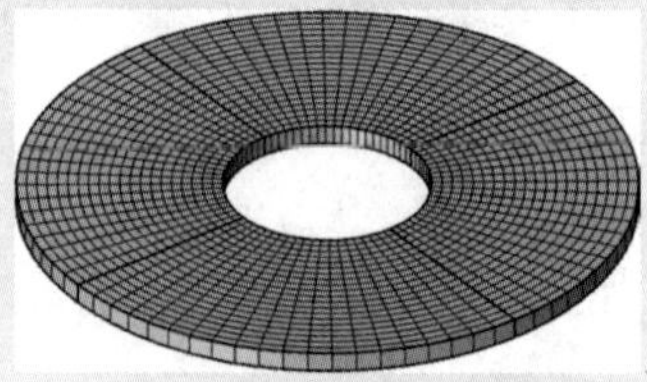

图 6-119 划分扫掠网格

b. 添加分布来细化扫掠网格。单击“网格”选项卡“属性”面板中的“分布”按钮，弹出“分布”设置窗口，系统自动选择所有域，设置“分布类型”为“固定单元数”，设置“单元数”为“2”，然后单击“构建选定对象”按钮，划分分布网格，结果如图 6-120 所示。

③ 划分自由四面体网格。单击“网格”选项卡“生成器”面板中的“自由四面体网格”按钮，弹出“自由四面体网格”设置窗口，采用默认设置，单击“构建选定对象”按钮，划分自由四面体网格，结果如图 6-121 所示。

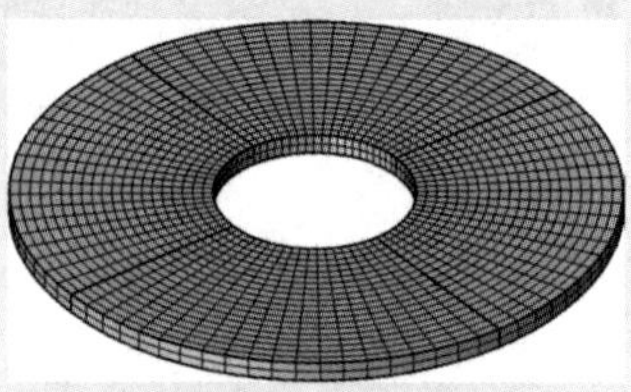

图 6-120 划分分布网格

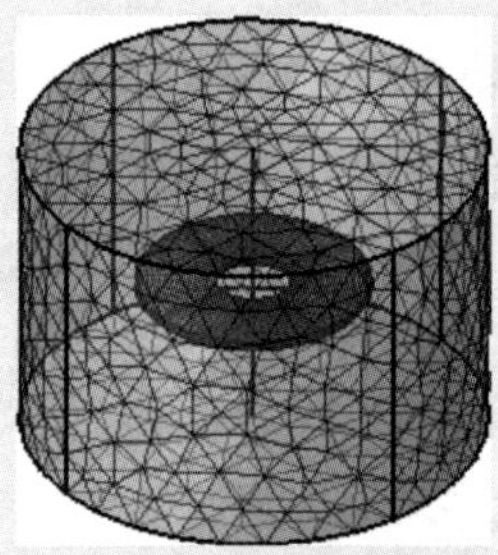

图 6-121 划分自由四面体网格

（5）设置分析步和计算

① 设置分析步。

a. 设置研究 1。在“模型开发器”中选中“研究 1”节点，弹出“研究”设置窗口，在“研究设置”窗口中取消勾选“生成默认绘图”复选框。

b. 设置“步骤 1：频域”。在“模型开发器”中选择“步骤 1：频域”节点，弹出“频域”设置窗口，在“研究设置”栏中设置“频率”为“50”，其余为默认设置，如图 6-122 所示。

② 求解计算。单击“研究”选项卡“研究”面板中的“计算”按钮，进行求解计算。

（6）查看结果

① 查看磁通密度模和密度线。

a. 添加选择。在“模型开发器”中展开“数据集”节点，选择“研究 1/ 解 1（sol1）”子节点，然后单击“结果”选项卡“数据集”面板“属性”下拉列表中的“选择”按钮，弹出“选择”设置窗口，在“几何实体选择”栏中设置“几何实体层”为“域”，在“选择”列表中选择“铜质圆环”，其余为默认设置，如图6-123所示。

图 6-122　“频域”设置窗口

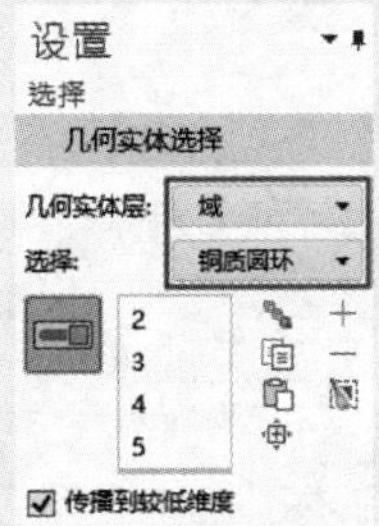


图 6-123　“选择”设置窗口

b. 添加三维绘图组。单击“结果”选项卡“绘图组”面板中的“三维绘图组”按钮，弹出“三维绘图组”设置窗口和“三维绘图组 1”选项卡，在“三维绘图组”设置窗口中的“数据”栏中设置“数据集”为“研究 1/ 解 1 ( sol1 )”，在“绘制设置”栏中取消勾选“绘制数据集的边”复选框，在“颜色图例”栏中勾选“显示最大值和最小值”复选框，其余为默认设置，如图 6-124 所示。

c. 添加切面。单击“三维绘图组 1”选项卡“添加绘图”面板中的“切面”按钮，弹出“切面”设置窗口，设置“标签”为“xy 平面磁通密度模”，在该窗口中单击“替换表达式”按钮，弹出表达式窗口，在“组件 1”→“磁场”→“磁”中双击“mf.normB- 磁通密度模 -T”选项，如图 6-125 所示。然后在“标题”栏中设置“标题类型”为“标签”，在“平面数据”栏中设置“平面”为“xy 平面”，设置“定义方法”为“坐标”，设置“z 坐标”为“195”，其余为默认设置，如图 6-126 所示。最后单击该窗口中的“绘制”按钮，绘制铜环的磁通密度模云图，如图 6-127 所示。

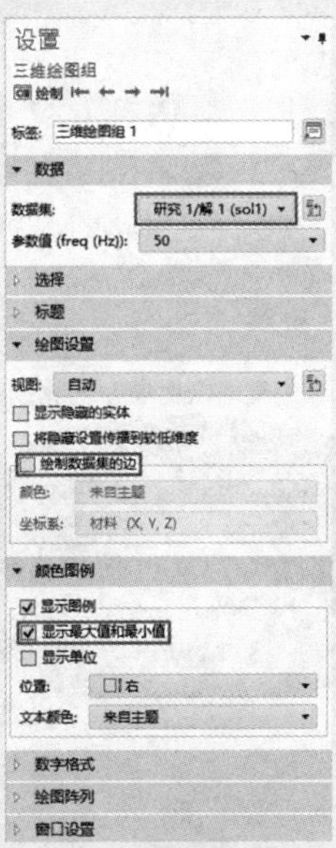


图 6-124　“三维绘图组”设置窗口

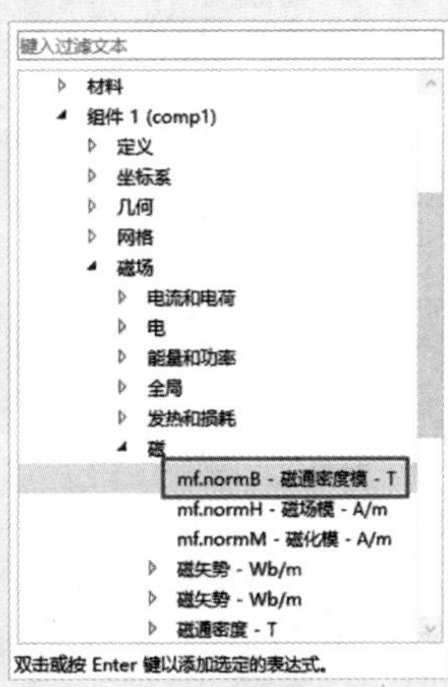


图 6-125　选择表达式

图 6-126 “切面”设置窗口

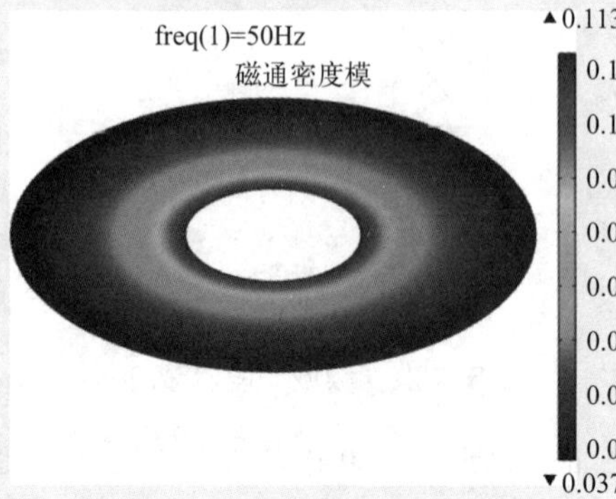


图 6-127 铜环的磁通密度模云图

d. 添加流线多切面。单击“三维绘图组 1”选项卡“添加绘图”面板“更多绘图”下拉列表中的“流线多切面”按钮，弹出“流线多切面”设置窗口，设置“标签”为“磁通密度线”，在“多平面数据”栏中设置“x 平面”和“y 平面”的“平面数”为“0”，设置“z 平面”的“定义方法”为“坐标”，设置“坐标”值为“195”，然后在“标题”栏中设置“标题类型”为“标签”，在“流线定位”栏中设置“定位”为“均匀密度”，设置“间隔距离”为“0.01”，在“着色和样式”栏中设置“点样式”的“类型”为“箭头”，设置“颜色”为“黑色”，其余为默认设置，如图 6-128 所示。最后单击该窗口中的“绘制”按钮，绘制铜环的磁通密度模云图和磁通密度线图，如图 6-129 所示。

图 6-128 “流线多切面”设置窗口

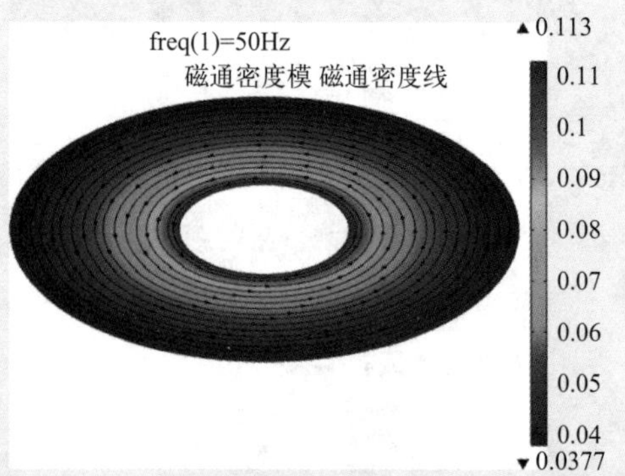


图 6-129 铜环的磁通密度模云图和磁通密度线图

② 查看电的体积损耗密度和电流密度。

a. 复制解。在“模型开发器”中展开“数据集”节点，右击“研究 1/ 解 1（sol1）”子节点，在弹出的快捷菜单中选择“复制粘贴”选项，如图 6-130 所示，复制解 1，创建“研究 1/ 解 1（2）（sol1）”。

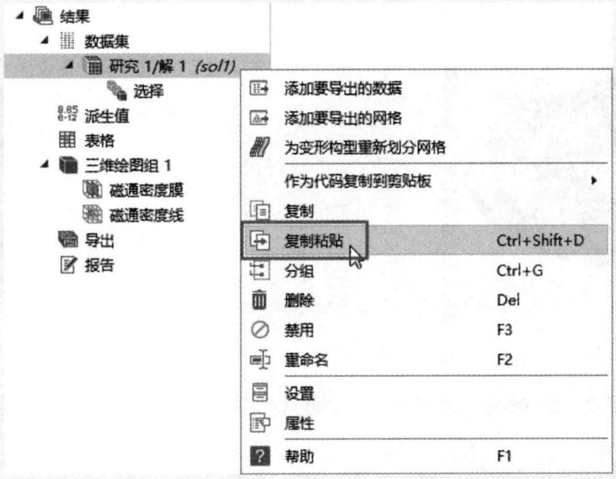


图 6-130　复制解

b. 添加三维绘图组。单击“结果”选项卡“绘图组”面板中的“三维绘图组”按钮，弹出“三维绘图组”设置窗口和“三维绘图组2”选项卡，在“三维绘图组”设置窗口中的“数据”栏中设置“数据集”为“研究 1/ 解 1（2）（sol1）”，在“绘制设置”栏中取消勾选“显示数据集的边”复选框，在“颜色图例”栏中勾选“显示最大值和最小值”复选框，其余为默认设置。

c. 添加切面。单击“三维绘图组 1”选项卡“添加绘图”面板中的“切面”按钮，弹出“切面”设置窗口，设置“标签”为“电体积损耗密度”，在该窗口中单击“替换表达式”按钮，弹出表达式窗口，在“组件 1”→“磁场”→“发热和损耗”中双击“mf.Qrh- 体积损耗密度，电 -W/$m^3$”选项，然后在“标题”栏中设置“标题类型”为“标签”，在“平面数据”栏中设置“平面”为“xy 平面”，设置“定义方法”为“坐标”，设置“z 坐标”为“195”，其余为默认设置。最后单击该窗口中的“绘制”按钮，绘制铜环的电体积损耗密度云图，如图 6-131 所示。

d. 添加流线。单击“三维绘图组 1”选项卡“添加绘图”面板中的“流线”按钮，弹出“流线”设置窗口，设置“标签”为“电流密度”，在该窗口中单击“替换表达式”按钮，弹出表达式窗口，在“组件 1”→“磁场”→“电流和电荷”中双击“mf.Jx,mf.Jy,mf.Jz- 电流密度”选项，在“标题”栏中设置“标题类型”为“标签”，在“流线定位”栏中设置“定位”为“均匀密度”，设置“间隔距离”为“0.05”，在“着色和样式”栏中设置“点样式”的“类型”为“箭头”，设置“颜色”为“黑色”，其余为默认设置，然后单击该窗口中的“绘制”按钮，绘制铜环的电体积损耗密度云图和电流密度图，如图 6-132 所示。

③ 查看总加热功率。单击“结果”选项卡“数值”面板“更多派生值”下拉列表中的“体积分”按钮，弹出“体积分”设置窗口，设置“标签”为“总加热功率”，在“选择”栏中的“选择”

列表中选择“铜质圆环”，在“表达式”栏中单击“替换表达式”按钮，弹出表达式窗口，在“组件1”→“磁场”→“发热和损耗”中双击“mf.Qrh-体积损耗密度，电-W/m$^3$”选项，其余采用默认设置，如图6-133所示，然后单击该窗口中的“计算”按钮，得到表格1，如图6-134所示，计算结果接近4.8W。

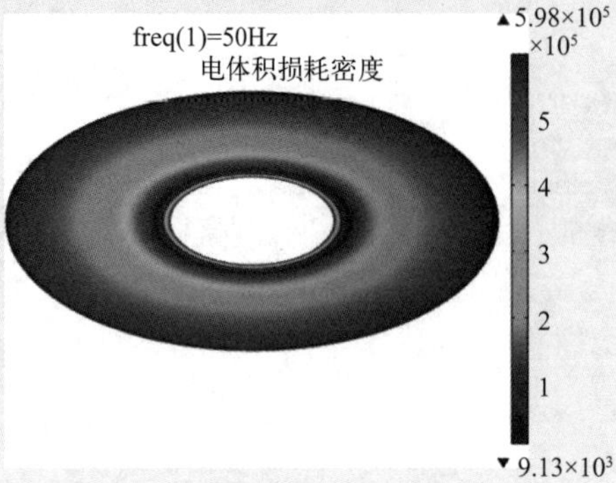


图 6-131　铜环的电体积损耗密度云图

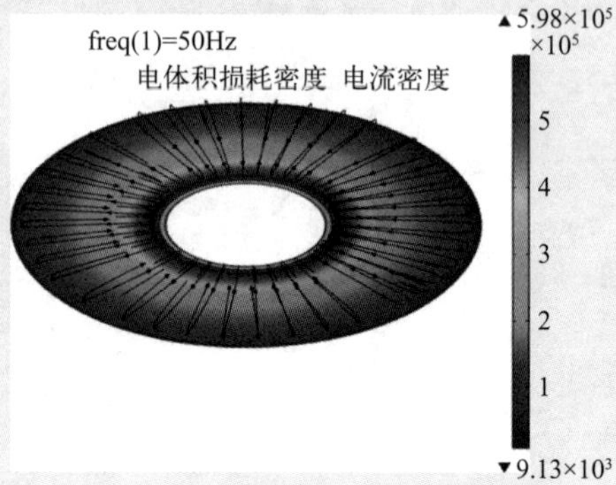


图 6-132　铜环的电体积损耗密度云图和电流密度图

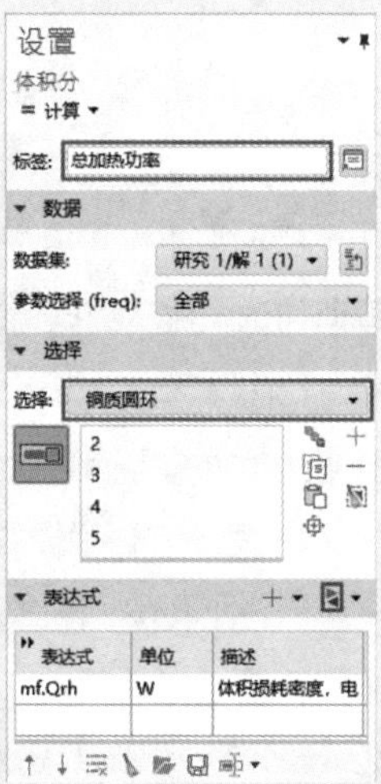


图 6-133　“体积分”设置窗口

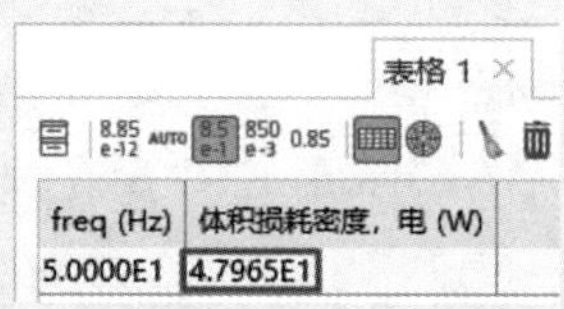


图 6-134　表格 1

## 6.6　动手练一练

如图 6-135 所示，两块长 0.1m、宽 0.1m、厚 0.001m 金属板的距离为 1m，左侧金属板的带电量为 0.05C/m$^2$，右侧金属板的带电量为 -0.05C/m$^2$，外部设置一个长 3m、宽 1m、高 1m 的长方体空气域，对这两个金属板进行静电分析，查看电势切面云图、电场模切面云图和电场线云图，结果如图 6-136 ～图 6-138 所示。

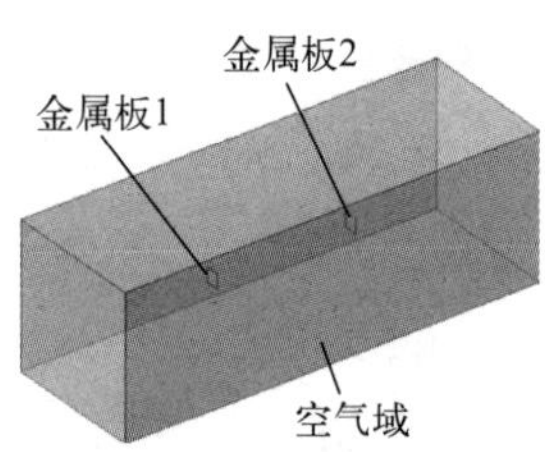


图 6-135　金属板

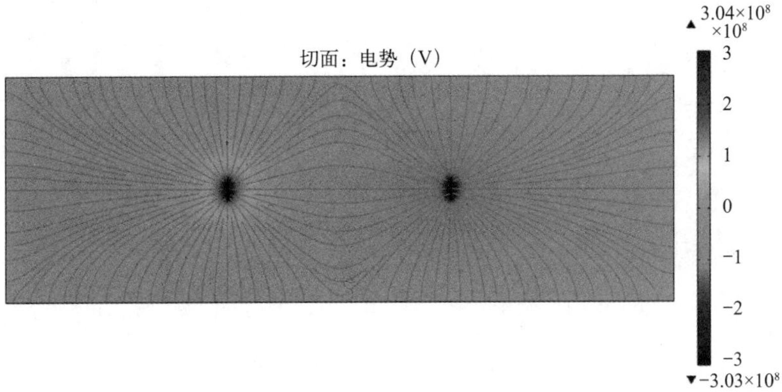


图 6-136　电势切面云图

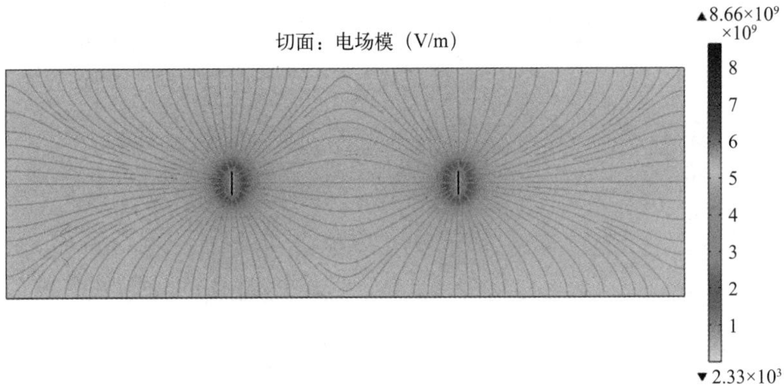


图 6-137　电场模切面云图

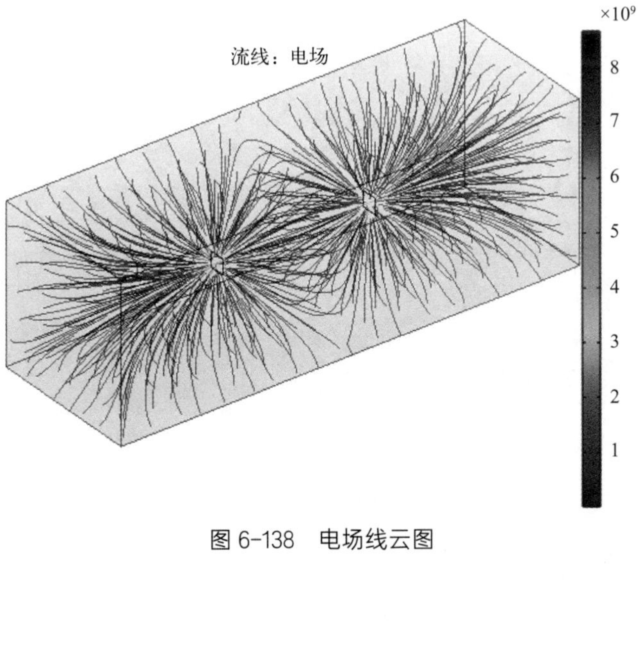


图 6-138　电场线云图

思路点拨

① 导入模型。

② 添加空气材料。

③ 为左侧金属板添加表面电荷密度载荷。

④ 为右侧金属板添加表面电荷密度载荷。

⑤ 为空气域添加接地边界条件。

⑥ 划分网格。

⑦ 求解计算。

⑧ 查看电势切面图。

⑨ 查看电场模切面图。

⑩ 查看电场线云图。

# 第 7 章　热力学分析

本章主要介绍 COMSOL 的传热模块，对热力学中的问题进行有限元分析，包括热传导分析、热对流分析、热辐射分析和相变分析。

## 7.1　热力学概述

COMSOL 中有一个“传热”接口，用于计算温度场和辐射强度场，模拟热传导、热对流、热辐射，以及共轭传热、电磁热和相变传热等热力学问题，本章主要对热传导、热对流、热辐射及相变传热等基础问题进行讲解，只进行单一场的热力学分析。

### 7.1.1　热力学第一定律

经过长期的生产实践和科学实验证明：能量既不能消灭，也不能创造，但可以从一种形式转化为另一种形式，也可以从一种物质传递到另一种物质，在转化和传递过程中，能量的总值保持不变。这是自然界的一个普遍的基本规律，即能量守恒定律（Law of Energy Conservation）。在热力学中称其为热力学第一定律（First Law of Thermodynamics）。对于一个封闭的系统（没有能量的流入或流出）：

$$Q-W=\Delta U+\Delta KE+\Delta PE \tag{7-1}$$

式中，$Q$为热量；$W$为做功；$\Delta U$为系统内能；$\Delta KE$为系统动能；$\Delta PE$为系统势能。

对于大多数工程传热问题：

$$\Delta KE=\Delta PE=0 \tag{7-2}$$

通常考虑没有做功，即$W=0$，则$Q=\Delta U$。

对于稳态热分析：$Q=\Delta U=0$，即流入系统的热量等于流出系统的热量。

对于瞬态热分析：$q=\dfrac{\mathrm{d}U}{\mathrm{d}t}$，即流入系统或流出系统的热传递速率$q$等于系统内能的变化。

将其应用到一个微元体上，就可以得到热传导的控制微分方程。

### 7.1.2　传热的基本方式

热力学分析是基于能量守恒原理的热平衡方程，通过有限元分析计算各节点的温度分布，并由此导出其他热物理参数。热传递有 3 种基本传热方式，分别为热传导、热对流和热辐射。

（1）热传导

将完全接触的两个物体之间或一个物体的不同部分之间由于温度梯度而引起的内能的交换称为热传导。温度的传递只是表象，实际上热传导是由物体中的分子、原子及自由电子等微观粒子的热运动而产生的热能传递。热传导遵循傅里叶定律。

$$q^{*}=-K_{\mathrm{nn}}\frac{\mathrm{d}T}{\mathrm{d}n} \tag{7-3}$$

式中，$q^*$为热流密度，$W/m^2$；$K_{nn}$为热导率，W/（m・℃）；$\frac{dT}{dn}$为沿$n$方向的温度梯度；负号表示热量流向温度降低的方向，如图 7-1 所示。

（2）热对流

热对流是指由于流体的宏观运动而引起的流体各部分之间发生的相对位移导致的热量传递过程。热对流可以分为两类：自然对流和强制对流。在工程上，人们对流体流过物体表面时的热量传递过程十分关注，并用牛顿冷却方程来描述。

$$q^* = \alpha(T_S - T_B) \tag{7-4}$$

式中，$\alpha$为对流换热系数，或称膜传热系数、给热系数、膜系数等，W /（$m^2$·K）；$T_S$为固体表面的温度；$T_B$为周围流体的温度。如图 7-2 所示。

（3）热辐射

热辐射是指物体发射电磁能并被其他物体吸收转变为热的热量交换过程。物体温度越高，单位时间辐射的热量越多。热传导和热对流都需要有传热介质，而热辐射无需任何介质。实质上，在真空中的热辐射效率最高。

在工程中通常考虑两个或两个以上物体之间的辐射，系统中每个物体同时辐射和吸收热量。它们之间的净热量传递可以用斯特藩 - 玻尔兹曼方程来计算。

$$Q = \varepsilon\sigma A_1 F_{12}(T_1^4 - T_2^4) \tag{7-5}$$

式中，$Q$为热流率；$\varepsilon$为吸射率，也叫黑度；$\sigma$为斯特藩 - 玻尔兹曼常数，约为 $5.67\times10^{-8}$W/（$m^2$・$K^4$）；$A_1$为辐射面 1 的面积；$F_{12}$为由辐射面 1 到辐射面 2 的形状系数；$T_1$为辐射面 1 的绝对温度；$T_2$为辐射面 2 的绝对温度。由上式可以看出，包含热辐射的热分析是高度非线性的，如图 7-3 所示。

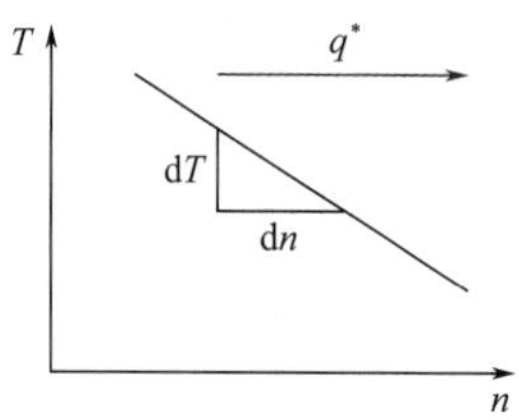


图 7-1　热传导示意

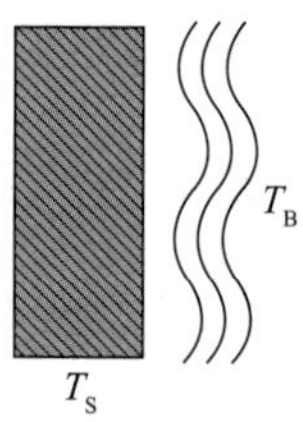


图 7-2　热对流示意

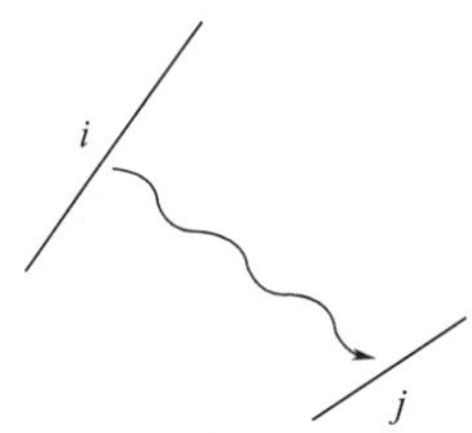


图 7-3　热辐射示意

## 7.2　热传导分析

热传导多发生在固体自身或固体与固体之间，在 COMSOL 中利用传热模块中的固体传热接口进行分析。

### 7.2.1　热传导理论分析

利用能量守恒定律和傅里叶定律，可以得到热传导的微分方程，对于各向同性的导热物体在直角坐标系下有如下形式。

热传导的控制微分方程为

$$\frac{\partial}{\partial x}\left(k_{xx}\frac{\partial T}{\partial x}\right)+\frac{\partial}{\partial y}\left(k_{yy}\frac{\partial T}{\partial y}\right)+\frac{\partial}{\partial z}\left(k_{zz}\frac{\partial T}{\partial z}\right)+\ddot{q}=\rho c\frac{\mathrm{d}T}{\mathrm{d}t} \tag{7-6}$$

其中

$$\frac{\mathrm{d}T}{\mathrm{d}t}=\frac{\partial T}{\partial t}+V_x\frac{\partial T}{\partial x}+V_y\frac{\partial T}{\partial y}+V_z\frac{\partial T}{\partial z} \tag{7-7}$$

式中，$k_{xx}$、$k_{yy}$、$k_{zz}$为三个空间坐标轴的热导率；$\ddot{q}$为单位体积的热生成；$V_x$、$V_y$、$V_z$为媒介传导速率。

热传导微分方程的适用范围是满足傅里叶定律的导热过程，也就是导热过程进行的时间足够长，并且热流密度不是很高的情况。但两者有一定的区别，热传导微分方程描述的是物体内部温度随时间和空间变化的一般关系，而傅里叶定律描述的是物体的温度梯度与热流密度之间的关系。

求解导热问题可归结为对热传导微分方程进行求解，但热传导微分方程是描述导热过程共性的数学表达式，用它得到的是问题的通解。若要针对具体问题进行求解，就必须要求定解条件。通常，定解条件包括初始条件和边界条件。这样，热传导微分方程和定解条件构成了具体导热问题的数学描述。

热传导问题的初始温度场为

$$T(x,y,z,0)=f(x,y,z),\ t=0 \tag{7-8}$$

热传导问题常见的三类边界条件如下。

第 1 类，给定边界上的温度值

$$T_{\mathrm{W}}=f_1(t),\ t>0 \tag{7-9}$$

第 2 类，给定边界上的热流密度值

$$q_{\mathrm{W}}=-\lambda\left(\frac{\partial T}{\partial x}\right)_{\mathrm{W}}=f_2(t),\ t>0 \tag{7-10}$$

第 3 类，给定边界上物体与周围流体间的表面传热系数$h$及周围流体的温度$T_{\mathrm{f}}$

$$-\lambda\left(\frac{\partial T}{\partial x}\right)_{\mathrm{W}}=h(T_{\mathrm{W}}-T_{\mathrm{f}}),\ t>0 \tag{7-11}$$

上面的三个条件对物体的加热和冷却都适用。

### 7.2.2　实例—加热铁板热传导分析

如图 7-4 所示，将一块圆形铁板架在酒精灯上加热，加热部位集中在圆形铁板中心位置，加热温度为 800℃，分析在加热的 10min 时间内铁板边缘处的温度变化。由于铁板的热导率较大，而且周围空气流动较弱，因此该分析中热传导占主要地位，可忽略空气的对流传热。

扫码看视频

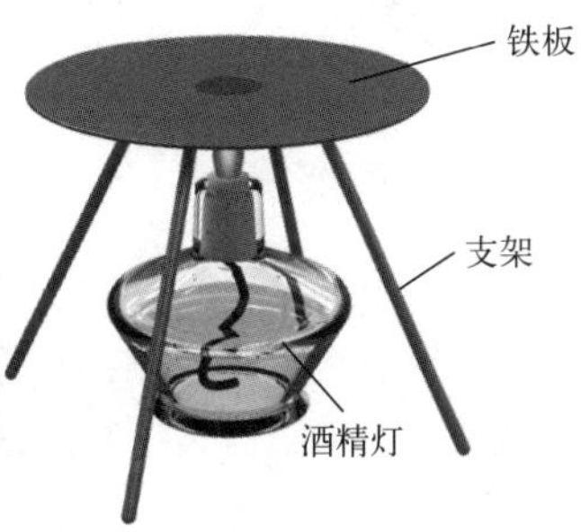


图 7-4　酒精灯加热铁板

操作步骤

（1）创建模型

① 进入三维几何界面。在“新建”界面中单击“模型向导”按钮，弹出“选择空间维度”界面，在该界面选择“三维”维度，进入“选择物理场”界面，展开“传热”列表，选择列表中的“固体传热”选项，单击“添加”按钮 添加 ，将“固体传热”添加到物理场接口中，如图 7-5 所示，然后单击“研究”按钮，进入“选择研究”界面，在“所选物理场接口的预设研究”栏中选择“瞬态”选项，最后单击“完成”按钮，进入主界面。

② 创建模型。

a. 设置单位。在“几何”设置窗口中设置“长度单位”为“mm”，设置“几何表示”为“COMSOL 内核”。

b. 创建铁板。单击“几何”选项卡“体素”面板中的“圆柱体”按钮，弹出“圆柱体”设置窗口，在“大小和形状”栏中设置“半径”为“100”,“高度”为“3”，然后展开“层”栏，设置层“厚度”为“90”，其余为默认设置，如图 7-6 所示，单击“构建选定对象”按钮，创建铁板，然后单击“显示栅格”按钮，取消栅格的显示，结果如图 7-7 所示。

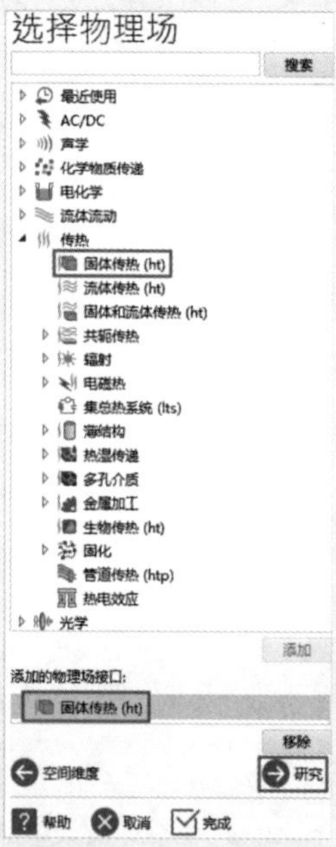


图 7-5　选择物理场

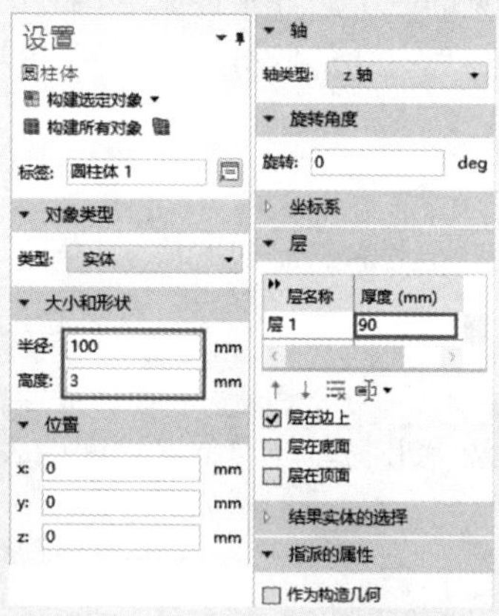


图 7-6　“圆柱体”设置窗口

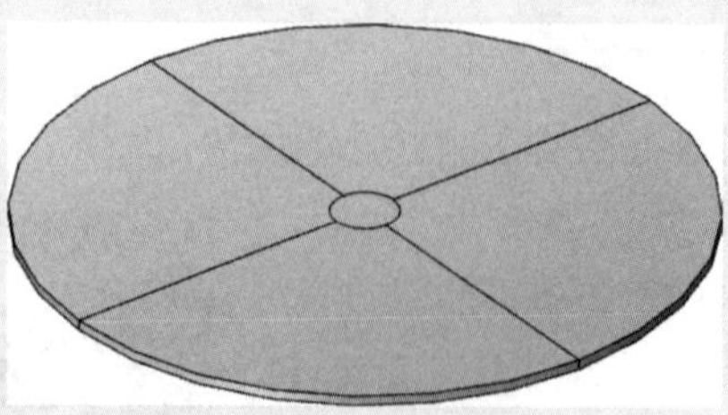

图 7-7　铁板模型

（2）定义边界探针

单击“定义”选项卡“探针”面板“探针”下拉列表中的“边界探针”按钮，弹出“边界探针”设置窗口，设置“标签”为“边缘平均温度”，在“探针类型”栏中设置“类型”为“平均值”，在“源选择”栏中设置“选择”为“手动”，然后单击“清除选择”按钮，清除原有的选择，再在窗口中选择铁板侧面的 4 个圆弧面，在“表达式”栏中设置“表和绘图单位”为“degC”，其余为默认设置，如图 7-8 所示。

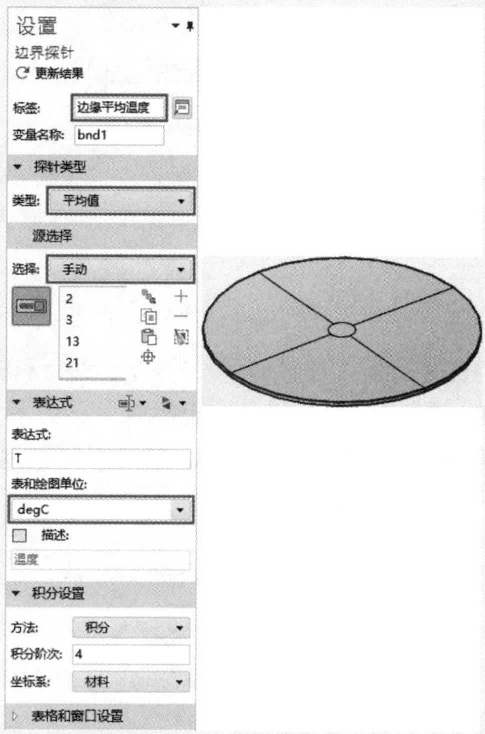


图 7-8　“边界探针”设置窗口

（3）添加材料

单击“材料”选项卡“材料”面板中的“添加材料”按钮，弹出“添加材料”窗口，展开“内置材料”列表，双击其中“Structural steel”（结构钢）；将其添加到“模型开发器”中的“材料”节点中，然后单击“关闭”按钮，关闭“添加材料”窗口。

（4）添加载荷

① 设置初始值。在“模型开发器”中选择“固体传热”节点下的“初始值”，弹出“初始值”设置窗口，在“初始值”栏中设置“温度”值为“25[degC]”，如图 7-9 所示，其余为默认设置。

② 添加温度。单击“物理场”选项卡“边界”面板“边界”下拉列表“固体传热”中的“温度”按钮 **温度**，弹出“温度”设置窗口，激活“选择”框，选择铁板的下表面，在“温度”栏中设置“温度”值为“800[degC]”，如图 7-10 所示，其余为默认设置。

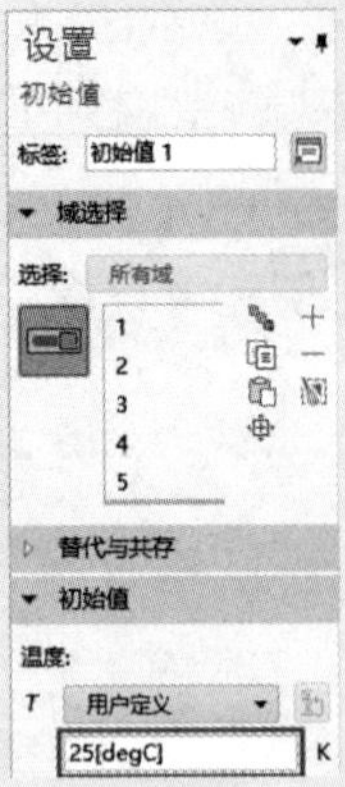


图 7-9 “初始值”设置窗口

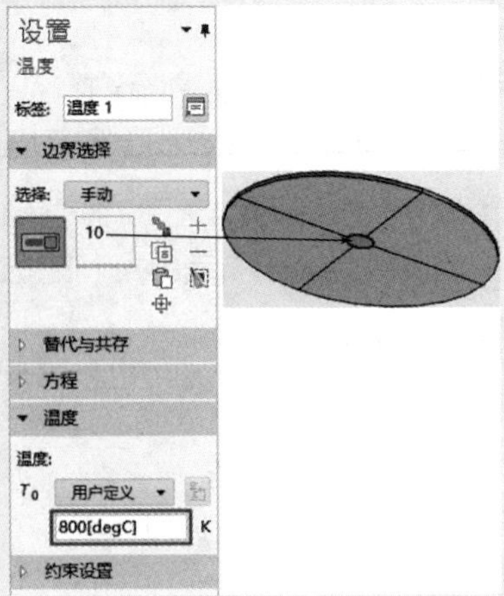


图 7-10 “温度”设置窗口

（5）划分网格

① 划分映射网格。

a. 添加映射网格。单击“网格”选项卡“生成器”面板“边界”下拉列表中的“映射”按钮，弹出“映射”设置窗口，激活“选择”框，选择铁板外部的4个扇形面，如图7-11所示。

b. 添加分布 1。单击“网格”选项卡“属性”面板中的“分布”按钮，弹出“分布”设置窗口，激活“选择”框，选择铁板的 4 条外圆弧线，设置“分布类型”为“固定单元数”，设置“单元数”为“20”，如图 7-12 所示。

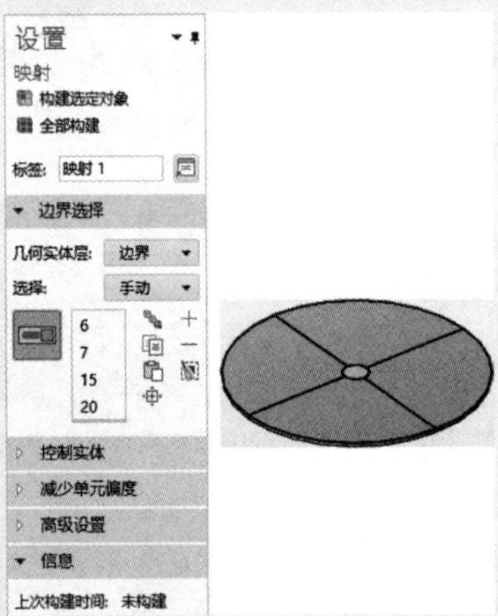


图 7-11 “映射”设置窗口

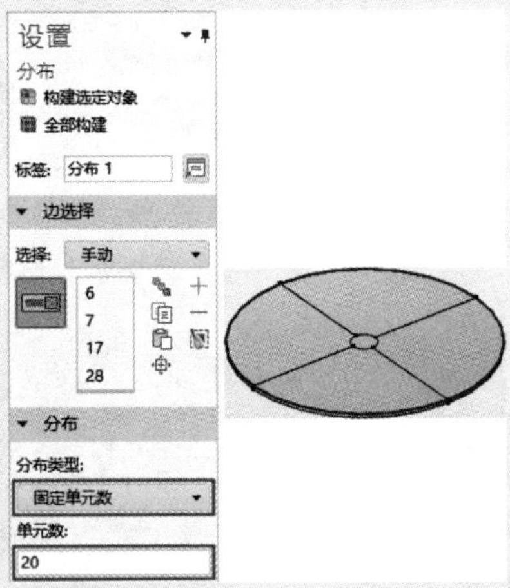


图 7-12 “分布”设置窗口 1

c. 添加分布 2。单击“网格”选项卡“属性”面板中的“分布”按钮，弹出“分布”设置窗口，激活“选择”框，选择铁板分割域的 4 条辐射线，设置“分布类型”为“固定单元数”，设置“单元数”为“30”，如图7-13所示，然后单击“构建选定对象”按钮，结果见图7-14。

② 划分自由四边形网格。单击“网格”选项卡“生成器”面板“边界”下拉列表中的“自由四边形网格”按钮，弹出“自由四边形网格”设置窗口，在“边界选择”栏中设置“几何

实体层”为“边界”，激活“选择”框，选择铁板中间部位的圆，如图7-15所示，然后单击“构建选定对象”按钮，结果如图7-16。

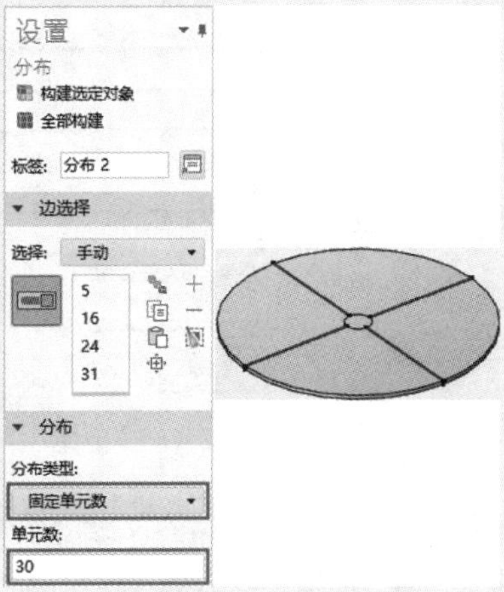


图 7-13　“分布”设置窗口 2

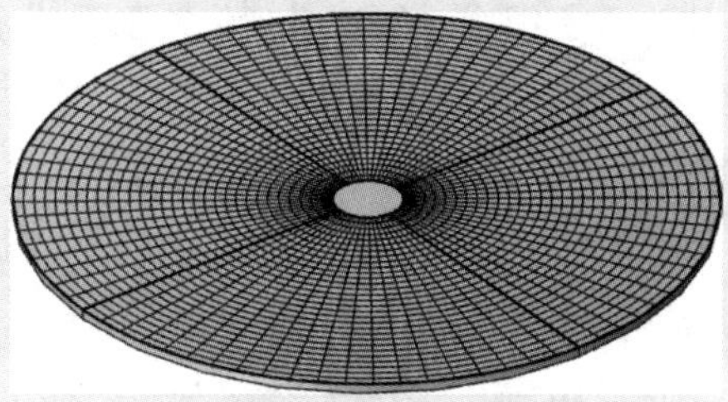

图 7-14　划分映射网格

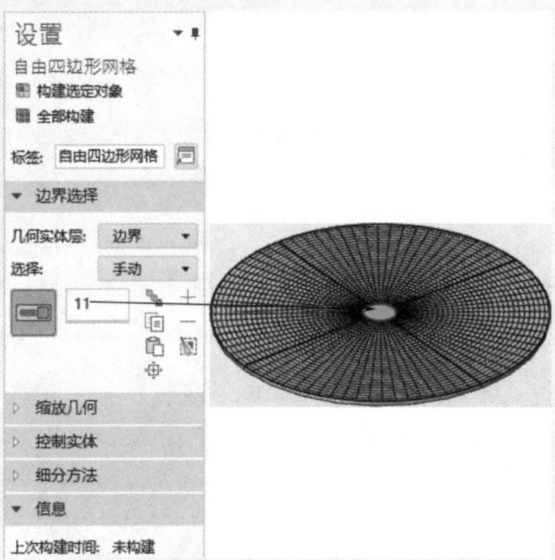


图 7-15　“自由四边形网格”设置窗口

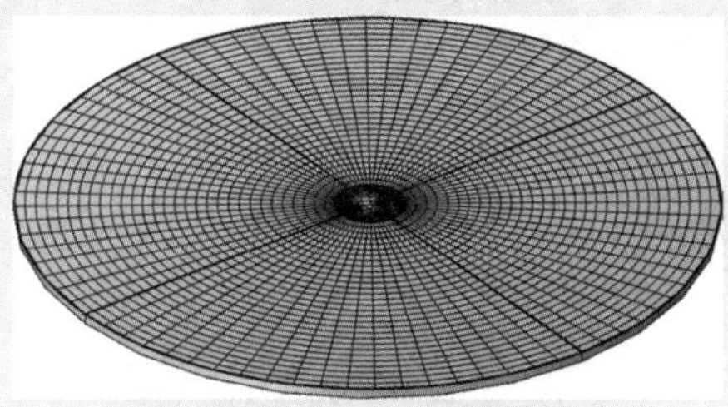

图 7-16　划分自由四边形网格

③ 划分扫掠网格。

单击“网格”选项卡“生成器”面板中的“扫掠”按钮，弹出“扫掠”设置窗口，采用默认设置，单击“构建选定对象”按钮，划分扫掠网格。

（6）求解计算

① 设置研究 1。在“模型开发器”中选中“研究 1”节点，弹出“研究”设置窗口，在“研究设置”窗口中取消勾选“生成默认绘图”复选框。

② 设置求解步骤。在“研究 1”节点下选择“步骤 1：瞬态”选项，弹出“瞬态”设置窗口，在“研究设置”栏中单击“范围”按钮，弹出“范围”窗口，设置“定义方法”为“步长”，设置“起始”为“0”、“步长”为“10”、“停止”为“300”，单击“替换”按钮 替换 ，关

闭该窗口，如图7-17所示。返回“瞬态”设置窗口，其余为默认设置。

③ 求解计算。单击“研究”选项卡“研究”面板中的“计算”按钮，进行求解计算。

（7）查看结果

① 查看探针温度。

a. 设置探针绘图组 1。在“模型开发器”中展开“结果”节点，选择“探针绘图组 1”，弹出“一维绘图组”设置窗口，在“数据”栏中设置“数据集”为“边缘平均温度”，在“图例”栏中设置“位置”为“左上角”，其余为默认设置，如图 7-18 所示。

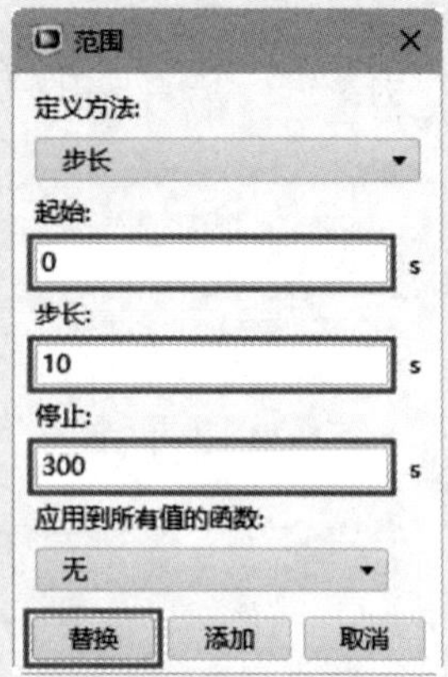

图 7-17 “范围”窗口

b. 设置探针表图 1。在“探针绘图组 1”中选择“探针表图 1”，弹出“表图”设置窗口，在“着色和样式”栏中设置“颜色”为“红色”，设置“宽度”为“2”，设置“标记”为“点”，设置“数量”为“30”，其余为默认设置，如图 7-19 所示，然后单击“绘制”按钮，绘制边缘平均温度曲线图，结果如图 7-20 所示。

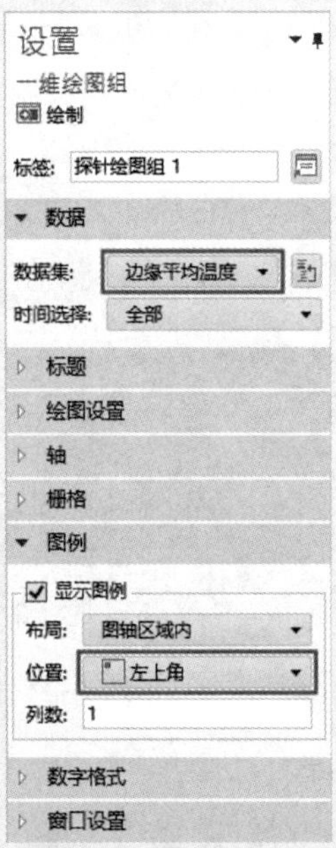

图 7-18 “一维绘图组”设置窗口

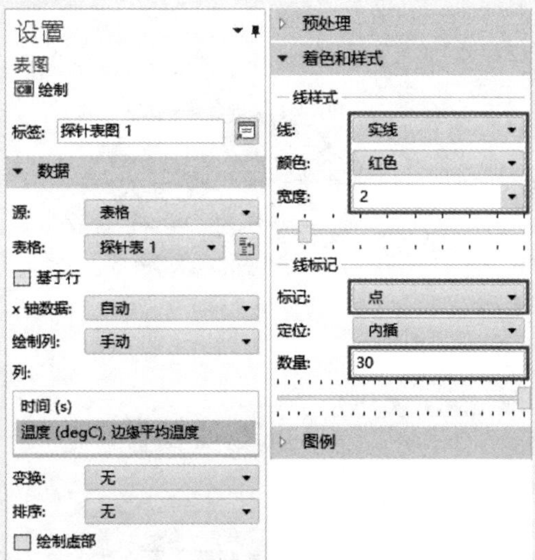

图 7-19 “表图”设置窗口

② 整体表面温度。

a. 添加三维绘图组。单击“结果”选项卡“绘图组”面板中的“三维绘图组”按钮，弹出“三维绘图组”设置窗口和“三维绘图组 2”选项卡，在“三维绘图组”设置窗口中的“绘图设置”栏中取消勾选“绘制数据集的边”复选框，在“颜色图例”栏中勾选“显示最大值和最小值”复选框，其余为默认设置，如图 7-21 所示。

b. 添加表面。单击“三维绘图组2”选项卡“添加绘图”面板中的“表面”按钮，弹出“表面”设置窗口，设置“标签”为“表面温度”，在“表达式”栏中设置“单位”为“degC”，在“标题”栏中设置“标题类型”为“标签”，在“着色和样式”栏中设置“颜色表”为“Thermal”，其余为默认设置，如图7-22所示。然后单击该窗口中的“绘制”按钮，绘制铁板温度云图，如图7-23所示。

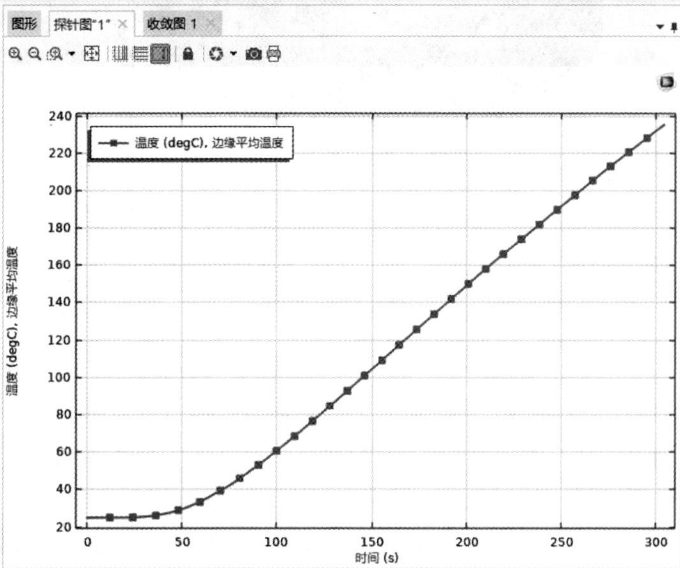


图 7-20　边缘平均温度曲线

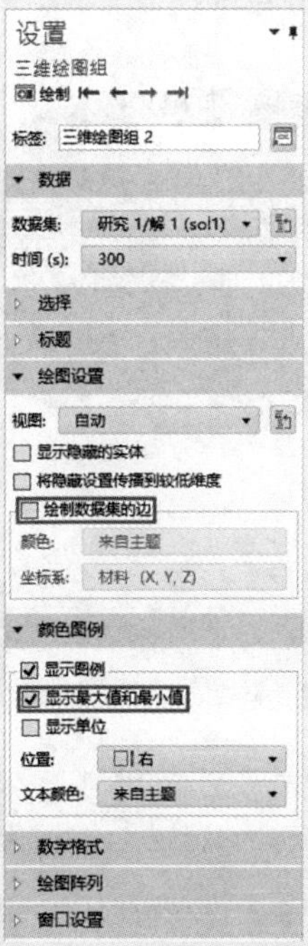


图 7-21　“三维绘图组”设置窗口

图 7-22　“表面”设置窗口

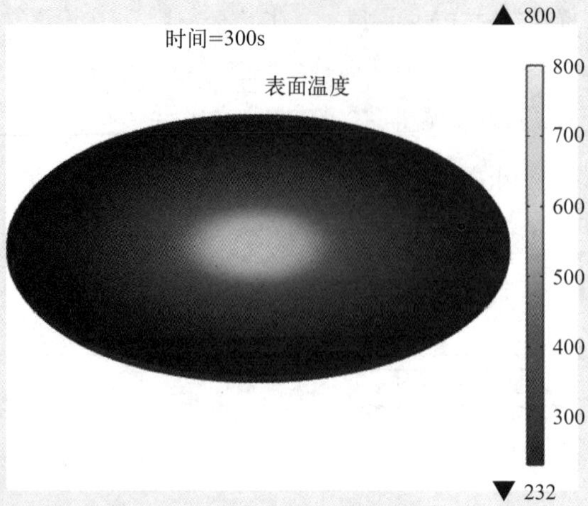


图 7-23 铁板温度云图

c. 添加等值线。单击“三维绘图组 2”选项卡“添加绘图”面板中的“等值线”按钮，弹出“等值线”设置窗口，设置“标签”为“温度等值线”，在“表达式”栏中设置“单位”为“degC”，在“标题”栏中设置“标题类型”为“标签”，在“水平”栏中设置“定义方法”为“水平数”，设置“总水平数”为“30”，在“着色和样式”栏中设置“颜色表”为“Cyclic”，取消勾选“颜色图例”复选框，其余为默认设置，如图 7-24 所示。然后单击该窗口中的“绘制”按钮，绘制铁板温度等值线图，如图 7-25 所示。

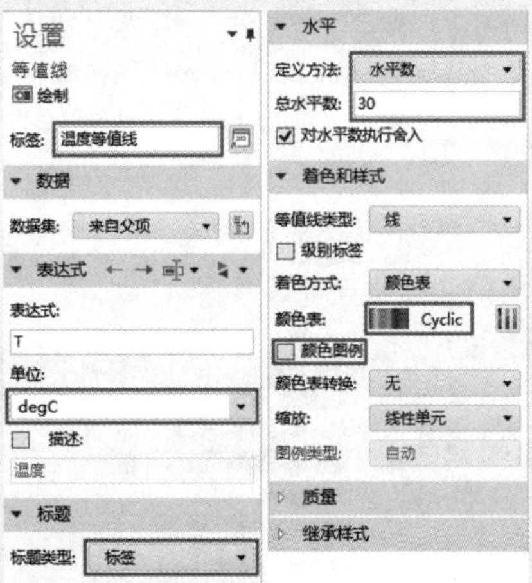


图 7-24 “等值线”设置窗口

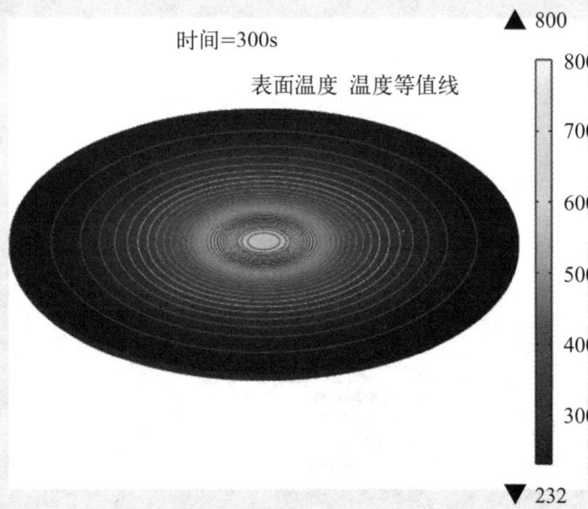


图 7-25 铁板温度等值线图

（8）查看动画

在“模型开发器”中选择“三维绘图组 2”节点，然后单击“三维绘图组 2”选项卡“导出”面板“动画”下拉列表中的“播放器”按钮，弹出“动画”设置窗口，在“帧”栏中设置“帧选择”为“全部”，其余为默认设置，如图 7-26 所示。最后在“图形窗口”中单击“播放”按钮，查看铁板温度变化的动画。

图 7-26 “动画”设置窗口

## 7.3 热对流分析

热对流多发生在流体与流体之间，或者流体与固体表面之间，在 COMSOL 中利用传热模块中的流体传热接口或固体与流体传热接口进行分析。

### 7.3.1 热对流的影响因素

影响热对流的因素包括流体流动的起因、有无相变、流体的流动状态、换热表面的形状和流体的物理性质。

（1）流体流动的起因

流体流动的起因可分为自然对流和强制对流。自然对流是流体因各部分温度不同而引起的密度差异所造成的流动；强制对流则是由外力（如风扇、风机）作用所产生的流动。

（2）有无相变

在流体没有相变时，对流传热中的热量交换是由流体显热的变换来实现的；而在有相变的换热过程中，流体相变时吸收和释放的潜热则主要起到热量交换的作用。

（3）流体的流动状态

流体的流动状态分为层流和湍流，一般湍流的热对流比层流强。

（4）换热表面的形状

流体流过物体的表面，物体表面的形状、大小及物体表面与流体运动方向的相对位置对热对流的换热都有影响。

（5）流体的物理性质

不同流体的密度、动力黏度、热导率（界面中为“导热系数”）和等压热容（界面中为“恒压热容”）对流体的热对流换热有很大的影响。

### 7.3.2 热对流的理论分析

热对流换热微分方程组由连续性方程、动量微分方程及能量微分方程组成，各方程分别由质量守恒定律、动量守恒定律和能量守恒定律推导得出，其中连续性方程和动量微分方程已由流体力学导出。

推导基于如下假定：二维、不可压缩牛顿型流体、常物性、无内热源、忽略黏性耗散、不计由于微元体各方向受到剪力不平衡而出现的净作用力引起的动能和位能变化、不计流体和壁面间的辐射换热。推导结果如下。

$$\frac{\partial T}{\partial t}+u\frac{\partial T}{\partial x}+\upsilon\frac{\partial T}{\partial y}=\frac{\lambda}{\rho C_p}\left(\frac{\partial^2 T}{\partial x^2}+\frac{\partial^2 T}{\partial y^2}\right) \tag{7-12}$$

式中，$\frac{\partial T}{\partial t}$为非稳态项；$u\frac{\partial T}{\partial x}+\upsilon\frac{\partial T}{\partial y}$为对流项；等号右侧为导热项。

从式(7-12)可以清楚地看出，热对流换热是导热和对流联合作用的结果，当流体速度$u=\upsilon=0$时，退化为热传递方程。

二维、常物性、不可压缩牛顿型流体对流换热问题完整的数学描述控制方程和定解条件如下。

$$\begin{cases}\dfrac{\partial u}{\partial x}+\dfrac{\partial \upsilon}{\partial y}=0\\ \rho\left(\dfrac{\partial u}{\partial t}+u\dfrac{\partial u}{\partial x}+\upsilon\dfrac{\partial u}{\partial y}\right)=F_x-\dfrac{\partial p}{\partial x}+\eta\left(\dfrac{\partial^2 u}{\partial x^2}+\dfrac{\partial^2 u}{\partial y^2}\right)\\ \rho\left(\dfrac{\partial \upsilon}{\partial t}+u\dfrac{\partial \upsilon}{\partial x}+\upsilon\dfrac{\partial \upsilon}{\partial y}\right)=F_y-\dfrac{\partial p}{\partial y}+\eta\left(\dfrac{\partial^2 \upsilon}{\partial x^2}+\dfrac{\partial^2 \upsilon}{\partial y^2}\right)\\ \rho C_p\left(\dfrac{\partial T}{\partial t}+u\dfrac{\partial T}{\partial x}+\upsilon\dfrac{\partial T}{\partial y}\right)=\lambda\left(\dfrac{\partial^2 T}{\partial x^2}+\dfrac{\partial^2 T}{\partial y^2}\right)\end{cases} \tag{7-13}$$

式 (7-13) 对层流、湍流均适用，湍流时需用瞬时值。同导热问题一样，式 (7-13) 的定解条件也可分为初始条件和边界条件。但热对流换热问题一般只有第 1 类（给定温度）和第 2 类（给定热流密度）边界条件，没有第 3 类边界条件。

热对流换热方程组的未知量主要有$u$、$\upsilon$、$\rho$、$T$，与方程数目相等，方程组封闭。但与导热微分方程不同，动量方程中的惯性力项和能量方程中的对流项是非线性的，并且动量微分方程和能量微分方程常常需要耦合求解（如自然对流换热或变物性问题等），因而直接求解上述问题是相当困难的。在引入了边界层概念后，使用分析法求解热对流换热问题成为可能。

### 7.3.3 实例—散热器热对流分析

如图 7-27 所示为计算机 CPU 的散热器，它由散热板和风扇组成，散热板下部与 CPU 紧贴，计算机工作时 CPU 会产生较高的温度，通过热传导将热量传递给散热板，散热板会增加 CPU 的散热面积，从而增加 CPU 的散热量，为了更好地散热，添加了一个风扇，增加空气在散热板中的对流，以达到更好的散热效果。本例对散热板的热对流进行稳态分析。各参数见表 7-1。

扫码看视频

图 7-27 散热器

**表 7-1　材料参数**

| 散热板材质 | 密度 | 等压热容 | 热导率 | 热通量 | 初始温度 |
|---|---|---|---|---|---|
| 铝 | 2700 kg/m$^3$ | 900J/(kg · K) | 238W/(m · K) | 200W/(m$^2$ · K) | 20℃ |

操作步骤

（1）导入模型

① 进入三维几何界面。在“新建”界面中单击“模型向导”按钮，弹出“选择空间维度”界面，在该界面选择“三维”维度，进入“选择物理场”界面，展开“传热”列表，选择列表中的“固体传热”选项，单击“添加”按钮 添加 ，将“固体传热”添加到物理场接口中，如图 7-28 所示。然后单击“研究”按钮，进入“选择研究”界面，在“所选物理场接口的预设研究”栏中选择“稳态”选项，单击“完成”按钮，进入主界面。

② 导入散热板模型。在“几何”设置窗口中设置“长度单位”为“mm”，设置“几何表示”为“CAD 内核”，其余为默认设置，如图 7-29 所示。然后单击“几何”选项卡“导入 / 导出”面板中的“导入”按钮，弹出“导入”设置窗口，单击“浏览”按钮，弹出“导入几何”窗口，找到要导入的“散热板 .SLDPRT”文件，单击“打开”按钮 打开(O) ，返回“导入”设置窗口，设置“长度单位”为“来自 CAD 文档”，其余为默认设置，如图 7-30 所示。单击“导入”按钮，导入散热板模型，单击“图形窗口”工具栏中的“显示栅格”按钮，取消栅格的显示，结果如图 7-31 所示。

图 7-28　选择物理场

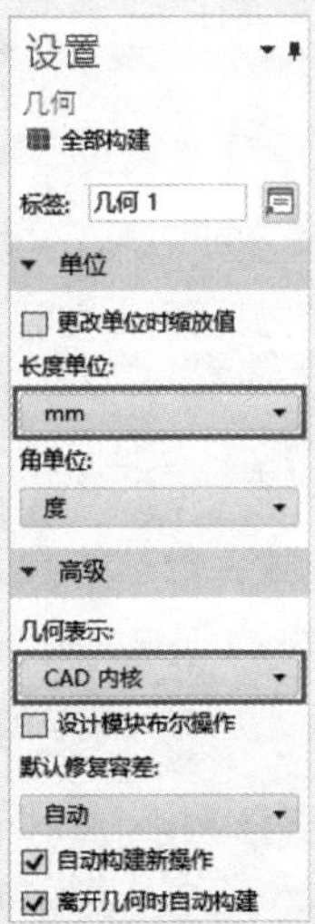


图 7-29　“几何”设置窗口

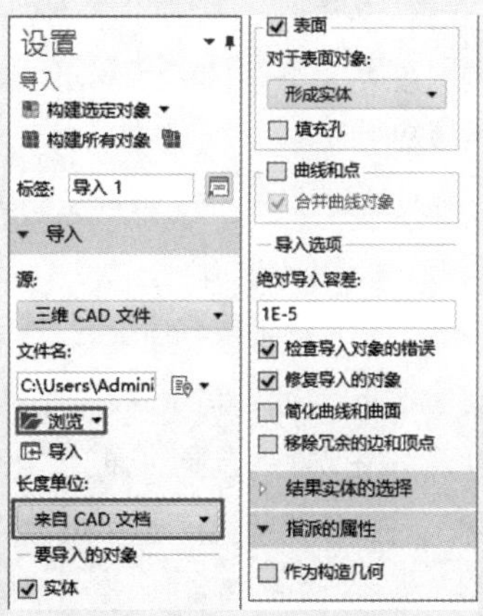


图 7-30　“导入”设置窗口

（2）添加材料

单击“材料”选项卡“材料”面板中的“空材料”按钮，弹出“材料”设置窗口，设置“标签”为“铝”，在“几何实体选择”栏中设置“几何实体层”为“域”，然后激活“选择”框，在“图形窗口”中选择散热板，在“材料属性明细”栏中设置“导热系数”为“238”，设置“密度”为“2700”，设置“恒压热容”为“900”，其余为默认设置，如图7-32所示。

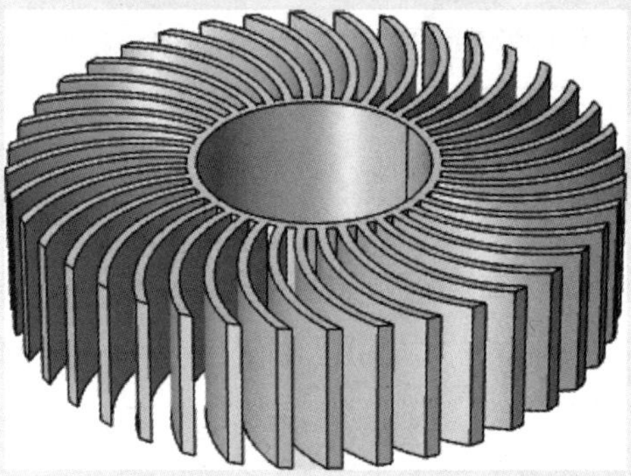

图 7-31　散热板模型

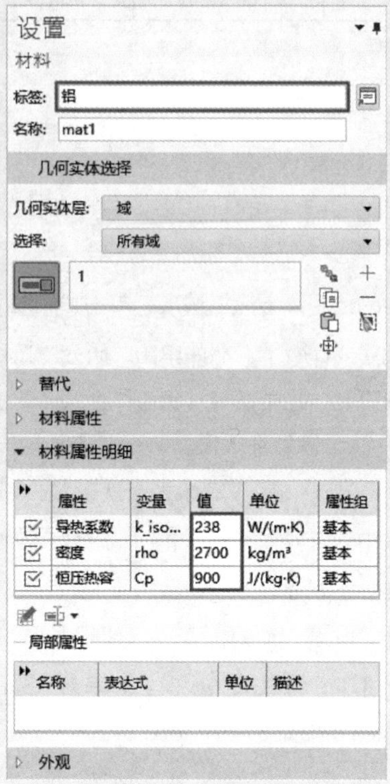


图 7-32　“材料”设置窗口

（3）添加载荷

① 设置初始值。在“模型开发器”中选择“固体传热”节点中的“初始值”，弹出“初始值”设置窗口，在“初始值”栏中设置“温度”值为“20[degC]”，如图 7-33 所示，其余为默认设置，设置初始值。

② 添加温度。单击“物理场”选项卡“边界”面板“边界”下拉列表“固体传热”中的“温度”按钮 **温度**，弹出“温度”设置窗口，激活“选择”框，选择散热板的下表面，在“温度”栏中设置“温度”值为“80[degC]”，如图 7-34 所示，其余为默认设置，添加温度。

③ 添加热通量。单击“物理场”选项卡“边界”面板“边界”下拉列表“固体传热”中的“热通量”按钮 **热通量**，弹出“热通量”设置窗口，在“边界选择”栏中设置“选择”为“所有边界”，在“材料类型”栏中设置“材料类型”为“来自材料”，在“热通量”栏中设置“通量类型”为“对流热通量”，设置“传热系数”为“200”，设置“外部温度”为“用户定义”，其值为“20[degC]”，如图 7-35 所示，其余为默认设置，添加热通量。

（4）划分网格

在“模型开发器”中选择“网格”节点，弹出“网格”设置窗口，在“物理场控制网格”栏中设置“单元大小”为“较细化”，其余为默认设置，如图 7-36 所示，然后单击“全部构建”按钮，划分网格，结果如图 7-37 所示。

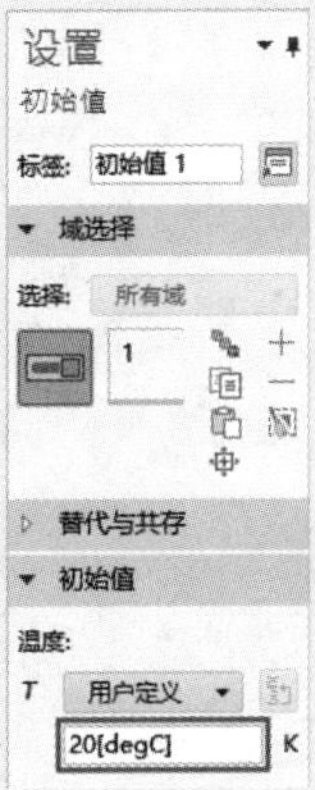


图 7-33 “初始值”设置窗口

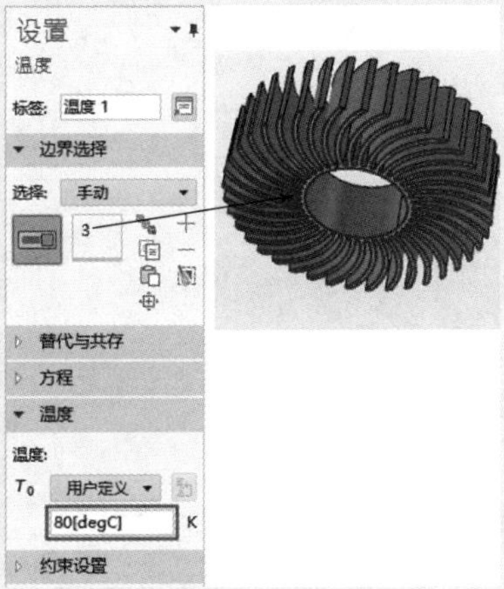


图 7-34 “温度”设置窗口

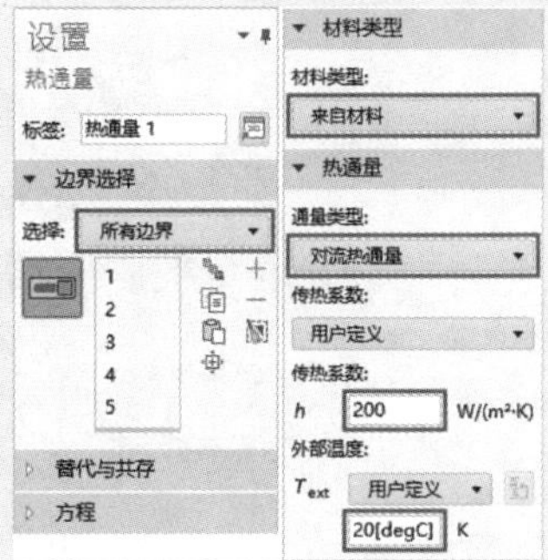


图 7-35 “热通量”设置窗口

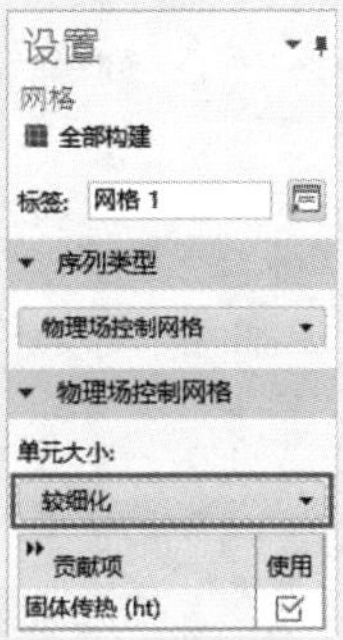


图 7-36 “网格”设置窗口

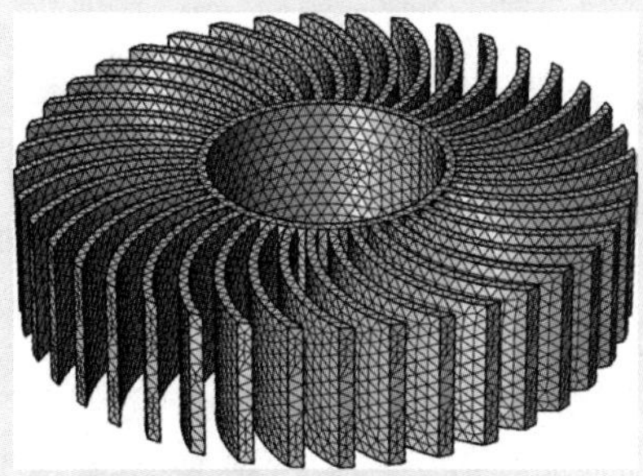

图 7-37 划分网格

（5）求解计算

① 设置研究 1。在“模型开发器”中选中“研究 1”节点，弹出“研究”设置窗口，在“研究设置”窗口中取消勾选“生成默认绘图”复选框。

② 求解计算。单击“研究”选项卡“研究”面板中的“计算”按钮 ，进行求解计算。

（6）查看结果

① 查看温度。

a. 添加三维绘图组。单击“结果”选项卡“绘图组”面板中的“三维绘图组”按钮，弹出“三维绘图组”设置窗口和“三维绘图组 1”选项卡，在“三维绘图组”设置窗口中的“绘图设置”栏中取消勾选“绘制数据集的边”复选框，在“颜色图例”栏中勾选“显示最大值和最小值”复选框，其余为默认设置，如图 7-38 所示。

b. 添加表面。单击“三维绘图组 1”选项卡“添加绘图”面板中的“表面”按钮 ，弹出“表面”设置窗口，设置“标签”为“温度”，在“表达式”栏中设置“单位”为“degC”，在“标题”栏中设置“标题类型”为“标签”，在“着色和样式”栏中设置“颜色表”为“Thermal”，其余为默认设置，如图 7-39 所示，然后单击该窗口中的“绘制”按钮 ，绘制散热板温度云图，如图 7-40 所示。

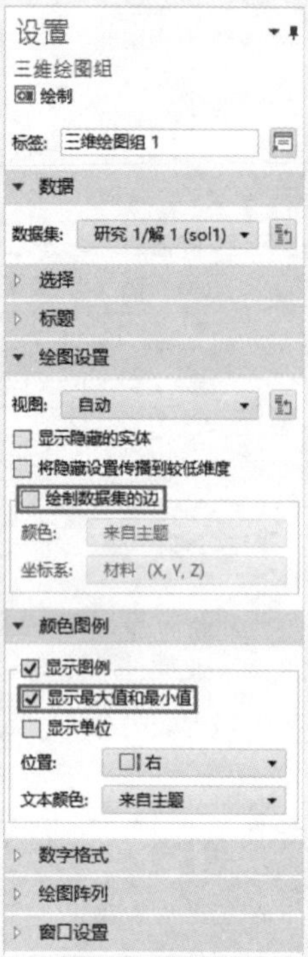


图 7-38 “三维绘图组”设置窗口

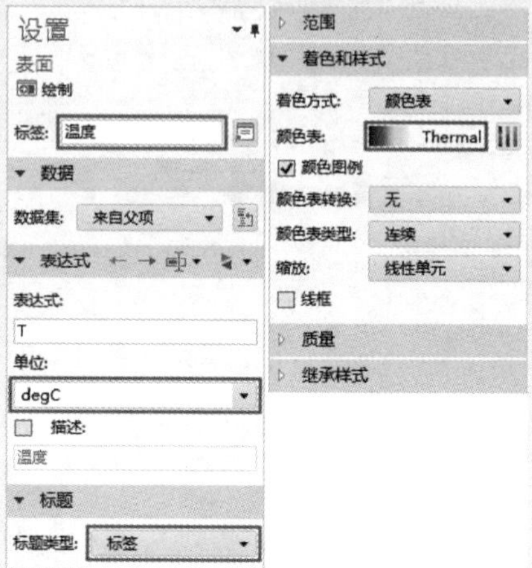


图 7-39 “表面”设置窗口

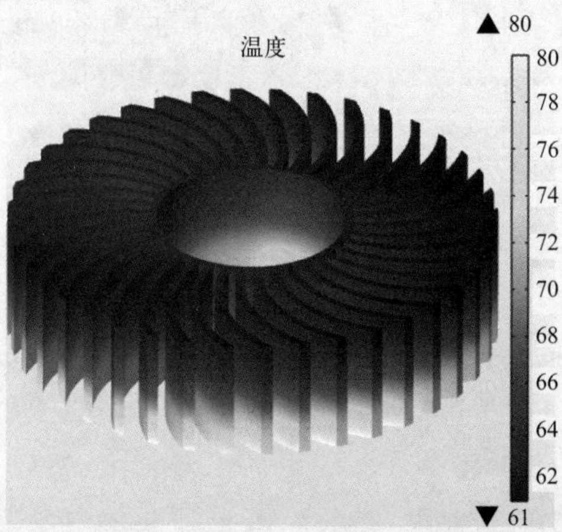


图 7-40 散热板温度云图

c. 添加等值线。单击“三维绘图组 1”选项卡“添加绘图”面板中的“等值线”按钮，弹出“等值线”设置窗口，设置“标签”为“温度等值线”，在“表达式”栏中设置“单位”为“degC”，在“标题”栏中设置“标题类型”为“标签”，在“水平”栏中设置“定义方法”为“水平数”，设置“总水平数”为“10”，在“着色和样式”栏中设置“颜色表”为“Cyclic”，取消勾选“颜色图例”复选框，其余为默认设置，如图 7-41 所示，然后单击该窗口中的“绘制”按钮，绘制散热板温度等值线图，如图 7-42 所示。

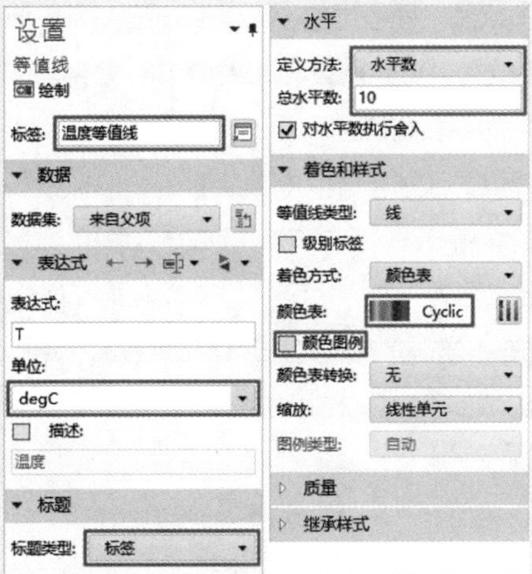


图 7-41　“等值线”设置窗口

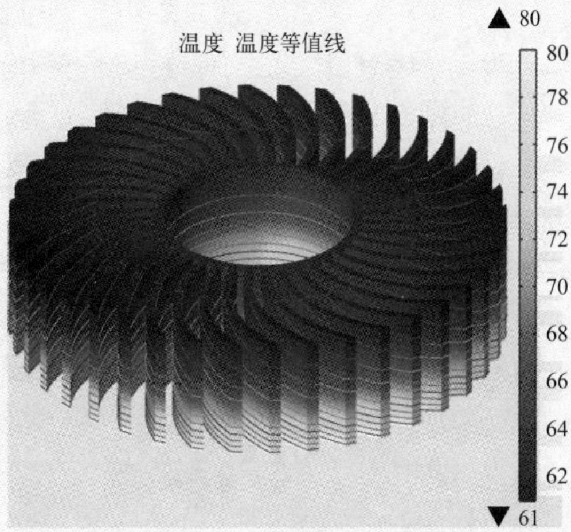


图 7-42　散热板温度等值线图

② 查看体热通量。

a. 添加三维绘图组。单击“结果”选项卡“绘图组”面板中的“三维绘图组”按钮，弹出“三维绘图组”设置窗口和“三维绘图组 2”选项卡，在“三维绘图组”设置窗口中的“绘图设置”栏中取消勾选“绘制数据集的边”复选框，在“颜色图例”栏中勾选“显示最大值和最小值”复选框，其余为默认设置。

b. 添加体。单击“三维绘图组 2”选项卡“添加绘图”面板中的“体”按钮，弹出“体”设置窗口，设置“标签”为“传导热通量”，在“表达式”栏中单击“替换表达式”按钮，弹出表达式窗口，在“组件 1( comp1 )”→“固体传热”→“域通量”中双击“ht.dfluxMag- 传导热通量大小 - W/m$^2$”选项，如图 7-43 所示。在“标题”栏中设置“标题类型”为“标签”，其余采用默认设置，然后单击该窗口中的“绘制”按钮，绘制散热板的传导热通量云图，如图 7-44 所示。

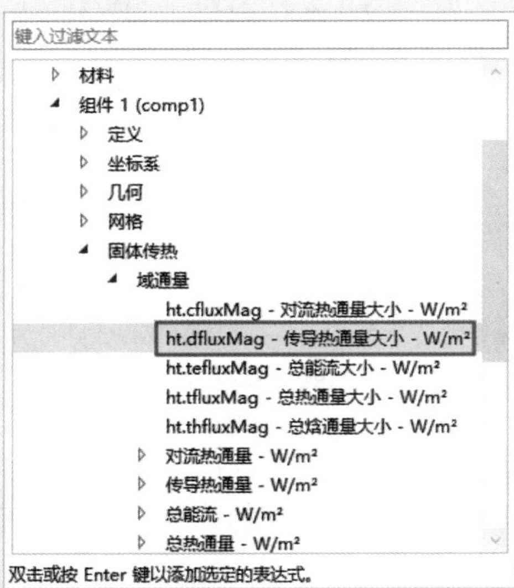


图 7-43　选择表达式

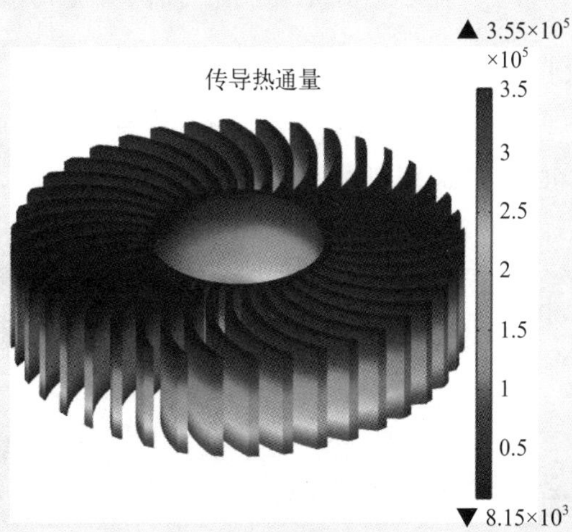


图 7-44　散热板传导热通量云图

c. 添加流线。单击“三维绘图组 2”选项卡“添加绘图”面板中的“流线”按钮，弹出“流线”设置窗口，设置“标签”为“传导热通量流线”，在“表达式”栏中单击“替换表达式”按钮，弹出表达式窗口，在“组件 1（comp1）”→“固体传热”→“域通量”中双击“ht.dfluxx, ht.dfluxy, ht.dfluxz- 传导热通量”选项，在“标题”栏中设置“标题类型”为“标签”，在“流线定位”栏中设置“定位”为“均匀密度”，设置“间隔距离”为“0.05”，在“着色和样式”栏中设置“线样式”的“类型”为“管”，设置“管半径表达式”为“1 mm”，其余为默认设置，如图 7-45 所示。然后单击该窗口中的“绘制”按钮，绘制散热板传导热通量流线图。单击“图形窗口”工具栏中的“透明”按钮，将模型设置为透明样式，结果如图 7-46 所示。

图 7-45 “流线”设置云图

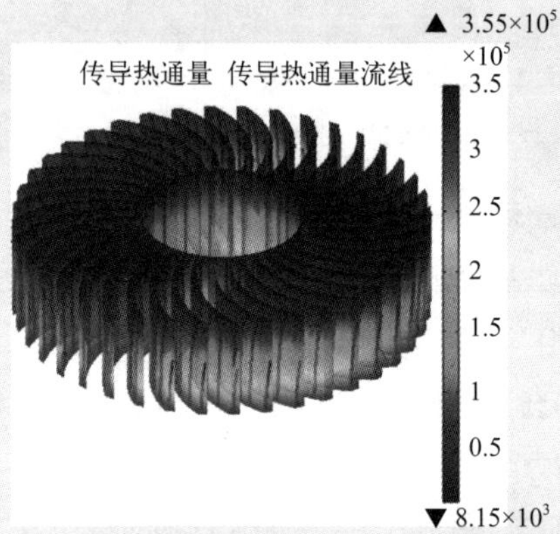


图 7-46 散热板传导热通量流线图

## 7.4 热辐射分析

热辐射传热无须借助任何介质，可在真空中进行，也可穿过真空区域和低温区域，且其传播速度很快。在 COMSOL 中利用传热模块中的辐射接口进行分析。

### 7.4.1 热辐射特性

① 热辐射通过电磁波传递热能。热辐射的电磁波波长为 0.1 ～ 100μm，包括超微波，以及所有可以用肉眼看到的波。

② 热量传递不需要介质，辐射在真空中（如外层空间）效率最高。

③ 对于半透明体（如玻璃），辐射是三维实体现象，因为辐射从实体中发散。

④ 对于不透明体，辐射主要是平面现象，因为大多数内部辐射都被实体吸收了。

⑤ 两平面间的辐射热传递与两平面绝对温差的四次方成正比，因此，辐射分析是非线性的，需要迭代求解。

### 7.4.2 热辐射基本术语

（1）平面辐射和吸收

热辐射时，热量辐射到其他平面并被其他平面吸收热。当进行辐射分析时，考虑的是辐射和吸收之间的净效率。平面对不同的波都会进行辐射和吸收，平面发射强度随波长变化的曲线如图 7-47 所示，平面发射强度随方向而改变，如图 7-48 所示，这些特性也随温度的变化而变化。

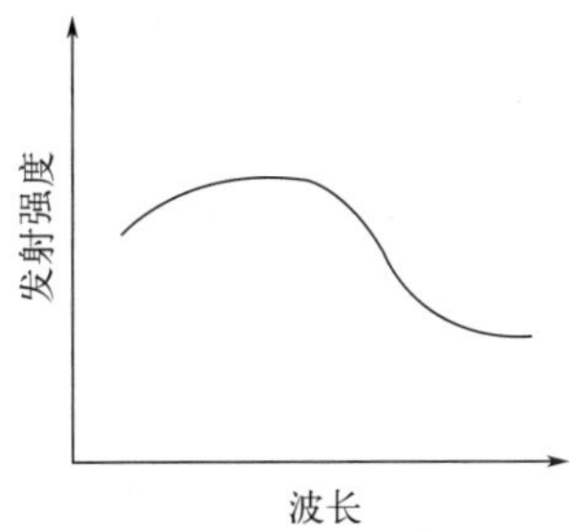


图 7-47　平面发射强度随波长的变化曲线

图 7-48　辐射示意

(2) 散射或反射

平面可以简化为散射装置或反射装置。散射装置会将辐射均匀反射到所有方向，散射或反射示意如图 7-49 所示。无论辐射源的方位如何，反射平面都会将辐射以近乎镜像的方式进行反射，如图 7-50 所示。

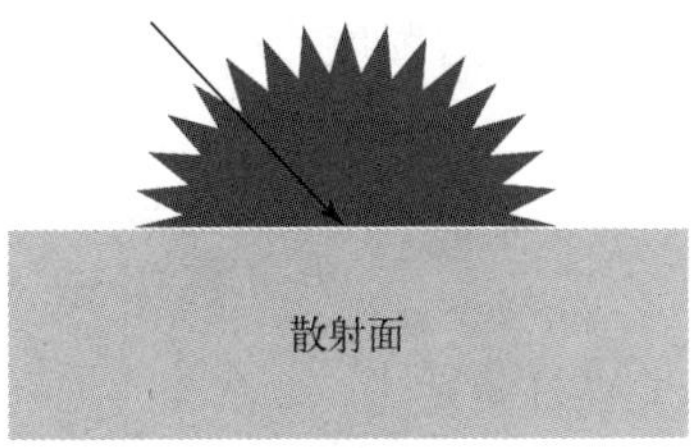


图 7-49　散射或反射示意

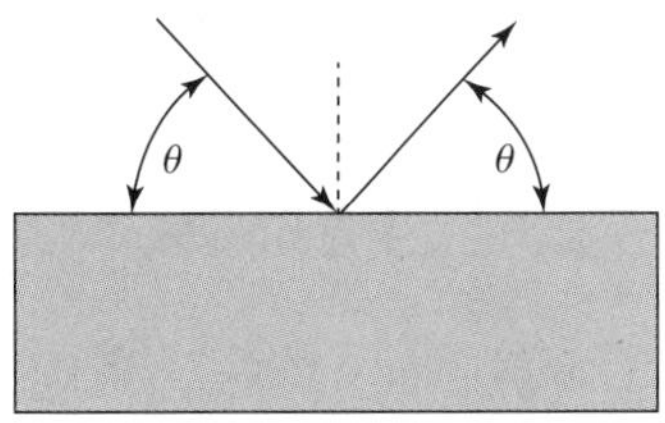


图 7-50　反射示意

实际的平面没有真正的散射面或反射面。比较灰暗的平面接近散射面，高度抛光的平面接近反射面。为了简化计算，平面的辐射特性可以在所有的波长和方向上平均。在此，只对这些平均特性进行讨论。因此，散射平面和反射平面之间没有差别。

(3) 吸收和反射

对于承受一定辐射的不透明介质，一部分辐射能会从平面反射，一部分会被介质吸收，如图 7-51 所示。

平面总吸收率和总反射率存在如下关系

$$\alpha + \rho = 1 \tag{7-14}$$

式中，$\alpha$为平面总吸收率，与之吸收偶然辐射的趋势有关；$\rho$为平面总反射率，与之反射偶然辐射的趋势有关。

(4) 发射率和发射能

平面总发射率 ($\varepsilon$) 是平面在所有方向上使所有波长的波发射热的能力。这是一个无量纲数值。平面在所有方向上、所有波长上发射的总能量由斯特藩 - 玻尔兹曼定律确定。

(5) 辐射率

总辐射率表示平面发射和反射的能量总和（如离开平面的总能量），其单位为热流单位（J），如图 7-52 所示。由于 ANSYS 不直接计算平面反射率，故假设辐射率和发射率相等（$J=E$）。

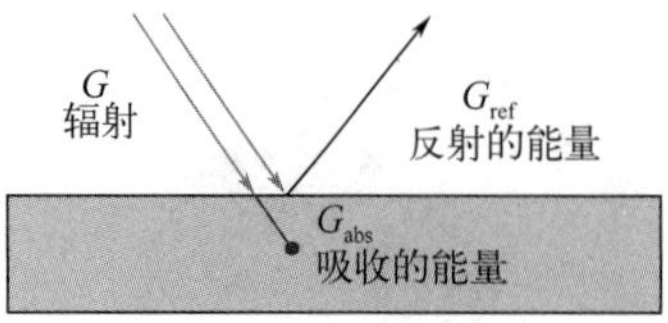


图 7-51　辐射能吸收和反射示意

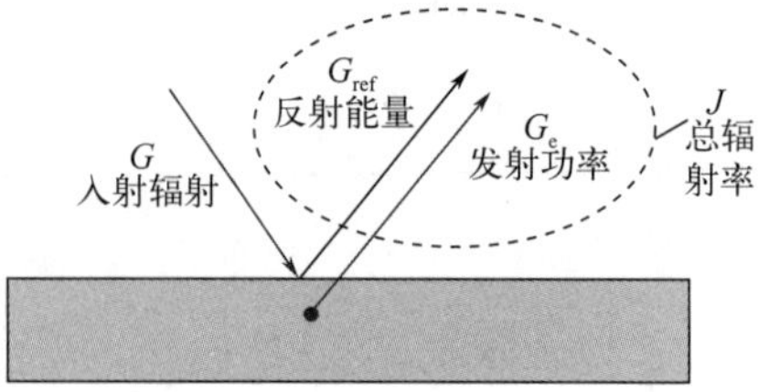


图 7-52　辐射能分布示意

（6）黑体和灰体

① 黑体是理想化的平面，用来与实际平面进行比较，其特性如下。

a. 黑体吸收所有的偶然辐射（没有反射），不管波长和方向。

b. 黑体为纯粹的发射器。对于给定的波长和温度，没有平面能比黑体发射更多的能量。

c. 黑体是纯粹的散射发射器，辐射在所有方向均一致。因此，黑体的发射率为 1。

② 实际的平面叫作灰体。它不像黑体，灰体在温度 $T$ 的总发射率为

$$\varepsilon(T) \equiv \frac{E(T)}{E_{\mathrm{b}}(T)} \tag{7-15}$$

式中，$E$ 为灰体表面的发射强度；$E_{\mathrm{b}}$ 为黑体表面的发射强度；$\varepsilon$为灰体在温度 $T$ 时的总发射率。

因此，对于灰体，$\varepsilon<1$。

（7）角系数

角系数由相互辐射的两个平面（$i$ 和 $j$）确定。它的计算式为

$$F_{ij} = \frac{F_j}{F_i} \tag{7-16}$$

式中，$F_{ij}$为角系数；$F_j$为平面 $j$ 从平面 $i$ 吸收的辐射能；$F_i$为平面 $i$ 放出的辐射能。

两个平面的角系数是面积、方向和距离的函数。角系数计算示意如图 7-53 所示。图中，$A_i$为面 $i$ 的面积；$A_j$为面 $j$ 的面积；$r$为面 $i$ 和面 $j$ 间的距离；$N_i$为$\mathrm{d}A_i$的法向量；$N_j$为$\mathrm{d}A_j$的法向量；$\theta_i$为法向量$N_i$和$r$间的夹角；$\theta_j$为法向量$N_j$和$r$间的夹角。

$$F_{ij} = \frac{1}{A_i}\int_{A_i}\int_{A_j}\frac{\cos\theta_i\cos\theta_j}{\pi r^2}\,\mathrm{d}A_j\mathrm{d}A_i \tag{7-17}$$

在研究实际问题时，一般要考虑多个辐射平面的相互作用。考虑得平面越多，问题越复杂。多个平面间的辐射示意如图 7-54 所示。

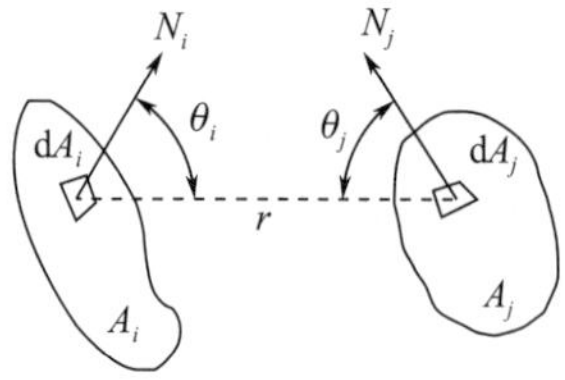


图 7-53　角系数计算示意

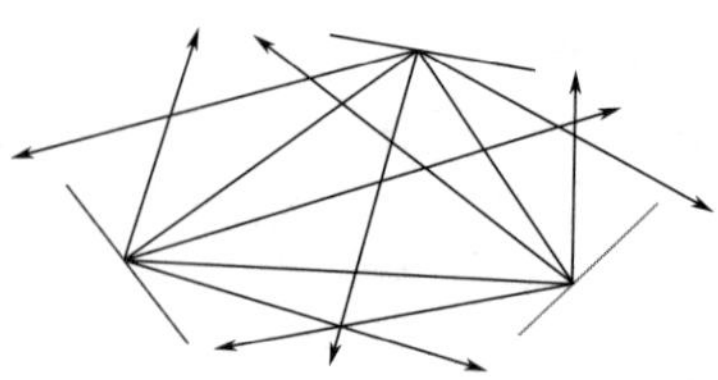

图 7-54　多平面间的辐射示意

对于有 $n$ 个平面的系统，形状因子矩阵由 $n^2$ 个元素组成，见下式

$$\underset{n\times n}{[\boldsymbol{F}]}=\begin{bmatrix} F_{11} & F_{12} & \cdots & F_{1n} \\ F_{21} & F_{22} & \cdots & F_{2n} \\ \vdots & \vdots & & \vdots \\ F_{n1} & F_{n2} & & F_{nn} \end{bmatrix} \tag{7-18}$$

从任何平面发射的能量必须守恒，因此有下式成立

$$F_{i1}+F_{i2}+\cdots+F_{in}=1 \tag{7-19}$$

而且相互作用需要下式成立

$$A_iF_{ij}=A_jF_{ji} \tag{7-20}$$

（8）两个平面间的辐射热传递

要计算从一个平面 $i$ 到另一个平面 $j$ 的热传递，使用相互作用法则和斯特藩 - 玻尔兹曼法则得到

$$Q_{i-j}=A_iF_{ij}\varepsilon\sigma(T_i^4-T_j^4) \tag{7-21}$$

可以写为如下形式

$$Q_{i-j}=K'(T_i-T_j) \tag{7-22}$$

$$K'=A_iF_{ij}\varepsilon\sigma(T_i^2+T_j^2)(T_i+T_j) \tag{7-23}$$

### 7.4.3 实例—两平板间的辐射分析

如图 7-55 所示为平行放置的两块平板，平板长为 150mm，厚度为 10mm，两板间距为 60mm。由于表面较粗糙，存在一定的漫反射，其漫反射率为 0.1。上下两平板具有相同的温度，温度为 500℃。由于两平板的材质相同，因此具有相同的辐射率，为 0.8。将这两平板放置在温度为 20℃的环境中，分析两平板的辐射热通量。

扫码看视频

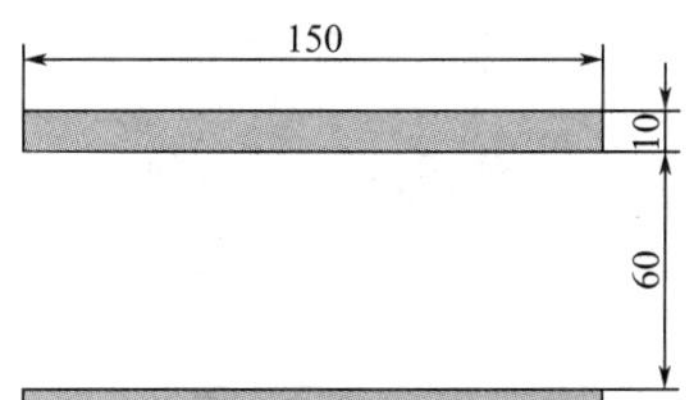


图 7-55 平板模型（单位：mm）

操作步骤

（1）创建模型

① 进入二维几何界面。在“新建”界面中单击“模型向导”按钮，弹出“选择空间维度”界面，在该界面选择“二维”维度，进入“选择物理场”界面，展开“传热”列表，选择列表中的“辐射”→“表面对表面辐射（rad）”选项，单击“添加”按钮 添加 ，将“表面对表面辐射（rad）”添加到物理场接口中，如图 7-56 所示。然后单击“研究”按钮，进入“选择研究”界面，在“所选物理场接口的预设研究”栏中选择“稳态”选项，再单击“完成”按钮，进入主界面。

② 创建平板。

a. 设置单位。在“几何”设置窗口中设置“长度单位”为“mm”。

b. 创建上板。单击“几何”选项卡“体素”面板中的“矩形”按钮，弹出“矩形”设置窗口，设置“标签”为“上板”，在“大小和形状”栏中设置“宽度”为“150”,“高度”为“10”，在“结果实体的选择”栏中勾选“生成的对象选择”复选框，设置“在物理场中显示”为“边界选择”，其余为默认设置，如图 7-57 所示，然后单击“构建选定对象”按钮，创建上板。

c. 创建下板。单击“几何”选项卡“体素”面板中的“矩形”按钮，弹出“矩形”设置窗口，设置“标签”为“下板”，在“大小和形状”栏中设置“宽度”为“150”,“高度”为“10”，在“位置”栏中设置“y”值为“-70”，在“结果实体的选择”栏中勾选“生成的对象选择”复选框，设置“在物理场中显示”为“边界选择”，其余为默认设置，然后单击“构建选定对象”按钮，创建下板，最后单击“显示栅格”按钮，取消栅格的显示，结果如图 7-58 所示。

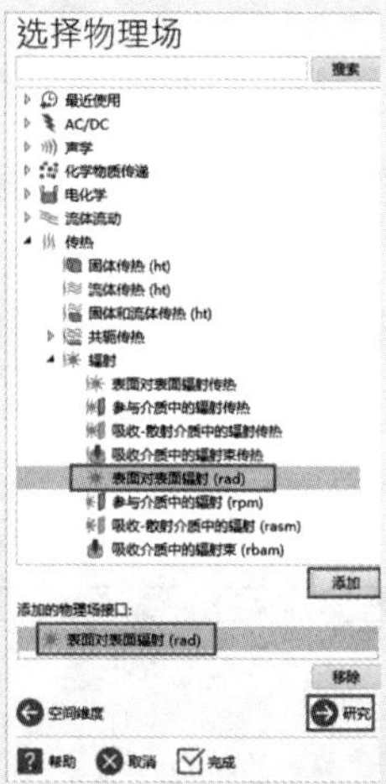


图 7-56 选择物理场

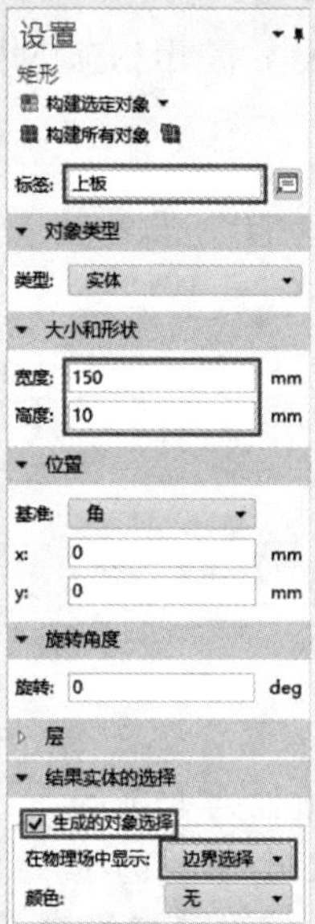


图 7-57 “矩形”设置窗口

图 7-58 平板模型

（2）设置载荷

① 设置表面对表面辐射。在“模型开发器”中选择“表面对表面辐射”节点，弹出“表面对表面辐射”设置窗口，在“辐射设置”栏中设置“表面对表面辐射方法”为“射线发射”，设置“辐射分辨率”为“512”；在“角系数”栏中勾选“高阶网格单元”复选框，如图 7-59 所示，其余为默认设置。

② 设置初始值。单击“表面对表面辐射”节点下的“初始值 1”子节点，弹出“初始值”设置窗口，在“初始值”栏中设置“初始温度”值为“500[degC]”，如图 7-60 所示，其余为默认设置，设置初始值。

③ 添加不透明表面。单击“物理场”选项卡“边界”面板“边界”下拉列表中的“不透明

表面”按钮 不透明表面，弹出“不透明表面”设置窗口，在“边界选择”栏中设置“选择”为“所有边界”，在“模型输入”栏中设置“温度”值为“500[degC]”，在“辐射方向”栏中设置“发射辐射方向”为“法向正方向”，在“环境”栏中设置“环境温度”为“20[degC]”，如图7-61所示，其余为默认设置，添加不透明表面。

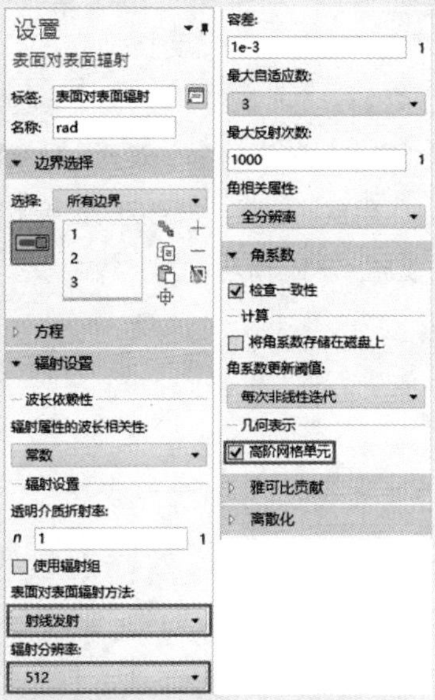


图 7-59　“表面对表面辐射”设置窗口

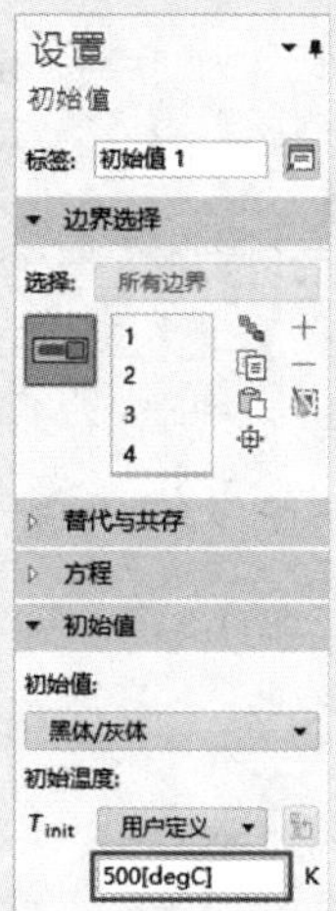


图 7-60　“初始值”设置窗口

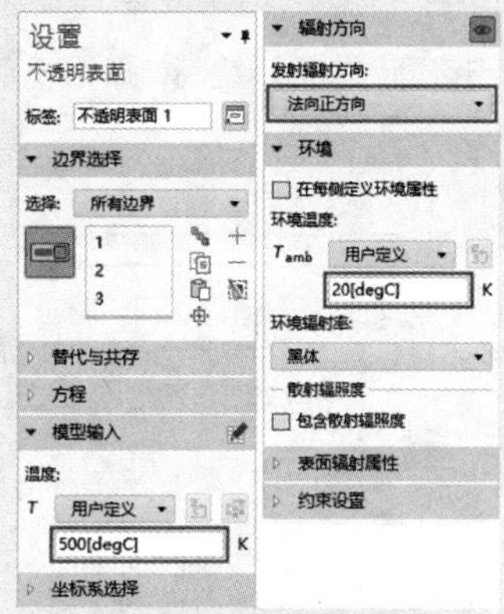


图 7-61　“不透明表面”设置窗口

（3）添加材料

单击“材料”选项卡“材料”面板中的“空材料”按钮，弹出“材料”设置窗口，设置“标签”为“板材”，在“几何实体选择”栏中设置“几何实体层”为“边界”，然后设置“选择”为“所有边界”，在“材料属性明细”栏中设置“表面发射率”为“0.8”，设置“漫反射率”为“0.1”，其余为默认设置，如图 7-62 所示。

（4）划分网格

单击“网格”选项卡“生成器”面板中的“映射”按钮，然后在“模型开发器”中选择“网格 1”节点下的“大小”子节点，弹出“大小”设置窗口，在“单元大小”栏中设置“预定义”为“极细化”，其余为默认设置，如图 7-63 所示，单击“全部构建”按钮，划分网格，结果如图 7-64 所示。

（5）求解计算

单击“研究”选项卡“研究”面板中的“计算”按钮，进行求解计算。

（6）查看结果

① 查看表面辐射度。在“模型开发器”中选择“结果”节点下的“表面辐射度”子节点，查看平板的表面辐射度，如图 7-65 所示。

② 查看辐射热通量图谱。

a. 添加一维绘图组。单击“结果”选项卡“绘图组”面板中的“一维绘图组”按钮，弹出“一维绘图组”设置窗口和“一维绘图组 2”选项卡，采用默认设置。

b. 添加线结果图。单击“一维绘图组 2”选项卡“添加绘图”面板中的“线结果图”按钮，弹出“线结果图”设置窗口，设置“标签”为“辐射热通量”，激活“选择”框，在“图形窗口”中选择上板的下边线，在“y 轴数据”栏中单击“替换表达式”按钮，弹出表达式窗口，在“组件 1”→“表面对表面辐射”→“辐射热通量”中双击“rad.rflux,- 辐射热通量 -W/m$^2$”选项，在“标题”栏中设置“标题类型”为“标签”，在“着色和样式”栏中设置“颜色”为“红色”，设置“宽度”为“2”，设置“标记”为“点”，设置“定位”为“内插”，设置“数量”为“20”，在“质量”栏中设置“分辨率”为“不细化”，其余采用默认设置，如图 7-66 所示，然后单击该窗口中的“绘制”按钮，绘制辐射热通量图，如图 7-67 所示。

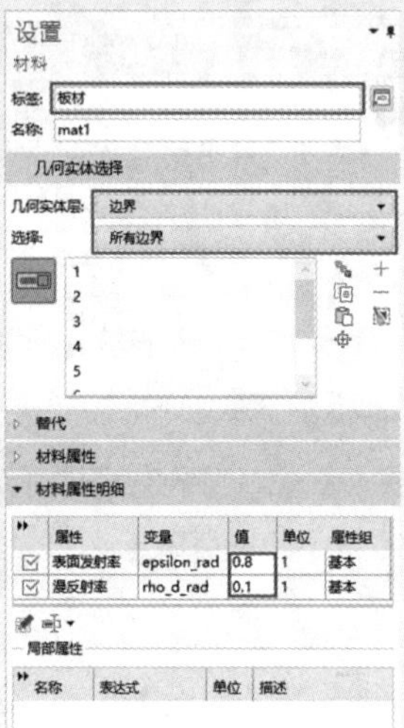


图 7-62 “材料”设置窗口

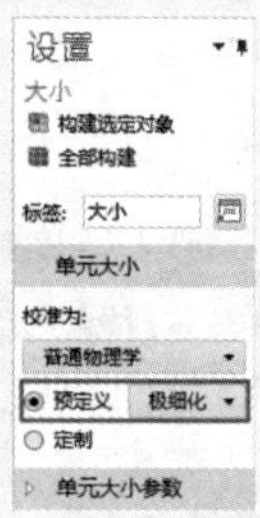


图 7-63 “大小”设置窗口

图 7-64 划分网格

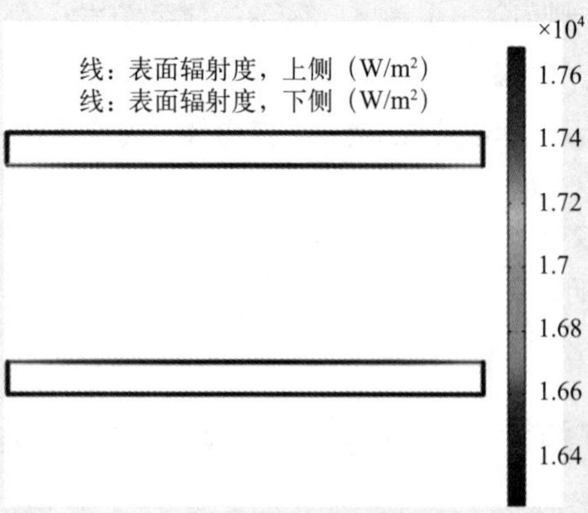


图 7-65 表面辐射度

图 7-66 “线结果图”设置窗口

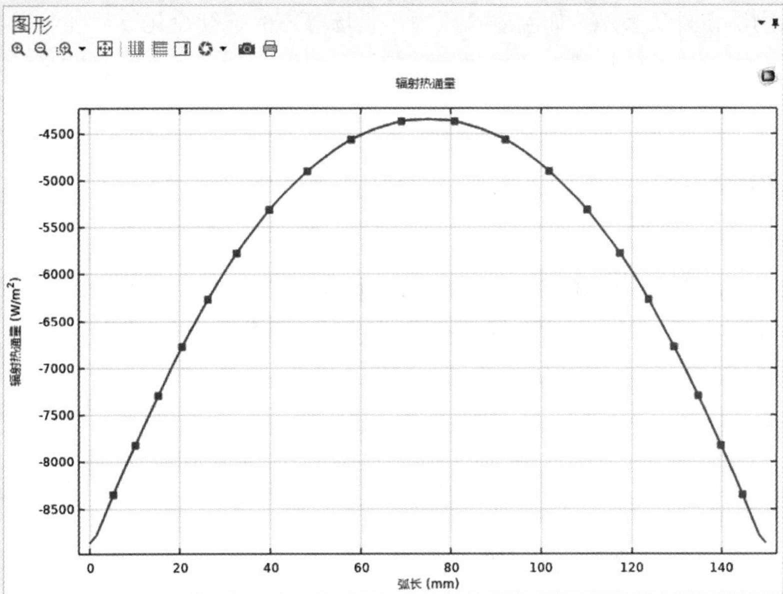


图 7-67　辐射热通量图

# 7.5　相变分析

物体在不同相之间的变换称为相变，如水在液体（水）、固体（冰）和气体（水蒸气）之间的变换。在 COMSOL 中利用传热模块中的金属加工接口进行分析。

## 7.5.1　相和相变

（1）相

自然界中存在着各种各样的物质，绝大多数有 3 种基本的相，即气体、液体、固体，如图 7-68 所示。为了描述物质的不同聚集状态，用“相”来表示物质的固、液、气三种形态的“相貌”。广义上说，所谓相，指的是物质系统中具有相同物理性质的均匀物质部分，与其他部分用一定的分界面隔离开。

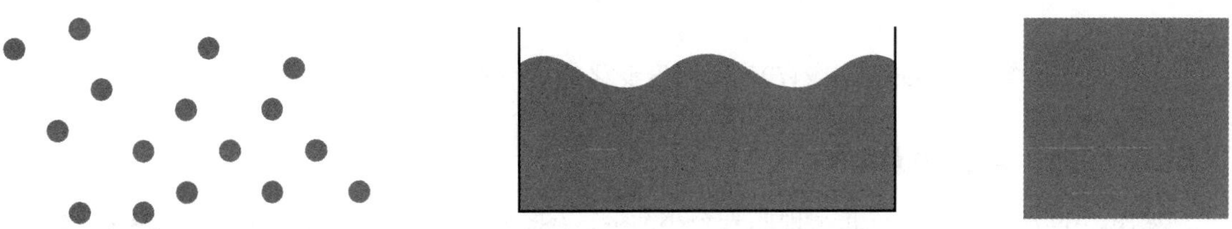

（a）气体　　（b）液体　　（c）固体

图 7-68　相的示意

（2）相变

相变是指物质在外部参数（如温度、压力、磁场等）的连续变化下可能导致物质的微观结构发生改变，使物质从一种相忽然变成另一种相，这一过程叫作相变。最常见的是冰变成水和水变成蒸汽。

### 7.5.2 潜在热量和焓

（1）潜在热量

当物质相变时，会吸收或释放一定的热量，而温度保持不变。例如，0℃的冰融化为0℃的水，需要吸收热量。这种在物质相变过程中需要变化的热量称为潜在热量。

（2）焓

在热力学上，焓由下式确定

$$H = U + pV \tag{7-24}$$

式中，$H$为焓；$U$为力学能；$p$为系统的压力；$V$为系统的体积。

焓在化学热力学中是一个重要的物理量，可以从以下几个方面来理解它的意义和性质。

① 焓是状态函数，具有能量的量纲。

② 焓是体系的广度性质，它的量值与物质的量有关，具有加和性。

③ 焓与热力学能一样，其绝对值至今尚无法确定。但状态发生变化时，体系的焓变 $\Delta H$ 是确定的，而且是可求的。

④ 对于一定量的物质而言，由固态变为液态或由液态变为气态都必须吸热，所以有

$$H(\mathrm{g})>H(\mathrm{l})>H(\mathrm{s}) \tag{7-25}$$

式中，$H(\mathrm{g})$ 为气体焓值；$H(\mathrm{l})$ 为液体焓值；$H(\mathrm{s})$ 为固体焓值。

⑤ 当某一过程或反应逆向进行时，其 $\Delta H$ 要改变符号，即 $\Delta H_{(正)}=-\Delta H_{(逆)}$。

相变分析必须考虑材料的潜在热量，即在相变过程中吸收或释放的热量，通过定义材料的焓特性来计算潜在热量。经典（热动力学）焓数值单位是能量单位，为 kJ 或 BTU。比焓的单位为能量 / 质量，符号为 kJ/kg 或 BTU/lb。在 ANSYS 中，焓材料特性为比焓，如果比焓在某些材料中不能使用，它可以用密度、比热容和物质潜在热量得出

$$H = \int \rho c(T)\mathrm{d}T \tag{7-26}$$

式中，$H$为焓值；$\rho$为密度；$c(T)$为随温度变化的比热容。

### 7.5.3 实例—冬季池塘结冰

如图 7-69 所示为我国东北某地的一个小池塘，冬季外部寒冷，导致池塘上部结冰，池塘底部由于地热等原因不会结冰。假设初始池水温度为 6℃，受寒流影响，环境温度突然降到 −25℃，池塘底部温度为 10℃，计算 60d 后池塘的结冰情况和池水在深度方向上的温度分布。水和冰的材料参数见表 7-2。

扫码看视频

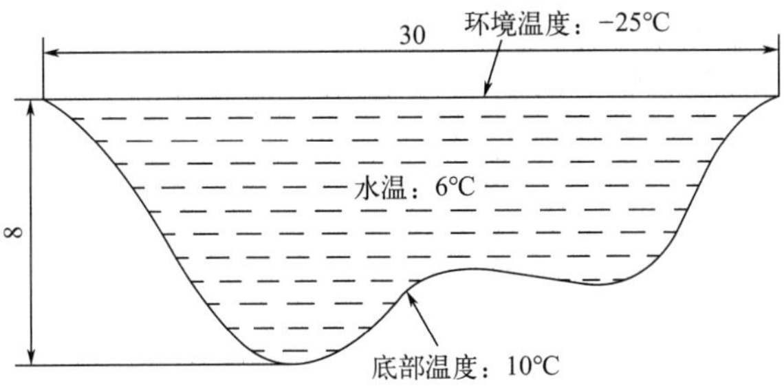


图 7-69　池塘模型（单位：m）

**表 7-2　材料参数**

| 材料名称 | 等压热容 | 密度 | 热导率 | 传热系数 | 转变温度 | 转变间隔 | 潜热 |
|---|---|---|---|---|---|---|---|
| 水 | 4180J/(kg·K) | 1000kg/m$^3$ | 0.6W/(m·K) | 12.5W/（m$^2$·K） | 0℃ | 1K | 333.5kJ/kg |
| 冰 | 2050J/(kg·K) | 900kg/m$^3$ | 2.3W/(m·K) | | | | |

操作步骤

（1）导入模型

① 进入二维几何界面。在“新建”界面中单击“模型向导”按钮，弹出“选择空间维度”界面，在该界面选择“二维”维度，进入“选择物理场”界面，展开“传热”列表，选择列表中的“流体传热”选项，单击“添加”按钮，将“流体传热”添加到物理场接口中，如图 7-70 所示，然后单击“研究”按钮，进入“选择研究”界面，在“所选物理场接口的预设研究”栏中选择“瞬态”选项，最后单击“完成”按钮，进入主界面。

② 导入池塘模型。单击“几何”选项卡“导入 / 导出”面板中的“导入”按钮，弹出“导入”设置窗口，单击“浏览”按钮，弹出“导入几何”窗口，找到要导入的“池塘 .mphbin”文件，单击“打开”按钮，返回“导入”设置窗口，其余为默认设置，如图 7-71 所示，单击“导入”按钮，导入池塘模型，单击“图形窗口”工具栏中的“显示栅格”按钮，取消栅格的显示，结果如图 7-72 所示。

（2）添加材料

① 添加水材料。单击“材料”选项卡“材料”面板中的“空材料”按钮，弹出“材料”设置窗口，设置“标签”为“水”，在“几何实体选择”栏中设置“几何实体层”为“域”，设置“选择”为“所有域”，在“材料属性明细”栏中设置“恒压热容”为“4180”，设置“密度”为“1000”，设置“导热系数”为“0.6”，其余为默认设置，如图 7-73 所示。

② 添加冰材料。单击“材料”选项卡“材料”面板中的“空材料”按钮，弹出“材料”设置窗口，设置“标签”为“冰”，在“几何实体选择”栏中设置“几何实体层”为“域”，设置“选择”为“所有域”，在“材料属性明细”栏中设置“恒压热容”为“2050”，设置“密

度”为“900”，设置“导热系数”为“2.3”，其余为默认设置。

图 7-70　选择物理场

图 7-71　“导入”设置窗口

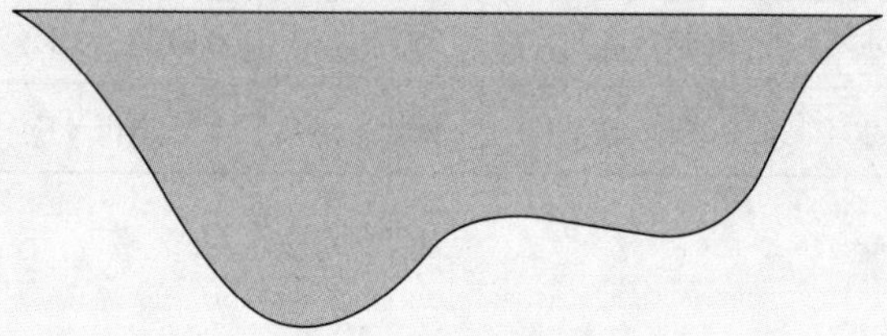

图 7-72　池塘模型

（3）设置载荷

① 添加相变材料。在“模型开发器”中选择“流体传热”节点下的“流体 1”子节点，然后在“模型开发器”中选择该节点，弹出“相变材料”设置窗口，在“相变”栏中设置“相 1 与相 2 之间的转变间隔”为“1[K]”，设置“从相 1 到相 2 的潜热”为“333.5[kJ/kg]”；在“相 1”栏中设置“材料，相 1”为“冰”，在“相 2”栏中设置“材料，相 2”为“水”，其余为默认设置，如图 7-74 所示。

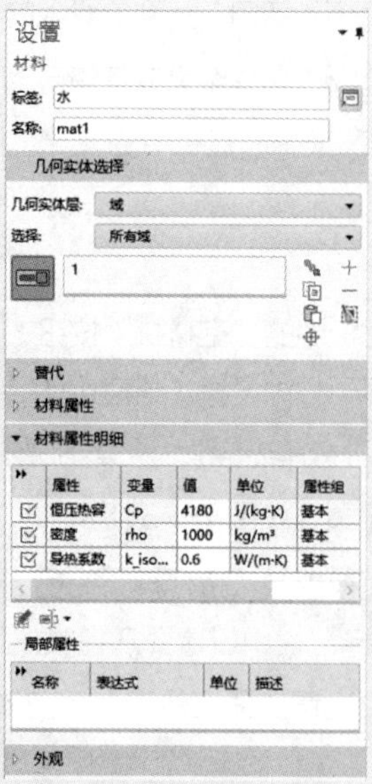


图 7-73　“材料”设置窗口

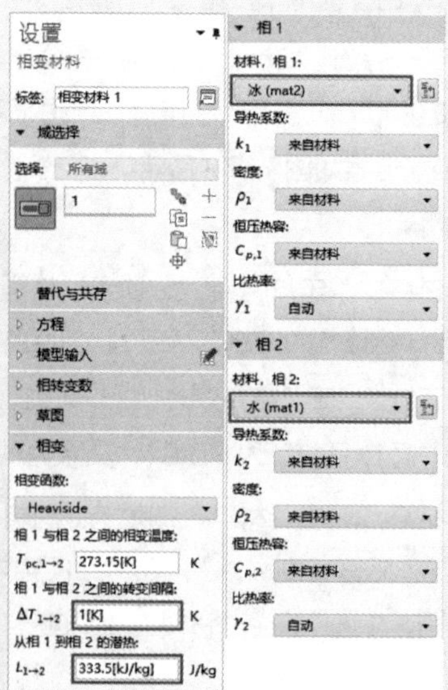


图 7-74　“相变材料”设置窗口

② 设置初始值。单击“流体传热”节点下的“初始值 1”子节点，弹出“初始值”设置窗口，在“初始值”栏中设置“温度”值为“6[degC]”，如图 7-75 所示，其余为默认设置，设置初始值。

③ 添加上部热通量。单击“物理场”选项卡“边界”面板“边界”下拉列表“流体传热”中的“热通量”按钮 热通量，弹出“热通量”设置窗口，在“边界选择”栏中激活“选择”框，选择池塘的上边线，在“材料类型”栏中设置“通量类型”为“对流热通量”，设置“传热系数”为“12.5”，设置“外部温度”为“-25[degC]”，如图 7-76 所示，其余为默认设置，添加上部热通量。

④ 添加底部热通量。单击“物理场”选项卡“边界”面板“边界”下拉列表“流体传热”中的“热通量”按钮 热通量，弹出“热通量”设置窗口，在“边界选择”栏中激活“选择”框，选择池塘底部的两条边线，在“材料类型”栏中设置“通量类型”为“对流热通量”，设置“传热系数”为“12.5”，设置“外部温度”为“10[degC]”，如图 7-77 所示，其余为默认设置，添加底部热通量。

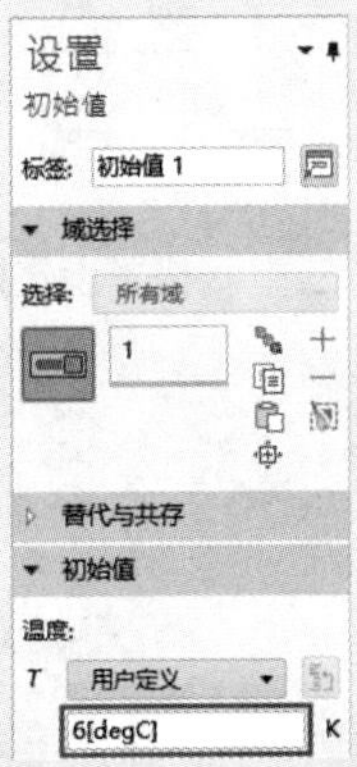


图 7-75　“初始值”设置窗口

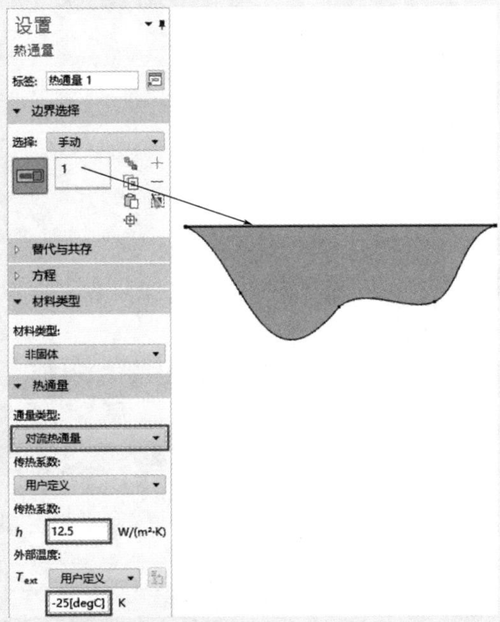


图 7-76　上部“热通量”设置窗口

（4）划分网格

在“模型开发器”中单击“网格 1”节点，弹出“网格”设置窗口，在“单元大小”下拉列表中选择“超细化”，其余为默认设置，如图 7-78 所示，然后单击“全部构建”按钮，划分网格，结果如图 7-79 所示。

（5）求解计算

① 设置研究 1。在“模型开发器”中选中“研究 1”节点，弹出“研究”设置窗口，在“研究设置”窗口中取消勾选“生成默认绘图”复选框。

② 设置求解步骤。在“模型开发器”中选中“步骤 1：瞬态”节点，弹出“瞬态”设置窗口，在“研究设置”栏中设置“时间单位”为“d”，单击“范围”按钮，弹出“范围”窗口，设置“定义方法”为“步长”，设置“起始”为“0”、“步长”为“1”、“停止”为“60”，如图 7-80 所示，单击“替换”按钮 替换 ，关闭该窗口，返回“瞬态”设置窗口，如图 7-81 所示，其余为默认设置，设置求解步骤。

③ 求解计算。单击“研究”选项卡“研究”面板中的“计算”按钮，进行求解计算。

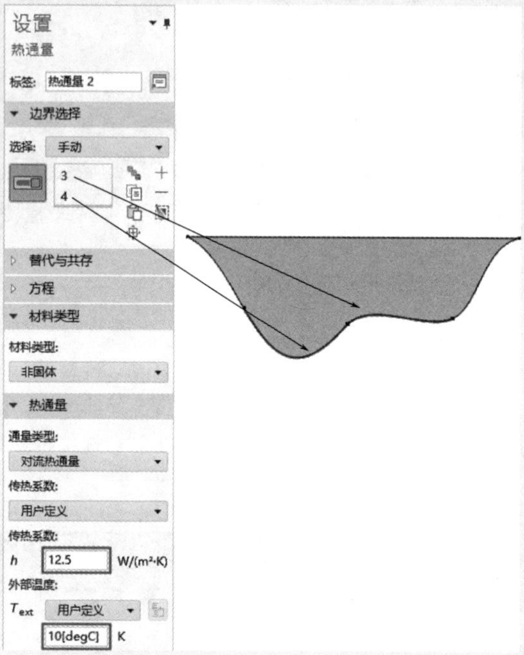


图 7-77　底部“热通量”设置窗口

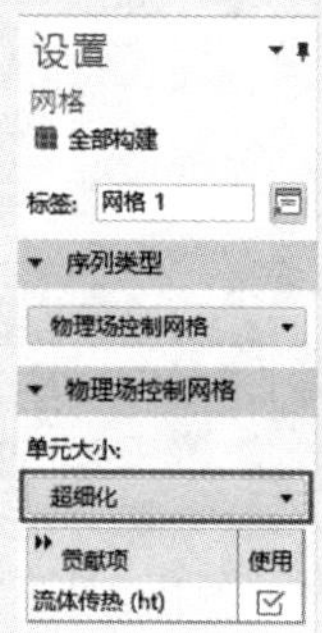


图 7-78　“网格”设置窗口

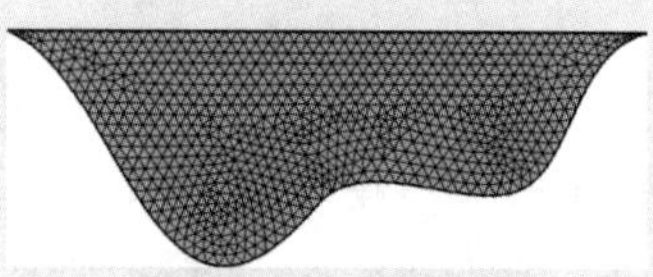

图 7-79　划分网格

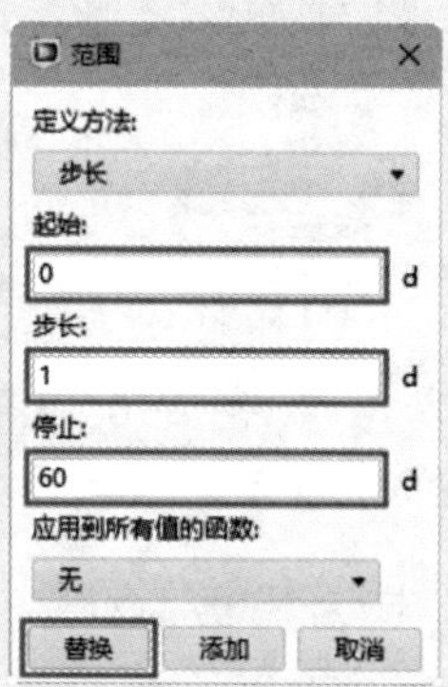


图 7-80　“范围”窗口

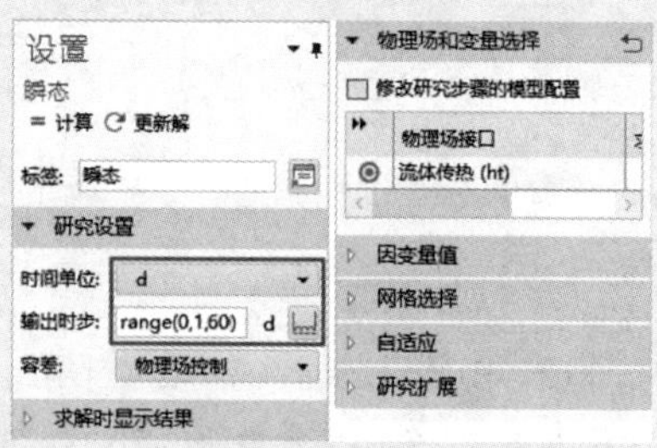


图 7-81　“瞬态”设置窗口

（6）查看结果

① 查看温度。

a. 添加二维绘图组。单击“结果”选项卡“绘图组”面板中的“二维绘图组”按钮，弹出

“二维绘图组”设置窗口和“二维绘图组1”选项卡，采用默认设置。

b. 添加表面。单击“二维绘图组 1”选项卡“添加绘图”面板中的“表面”按钮，弹出“表面”设置窗口，设置“标签”为“温度”，在“表达式”栏中设置“单位”为“degC”，在“标题”栏中设置“标题类型”为“标签”，在“着色和样式”栏中设置“颜色表”为“Prism”，其余采用默认设置，如图7-82所示，然后单击该窗口中的“绘制”按钮，绘制温度云图，如图7-83所示。

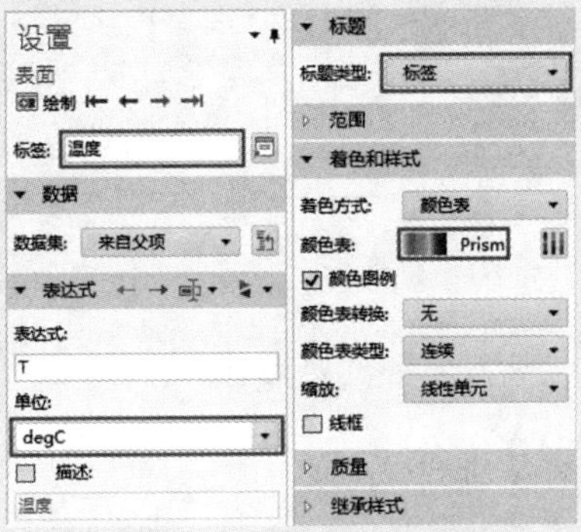


图 7-82　温度“表面”设置窗口

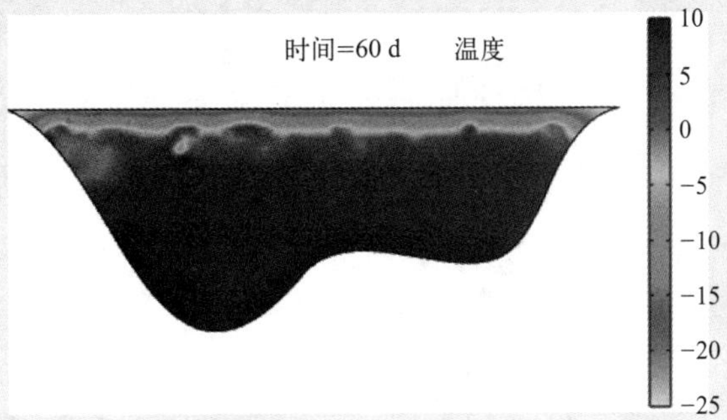


图 7-83　温度云图

② 查看等值线。

a. 添加二维绘图组。单击“结果”选项卡“绘图组”面板中的“二维绘图组”按钮，弹出“二维绘图组”设置窗口和“二维绘图组 2”选项卡，采用默认设置。

b. 添加等值线。单击“二维绘图组 2”选项卡“添加绘图”面板中的“等值线”按钮，弹出“等值线”设置窗口，设置“标签”为“温度等值线”，在“表达式”栏中设置“单位”为“degC”，在“标题”栏中设置“标题类型”为“标签”，在“水平”栏中设置“总水平数”为“50”，其余采用默认设置，如图 7-84 所示，然后单击该窗口中的“绘制”按钮，绘制温度等值线云图，如图 7-85 所示。

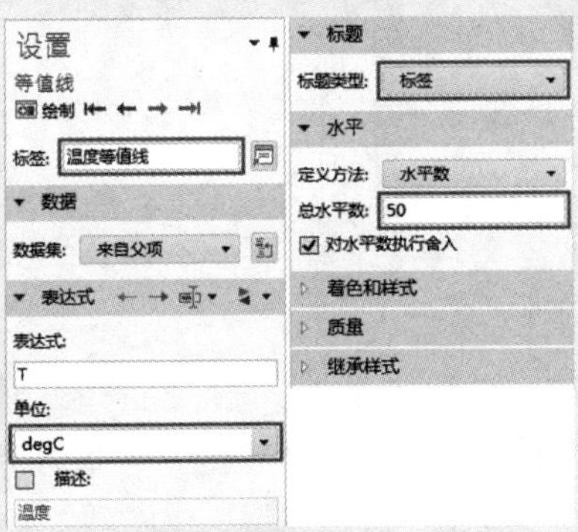


图 7-84　“等值线”设置窗口

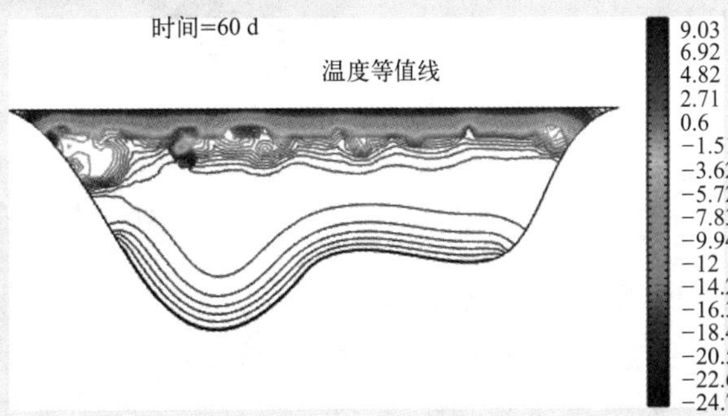


图 7-85　温度等值线云图

③ 查看相图。

a. 添加二维绘图组。单击“结果”选项卡“绘图组”面板中的“二维绘图组”按钮，弹出“二维绘图组”设置窗口和“二维绘图组 3”选项卡，采用默认设置。

b. 添加表面。单击“二维绘图组 3”选项卡“添加绘图”面板中的“表面”按钮，弹出“表面”设置窗口，设置“标签”为“冰”，在“表达式”栏中单击“替换表达式”按钮，弹出表达式窗口，在“组件 1”→“流体传热”→“相变”中双击“ht.theta1- 相指示器 , 相 1”选项，如图 7-86 所示。在“标题”栏中设置“标题类型”为“标签”，其余采用默认设置，如图 7-87 所示，然后单击该窗口中的“绘制”按钮，绘制冰相图，如图 7-88 所示。

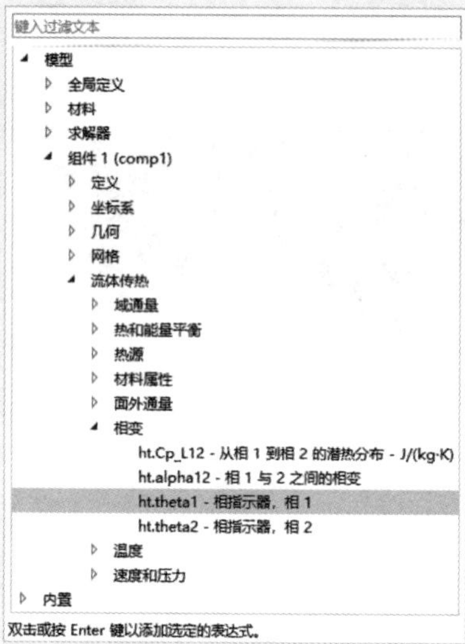


图 7-86　选择表达式

图 7-87　冰相“表面”设置窗口

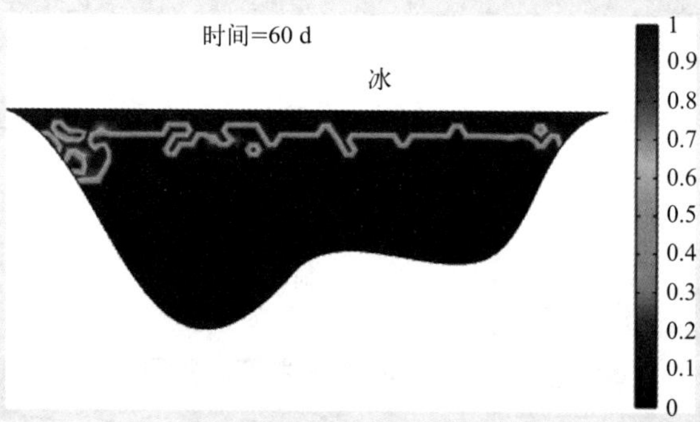


图 7-88　冰相图

④ 查看温度随深度的变化。

a. 添加二维截线。单击“结果”选项卡“数据集”面板中的“二维截线”按钮，弹出“二维截线”设置窗口，设置“标签”为“水深”，在“线数据”栏中设置“线定义方法”为“两点”，设置“点 1”的“X 值”为“-5”，“Y 值”为“0”，设置“点 2”的“X 值”为“-5”，“Y 值”为“-11”，其余为默认设置，如图 7-89 所示，单击“绘制”按钮，绘制水深截线，如图 7-90 所示。

b. 添加一维绘图组。单击“结果”选项卡“绘图组”面板中的“一维绘图组”按钮，弹出“一维绘图组”设置窗口和“一维绘图组4”选项卡，在“数据”栏中设置“数据集”为“水深”，时间选择“最后一个”，其余采用默认设置，如图7-91所示。

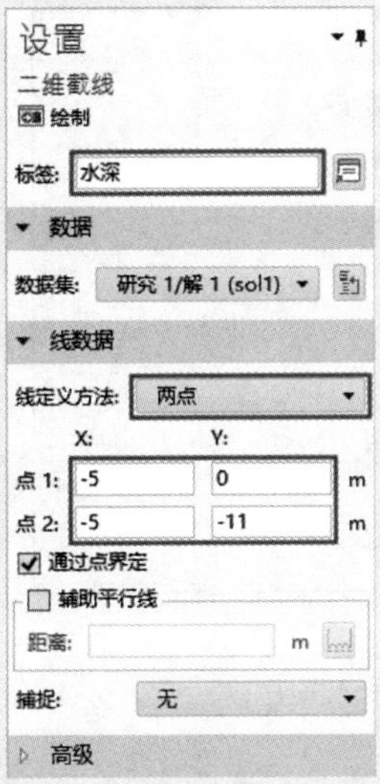


图 7-89　“二维截线”设置窗口

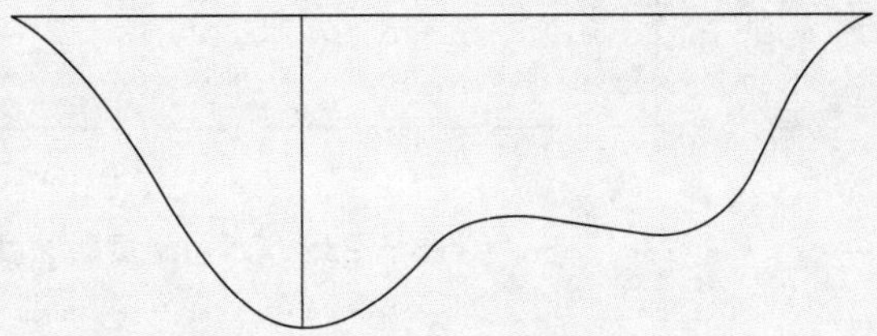

图 7-90　水深截线

c. 添加线结果图。单击“一维绘图组 4”选项卡“添加绘图”面板中的“线结果图”按钮，弹出“线结果图”设置窗口，设置“标签”为“水深——温度”，在“y 轴数据”栏中设置“单位”为“degC”，在“标题”栏中设置“标题类型”为“标签”，在“x 轴数据”栏中设置“参数”为“表达式”，设置“表达式”为“y”，然后勾选“描述”复选框，在下面的文本框中输入“水深”，在“着色和样式”栏中设置“颜色”为“红色”，设置“宽度”为“2”，其余采用默认设置，如图 7-92 所示。然后单击该窗口中的“绘制”按钮，绘制 60d 后温度随深度的变化图，如图 7-93 所示。

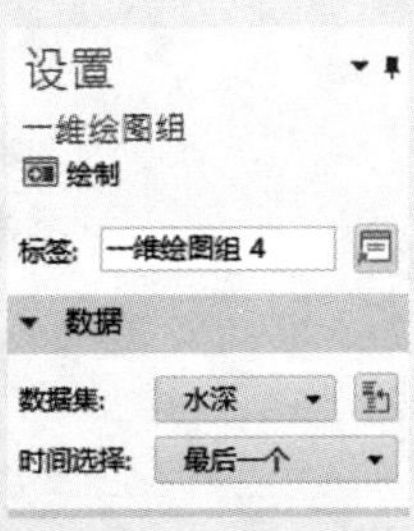


图 7-91　“一维绘图组”设置窗口

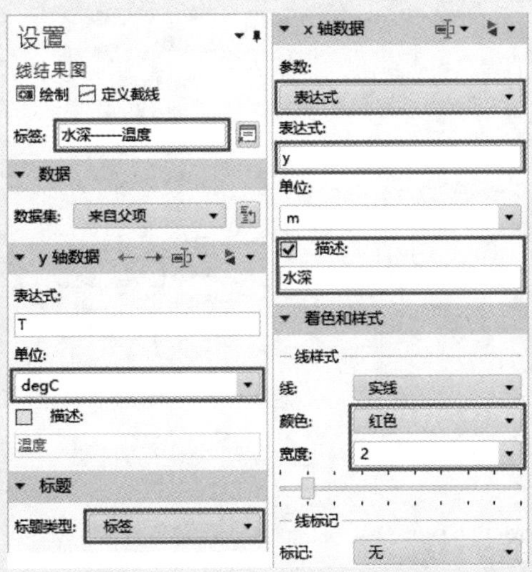


图 7-92　“线结果图”设置窗口

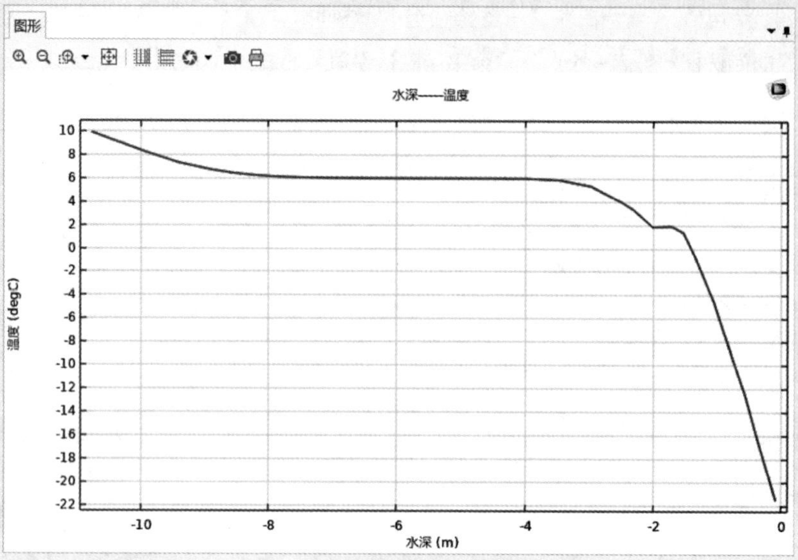


图 7-93　60d 后温度随深度的变化图

⑤ 查看结冰动画。

在“模型开发器”中选择“二维绘图组 3”节点，然后单击“二维绘图组 3”选项卡“导出”面板“动画”下拉列表中的“播放器”按钮，弹出“动画”设置窗口，在“帧”栏中设置“帧选择”为“全部”，其余为默认设置，如图 7-94 所示。在“图形窗口”中单击“播放”按钮，查看结冰动画。

图 7-94　“动画”设置窗口

## 7.6　动手练一练

如图 7-95 所示为一个六角扳手，将六角扳手的一端持续加热到 800℃，分析 10min 后，六角扳手各部位的温度变化，求解加热后六角扳手的温度云图（图 7-96）及另一端的温度随时间变化的曲线图（图 7-97）。

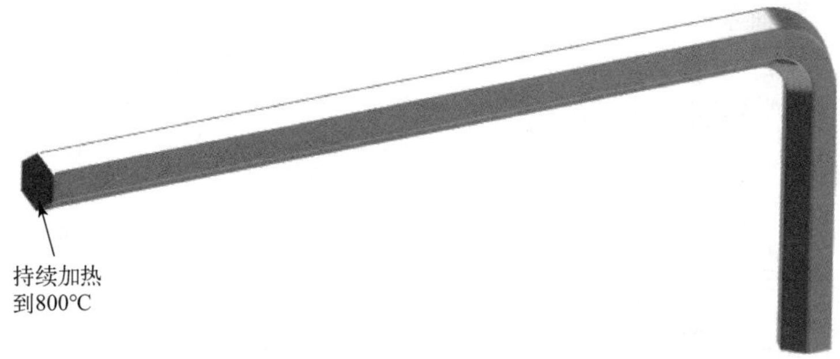


图 7-95 六角扳手

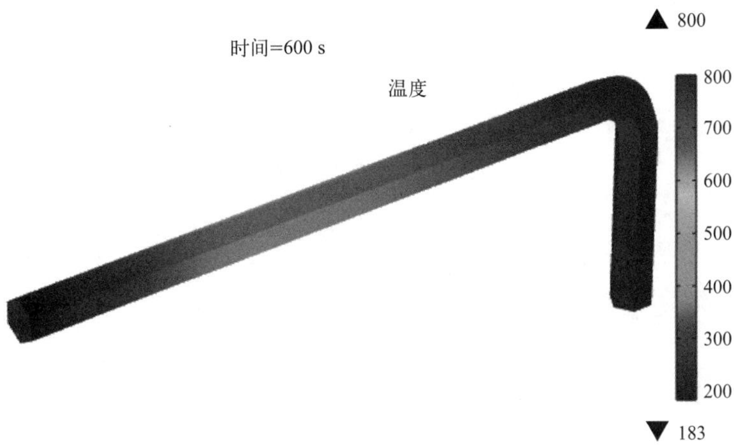


图 7-96 温度云图

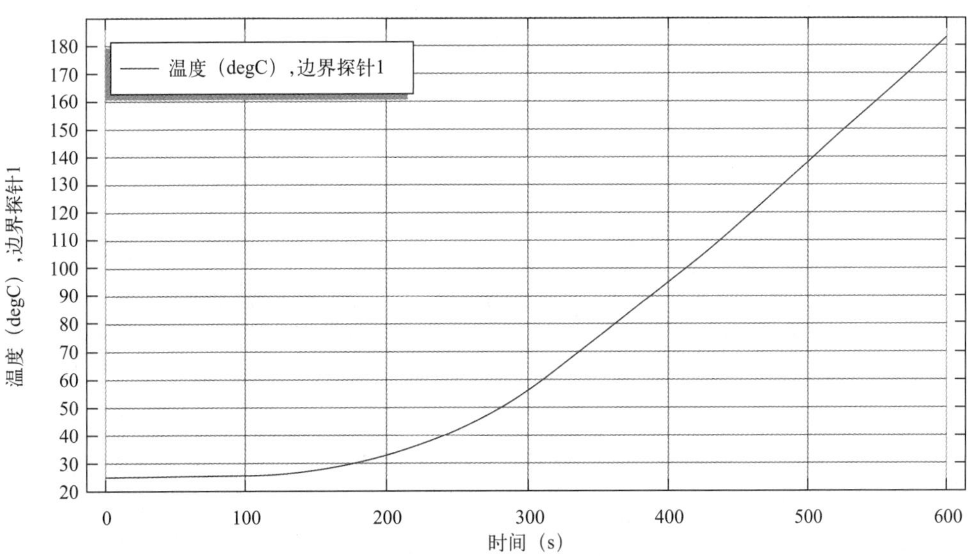


图 7-97 温度 - 时间曲线图

思路点拨

① 添加结构钢材料。

② 设置初始值为 25℃。

③ 在一端添加边界温度为 800℃。

④ 在另一端添加温度的边界探针。

⑤ 划分网格。

⑥ 设置瞬态求解步骤，设置“输出时间”为“range(0,1,600)”。

⑦ 查看温度云图。

⑧ 查看温度 - 时间曲线图。

# 第 8 章　流体力学分析

本章主要介绍 COMSOL 的流体流动模块，对流体力学中的问题进行有限元分析，包括层流分析、湍流分析、多相流分析和高马赫数流动分析。

## 8.1　流体运动的基本概念

### 8.1.1　层流流动与湍流流动

当流体流动时，如果流体是一层一层流动的，各层之间互不干扰、互不相混，则这样的流动状态称为层流流动，如图 8-1 所示；当流速逐渐增大，流体质点除了沿管轴向运动外，还有垂直于管轴向的横向流动，即层流流动被打破，完全处于无规则的乱流状态，则这种流动状态称为湍流（或紊流）流动，如图 8-2 所示。湍流是自然界常见的现象，而层流是不常见的特殊情况。一般把流动状态发生变化（如从层流到湍流）时的流速称为临界速度。

图 8-1　层流现象

图 8-2　湍流现象

大量实验数据与相似理论证实，流动状态不是取决于临界速度，而是由综合反映管道尺寸、流体物理属性、流动速度的组合量——雷诺数来决定的。雷诺数定义为

$$Re=\frac{\rho ud}{\mu} \tag{8-1}$$

式中，$\rho$为流体密度；$u$为平均流速；$d$为管道直径；$\mu$为动力黏度。

由层流转变到湍流时所对应的雷诺数称为上临界雷诺数，用$Re'_{cr}$表示；由湍流转变到层流时所对应的雷诺数称为下临界雷诺数，用$Re_{cr}$表示。通过比较实际流动的雷诺数$Re$与临界雷诺数，就可以确定黏性流体的流动状态。

当$Re<Re_{cr}$时，流动为层流状态。

当$Re>Re'_{cr}$时，流动为湍流状态。

当$Re_{cr}<Re<Re'_{cr}$时，可能为层流，也可能为湍流。

在工程应用中，取$Re_{cr}$=2000。当$Re<$ 2000 时，流动为层流流动；当$Re>$ 2000 时，可认为流动为湍流流动。

实际上，雷诺数反映了惯性力与黏性力之比，雷诺数越小，表明流体黏性力对流体的作用较大，能够削弱引起湍流流动的扰动，保持层流状态；雷诺数越大，表明惯性力对流体的作用更明显，易使流体质点发生湍流流动。

### 8.1.2 有旋流动与无旋流动

有旋流动是指流场中各处的旋度（流体微团的旋转角速度）不等于零的流动。无旋流动是指流场中各处的旋度都为零的流动。流体质点的旋度是一个矢量，用$\boldsymbol{\omega}$表示，其表达式为

$$\boldsymbol{\omega}=\frac{1}{2}\begin{vmatrix} i & j & k \\ \dfrac{\partial}{\partial x} & \dfrac{\partial}{\partial y} & \dfrac{\partial}{\partial z} \\ u & v & w \end{vmatrix} \tag{8-2}$$

若$\boldsymbol{\omega}=0$，流动为无旋流动，否则为有旋流动。

流体运动是有旋流动还是无旋流动，取决于流体微团是否有旋转运动，与流体微团的运动轨迹无关。流体流动中，如果考虑黏性，由于存在摩擦力，这时的流动为有旋流动；如果黏性可以忽略，而流体本身又是无旋流，如均匀流，这时流动为无旋流动。例如，均匀气流流过平板，在紧靠壁面的附面层内，需要考虑黏性影响。因此，附面层内为有旋流动，附面层外的流动，黏性可以忽略，故为无旋流动。

### 8.1.3 声速与马赫数

声速是指微弱扰动波在流体介质中的传播速度，它是流体可压缩性的标志，对于确定可压缩流的特性和规律起着重要作用。声速表达式的微分形式为

$$c=\sqrt{\frac{\mathrm{d}p}{\mathrm{d}\rho}} \tag{8-3}$$

在气体中传播时，由于在微弱扰动的传播过程中，气流的压强、密度和温度的变化都是无限小量，若忽略黏性作用，整个过程接近可逆过程，同时该过程进行得很迅速，又接近一个绝热过程，所以微弱扰动的传播可以认为是一个等熵的过程。对于完全气体，声速又可表示为

$$c=\sqrt{kRT} \tag{8-4}$$

式中，$k$为比热比；$R$为气体常数。

上述公式只能用来计算微弱扰动的传播速度。对于强扰动，如激波、爆炸波等，其传播速度比声速大，并且随着波的强度的增大而加快。

流场中某点处气体流速$V$与当地声速$c$之比为该点处气流的马赫数，用公式表示如下

$$Ma=\frac{V}{c} \tag{8-5}$$

马赫数表示气体宏观运动的动能与气体内部分子无规则运动的动能（即内能）之比。当$Ma\leqslant 0.3$时，气体密度的变化可以忽略；当$Ma>0.3$时，就必须考虑气流压缩性的影响。因此，马赫数是研究高速流动的重要参数，是划分高速流动类型的标准。当$Ma>1$时，为超声速流

动；当$Ma$＜ 1 时，为亚声速流动；当$Ma$ =0.8 ～ 1.2 时，为跨声速流动。超声速流动与亚声速流动的规律是有本质区别的；跨声速流动兼有超声速流动与亚声速流动的某些特点，是更复杂的流动。

### 8.1.4　膨胀波与激波

膨胀波与激波是超声速气流特有的重要现象，超声速气流在加速时会产生膨胀波，在减速时会产生激波。

当超声速气流流经由微小外折角所引起的马赫波时，气流加速，压强和密度下降。这种马赫波就是膨胀波。超声速气流沿外凸壁流动的基本微分方程如下。

$$\frac{\mathrm{d}V}{V}=-\frac{\mathrm{d}\theta}{\sqrt{Ma^2-1}} \tag{8-6}$$

当超声速气流绕物体流动时，在流场中往往出现强压缩波，即激波。气流经过激波后，其压强、温度和密度均突然升高，速度则突然下降。超声速气流被压缩时一般会产生激波，按照激波的形状，可分为以下三类：

① 正激波：气流方向与波面垂直。

② 斜激波：气流方向与波面不垂直。例如，当超声速气流流过楔形物体时，在物体前缘往往产生斜激波。

③ 曲线激波：波形为曲线形。

设激波前的气流速度、压强、温度、密度和马赫数分别为$v_1$、$p_1$、$T_1$、$\rho_1$、$Ma_1$，经过激波后变为$v_2$、$p_2$、$T_2$、$\rho_2$和$Ma_2$，则激波前后气流应满足以下方程。

连续性方程：

$$\rho_1 v_1=\rho_2 v_2 \tag{8-7}$$

动量方程：

$$p_1-p_2=\rho_1 {v_1}^2=\rho_2 {v_2}^2 \tag{8-8}$$

能量方程（绝热）：

$$\frac{{v_1}^2}{2}+\frac{k}{k-1}\times\frac{p_1}{\rho_1}=\frac{{v_2}^2}{2}+\frac{k}{k-1}\times\frac{p_2}{\rho_2} \tag{8-9}$$

状态方程：

$$\frac{p_1}{\rho_1 T_1}=\frac{p_2}{\rho_2 T_2} \tag{8-10}$$

据此，可得出激波前、后参数的关系

$$\frac{p_1}{p_2}=\frac{2k}{k+1}Ma^2-\frac{k-1}{k+1} \tag{8-11}$$

$$\frac{v_2}{v_1}=\frac{k-1}{k+1}+\frac{2}{(k+1)Ma^2} \tag{8-12}$$

$$\frac{\rho_2}{\rho_1}=-\frac{\frac{k+1}{k-1}Ma^2}{\frac{2}{k-1}+Ma^2} \tag{8-13}$$

$$\frac{T_2}{T_1}=\frac{2kMa_1{}^2-k+1}{k+1}\times\frac{2+(k-1)Ma_1{}^2}{(k+1)Ma_1{}^2} \tag{8-14}$$

$$\frac{Ma_2{}^2}{Ma_1{}^2}=\frac{Ma_1{}^{-2}+\frac{k-1}{2}}{Ma_1{}^2-\frac{k-1}{2}} \tag{8-15}$$

# 8.2 流体的基本性质

## 8.2.1 流体的等温压缩性

当温度不变时，流体体积会随着作用于其上的压强的增大而减小，这一特性称为流体的等温压缩性，通常用压缩系数$\beta$来度量。其具体定义：在温度不变的情况下，质量为$M$、体积为$V$的流体外部压强发生$\Delta p$的变化时，相应地，该流体的体积也发生了$\Delta V$的变化，具体公式为

$$\beta=-\frac{1}{V}\times\frac{\Delta V}{\Delta p} \tag{8-16}$$

式中的负号是考虑到$\Delta p$与$\Delta V$总是符号相反；$\beta$的单位为 1/Pa。

由于流体在压缩前、后的质量$M$不变，因此上式还可以写成

$$\beta=\frac{1}{\rho}\times\frac{\mathrm{d}\rho}{\mathrm{d}p} \tag{8-17}$$

在研究流体流动的过程时，若考虑到流体的压缩性，则称为可压缩流动，相应地，称该流体为可压缩流体，如相对速度较高的气体流动；若不考虑流体的压缩性，则称为不可压缩流动，相应地，称该流体为不可压缩流体，如水、油等液体的流动。

## 8.2.2 流体的等压膨胀性

在等压状态下，流体体积会随温度的升高而增大，这一特性称为流体的等压膨胀性，通常用膨胀系数$\alpha$度量。其具体定义：在压强不变的情况下，质量为$M$、体积为$V$的流体温度发生$\Delta T$的变化时，相应地，该流体的体积也发生了$\Delta V$的变化，具体公式为

$$\alpha=\frac{1}{V}\times\frac{\Delta V}{\Delta T} \tag{8-18}$$

由于流体在压缩前、后的质量$M$不变，因此上式还可以写成

$$\alpha=-\frac{1}{\rho}\times\frac{\mathrm{d}\rho}{\mathrm{d}T} \tag{8-19}$$

式中的负号是考虑到随着温度的升高，体积一定增大，密度一定减小；$\alpha$的单位为 1/K。

一般来说，液体的膨胀系数很小，通常情况下在工程中不考虑液体的等压膨胀性。

### 8.2.3　流体的黏性

在做相对运动的两流体层的接触面上，存在一对等值且反向的力阻碍两相邻流体层的相对运动，流体的这种性质叫作流体的黏性，由黏性产生的作用力叫作黏性阻力或内摩擦力。黏性阻力产生的物理原因是存在分子不规则运动的动量交换和分子间吸引力。根据牛顿内摩擦定律，两层流体间的切应力的表达式为

$$\tau = \mu \frac{\mathrm{d}u}{\mathrm{d}y} \tag{8-20}$$

式中，$\tau$为切应力；$\mu$为动力黏度，与流体种类和温度有关；$\mathrm{d}u/\mathrm{d}y$为垂直于两流体层接触面的速度梯度。一般把符合牛顿内摩擦定律的流体称为牛顿流体。

说明

牛顿内摩擦定律适用于水、空气、石油等工业中的大多数常用流体。凡是符合切应力与速度梯度成正比的流体都叫作牛顿流体，即严格满足牛顿内摩擦定律且$\mu$保持为常数的流体，否则称其为非牛顿流体。例如，淀粉悬浮液、糖浆、牙膏等流体均属于非牛顿流体。

非牛顿流体有以下三种不同的类型。

① 塑性流体：如牙膏等，该种流体有一个保持不产生剪切变形的初始应力$\tau_0$，只有克服了这个初始应力，其切应力才与速度梯度成正比，表达式为

$$\tau = \tau_0 + \mu \frac{\mathrm{d}u}{\mathrm{d}y} \tag{8-21}$$

② 假塑性流体：如水泥等，这种流体的切应力和速度梯度的关系为

$$\tau = \mu\left(\frac{\mathrm{d}u}{\mathrm{d}y}\right)^n \quad (n<1) \tag{8-22}$$

③ 胀塑性流体：如乳化液等，这种流体的切应力和速度梯度的关系为

$$\tau = \mu\left(\frac{\mathrm{d}u}{\mathrm{d}y}\right)^n \quad (n>1) \tag{8-23}$$

黏度受温度的影响很大，当温度升高时，液体的黏度减小，黏性下降，而气体的黏度增大，黏性增加。在压强不是很大的情况下，黏度受压强的影响很小，只有当压强很大（如几十兆帕）时，才需要考虑压强对黏度的影响。

当流体的黏性较小（如空气和水的黏性都很小）且运动的相对速度也不高时，所产生的黏性应力比起其他类型的力（如惯性力）可忽略不计。此时，可以近似地将这种流体看成是无黏性的，称为无黏性流体，也叫作理想流体；而对于需要考虑黏性的流体，则称为黏性流体。

### 8.2.4　流体的导热性

当流体内部或流体与其他介质之间存在温度差时，温度高的地方与温度低的地方之间会发

生热量传递。热量传递有热传导、热对流、热辐射三种形式。当流体在管内高速流动时，在紧贴壁面的位置会形成层流底层，液体在该处的流速很低，一般可以认为是零，所以与壁面进行的热量传递形式主要是热传导，而层流以外的区域的热量传递形式主要是热对流。单位时间内通过单位面积由热传导所传递的热量可按傅里叶导热定律确定。

$$q=-\lambda\frac{\partial T}{\partial n} \tag{8-24}$$

式中，$n$为面积的法线方向；$\partial T/\partial n$为沿$n$方向的温度梯度；$\lambda$为热导率；负号表示热量传递方向与温度梯度方向相反。

通常情况下，流体与固体壁面间的对流传热量可用下式表达。

$$q=h(T_1-T_2) \tag{8-25}$$

式中，$h$为表面传热系数，与流体的物性、流动状态等因素有关，主要是由实验数据得出的经验公式来确定。

### 8.2.5 流体的表面张力特性

当液体表面出现自由表面时，液体表面层中的液体分子会受到指向液体内部的拉力，这是分子作用力的一种表现，称为表面张力，其方向与液面相切，并与两分子之间的分界线相垂直。单位长度上的表面张力用$\sigma$表示，称为表面张力系数，单位为 N/m。

当液体与固体壁面接触时，若液体内聚力小于液体与壁面间的附着力，即液体与壁面浸润，此时液体沿垂直的管壁上升，如图 8-3（a）所示；若液体内聚力大于液体与壁面间的附着力，即液体与壁面不浸润，此时液体沿垂直的管壁下降，如图 8-3（b）所示。这一现象称为毛细现象。

从图 8-3 中可以看出水沿管壁上升，汞沿管壁下降，并且管壁直径不同，沿管壁上升或下降的高度也不同，计算上升或下降高度的公式如下。

$$h=\frac{2\sigma\cos\theta}{\rho gr} \tag{8-26}$$

式中，$\sigma$为表面张力系数；$\theta$为接触角；$\rho$为液体密度；$g$为重力加速度；$r$为管半径。从式中可以看出，当$\theta<0$时，液面为凹面，液体在管中上升，且管半径越小，液面上升的高度越高；当$\theta>0$时，液面为凸面，液体在管中下降，且管半径越小，液面下降得越多。

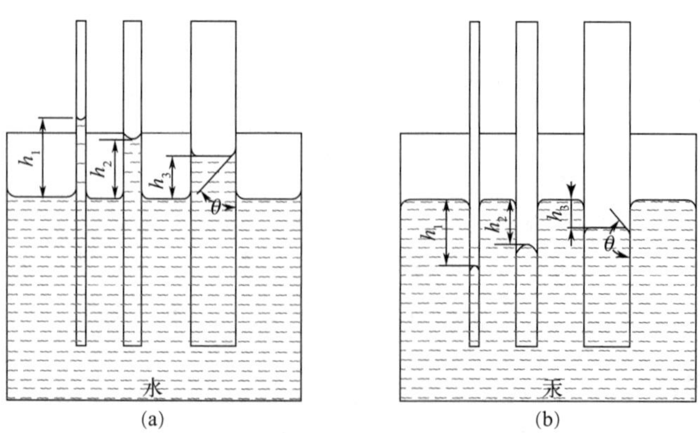


图 8-3 毛细现象

# 8.3 流体流动及传热的基本控制方程

流体流动要受到物理守恒定律的支配，即流动要满足质量守恒方程、动量守恒方程、能量守恒方程。如果流动包含不同成分的混合或相互作用，系统还要遵守组分守恒定律。如果流动处于湍流状态，系统还要遵守附加满流输运方程。本节将给出求解多维流体运动与传热的方程组。

## 8.3.1 物质导数

将流场中的物理量看成是空间和时间的函数

$$T=T(x,y,z,t),\ p=p(x,y,z,t),\ v=v(x,y,z,t)$$

研究各物理量对时间的变化率。例如，速度分量$u$对时间$t$的变化率为

$$\frac{\mathrm{d}u}{\mathrm{d}t}=\frac{\partial u}{\partial t}+\frac{\partial u}{\partial x}\times\frac{\mathrm{d}x}{\mathrm{d}t}+\frac{\partial u}{\partial y}\times\frac{\mathrm{d}y}{\mathrm{d}t}+\frac{\partial u}{\partial z}\times\frac{\mathrm{d}z}{\mathrm{d}t}=\frac{\partial u}{\partial t}+\boldsymbol{u}\frac{\partial u}{\partial x}+\boldsymbol{v}\frac{\partial u}{\partial y}+\boldsymbol{w}\frac{\partial u}{\partial z} \tag{8-27}$$

式中，$\boldsymbol{u}$、$\boldsymbol{v}$、$\boldsymbol{w}$分别为沿$x$、$y$、$z$方向的速度矢量。

将上式中的$u$用$N$替换，代表任意物理量，得到任意物理量$N$对时间$t$的变化率为

$$\frac{\mathrm{d}N}{\mathrm{d}t}=\frac{\partial N}{\partial t}+\boldsymbol{u}\frac{\partial N}{\partial x}+\boldsymbol{v}\frac{\partial N}{\partial y}+\boldsymbol{w}\frac{\partial N}{\partial z} \tag{8-28}$$

这就是任意物理量$N$的物质导数，也称为质点导数。

## 8.3.2 质量守恒方程（连续性方程）

任何流动问题都要满足质量守恒方程，即连续性方程。其定律表述：单位时间内流体微元体中质量的增加，等于同一时间间隔内流入该微元体的净质量。按照这一定律，可以得出质量守恒方程

$$\frac{\partial \rho}{\partial t}+\frac{\partial}{\partial x_i}(\rho u_i)=S_m \tag{8-29}$$

该方程是质量守恒方程的一般形式，它适用于可压缩流动和不可压缩流动，源项$S_m$是从分散的二级相中加入到连续相的质量（例如，由于液滴的蒸发），源项也可以是任何的自定义源项。

二维轴对称问题的连续性方程为

$$\frac{\partial \rho}{\partial t}+\frac{\partial(\rho u)}{\partial x}+\frac{\partial(\rho v)}{\partial y}+\frac{\partial(\rho w)}{\partial z}=0 \tag{8-30}$$

连续性方程的适用范围没有限制，可压缩或不可压缩流体、黏性或无黏性流体、定常或非定常流动，都适用。

对于定常流动，密度$\rho$不随时间的变化而变化，式（8-30）变为

$$\frac{\partial(\rho u)}{\partial x}+\frac{\partial(\rho v)}{\partial y}+\frac{\partial(\rho w)}{\partial z}=0 \tag{8-31}$$

对于定常不可压缩流体流动，密度$\rho$为常数，式（8-30）变为

$$\frac{\partial u}{\partial x}+\frac{\partial v}{\partial y}+\frac{\partial w}{\partial z}=0 \tag{8-32}$$

### 8.3.3 动量守恒方程（*N-S* 方程）

动量守恒方程也是任何流动系统都必须满足的基本定律。其定律表述：任何控制微元中流体动量对时间的变化率等于外界作用在微元上各种力的和。该定律实际上是牛顿第二定律。按照这一定律，可导出动量守恒方程

$$\frac{\partial}{\partial t}(\rho u_i)+\frac{\partial}{\partial x_j}(\rho u_i u_j)=-\frac{\partial p}{\partial x_i}+\frac{\partial \tau_{ij}}{\partial x_j}+\rho g_i+F_i \tag{8-33}$$

式中，$p$为静压；$\tau_{ij}$为应力张量；$g_i$和$F_i$分别为$i$方向上的重力体积力和外部体积力（如离散相互作用产生的升力），$F_i$包含其他模型相关源项，如多孔介质和自定义源项。

应力张量由下式给出

$$\tau_{ij}=\mu(\frac{\partial u_i}{\partial x_j}+\frac{\partial u_j}{\partial x_i})-\frac{2}{3}\mu\frac{\partial u_l}{\partial x_l}\delta_{ij} \tag{8-34}$$

由流体的黏性本构方程得到直角坐标系下的动量守恒方程，即 *N-S* 方程。

$$\begin{cases}\rho\dfrac{\mathrm{d}u}{\mathrm{d}t}=\rho F_x-\dfrac{\partial p}{\partial x}+\dfrac{\partial}{\partial x}(\mu\dfrac{\partial u}{\partial x})+\dfrac{\partial}{\partial y}(\mu\dfrac{\partial u}{\partial y})+\dfrac{\partial}{\partial z}(\mu\dfrac{\partial u}{\partial z})+\dfrac{\partial}{\partial x}\left[\dfrac{\mu}{3}(\dfrac{\partial u}{\partial x}+\dfrac{\partial v}{\partial y}+\dfrac{\partial w}{\partial z})\right]\\ \rho\dfrac{\mathrm{d}v}{\mathrm{d}t}=\rho F_y-\dfrac{\partial p}{\partial y}+\dfrac{\partial}{\partial x}(\mu\dfrac{\partial v}{\partial x})+\dfrac{\partial}{\partial y}(\mu\dfrac{\partial v}{\partial y})+\dfrac{\partial}{\partial z}(\mu\dfrac{\partial v}{\partial z})+\dfrac{\partial}{\partial y}\left[\dfrac{\mu}{3}(\dfrac{\partial u}{\partial x}+\dfrac{\partial v}{\partial y}+\dfrac{\partial w}{\partial z})\right]\\ \rho\dfrac{\mathrm{d}w}{\mathrm{d}t}=\rho F_z-\dfrac{\partial p}{\partial z}+\dfrac{\partial}{\partial x}(\mu\dfrac{\partial w}{\partial x})+\dfrac{\partial}{\partial y}(\mu\dfrac{\partial w}{\partial y})+\dfrac{\partial}{\partial z}(\mu\dfrac{\partial w}{\partial z})+\dfrac{\partial}{\partial z}\left[\dfrac{\mu}{3}(\dfrac{\partial u}{\partial x}+\dfrac{\partial v}{\partial y}+\dfrac{\partial w}{\partial z})\right]\end{cases} \tag{8-35}$$

对于不可压缩常黏度的流体，式（8-35）可简化为

$$\begin{cases}\rho(\dfrac{\partial u}{\partial t}+u\dfrac{\partial u}{\partial x}+v\dfrac{\partial u}{\partial y}+w\dfrac{\partial u}{\partial z})=\rho F_x-\dfrac{\partial \rho}{\partial x}+\mu(\dfrac{\partial^2 u}{\partial x^2}+\dfrac{\partial^2 u}{\partial y^2}+\dfrac{\partial^2 u}{\partial z^2})\\ \rho(\dfrac{\partial v}{\partial t}+u\dfrac{\partial v}{\partial x}+v\dfrac{\partial v}{\partial y}+w\dfrac{\partial v}{\partial z})=\rho F_y-\dfrac{\partial \rho}{\partial y}+\mu(\dfrac{\partial^2 v}{\partial x^2}+\dfrac{\partial^2 v}{\partial y^2}+\dfrac{\partial^2 v}{\partial z^2})\\ \rho(\dfrac{\partial w}{\partial t}+u\dfrac{\partial w}{\partial x}+v\dfrac{\partial w}{\partial y}+w\dfrac{\partial w}{\partial z})=\rho F_z-\dfrac{\partial \rho}{\partial z}+\mu(\dfrac{\partial^2 w}{\partial x^2}+\dfrac{\partial^2 w}{\partial y^2}+\dfrac{\partial^2 w}{\partial z^2})\end{cases} \tag{8-36}$$

在不考虑流体黏性的情况下，由式（8-35）可得出如下欧拉方程。

$$\begin{cases}\dfrac{\mathrm{d}u}{\mathrm{d}t}=\dfrac{\partial u}{\partial t}+u\dfrac{\partial u}{\partial x}+v\dfrac{\partial u}{\partial y}+w\dfrac{\partial u}{\partial z}=F_x-\dfrac{\partial \rho}{\rho\partial x}\\ \dfrac{\mathrm{d}v}{\mathrm{d}t}=\dfrac{\partial v}{\partial t}+u\dfrac{\partial v}{\partial x}+v\dfrac{\partial v}{\partial y}+w\dfrac{\partial v}{\partial z}=F_y-\dfrac{\partial \rho}{\rho\partial y}\\ \dfrac{\mathrm{d}w}{\mathrm{d}t}=\dfrac{\partial w}{\partial t}+u\dfrac{\partial w}{\partial x}+v\dfrac{\partial w}{\partial y}+w\dfrac{\partial w}{\partial z}=F_z-\dfrac{\partial \rho}{\rho\partial z}\end{cases} \tag{8-37}$$

*N-S* 方程比较准确地描述了实际的流动，黏性流体的流动分析可归结为对此方程的求解。*N-S* 方程有三个分式，加上不可压缩流体连续性方程式，共四个方程，有四个未知数$u$、$v$、$w$和$p$，方程组是封闭的，加上适当的边界条件和初始条件，原则上可以求解。但由于 *N-S* 方程存在非线性项，求一般解析解非常困难，只有在边界条件比较简单的情况下，才能求得解析解。

### 8.3.4　能量守恒方程

能量守恒定律是有热交换的流动系统必须满足的基本定律。该定律表述：微元体中能量的增加率等于进入微元体的净热流量加上体积力与表面力对微元体所做的功。该定律实际是热力学第一定律。

流体的能量$E$通常是内能$i$、动能$K=\frac{1}{2}(u^2+v^2+w^2)$和势能$P$三项之和，内能$i$与温度$T$之间存在一定关系，即$i=c_pT$，其中$c_p$为比热容。这样可以得到以温度$T$为变量的能量守恒方程

$$\frac{\partial(\rho T)}{\partial t}+\mathrm{div}(\rho uT)=\mathrm{div}(\frac{k}{c_p}\mathrm{grad}T)+S_T \tag{8-38}$$

式中，$c_p$为比热容；$T$为温度；$k$为流体的传热系数；$S_T$为流体内热源及由于黏性作用使流体机械能转换为热能的部分，有时简称$S_T$为黏性耗散项。

**注意**

虽然能量方程是流体流动与传热的基本控制方程，但对于不可压缩流动，若热交换量很小，甚至可以忽略时，可以不考虑能量守恒方程。此外，这是针对牛顿流体得出的，对于非牛顿流体，应使用其他形式的能量守恒方程。

## 8.4　层流分析

层流是流体的一种流动状态。当流速很小时，流体分层流动，互不混合，称为层流。对于黏性流体的层流运动，流体微团的轨迹没有明显的不规则脉动。相邻流体层间只有分子热运动造成的动量交换。层流只出现在雷诺数$Re$($Re=\rho ud/\mu$)较小的情况下，即流体密度$\rho$、特征速度$u$和物体直径$d$都很小时，或流体黏度$\mu$很大时。常见的层流现象有毛细现象，以及多孔介质中的流动、轴承润滑膜中的流动、微小颗粒在黏性流体中运动时引起的流动、液体或气体流经物体表面附近形成的边界层中的流动等。

### 8.4.1　层流的特点

① 层流中各层之间无质量交换。

② 各层流速大小不同。

③ 流速的方向与分层面相切，没有法向分量。

### 8.4.2　圆柱绕流与方柱绕流的对比

当流体流过钝体时，若流速逐渐增大，会在钝体尾部形成有规律的涡旋脱落，形成著名的卡门涡街。这些涡旋的脱落会对钝体产生振动，如果这一振动达到或接近钝体的固有频率，会对钝体产生一定的损伤。最典型的是河水流过圆形桥墩或方形桥墩产生的绕流，下面的例子将对圆形绕流和方柱绕流进行对比，分析两者的共同点和不同点。图 8-4 为水流过圆柱和方柱的二维模型图，可按该图建模仿真。

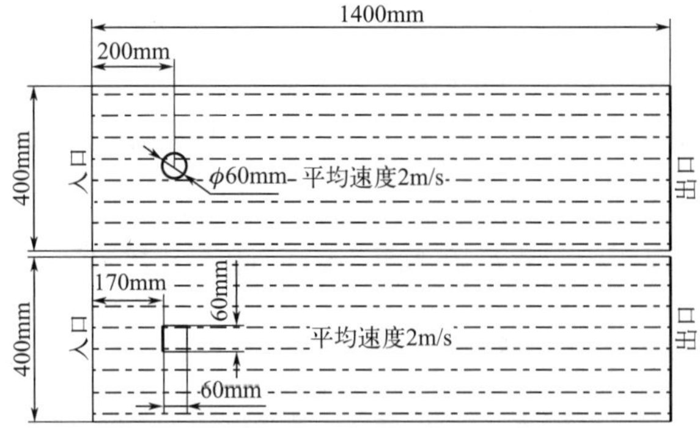


图 8-4　圆柱绕流和方柱绕流二维模型

扫码看视频

操作步骤

（1）创建模型

① 进入二维几何界面。在“新建”界面中单击“模型向导”按钮，弹出“选择空间维度”界面，在该界面选择“二维”维度，进入“选择物理场”界面，展开“流体流动”列表，选择列表中的“单相流”→“层流”选项，单击“添加”按钮 添加 ，将“层流”添加到物理场接口中，如图 8-5 所示。然后单击“研究”按钮，进入“选择研究”界面，在“所选物理场接口的预设研究”栏中选择“瞬态”选项，单击“完成”按钮，进入主界面。

② 定义全局参数。在“模型开发器”中选择“全局定义”节点中的“参数 1”，弹出“参数”设置窗口，在“参数”栏中设置第一行“名称”为“R”,“表达式”为“30[mm]”,“描述”为“圆柱半径”，在“参数”栏中设置第二行“名称”为“L”,“表达式”为“60[mm]”,“描述”为“正柱边长”，在“参数”栏中设置第三行“名称”为“Vx”,“表达式”为“2[m/s]”,“描述”为“平均水流速度”，如图 8-6 所示。

③ 创建模型。

a. 设置单位。在“几何”设置窗口中设置“长度单位”为“mm”。

b. 创建矩形 1。单击“几何”选项卡“体素”面板中的“矩形”按钮，弹出“矩形”设置窗口，在“大小和形状”栏中设置“宽度”为“1400”，“高度”为“810”，在“位置”栏中设置“基准”为“居中”，其余为默认设置，如图 8-7 所示，然后单击“构建选定对象”按钮，创建矩形 1。

c. 创建矩形 2。单击“几何”选项卡“体素”面板中的“矩形”按钮，弹出“矩形”设置窗口，在“大小和形状”栏中设置“宽度”为“1400”，“高度”为“10”，在“位置”栏中设置“基准”为“居中”，其余为默认设置，然后单击“构建选定对象”按钮，创建矩形 2。

d. 创建圆。单击“几何”选项卡“体素”面板中的“圆”按钮，弹出“圆”设置窗口，在“大小和形状”栏中设置“半径”为“R”,“扇形角”为“360”，在“位置”栏中设置“基准”为“居中”，设置“x”值为“-500”，设置“y”值为“205”，其余为默认设置，如图 8-8 所示，然后单击“构建选定对象”按钮，创建圆。

图 8-5　选择物理场

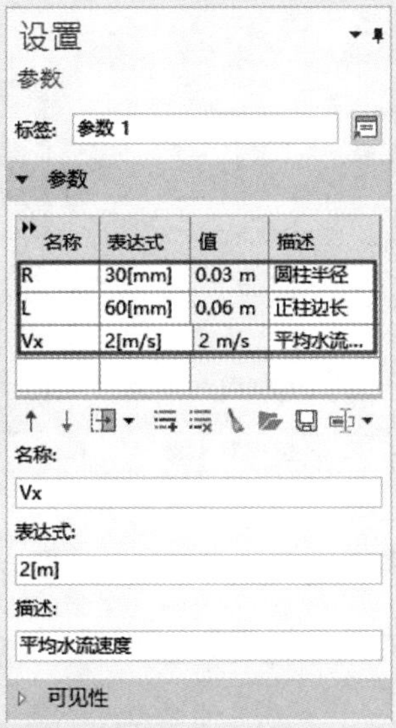


图 8-6　“参数”设置窗口

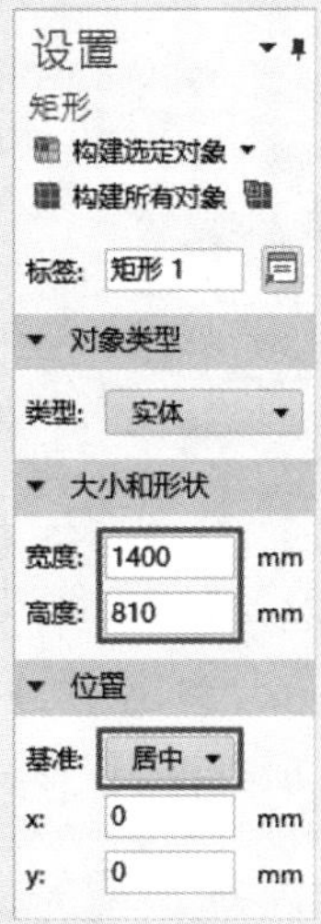


图 8-7　“矩形”设置窗口

e. 创建正方形。单击“几何”选项卡“体素”面板中的“正方形”按钮，弹出“正方形”设置窗口，在“大小”栏中设置“边长”为“L”，在“位置”栏中设置“基准”为“居中”，设置“x”值为“-500”，设置“y”值为“-205”，其余为默认设置，如图 8-9 所示，然后单击“构建选定对象”按钮，创建正方形。

f. 布尔求差。单击“几何”选项卡“操作”面板“布尔操作和分割”下拉列表中的“差集”按钮，弹出“差集”设置窗口，在“差集”栏中设置“要添加的对象”为绘制的大矩形，设置“要减去的对象”为绘制的矩形、圆形和正方形，其余为默认设置，如图 8-10 所示，然后单击“构建选定对象”按钮，完成求差运算。单击“图形窗口”工具栏中的“显示栅格”按钮，取消栅格的显示，结果如图 8-11 所示。

（2）添加阶跃函数

单击“主屏幕”选项卡“定义”面板“函数”下拉列表中的“阶跃”按钮，弹出“阶跃”设置窗口，在“参数”栏中设置“位置”为“0.05”，如图 8-12 所示，其余为默认设置，添加阶跃函数。

**说明**

添加阶跃函数使模型初值有个缓冲，有利于计算时收敛。

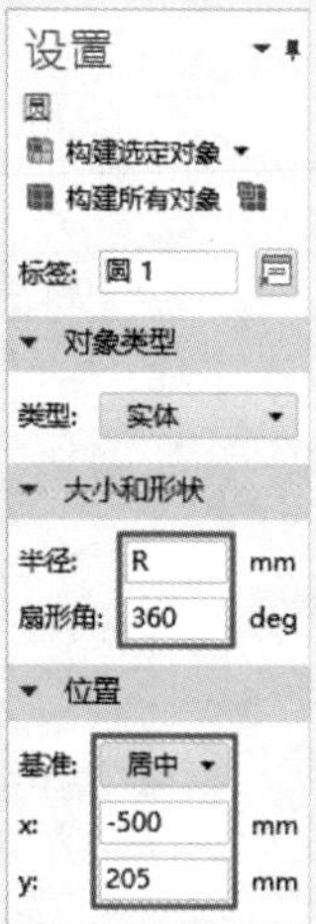


图 8-8 “圆”设置窗口

图 8-9 “正方形”设置窗口

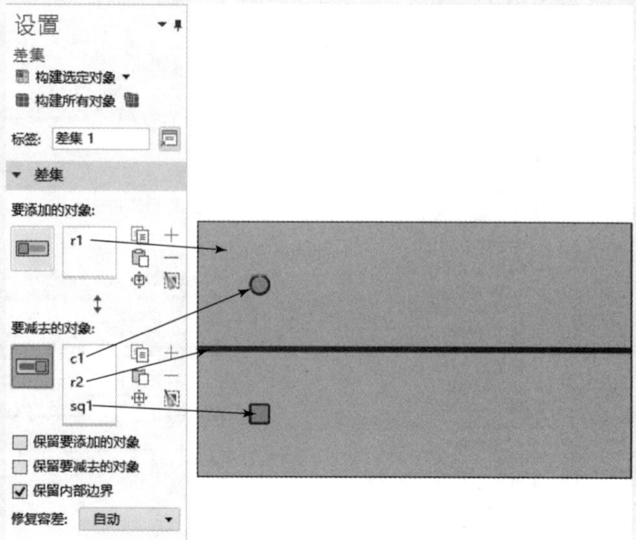


图 8-10 “差集”设置窗口

图 8-11 圆柱、方柱绕流模型

图 8-12 “阶跃”设置窗口

（3）添加材料

单击“材料”选项卡“材料”面板中的“添加材料”按钮，弹出“添加材料”窗口，展开“内置材料”列表，双击其中的“Water, liquid”（水）；将其添加到“模型开发器”中的“材料”节点中，然后单击“关闭”按钮 ✕，关闭“添加材料”窗口。

（4）流体设置

① 添加入口。单击“物理场”选项卡“边界”面板“边界”下拉列表“层流”中的“入口”按钮 **入口**，弹出“入口”设置窗口，激活“选择”框，选择上方矩形的左边界，在“速度”栏中点选“法向流入速度”复选框，设置“$U_0$”值为“Vx*step1(t[1/s])”，如图 8-13 所示，其余为默认设置，添加入口。同理为下方矩形的左边界添加同样的入口。

② 添加出口。单击“物理场”选项卡“边界”面板“边界”下拉列表“层流”中的“出口”按钮 **出口**，弹出“出口”设置窗口，激活“选择”框，选择上方矩形的右边界，在“边界条件”栏中选择“压力”，在“压力条件”栏中设置“压力”为“静压”，设置“$P_0$”值为“0”，

如图8-14所示，其余为默认设置，添加出口。同理为下方矩形的右边界添加同样的出口。

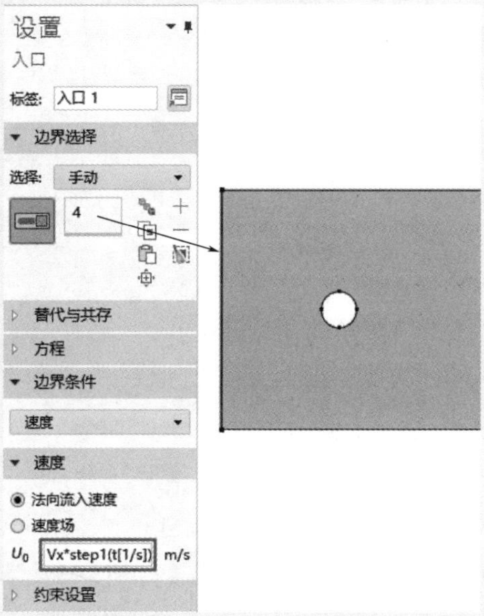


图 8-13　“入口”设置窗口

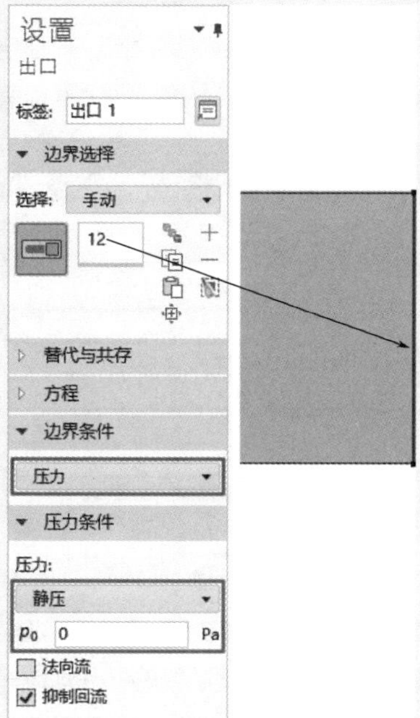


图 8-14　“出口”设置窗口

（5）划分网格

在“模型开发器”中选择“网格”节点，弹出“网格”设置窗口，在“序列类型”中选择“物理场控制网格”，在“物理场控制网格”栏中设置“单元大小”为“较细化”，其余为默认设置，如图 8-15 所示，然后单击“全部构建”按钮 ，划分网格，结果如图 8-16 所示。

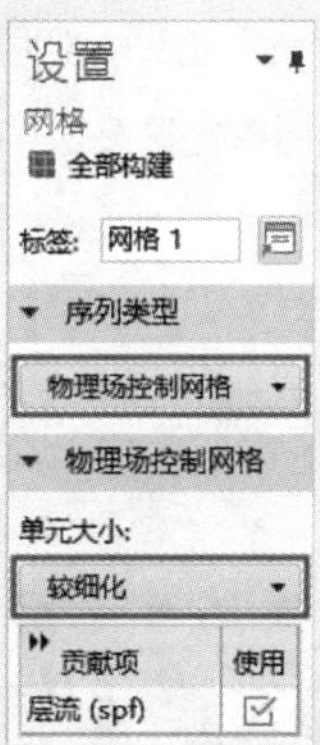


图 8-15 “网格”设置窗口

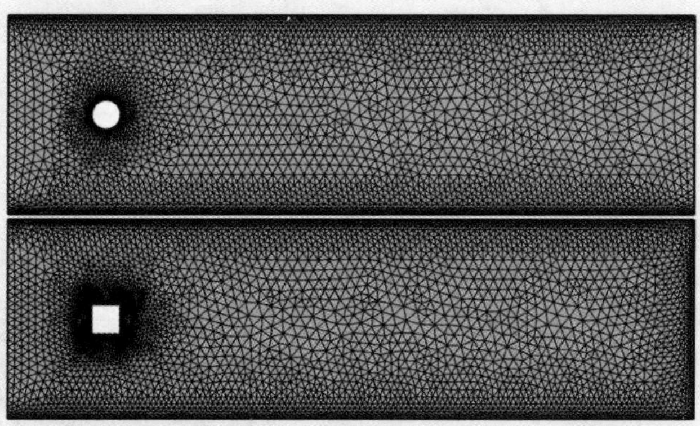

图 8-16　划分网格

（6）求解计算。

① 设置研究 1。在“模型开发器”中选中“研究 1”节点，弹出“研究”设置窗口，在“研究”设置窗口中取消勾选“生成默认绘图”复选框。

② 设置步骤 1：瞬态。在“研究 1”节点下选择“步骤 1：瞬态”选项，弹出“瞬态”设置

窗口，在“研究设置”栏中单击“范围”按钮，弹出“范围”窗口，设置“定义方法”为“步长”，设置“起始”为“0”、“步长”为“0.1”、“停止”为“10”，单击“替换”按钮 替换 ，关闭该窗口，如图8-17所示。返回“瞬态”设置窗口，设置“容差”为“用户控制”，设置“相对容差”为“0.01”，其余为默认设置，如图8-18所示。

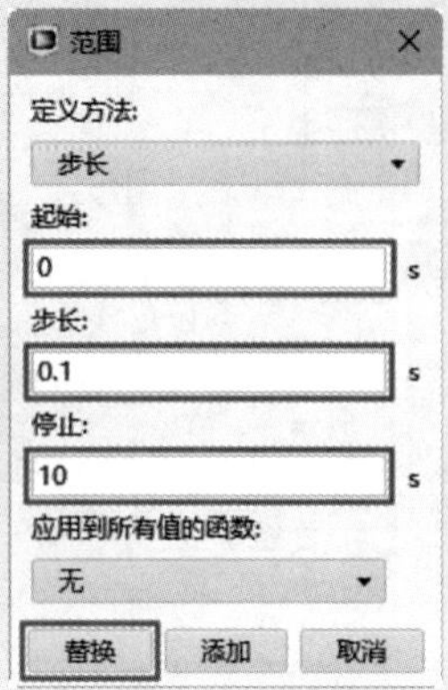


图 8-17 “范围”窗口

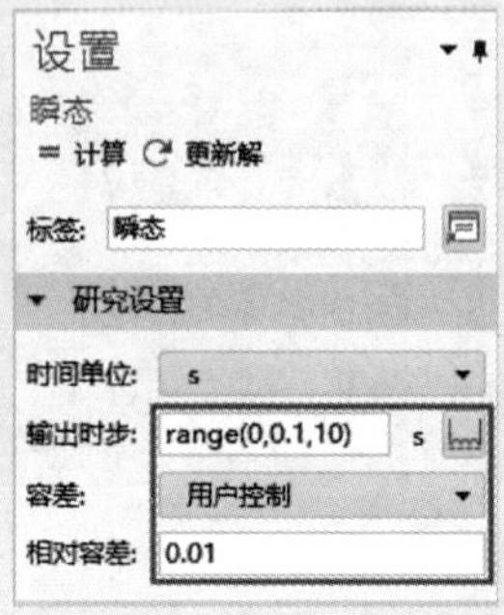


图 8-18 “瞬态”设置窗口

③ 求解计算。单击“研究”选项卡“研究”面板中的“计算”按钮，进行求解计算。

（7）查看结果

① 查看速度。

a. 添加二维绘图组。单击“结果”选项卡“绘图组”面板中的“二维绘图组”按钮，弹出“二维绘图组”设置窗口和“二维绘图组 1”选项卡，在“二维绘图组”设置窗口中采用默认设置。

b. 添加表面。单击“二维绘图组 1”选项卡“添加绘图”面板中的“表面”按钮，弹出“表面”设置窗口，设置“标签”为“流速”，在“表达式”栏中单击“替换表达式”按钮，弹出表达式窗口，在“组件 1”→“层流”→“速度和压力”中双击“spf.U- 速度大小 -m/s”选项，如图 8-19 所示。在“标题”栏中设置“标题类型”为“标签”，其余采用默认设置，然后单击该窗口中的“绘制”按钮，绘制水流速度云图，如图 8-20 所示。

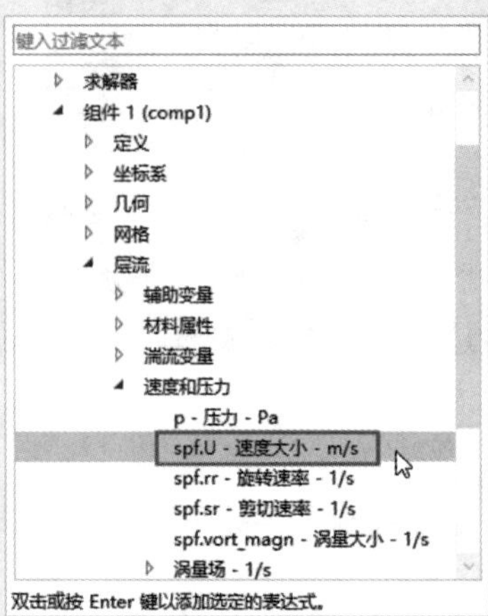


图 8-19 选择表达式

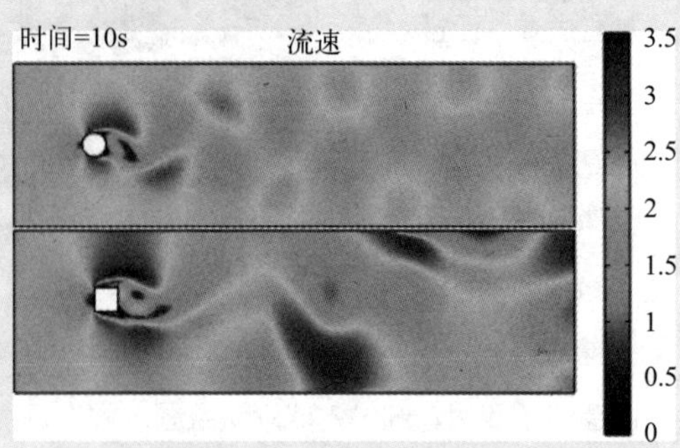


图 8-20 水流速度云图

② 查看压力等值线图。

a. 添加二维绘图组。单击“结果”选项卡“绘图组”面板中的“二维绘图组”按钮，弹出“二维绘图组”设置窗口和“二维绘图组 2”选项卡，在“二维绘图组”设置窗口中采用默认设置。

b. 添加等值线。单击“二维绘图组 2”选项卡“添加绘图”面板中的“等值线”按钮，弹出“等值线”设置窗口，设置“标签”为“压力等值线”，在“表达式”栏中单击“替换表达式”按钮，弹出表达式窗口，在“组件 1”→“层流”→“速度和压力”中双击“p- 压力 -Pa”选项，在“标题”栏中设置“标题类型”为“标签”，其余采用默认设置，然后单击该窗口中的“绘制”按钮，绘制水流压力等值线图，如图 8-21 所示。

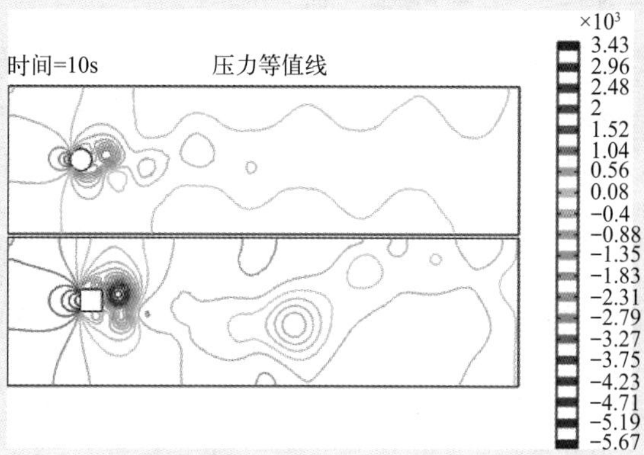


图 8-21　水流压力等值线图

③ 绘制升力系数曲线图。

a. 添加积分。单击“结果”选项卡“数据集”面板“更多数据集”下拉列表“计算”栏中的“积分”按钮 ∫du 积分，如图 8-22 所示，弹出“积分”设置窗口，采用默认设置。

b. 添加选择属性。单击“结果”选项卡“数据集”面板“属性”下拉列表中的“选择”按钮，弹出“选择”设置窗口，设置“几何实体层”为“边界”，然后在图形窗口中选择“圆柱”的 4 条边线，如图 8-23 所示，其余为默认设置。

同理创建另外一个积分，设置选择属性为方柱的 4 条边线。

c. 添加一维绘图组。单击“结果”选项卡“绘图组”面板中的“一维绘图组”按钮，弹出“一维绘图组”设置窗口和“一维绘图组 3”选项卡，在“一维绘图组”设置窗口中设置“数据集”为“积分 1”，其余采用默认设置。

d. 添加点结果图。单击“一维绘图组 3”选项卡“添加绘图”面板中的“点结果图”按钮，弹出“点结果图”设置窗口，设置“标签”为“圆柱升力系数曲线图”，在“y 轴数据”栏中设置“表达式”为“(-reacf(v)[N]*2/(spf.rho*Vx^2*(2*R)[mm^2]))[1/mm]”，设置“单位”为“1/mm”，勾选“描述”复选框，在下面的文本框中输入“升力系数”，在“标题”栏中设置“标题类型”为“标签”，其余采用默认设置，如图 8-24 所示，然后该窗口中的“绘制”按钮，绘制圆柱的升力系数曲线图，如图 8-25 所示。

e. 添加一维绘图组。单击“结果”选项卡“绘图组”面板中的“一维绘图组”按钮，弹出“一维绘图组”设置窗口和“一维绘图组4”选项卡，在“一维绘图组”设置窗口中设置“数据集”为“积分2”，其余采用默认设置。

图 8-22　选择积分

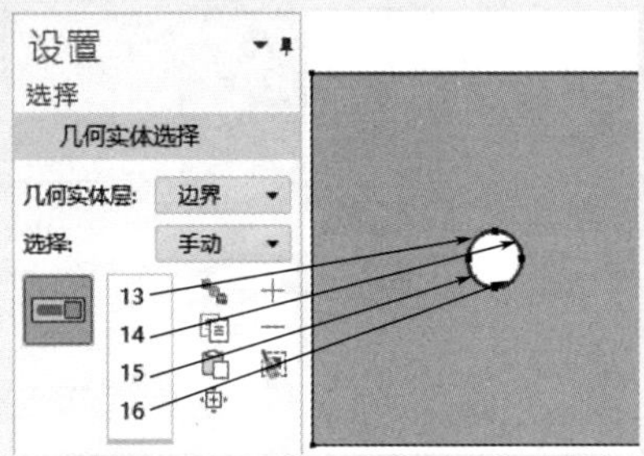


图 8-23　“选择”设置窗口

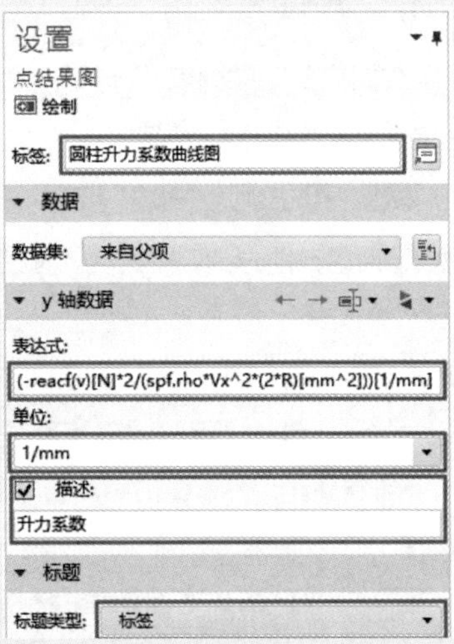


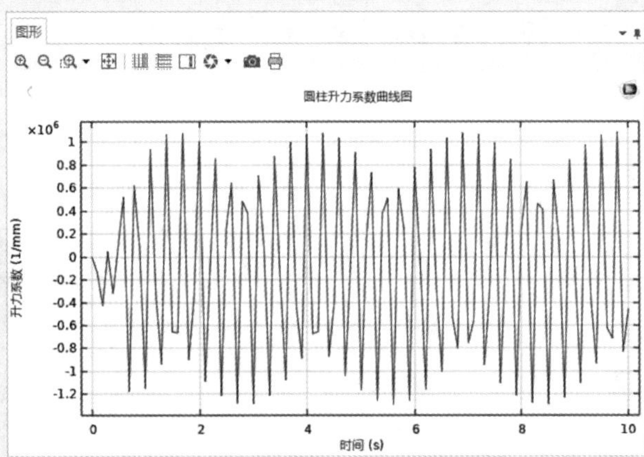


图 8-24　“点结果图”设置窗口　　　　图 8-25　圆柱升力系数曲线图

f. 添加点结果图。单击“一维绘图组 4”选项卡“添加绘图”面板中的“点结果图”按钮，弹出“点结果图”设置窗口，设置“标签”为“方柱升力系数曲线图”，在“y 轴数据”栏中设置“表达式”为“(-reacf(v)[N]*2/(spf.rho*Vx^2*L[mm^2]))[1/mm]”，设置“单位”为“1/mm”，勾选“描述”复选框，在下面的文本框中输入“升力系数”，在“标题”栏中设置“标题类型”为“标签”，其余采用默认设置，然后单击该窗口中的“绘制”按钮，绘制方柱的升力系数曲线图，如图8-26所示。

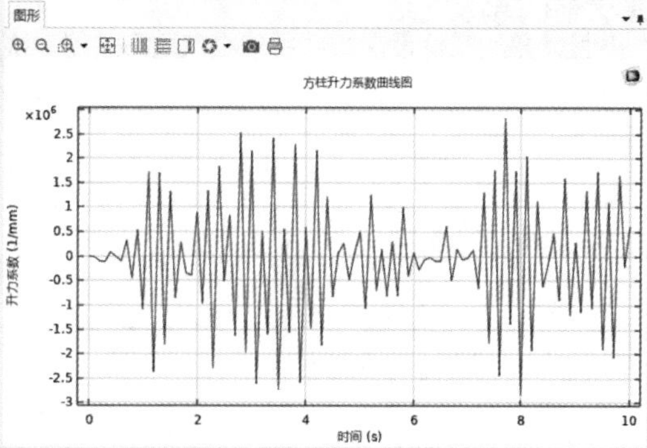


图 8-26　方柱升力系数曲线图

④ 绘制曳力系数曲线图。

a. 添加一维绘图组。单击“结果”选项卡“绘图组”面板中的“一维绘图组”按钮，弹出“一维绘图组”设置窗口和“一维绘图组 5”选项卡，在“一维绘图组”设置窗口中设置“数据集”为“积分 1”，其余采用默认设置。

b. 添加点结果图。单击“一维绘图组 5”选项卡“添加绘图”面板中的“点结果图”按钮，弹出“点结果图”设置窗口，设置“标签”为“圆柱曳力系数曲线图”，在“y 轴数据”栏中设置“表达式”为“(-reacf(u)[N]*2/(spf.rho*Vx^2*(2*R)[mm^2]))[1/mm]”，设置“单位”为“1/mm”，勾选“描述”复选框，在下面的文本框中输入“曳力系数”，在“标题”栏中设置“标题类型”为“标签”，其余采用默认设置，然后单击该窗口中的“绘制”按钮，绘制圆柱曳力系数曲线图，如图 8-27 所示。

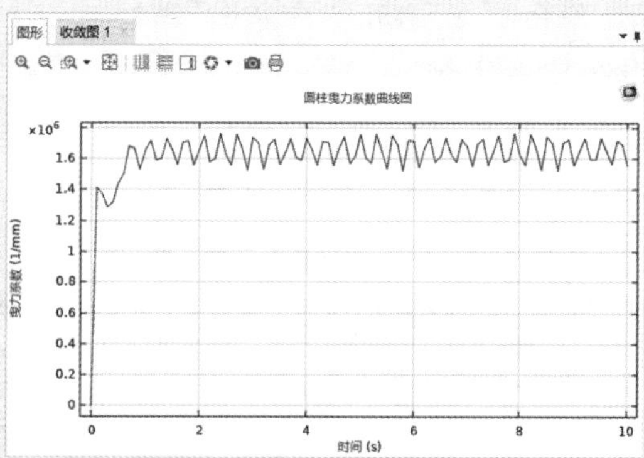


图 8-27　圆柱曳力系数曲线图

c. 添加一维绘图组。单击“结果”选项卡“绘图组”面板中的“一维绘图组”按钮，弹出“一维绘图组”设置窗口和“一维绘图组 6”选项卡，在“一维绘图组”设置窗口中设置“数据集”为“积分 2”，其余采用默认设置。

d. 添加点结果图。单击“一维绘图组 6”选项卡“添加绘图”面板中的“点结果图”按钮，弹出“点结果图”设置窗口，设置“标签”为“方柱曳力系数曲线图”，在“y 轴数据”栏中设置“表达式”为“(-reacf(u)[N]*2/(spf.rho*Vx^2*L[mm^2]))[1/mm]”，设置“单位”为“1/mm”，勾选“描述”复选框，在下面的文本框中输入“曳力系数”，在“标题”栏中设置“标题类型”为“标签”，其余采用默认设置，然后单击该窗口中的“绘制”按钮，绘制方柱的曳力系数曲线图，如图8-28所示。

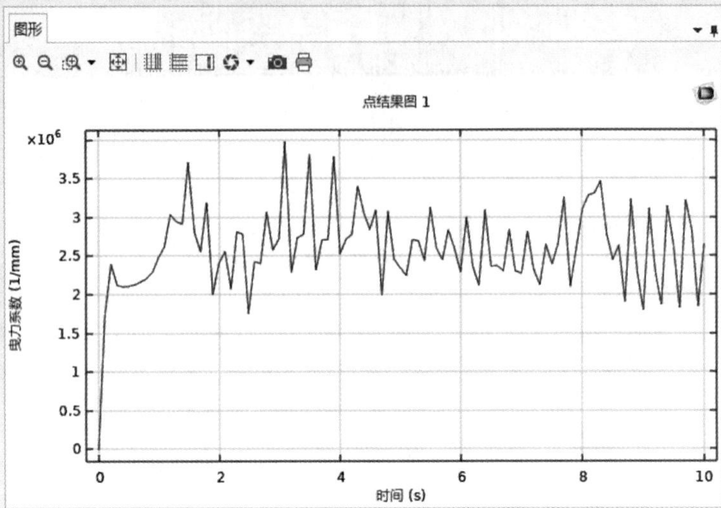


图 8-28　方柱曳力系数曲线图

⑤ 查看圆柱绕流与方柱绕流动画。在“模型开发器”中选择“二维绘图组 1”节点，然后单击“二维绘图组 1”选项卡“导出”面板“动画”下拉列表中的“播放器”按钮，弹出“动画”设置窗口，在“帧”栏中设置“帧选择”为“全部”，其余为默认设置，如图 8-29 所示。最后在“图形窗口”中单击“播放”按钮，查看圆柱绕流与方柱绕流动画。

（8）结果分析

经过计算的流速云图和动画可以看出圆柱和方柱尾流中正涡和负涡都会周期性脱落，形成规则排列的卡门涡街。但圆柱绕流旋涡脱落频率比方柱绕流大，而方柱绕流形成的旋涡在尺寸上比圆柱大。

图 8-29　“动画”设置窗口

## 8.5　湍流分析

湍流出现在速度变动的地方。这种波动使流体介质之间相互交换动量、能量和发生浓度变化，并且引起了介质数量的波动。由于这种波动是小尺度且高频率的，因此在实际工程计算中直接模拟，对计算机的要求很高。实际上，瞬时控制方程可能在时间和空间上是均匀的，或者可以人为地改变尺度，这样修改后的方程耗费较少。但是，修改后的方程可能包含无法确定的变量，湍流模型需要用已知变量确定这些变量。

COMSOL 提供了九种湍流模型，包括代数 y+、L-VEL、$k$-$\varepsilon$、Realizable $k$-$\varepsilon$、$k$-$\omega$、SST、低雷诺数 $k$-$\varepsilon$、Spalart-Allmaras、和 V2-f。但是没有一个湍流模型对所有的问题通用，因此对于不同的分析类型需要选择相应的模型。选择时主要考虑以下几点：流体是否可压、建立特殊的和可行的问题、精度的要求、计算机的能力、时间的限制。为了选择最好的模型，用户需要了解不同模型的适用范围和限制。

### 8.5.1　湍流模型概述

（1）代数 y+ 模型和 L-VEL 模型

代数 y+ 模型和 L-VEL 模型使用代数表达式计算涡黏度，仅基于局部流速和与最近壁面的距离来计算湍流黏度，它们不求解附加变量。这两个模型适用于任何流动，在九个模型中鲁棒性最好，而且计算量最小。虽然它们是精度最低的模型，但对内部流动是很好的近似，尤其是在电子设备冷却的模拟应用中。

（2）$k$-$\varepsilon$ 模型

$k$-$\varepsilon$ 模型是一个高雷诺数模型，需要求解湍流动能（$k$）输运方程及湍流耗散率（$\varepsilon$）方程，得到湍流动能及湍流耗散率的解，然后利用湍流动能及湍流耗散率的值计算湍流黏度，最后通过 Boussinesq（布西奈斯克）假设得到雷诺数的解。湍流动能输运方程是通过精确的方程推导得到的，但湍流耗散率方程是通过物理推理、数学上模拟相似原形方程得到的。该模型假设流动为完全湍流，分子黏性的影响可以忽略。因此，$k$-$\varepsilon$ 模型只适合完全湍流的流动过程模拟。

（3）Realizable $k$-$\varepsilon$ 模型

Realizable $k$-$\varepsilon$ 模型是一种新出现的 $k$-$\varepsilon$ 模型，在分离流计算和带二次流的复杂流动计算中表现最为出色，但对于存在旋转和静止区的流场计算会产生非物理湍流黏性，因此在进行该类型计算时，最好不要选择 Realizable $k$-$\varepsilon$ 模型。

Realizable $k$-$\varepsilon$ 模型与 $k$-$\varepsilon$ 模型的区别主要有以下两点：

① Realizable $k$-$\varepsilon$ 模型采用了新的湍流黏度公式；

② 该模型的湍流耗散率是根据涡量扰动量均方根的精确输运方程推导出来的。

（4）$k$-$\omega$ 模型

$k$-$\omega$ 模型类似于 $k$-$\varepsilon$ 模型，但它求解的是 $k$ 与 $\omega$（比耗散率）。它是一个低雷诺数模型，但也可以与壁面函数结合使用。它多为非线性，因此相比 $k$-$\varepsilon$ 模型更难收敛，并且对解的初始预测非常敏感。$k$-$\omega$ 模型一般适用于 $k$-$\varepsilon$ 模型不准确的情况，如内部流动、强曲率流场、流动分离和射流。内部流动的一个很好的例子是弯管流动。

（5）SST 模型

其综合了 $k$-$\omega$ 模型在近壁区计算的优点和 $k$-$\varepsilon$ 模型在远场计算的优点。将 $k$-$\omega$ 模型和 $k$-$\varepsilon$ 模型都乘以一个混合函数后再相加就可以得到这个模型。在近壁区，混合函数的值等于 1，因此在近壁区等价于 $k$-$\omega$ 模型。在远离壁面的区域，混合函数的值等于 0，因此自动转换为 $k$-$\varepsilon$ 模型。

与 $k$-$\omega$ 模型相比，SST 模型中增加了横向耗散导数项，同时在湍流黏度定义中考虑了湍流剪切应力的输运过程，模型中使用的湍流常数也有所不同。这些特点使 SST 模型的适用范围更广，是一种工业应用的“首选”模型，如可以用于带逆压梯度的流动计算、翼型计算、跨声速激波计算等。

（6）低雷诺数 $k$-$\varepsilon$ 模型

低雷诺数 $k$-$\varepsilon$ 模型类似于 $k$-$\varepsilon$ 模型，但没有使用壁函数。它求解了每个位置的流动，是对 $k$-$\varepsilon$ 模型的合理补充，拥有和后者一样的优势，但通常要求网格更加密集；它的低雷诺数属性不仅表现在壁面上，而是在各处发挥作用，使湍流衰减。一种方法是首先使用 $k$-$\varepsilon$ 模型计算出一个良好的初始条件，然后用它求解低雷诺数 $k$-$\varepsilon$ 模型。另一种方法是使用自动壁处理功能，首先利用粗化的边界层网格来获取壁函数，然后对所需壁面处的边界层进行细化，进而获得低雷诺数模型。

低雷诺数 $k$-$\varepsilon$ 模型可以计算升力和曳力，而且热通量的建模精度远远高于 $k$-$\varepsilon$ 模型。在许多情况中，它表现出了出色的预测分离和再附的能力。

（7）Spalart-Allmaras 模型

Spalart-Allmaras 模型是方程模型中最成功的一个模型，它是一个低雷诺数模型，可求解实体壁之内的整个流场。其最早被用于有壁面限制情况的流动计算中，特别是在存在逆压梯度的流动区域内，对边界层的计算效果较好，因此经常被用于流动分离区附近的计算，后来在涡轮机械的计算中也得到广泛应用，主要用于研究空气动力学流动问题，如机翼表面的跨声速流动。

最早的 Spalart-Allmaras 模型用于低雷诺数流场计算，特别是在需要准确计算边界层黏性影响的问题中效果较好。当湍流对流场影响不大且网格较粗糙时，可以选用这个模型。

从经验来看，模型没有通过精确计算显示剪切流、分离流或衰减湍流的场，因此具有稳定和良好的收敛性。

（8）V2-f 模型

在接近壁边界的地方，平行于壁面方向上的速度脉动通常会远远大于垂直于壁面方向上的速度脉动。速度脉动被认为是各向异性的。在远离墙壁的地方，所有方向的脉动大小均相同，速度脉动变为各向同性。

除了两个分别描述湍流动能（$k$）和耗散率（$\varepsilon$）的方程之外，V2-f 模型使用了两个新方程来描述湍流边界层中湍流强度的各向异性。第一个方程描述了垂直于流线的湍流速度脉动的传递。第二个方程解释了非局部效应，例如由壁引起的垂直和平行方向之间的湍流动能的再分配的阻尼。此模型适用于研究曲面上的封闭流动，如旋风分离器的数值模拟。

### 8.5.2 实例—风吹过小土丘的回流

如图 8-30 所示为风吹过一个小土丘形成的回流区域，属于经典的后台阶绕流问题，流体通过台阶时会发生流动分离，在台阶角部（本例在小土丘顶后部）形成旋涡，流体绕过旋涡重新与壁面接触，继续沿壁面流动。本例将对风吹过小土丘形成的回流进行模拟，图 8-31 为模型的尺寸图，可按该图进行建模。

图 8-30　风吹过小土丘形成的回流区域

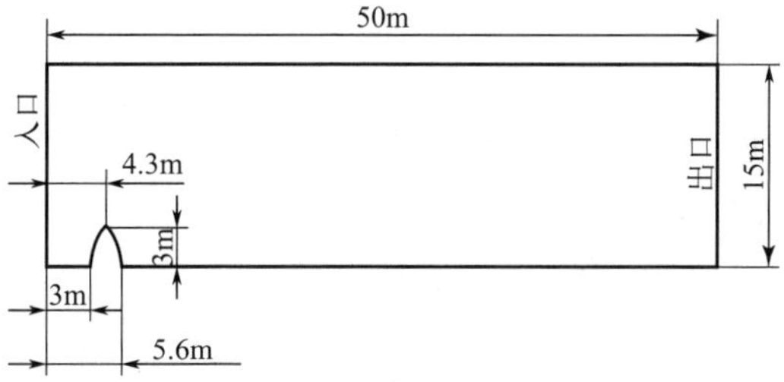


图 8-31　模型尺寸图

扫码看视频

操作步骤

（1）创建模型

① 进入二维几何界面。在“新建”界面中单击“模型向导”按钮，弹出“选择空间维度”界面，在该界面选择“二维”维度，进入“选择物理场”界面，展开“流体流动”列表，选择列表中的“单相流”→“湍流”→“湍流，k- ε（spf）”选项，单击“添加”按钮 添加 ，将“湍流，k- ε（spf）”添加到物理场接口中，如图 8-32 所示，然后单击“研究”按钮，进入“选择研究”界面，在“所选物理场接口的预设研究”栏中选择“稳态”选项，最后单击“完成”按钮，进入主界面。

② 定义全局参数。在“模型开发器”中选择“全局定义”节点中的“参数 1”，弹出“参数”设置窗口，在“参数”栏中设置第一行“名称”为“H”，“表达式”为“3[m]”，“描述”为“小土丘高度”，在“参数”栏中设置第二行“名称”为“V”，“表达式”为“10[m/s]”，“描述”为“风速”，如图 8-33 所示。

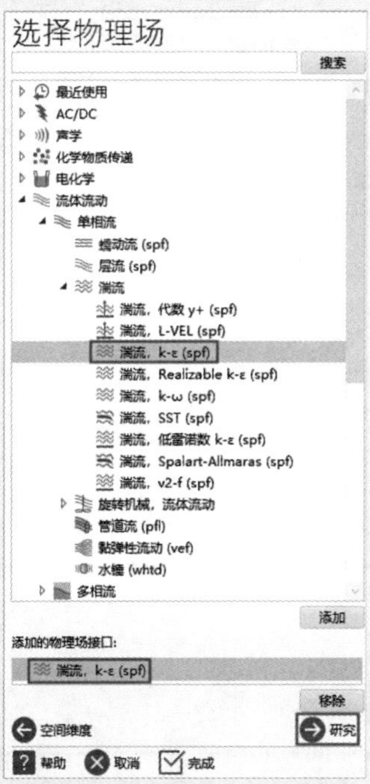


图 8-32　选择物理场

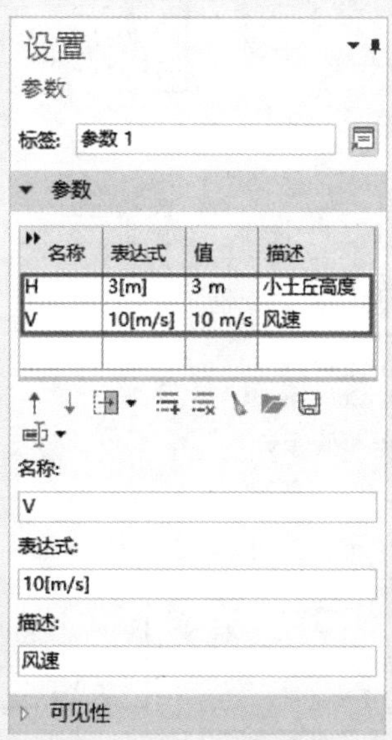


图 8-33　“参数”设置窗口

③ 创建模型。

a. 创建多边形。单击“几何”选项卡“体素”面板中的“多边形”按钮，弹出“多边形”设置窗口，在“对象类型”栏中设置“类型”为“开放曲线”，在“坐标”栏中设置“数据源”为“矢量”，然后在“x”文本框中输入“3，0，0，50，50，5.6”，在“y”文本框中输入“0，0，15，15，0，0”，其余为默认设置，如图 8-34 所示，最后单击“构建选定对象”按钮，创建多边形。

b. 创建插值曲线。单击“几何”选项卡“体素”面板“更多体素”下拉列表中的“插值曲线”按钮，弹出“插值曲线”设置窗口，在“对象类型”栏中设置“类型”为“开放曲线”，在“插值点”栏中设置“数据源”为“矢量”，然后在“x”文本框中输入“3，4.3，5.6”，在“y”文本框中输入“0，3，0”，其余为默认设置，如图 8-35 所示，最后单击“构建选定对象”按钮，创建插值曲线。

c. 转换为实体。单击“几何”选项卡“操作”面板“转换”下拉列表中的“转换为实体”按钮，弹出“转换为实体”设置窗口，在“输入”栏中激活“选择”框，在图形窗口中选择创建的多边形和插值曲线，其余为默认设置，如图 8-36 所示，然后单击“构建选定对象”按钮，将模型转换为实体，结果如图 8-37 所示。

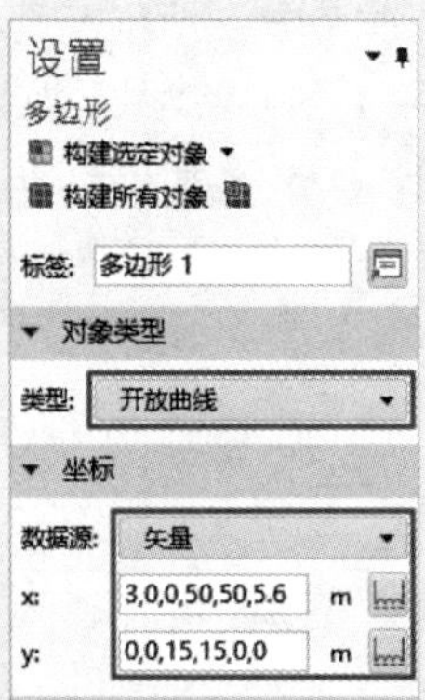


图 8-34 “多边形”设置窗口

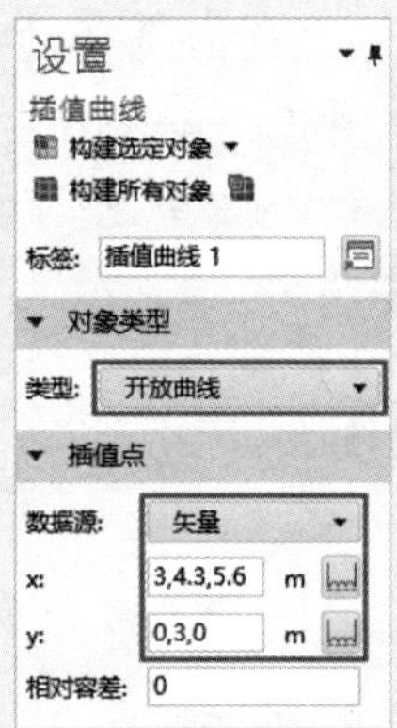


图 8-35 “插值曲线”设置窗口

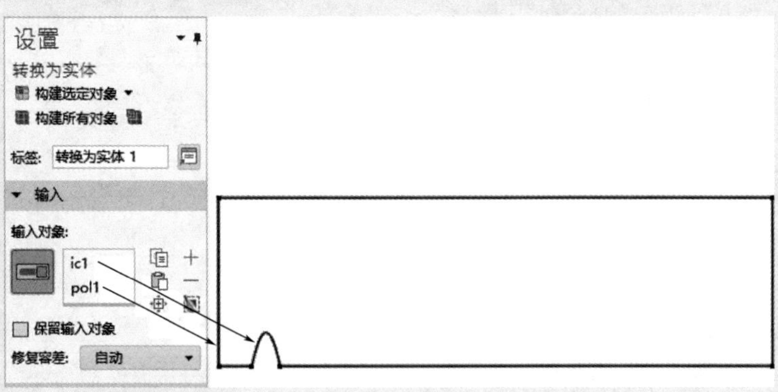


图 8-36 “转变为实体”设置窗口

图 8-37　创建的模型

（2）添加材料

单击“材料”选项卡“材料”面板中的“添加材料”按钮，弹出“添加材料”窗口，展开“内置材料”列表，双击其中的“Air”(空气)，将其添加到“模型开发器”中的“材料”节点中，然后单击“关闭”按钮 ✕，关闭“添加材料”窗口。

（3）流体设置

① 添加入口。单击“物理场”选项卡“边界”面板“边界”下拉列表“湍流，k-ε”中的“入口”按钮 **入口**，弹出“入口”设置窗口，激活“选择”框，选择模型的左边界，在“边界条件”栏中选择“充分发展的流动”，在“充分发展的流动”栏中设置“$U_{av}$”值为“V”，如图 8-38 所示，其余为默认设置，添加入口。

② 添加出口。单击“物理场”选项卡“边界”面板“边界”下拉列表“湍流，k-ε”中的“出口”按钮 **出口**，弹出“出口”设置窗口，激活“选择”框，选择模型的右边界，在“边界条件”栏中选择“压力”，在“压力条件”栏中设置“压力”为“静压”，设置“$P_0$”值为“0”，如图 8-39 所示，其余为默认设置，添加出口。

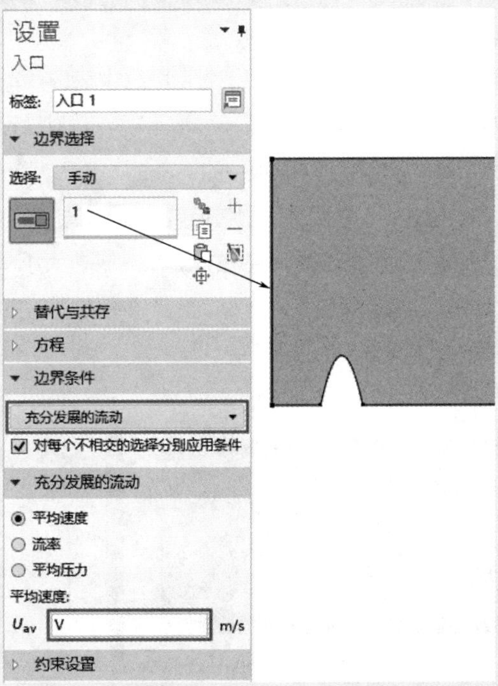


图 8-38　“入口”设置窗口

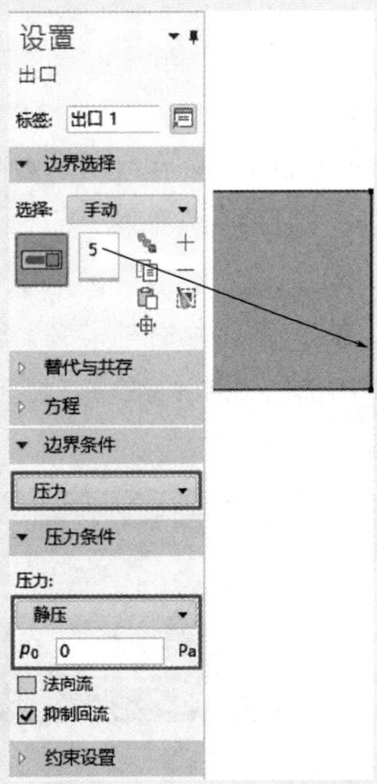


图 8-39　“出口”设置窗口

（4）划分网格

在“模型开发器”中选择“网格”节点，弹出“网格”设置窗口，在“序列类型”中选择“物理场控制网格”，在“物理场控制网格”栏中设置“单元大小”为“细化”，其余为默认设置，如图 8-40 所示，然后单击“全部构建”按钮，划分网格，结果如图 8-41 所示。

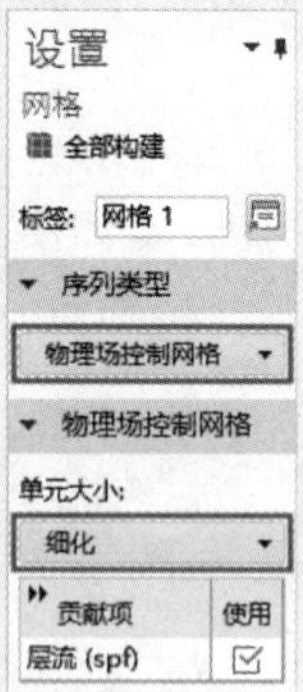


图 8-40 “网格”设置窗口

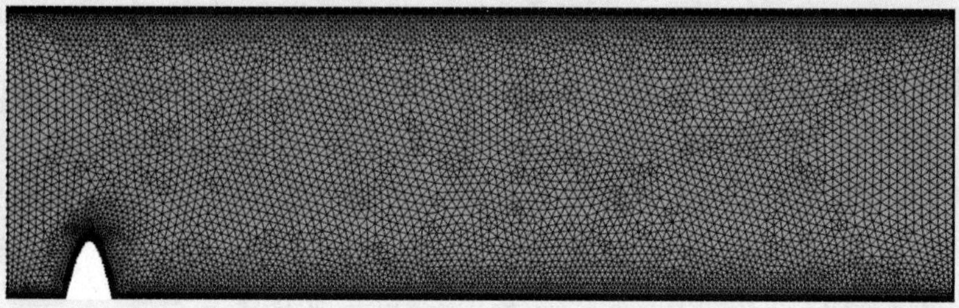

图 8-41 划分网格

（5）求解计算

① 设置研究 1。在“模型开发器”中选中“研究 1”节点，弹出“研究”设置窗口，在“研究”设置窗口中取消勾选“生成默认绘图”复选框。

② 求解计算。单击“研究”选项卡“研究”面板中的“计算”按钮，进行求解计算。

（6）查看结果

① 查看速度。

a. 添加二维绘图组。单击“结果”选项卡“绘图组”面板中的“二维绘图组”按钮，弹出“二维绘图组”设置窗口和“二维绘图组 1”选项卡，在“二维绘图组”设置窗口中采用默认设置。

b. 添加表面。单击“二维绘图组 1”选项卡“添加绘图”面板中的“表面”按钮，弹出“表面”设置窗口，设置“标签”为“速度”，在“表达式”栏中单击“替换表达式”按钮，弹出表达式窗口，在“组件 1”→“湍流，k- ε ”→“速度和压力”中双击“spf.U- 速度大小 -m/s”选项，在“标题”栏中设置“标题类型”为“标签”，其余采用默认设置，然后单击该窗口中的“绘制”按钮，绘制速度云图，如图 8-42 所示。

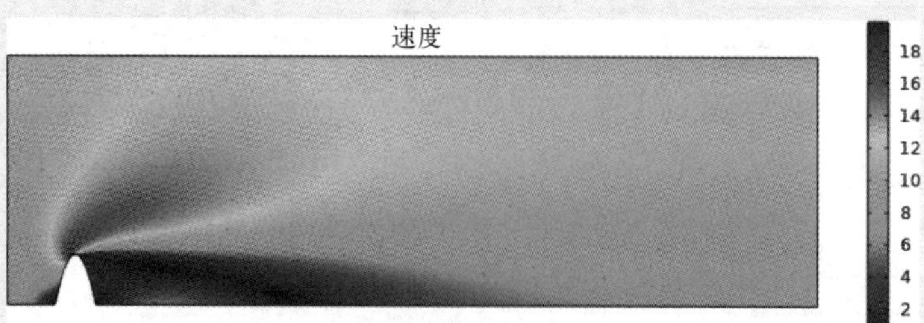


图 8-42 速度云图

c. 添加流线。单击“二维绘图组 1”选项卡“添加绘图”面板中的“流线”按钮 ，弹出“流线”设置窗口，在“表达式”栏中单击“替换表达式”按钮 ，弹出表达式窗口，在“组件 1”→“湍流，k- ε ”→“速度和压力”中双击“u，v- 速度场”选项，在“流线定位”栏中设置“定位”为“均匀密度”，设置“间隔距离”为“0.01”，在“着色和样式”栏中设置“点样式”的“类型”为“箭头”，勾选“比例因子”复选框，设置其值为“0.15”，设置“颜色”为“红色”，其余采用默认设置，如图 8-43 所示，然后单击该窗口中的“绘制”按钮 ，绘制速度和流线云图，如图 8-44 所示。

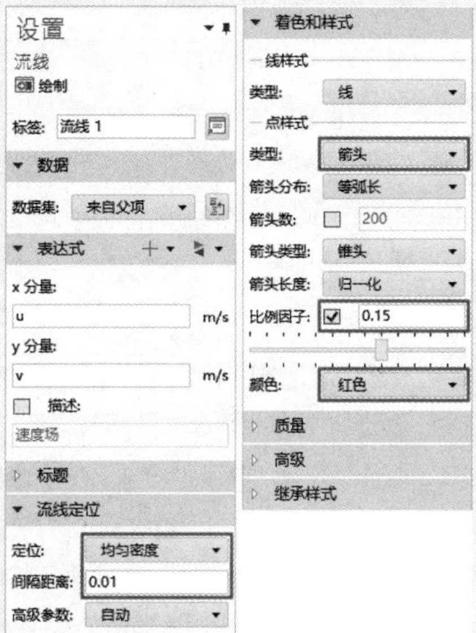


图 8-43　“流线”设置窗口

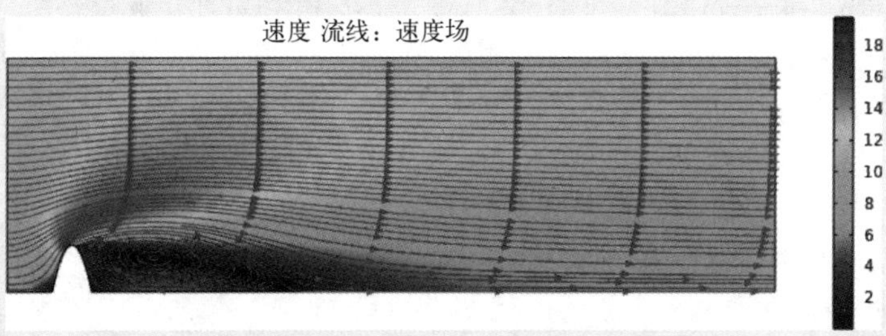


图 8-44　速度和流线云图

② 查看压力等值线图。

a. 添加二维绘图组。单击“结果”选项卡“绘图组”面板中的“二维绘图组”按钮，弹出“二维绘图组”设置窗口和“二维绘图组 2”选项卡，在“二维绘图组”设置窗口中采用默认设置。

b. 添加等值线。单击“二维绘图组 2”选项卡“添加绘图”面板中的“等值线”按钮 ，弹出“等值线”设置窗口，设置“标签”为“压力等值线”，在“表达式”栏中单击“替换表达式”按钮 ，弹出表达式窗口，在“组件 1”→“湍流，k- ε ”→“速度和压力”中双击“p- 压力 -Pa”选项，在“标题”栏中设置“标题类型”为“标签”，在“水平”栏中设置“总水平数”

为“50”，其余采用默认设置，然后单击该窗口中的“绘制”按钮，绘制压力等值线图，如图8-45所示。

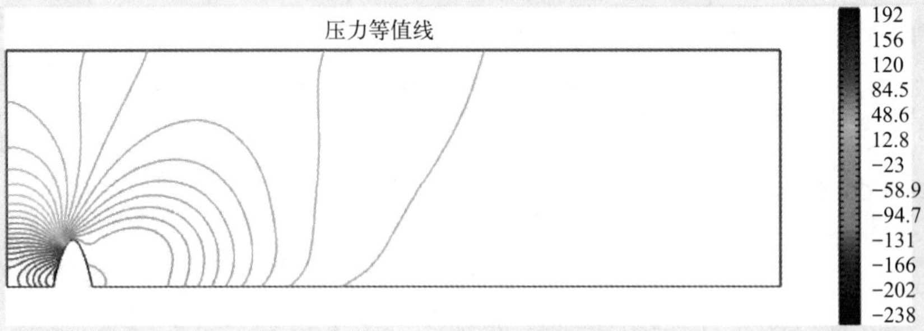


图 8-45　压力等值线图

③ 查看回流长度。

a. 添加二维绘图组。单击“结果”选项卡“绘图组”面板中的“二维绘图组”按钮，弹出“二维绘图组”设置窗口和“二维绘图组 3”选项卡，在“颜色图例”栏中勾选“显示最大值和最小值”复选框，其余采用默认设置。

b. 添加等值线。单击“二维绘图组 2”选项卡“添加绘图”面板中的“等值线”按钮，弹出“等值线”设置窗口，设置“标签”为“回流长度”，在“表达式”栏中单击“替换表达式”按钮，弹出表达式窗口，在“组件 1”→“湍流，k- ε”→“速度和压力”→“速度场”中双击“u- 速度场，x 分量”选项，在“标题”栏中设置“标题类型”为“标签”，在“水平”栏中设置“定义方法”为“水平”，设置“水平”为“0”，其余采用默认设置，如图 8-46 所示。

c. 添加颜色表达式属性。单击“二维绘图组 3”选项卡“属性”面板中的“颜色表达式”按钮，弹出“颜色表达式”设置窗口，设置“标签”为“颜色表达式 1”，在“表达式”栏中输入“x/H”，其余采用默认设置，如图 8-47 所示，然后单击该窗口中的“绘制”按钮，绘制回流长度图，如图 8-48 所示。

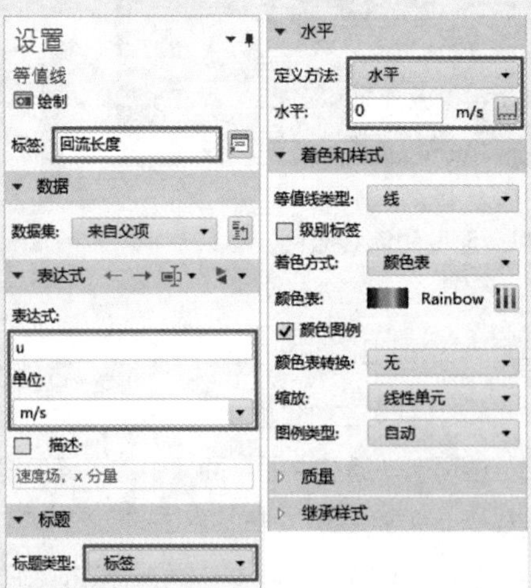


图 8-46　“等值线”设置窗口

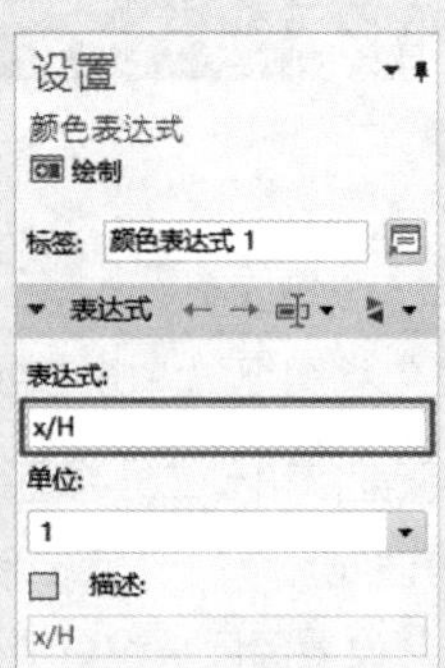


图 8-47　“颜色表达式”设置窗口

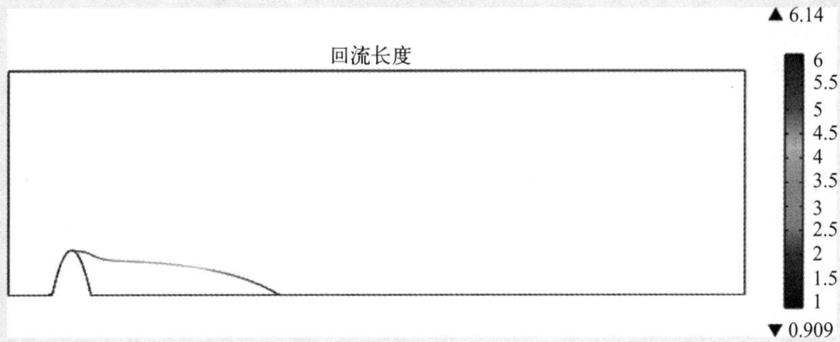


图 8-48　回流长度

# 8.6　多相流分析

多相流通常包括气 - 液、液 - 液、液 - 固、气 - 固、气 - 液 - 液、气 - 液 - 固或气 - 液 - 液 - 固等混合物的流动，主要分为两大类：分散型多相流和分离型多相流。

当流体具有下列情形时多用分散型多相流进行模拟仿真：

① 当流体中拥有大量的固体颗粒时；

② 当流体中具有大量且相对较小气泡（直径小于 2mm）的气泡流时；

③ 当流体为乳状液或气溶胶时。

当流体具有下列情形时多用分离型多相流进行模拟仿真：

① 当多相流为微流体时；

② 当流体中具有相对较少的气泡或液滴时；

③ 当对气泡、液滴和流体与流体界面的形状和运动状态进行分析时。

为了方便用户使用，COMSOL 又对分散型多相流和分离型多相流对应的模型进行了分类，其中分散型多相流模型主要包括：气泡流模型；混合物模型；Euler-Euler 模型；相传递，混合物模型。分离型多相流模型主要包括：两相流，水平集模型；两相流，相场模型；两相流，动网格模型；三相流，相场模型。下面对常用的模型进行简单介绍。

## 8.6.1　多相流模型概述

（1）气泡流模型

气泡流模型需要定义两个相，其中分散相为气相，连续相为液相。该模型只对连续相建立动量守恒方程，对气泡则通过方程描述其相对速度，最终使两相的阻力与压力梯度实现平衡。

（2）混合物模型

混合物模型与气泡流模型相似，但考虑了分散相的动量贡献。它通常用于模拟分散在液相中的气泡或固体颗粒。混合物模型还可以处理任意数量的分散相。混合物模型和气泡流模型均假设分散相与连续相处于平衡状态，即分散相不能相对于连续相加速。因此，混合物模型无法处理分散在气体中的大固体颗粒。

（3）Euler-Euler 模型

Euler-Euler 模型需要定义两个相，其中分散相为固相或液相，连续相为气相，该模型对每种相都定义动量守恒方程，因此该模型是最精确的分散多相流模型，也是用途最广的模型。它可以处理任何类型的分散多相流。其允许分散相加速，并且对不同相的体积分数没有限制。但该模型仅适用于两相流，需要良好的初始条件才能在数值解中进行收敛，并且计算时占用的时间和内存较多。

（4）相传递，混合物模型

“相传递，混合物模型”是单相流与相传递之间的多物理耦合场分析，可以模拟任意多个分散相（可以是气泡、液滴或固体颗粒）的液体的层流和湍流。

（5）两相流，水平集模型

“两相流，水平集模型”可以对包含表面张力且不可压缩的两相流进行求解仿真。在“两相流，水平集模型”中，水平集函数的等值面代表相界面。由于水平集函数在相界面附近需要高密度网格，这样对于表面张力影响较小的问题的研究，该模型可以代替相场模型，不仅可以达到相同的精度，而且计算成本较低。“两相流，水平集模型”基于连续的逼近法，将表面张力和交界面局部曲率表示为体积力。这简化了在计算中捕捉由表面张力变化引起的拓扑结构变化的过程。

（6）两相流，相场模型

“两相流，相场模型”与“两相流，水平集模型”的基本概念相同，这里的相场函数的等值面代表相界面，该模型比“两相流，水平集模型”更精确，但计算成本较高。

（7）两相流，动网格模型

“两相流，动网格模型”可以用来模拟相场形状由于边界运动而随时间改变的问题，将表面张力作为边界条件加到模型中，网格与相边界的形状始终保持一致，并且网格边界与相边界重合。对于给定的网格，“两相流，动网格模型”比“两相流，相场模型”有更高的精度，但该模型也有一定的局限性，即网格必须连续变形，不允许拓扑变化，如果需要拓扑变化，则优先考虑“两相流，相场模型”。

## 8.6.2 实例—反应器中引入上升气泡引起的液体环流

如图 8-49 所示为一个化学反应器，为了加快化学反应速率，从反应器底部冲入两股气体，气体在反应液中以气泡形式上升，并在反应器的顶部溢出。由于气泡的介入，不仅增大了化学反应的面积，并且在气泡上升过程中还会引起反应液的环流，使反应更加均匀、迅速。本实例利用 COMSOL 中的“气泡流，k-ε”接口来模拟这一过程，查看 40s 后气泡和液体的流向、湍流黏度，以及不同高度的气体和液体的速度。

扫码看视频

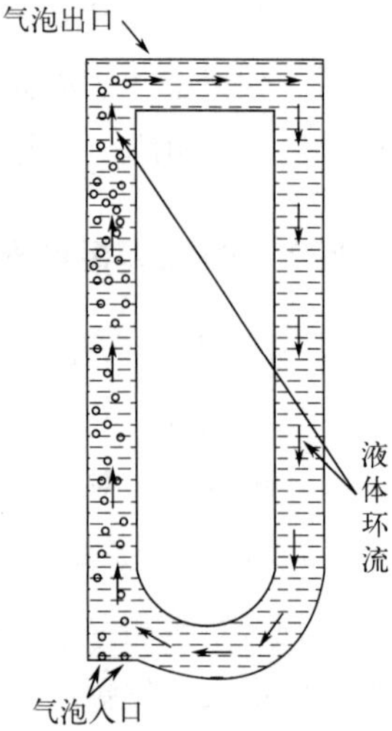


图 8-49 化学反应器

仿真分析中的各参数见表 8-1。

**表 8-1　参数表**

| 气泡直径 | 1mm |
|---|---|
| 入口处气体密度 | $1kg/m^3$ |
| 入口气体速度 | 60mm/s |
| 入口半径 | 20mm |
| 通道宽度 | 150mm |
| 滑移速度比例常数 | $50000kg/(m^3 \cdot s)$ |

操作步骤

（1）导入模型

① 进入二维几何界面。在"新建"界面中单击"模型向导"按钮，弹出"选择空间维度"界面，在该界面选择"二维"维度，进入"选择物理场"界面，展开"流体流动"列表，选择列表中的"多相流"→"气泡流"→"气泡流，湍流"→"气泡流，k-ε"选项，单击"添加"按钮 添加 ，将"气泡流，k-ε（bf）"添加到物理场接口中，如图 8-50 所示。然后单击"研究"按钮，进入"选择研究"界面，在"所选物理场接口的预设研究"栏中选择"瞬态"选项，然后单击"完成"按钮，进入主界面。

② 定义全局参数。在"模型开发器"中选择"全局定义"节点中的"参数 1"，弹出"参数"设置窗口，在"参数"栏中设置第一行"名称"为"D"，"表达式"为"1[mm]"，"描述"为"气泡直径"，在"参数"栏中设置第二行"名称"为"Rhog"，"表达式"为"1[kg/(m^3)]"，"描述"为"入口处气体密度"，在"参数"栏中设置第三行"名称"为"V"，"表达式"为"60[mm/s]"，"描述"为"入口气体速度"，在"参数"栏中设置第四行"名称"为"R"，"表达式"为"20[mm]"，"描述"为"入口半径"，在"参数"栏中设置第五行"名称"为"W"，"表达式"为"150[mm]"，"描述"为"通道宽度"，在"参数"栏中设置第六行"名称"为"Cw"，"表达式"为"50000[kg/(m^3*s)]"，"描述"为"滑移速度比例常数"，如图 8-51 所示。

③ 定义阶跃函数。单击"主屏幕"选项卡"定义"面板"函数"下拉列表"全局"中的"阶跃"按钮 阶跃 ，弹出"阶跃"设置窗口，在"参数"栏的"位置"文本框中输入"5"，然后展开"平滑处理"栏，在"过渡区大小"文本框中输入"10"，如图 8-52 所示，其余为默认设置，定义阶跃函数。

④ 导入模型。

a. 设置单位。在"模型开发器"中选择"几何"分支，然后在"几何"设置窗口中设置"长度单位"为"mm"。

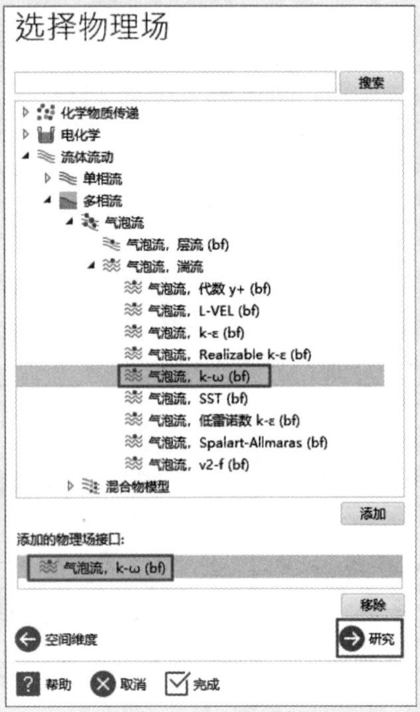


图 8-50　选择物理场

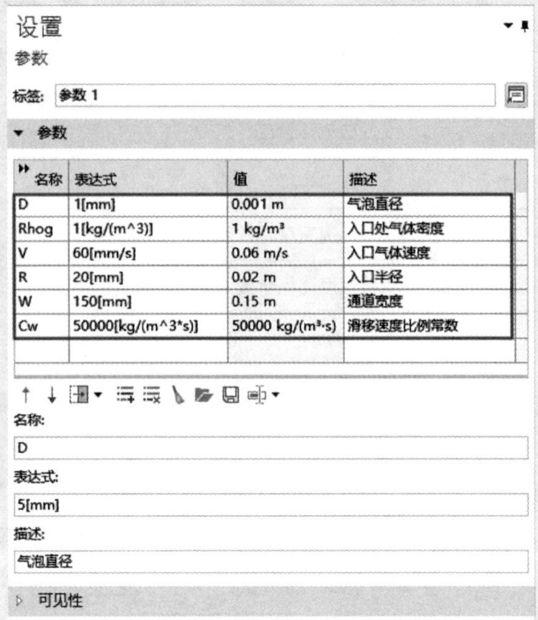


图 8-51　“参数”设置窗口

b. 导入反应器模型。单击“几何”选项卡“导入 / 导出”面板中的“导入”按钮，弹出“导入”设置窗口，单击“浏览”按钮，弹出“导入几何”窗口，找到要导入的“反应器 .mphbin”文件，单击“打开”按钮 打开(O) ，返回“导入”设置窗口，其余为默认设置，如图 8-53 所示，单击“导入”按钮，导入反应器模型，单击“图形窗口”工具栏中的“显示栅格”按钮，取消栅格的显示，结果如图 8-54 所示。

（2）添加材料

单击“材料”选项卡“材料”面板中的“添加材料”按钮，弹出“添加材料”窗口，展开“内置材料”列表，双击其中的“Air”（空气）和“Water，liquid”（水），将其添加到“模型开发器”中的“材料”节点中，然后单击“关闭”按钮，关闭“添加材料”窗口。

（3）流体设置

① 设置“气泡流，k- ε ”。在“模型开发器”中选择“气泡流，k- ε ”节点，弹出“气泡流，k- ε ”设置窗口，系统自动选择整个域，在“物理模型”栏中取消勾选“低气体浓度”复选框；在“湍流”栏中勾选“编辑湍流模型参数”复选框，然后设置“$C_k$”为“0.6”，设置“$C_\varepsilon$”为“1.4”，其余为默认设置，如图 8-55 所示。

② 设置流体属性。选择“气泡流，k- ε ”节点下的“流体属性”子节点，弹出“流体属性”设置窗口，系统自动选择整个域，在“材料”栏中设置“液体”为“Water，liquid（mat2）”，设置“气体”为“Air（mat1）”；在“气体属性”栏中设置“$\rho_g$”为“根据理想气体定律计算”，设置“$d_b$”为“D”；在“滑移模型”栏中设置“滑移模型”为“压差阻力平衡”，设置“曳力系数模型”为“大气泡”，其余为默认设置，如图 8-56 所示。

图 8-52 “阶跃”设置窗口

图 8-53 “导入”设置窗口

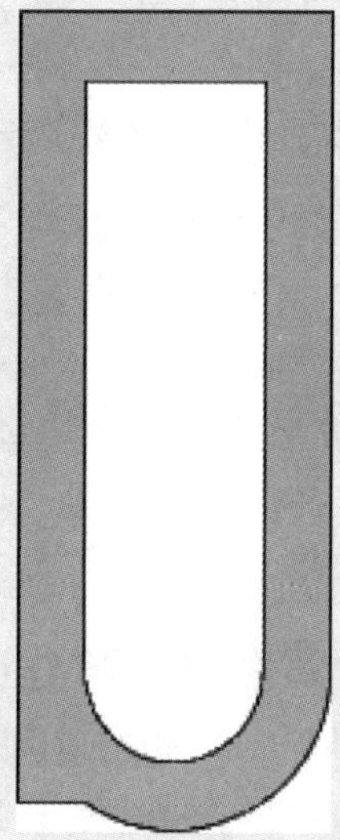

图 8-54 反应器模型

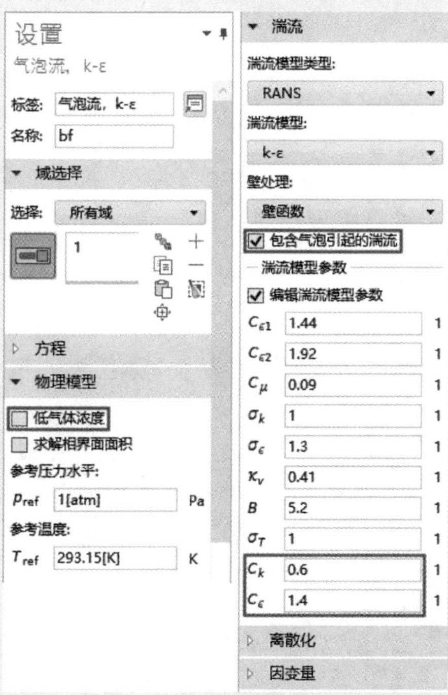


图 8-55 “气泡流，k-ε”设置窗口

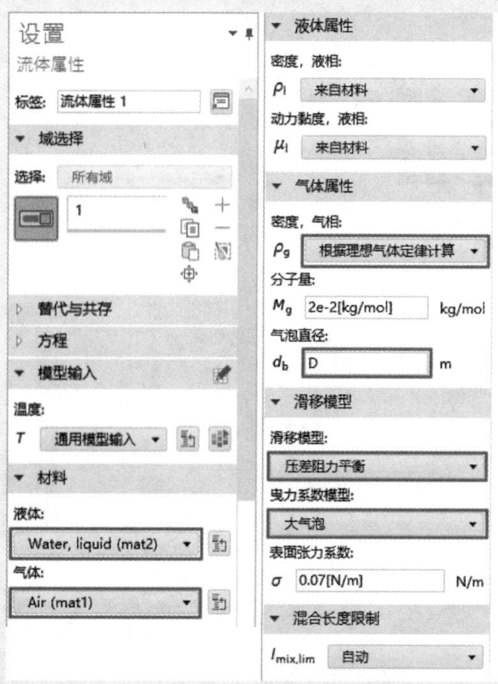


图 8-56 “流体属性”设置窗口

③ 设置初始值。选择“气泡流，k- ε ”节点下的“初始值 1”子节点，弹出“初始值”设置窗口，在“替代与共存”栏中设置“*p*”为“g_const*bf.rhol*(1.75-y)”，如图 8-57 所示，其余为默认设置，设置初始值。

④ 添加重力。单击“物理场”选项卡“域”面板“域”下拉列表“气泡流，k- ε ”中的“重力”按钮 **重力**，弹出“重力”设置窗口，在“域选择”栏中激活“选择”框，选择整个域，在“重力”栏中设置“重力矢量”的“y”值为“-g_const”，其余为默认设置，如图 8-58 所示，添加重力。

⑤ 添加入口边界。单击“物理场”选项卡“边界”面板“边界”下拉列表“气泡流，k- ε ”中的“壁”按钮 **壁**，弹出“壁”设置窗口，在“边界选择”栏中激活“选择”框，选择模型的两个入口边界“6”和“8”，在“气体边界条件”栏中设置“气体边界条件”为“气体通量”，并设置“$N_{\rho g\phi g}$”为“V*Rhog*step1(t[1/s])”，其余为默认设置，如图 8-59 所示，添加入口边界。

⑥ 添加出口边界。单击“物理场”选项卡“边界”面板“边界”下拉列表“气泡流，k- ε ”中的“壁”按钮 **壁**，弹出“壁”设置窗口，在“边界选择”栏中激活“选择”框，选择模型的出口边界“5”，在“液体边界条件”栏中设置“液体边界条件”为“滑移”；在“气体边界条件”栏中设置“气体边界条件”为“气体出口”，其余为默认设置，如图 8-60 所示，添加出口边界。

⑦ 添加压力点。单击“物理场”选项卡“点”面板“点”下拉列表“气泡流，k- ε ”中的“压力点约束”按钮 **压力点约束**，弹出“压力点约束”设置窗口，在“点选择”栏中激活“选择”框，选择模型的右上角点“17”，在“压力约束”栏中设置“压力”为“0”，其余为默认设置，如图 8-61 所示，添加压力点。

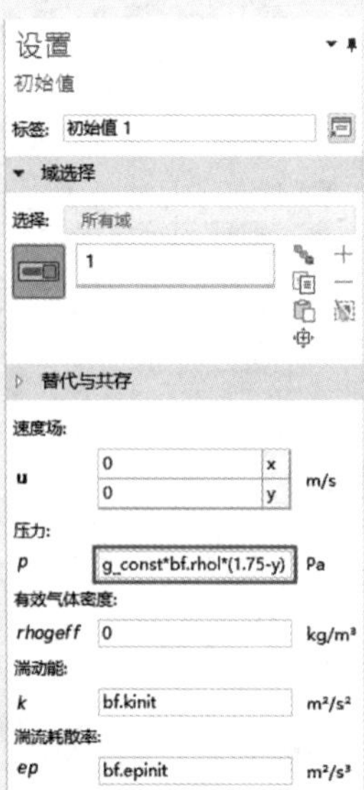


图 8-57 “初始值”设置窗口

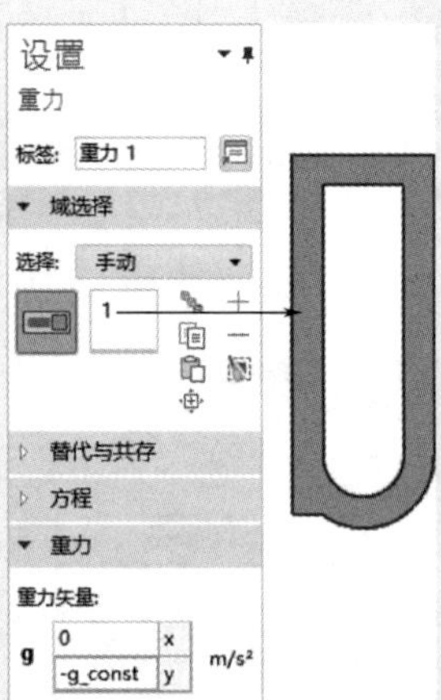


图 8-58 “重力”设置窗口

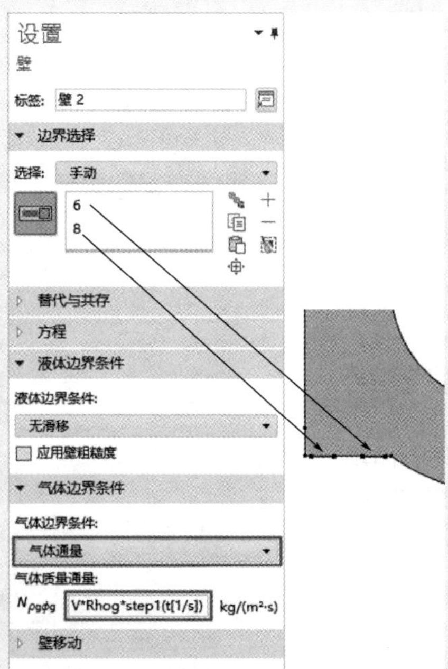


图 8-59 入口“壁”设置窗口

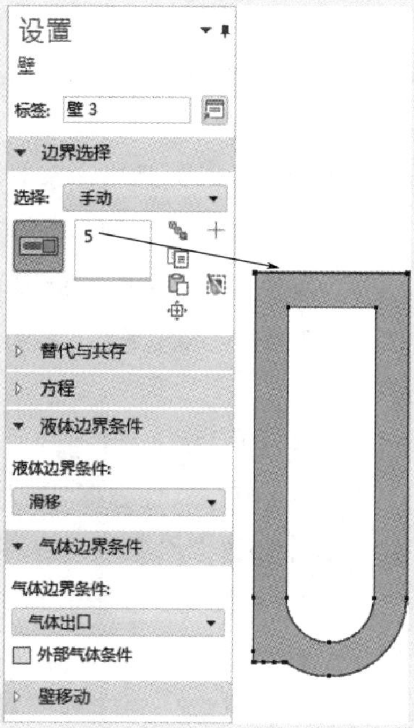


图 8-60　出口“壁”设置窗口

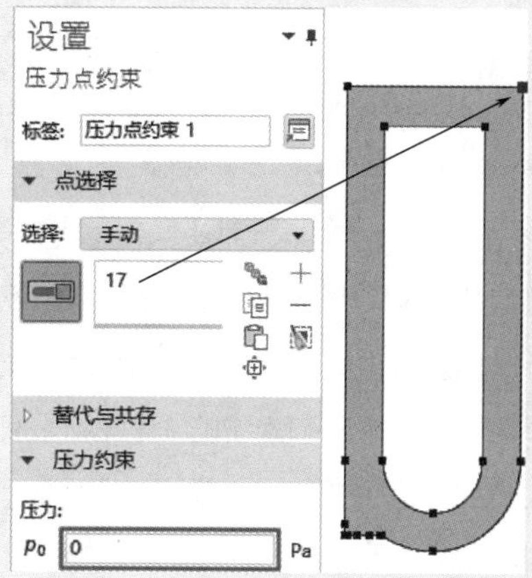


图 8-61　“压力点约束”设置窗口

（4）划分网格

在“模型开发器”中单击“网格 1”节点，弹出“网格”设置窗口，在“序列类型”下拉列表中选择“用户控制网格”，其余为默认设置，如图 8-62 所示，然后单击“大小 1”子节点，弹出“大小”设置窗口，在“单元大小”栏中设置“预定义”为“常规”，其余为默认设置，如图 8-63 所示。最后单击“全部构建”按钮 ▦，划分网格，结果如图 8-64 所示。

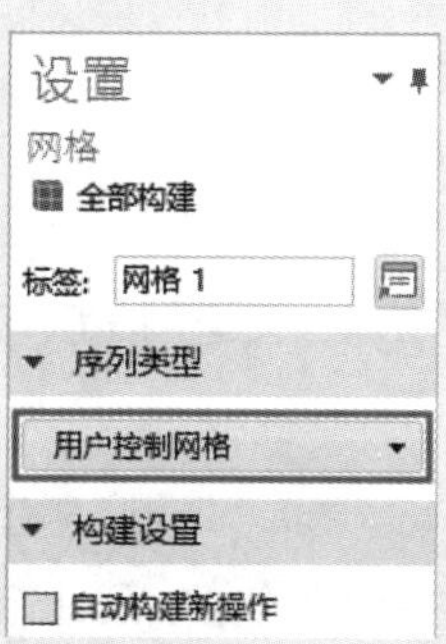


图 8-62　“网格”设置窗口

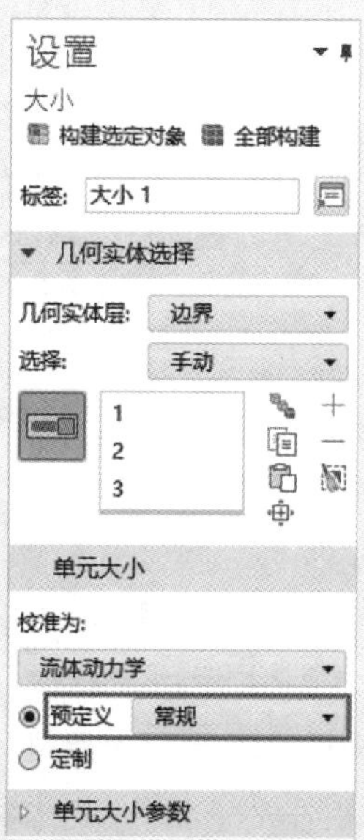


图 8-63　“大小”设置窗口

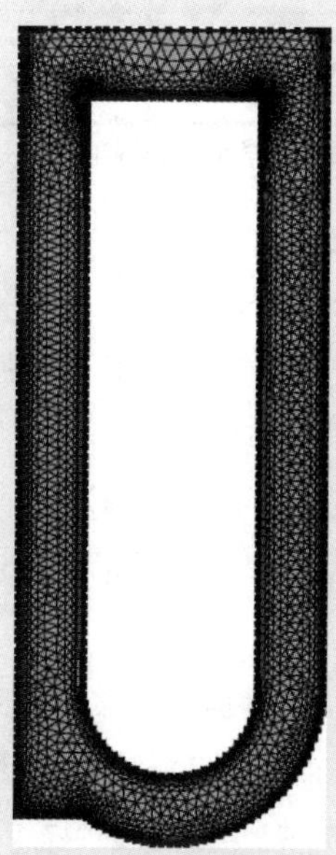

图 8-64　划分网格

（5）求解计算

① 设置研究 1。在“模型开发器”中选中“研究 1”节点，弹出“研究”设置窗口，在“研究”设置窗口中取消勾选“生成默认绘图”复选框。

② 设置求解步骤。在“模型开发器”中选中“步骤 1：瞬态”节点，弹出“瞬态”设置窗口，在“研究设置”栏中设置“时间单位”为“s”，单击“范围”按钮，弹出“范围”窗口，设置“定义方法”为“步长”，设置“起始”为“0”、“步长”为“1”、“停止”为“60”，如图 8-65 所示，单击“替换”按钮 替换 ，关闭该窗口，返回“瞬态”设置窗口，如图 8-66 所示，其余为默认设置，设置求解步骤。

③ 设置求解器。单击“研究”选项卡“求解器”面板中的“显示默认求解器”按钮，此时“模型开发器”中出现系统默认的求解器。展开“因变量 1”子节点，选择“压力”分支，弹出“场”设置窗口，在“缩放”栏中设置“方法”为“手动”，设置“比例因子”为“20000”，然后选择“因变量 1”子节点中的“速度场，液相”分支，弹出另一个“场”设置窗口，在“缩放”栏中设置“方法”为“手动”，设置“比例因子”为“0.5”，其余为默认设置。

④ 求解计算。单击“研究”选项卡“研究”面板中的“计算”按钮，进行求解计算。

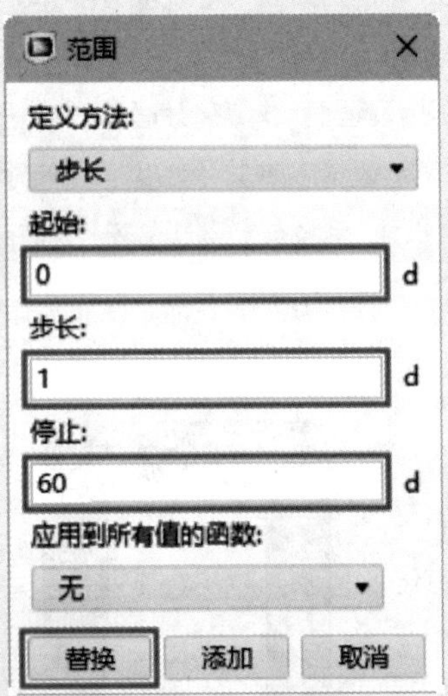


图 8-65 “范围”窗口

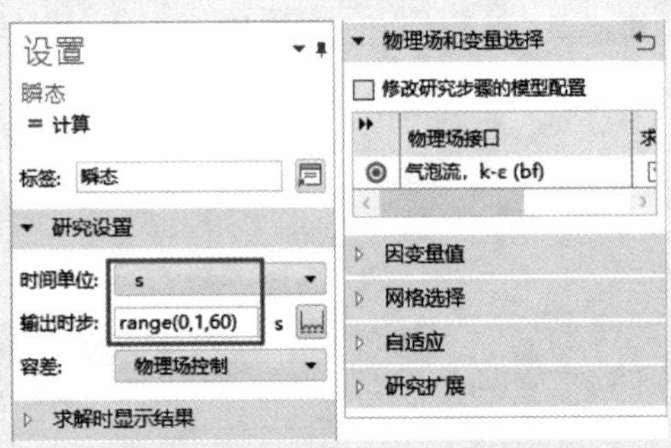


图 8-66 “瞬态”设置窗口

（6）查看结果

① 查看气相和液流方向。

a. 添加二维绘图组。单击“结果”选项卡“绘图组”面板中的“二维绘图组”按钮，弹出“二维绘图组”设置窗口和“二维绘图组 1”选项卡，采用默认设置。

b. 添加表面。单击“二维绘图组 1”选项卡“添加绘图”面板中的“表面”按钮，弹出“表面”设置窗口，设置“标签”为“气相体积分数”，由于表达式中默认的是绘制气相，因此无须修改，展开“标题”栏，设置“标题类型”为“标签”，其余采用默认设置，如图 8-67 所示，然后单击该窗口中的“绘制”按钮，绘制气相体积分数云图，如图 8-68 所示。

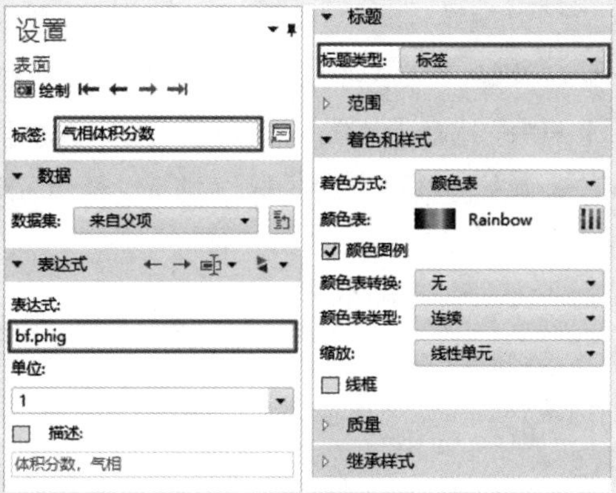


图 8-67　气相“表面”设置窗口

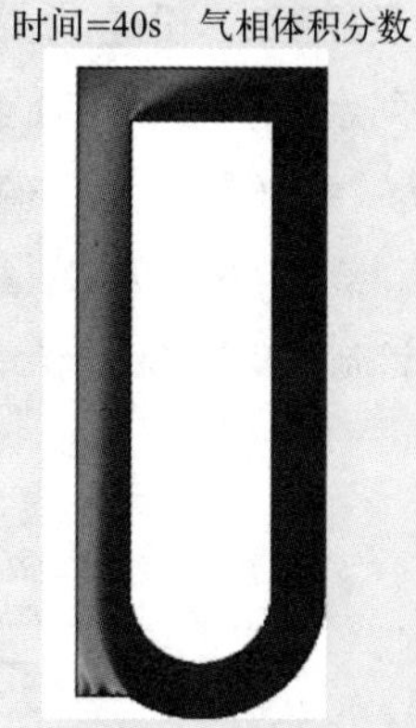


图 8-68　气相体积分数云图

c. 添加流线。单击“二维绘图组 1”选项卡“添加绘图”面板中的“流线”按钮，弹出“流线”设置窗口，设置“标签”为“液体流向”，由于表达式中默认的是绘制液相速度场，故无须修改，展开“标题”栏，设置“标题类型”为“标签”，展开“流线定位”栏，设置“定位”为“均匀密度”，设置“间隔距离”为“0.03”，在“着色和样式”栏中设置“点样式”的“类型”为“箭头”，设置“颜色”为“黑色”，其余采用默认设置，如图 8-69 所示，然后单击该窗口中的“绘制”按钮，绘制液体流向图，如图 8-70 所示。

图 8-69　“流线”设置窗口

图 8-70　液体流向图

② 查看左侧通道在 -200mm、400mm、700mm、1000mm、1300mm 处的气体和液体垂直速度。

a. 添加二维截线。单击“结果”选项卡“数据集”面板中的“二维截线”按钮，弹出“二维截线”设置窗口，设置“标签”为“-200mm水平线”，在“线数据”栏中设置“线定义方法”为“两点”，设置“点1”的“x”值为“-350”，“y”值为“-200”；设置“点2”的“x”值为“-200”，“y”值为“-200”，其余采用默认设置，如图8-71所示。然后单击该窗口中的“绘制”按钮 ，绘制高度在-200mm处的水平线，如图8-72所示。采用同样的方法，分别绘制高度在400mm、700mm、1000mm、1300mm处的水平线。

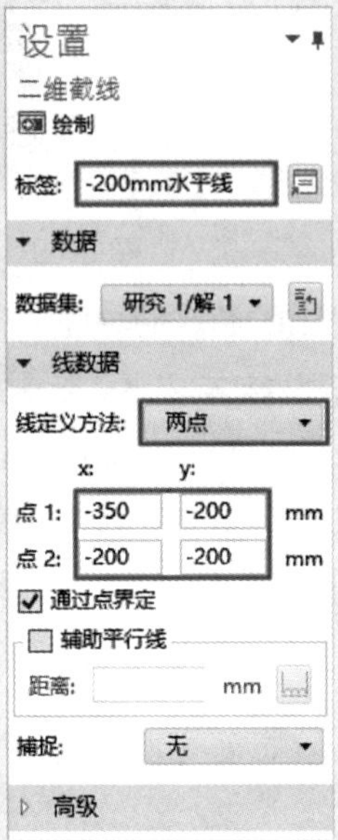


图 8-71 “二维截线”设置窗口

图 8-72 -200mm处水平线

b. 添加一维绘图组。单击“结果”选项卡“绘图组”面板中的“一维绘图组”按钮 ，弹出“一维绘图组”设置窗口，设置“标签”为“-200mm 处气体和液体垂直速度”，在“数据”栏中设置“数据集”为“-200mm 水平线”，设置“时间选择”为“最后一个”，展开“标题”栏，设置“标题类型”为“标签”，在“图例”栏中勾选“显示图例”复选框，设置“位置”为“右下角”，其余采用默认设置，如图 8-73 所示。

c. 添加气体线结果图。单击“-200mm 处气体和液体垂直速度”选项卡“添加绘图”面板中的“线结果图”按钮 ，弹出“线结果图”设置窗口，设置“标签”为“气相”，在“y 轴数据”栏中设置“表达式”为“bf.ugy”，展开“着色和样式”栏，设置“颜色”为“蓝色”，设置“宽度”为“2”，展开“图例”栏，勾选“显示图例”复选框，设置“图例”为“手动”，并在“图例”文本框中输入“气体”，其余采用默认设置，如图 8-74 所示。

d. 添加液体线结果图。单击“-200mm 处气体和液体垂直速度”选项卡“添加绘图”面板中的“线结果图”按钮 ，弹出“线结果图”设置窗口，设置“标签”为“液相”，在“y 轴数据”栏中设置“表达式”为“v”，展开“着色和样式”栏，设置“颜色”为“红色”，设置“宽度”为“2”，展开“图例”栏，勾选“显示图例”复选框，设置“图例”为“手动”，并在“图例”文本框中输入“液体”，其余采用默认设置，如图 8-75 所示，然后单击该窗口中的“绘制”

按钮 ，绘制-200mm处气体和液体垂直速度图，如图8-76所示。

图 8-73 “一维绘图组”设置窗口

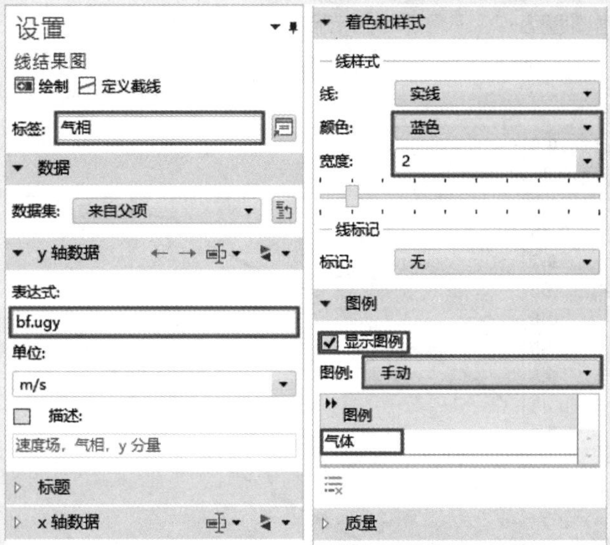


图 8-74 气体“线结果图”绘制窗口

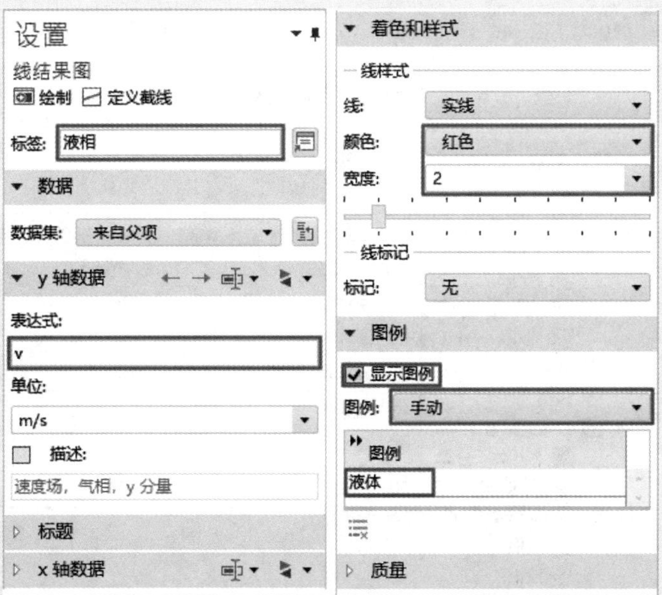


图 8-75 液体“线结果图”绘制窗口

e. 绘制 400mm 处气体和液体垂直速度。在“模型开发器”中右击“-200mm 处气体和液体垂直速度”分支，在弹出的快捷菜单中选择“复制粘贴”命令，如图 8-77 所示，添加一组“一维绘图组”，设置标签为“400mm 处气体和液体垂直速度”，在“数据”栏中设置“数据集”为“400mm 水平线”，在“图例”栏中勾选“显示图例”复选框，设置“位置”为“右上角”，其余采用默认设置，然后单击该窗口中的“绘制”按钮 ，绘制气体和液体在 400mm 处的垂直速度图，如图 8-78 所示。

采用同样的操作分别绘制 700mm、1000mm、1300mm 处的气体和液体垂直速度图，结果如图 8-79 ~ 图 8-81 所示。

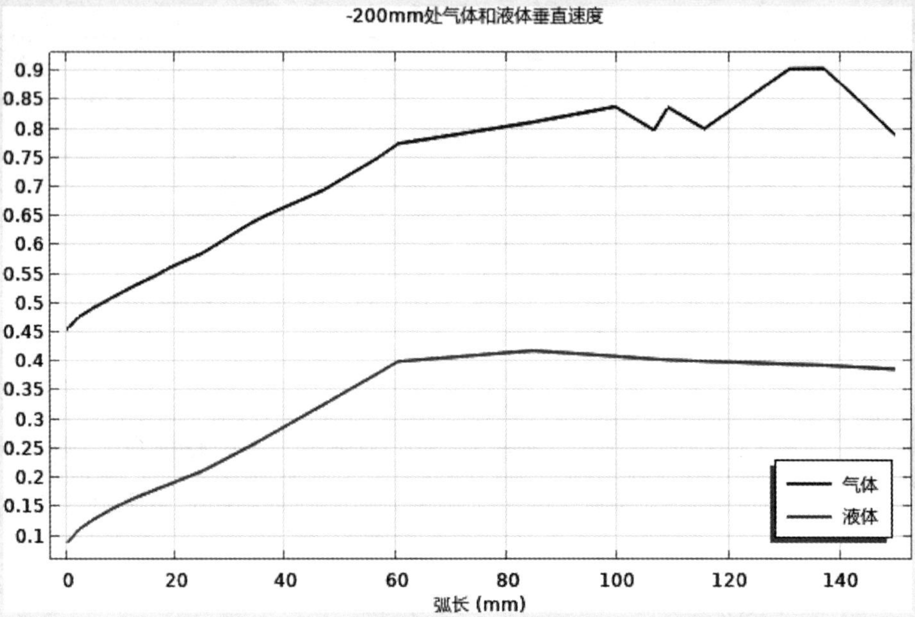


图 8-76　-200mm 处气体和液体垂直速度图

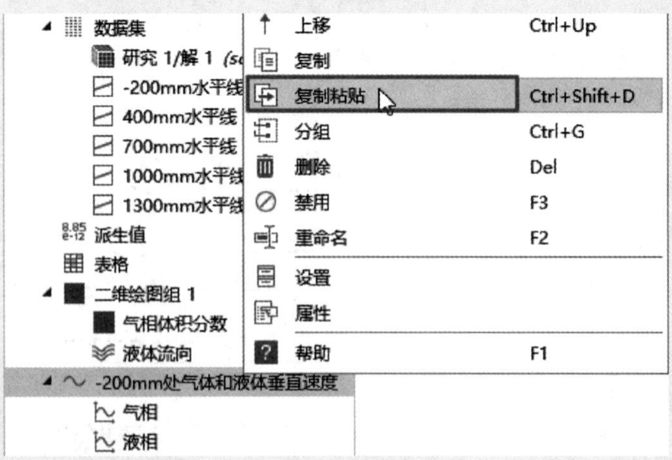


图 8-77　复制粘贴

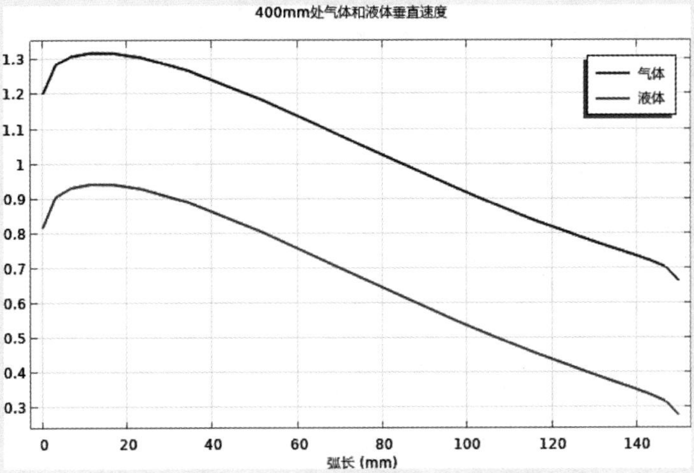


图 8-78　400mm 处气体和液体垂直速度图

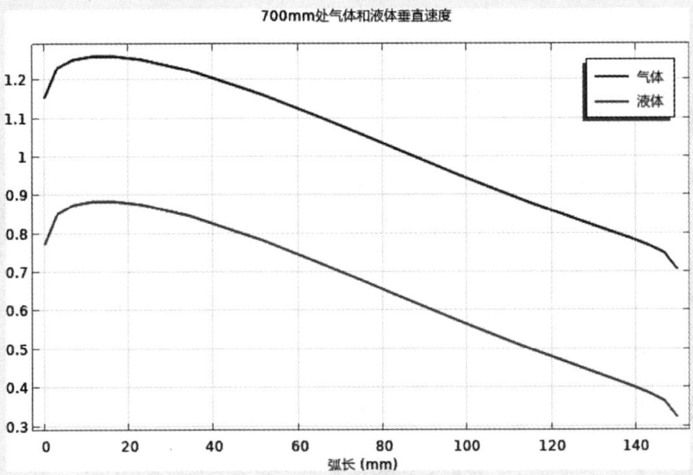


图 8-79　700mm 处气体和液体垂直速度图

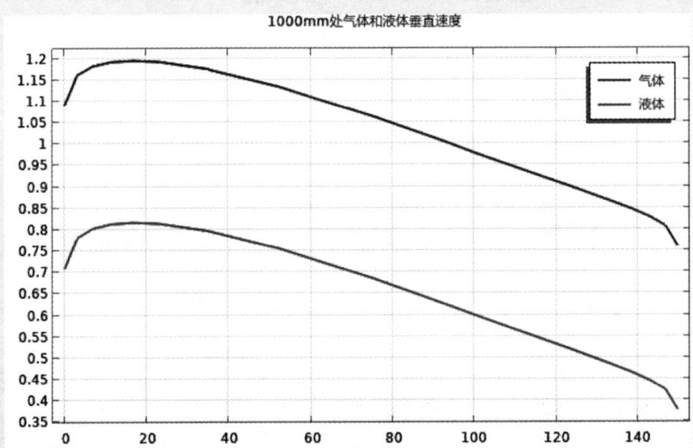


图 8-80　1000mm 处气体和液体垂直速度图

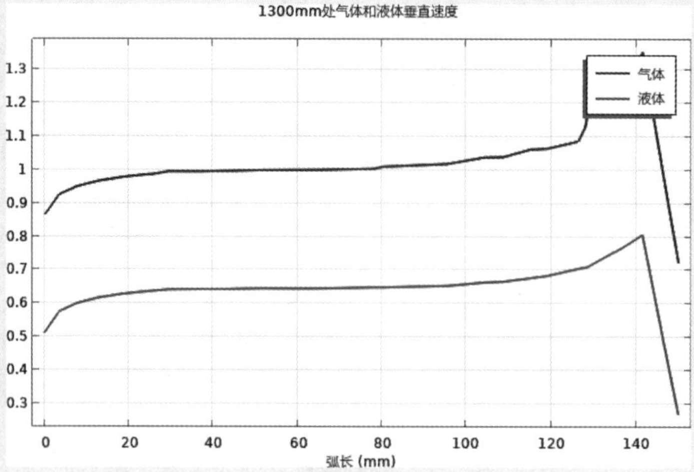


图 8-81　1300mm 处气体和液体垂直速度图

## 8.7　高马赫数流动分析

在航空航天中马赫数是常用的一个物理参数，马赫数越高表示该飞行器的飞行速度越快。例如，普通的民用航空飞机，其飞行速度一般小于马赫数 1，处于亚声速飞行状态；而战斗机的飞行速度要比民用飞机快得多，一般在马赫数 2 左右，属于超声速，比战斗机还快的就是导弹了，速度可达马赫数 5 ～ 6。飞行器的飞行速度越快，空气对飞行器的影响越大，因此对高马赫数流体的分析和研究尤为重要。

### 8.7.1　马赫数的概念

马赫数是流体力学中表征流体可压缩程度的一个重要的无量纲参数，用 *Ma* 表示，其定义为流场中某点的速度 $v$ 与该点的声速 $c$ 的比值，因此马赫数是表示声速倍数的参数，一般将低于马赫数 1 的速度称为亚声速，将高于马赫数 1 的速度称之为超声速。

### 8.7.2　高马赫数产生的物理现象

（1）声爆

当物体接近或达到声速时，由于物体速度足够快，声波无法快于物体，就会形成一个压缩波，则会造成特殊的压力变化，进而导致强烈的爆炸声，这就是所谓的声爆。

（2）湍流和阻力

当物体与流体的相对速度超过声速时，会使湍流和阻力增加，由于物体穿过空气的方式发生了变化，湍流现象会导致流体的非线性流动，从而导致非常复杂的控制难题，可以通过改变物体形状来降低湍流带来的不稳定性和降低阻力。

（3）马赫锥

声音是依靠声波在空气中进行传播的，空气中的发生源（简称声源）产生的声波有以下几种情况。

① 发生源静止，则产生的声波是以发生源为圆心向四周扩散的同心圆，如图 8-82（a）所示。

② 发生源运动（假设向右匀速运动），速度小于声速，则产生的声波如图 8-82（b）所示。

③ 发生源运动（假设向右匀速运动），速度等于声速，则产生的声波如图 8-82（c）所示。

④ 发生源运动（假设向右匀速运动），速度大于声速，则产生的声波如图 8-82（d）所示。

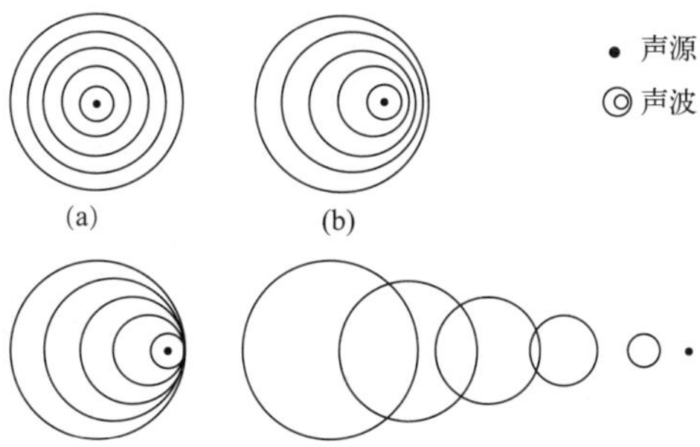


图 8-82　不同运动状态的声源产生的声波

由图 8-82（d）可知，当声源的速度大于声波时，声源发出的声音就只能在声源后面传播，此时声源已经突破声障，形成的这种波叫作冲击波，并且在传播过程中所形成的波面的切线共线，波面的包络面呈圆锥状，如图 8-83 所示，因此叫作马赫锥。马赫锥的半顶角称为马赫角。

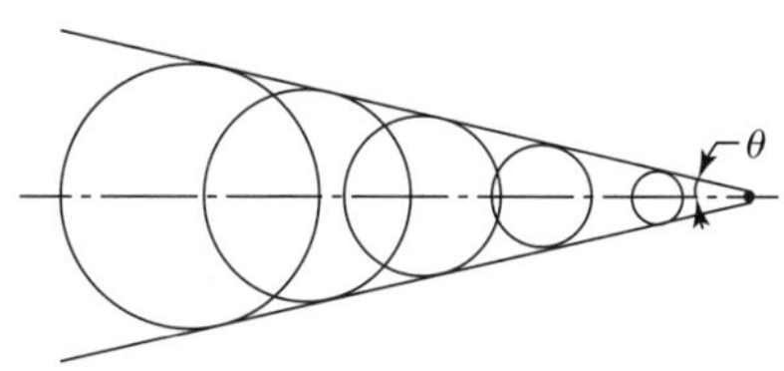


图 8-83　马赫锥

## 8.7.3　实例—乘波体弹头高马赫数飞行

如图 8-84 所示为一个乘波体弹头的高马赫数飞行状态。当飞行器在超马赫数速度飞行时，前面的空气被快速压缩，就会在飞行器前缘产生冲击波，并紧贴在乘波体的下表面，使乘波体获得足够的升力，并在大气层邻近空间像打水漂一样高速滑翔。乘波体弹头与普通的锥形的导波体弹头相比可以滑翔更远的距离，而且难以预测飞行轨迹，是目前最热门的研究武器。本案例将利用高马赫数流接口对乘波体的高马赫数飞行进行分析。

仿真分析中的各参数见表 8-2。

图 8-84　乘波体弹头高马赫数飞行状态

扫码看视频

表 8-2　参数表

| 入口马赫数 | 2 |
|---|---|
| 入口静压 | 1atm |
| 入口静态温度 | 273.15K |
| 比气体常数 | 287J/(kg・K) |
| 比热率 | 1.4 |
| 入口速度 | 1656.4m/s |

操作步骤

（1）导入模型

① 进入三维几何界面。在“新建”界面中单击“模型向导”按钮，弹出“选择空间维度”界面，在该界面选择“三维”维度，进入“选择物理场”界面，展开“流体流动”列表，选择列表中的“高马赫数流动”→“高马赫数流动，层流”选项，单击“添加”按钮 添加，将“高马赫数流动，层流（hmnf）”添加到物理场接口中，如图 8-85 所示，然后单击“研究”按钮，进入“选择研究”界面，在“所选物理场接口的预设研究”栏中选择“稳态”选项，然后单击“完成”按钮，进入主界面。

② 定义全局参数。在“模型开发器”中选择“全局定义”节点中的“参数 1”，弹出“参数”设置窗口，在“参数”栏中设置第一行“名称”为“Min”，“表达式”为“2”，“描述”为“入口马赫数”，在“参数”栏中设置第二行“名称”为“Pin”，“表达式”为“1[atm]”，“描述”为“入口静压”，在“参数”栏中设置第三行“名称”为“Tin”，“表达式”为“273.15[K]”，“描述”为“入口静态温度”，在“参数”栏中设置第四行“名称”为“Rs”，“表达式”为“287[J/kg/K]”，“描述”为“比气体常数”，在“参数”栏中设置第五行“名称”为“gamma”，“表达式”为“1.4”，“描述”为“比热率”，在“参数”栏中设置第六行“名称”为“uin”，“表达式”为“Ma*sqrt(gamma*Rs*T)”，“描述”为“入口速度”，如图 8-86 所示。

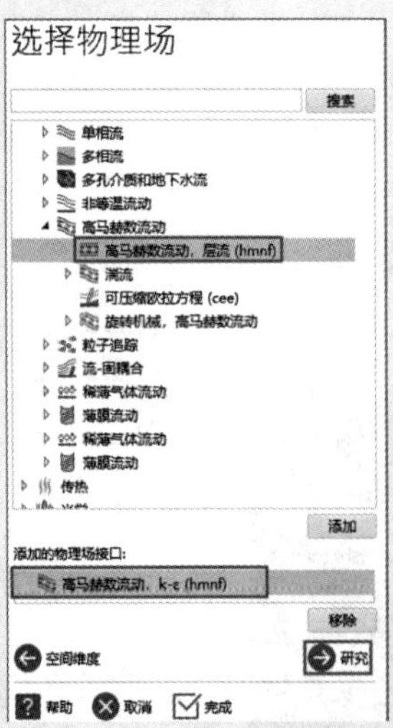


图 8-85　选择物理场

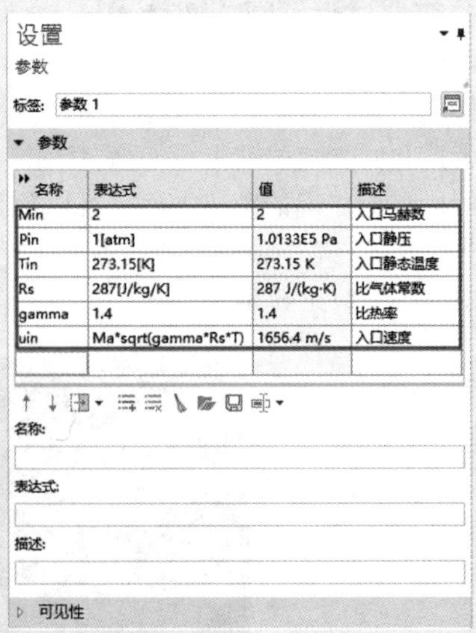


图 8-86　“参数”设置窗口

③ 导入模型

a. 设置单位。在“模型开发器”中选择“几何”分支，然后在“几何”设置窗口中设置“长度单位”为“m”。

b. 导入乘波体模型。单击“几何”选项卡“导入 / 导出”面板中的“导入”按钮，弹出“导入”设置窗口，单击“浏览”按钮，弹出“导入几何”窗口，找到要导入的“乘波体弹头”文件，单击“打开”按钮 打开(O)，返回“导入”设置窗口，其余为默认设置，单击“导入”按钮，导入乘波体弹头模型，单击“图形窗口”工具栏中的“显示栅格”按钮，取消栅格的显示，结果如图 8-87 所示。

c. 创建长方体。单击“几何”选项卡“体素”面板中的“长方体”按钮，弹出“长方体”设置窗口，在“对象类型”栏中设置“类型”为“实体”，在“大小和形状”栏中设置“宽度”为“6”，设置“深度”为“0.5”，设置“高度”为“3”，然后在“位置”栏中设置“基准”为“居中”，在“x”文本框中输入“2”，其余为默认设置，如图 8-88 所示，然后单击“构建选定对象”按钮，创建长方体。

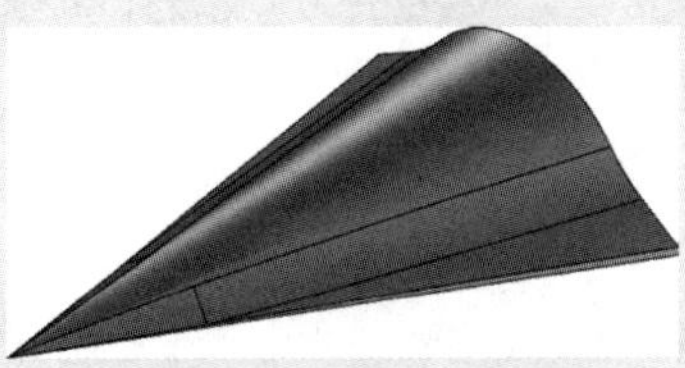

图 8-87　乘波体弹头模型

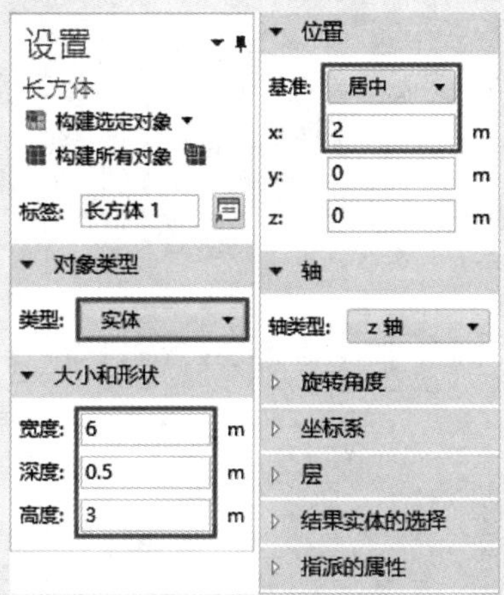


图 8-88　“长方体”设置窗口

d. 布尔操作。单击“几何”选项卡“操作”面板“布尔操作和分割”下拉列表中的“差集”按钮，弹出“差集”设置窗口，在“差集”栏中设置“要添加的对象”为长方体，设置“要减去的对象”为乘波体弹头，勾选“保留内部边界”复选框，其余为默认设置，如图 8-89 所示，然后单击“构建选定对象”按钮，进行差集运算。在“图形窗口”中单击“透明”按钮，将显示类型切换为透明，结果如图 8-90 所示。

（2）流体设置

① 显示更多。在“模型开发器”中单击“显示更多选项”按钮，弹出“显示更多选项”窗口，勾选“物理场”栏中的“高级物理场选项”复选框，如图 8-91 所示。

② 设置高马赫数流动，层流。在“模型开发器中”选择“高马赫数流动，层流”节点，弹出“高马赫数流动，层流”设置窗口，展开“高级设置”栏，取消勾选“对稳态方程形式使用伪时间步进”复选框，其余为默认设置，如图 8-92 所示。

③ 设置流体 1。选择“高马赫数流动，层流”节点下的“流体 1”子节点，弹出“流体”设置窗口，在“热传导”栏中设置“导热系数”为“用户定义”，并设置其值为“1e-8”；在“热力学”栏中设置“比气体常数”为“用户定义”，并设置其值为“Rs”，设置“指定 Cp 或 γ”为“比热率”，设置“比热率”为“用户定义”，并设置其值为“gamma”；在“动力黏度”栏中设置“动力黏度”为“用户定义”，并设置其值为“1e-8”，其余为默认设置，如图 8-93 所示，设置流体 1。

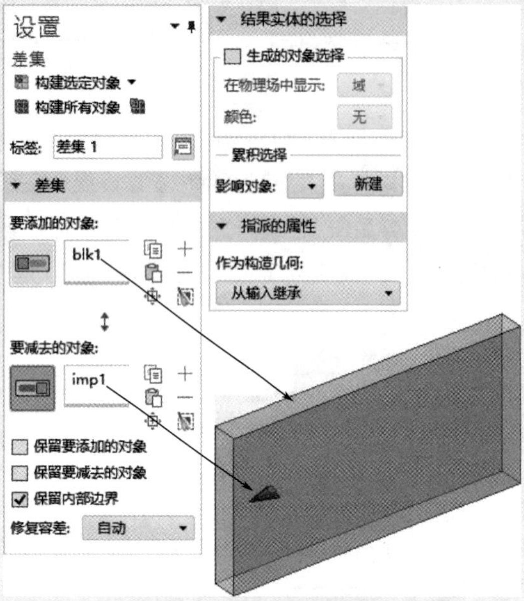

图 8-89 “差集”设置窗口

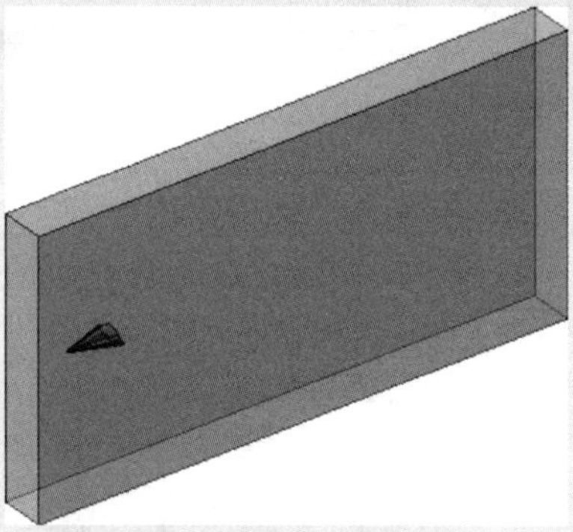

图 8-90 乘波体系统模型

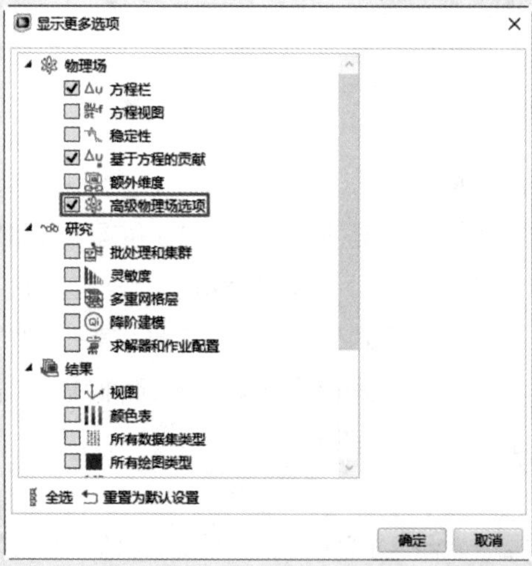

图 8-91 “显示更多选项”窗口

④ 设置初始值 1。选择“高马赫数流动，层流”节点下的“初始值 1”子节点，弹出“初始值”设置窗口，在“初始值”栏中设置“速度场”的“x”值为“uin”，设置“压力”为“Pin”，设置“温度”为“Tin”，其余为默认设置，如图 8-94 所示，设置初始值 1。

⑤ 设置壁 1。选择“高马赫数流动，层流”节点下的“壁 1”子节点，弹出“壁”设置窗口，在“边界条件”栏中设置“壁条件”为“滑移”，其余为默认设置，如图 8-95 所示，设置壁 1。

图 8-92 “高马赫数流动，层流”设置窗口

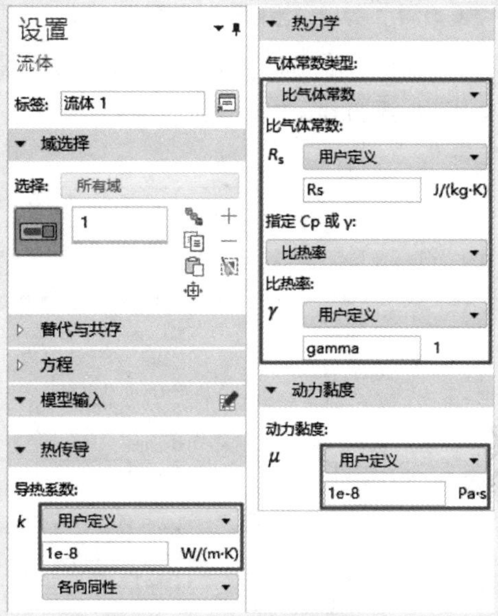


图 8-93 “流体”设置窗口

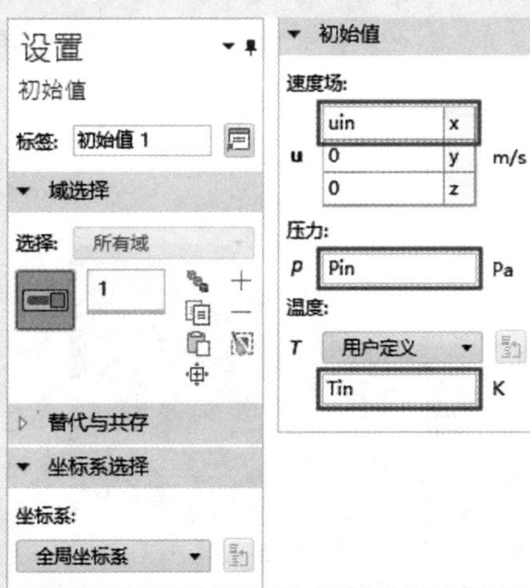


图 8-94 “初始值”设置窗口

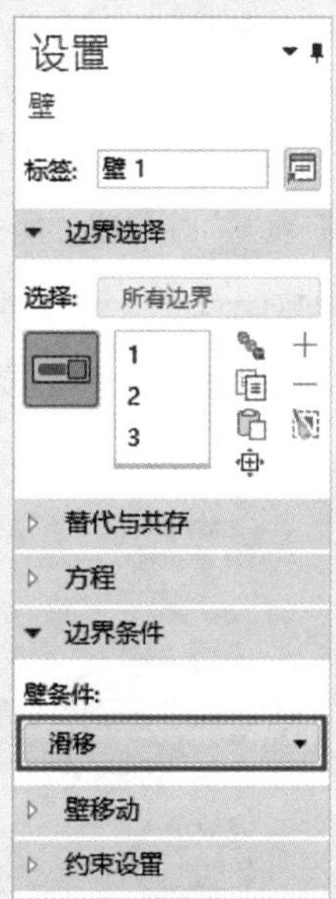


图 8-95 “壁”设置窗口

⑥ 添加入口边界。单击“物理场”选项卡“边界”面板“高马赫数流动，层流”中的“入口”

按钮 **入口**，弹出“入口”设置窗口，在“边界选择”栏中激活“选择”框，选择模型的前端面“1”为入口边界，在“流动条件”栏中设置“流动条件”为“超声速”；在“流动属性”栏中设置“静压”为“Pin”，设置“静态温度”为“Tin”，设置“马赫数”为“Min”，其余为默认设置，如图8-96所示，添加入口边界。

⑦ 添加出口边界。单击“物理场”选项卡“边界”面板“高马赫数流动，层流”中的“出口”按钮 **出口**，弹出“出口”设置窗口，在“边界选择”栏中激活“选择”框，选择模型的后端面“23”为出口边界，在“流动条件”栏中设置“流动条件”为“超声速”，其余为默认设置，如图 8-97 所示，添加出口边界。

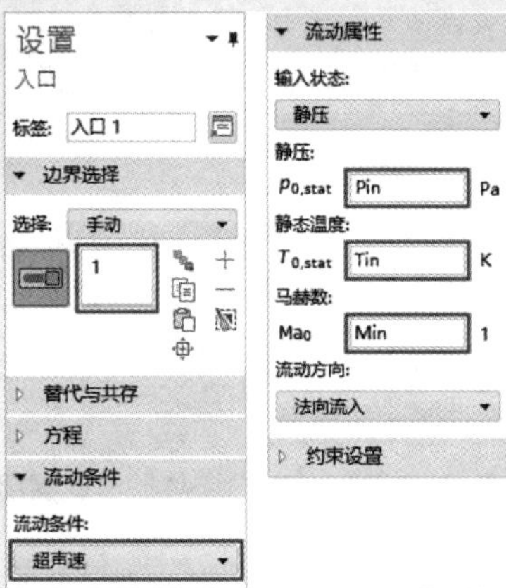


图 8-96 “入口”设置窗口

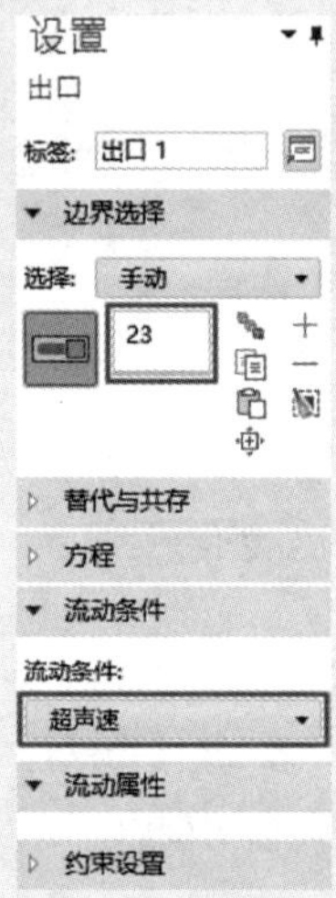


图 8-97 “出口”设置窗口

(3) 划分网格

在“模型开发器”中单击“网格 1”节点，弹出“网格”设置窗口，在“序列类型”下拉列表中选择“物理场控制网格”，设置“单元大小”为“细化”，其余为默认设置，如图 8-98 所示，然后单击“全部构建”按钮，划分网格，结果如图 8-99 所示。

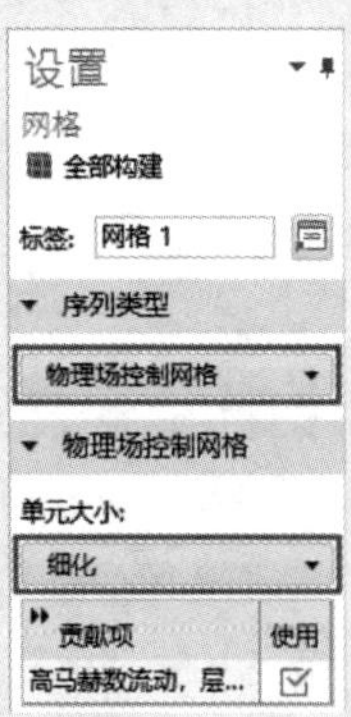


图 8-98 “网格”设置窗口

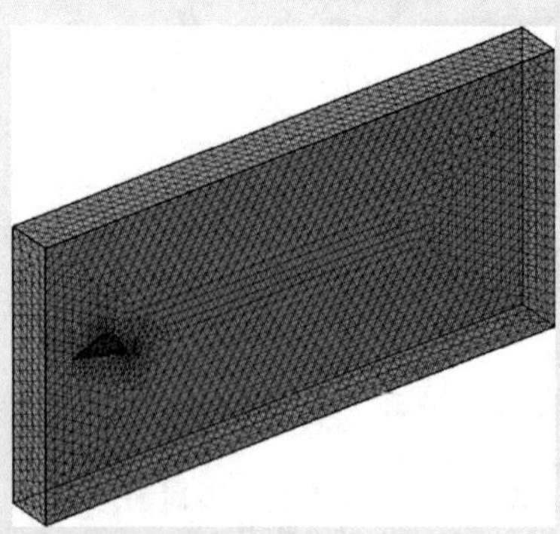

图 8-99 划分网格

（4）求解计算

① 设置求解步骤。在“模型开发器”中选中“步骤 1：稳态”节点，弹出“稳态”设置窗口，展开“自适应和误差估计”栏，设置“自适应和误差估计”为“自适应和误差估计”，然后在“网格自适应”中勾选“最大自适应数”，并设置其值为“2”，如图 8-100 所示，其余为默认设置，设置求解步骤。

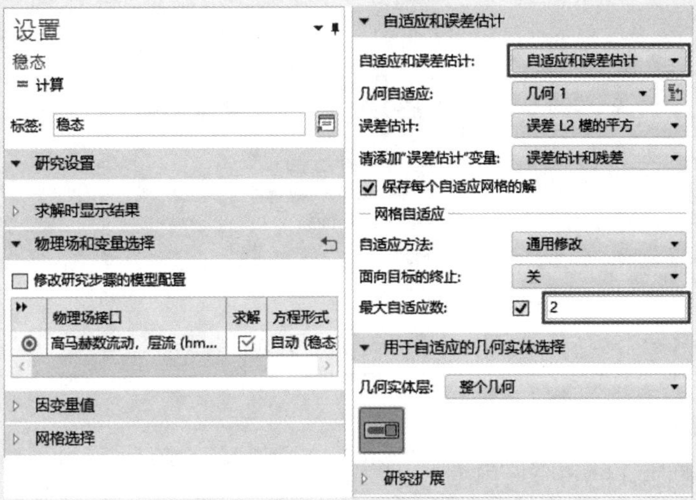


图 8-100　“稳态”设置窗口

② 设置求解器。单击“研究”选项卡“求解器”面板中的“显示默认求解器”按钮 ，此时“模型开发器”中出现系统默认的求解器。单击“解 1”中的“稳态求解器 1”子节点，打开“稳态求解器”设置窗口，在“常规”栏中设置“相对容差”为“0.1”，如图 8-101 所示，其余为默认设置。然后选择“全耦合 1”子节点，弹出“全耦合”设置窗口，在“常规”栏中设置“线性求解器”为“AMG，流体流动变量（hmnf）”，其余为默认设置，如图 8-102 所示。

图 8-101　“稳态求解器”设置窗口

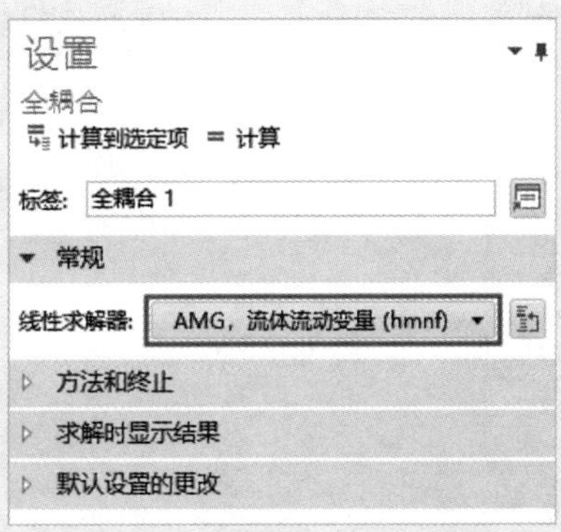


图 8-102　“全耦合”设置窗口

③ 求解计算。在“模型开发器”中选择“研究 1”节点，弹出“研究”设置窗口，在“研究设置”栏中取消勾选“生成默认绘图”和“生成收敛图”复选框，如图 8-103 所示，然后单击“研究”选项卡“研究”面板中的“计算”按钮 ，进行求解计算。

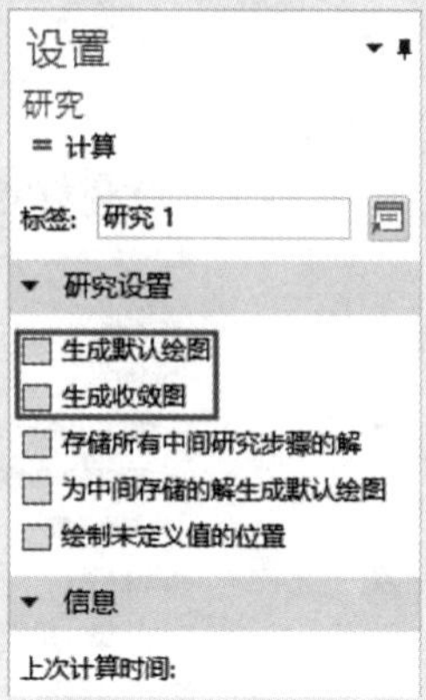


图 8-103 “研究”设置窗口

（5）查看结果

① 查看表面压力云图和等值线图。

a. 添加三维绘图组。单击“结果”选项卡“绘图组”面板中的“三维绘图组”按钮，弹出“三维绘图组”设置窗口和“三维绘图组 1”选项卡。在“三维绘图组”设置窗口中的“数据”栏中设置“数据集”为“研究 1/ 自适应网格细化解 1（sol2）”，在“绘图设置”栏中取消勾选“绘制数据集的边”复选框，其余采用默认设置，如图 8-104 所示。

图 8-104 “三维绘图组”设置窗口

b. 添加表面。单击“三维绘图组 1”选项卡“添加绘图”面板中的“表面”按钮，弹出“表面”设置窗口，设置“标签”为“压力”，在该窗口中单击“替换表达式”按钮，弹出表达式窗口，在“组件 1”→“高马赫数流动，层流（流体流动）”→“速度和压力”中双击“P- 压力 -Pa”选项，然后在“标题”栏中设置“标题类型”为“标签”，如图 8-105 所示，再单击“属性”面板中的“选择”按钮 选择 ，打开“选择”设置窗口，在“选择”栏中激活选择框，然后选择长方体中的表面“1”“3”“4”“5”和“23”五个面，其余为默认设置，如图 8-106 所示，单击该窗口中的“绘制”按钮，绘制表面压力云图，如图 8-107 所示。

图 8-105　“表面”设置窗口

图 8-106　“选择”设置窗口

图 8-107　表面压力云图

c. 添加等值线。单击“三维绘图组 1”选项卡“添加绘图”面板中的“等值线”按钮，弹出“等值线”设置窗口，设置“标签”为“等值线”，在该窗口中单击“替换表达式”按钮，弹出表达式窗口，在“组件 1”→“高马赫数流动，层流（流体流动）”→“速度和压力”中双击“P- 压力 -Pa”选项，然后在“标题”栏中设置“标题类型”为“标签”，在“水平”栏中设置“定义方法”为“水平数”，设置“总水平数”为“100”，在“着色和样式”栏中设置“颜色表”的类型为“Traffic”，其余采用默认设置，如图 8-108 所示，最后单击该窗口中的“绘制”按钮，绘制压力等值线图，如图 8-109 所示。

② 查看马赫数。

a. 添加三维绘图组。单击“结果”选项卡“绘图组”面板中的“三维绘图组”按钮，弹出“三维绘图组”设置窗口和“三维绘图组2”选项卡。在“三维绘图组”设置窗口中的“数据”栏中设置“数据集”为“研究1/自适应网格细化解1”，其余采用默认设置。

b. 添加表面。单击“三维绘图组 2”选项卡“添加绘图”面板中的“表面”按钮，弹出“表面”设置窗口，设置“标签”为“马赫数”，在该窗口中单击“替换表达式”按钮 ，弹出表达式窗口，在“组件 1”→“高马赫数流动，层流”→“速度和压力”中双击“hmnf.Ma- 马赫数”选项，然后在“标题”栏中设置“标题类型”为“标签”，其余为默认设置，单击该窗口中的“绘制”按钮 ，绘制马赫数云图，如图 8-110 所示。

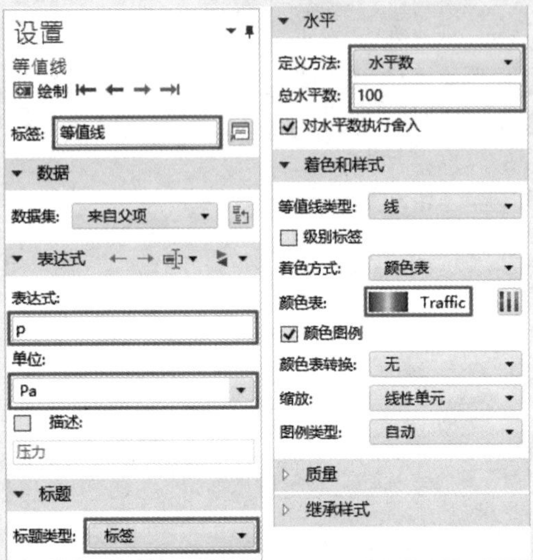


图 8-108 “等值线”设置窗口

图 8-109 压力等值线图

图 8-110 马赫数云图

## 8.8 动手练一练

如图 8-111 所示为一个多半径圆筒弯管，弯管中的流体介质为水，入口处水的平均流速为 4m/s，出口处的平均压力为 0Pa，分析水流过不同半径时的速度分布和压力分布，分别如图 8-112 和 8-113 所示。

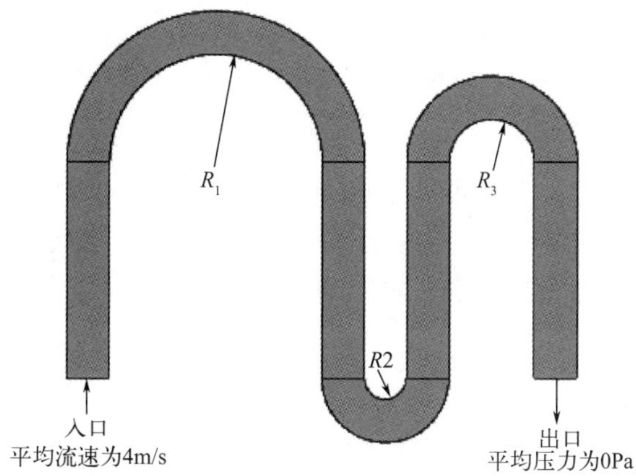


图 8-111　多半径圆筒弯管

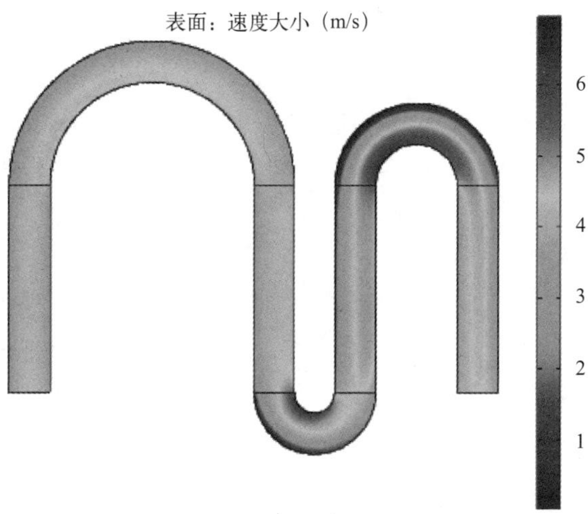


图 8-112　速度云图

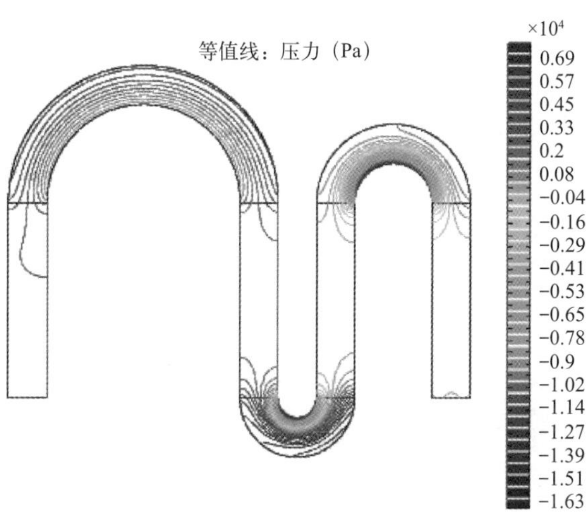


图 8-113　压力等值线图

思路点拨

① 导入模型。

② 添加水材料。

③ 添加入口边界并设置“边界条件”为“充分发展的流动”，设置“平均速度”为“4m/s”。

④ 添加出口边界并设置“边界条件”为“充分发展的流动”，设置“平均压力”为“0Pa”。

⑤ 划分网格（大小为超细化、矩形部分为自由四边形网格，弯管部分为映射网格）。

⑥ 求解计算。

⑦ 查看速度云图。

⑧ 查看压力等值线图。

# 第 9 章　多物理场耦合分析

本章主要介绍 COMSOL 的多物理场耦合分析，包括多物理场耦合的基本概念、磁力耦合分析、热 - 电耦合分析、流固耦合分析和粒子追踪分析几种常见的耦合分析。

## 9.1　多物理场耦合的基本概念

### 9.1.1　多物理场耦合分析

普遍认为自然界中广泛存在的物理场有四种，分别为位移场、电磁场、温度场和流场。而对这些场中存在的自然现象，科学家通过基本的物理、化学和数学等理论进行描述，利用虚拟模型来解释和研究这些现象发生的本质，并通过虚拟模型来复现这些现象，这就是物理场耦合仿真。

耦合是指两个或两个以上的体系或两种运动形式，它们之间能够相互影响、相互作用，以致彼此联合起来的现象。其常作为通信工程、软件工程、机械工程等领域的专业术语。

多物理场耦合按照字面理解，就是将两种或多种物理现象进行耦合。正如现实世界中不存在单一的物理场问题一样，工程上所遇到的问题往往也是多物理场耦合的问题。多物理场耦合分析在有限元分析过程中考虑了两种或多种工程学科物理场的交叉作用和相互影响。例如，热应力分析往往涉及温度场和力场的耦合分析；压电分析需要考虑应力应变场和电场的相互作用。

常见的耦合问题有流固耦合、电 - 热耦合、热 - 结构耦合、热 - 电 - 结构耦合、声 - 结构耦合、流体 - 反应耦合、流体 - 热耦合等。

### 9.1.2　多物理场耦合分析的分类

各种物理场现象都可以用偏微分方程来描述，所以多物理场与单物理场的理论基础同样是偏微分方程。两者的区别在于多物理场需要同时求解多个偏微分方程，即偏微分方程组。但是，求解偏微分方程组的计算量非常大，因此为了便于方程组的求解，根据物理模型的特性将多物理场耦合分析人为地划分为：强耦合、弱耦合；单向耦合、双向耦合；直接耦合和间接耦合。

① 强耦合：强耦合是通过单元矩阵或载荷向量将耦合作用构造到控制方程中，然后对控制方程直接求解。

② 弱耦合：弱耦合是在每一步内对流体动力方程和结构动力方程进行一次求解，通过把第一个物理场的结果作为外载荷加于第二个物理场来实现两个场的耦合。

③ 单向耦合：单物理场 A 通过边界条件或源项对物理场 B 产生作用，而物理场 B 对 A 不产生作用，或其影响可被忽略，称之为单向耦合。

④ 双向耦合：单物理场 A 通过边界条件或源项对物理场 B 产生作用，而物理场 B 对 A 也产生作用，称之为双向耦合。

⑤ 直接耦合：直接耦合是将问题中所涉及的所有数学、物理方程列出，得到偏微分方程组，然后将离散化模型中所涉及的物理量的单元矩阵或载荷向量以一定方式进行整合并计算求解。该方法适用于多个物理场间响应互相依赖的情况，但方程组的解要满足多个条件，所以得

到的分析结果通常是非线性的。直接耦合的缺点是模型自由度较多，计算成本较高。

⑥ 间接耦合：间接耦合则先对每一个物理场进行分析，再将耦合区域内的物理量通过映射和插值传递给外场进行计算，如此迭代，得到耦合系统的响应。

### 9.1.3 多物理场耦合分析的发展趋势

多物理场耦合分析跨越了多个物理学科，如电磁学、物理电子学、量子力学、生物电子学、热学、弹性力学、计算机科学等，其重要性不言而喻。随着科学计算的不断发展，物理研究领域的不断细化和深入，以及计算机计算能力的不断提高，多物理场耦合未来的发展趋势可以归结为以下几点。

① 用一个产品模型解决不一样的多物理特性。对于产品建模，最重要的就是如何将产品模型放入多学科、多物理环境中进行模拟。用长远的眼光来看，用一个求解器解决全部的物理特性模拟固然好，但是以目前的技术条件来看，实现难度很大，因为每一个物理特性都有自己独特的方程式和解决方法。所以，更实际的做法是，将不同物理特性的模型连接起来，使不同的求解器实现最高效的求解。

② 多尺度耦合分析。现代科学问题通常是一个完整的系统工程，研究的尺度范围常常涉及从米到微米甚至纳米级别。例如，对于飞机机翼的研究，机翼结构强度分析属于米级的分析，而构成机翼的复合材料的分子动力学模型则延伸到纳米级。

③ 更加贴近实际的高复杂度耦合仿真。目前，产品仿真距离真实情况还有很大差距，很多物理现象不能模拟，如燃烧、相变、断裂、散裂、尺度悬殊和随机行为。

总之，多物理场耦合分析改变了工程师以往只能单独考虑不同物理作用的情况，通过一次考虑多个物理场因素对产品整体设计的影响，多物理场耦合分析能更真实地反映实际的物理状态。

## 9.2 电磁力耦合分析

电磁力是电磁场对放入其中的磁体和电流的作用，它是靠电磁场来传播的。电能产生磁，磁也能产生电，电和磁相辅相成。由于电磁力不需要物体间的直接接触，因此人们利用电磁力的这一特性，发明了许多有利于安全生产的设备，如电磁电机、电磁铁、继电器、电磁阀、断路器、柱塞、接触器和磁致伸缩换能器等。

电磁力根据其所属的电磁学领域进行分类，虽然其基本理论都属于电磁学，但它们的特征和计算方法完全不同。表 9-1 列出了电磁力的几种主要类型。

表 9-1 电磁力的主要类型

| 电磁力 | 子领域 | 主要作用对象 | 净力计算方式 |
|---|---|---|---|
| 静磁力 | 静磁学 | 边界 | 在边界上积分 |
| 静电力 | 静电学 | | |
| 辐射压力 | 电磁波 | | |
| 洛伦兹力 | 磁准静态 | 体 | 在体上积分 |
| 介电泳力 | 静电学和电准静态 | 粒子 | 解析式 |

本节通过实例主要讲解非线性磁致伸缩换能器模型。

磁致伸缩描述材料磁化强度变化引起的材料尺寸变化。这种现象是磁弹性耦合的一种表现。磁致伸缩发生在原子级别，但是从宏观方面来看，可以假设材料由许多微小的椭圆形磁体组成，这些磁体由于外加磁场产生的转矩而旋转。这些磁体元素的旋转引起材料尺寸变化，导致材料中的自由应变。这种应变（或磁致伸缩）与磁场和材料中的机械应力呈非线性相关。

如图 9-1 所示为一个磁致伸缩换能器的模型，它是由钢制外壳、内部线圈和中间的磁致伸缩棒组成的。当内部线圈有电流通过而产生电磁场时，致使中间的磁致伸缩棒发生变形。这种磁致伸缩效应用于声学装置、主动振动控制、位置控制及燃油喷射系统中的换能器。

本例对该模型进行两项研究：第一项研究是将线圈中的电流密度设为恒定的 $10^6$A/m$^2$，进行稳态分析；第二项研究是使用参数化扫描，使驱动线圈中的电流密度从 0 变化到 $10^7$A/m$^2$，然后使用该参数化扫描特征得到的解生成特征非线性磁致伸缩（$\lambda$）与磁场（$H$）的关系曲线。

为了方便计算，将模型简化成如图 9-2 所示的二维轴对称图形，可根据该图形建模。磁致伸缩材料的属性见表 9-2。

扫码看视频

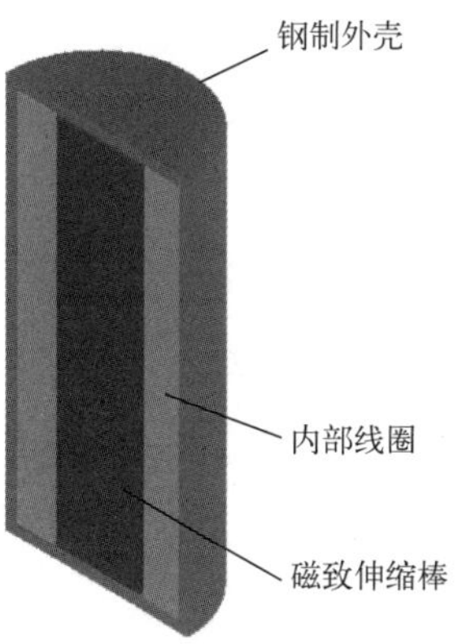


图 9-1　磁致伸缩换能器

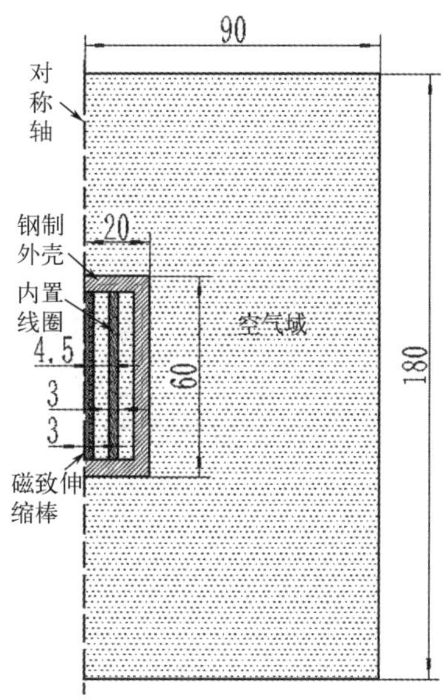


图 9-2　二维轴对称模型图（单位：mm）

**表 9-2　磁致伸缩材料的属性**

| 材料属性 | 参数值 |
|---|---|
| 杨氏模量 | $6\times10^{10}$Pa |
| 泊松比 | 0.45 |
| 密度 | 7870kg/m$^3$ |
| 电导率 | $5.96\times10^6$S/m |
| 相对介电常数 | 1 |
| 饱和磁致伸缩系数 | $2\times10^{-4}$ |
| 饱和磁化强度 | $1.5\times10^6$A/m |

操作步骤

（1）导入模型

① 进入二维几何界面。在“新建”界面中单击“模型向导”按钮，弹出“选择空间维度”界面，在该界面选择“二维轴对称”维度，进入“选择物理场”界面，展开“结构力学”列表，选择列表中的“电磁 - 结构相互作用”→“磁致伸缩”→“非线性磁致伸缩”选项，单击“添加”按钮 添加 ，将“非线性磁致伸缩”添加到物理场接口中，如图 9-3 所示，然后单击“研究”按钮，进入“选择研究”界面，在“一般研究”栏中选择“稳态”选项，最后单击“完成”按钮，进入主界面。

② 定义全局参数。在“模型开发器”中选择“全局定义”节点下的“参数 1”，弹出“参数”设置窗口，在“参数”栏中设置第一行“名称”为“J0”，“表达式”为“1e6[A/m^2]”，“描述”为“电流密度”，在“参数”栏中设置第二行“名称”为“F0”，“表达式”为“0[MPa]”，“描述”为“机械载荷”，如图 9-4 所示。

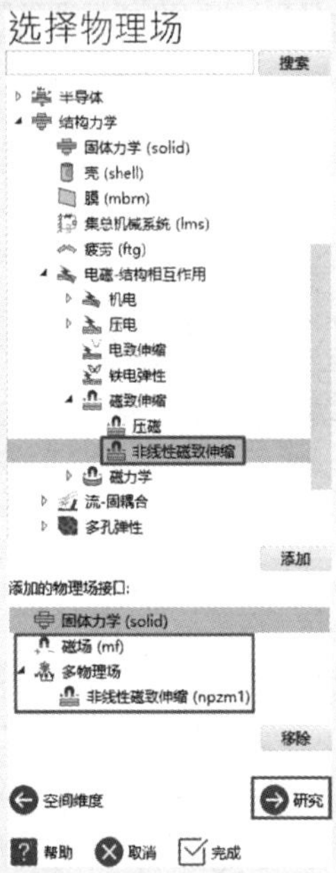


图 9-3　选择物理场

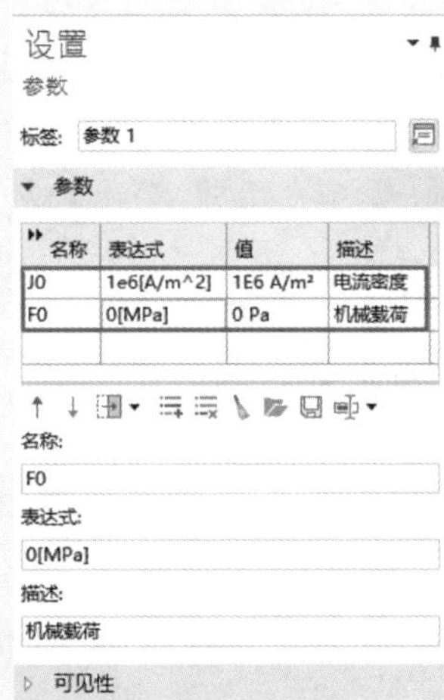


图 9-4　“参数”设置窗口

③ 导入模型。

a. 设置单位。在“模型开发器”中选择“几何”分支，然后在“几何”设置窗口中设置“长度单位”为“mm”。

b. 导入磁致伸缩换能器模型。单击“几何”选项卡“导入 / 导出”面板中的“导入”按钮，弹出“导入”设置窗口，单击“浏览”按钮，弹出“导入几何”窗口，找到要导入的“磁致伸缩换能器 .mphbin”文件，单击“打开”按钮 打开(O) ，返回“导入”设置窗口，其余为默认设置，如图 9-5 所示。单击“导入”按钮，导入磁致伸缩换能器模型，单击“图形窗口”工具栏中的“显示栅格”按钮，取消栅格的显示，结果如图 9-6 所示。

图 9-5　“导入”设置窗口

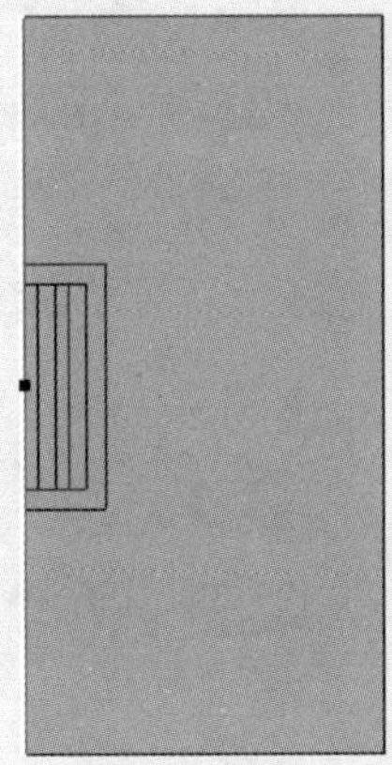

图 9-6　磁致伸缩换能器模型

（2）添加材料和自定义材料

① 添加材料。单击“材料”选项卡“材料”面板中的“添加材料”按钮，弹出“添加材料”窗口，展开“内置材料”列表，双击其中的“Air”（空气）；将其添加到“模型开发器”中的“材料”节点中，然后展开“AC/DC”列表，双击其中的“Soft Iron（Without Losses）”[软铁（无损耗）]，将其添加到“模型开发器”中的“材料”节点下，最后单击“关闭”按钮 ×，关闭“添加材料”窗口。

② 设置材料。选择“模型开发器”中“材料”节点下的“Air”，弹出“材料”设置窗口，激活“选择”框，选择域“1、4、5、6”，如图 9-7 所示，然后选择“Soft Iron( Without Losses )”子节点，激活“选择”框，选择域“2”，如图 9-8 所示，设置相应的模型材料。

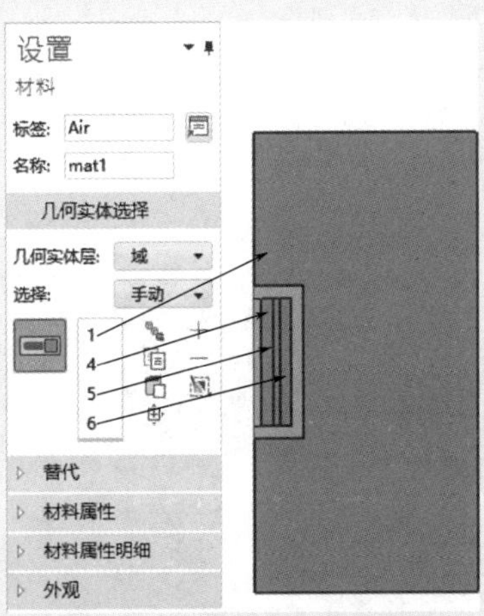


图 9-7　空气域“材料”设置窗口

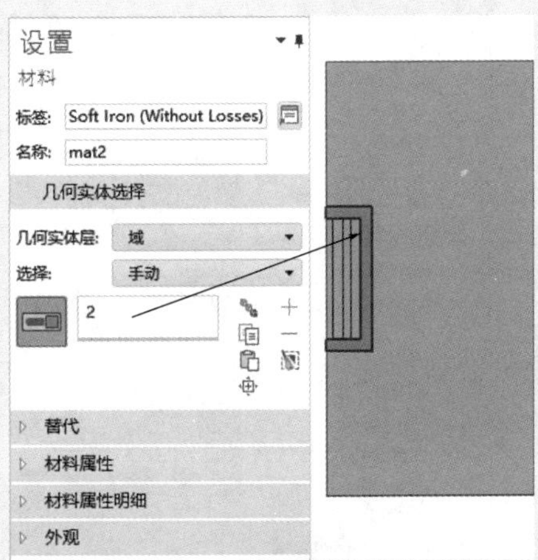


图 9-8　软铁“材料”设置窗口

③ 自定义磁致伸缩材料。单击“材料”选项卡“材料”面板中的“空材料”按钮，弹出“材

料”窗口，在“标签”文本框中输入“磁致伸缩”，激活“选择”框，选择域“3”，然后在“材料属性明细”栏中设置杨氏模量（弹性模量）等参数，如图9-9所示。

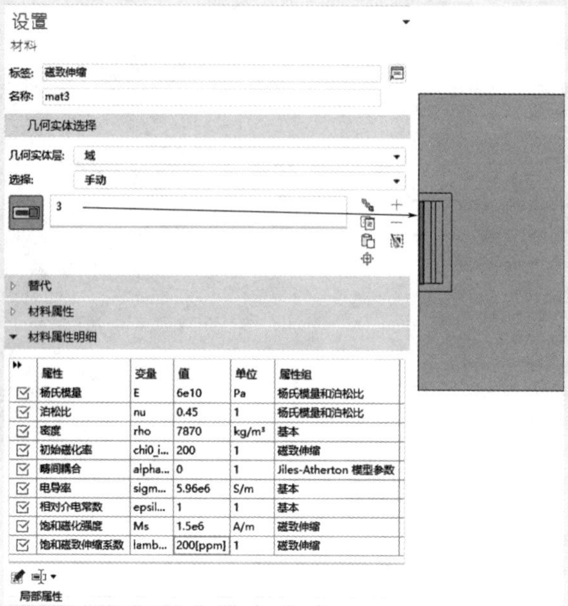


图 9-9 磁致伸缩“材料”设置窗口

（3）固体力学设置

① 设置固体力学。在“模型开发器”中选择“固体力学”节点，首先清除选择的域，然后重新选择域“3”，如图 9-10 所示，只对磁致伸缩材料求解。

② 添加固定约束。单击“物理场”选项卡“边界”面板“边界”下拉列表“固体力学”中的“固定约束”按钮 **固定约束**，弹出“固定约束”设置窗口，激活“选择”框，选择“域 3”的下边线“6”，如图 9-11 所示，将该边线与钢制外壳固定。

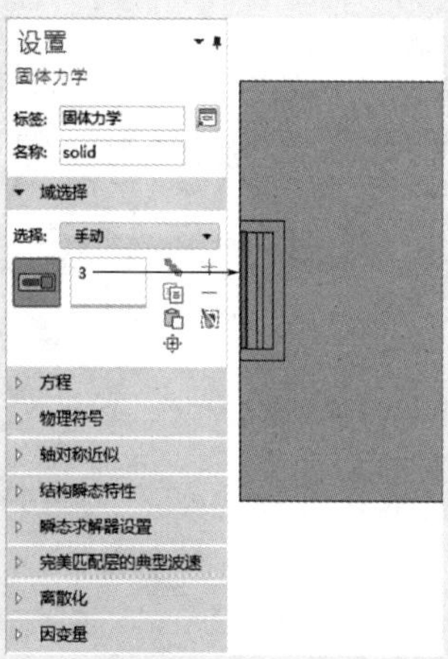


图 9-10 “固体力学”设置窗口

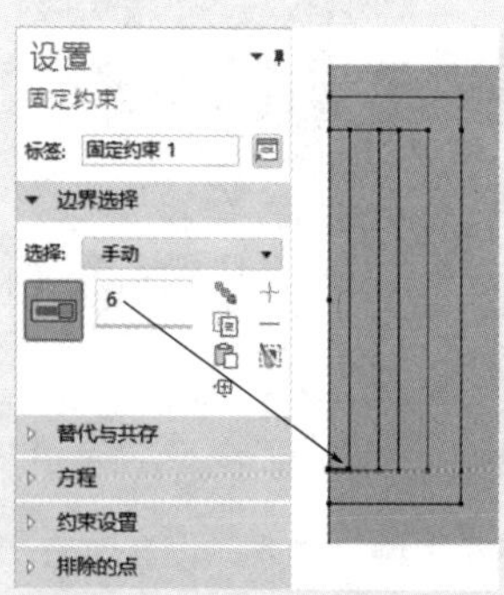


图 9-11 “固定约束”设置窗口

（4）磁场设置

① 设置安培定律，非线性磁致伸缩。在“模型开发器”中选择“磁场”节点下的“安培定律，非线性磁致伸缩”子节点，首先清除选择的域，然后重新选择域“3”。

② 添加安培定律。单击“物理场”选项卡“域”面板“域”下拉列表“磁场”中的“安培定律”按钮 **安培定律**，弹出“安培定律”设置窗口，激活“选择”框，选择域“2”，在“材料类型”栏中设置“材料类型”为“固体”，在“本构关系 B-H”栏中设置“磁化模型”为“B-H 曲线”，其余为默认设置，如图 9-12 所示，添加安培定律。

③ 添加外部电流密度。单击“物理场”选项卡“域”面板“域”下拉列表“磁场”中的“外部电流密度”按钮 **外部电流密度**，弹出“外部电流密度”设置窗口，激活“选择”框，选择域“5”，然后在“外部电流密度”栏中设置“phi”值为“J0”，其余为默认参数，如图 9-13 所示，添加外部电流密度。

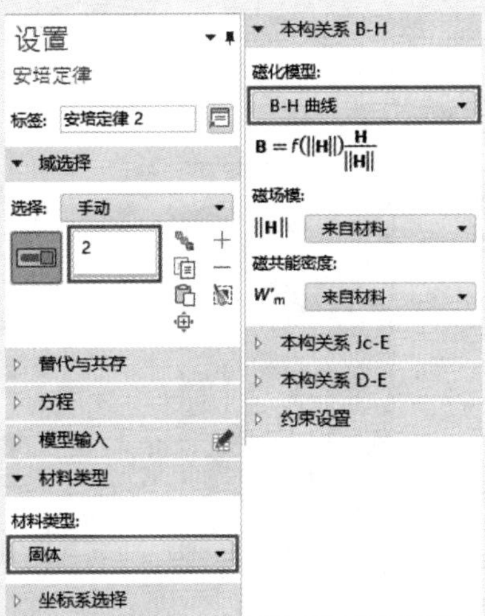


图 9-12　“安培定律”设置窗口

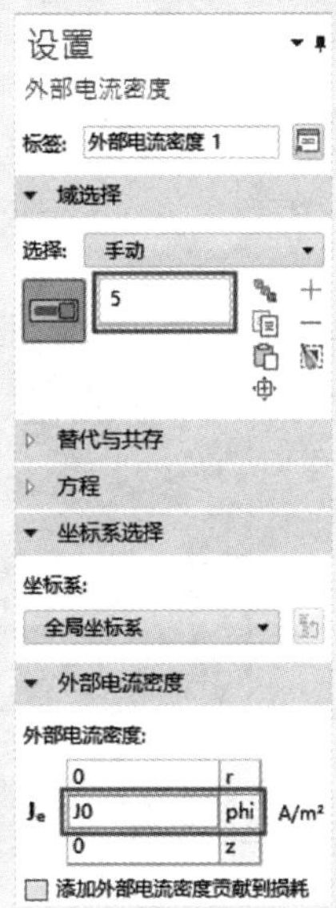


图 9-13　“外部电流密度”设置窗口

（5）划分网格

① 划分自由四边形网格。

a. 添加自由四边形网格。单击“网格”选项卡“生成器”面板中的“自由四边形网格”按钮，弹出“自由四边形网格”设置窗口，在“域选择”栏中设置“几何实体层”为“域”，然后激活“选择”框，选择域“2、3”，如图 9-14 所示，添加自由四边形网格。

b. 添加网格大小。单击“网格”选项卡“属性”面板“常规”下拉列表中的“常规”按钮 **常规**，弹出“大小”设置窗口，在“单元大小”栏中选“定制”，在“单元大小参数”栏中勾选“最大单元大小”复选框，并设置其值为“0.75”，如图 9-15 所示，然后单击“构建选定对象”按钮，划分分布网格，结果如图 9-16 所示。

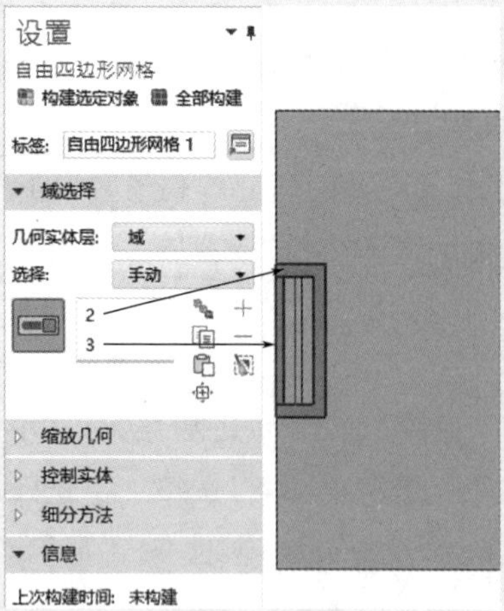


图 9-14 “自由四边形网格”设置窗口

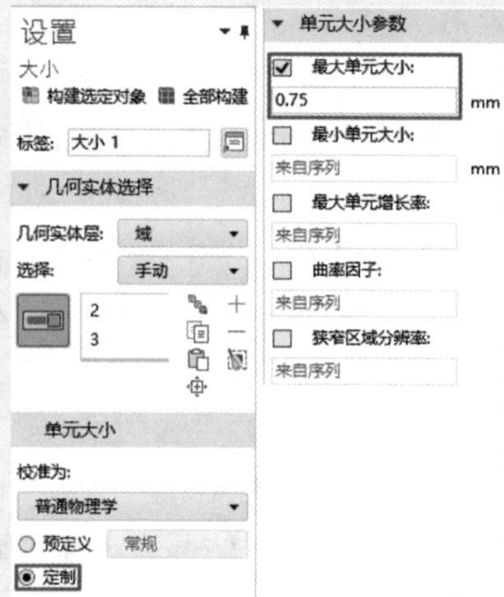


图 9-15 “大小”设置窗口

② 添加自由三角形网格。单击“网格”选项卡“生成器”面板中的“自由三角形网格”按钮 ，弹出“自由三角形网格”设置窗口，采用默认设置，然后单击“全部构建”按钮 ，完成模型网格的划分，结果如图 9-17 所示。

图 9-16 划分自由四边形网格

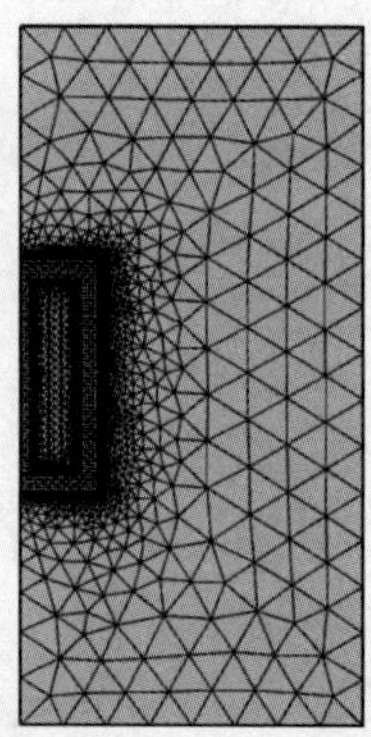

图 9-17 划分自由三角形网格

（6）研究 1 求解计算

单击“研究”选项卡“研究”面板中的“计算”按钮 ，进行求解计算。

（7）查看结果

① 查看应力变形云图。

a. 查看表面应力变形云图。在“模型开发器”中展开“结果”→“应力”节点，选择其下的“表面 1”，弹出“表面”设置窗口，在“表达式”栏中设置“单位”为“MPa”，在“着色和样式”栏中设置“颜色表转换”为“非线性”，设置“颜色校准参数”为“-1”，如图 9-18 所示，其余采用默认设置，单击“绘制”按钮 ，绘制表面应力变形云图，如图 9-19 所示。

b. 查看三维应力变形云图。在“模型开发器”中展开“结果”→“应力，3D”节点，选择其下的“表面 1”，弹出“表面”设置窗口，在“表达式”栏中设置“单位”为“MPa”，在“着色和样式”栏中设置“颜色表转换”为“非线性”，设置“颜色校准参数”为“-1”，其余采用默认设置，单击“绘制”按钮，绘制三维应力变形云图，如图9-20所示。

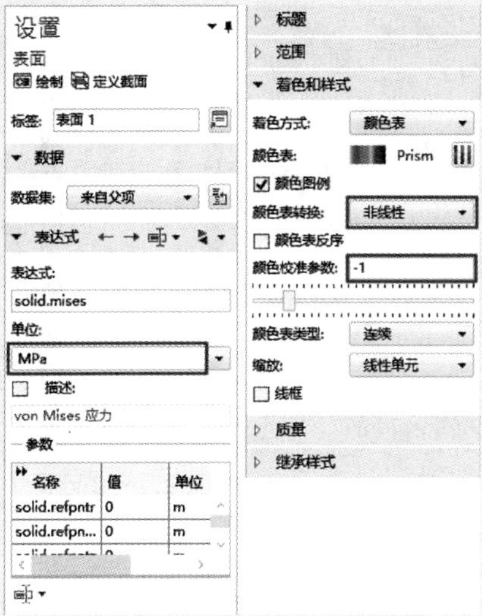


图 9-18　“表面”设置窗口

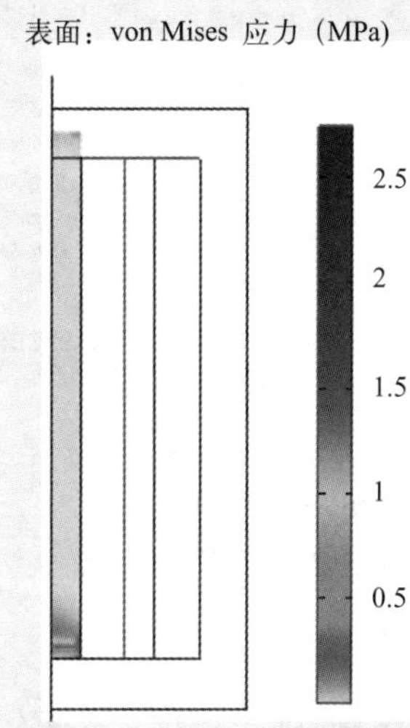


图 9-19　表面应力变形云图

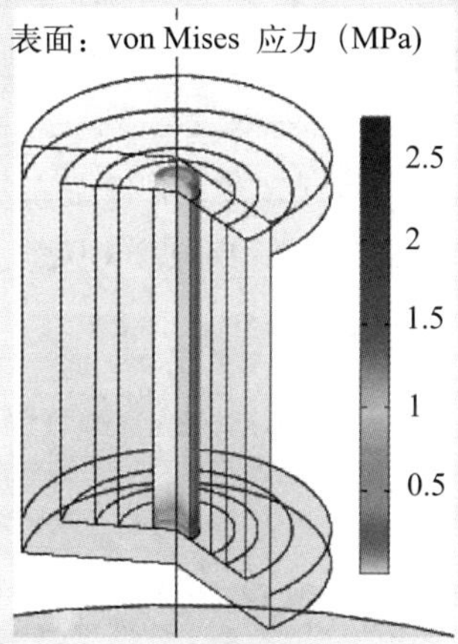


图 9-20　三维应力变形云图

② 查看应变云图。

a. 添加二维绘图组。单击“结果”选项卡“绘图组”面板中的“二维绘图组”按钮，弹出“二维绘图组”设置窗口和“二维绘图组 5”选项卡，在“二维绘图组”设置窗口中设置“标签”为“应变”，其余采用默认设置，此时“二维绘图组 5”选项卡变为“应变”选项卡。

b. 添加表面。单击“应变”选项卡“添加绘图”面板中的“表面”按钮，弹出“表面”设置窗口，在“表达式”栏中单击“替换表达式”按钮，弹出表达式窗口，在“组件 1”→“固体力学”→“应变”→“应变张量（材料和几何坐标系）”中双击“solid.eZZ- 应变张量，ZZ 分量”选项，如图 9-21 所示，其余采用默认设置。然后单击该窗口中的“绘制”按钮，绘制应变云图，如图 9-22 所示。

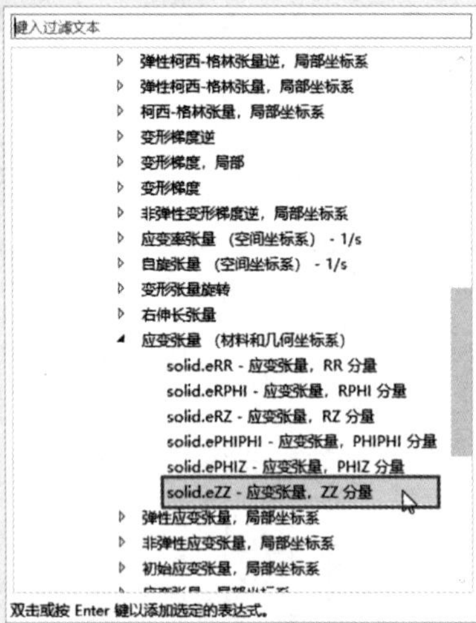


图 9-21　选择应变张量表达式

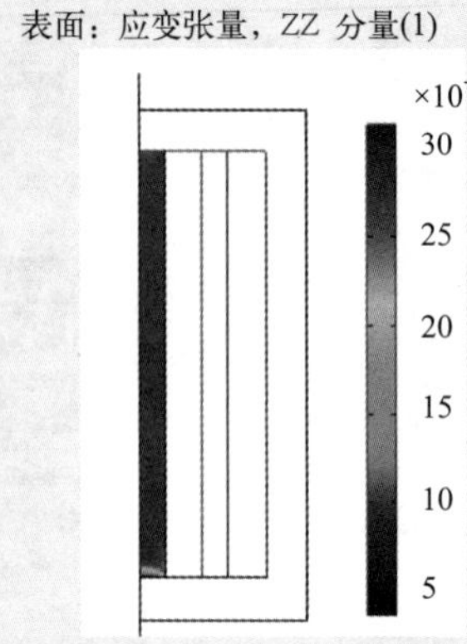


图 9-22　应变云图

③ 查看平面磁通密度模。

a. 选择磁通密度模。在“模型开发器”中展开“结果”→“磁通密度模”节点，弹出“磁通密度模”选项卡。

b. 添加面上箭头。单击“磁通密度模”选项卡“添加绘图”面板中的“面上箭头”按钮 ，弹出“面上箭头”设置窗口，在“表达式”栏中单击“替换表达式”按钮 ，弹出表达式窗口，在“组件 1”→“磁场”→“磁”中双击“mf.Br,mf.Bz- 磁通密度 ( 空间坐标系 )”选项，然后在“箭头位置”栏中设置“r 栅格点”的“点数”为“20”，在“着色和样式”栏中设置“箭头长度”为“归一化”，设置“颜色”为“黑色”，如图 9-23 所示，其余采用默认设置，最后单击该窗口中的“绘制”按钮 ，绘制磁通密度箭头图，如图 9-24 所示。

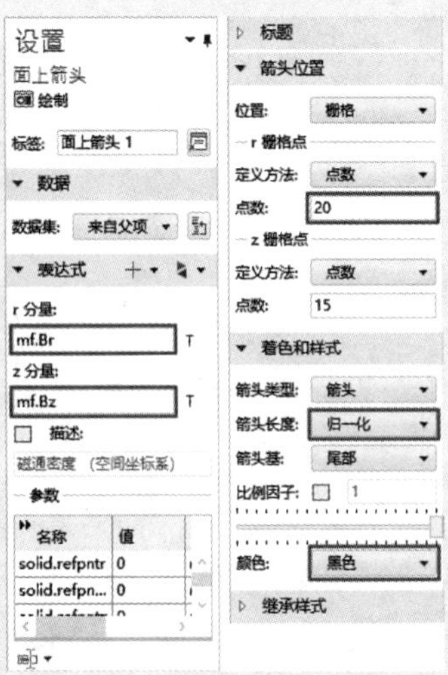


图 9-23　“面上箭头”设置云图

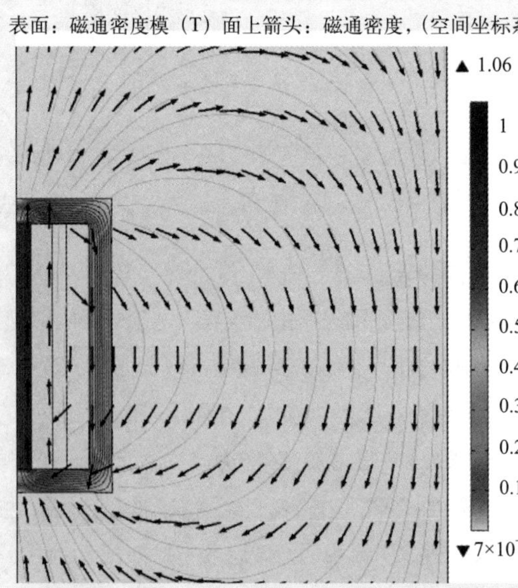


图 9-24　磁通密度箭头图

④ 查看三维磁通密度模。

a. 添加过滤器。在“模型开发器”中展开“结果”→“磁通密度模，回转几何”节点，选择其下的“体 1”，然后单击“磁通密度模，回转几何”选项卡“属性”面板中的“过滤器”按钮，弹出“过滤器”设置窗口，在“单元选择”栏中设置“包含逻辑表达式”为“dom!=1”，如图 9-25 所示，将空气域排除在外。

b. 添加体箭头。在“模型开发器”中展开“结果”→“磁通密度模，回转几何”节点，在弹出的“磁通密度模，回转几何”设置窗口中取消勾选“绘制数据集的边”复选框，然后单击“磁通密度模，回转几何”选项卡“添加绘图”面板中的“体箭头”按钮，弹出“体箭头”设置窗口，在“表达式”栏中单击“替换表达式”按钮，弹出表达式窗口，在“组件 1”→“磁场”→“磁”中双击“mf.Br,mf.Bphi,mf.Bz- 磁通密度（空间坐标系）”选项，在“箭头位置”栏中设置“x 栅格点”的“定义方法”为“坐标”，并设置其“坐标”值为“range(-20,4,20)”，设置“y 栅格点”的“定义方法”为“坐标”，并设置其“坐标”值为“range(-20,4,20)”，设置“z 栅格点”的“定义方法”为“坐标”，并设置其“坐标”值为“range(-30,2.5,30)”，在“着色和样式”栏中设置“箭头长度”为“归一化”，设置“颜色”为“黑色”，如图 9-26 所示，其余采用默认设置，最后单击该窗口中的“绘制”按钮，绘制三维磁通密度箭头图，如图 9-27 所示。

（8）进行研究 2 参数化扫描

① 添加边界载荷和研究 2。

a. 添加边界载荷。单击“物理场”选项卡“边界”面板“边界”下拉列表“固体力学”中的“边界载荷”按钮 **边界载荷**，弹出“边界载荷”设置窗口，激活“选择”框，选择“域 3”的下边线“9”，在“力”栏中设置“FA”的“z”值为“F0”，如图 9-28 所示，添加边界载荷。

图 9-25 “过滤器”设置窗口

图 9-26 “体箭头”设置窗口

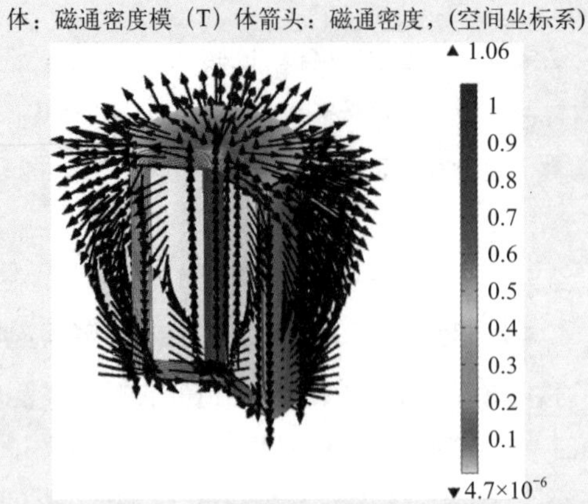


图 9-27　三维磁通密度箭头图

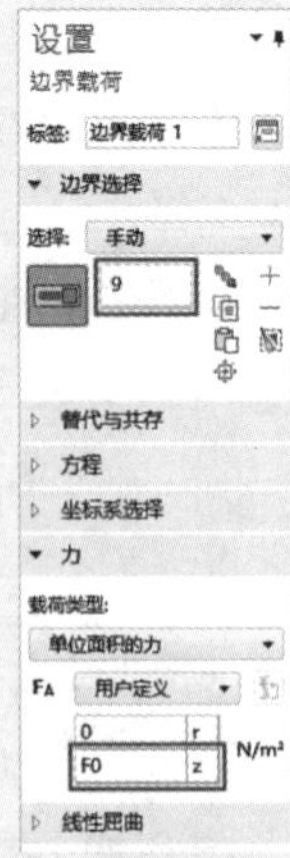


图 9-28　“边界载荷”设置窗口

b. 添加研究 2。单击“研究”选项卡“研究”面板中的“添加研究”按钮，弹出“添加研究”设置窗口，在“研究”栏中选择“一般研究”中的“稳态”，添加研究 2，然后关闭“添加研究”设置窗口。

② 设置求解步骤。

a. 稳态设置。在“模型开发器”中展开“研究 2”，选择“步骤 1：稳态”分支，弹出“稳态”设置窗口，展开“研究扩展”栏，勾选“辅助扫描”复选框，并单击“添加”按钮 ＋，设置“参数名称”为“J0( 电流密度 )”，然后单击“范围”按钮，打开“范围”窗口，设置“定义方法”为“步长”，设置“起始”步长为“0”，“步长”为“0.1”，“停止”为“7.3”，再在“应用到所有值的函数”列表中选择“exp10(x) - 指数函数 ( 10 为底 )”，如图 9-29 所示，最后单击“添加”按钮 添加 ，关闭“范围”窗口，返回“稳态”设置窗口，结果如图 9-30 所示。

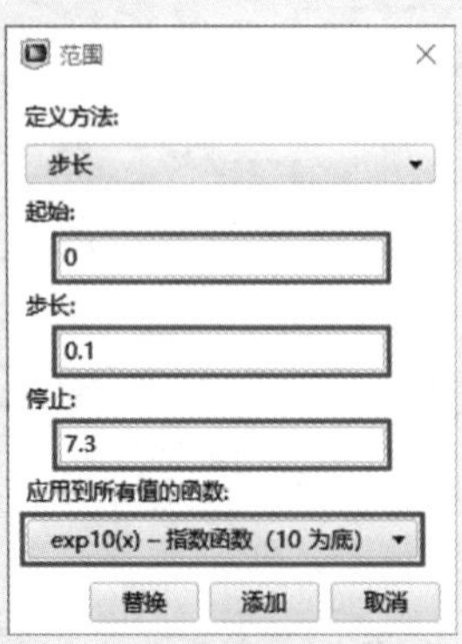


图 9-29　“范围”窗口

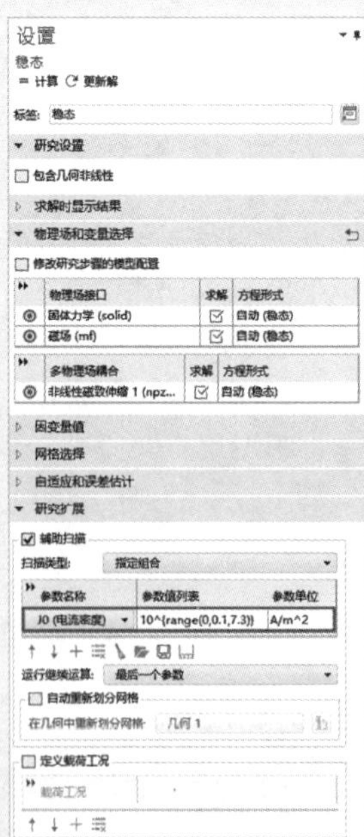


图 9-30　“稳态”设置窗口

b. 添加参数化扫描。单击“研究”选项卡“研究步骤”面板中的“参数化扫描”按钮，弹出“参数化扫描”设置窗口，在“研究设置”栏中单击“添加”按钮；设置“参数名称”为“F0（机械载荷）”，设置“参数值列表”为“0 10 30”，设置“参数单位”为“MPa”，其余为默认设置，如图 9-31 所示。

（9）研究 2 求解计算

在“模型开发器”中选择“研究 2”，弹出“研究”设置窗口，在“研究设置”栏中取消勾选“生成默认绘图”复选框，然后单击“计算”按钮，进行计算。

（10）查看结果

① 绘制磁致伸缩曲线图。

a. 添加一维绘图组。单击“结果”选项卡“绘图组”面板中的“一维绘图组”按钮，弹出“一维绘图组”设置窗口和“一维绘图组 6”选项卡，在“一维绘图组”设置窗口中设置“标签”为“磁致伸缩”，在“数据”栏中设置“数据集”为“研究 2/ 参数化解 1”，在“标题”栏中设置“标题类型”为“手动”，并在下方的“标题”文本框中输入“磁致伸缩曲线”，在“绘图设置”栏中勾选“x 轴标签”复选框，并设置为“磁场（A/m）”，勾选“y 轴标签”复选框，并设置为“磁致伸缩（ppm）”，在“图例”栏中勾选“显示图例”复选框，并设置“位置”为“中间偏右”，其余采用默认设置，如图 9-32 所示。

图 9-31　“参数化扫描”设置窗口

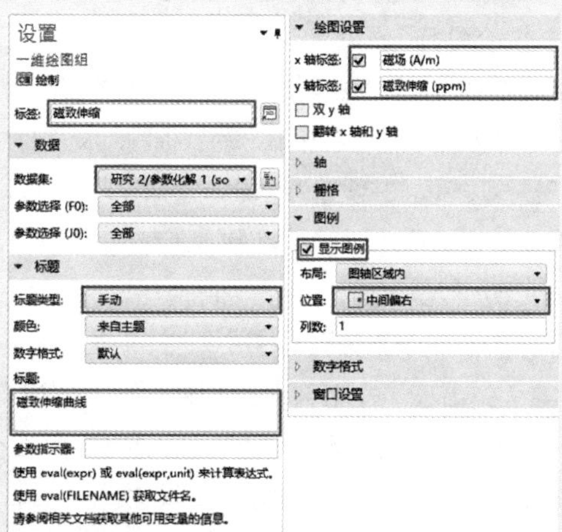


图 9-32　“一维绘图组”设置窗口

b. 添加点结果图。单击“磁致伸缩”选项卡“添加绘图”面板中的“点结果图”按钮，弹出“点结果图”设置窗口，激活“选择”框，选择点“4”，在“y 轴数据”栏中单击“替换表达式”按钮，弹出表达式窗口，在“组件 1”→“多物理场”→“应变”→“磁致伸缩应变张量”中双击“npzml.emeZZ- 磁致伸缩变量，ZZ 分量”选项，设置“单位”为“ppm”。然后在“x 轴数据”

栏中单击“替换表达式”按钮，弹出表达式窗口，在“组件1”→“磁场”→“磁”→“磁场（材料和几何坐标系）-A/m”中双击“mf.HZ-磁场，Z分量”选项，在“图例”栏中勾选“显示图例”复选框，并取消勾选“点”复选框，如图9-33所示，其余采用默认设置，最后单击该窗口中的“绘制”按钮，绘制磁致伸缩曲线图，如图9-34所示。

图 9-33 “点结果图”设置窗口

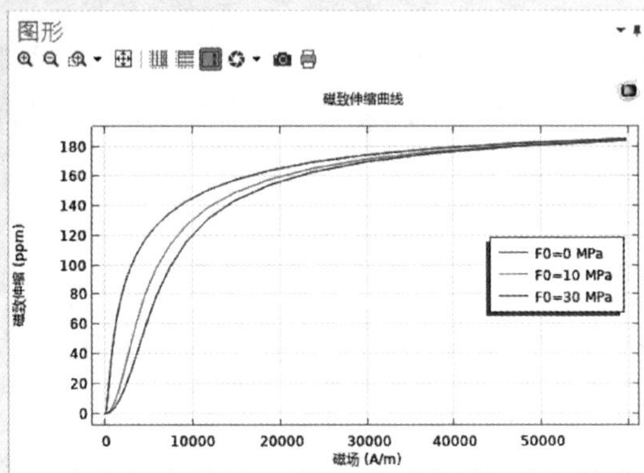


图 9-34 磁致伸缩曲线图

② 绘制 BH 曲线图。

a. 添加一维绘图组。单击“结果”选项卡“绘图组”面板中的“一维绘图组”按钮，弹出“一维绘图组”设置窗口和“一维绘图组 8”选项卡，在“一维绘图组”设置窗口中设置“标签”为“BH 曲线”，在“数据”栏中设置“数据集”为“研究 2/ 参数化解 1”，在“标题”栏中设置“标题类型”为“手动”，并在下方的“标题”文本框中输入“BH 曲线”，在“绘图设置”栏中勾选“x 轴标签”复选框，并设置为“磁场（A/m）”，勾选“y 轴标签”复选框，并设置为“磁通密度（T）”，在“图例”栏中勾选“显示图例”复选框，并设置“位置”为“中间偏右”，其余采用默认设置。

b. 添加点结果图。单击“BH 曲线”选项卡“添加绘图”面板中的“点结果图”按钮，弹出“点结果图”设置窗口，激活“选择”框，选择点“4”，在“y 轴数据”栏中单击“替换表达式”按钮，弹出表达式窗口，在“组件 1”→“磁场”→“磁”→“磁通密度（材料和几何坐标系）-T”中双击“mf.BZ- 磁通密度，Z 分量”选项，然后在“x 轴数据”栏中单击“替换表达式”按钮，弹出表达式窗口，在“组件 1”→“磁场”→“磁”→“磁场（材料和几何坐标系）-A/m”中双击“mf.HZ- 磁场，Z 分量”选项，在“图例”栏中勾选“显示图例”复选框，并取消勾选“点”复选框，其余为默认设置，最后单击该窗口中的“绘制”按钮，绘制 BH 曲线图，如图 9-35 所示。

③ 绘制切向压磁耦合效率曲线图。

a. 添加一维绘图组。单击“结果”选项卡“绘图组”面板中的“一维绘图组”按钮，弹出“一维绘图组”设置窗口和“一维绘图组 9”选项卡，在“一维绘图组”设置窗口中设置“标签”为“压磁效率”，在“数据”栏中设置“数据集”为“研究 2/ 参数化解 1”，设置“参数选择（F0）”

为“第一个”，在“标题”栏中设置“标题类型”为“手动”，并在下方的“标题”文本框中输入“切向压磁耦合效率”，在“绘图设置”栏中勾选“x轴标签”复选框，并设置为“磁场（A/m）”，勾选“y轴标签”复选框，并设置为“耦合效率（m/A）”，在“图例”栏中勾选“显示图例”复选框，并设置“位置”为“右上角”，其余采用默认设置。

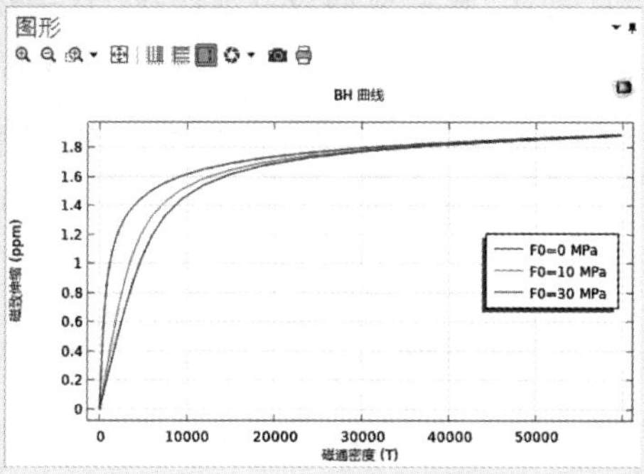


图 9-35　BH 曲线图

b. 添加点结果图。单击“压磁效率”选项卡“添加绘图”面板中的“点结果图”按钮，弹出“点结果图”设置窗口，激活“选择”框，选择点“4”，在“y 轴数据”栏中单击“替换表达式”按钮，弹出表达式窗口，在“组件 1”→“多物理场”→“有效属性”→“切向压磁耦合矩阵，Voigt 标记 -m/A”中双击“npzm1.dHT33- 切向压磁耦合矩阵，Voigt 标记，33 分量”选项，然后在“x 轴数据”栏中单击“替换表达式”按钮，弹出表达式窗口，在“组件 1”→“磁场”→“磁”→“磁场（材料和几何坐标系）-A/m”中双击“mf.HZ- 磁场，Z 分量”选项，在“图例”栏中勾选“显示图例”复选框，设置“图例”为“手动”，并在图例表中输入“dHT33”，其余为默认设置。

采用同样的方法再添加 3 个点结果图，设置第一个点结果图的“y 轴数据”的“表达式”为“npzm1.dHT31”，图例表为“dHT31”，设置第二个点结果图的“y 轴数据”的“表达式”为“npzm1.dHT15”，图例表为“dHT15”，设置第三个点结果图的“y 轴数据”的“表达式”为“-(npzm1.dHT31+npzm1.dHT32)”，设置图例表为“-(dHT31+dHT32)”，并在第三个点结果图的设置窗口中的“着色和样式”栏中设置“线样式”为“无”，设置“标记”为“循环”，设置“定位”为“内插”，其余采用默认设置，然后单击该窗口中的“绘制”按钮，绘制压磁效率曲线图，如图 9-36 所示。

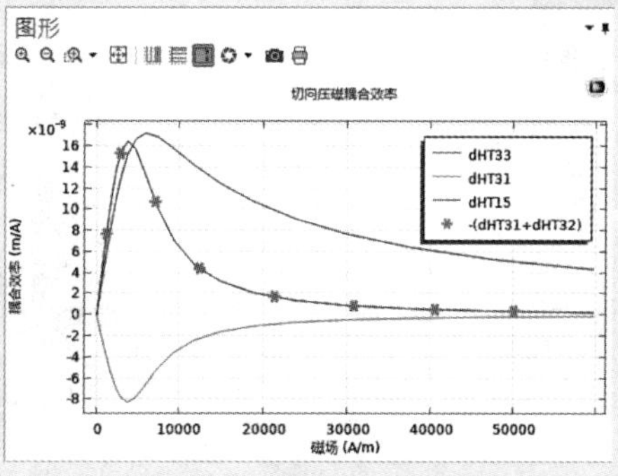


图 9-36　切向压磁耦合效率曲线图

# 9.3 热 - 电耦合分析

热 - 电耦合分析是一种同时求解电势场和温度场的耦合分析，是热能与电能之间的相互转换和影响，也称之为热电效应。一般来说，热电效应包括塞贝克效应、帕耳帖效应及汤姆逊效应。但在电与热之间还存在焦耳热现象，即将一个电压施加到一个电阻上时会产生热，但焦耳热现象是热力学不可逆的，而塞贝克效应、帕耳帖效应及汤姆逊效应是热力学可逆的。

热电效应广泛存在于各种能源转换和利用过程中，可以通过利用热电效应原理，设计出各种热电转换器，实现热能与电能的有效转换，提高能源的利用率，如设计出热电发电机、热电制冷机等。

## 9.3.1 焦耳热

焦耳热由电流通过导体产生，正比于电阻与电流的平方的积，与电流方向无关，其公式为

$$Q = I^2 R \tag{9-1}$$

## 9.3.2 塞贝克效应

在由两种不同导体组成的回路中，如果导体的两个节点存在温度差，该回路中将产生电势 $V$，这就是塞贝克效应，如图 9-37（a）所示。

由塞贝克效应产生的电势称为温差电势 , 其公式为

$$V=\alpha \Delta T \tag{9-2}$$

式中，$\alpha$ 为温差电势率，V/K（伏特 / 开尔文）。

## 9.3.3 帕耳帖效应

帕耳帖效应如图 9-37（b）所示，是指电流流过两种不同导体的界面时，将从外界吸收热量或向外界放出热量。这是因为不同导体之间的电荷具有不同的能级，当电荷从高能级向低能级运动时，便释放出多余的能量，这一过程会放出热量；当电荷从低能级向高能级运动时，会从外界吸收能量，这一过程会吸收热量。

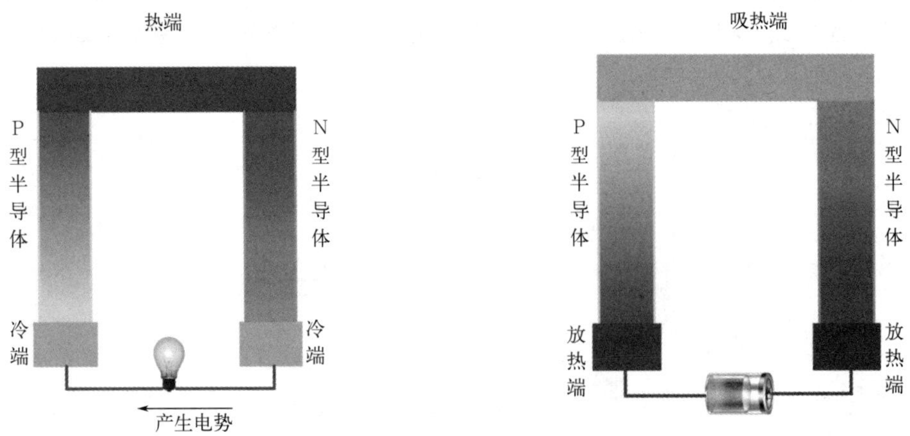


(a) 塞贝克效应　　(b) 帕耳帖效应

图 9-37　热电效应

### 9.3.4　汤姆逊效应

当电流在温度不均匀的导体中流过时，导体除产生不可逆的焦耳热之外，还要吸收或放出一定的热量，称为汤姆逊效应。由汤姆逊效应产生的热流量称为汤姆逊热，用 $Q^T$ 表示，单位为 W，其公式为

$$Q^T = -\tau I \Delta T \tag{9-3}$$

式中，$\tau$ 为汤姆逊系数，W/(A · K)；$\Delta T$ 为温差，K；$I$ 为电流，A。

热 - 电耦合分析有多种应用，如电子元件焦耳热、线圈加热、热熔丝、热电偶及热电冷却器和温差发电机等的分析。

### 9.3.5　热电制冷器分析

本例利用 COMSOL 中的“焦耳热”接口对一个热电制冷器进行分析。该热电制冷器由两个半导体单元组成，两个半导体间由一铜板连接，一块半导体为 N 型，另一块半导体为 P 型。热电制冷器冷端温度为 $T_c$，热端温度为 $T_h$，在热端通有电流强度为 $I$ 的电流，分析此状态下系统的温度场分布和电压分布。热电制冷器几何模型如图 9-38 所示，材料性能参数见表 9-3。

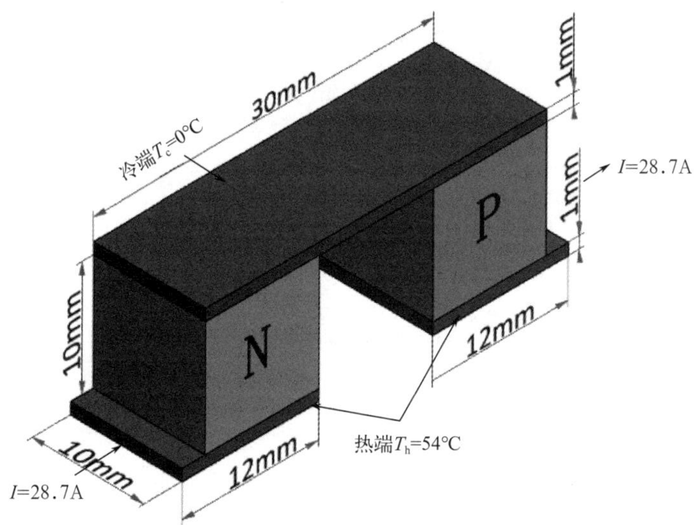


图 9-38　热电制冷器几何模型

扫码看视频

表 9-3　材料性能参数

| 材料名称 | 电导率 /（S/m） | 热导率 /[W/（m·K）] | 塞贝克系数 /(V/K) |
|---|---|---|---|
| N 型半导体 | 98000 | 1.3 | $-165\times10^{-6}$ |
| P 型半导体 | $1.02\times10^5$ | 1.2 | $210\times10^{-6}$ |
| 铜 | $5.998\times10^7$ | 400 | — |

操作步骤

（1）导入模型

① 进入三维几何界面。在“新建”界面中单击“模型向导”按钮，弹出“选择空间维度”界面，在该界面选择“三维轴对称”维度，进入“选择物理场”界面，展开“AC/DC”列表，选择列表中的“电磁热”→“焦耳热”选项，单击“添加”按钮 添加 ，将“电流”和“固体传热”添加到物理场接口中，如图 9-39 所示，然后单击“研究”按钮，进入“选择研究”界面，在“一般研究”栏中选择“稳态”选项，最后单击“完成”按钮，进入主界面。

② 定义全局参数。在“模型开发器”中选择“全局定义”节点下的“参数 1”，弹出“参数”设置窗口，在“参数”栏中设置第一行“名称”为“Tc”,“表达式”为“0[degC]”,“描述”为“冷端温度”，在“参数”栏中设置第二行“名称”为“Th”,“表达式”为“54[degC]”,“描述”为“热端温度”，在“参数”栏中设置第三行“名称”为“sigma_n”,“表达式”为“0.98[S/m]”,“描述”为“n 型材料电导率”，在“参数”栏中设置第四行“名称”为“sigma_p”,“表达式”为“102[S/m]”,“描述”为“p 型材料电导率”，在“参数”栏中设置第五行“名称”为“alpha_n”,“表达式”为“-165e-6[V/degC]”,“描述”为“n 型材料塞贝克系数”，在“参数”栏中设置第六行“名称”为“alpha_p”,“表达式”为“210e-6[V/degC]”,“描述”为“p 型材料塞贝克系数”，如图 9-40 所示。

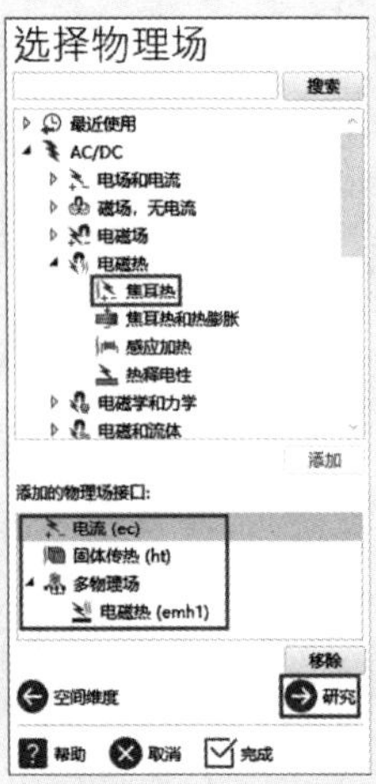


图 9-39　选择物理场

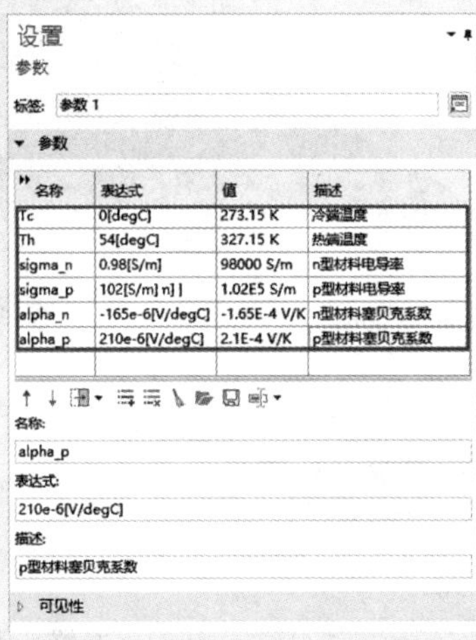


图 9-40　“参数”设置窗口

③ 导入模型。

a. 设置单位。在“模型开发器”中选择“几何”分支，然后在“几何”设置窗口中设置“长度单位”为“mm”。

b. 导入热电制冷器模型。单击“几何”选项卡“导入 / 导出”面板中的“导入”按钮，弹出“导入”设置窗口，单击“浏览”按钮，弹出“导入几何”窗口，找到要导入的“热电制冷器.mphbin”文件，单击“打开”按钮 打开(O) ，返回“导入”设置窗口，其余为默认设置，如图 9-41 所示，单击“导入”按钮，导入热电制冷器模型，单击“图形窗口”工具栏中的“显示栅格”按钮，取消栅格的显示，结果如图 9-42 所示。

图 9-41　“导入”设置窗口

图 9-42　热电制冷器模型

（2）添加材料和自定义材料

① 添加铜材料。单击“材料”选项卡“材料”面板中的“添加材料”按钮，弹出“添加材料”窗口，展开“内置材料”列表，双击其中的“Copper”（铜），将其添加到“模型开发器”中的“材料”节点下，然后单击“关闭”按钮 ×，关闭“添加材料”窗口。

② 添加 N 型材料。单击“材料”选项卡“材料”面板中的“空材料”按钮，弹出“材料”设置窗口，设置“标签”为“n-type”，然后激活“选择”框，选择域“2”，再展开“材料属性明细”栏，设置“电导率”值为“sigma_n”，设置“相对介电常数”值为“1”，设置“导热系数”值为“1.3”，如图 9-43 所示，其余为默认设置，添加 N 型材料。

③ 添加 P 型材料。单击“材料”选项卡“材料”面板中的“空材料”按钮，弹出“材料”设置窗口，设置“标签”为“p-type”，然后激活“选择”框，选择域“5”，再展开“材料属性明细”栏，设置“电导率”值为“sigma_p”，设置“相对介电常数”值为“1”，设置“导热系数”值为“1.2”，其余为默认设置，添加 N 型材料。

（3）电流设置

① 添加法向电流密度。在“模型开发器”选择“电流”节点，然后单击“物理场”选项卡“边界”面板“边界”下拉列表“电流”中的“法向电流密度”按钮 **法向电流密度**，弹出“法向电流密度”设置窗口，激活“选择”框，选择右下方铜板的右端面边界“30”，再在“法向电流密度”栏中设置“$J_n$”为“28.7”，如图 9-44 所示，其余为默认设置，添加法向电流密度。

② 添加电势。单击“物理场”选项卡“边界”面板“边界”下拉列表“电流”中的“电势”按钮 **电势**，弹出“电势”设置窗口，激活“选择”框，选择左下方铜板的左端面边界“1”，然后在“电势”栏中设置“$V_0$”为“0”，如图 9-45 所示，其余为默认设置，添加电势。

③ 添加 N 型材料电流源。单击“物理场”选项卡“域”面板“域”下拉列表“电流”中的“电流源”按钮 **电流源**，弹出“电流源”设置窗口，激活“选择”框，选择 N 型材料域“2”，然后在“电流源”栏中设置“$Q_{j,v}$”值为“-alpha_n*sqrt(Tx^2+Ty^2+Tz^2+eps)*sigma_n/1e-2[m]”，其余为默认参数，如图 9-46 所示，添加 N 型材料电流源。

图 9-43 “材料”设置窗口

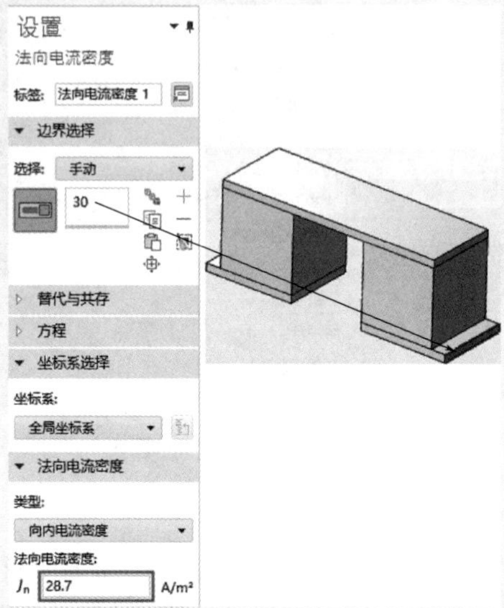


图 9-44 “法向电流密度”设置窗口

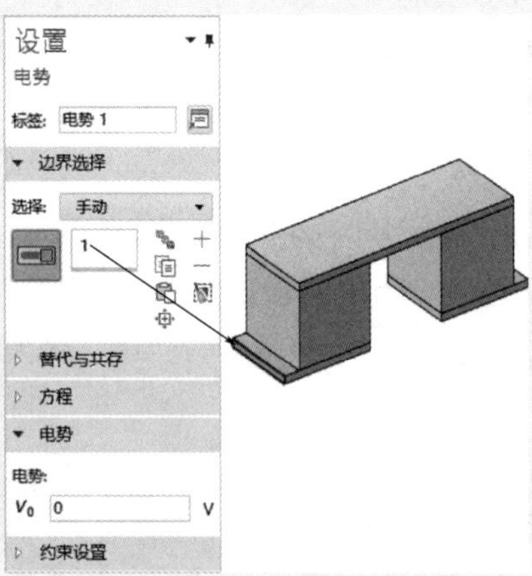


图 9-45 “电势”设置窗口

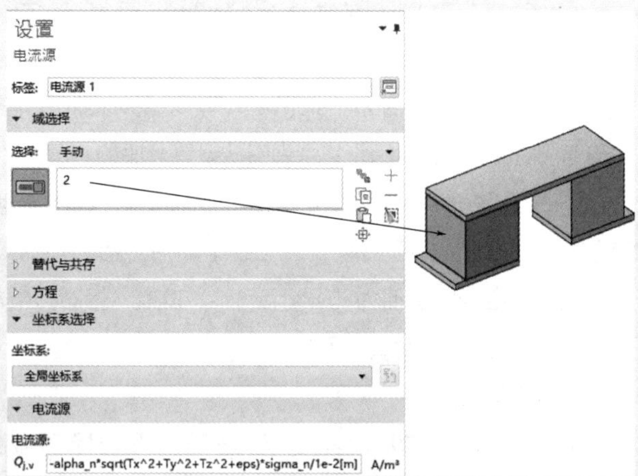


图 9-46 “电流源”设置窗口

④ 添加 P 型材料电流源。单击“物理场”选项卡“域”面板“域”下拉列表“电流”中的“电流源”按钮 **电流源**，弹出“电流源”设置窗口，激活“选择”框，选择 P 型材料域“5”，然后在“电流源”栏中设置“$Q_{j,v}$”值为“alpha_p*sqrt(Tx^2+Ty^2+Tz^2+eps)*sigma_p/1e-2[m]”，其余为默认参数，添加 P 型材料电流源。

（4）固体传热设置

① 添加上铜板温度。在“模型开发器”选择“固体传热”节点，然后单击“物理场”选项卡“边界”面板“边界”下拉列表“固体传热”中的“温度”按钮 **温度**，弹出“温度”设置窗口，激活“选择”框，选择上铜板的上表面边界“12”，在“温度”栏中设置“$T_0$”为“Tc”，如图 9-47 所示，其余为默认设置，添加上铜板温度。

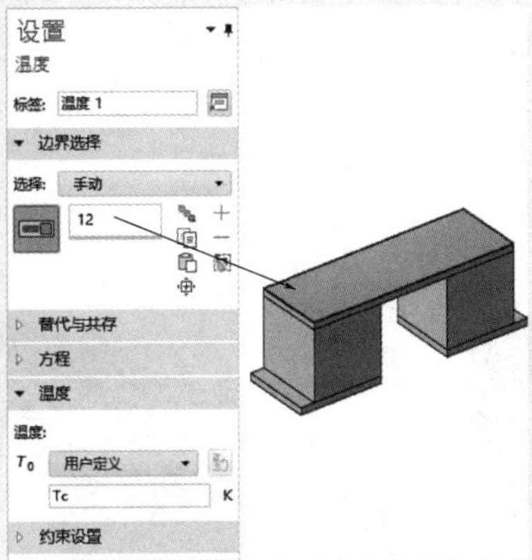


图 9-47 “温度”设置窗口

② 添加下铜板温度。在“模型开发器”选择“固体传热”节点，然后单击“物理场”选项卡“边界”面板“边界”下拉列表“固体传热”中的“温度”按钮 **温度**，弹出“温度”设置窗口，激活“选择”框，选择两块下铜板的下表面边界“3”和“20”，再在“温度”栏中设置“$T_0$”为“Th”，添加下铜板温度。

（5）划分网格

① 设置单元大小。在“模型开发器”中选择“网格 1”节点，弹出“网格”设置窗口，在“物理场控制网格”栏中设置“单元大小”为“超细化”，如图 9-48 所示，其余为默认设置，设置单元大小。

② 添加扫掠。单击“网格”选项卡“生成器”面板中的“扫掠”按钮，弹出“扫掠”设置窗口，采用默认设置，然后单击“全部构建”按钮，完成模型网格的划分，结果如图 9-49 所示。

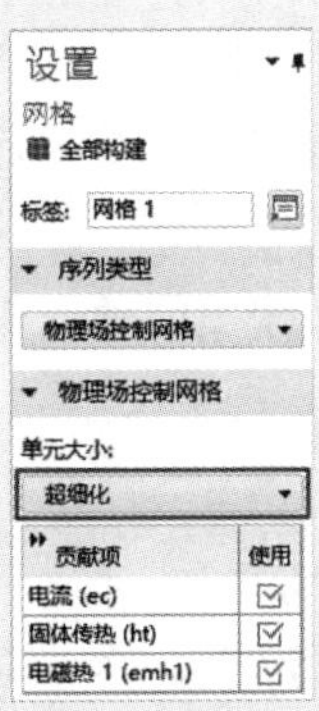


图 9-48 “网格”设置窗口

图 9-49 划分网格

（6）研究 1 求解计算

求解计算。单击“研究”选项卡“研究”面板中的“计算”按钮，进行求解计算。

（7）查看结果

① 查看表面应力变形云图。在“模型开发器”中展开“结果”→“电势”节点，选择其中的“体 1”，弹出“体”设置窗口，采用默认设置，绘制电势云图，如图 9-50 所示。

② 查看表面温度云图。在“模型开发器”中展开“结果”→“温度”节点，选择其中的“表面”，弹出“表面”设置窗口，在“表达式”栏中设置“单位”为“degC”，在“着色和样式”栏中设置“颜色表”为“Thermal”，其余为默认设置，绘制表面温度云图，如图 9-51 所示。

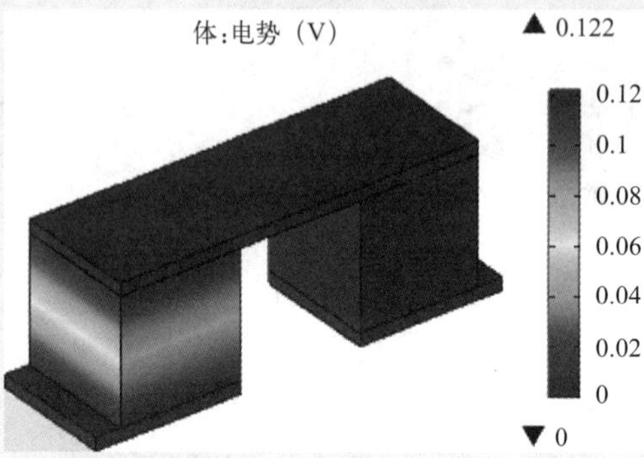

图 9-50　电势云图

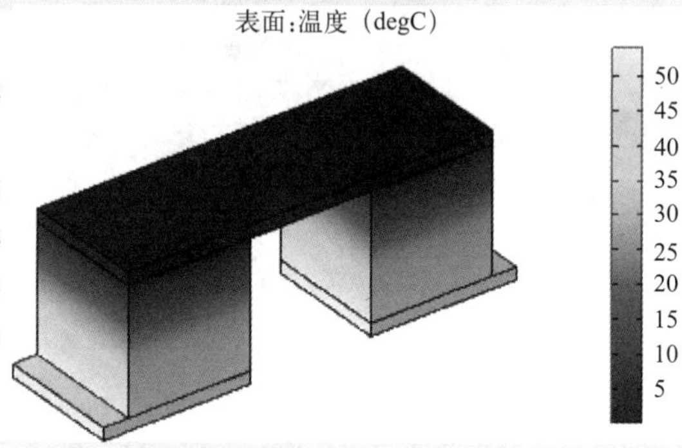

图 9-51　表面温度云图

## 9.4　流固耦合分析

流固耦合是指流体动力学和结构力学之间的多物理场耦合。这种现象的特点是变形结构或运动结构与周围或内部的流体流动之间的相互作用，既可以是稳定的，也可以是振荡的。当流动的流体与固体结构接触时，固体会受到应力和应变作用，这些力会使结构产生变形。变形的大小取决于流体的压力、流速及实际结构的材料的属性等。

### 9.4.1　流固耦合的特征

流固耦合问题可由其耦合方程定义，这组方程定义的域同时包含流体域和固体域。而未知变量含有描述流体现象的变量和含有描述固体现象的变量。流固耦合一般具有以下两个特征。

① 流体域与固体域均不可单独地求解。

② 无法显式地削去描述流体运动的独立变量及描述固体现象的独立变量。

### 9.4.2　流固耦合的分类

流固耦合通常分为单向流固耦合和双向流固耦合两类。

① 单向流固耦合是在不同耦合场进行交叉迭代，通过耦合媒介交换耦合信息，其基本思路是先计算得到流场分布，然后将其中的关键参数作为载荷加载到固体结构上，通过结构分析实现单向耦合计算，通常固体变形不大，流场的边界面貌改变很小，不影响流场分布。

② 双向流固耦合是流体方程和固体方程按照顺序相互迭代求解，先获得流场分布，然后基于流固耦合边界将求解得到的压力传递到固体，对固体进行求解获得位移，再把位移基于流固耦合边界传递给流场，如此往复迭代，直接系统的位移和应力容差值达到收敛要求，即获得流场和结构场的解。

### 9.4.3 流固耦合的控制方程

流固耦合的控制方程包括三部分内容，分别为流体控制方程、固体控制方程及流固耦合方程，下面分别进行介绍。

（1）流体控制方程

流固耦合问题应该遵循流体力学的三大定律，对于不可压缩的牛顿流体，守恒定律通过式（9-4）～式（9-6）所示的控制方程进行描述。

质量守恒方程：
$$\frac{\partial \rho_f}{\partial t}+\nabla(\rho_f v)=0 \tag{9-4}$$

动量守恒方程：
$$\frac{\partial \rho_f}{\partial t}+\nabla(\rho_f vv-\tau_f)=f_f \tag{9-5}$$

能量守恒方程：
$$\frac{\partial \rho_f E}{\partial t}+\nabla(\rho_f vE-\tau_f v)+q_f=f_f v+q_f \tag{9-6}$$

（2）固体控制方程

固体控制方程根据牛顿第二定律导出，见式（9-7）

$$\rho_s \ddot{d}_s=\nabla \delta_s+f_s \tag{9-7}$$

（3）流固耦合方程

流固耦合方程遵循最基本的守恒原则，在流固耦合交界面位置，应该满足流体与固体的应力、位移相等或守恒，见式（9-8）

$$\begin{cases}\tau_f n_f=\tau_s n_s \\ d_f=d_s\end{cases} \tag{9-8}$$

第一类问题的特征是耦合作用仅发生在两相交界面上，在方程上的耦合是由两相耦合面上的平衡及协调来引入的，如气动弹性、水动弹性等。

第二类问题的特征是两域部分或全部重叠在一起，难以明显地分开，是描述物理现象的方程，特别是本构方程需要针对具体的物理现象来建立，其耦合效应通过描述问题的微分方程来体现。

### 9.4.4 实例—液压阻尼器

如图 9-52 所示为一个液压阻尼器简易模型示意图，液体从入口进入，推动铝制阻尼块前进，右侧的液体从出口流出，由于出口直径小于入口直径，降低液体流出量，致使阻尼块缓慢向右移动。本例利用 COMSOL 的流固耦合接口来模拟这一运动。

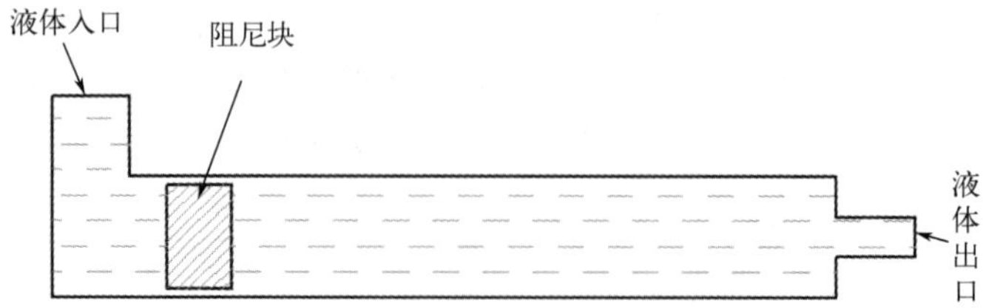


图 9-52　液压阻尼器简易模型示意

扫码看视频

操作步骤

（1）导入模型

① 进入二维几何界面。在“新建”界面中单击“模型向导”按钮，弹出“选择空间维度”界面，在该界面选择“二维”维度，进入“选择物理场”界面，展开“流体流动”列表，选择列表中的“流 - 固耦合”→“流 - 固耦合”选项，单击“添加”按钮 添加 ，将“流 - 固耦合”添加到物理场接口中，如图 9-53 所示，然后单击“研究”按钮，进入“选择研究”界面，在“所选物理场接口的预设研究”栏中选择“瞬态”选项，最后单击“完成”按钮，进入主界面。

② 导入模型。

a. 设置单位。在“模型开发器”中选择“几何”分支，然后在“几何”设置窗口中设置“长度单位”为“mm”。

b. 导入液压阻尼器模型。单击“几何”选项卡“导入 / 导出”面板中的“导入”按钮，弹出“导入”设置窗口，单击“浏览”按钮，弹出“导入几何”窗口，找到要导入的“液压阻尼器 .mphbin”文件，单击“打开”按钮 打开(O) ，返回“导入”设置窗口，其余为默认设置，如图 9-54 所示，单击“导入”按钮，导入液压阻尼器模型，单击“图形窗口”工具栏中的“显示栅格”按钮，取消栅格的显示，结果如图 9-55 所示。

图 9-55　液压阻尼器模型

（2）添加材料

① 添加铝材料。单击“材料”选项卡“材料”面板中的“添加材料”按钮，弹出“添加材料”窗口，展开“内置材料”列表，双击其中的“Aluminum”（铝），将其添加到“模型开发器”中的“材料”节点下，同时弹出“材料”设置窗口，在“几何实体选择”栏的“选择”框中删除域“1”，保留域“2”，如图 9-56 所示，其余为默认设置。

② 添加水材料。单击“材料”选项卡“材料”面板中的“添加材料”按钮，弹出“添加材料”窗口，展开“内置材料”列表，双击其中的“Water,liquid”（水），将其添加到“模型开发器”中的“材料”节点下，同时弹出“材料”设置窗口，选择域“1”，其余为默认设置，然后单击“关闭”按钮，关闭“添加材料”窗口。

（3）指定变形域

在“模型开发器”中展开“动网格”节点，选择“变形域 1”子节点，弹出“变形域”设置窗口，在“域选择”栏中激活“选择”框，然后选择域“1”为变形域，其余为默认设置，如图 9-57 所示。

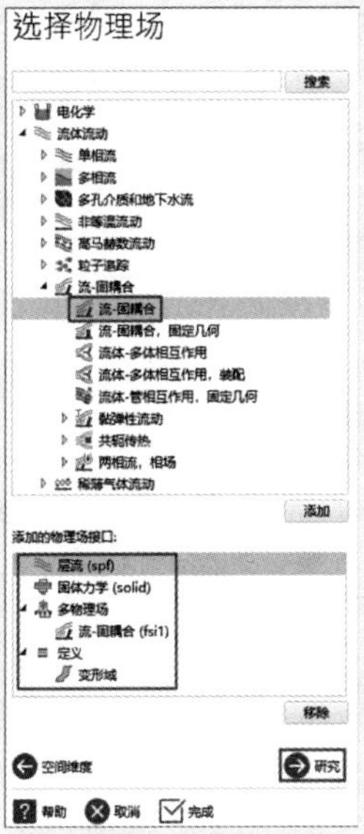


图 9-53　选择物理场

图 9-54　“导入”设置窗口

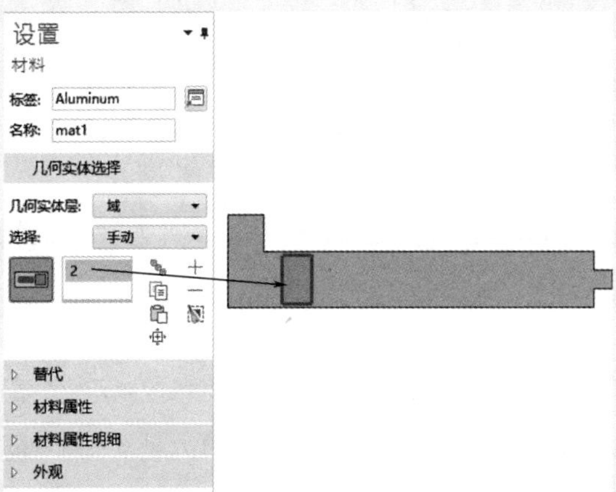


图 9-56　“材料”设置窗口

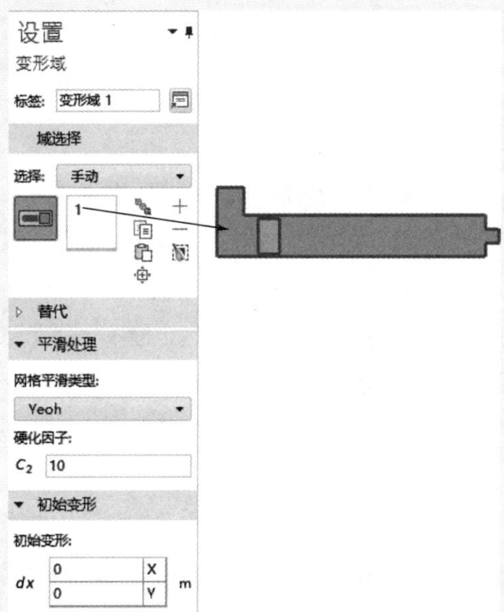


图 9-57　“变形域”设置窗口

（4）设置层流

① 在“模型开发器”中选择“层流”节点，弹出“层流”设置窗口，在“域选择”栏的“选择”框中删除域“2”，保留域“1”，其余为默认设置。

② 添加入口。单击“物理场”选项卡“边界”面板“边界”下拉列表“层流”中的“入口”按钮 **入口**，弹出“入口”设置窗口，在“边界选择”栏中激活“选择”框，选择边界“3”，在“速度”栏中设置“$U_0$”的值为“0.05”，其余为默认设置，如图 9-58 所示，添加入口。

③ 添加出口。单击“物理场”选项卡“边界”面板“边界”下拉列表“层流”中的“出口”按钮 **出口**，弹出“出口”设置窗口，在“边界选择”栏中激活“选择”框，选择边界“14”，在“压力条件”栏中设置“$P_0$”的值为“0”，其余为默认设置，如图 9-59 所示，添加出口。

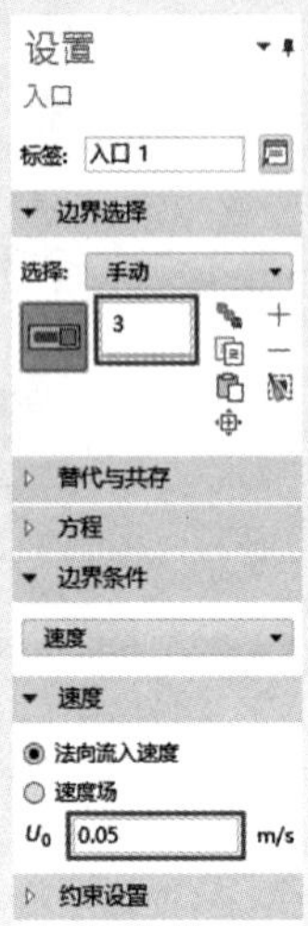


图 9-58 “入口”设置窗口

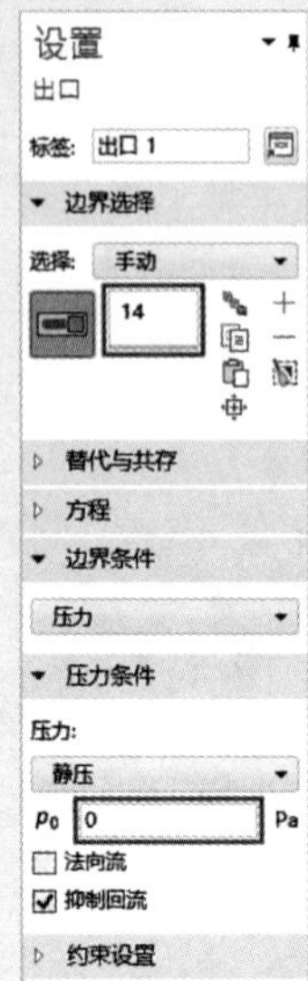


图 9-59 “出口”设置窗口

（5）设置固体力学

① 在“模型开发器”中选择“固体力学”节点，弹出“固体力学”设置窗口，在“域选择”栏的“选择”框中删除域“1”，保留域“2”，其余为默认设置。

② 添加位移约束。单击“物理场”选项卡“域”面板“域”下拉列表“域约束”中的“指定位移”按钮 **指定位移**，弹出“指定位移”设置窗口，在“域选择”栏中激活“选择”框，选择域“2”，在“指定位移”栏中勾选“在 y 方向指定”复选框，并设置“$u_{0y}$”的值为“0”，其余为默认设置，如图 9-60 所示，添加位移约束。

（6）划分网格

在“模型开发器”中单击“网格 1”节点，弹出“网格”设置窗口，在“物理场控制网格”栏中设置“单元大小”为“较粗化”，其余采用默认设置，单击“全部构建”按钮，划分网格，结果如图 9-61 所示。

（7）求解计算

① 设置求解步骤。在“模型开发器”中选中“步骤 1：瞬态”节点，弹出“瞬态”设置窗口，在“研究设置”栏中设置“时间单位”为“s”，单击“范围”按钮，弹出“范围”窗口，设置“定义方法”为“步长”，设置“起始”为“0”、“步长”为“0.1”、“停止”为“2”，如图 9-62 所示，单击“替换”按钮 替换 ，关闭该窗口，返回“瞬态”设置窗口，设置“容差”为“用户控制”，并设置“相对容差”值为“0.01”，展开“研究扩展”栏，勾选“自动重新划分网格”复选框，如图 9-63 所示，其余为默认设置，设置求解步骤。

图 9-60　“指定位移”设置窗口

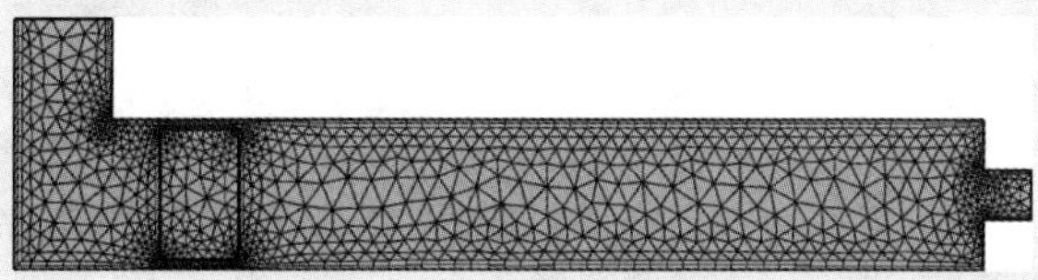

图 9-61　划分网格

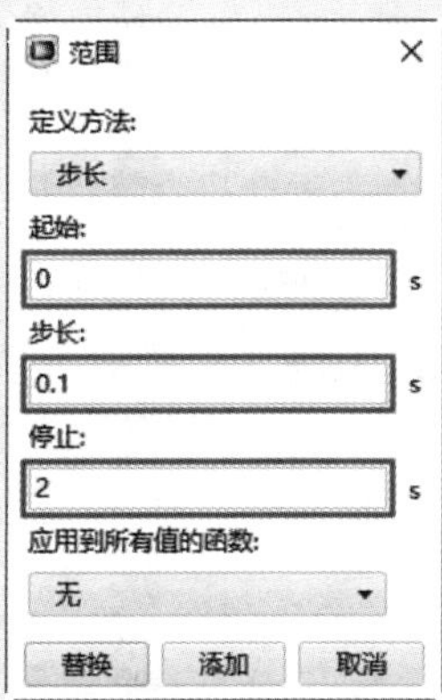


图 9-62　“范围”窗口

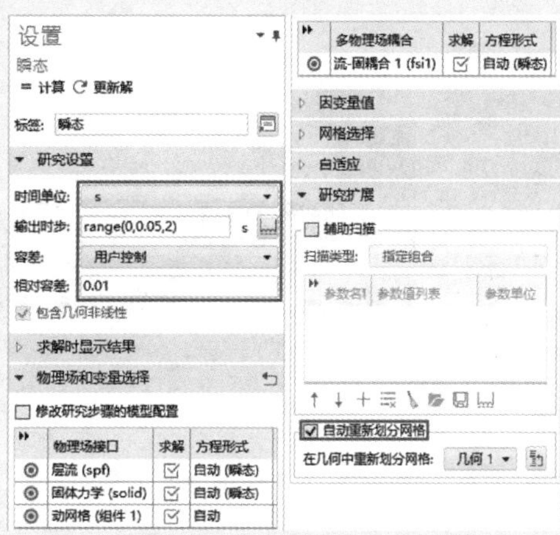


图 9-63　“瞬态”设置窗口

② 设置求解器配置。单击“研究”选项卡“求解器”面板中的“显示默认求解器”按钮 ，此时“模型开发器”中出现系统默认的求解器，展开“瞬态求解器 1”子节点，选择“自动重新划分网格”分支，弹出“自动重新划分网格”设置窗口，在“用于重新划分网格的条件”栏中设置“条件类型”为“失真”，其余为默认设置，如图 9-64 所示。

③ 求解计算。单击“研究”选项卡“研究”面板中的“计算”按钮 ，进行求解计算。

（8）查看结果

① 查看速度云图。在“模型开发器”中展开“结果”节点，选择其中的“速度”，弹出“二维绘图组”设置窗口，在“数据”栏中设置“时间”为“2”，绘制 2s 时的速度云图，如图 9-65 所示。

图 9-64 “自动重新划分网格”设置窗口

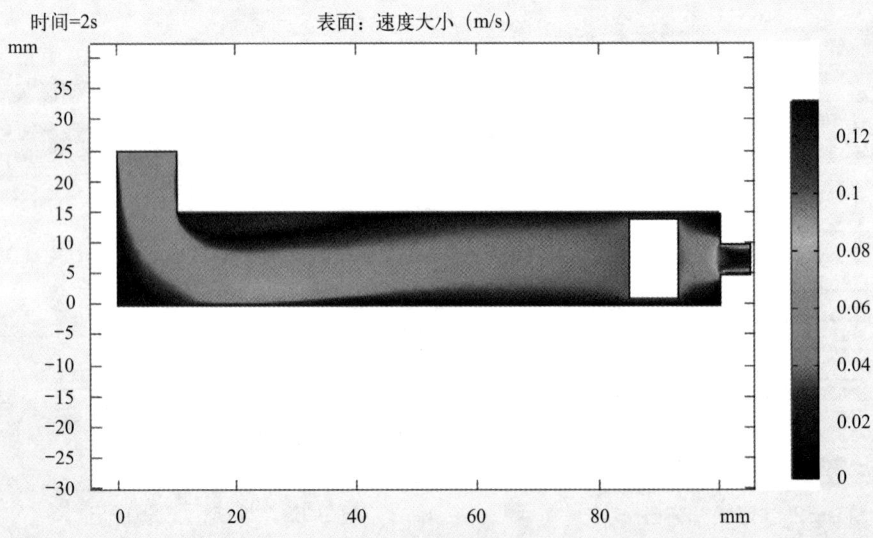


图 9-65 速度云图

② 查看应力云图。在“模型开发器”中展开“结果”节点，选择其中的“应力”，弹出“二维绘图组”设置窗口，在“数据”栏中设置“时间”为“2”，绘制 2s 时的应力云图，如图 9-66 所示。

③ 查看速度动画。重新显示速度云图，然后单击“速度”选项卡“导出”面板“动画”下拉列表中的“播放器”按钮 **播放器**，弹出“动画”设置窗口，在“帧”栏中设置“帧选择”为“全部”，然后单击“显示帧”按钮 **显示帧**，生成动画，最后在“图形窗口”中单击“播放”按钮 ▶，播放动画。

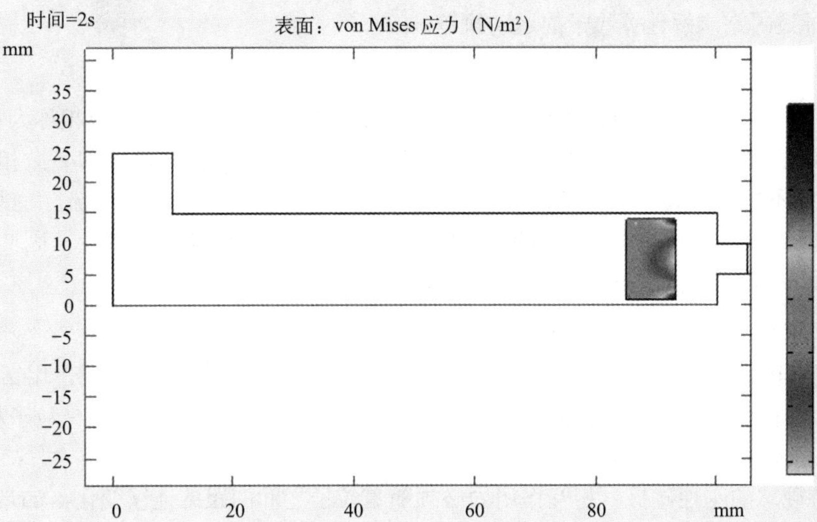


图 9-66　应力云图

# 9.5　粒子追踪分析

粒子追踪以拉格朗日形式描述问题，粒子被看作不同的实体，而不是连续的分布。通过牛顿运动定律求解常微分方程，计算粒子的运动轨迹。由于粒子追踪模块使用很常规的方程计算粒子轨迹，所以使用 COMSOL 可以模拟电磁场中的带电粒子运动、大规模的天体运动，以及层流、湍流和多相流体系中的粒子运动。

## 9.5.1　粒子追踪涉及的主要领域

COMSOL 中的粒子追踪主要涉及带电粒子、流体中的粒子和数学粒子的追踪 3 个主要的科学领域，由于本章主要介绍流体力学，因此这里主要介绍流体中的粒子的追踪。

对于浸没在流体中的微观或宏观粒子，其运动常常会受到流体的曳力作用。在这种体系中通常存在两相：一种是由气泡、粒子或液滴形成的离散相；另一种是这些粒子浸没的连续相。为了保证粒子追踪的方法有效，这些离散相应被视作稀溶液或分散流动，也就是说离散相的体积分数必须远小于连续相的体积分数，通常小于 1%。当粒子的体积分数不够小时，离散相就被归类为密集流，则需要其他的方法进行模拟。值得注意的是，在粒子追踪分析中，引入的粒子不能取代其所占有的流体，也可以认为引入的粒子以一种“虚拟态”存在于流体中。

## 9.5.2　流体中粒子追踪的分类

在流体力学粒子追踪中，粒子可分为稀疏流、稀物质流、分散流等。

（1）稀疏流

在流体分析中，当连续相的流动影响离散相的运动，而离散相不影响连续相的运动时，将这种离散相称为稀疏流。这种情况下连续相和离散相是“单向耦合”的关系。

当分析这样的体系时，通常最有效的做法是先求解连续相，然后计算分散相的轨迹。例如，在分析流体中的固体颗粒对管道的侵蚀作用时，首先通过稳态求解得到管道中流体的速度场和压力场，然后通过瞬态求解计算粒子的运动轨迹。

（2）稀物质流

在流体分析中，当连续相的流动和离散相的流动相互影响时，将这种离散相称为稀物质流。这种情况下连续相和离散相是“双向耦合”的关系。如果连续相的流体流动和离散相的粒子的质量流率随时间不发生变化，可以将粒子轨迹的瞬态解耦合到连续相的流体流动的稳态解中，然后反复计算直到获得一个自适应的结果。由于需要同时计算连续相和分散相，因此在稀物质分析过程中需要的计算量远远大于稀疏流。

（3）分散流

除了稀疏流和稀物质流这两种情况外，有时还需要考虑粒子之间的相互作用，这被称为“四向耦合”，将这种粒子流称为分散流。对这种情况，需要在模型中引入粒子 - 粒子相互作用，但需要注意以下这些限制。

① 不支持硬球的刚性碰撞。相互作用力必须随着粒子之间的距离连续变化，如带电粒子之间的库仑力。

② 计算时间与粒子数的平方成比例。这是因为需要计算每个粒子与其他所有粒子在所有距离上的作用力。对于粒子与粒子相互作用，可以使用截止距离，但每对粒子必须计算相互作用力。

③ 如果粒子 - 粒子相互作用定律是高度非线性的，可能有必要使用很小的时间步长。特别是当勾选了“Lennard-Jones”选项时。

### 9.5.3 流体流动中的不同粒子追踪的适用范围

在流体流动中的粒子追踪接口包括流体流动颗粒追踪、流体流动中的液滴雾化和流体 - 颗粒相互作用三种。

（1）流体流动颗粒跟踪

该接口用于对流体流动中的粒子运动进行模拟，粒子的运动可以通过曳力、重力、电场力、磁场力和声泳力进行，当然也可以添加用户自定义的力。该接口还可以计算粒子质量、温度及粒子之间的相互作用。

（2）流体流动中的液滴雾化

该接口是流体流动粒子追踪的特殊接口，常用于液滴喷雾特征的建模，包括指定粒子的黏度和表面张力，以及创建液滴破碎的特征。

（3）流体 - 颗粒相互作用

该接口自动添加了流体与粒子之间的相互作用。当流体中的流体曳力施加在粒子上时，粒子会做加速或减速运动；这些粒子也会影响流体的流动。使用该接口可以让粒子流与周围流体的相互作用以自适应的方式作为恒定质量流率来进行仿真。

### 9.5.4 粒子与壁面碰撞的结果

流体中的粒子在运动过程中有些会与壁面发生碰撞，然后产生如下几种情况，因此在添加的壁面边界条件中需要有这样的选项。

① 反弹：粒子在与壁面发生碰撞时发生镜面反射，粒子的动量保持守恒。该选项通常用于

跟踪流体中的微观粒子。

② 冻结：该选项为默认选项，当粒子与壁面发生碰撞时，会被立刻固定到撞击位置，但此时默认的是粒子的速度保持不变。该选项常用于分析带电粒子与壁面发生碰撞的瞬间，求解带电粒子的速度及能量的分布。

③ 黏附：该选项不同于冻结。该选项是指粒子与壁面发生碰撞时，粒子的速度被重置为 0。该选项常用于粒子碰撞壁面时的速度和能量可忽略不计的情况。

④ 消失：该选项是指当粒子与壁面接触时，粒子被隐藏，不再显示。该选项用于粒子与壁面碰撞后不需要显示其位置的情况。

⑤ 漫反射：该选项指定当粒子撞击壁面时，会按照 Knudsen（努森）余弦定律从壁面反弹回来，但总的粒子动量保持守恒。

⑥ 一般反射：当粒子与壁发生撞击时，会以任意指定的速度反弹回来。既可以在笛卡儿坐标系中计算，也可以在切向－法向坐标系中计算。速度分量可以是入射粒子速度、能量或其他任意物理量的函数。值得注意的是，这个选项对应的粒子的总动量并不一定能够保持守恒。

### 9.5.5　粒子的释放

在粒子追踪分析过程中需要设置粒子引入时的位置、数量和频率等，COMSOL 可以通过以下方法释放粒子。

① 从格点释放：从规则或次变化的格点释放粒子，除了可以指定粒子的初始坐标，还可以指定粒子的初始速度和释放粒子的时间。可通过 Maxwellian、各向同性速度、各向同性球或各向同性锥形分布函数四种情况来定义粒子释放时的初始速度分布等。

② 从域释放：可以根据与几何相关联的网格或任意表达式从求解域中释放粒子。当基于网格释放粒子时，可以指定细化因子。它的值越大，在每个网格单元内释放的粒子就越多。当基于密度释放粒子时，根据一个用户定义的表达式在释放粒子上添加权重。这是一个更灵活的选项，因为释放粒子的权重函数可以是解析表达式、随机函数，甚至是偏微分方程的解。

③ 从入口释放：入口特征用来从边界释放粒子。与从域中的格点释放粒子类似，同样具有基于网格和密度这两种选项。此外，还有一个从选定边界均匀释放的选项。

④ 通过离子束释放：带电粒子追踪接口包含一个用于释放离子和电子束的专用功能。可以指定一些参数，如粒子束的发散度、扭曲参数来描述粒子的位置和速度分布。

当使用粒子束时，会自动计算一些数据，如粒子束沿着束轨迹的发散度，可以用于后处理计算。

⑤ 从边和点释放：从边释放特征可以用来从三维几何的边释放粒子。同样，从点释放特征可以从几何上选取一点释放粒子。

当沿着边释放粒子时，粒子的位置可以是基于网格的，由用户定义加权密度，或者沿着边均匀分布。

⑥ 从喷嘴释放：流体流动粒子追踪接口包含专用于释放喷雾液滴的特征，如同由喷嘴注入一样。

可以使用质量流率或根据注入压力和环境压力直接指定液滴的速度。

可以直接输入喷雾角度，也可以使用内置表达式根据 Kelvin-Helmholtz 不稳定性分析来计算。

⑦ 从数据文件释放：从数据文件释放特征可以通过导入的文本文件的选择列指定粒子的初始位置。粒子的初始速度也可以从文本文件中读取。如果有任何辅助因变量节点，也可以从文

件中导入初始辅助因变量。

### 9.5.6 实例—气力输送

气力输送又称气流输送，是利用气流的能量，在密闭管道内沿气流方向输送颗粒状物料，是流态化技术的一种具体应用。气力输送装置结构简单，输送距离长，管道密闭，无扬尘，操作方便，可做水平、垂直或倾斜方向的输送，在输送过程中还可以同时进行物料的加热、冷却、干燥和气流分级等物理操作或某些化学操作，因此在工业生产中被广泛应用。但其本身也有一定的缺陷，由于物料与管道的摩擦，对管道壁的侵蚀较严重，维护成本较高。如图 9-67（a）所示为冶金行业高炉煤粉的气力输送的原理图，主要对其管道输送部分做离散相分析，分析输送过程中物料的流动状态以及物料对管道壁的侵蚀位置。

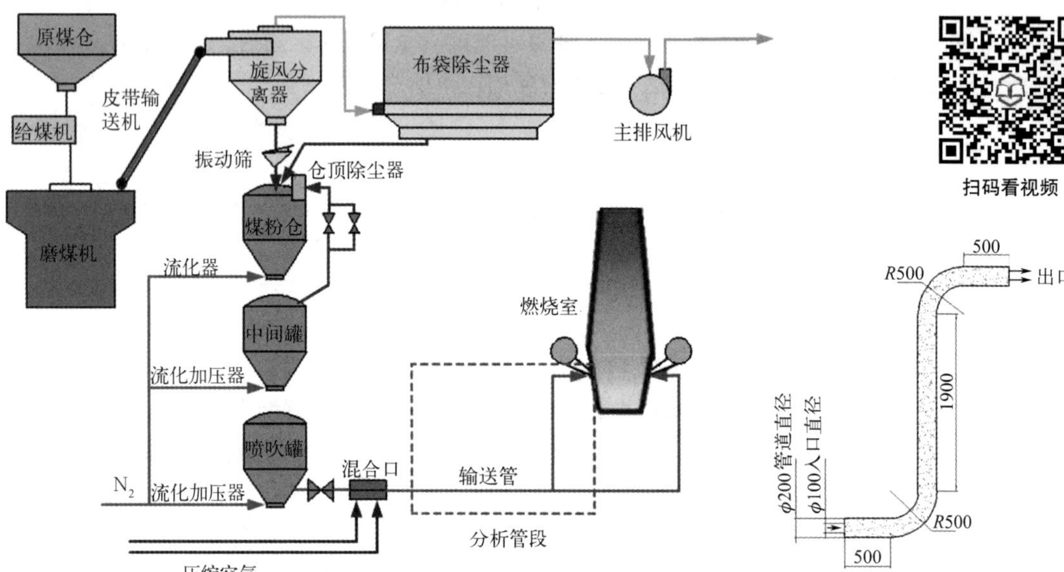


扫码看视频

（a）气力输送原理　　（b）模型尺寸图（单位：mm）

图 9-67　气力输送

操作步骤

（1）导入模型

① 进入二维几何界面。在“新建”界面中单击“模型向导”按钮，弹出“选择空间维度”界面，在该界面选择“二维”维度，进入“选择物理场”界面，展开“流体流动”列表，选择列表中的“单相流”→“湍流”→“湍流 ,k-ω（spf）”选项，单击“添加”按钮 添加 ，将“湍流 ,k-ω（spf）”添加到物理场接口中，如图 9-68 所示，然后单击“研究”按钮，进入“选择研究”界面，在“所选物理场接口的预设研究”栏中选择“稳态”选项，最后单击“完成”按钮，进入主界面。

② 导入模型。

a. 导入气力输送模型。单击“几何”选项卡“导入 / 导出”面板中的“导入”按钮，弹出“导入”设置窗口，单击“浏览”按钮，弹出“导入几何”对话框，找到要导入的“气力输送

.mphbin”文件，单击“打开”按钮 打开(O)，返回“导入”设置窗口，其余为默认设置，如图9-69所示，单击“导入”按钮，导入气力输送模型，单击“图形窗口工具栏”中的“显示栅格”按钮，取消栅格的显示，结果如图9-70所示。

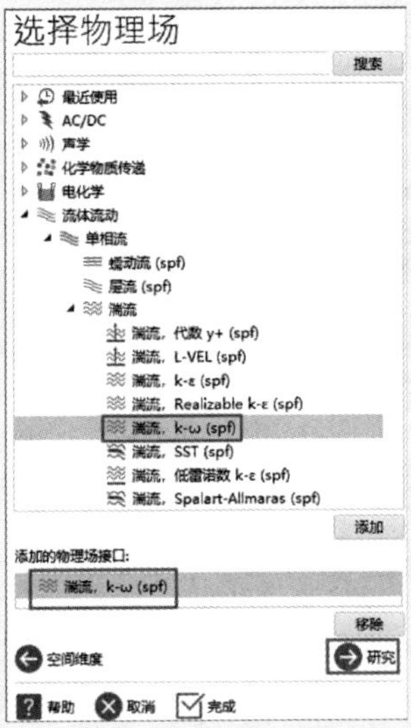


图 9-68　选择物理场

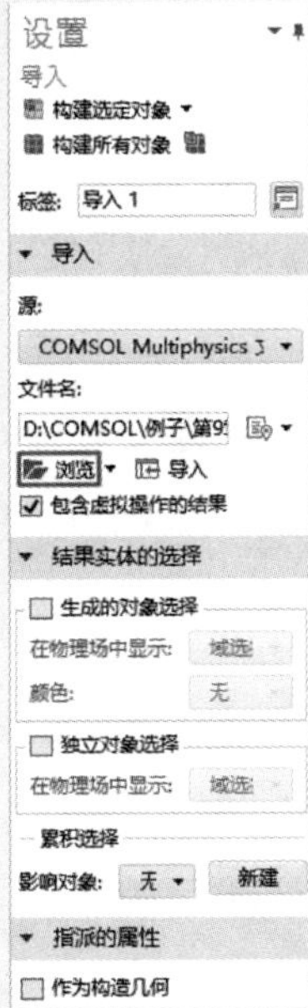


图 9-69　“导入”设置窗口

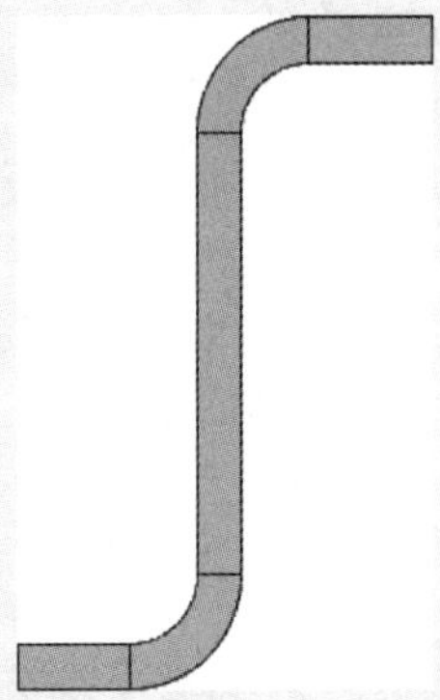

图 9-70　气力输送模型

b. 添加空气材料。单击“材料”选项卡“材料”面板中的“添加材料”按钮，弹出“添加材料”窗口，展开“内置材料”列表，双击其中的“Air”（空气），将其添加到“模型开发器”中的“材料”节点下，同时弹出“材料”设置窗口，在“几何实体选择”栏中系统会选中所有域，采用默认设置。

（2）设置湍流 ,k-ω

① 在“模型开发器”中选择“湍流 ,k-ω”节点，弹出“湍流 ,k-ω”设置窗口，在“物理模型”栏中设置“可压缩性”为“可压缩流动（Ma < 0.3）”，勾选“包含重力”复选框，设置“参考压力水平”为“5[atm]”，在“湍流”栏中设置“壁处理”为“壁函数”，如图 9-71 所示，其余为默认设置。

② 添加入口。单击“物理场”选项卡“边界”面板“边界”下拉列表“湍流 ,k-ω”中的“入口”按钮 **入口**，弹出“入口”设置窗口，在“边界选择”栏中激活“选择”框，选择边界“1、3、4”，在“边界条件”栏中选择“充分发展的流动”，在“充分发展的流动”栏中设置“$U_{av}$”的值为“10”，其余为默认设置，如图 9-72 所示，添加入口。

③ 添加出口。单击“物理场”选项卡“边界”面板“边界”下拉列表“湍流 ,k-ω”中的“出口”按钮 **出口**，弹出“出口”设置窗口，在“边界选择”栏中激活“选择”框，选择边界“14”，在“压力条件”栏中设置“$P_0$”的值为“0”，其余为默认设置，如图 9-73 所示，添加出口。

（3）划分网格

① 添加自由四边形网格。单击“网格”选项卡“生成器”面板中的“自由四边形网格”按钮

，弹出“自由四边形网格”设置窗口，在“域选择”栏中设置“几何实体层”为“域”，然后激活“选择”框，选择域“1、3、5”，其余为默认设置，如图9-74所示，添加自由四边形网格。

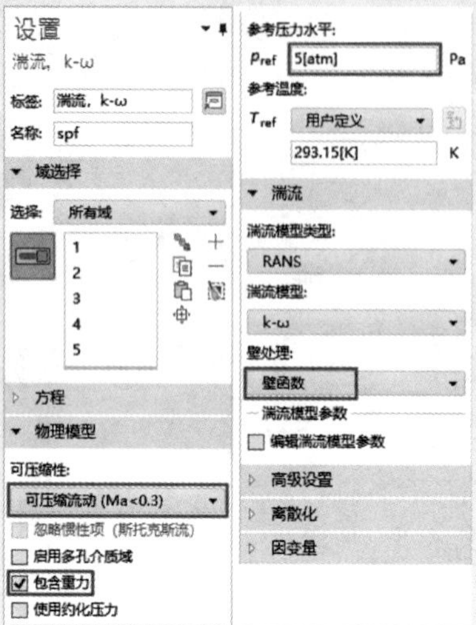


图 9-71 “湍流 ,k-ω”设置窗口

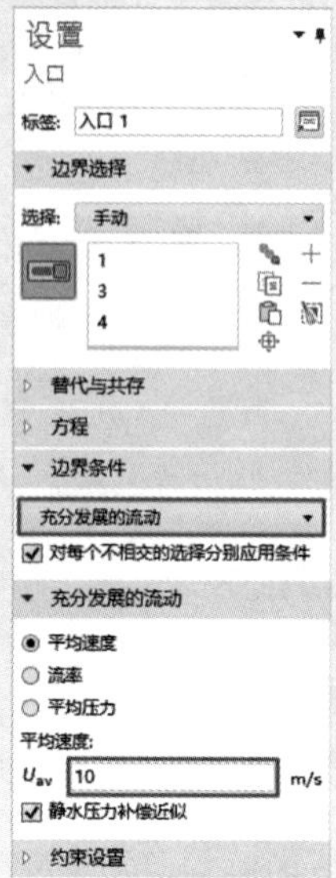


图 9-72 “入口”设置窗口

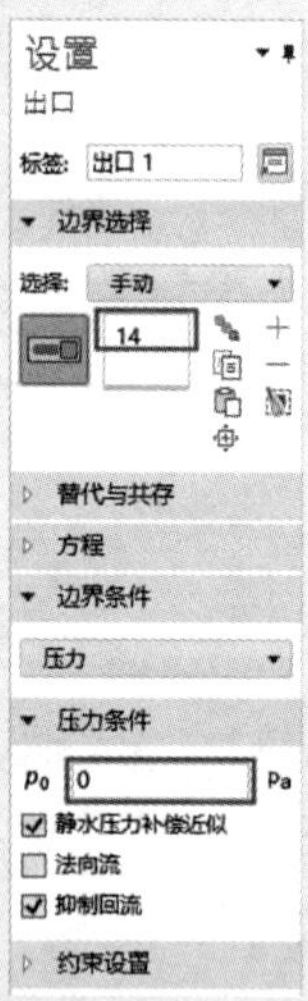


图 9-73 “出口”设置窗口

图 9-74 “自由四边形网格”设置窗口

② 设置大小。在“模型开发器”中选择“大小”节点，弹出“大小”设置窗口，在“单元大小”栏中设置“校准为”为“流体流动学”，设置“预定义”为“超细化”，其余为默认设置，如图 9-75 所示，设置大小。

③ 添加映射网格。单击“网格”选项卡“生成器”面板中的“映射”按钮 ，弹出“映射”设置窗口，采用默认设置，添加映射网格。

④ 添加边界层。单击“网格”选项卡“生成器”面板中的“边界层”按钮 ，弹出“边界层”

设置窗口，采用默认设置，然后单击“边界层属性”节点，弹出“边界层属性”设置窗口，在“边界选择”栏中激活“选择”框，选择边界“2、5、7、10、12、13、15、16、17、18”（管道所有外壁），在“层”栏中设置“层数”为“5”，设置“拉伸因子”为“2”，设置“厚度调节因子”为“0.5”，如图9-76所示，其余为默认设置，添加边界层，然后单击“全部构建”按钮 ，划分网格，结果如图9-77所示。

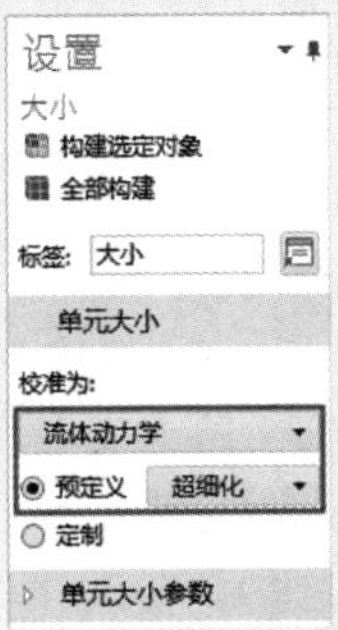


图 9-75　“大小”设置窗口

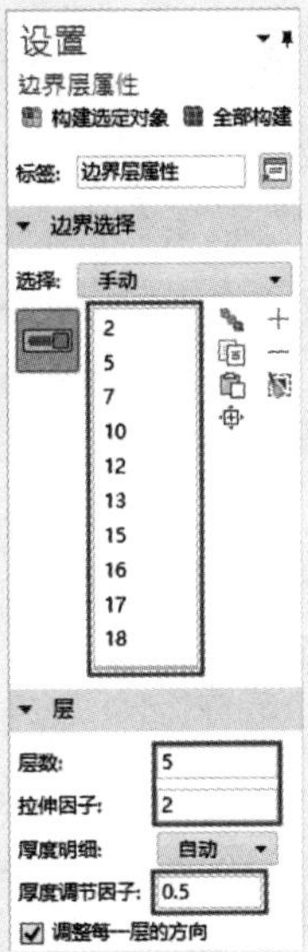


图 9-76　“边界层属性”设置窗口

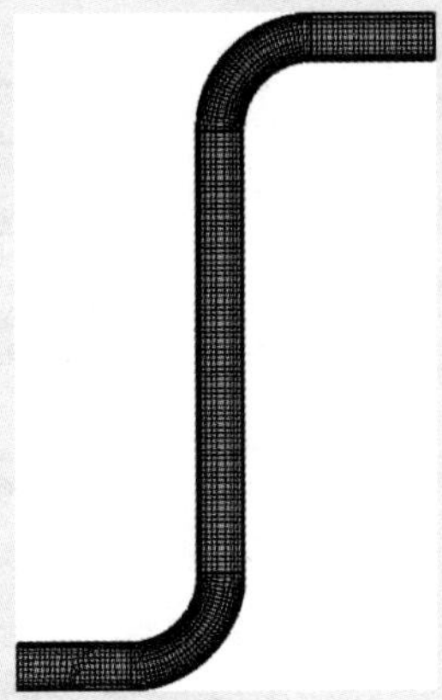

图 9-77　划分网格

（4）湍流,k-ω 求解计算

单击“研究”选项卡“研究”面板中的“计算”按钮 ，进行求解计算。

（5）查看结果

① 查看速度云图。在“模型开发器”中展开“结果”节点，选择其中的“速度”，弹出“二维绘图组”设置窗口，查看速度云图，如图 9-78 所示。

② 查看压力等值线图。在“模型开发器”中展开“结果”节点，选择其中的“压力”，弹出“二维绘图组”设置窗口，查看压力等值线图，如图 9-79 所示。

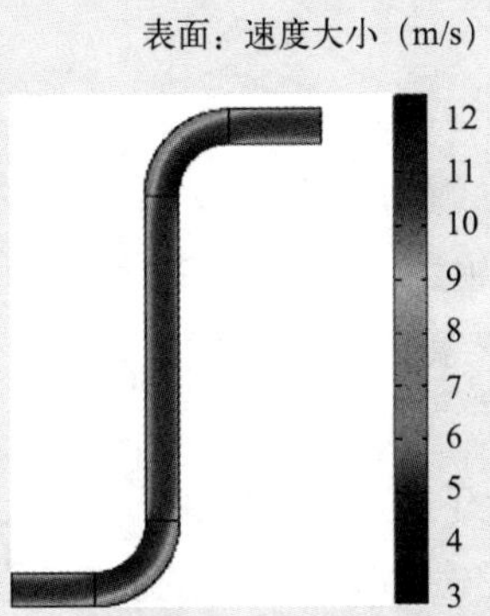


图 9-78　速度云图

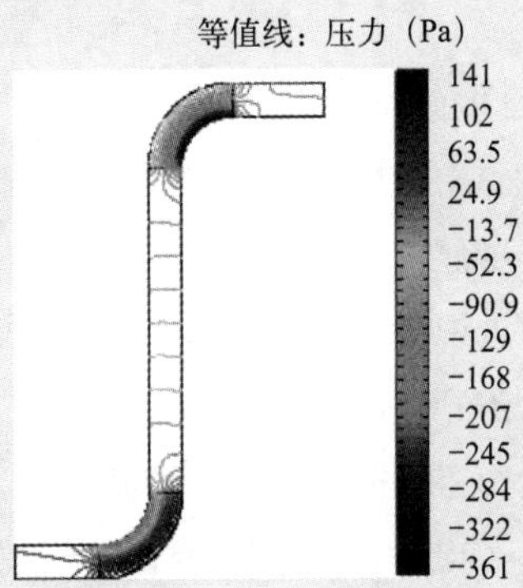


图 9-79　压力等值线图

（6）添加粒子追踪物理场

单击“物理场”选项卡“物理场”面板中的“添加物理场”按钮，右侧出现“添加物理场”窗口，选择其中的“流体流动”→“粒子追踪”→“流体流动颗粒追踪（fpt）”选项，然后单击“添加到组件 1”按钮 ＋ 添加到“组件 1”，在下面的“研究中的物理场接口”中取消勾选“研究 1”复选框，添加物理场，如图 9-80 所示，然后关闭该窗口。

（7）添加研究 2

单击“研究”选项卡“研究”面板中的“添加研究”按钮，右侧出现“添加研究”窗口，选择其中的“一般研究”→“瞬态”选项，然后单击“添加研究”按钮 ＋ 添加研究，添加研究，如图 9-81 所示，然后关闭该窗口。

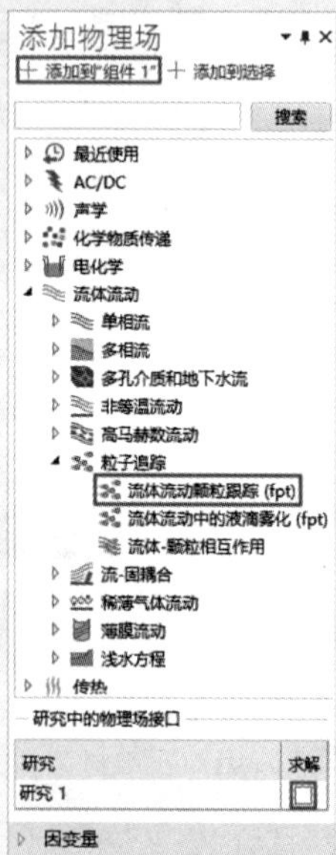


图 9-80 “添加物理场”窗口

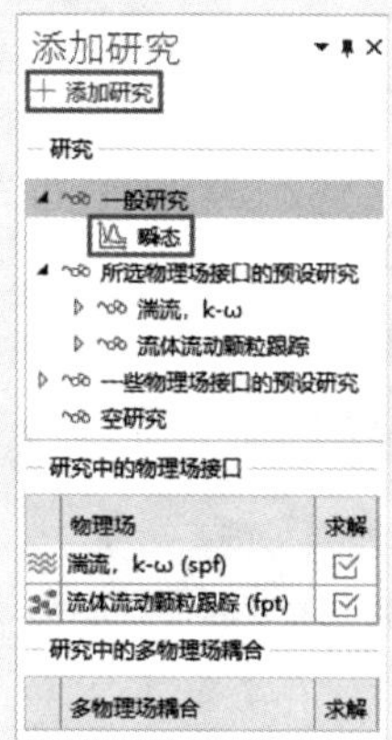


图 9-81 “添加研究”窗口

（8）设置流体流动颗粒跟踪

① 在“模型开发器”中选择“流体流动颗粒跟踪”节点，弹出“流体流动颗粒跟踪”设置窗口，在“粒子释放和传播”栏中设置“粒子释放明细”为“指定质量流率”，如图 9-82 所示，其余为默认设置。

② 添加壁 1 的侵蚀属性。

a. 添加 Finnie 冲蚀模型。在“模型开发器”中选择“壁 1”节点，然后单击“物理场”选项卡“上下文”面板“属性”下拉列表中的“冲蚀”按钮 冲蚀，弹出“冲蚀”设置窗口，在“冲蚀模型”栏中设置“冲蚀模型”为“Finnie”，设置“面质量密度”为“7860”，如图 9-83 所示，其余为默认设置，添加 Finnie 冲蚀模型。

b. 添加 DNV 冲蚀模型。单击“物理场”选项卡“上下文”面板“属性”下拉列表中的“冲蚀”按钮 冲蚀，弹出“冲蚀”设置窗口，在“冲蚀模型”栏中设置“冲蚀模型”为“DNV”，其余为默认设置，添加 DNV 冲蚀模型。

c. 添加 E/CRC 冲蚀模型。单击“物理场”选项卡“上下文”面板“属性”下拉列表中的“冲蚀”按钮 冲蚀，弹出“冲蚀”设置窗口，在“冲蚀模型”栏中设置“冲蚀模型”为“E/CRC”，其余为默认设置，添加 E/CRC 冲蚀模型。

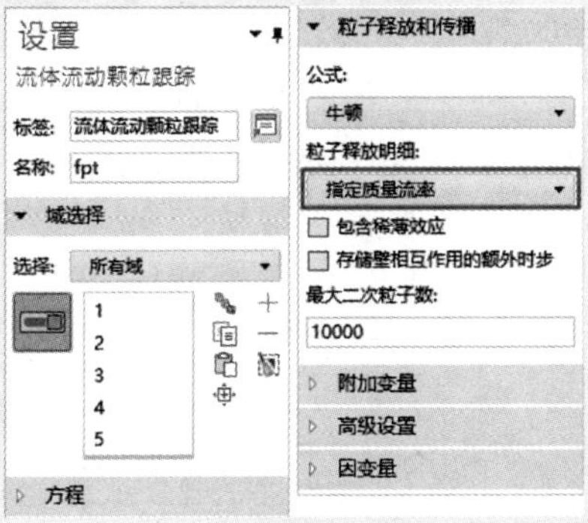


图 9-82　“流体流动颗粒跟踪”设置窗口

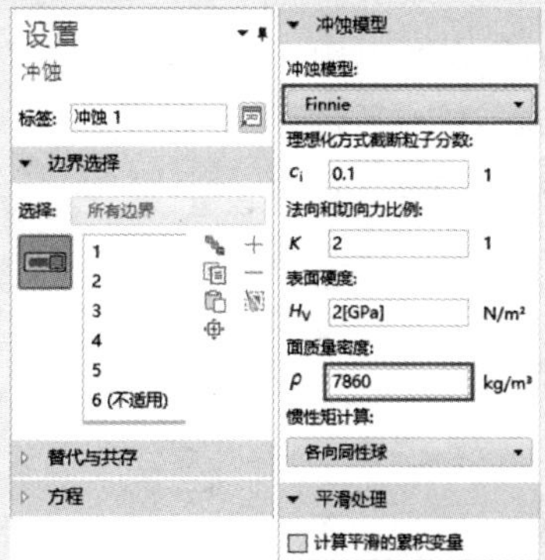


图 9-83　“冲蚀”设置窗口

③ 设置粒子属性。在“模型开发器”中选择“粒子属性 1”节点，弹出“粒子属性”设置窗口，在“粒子属性”栏中设置“粒子密度”为“用户定义”，并设置值为“800”，设置“粒径”为“0.0002”，如图 9-84 所示，其余为默认设置，设置粒子属性。

④ 添加入口。单击“物理场”选项卡“边界”面板“边界”下拉列表中的“入口”按钮 入口，弹出“入口”设置窗口，在“边界选择”栏中激活“选择”框，选择边界“3”，在“质量流率”栏中设置“质量流率”为“0.1”，在“初始位置”栏中设置“初始位置”为“密度”，设置“每次释放粒子数”为“5000”，其余为默认设置，如图 9-85 所示，添加入口。

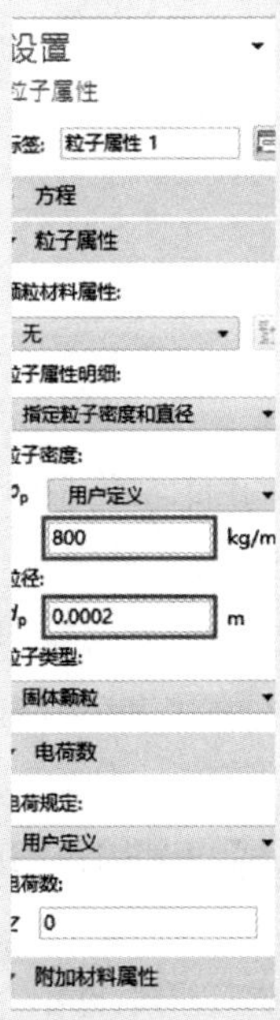


图 9-84　“粒子属性”设置窗口

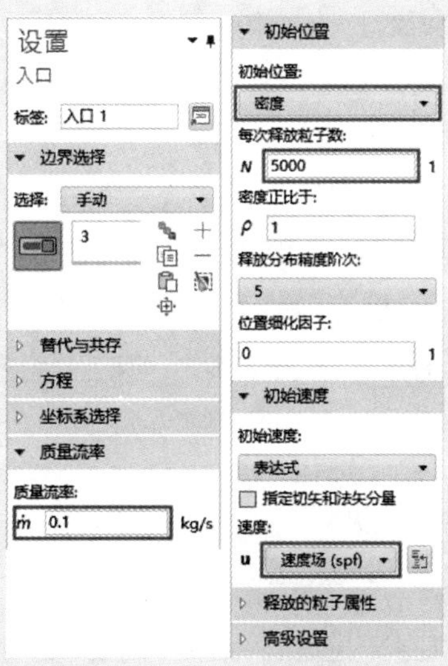


图 9-85　“入口”设置窗口

⑤ 添加出口。单击“物理场”选项卡“边界”面板“边界”下拉列表中的“出口”按钮 **出口**，弹出“出口”设置窗口，在“边界选择”栏中激活“选择”框，选择边界“14”，在“出口”栏中设置“壁条件”的值为“消失”，其余为默认设置，如图 9-86 所示，添加出口。

⑥ 添加曳力。单击“物理场”选项卡“域”面板“域”下拉列表“力”中的“曳力”按钮 **曳力**，弹出“曳力”设置窗口，在“域选择”栏中设置“选择”为“所有域”，在“曳力”栏中设置“速度”为“速度场”，在“湍流弥散”栏中设置“湍流弥散模型”为“离散随机游走”，设置“湍动能”为“湍动能”，设置“湍流耗散率”为“湍流耗散率”，其余为默认设置，如图 9-87 所示，添加曳力。

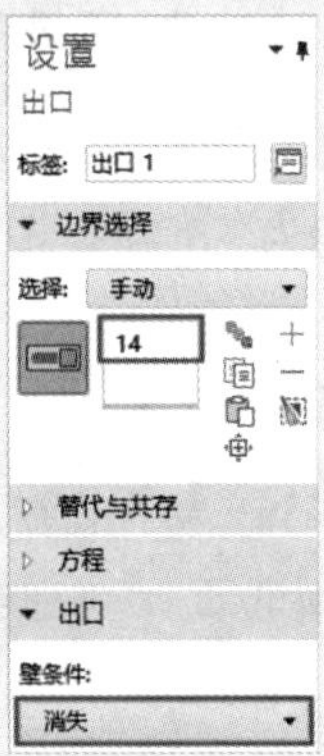


图 9-86 “出口”设置窗口

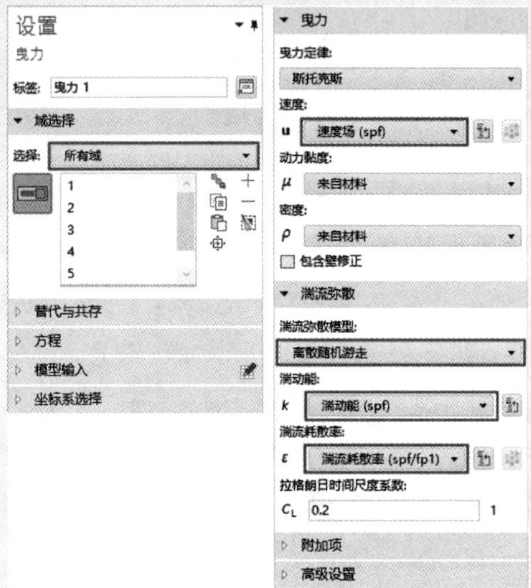


图 9-87 “曳力”设置窗口

⑦ 添加壁。单击“物理场”选项卡“边界”面板“边界”下拉列表中的“壁”按钮 **壁**，弹出“壁”设置窗口，在“边界选择”栏中激活“选择”框，然后选择边界“1、4”，其余为默认设置，如图 9-88 所示，添加壁。

（9）瞬态设置

在“模型开发器”中选中“研究 2”中的“步骤 1：瞬态”节点，弹出“瞬态”设置窗口，在“研究设置”栏中设置“时间单位”为“s”，单击“范围”按钮，弹出“范围”窗口，设置“定义方法”为“步长”，设置“起始”为“0”、“步长”为“0.05”、“停止”为“1”，如图 9-89 所示，单击“替换”按钮 替换 ，关闭该窗口，返回“瞬态”设置窗口，设置“容差”为“用户控制”，并设置“相对容差”值为“0.01”，在“物理场和变量选择”栏中取消勾选“湍流，k-ω（spf）”的“求解”复选框，展开“因变量值”栏，设置“不求解变量的值”为“用户控制”，设置“方法”为“解”，设置“研究”为“研究 1，稳态”，如图 9-90 所示，其余为默认设置，设置瞬态求解步骤。

（10）流体流动颗粒跟踪求解计算

单击“研究”选项卡“研究”面板中的“计算”按钮，进行求解计算。

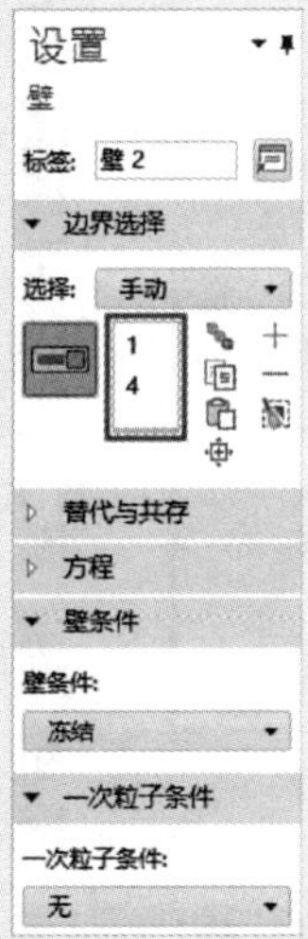


图 9-88　“壁”设置窗口

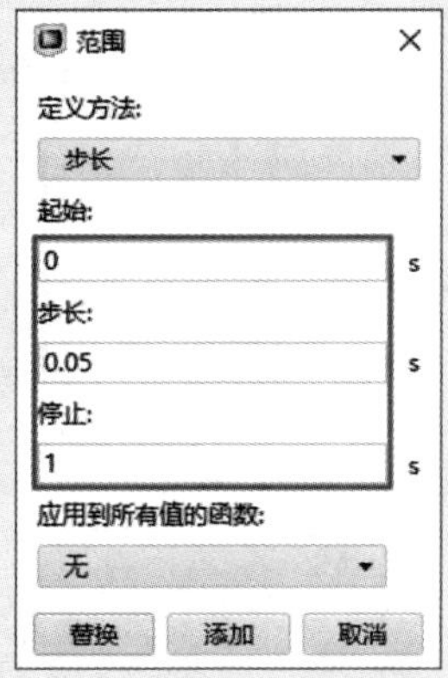


图 9-89　“范围”窗口

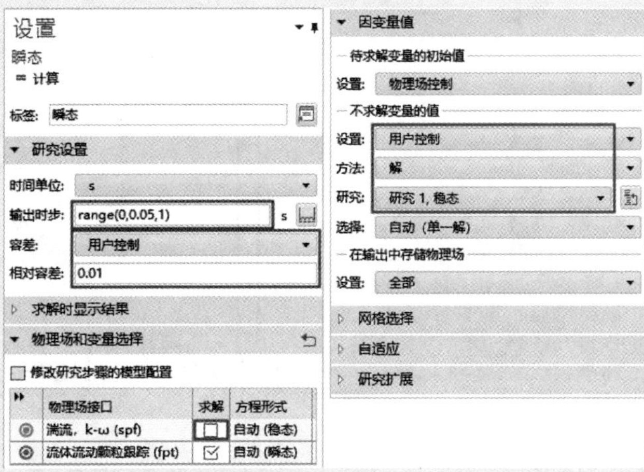


图 9-90　“瞬态”设置窗口

（11）查看结果

① 查看粒子轨迹。在“模型开发器”中展开“结果”节点，选择其中的“粒子轨迹”→“粒子轨迹 1”→“颜色表达式 1”，弹出“颜色表达式”设置窗口，在“表达式”栏中单击“替换表达式”按钮，弹出表达式窗口，在“组件 1”→“流体流动颗粒跟踪”→“粒子属性”中双击“fpt.phii- 入射锐角 -rad”选项，设置“单位”为“°”，单击绘制按钮，绘制粒子轨迹图，如图 9-91 所示。

② 查看 Finnie 冲蚀。在“模型开发器”中展开“结果”节点，选择其中的“累积变量”，弹出“二维绘图组”设置窗口，设置“标签”为“冲蚀速率，Finnie”，然后选择“线 1”分支，弹出“线”设置窗口，在“质量”栏中设置“平滑位置”为“所有位置”，如图 9-92 所示，其余为默认设置，单击“绘制”按钮，绘制 Finnie 冲蚀，如图 9-93 所示。

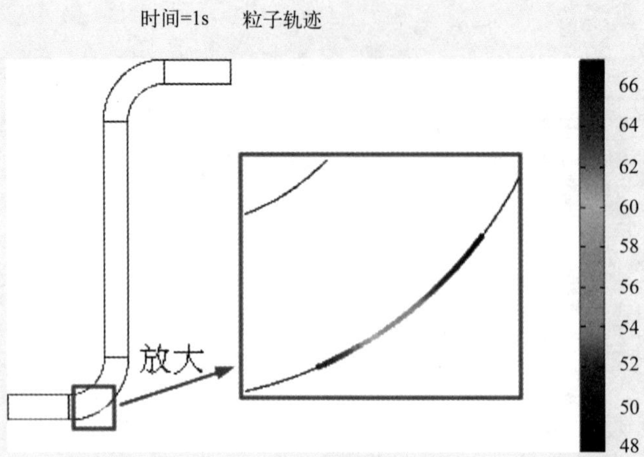


图 9-91 粒子轨迹图

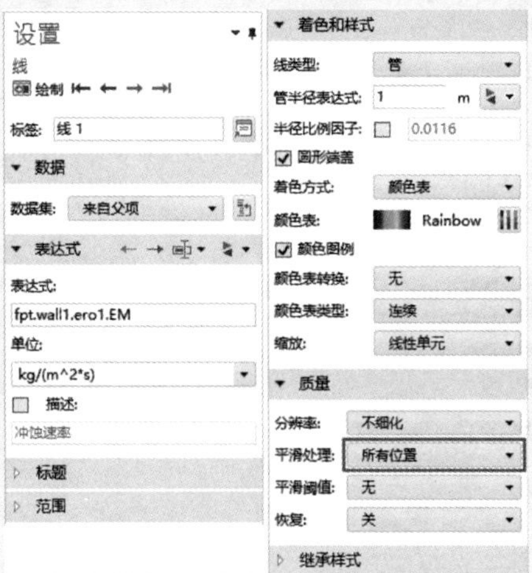


图 9-92 “线”设置窗口

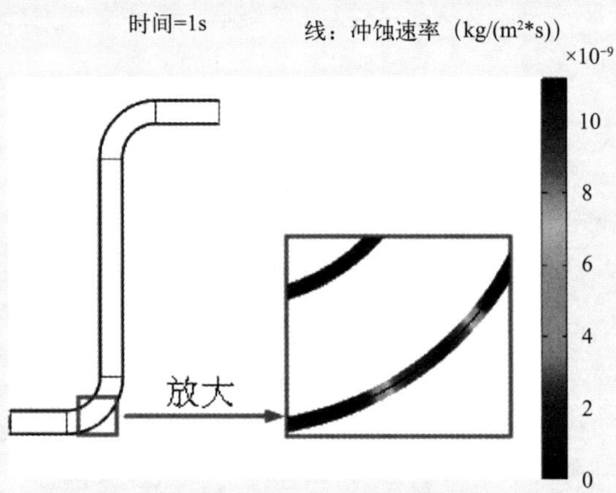


图 9-93 Finnie 冲蚀图

③ 查看 DNV 冲蚀图。在“模型开发器”中复制粘贴“冲蚀速率，Finnie”，将“标签”改为“冲蚀速率，DNV”，然后选择“线 1”分支，弹出“线”设置窗口，在“表达式”栏中单击“替换表达式”按钮，弹出表达式窗口，在“组件 1”→“流体流动颗粒跟踪”→“累计变量”→“冲蚀速率 comp1.fpt.wall1.ero2.EM”中双击“fpt.wall1.ero2.EM- 冲蚀速率 -kg/($m^2 \cdot s$)”选项，单击“绘制”按钮，绘制 DNV 冲蚀图，如图 9-94 所示。

④ 查看 E/CRC 冲蚀图。在“模型开发器”中复制粘贴“冲蚀速率，Finnie”，将“标签”改为“冲蚀速率，E/CRC”，然后选择“线 1”分支，弹出“线”设置窗口，在“表达式”栏中单击“替换表达式”按钮，弹出表达式窗口，在“组件 1”→“流体流动颗粒跟踪”→“累计变量”→“冲蚀速率 comp1.fpt.wall1.ero3.EM”中双击“fpt.wall1.ero3.EM- 冲蚀速率 -kg/($m^2 \cdot s$)”选项，单击“绘制”按钮，绘制 E/CRC 冲蚀图，如图 9-95 所示。

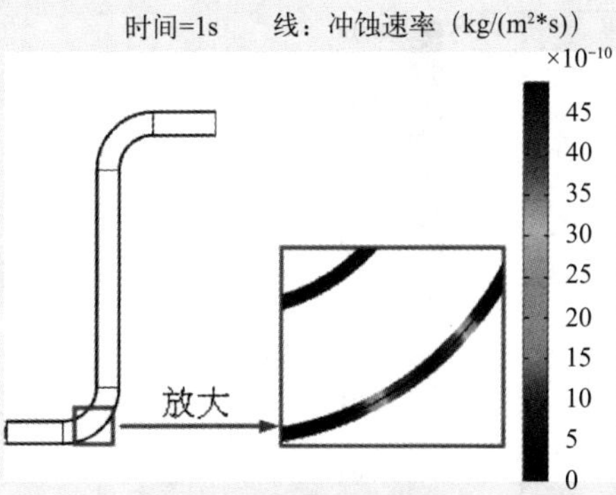


图 9-94　DNV 冲蚀图

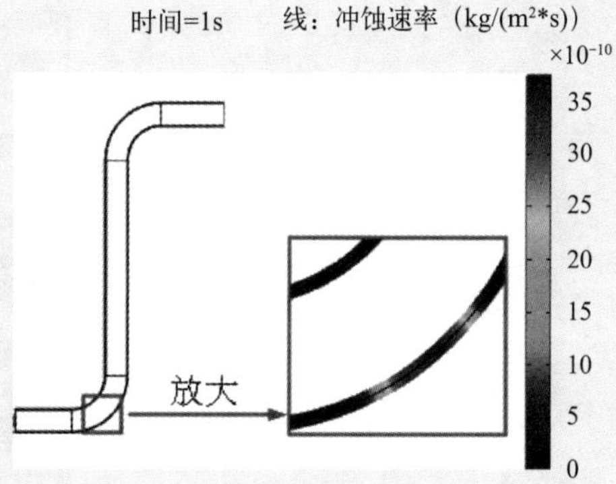


图 9-95　E/CRC 冲蚀图

# 9.6 动手练一练

如图 9-96 所示，在 FR4 复合材料中嵌有铜柱和线圈，铜柱中的感应电流会产生热量，从而影响铜柱的电导率，为防止铜柱温度过高，需要对感应线圈的大电流进行主动降热，采用空心铜线圈，内部注入冷却循环水，可以很好地解决这一问题。本案例对这一问题进行分析，同时求解传热问题和电磁场传播问题。本案例用到的参数见表 9-4。求解的磁通密度模如图 9-97 所示，温度云图如图 9-98 所示，等温线图如图 9-99 所示。

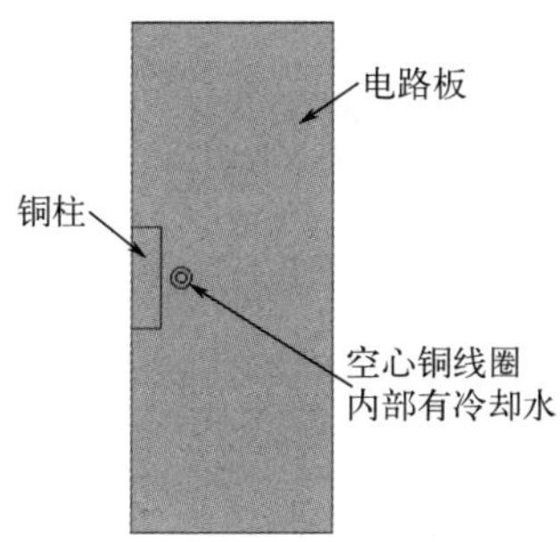


图 9-96　铜柱感应加热

**表 9-4　电磁力的主要类型**

| 名称 | 参数值 | 描述 |
|---|---|---|
| $I_0$ | $2.5\times10^3$A | 电流 |
| $T_0$ | 293K | 参考温度 |
| $r_0$ | $1.754\times10^{-8}\Omega\cdot$m | $T=T_0$ 时的电阻率 |
| $a_1$ | 0.00451/K | 温度系数 |
| $R_c$ | 5mm | 冷却通道半径 |
| $A_c$ | $\pi R_c^2$ | 冷却通道 $x$ 截面面积 |
| $M_t$ | 1.5kg/min | 冷却水的质量流率 |
| $T_{in}$ | 5℃ | 冷却水的入口温度 |

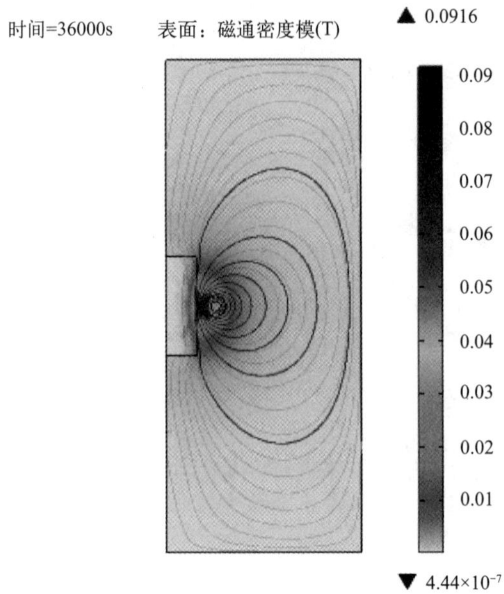


图 9-97 磁通密度模图

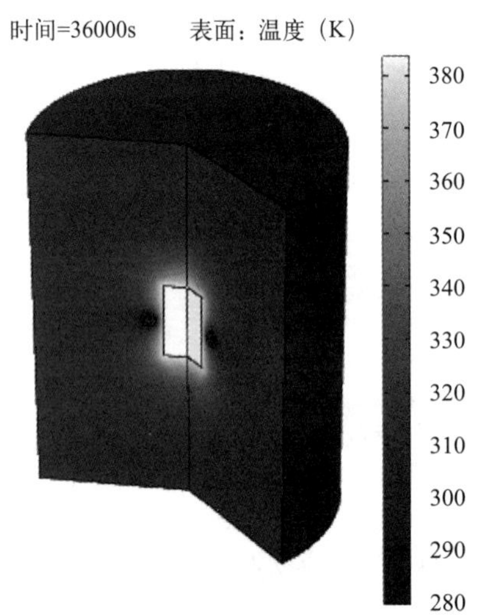


图 9-98 温度云图

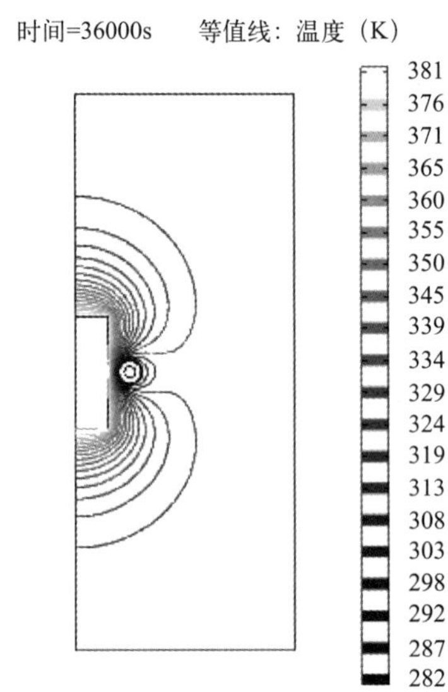


图 9-99 等温线图

**思路点拨**

① 添加“二维轴对称”空间维度。

② 添加“传热”→“电磁热”→“感应加热”物理场。

③ 添加“所选多物理场的预设研究”→“频域 - 瞬态”研究。

④ 从“铜柱的感应加热参数”文件中加载参数。

⑤ 导入“铜柱的感应加热 .mphbin”模型。

⑥ 添加内置的“FR4(Circui Board)”和“Water,liquid”材料和 AC/DC 中的“Copper”材料。

⑦ 为域“2”和“3”添加 Copper 材料，并设置“参考电阻率”为“r0”，设置“电阻率温度系数”为“al”，设置“参考温度”为“T0”。

⑧ 为域“4”添加 Water,liquid 材料，并设置“相对磁导率”为“1”，设置“相对介电常数”为“80”，设置“导热系数”为“1000”。

⑨ 为域“2”和“3”添加安培定律，并设置“传到模型”为“线性电阻率”。

⑩ 为域“3”添加线圈，并设置“线圈电流”为“I0”。

⑪ 为边界“2”“7”“9”添加温度，并设置温度为“T0”。

⑫ 为域“4”添加热源，并设置热源为“Mt*ht.Cp*(Tin-T)/(2*pi*r*Ac)”。

⑬ 划分默认网格。

⑭ 设置“频域 - 瞬态”求解步骤的“时间单位”为“h”，设置“输出时步”为“range(0,10[min],10[h])”，设置“频率”为“500”。

⑮ 求解计算。

⑯ 查看“磁通密度模”“三维温度”和“等温线”等图。

# 参考文献

[1] 同济大学数学系 . 高等数学 [M]. 6 版. 北京：高等教育出版社，2007.

[2] 江帆，温锦锋，谢智铭，等. 有限元基础与 COMSOL 案例分析 [M]. 北京：人民邮电出版社，2024.

[3] 李星辰，姚雯. COMSOL 多物理场仿真入门指南 [M]. 北京：机械工业出版社，2024.

[4] 胡仁喜，康士廷. Ansys 2024 有限元分析从入门到精通 [M]. 北京：机械工业出版社，2024.

[5] 胡仁喜，刘昌丽. Ansys 2024 多物理耦合场有限元分析从入门到精通 [M]. 北京：机械工业出版社，2024.

[6] 胡仁喜，康士廷，等. FLUENT 19.0 流场分析从入门到精通 [M]. 北京：机械工业出版社，2020.

[7] 胡仁喜，解江坤. ANSYS 2020 有限元分析从入门到精通 [M]. 北京：机械工业出版社，2022.